Einführung in die Enzymtechnologie

Karl-Erich Jaeger
Andreas Liese
Christoph Syldatk
(*Hrsg.*)

Einführung in die Enzymtechnologie

Mit Beiträgen von Marion Ansorge-Schumacher,
Sonja Berensmeier, Dominique Böttcher, Uwe T. Bornscheuer,
Christin Cürten, Jürgen Eck, Silvia Fademrecht, Lutz Fischer,
Matthias Franzreb, Karl-Erich Jaeger, Selin Kara, Andreas Knapp,
Katja Koschorreck, Steffen Kühn, Jan von Langermann,
Andreas Liese, Stephan Lütz, Karl-Heinz Maurer,
Alexander Pelzer, Lorenzo Pesci, Jürgen Pleiss,
Arshak Poghossian, Jessica Rehdorf, Anett Schallmey,
Michael J. Schöning, Jenny Schwarz, Antje C. Spieß,
Timo Stressler, Christoph Syldatk, Vlada B. Urlacher, Jan Volmer

Hrsg.
Karl-Erich Jaeger
Institut für Molekulare Enzymtechnologie
Heinrich-Heine-Universität
Düsseldorf und Forschungszentrum
Jülich GmbH Jülich, Deutschland

Christoph Syldatk
Institut für Bio- und Lebensmitteltechnik
Karlsruher Institut für Technologie (KIT)
Karlsruhe, Baden-Württemberg
Deutschland

Andreas Liese
Institut für Technische Biokatalyse
TU Hamburg
Hamburg, Deutschland

ISBN 978-3-662-57618-2   ISBN 978-3-662-57619-9   (eBook)
https://doi.org/10.1007/978-3-662-57619-9

Die Deutsche Nationalbibliothek verzeichnet diese Publikation in der Deutschen Nationalbibliografie; detaillierte bibliografische Daten sind im Internet über http://dnb.d-nb.de abrufbar.

Springer Spektrum
© Springer-Verlag GmbH Deutschland, ein Teil von Springer Nature 2018

Verantwortlich im Verlag: Sarah Koch
Grafiken und Bildbearbeitung: Martin Lay, Breisach a.Rh.

Springer Spektrum ist ein Imprint der eingetragenen Gesellschaft Springer-Verlag GmbH, DE und ist ein Teil von Springer Nature
Die Anschrift der Gesellschaft ist: Heidelberger Platz 3, 14197 Berlin, Germany

Inhaltsverzeichnis

II   Methoden

III Anwendungen

Herausgeber- und Autorenverzeichnis

Marion B. Ansorge-Schumacher
Bereich Mathematik & Naturwissenschaften –
Institut für Mikrobiologie – Professur für
Molekulare Biotechnologie
Technische Universität Dresden
Dresden, Deutschland
marion.ansorge@tu-dresden.de

Sonja Berensmeier
Fakultät für Maschinenwesen
Professur für Selektive Trenntechnik
Technische Universität München
Garching, Deutschland
s.berensmeier@tum.de

Uwe T. Bornscheuer
Institut für Biochemie, Arbeitskreis
Biotechnologie und Enzymkatalyse
Universität Greifswald
Greifswald, Deutschland
uwe.bornscheuer@uni-greifswald.de

Dominique Böttcher
Institut für Biochemie, Arbeitskreis
Biotechnologie und Enzymkatalyse
Universität Greifswald
Greifswald, Deutschland
dominique.boettcher@uni-greifswald.de

Christin Cürten
AVT - Aachener Verfahrenstechnik Lehrstuhl für
Enzymprozesstechnik
RWTH Aachen University
Aachen, Deutschland
Christin.Cuerten@avt.rwth-aachen.de

Jürgen Eck
B.R.A.I.N Aktiengesellschaft
Zwingenberg, Deutschland
je@brain-biotech.de

Silvia Fademrecht
Institut für Biochemie und
Technische Biochemie
Universität Stuttgart
Stuttgart, Deutschland

Lutz Fischer
Institut für Lebensmittelwissenschaft und
Biotechnologie, Fachgebiet Biotechnologie
und Enzymwissenschaft
Universität Hohenheim
Stuttgart, Deutschland
lutz.fischer@uni-hohenheim.de

Matthias Franzreb
Institut für Funktionelle Grenzflächen (IFG)
KIT – Karlsruher Institut für Technologie
Eggenstein-Leopoldshafen, Deutschland
matthias.franzreb@kit.edu

Karl-Erich Jaeger
Institut für Molekulare Enzymtechnologie
Heinrich-Heine-Universität Düsseldorf und
Forschungszentrum Jülich GmbH
Jülich, Deutschland
karl-erich.jaeger@fz-juelich.de

Selin Kara
Department of Engineering, Biocatalysis and
Bioprocessing Group
Aarhus University
Aarhus, Dänemark
selin.kara@eng.au.dk

Andreas Knapp
Institut für Molekulare Enzymtechnologie
Heinrich-Heine-Universität Düsseldorf im
Forschungszentrum Jülich
Jülich, Deutschland
a.knapp@fz-juelich.de

Katja Koschorreck
Lehrstuhl für Biochemie II
Heinrich-Heine-Universität Düsseldorf
Düsseldorf, Deutschland
katja.koschorreck@uni-duesseldorf.de

Steffen Kühn
Institut für Technische Biokatalyse
TU Hamburg (TUHH)
Hamburg, Deutschland
steffen.kuehn@evonik.com

Jan von Langermann
Institut für Chemie
Universität Rostock
Rostock, Deutschland
jan.langermann@uni-rostock.de

Andreas Liese
TU Hamburg
Technische Universität Hamburg TUHH
Hamburg, Deutschland
liese@tuhh.de

Stephan Lütz
Bio- und Chemieingenieurwesen, Lehrstuhl
Bioprozesstechnik
TU Dortmund
Dortmund, Deutschland
stephan.luetz@tu-dortmund.de

Karl-Heinz Maurer
AB Enzymes GmbH
Darmstadt, Deutschland
karl-heinz.maurer@abenzymes.com

Alexander Pelzer
B.R.A.I.N Aktiengesellschaft
Zwingenberg, Deutschland
ap@brain-biotech.de

Lorenzo Pesci
Institut für Technische Biokatalyse
TU Hamburg
Hamburg, Deutschland
pescilorenzo@yahoo.it

Jürgen Pleiss
Institut für Biochemie und Technische
Biochemie
Universität Stuttgart
Stuttgart, Deutschland
Juergen.Pleiss@itb.uni-stuttgart.de

Arshak Poghossian
Institut für Nano- und Biotechnologien (INB)
FH Aachen – Jülich
Jülich, Deutschland
poghossian@fh-aachen.de

Jessica Rehdorf
B.R.A.I.N Aktiengesellschaft
Zwingenberg, Deutschland
jr@brain-biotech.de

Anett Schallmey
Institut für Biochemie, Biotechnologie und
Bioinformatik
Technische Universität Braunschweig
Braunschweig, Deutschland
a.schallmey@tu-braunschweig.de

Jenny Schwarz
Bio- und Chemieingenieurwesen, Lehrstuhl
Bioprozesstechnik
TU Dortmund
Dortmund, Deutschland
jenny.schwarz@tu-dortmund.de

Michael J. Schöning
Institut für Nano- und Biotechnologien (INB)
FH Aachen – Jülich
Jülich, Deutschland
schoening@fh-aachen.de

Antje C. Spieß
Institut für Bioverfahrenstechnik (ibvt)
TU Braunschweig
Braunschweig, Deutschland
a.spiess@tu-braunschweig.de

Timo Stressler
Institut für Lebensmittelwissenschaft und
Biotechnologie, Fachgebiet Biotechnologie
und Enzymwissenschaft
Universität Hohenheim
Stuttgart, Deutschland
t.stressler@uni-hohenheim.de

Christoph Syldatk
Institut für Bio- und Lebensmitteltechnik Bereich
II – Technische Biologie
Karlsruher Institut für Technologie-KIT
Karlsruhe, Deutschland
christoph.syldatk@kit.edu

Vlada B. Urlacher
Lehrstuhl für Biochemie II
Heinrich-Heine-Universität Düsseldorf
Düsseldorf, Deutschland
vlada.urlacher@uni-duesseldorf.de

Jan Volmer
Bio- und Chemieingenieurwesen, Lehrstuhl
Bioprozesstechnik
TU Dortmund
Dortmund, Deutschland
jan.volmer@tu-dortmund.de

Einführung in die Enzymtechnologie

Karl-Erich Jaeger, Andreas Liese und Christoph Syldatk

© Springer-Verlag GmbH Deutschland, ein Teil von Springer Nature 2018
K.-E. Jaeger, A. Liese, C. Syldatk (Hrsg.), *Einführung in die Enzymtechnologie*,
https://doi.org/10.1007/978-3-662-57619-9_1

1

Zusammenfassung

Die Enzymtechnologie zählt zu den wichtigsten Teilgebieten der modernen Biotechnologie. Hierbei handelt es sich um ein hoch interdisziplinäres Feld, welches von Beginn bis heute nur durch integrierte interdisziplinäre Forschung weiterentwickelt werden konnte. Dieses Kapitel gibt eine Einführung, ausgehend von den Arbeitsgebieten über die geschichtliche Entwicklung, eine Klassifizierung der Biokatalysatoren bis zu den industriellen Anwendungen. Die Details werden dann in den folgenden Buchkapiteln vorgestellt.

Enzyme und mit diesen katalysierte Reaktionen werden seit Beginn der Menschheitsgeschichte, also bereits lange bevor der Begriff „Enzym" geprägt wurde, für die Herstellung, Verarbeitung und Haltbarmachung von Lebens- und Futtermitteln verwendet; hierzu zählen die Verwendung bzw. Herstellung von Hefe- und Sauerteig, alkoholischen Getränken wie Bier und Wein, Speiseessig, Käse und weiteren Milchprodukten, Sauerkraut, Silage und Kompost. In neuerer Zeit sind Enzyme als Produkte der Biotechnologie aus dem täglichen Leben nicht mehr wegzudenken; ihre Einsatzgebiete reichen von Anwendungen im Haushalt (z. B. als Waschmittelenzyme), in der Umweltanalytik (z. B. Cholesterin-Esterase zum Nachweis von Organophosphaten), in der medizinischen Diagnostik (z. B. Glucose-Oxidase bei der Blutzuckerbestimmung), zur Herstellung von Grund- und Feinchemikalien (z. B. von Acrylamid und sog. Chiralica), von Pharmazeutika (z. B. von semisynthetischen Penicillinen und Cephalosporinen sowie von Insulin) bis hin zum direkten Einsatz als Therapeutika (z. B. Urokinase zum Auflösen von Blutgerinnseln oder Thrombin zur Förderung der Blutgerinnung). Ebenfalls sind alle molekularbiologischen und gentechnischen Arbeiten ohne Enzyme nicht durchführbar. Die aktuell viel diskutierte Energie- und Rohstoffwende in der chemischen Industrie wird dazu führen, dass die Bedeutung der Enzyme und enzymatischer Verfahren in naher Zukunft noch weiter zunehmen wird.

1.1 Das Arbeitsgebiet der Enzymtechnologie

Enzyme sind natürliche Katalysatoren, die genau wie deren herkömmliche chemische Pendants chemische Reaktionen beschleunigen, ohne dabei verbraucht zu werden. Dementsprechend werden sie in Analogie zu den chemischen als „Biokatalysatoren" bezeichnet. Enzyme unterscheiden sich in ihrer Zusammensetzung, Struktur und Kinetik deutlich von chemischen Katalysatoren (Bisswanger 2015). Mit der breiten Nutzung von Enzymen in allen Lebensbereichen sind daher auch alle Methoden, die mit ihrer Identifizierung, Charakterisierung und Nutzung in Zusammenhang stehen, von großer Wichtigkeit (Aehle 2007; Buchholz et al. 2012). Genau damit beschäftigt sich das Arbeitsgebiet der Enzymtechnologie.

Wesentliche Beiträge zur Enzymtechnologie leisten die Biologie, insbesondere die Mikrobiologie, Molekularbiologie und Genetik, die Biochemie, die analytische, organische und technische Chemie, die Strukturbiologie und computerbasierte Simulationen, die Bioinformatik sowie die Verfahrenstechnik (◘ Tab. 1.1). Bei der Etablierung von Verfahren mit Mehrenzymreaktionen gewinnen neuerdings auch die Systembiologie und die synthetische Biologie als Arbeitsgebiete zunehmend an Bedeutung.

Aus ◘ Tab. 1.1 wird klar ersichtlich, dass für die technische Herstellung von Enzymen und die Etablierung von neuen Enzymprozessen die erfolgreiche Zusammenarbeit von Biologen, Chemikern, Ingenieuren und Mathematikern unabdingbar und ein gegenseitiges Grundverständnis der jeweils anderen Fachdisziplinen vorauszusetzen ist. In der Industrie arbeiten im Bereich der Forschung und Entwicklung von Enzymprozessen fast ausschließlich interdisziplinäre Teams. Umso wichtiger ist, dass jeder zwar Spezialist in seinem Fachgebiet ist, aber zugleich während der Ausbildung gelernt hat, interdisziplinär zu kommunizieren und die Fachsprache der anderen Disziplinen zu verstehen.

◘ Tab. 1.1   Fachgebiete, die zur Enzymtechnologie einen Beitrag leisten

Mikrobiologie	Isolierung von Mikroorganismen, Stammidentifizierung und Stammhaltung
Biochemie	Assay-Entwicklung, Reinigung und Charakterisierung von Enzymen
Genetik	Stammentwicklung, Bereitstellung rekombinanter Enzyme
Molekularbiologie	Enzymoptimierung, Erstellung von Enzymbibliotheken
Organische Chemie	Synthese von Enzymsubstraten und Enzyminhibitoren, Biokatalyse
Analytische Chemie	Identifizierung von Proteinen, Substraten und Produkten
Strukturbiologie	Aufklärung der 3D-Struktur von Enzymen
Computersimulation	Modellierung von Enzymstrukturen und Katalysemechanismen
Bioinformatik	Enzymidentifizierung in Protein- und Gendatenbanken
Technische Chemie	Enzymimmobilisierung, Reaktionsführung, Produktaufarbeitung
(Bio)Verfahrenstechnik	Produktion, Prozessmodellierung und -führung, Skalierung, Aufarbeitung
Systembiologie	Konstruktion von Ganzzellkatalysatoren, Optimierung von Stoffwechselwegen
Synthetische Biologie	Etablierung auch nicht natürlicher Mehrenzymreaktionen *in vivo* und *in vitro*

1.2 Die Entwicklung der Enzymforschung

Auf der Wirkung von Enzymen beruhende Prozesse wie die alkoholische Gärung, der Einsatz von Hefe zum Backen oder die Herstellung von Käse werden seit mehreren tausend Jahren genutzt. Erste Hinweise auf die Existenz von Enzymen lieferten 1833 Experimente des französischen Chemikers Anselme Payen mit Extrakten aus Gerstenkeimlingen, mit denen sich aus Stärke große Mengen an Zucker herstellen ließen. Man postulierte die Existenz eines sog. „Ferments" (von lat.: *fermentum* = Gärung oder Sauerteig). Der schwedische Chemiker Jöns Jakob Berzelius schlug in den Jahren 1830–1840 vor, dass dieses Ferment eine katalytische Wirkung habe, worauf auch der Vorgang der Gärung beruhe. Der heute gebräuchliche Begriff „Enzym" wurde 1878 von Friedrich Wilhelm Kühne eingeführt (von griech.: *énzymon* = Sauerteig oder Hefe). Emil Fischer, der für seine Arbeiten zur Zuckerchemie im Jahre 1902 den Nobelpreis für Chemie erhielt, postulierte im Jahre 1890 das auch heute noch gebräuchliche sog. Schlüssel-Schloss-Prinzip, nach dem ein Substrat in das aktive Zentrum eines Enzyms passt wie ein Schlüssel in ein Schloss. Als Begründer der modernen Enzymologie gilt Eduard Buchner, der nachwies, dass ein Gärungsprozess auch in Abwesenheit lebender Zellen stattfinden kann und durch eine proteinhaltige Substanz katalysiert wird, die er Zymase nannte. Für diese Entdeckung erhielt Buchner im Jahre 1907 den Nobelpreis für Chemie. In ◘ Abb. 1.1 ist dargestellt, dass seit dieser Zeit zahlreiche weitere Nobelpreise für Arbeiten über oder mit Enzymen vergeben wurden. Ein weiterer Meilenstein in der Enzymforschung im Jahre 1926 war der Nachweis von James B. Sumner, dass das Enzym Urease ein reines Protein ist, welches sich kristallisieren lässt; dies wurde von John H. Northrop auch für die Enzyme Pepsin, Trypsin und Chymotrypsin bestätigt; beide erhielten dafür im Jahre 1946 zusammen mit Wendell M. Stanley den Nobelpreis für Chemie.

Den ersten Meilenstein in der Prozesstechnik für Enzymprozesse legten Nelson und Griffin 1916, indem sie erstmalig das Enzym Invertase auf Aktivkohle durch Adsorption immobilisierten. Dieses Immobilisat setzten sie gepackt in eine Chromatographiesäule als ersten Festbettreaktor zur kontinuierlichen Spaltung von Sucrose zu α-D-Glucose und β-D-Fructose ein, welche als Süßungsmittel

Nobelpreis für Chemie

Autor(en)	Begründung	Jahr
F. H. Arnold	„für die **gerichtete Evolution** von **Enzymen**."	**2018**
G. P. Smith G. P. Winter	„für das **Phagendisplay** von **Peptiden** und Antikörpern."	**2018**
R. J. Lefkowitz B. K. Kobilka	„für ihre Studien zu G-Protein-gekoppelten Rezeptoren."	2012
V. Ramakrishnan T. A. Steitz A. E. Yonath	„für ihre Studien zu Struktur und Funktion von Ribosomen."	2009
O. Shimomura M. Chalfie R. Y. Tsien	„für die Entdeckung und Entwicklung des grün fluoreszierenden Proteins, GFP."	2008
P. D. Boyer J. E. Walker	„für die Aufklärung des enzymatischen Mechanismus, der der Synthese von Adenosintriphosphat (ATP) zugrunde liegt."	**1997**
J. C. Skou	„für die erste Entdeckung eines Ionen-transportierenden Enzyms, **Na^+-, K^+-ATPase**."	**1997**
K. B. Mullis	„für die Erfindung der **Polymerase**kettenreaktion (PCR)."	**1993**
M. Smith	„für seine Beiträge zur Etablierung einer Oligonukleotid-basierten, ortsgerichteten Mutagenese und deren Entwicklung für Proteinstudien."	**1993**
J. Deisenhofer R. Huber H. Michel	„für die Bestimmung der dreidimensionalen Struktur eines photosynthetischen Reaktionszentrums."	1988
J. W. Cornforth	„für seine Arbeit zur Stereochemie von **enzymkatalysierten Reaktionen**."	**1975**
C. B. Anfinsen	„für seine Arbeit an **Ribonuklease**, insbesondere hinsichtlich der Verbindung zwischen Aminosäuresequenz und der biologisch aktiven Konformation."	**1972**
S. Moore W. H. Stein	„für ihren Beitrag zum Verständnis der Verbindung zwischen chemischer Struktur und katalytischer Aktivität des aktiven Zentrums des **Ribonuklease**moleküls."	**1972**
M. F. Perutz J. C. Kendrew	„für ihre Studien zu den Strukturen von globulären Proteinen."	1962
F. Sanger	„für seine Arbeit über die Struktur von Proteinen, vor allem die von Insulin."	1958
A. R. Todd	„für seine Arbeit an Nukleotiden und Nukleotid-Coenzymen."	1957
J. B. Sumner	„für seine Entdeckung, dass **Enzyme kristallisiert** werden können."	**1946**
J. H. Northrop W. M. Stanley	„für die **Herstellung von Enzymen** und Virusproteinen in reiner Form."	**1946**
A. Harden H. K. v. Euler-Chelpin	„für ihre Untersuchungen zur Fermentation von Zuckern und **Fermentationsenzymen**."	**1929**
E. Buchner	„für seine biochemischen Forschungen und seine Entdeckung der zellfreien Fermentation". **Buchner gilt als Begründer der Enzymologie.**	1907

Nobelpreis für Physiologie oder Medizin

Jahr	Autor(en)	Begründung
2009	E. H. Blackburn C. W. Greider J. W. Szostak	„für die Entdeckung, wie Chromosomen durch Telomere und das Enzym **Telomerase** geschützt sind."
1999	G. Blobel	„für die Entdeckung, dass Proteine intrinsische Signale haben, die ihren Transport und die Lokalisierung in der Zelle bestimmen."
1997	S. B. Prusiner	„für die Entdeckung von Prionen - einem neuen biologischen Infektionsprinzip."
1994	A. G. Gilman M. Rodbell	„für ihre Entdeckung von G-Proteinen und die Rolle dieser Proteine bei der Signaltransduktion in Zellen."
1978	W. Arber D. Nathans H. O. Smith	„für die Entdeckung von **Restriktionsenzymen** und deren Anwendung auf Probleme der Molekulargenetik."
1968	R. W. Holley H. G. Khorana M. W. Nirenberg	„für ihre Interpretation des genetischen Codes und seiner Funktion in der Proteinsynthese."
1965	F. Jacob A. Lwoff J. Monod	„für ihre Entdeckungen zur genetischen Kontrolle der Enzym- und Virussynthese."
1958	G. W. Beadle E. L. Tatum	„für ihre Entdeckung, dass Gene handeln, indem sie ein bestimmtes chemisches Ereignis regulieren." (**"Ein-Gen-ein-Enzym-Hypothese"**)
1955	A. H. T. Theorell	„für seine Entdeckungen der Natur und die Wirkungsweisen von **Oxidationsenzymen**."
1931	O. H. Warburg	„für seine Entdeckungen der Natur und Wirkungsweise des **Atmungsenzyms**."
1923	F. G. Banting J. J. R. Macleod	„für die Entdeckung von Insulin."
1910	A. Kossel	„in Anerkennung der Beiträge zu unserem Wissen über die Zellchemie durch seine Arbeit an Proteinen, einschließlich der Kernsubstanzen."

1901

Abb. 1.1 Wissenschaftlerinnen und Wissenschaftler, die für ihre Forschungsarbeiten über Proteine oder Enzyme den Nobelpreis erhalten haben (Auswahl). Sind in der Preisbegründung des Nobelkomitees konkret Enzyme oder Enzymklassen genannt, so sind diese und die zugehörige Jahreszahl in Rot dargestellt

genutzt werden kann. Später, während des zweiten Weltkrieges, nutzte die Firma Tate and Lyle (Decatur, IL, USA) Invertase zur Produktion des sog. Goldenen Sirups.

Industrielle Prozesse zur Produktion von L-Aminosäuren legten die technologischen Grundsteine für die effiziente großtechnische Nutzung von isolierten Enzymen. Bereits seit 1954 wurde in Satzreaktoren im wässrigem Medium homogen gelöste Aminoacylase eingesetzt, um durch Racematspaltung enantiomerenreine L-Aminosäuren zu gewinnen. Aufgrund der fehlenden Möglichkeit die Enzyme zu rezyklieren entstanden sehr hohe Prozesskosten. Den ersten großtechnischen Einsatz eines immobilisierten Enzyms etablierte die Firma Tanabe Seiyaku (Tokyo, Japan) 1969, indem sie die Aminoacylase auf DEAE-Sephadex-Ionenaustauscherharzen immobilisiert in kontinuierlich betriebenen Festbettreaktoren zur Synthese von L-Methionin einsetzte. Um Limitationen durch Diffusion an den heterogen gebundenen Enzymen zu umgehen, etablierte 1980 in der großtechnischen Produktion Degussa, heute Evonik Industries (Essen, Deutschland), einen kontinuierlich betriebenen Membranreaktor, mit dem die Aminoacylase homogen gelöst eingesetzt und rezykliert werden kann (Enzym-Membran-Reaktor, EMR). Hierdurch werden mögliche Diffusionslimitierungen an den Immobilisaten umgangen.

Seit den 1970er-Jahren ist aus den Arbeiten von Sidney Altmann und Thomas Cech (Nobelpreis 1989) bekannt, dass auch RNA eine enzymatische Funktion haben kann, entweder gemeinsam mit einem Enzym (in der RNase P) oder als sog. Ribozym (für weitere Einzelheiten zur Historie der Enzymforschung siehe Buchholz et al. 2012, Panagiotopoulos und Fasouilakis 2017 sowie ► https://de.wikipedia.org/wiki/Enzym).

An der historischen Entwicklung der Enzymforschung ist zu erkennen, dass es sich von Beginn an immer um interdisziplinäre Forschung gehandelt hat, deren Erfolge nur durch das aktive Zusammenwirken verschiedener wissenschaftlicher Disziplinen erzielt werden konnten.

1.3 Die moderne Enzymforschung

Die Entwicklung der modernen Methoden der Molekularbiologie, Strukturbiologie und computerbasierter Modellierung haben die Forschung und die biotechnologischen Anwendungen von Enzymen revolutioniert. So ist es heute möglich, eine nahezu beliebig große Anzahl neuer Enzymgene zu identifizieren. Dies geschieht mithilfe von Hochdurchsatz-Sequenzierungsmethoden für DNA (*next-generation sequencing* oder *NGS*-Methoden) und RNA (sog. RNA-seq-Methoden), aber auch durch Anwendung bioinformatischer Methoden beim Durchsuchen von Datenbanken (sequenzbasiertes Screening, ► Kap. 7). Die Nucleinsäuren stammen aus kultivierbaren (Mikro-)Organismen, die entweder aus Umwelthabitaten isoliert oder in Stammsammlungen gehalten werden, oder die DNA wird direkt aus Umwelthabitaten isoliert (Metagenomik). Die enzymcodierende DNA kann dann mittels PCR amplifiziert, in Expressionsvektoren kloniert und in geeigneten pro- oder eukaryotischen Wirtsorganismen wie z. B. *Escherichia coli*, *Bacillus subtilis*, *Saccharomyces cerevisiae* oder *Aspergillus niger* (► Kap. 9) exprimiert werden. Danach wird mit (oft Hochdurchsatz-) Screening-Methoden die gesuchte Enzymaktivität identifiziert (aktivitätsbasiertes Screening, ► Kap. 6). Eine Optimierung der Eigenschaften der gefunden Enzyme (für industrielle Anwendungen z. B. Stabilität in organischen Lösungsmitteln, bei hohen oder niedrigen pH-Werten und Temperaturen) erfolgt dann durch Anwendung von Methoden des rationalen Designs oder der *directed evolution* (► Kap. 8). Nach Reinigung und biochemischer Charakterisierung der entsprechenden Enzyme erfolgt deren Herstellung in größerem Maßstab, hierzu ist eine oftmals aufwändige und kostenintensive Prozessentwicklung notwendig, die vor allen Dingen auch eine geeignete Aufarbeitungsmethode (das sog. *down-stream processing*, dsp) umfassen muss (► Kap. 12), bevor die Enzyme für verschiedene biotechnologische Anwendungen zur Verfügung stehen. Eine Zukunftsvision, für die es jedoch bereits erste experimentelle Beispiele gibt, ist die computerbasierte Vorhersage einer Aminosäuresequenz, die für ein Enzym mit vorhersagbaren Eigenschaften codiert. Hier sind jedoch noch viele Probleme zu lösen, angefangen von der funktionellen Expression eines theoretisch vorhergesagten Enzyms (ein sog. *Theozym*) bis zur präzisen Simulation des katalytischen Mechanismus (Bornscheuer et al. 2012).

Enzyme werden gemäß den Empfehlungen der International Union of Biochemistry and Molecular Biology, IUBMB (▶ http://www.sbcs.qmul.ac.uk/iubmb/enzyme/) in sechs Klassen eingeteilt. Jedes Enzym erhält eine aus vier Zahlen bestehende Klassifizierungsnummer; die mit EC (für Enzyme Commission) beginnt: EC A.B.C.D, deren erste einstellige Zahl A für den Reaktionstyp aus chemischer Sicht steht, den das jeweilige Enzym katalysiert (◻ Tab. 1.2). Hierbei wird jeweils die reversible Reaktion betrachtet, d. h. in der Enzymklasse 1 der Oxidoreduktasen jeweils die Oxidation als auch die Reduktion. Jedes beschriebene Enzym hat in der Regel einen Trivialnamen und eine EC Nummer.

Detaillierte Angaben zu den einzelnen Vertretern einer Enzymklasse lassen sich über die 1987 von Dietmar Schomburg, TU Braunschweig, begründete frei zugängliche Datenbank BRENDA – Braunschweig Enzyme Database, ▶ www.brenda-enzymes.org, im Internet recherchieren. Hier findet man detaillierte Information zur Mikrobiologie der Wirtsorganismen, Einbindung in Stoffwechselwege, zu Molekularbiologie, Kinetik, Stabilitätsdaten, Substratspektren, Enzyminhibitoren sowie die wesentlichen Literaturreferenzen.

Im Folgenden soll als Beispiel für die heute in der Enzymforschung angewandten Methoden ein Modellenzym aus der biotechnologisch bedeutsamen Gruppe der Hydrolasen vorgestellt werden.

Das grampositive Bakterium *Bacillus subtilis* bildet und sekretiert eine Reihe von biotechnologisch wichtigen Hydrolasen, zu diesen gehört neben einigen Proteasen und Amylasen auch die Lipase LipA (EC 3.1.1.3). Dieses Enzym wurde erstmals im Jahre 1992 von einer belgischen Arbeitsgruppe beschrieben und wird seitdem intensiv bearbeitet. Generell kann die Identifizierung von Hydrolasen (und anderen Enzymen) in sog. Metagenombibliotheken erfolgen. Hierzu werden im Rahmen von Forschungsprojekten, die z. B. von der Europäischen Union finanziell gefördert werden, Umweltproben gewonnen, daraus DNA isoliert, diese in speziell dafür konstruierte Expressionsvektoren kloniert und in den Expressionswirtsorganismen *B. subtilis* oder *E. coli* exprimiert. Zur aktivitätsbasierten Identifizierung werden Hochdurchsatz-Screening-Methoden entwickelt, die es ermöglichen, viele 100.000 Klone daraufhin zu testen, ob diese ein DNA-Fragment enthalten, das für eine enzymatisch aktive Lipase codiert, also ein Lipasegen. Die von *B. subtilis* gebildete Lipase wurde exprimiert, gereinigt und biochemisch charakterisiert, das gereinigte Enzym wurde kristallisiert und mittels Röntgenstrukturanalyse dessen dreidimensionale Struktur bestimmt. Diese Struktur ermöglichte es, mithilfe von Computersimulationen Vorhersagen zu treffen, welche Aminosäuren für die Temperaturstabilität dieses Enzyms wichtig sind und welche man durch gezielte Mutationen austauschen muss, um die Temperaturstabilität zu erhöhen. Ebenfalls mit Computersimulation gelang es, eine weitere biotechnologisch mindestens ebenso wichtige Eigenschaft dieser Lipase zu optimieren: die Enantioselektivität. Mithilfe einer kompletten Sättigungsmutagenese wurde jede der 181 Aminosäuren der Wildtyp-Lipase gegen alle 19 verbleibenden und an dieser Position nicht in der Wildtyp-Lipase vorkommenden Aminosäuren ausgetauscht. Die so konstruierte Lipasebibliothek besteht aus exakt 3439 *E.coli*-Klonen, von denen jeder eine Lipasevariante produziert, die sich in einer Aminosäure von den übrigen Lipasen unterscheidet. Diese Bibliothek ermöglicht es, Aminosäuren zu identifizieren, die für biotechnologisch relevante Eigenschaften wichtig sind, z. B. die Stabilität gegenüber Detergenzien oder organischen Lösungsmitteln. Durch Fermentation wurde eine größere Menge dieser

◻ Tab. 1.2 Enzymklassifizierung durch EC-Nummer EC A.B.C.D (EC: Enzyme Commission; A: beschreibt den Haupttyp der Reaktion (1–6); B: beschreibt die chemische Struktur des Substrates oder das transferierte Molekül; C: beschreibt das Cosubstrat oder die Substratspezifität; D: individuelle Zählnummer in der Klasse A.B.C.)

Enzymklasse A: Name	Reaktionstyp	Cofaktoren	Beispiele
EC 1: Oxidoreduktasen	Oxidation/Reduktion (Elektronentransfer)	NAD(P)$^+$, FAD, FMN, Liponsäure	Alkohol-Dehydrogenase (EC 1.1.1.x), Carbonyl-Reduktase (EC 1.1.1.x) Glucose-Oxidase (EC 1.1.3.4) D-Aminosäure-Oxidase (EC 1.4.3.3) Catalase (EC 1 11.1.16)
EC 2: Transferasen	Transfer funktioneller Gruppen von einem Molekül (Donor) zu einem anderen (Akzeptor)	S-Adenosyl-methionin, ATP, cAMP, Biotin, Thiamindiphosphat (ThDP, TPP), Tetra-hydrofolsäure	Hexokinase (HK) (EC 2.7.1.1) Polymerasen (EC 2.7.7.x) Acetyl-, Amino-, Methyl-Transferasen (EC 2.6.1.x)
EC 3: Hydrolasen	Hydrolytische/nucleo-phile Spaltung/Bildung von C–O-, C–N-, C–S-, C–C-, P–O-, S–O-Bin-dungen		Esterasen (EC 3.1.1.x) Lipasen (EC 3.1.1.3) Glucosidasen (EC 3.2.1.x) Proteasen (EC 3.4.2x.x)
EC 4: Lyasen	Nicht-hydrolytische/oxidative Spaltung/Bil-dung von C = O, C = N, und C = C Bindun-gen via Elimination/Addition	Thiamindiphosphat (ThDP, TPP), Pyridoxalphosphat	Decarboxylase (EC 4.1.1.X) Oxynitrilase (EC 4.1.2.X) Hydratase (EC 4.2.1.X) Carboanhydrase (EC 4.2.1.1)
EC 5: Isomerasen	Intramolekulare Umwandlung, z. B. Epi-merisierung, Racemi-sierung, Umlagerung	Cobalamin, Gluco-se-1,6-bisphosphat	Racemasen (EC 5.1.x.x) Epimerasen (EC 5.1.3.x)
EC 6: Ligasen	Spaltung/Bildung von C–O-, C–N-, C–S-, C–C-, P–O-Bindungen zweier Substrate unter ATP-Verbrauch	ATP, NAD(P)$^+$, Biotin	Synthetasen (EC 6.x.x.x) DNA-Ligasen (EC 6.5.1.x)

Lipase hergestellt und deren biotechnologische Anwendung zur Herstellung eines enantiomerenreinen Alkohols gezeigt, der als Zwischenstufe für die Synthese von Pharmazeutika verwendet wird. Diese in ◻ Abb. 1.2 zusammengefassten Forschungsansätze und Ergebnisse belegen, dass die moderne Enzymforschung ein methodisch sehr vielfältiges Gebiet ist, das multidisziplinäres Arbeiten mit zahlreichen Wissenschaftlern aus sehr unterschiedlichen Fachgebieten erfordert.

1.4 Enzyme als Biokatalysatoren

Enzyme sind aus L-α-Aminosäuren aufgebaut, die durch Peptidbindungen verknüpft sind. Daher sind sie normalerweise nicht toxisch

1

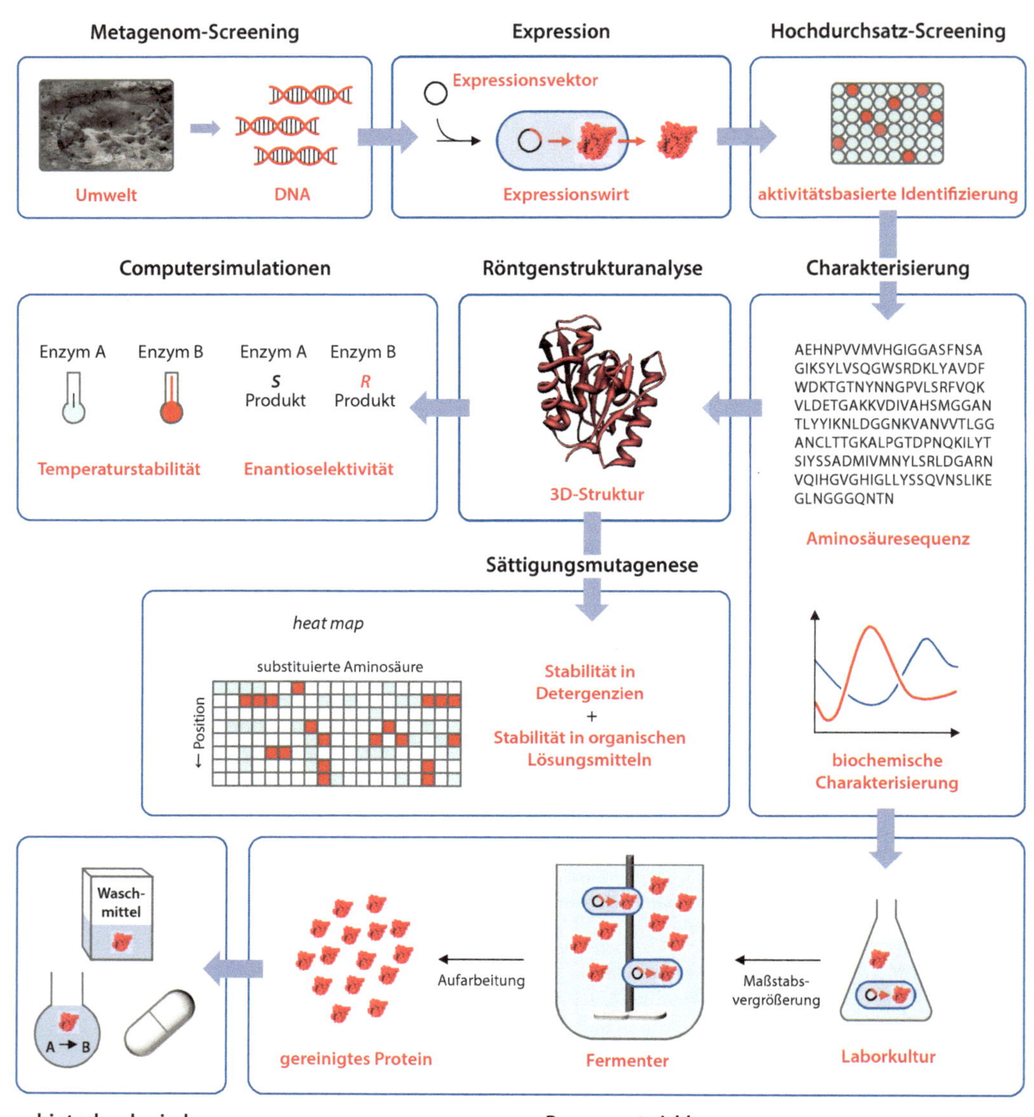

◘ Abb. 1.2   Moderne Methoden der Enzymforschung am Beispiel der Charakterisierung des Modellenzyms Lipase A von *Bacillus subtilis*. Dieses Enzym wurde im Labor von K.-E. Jaeger in Zusammenarbeit mit den im Folgenden genannten Arbeitsgruppen isoliert, gereinigt und charakterisiert: Metagenombibliotheken (Prof. Peter Golyshin, Bangor University, England, und Prof. Wolfgang Streit, Universität Hamburg); Expressionsoptimierung (Prof. Jochen Büchs, RWTH Aachen); aktivitätsbasiertes Screening (Dr. Manuel Ferrer, CSIC Madrid, Spanien); Aufklärung der 3D-Struktur (Prof. Bauke Dijkstra, Universität Groningen, Niederlande); Computersimulationen zur Vorhersage von Mutationen für erhöhte Temperaturstabilität (Prof. Holger Gohlke, Heinrich-Heine-Universität Düsseldorf) und Enantioselektivität (Prof. Walter Thiel und Prof. Manfred Reetz, Max-Planck-Institut für Kohlenforschung, Mülheim an der Ruhr). Komplette Sättigungsmutagenese (Prof. Ulrich Schwaneberg, RWTH Aachen); Prozessentwicklung (Dr. Thorsten Eggert, evoxx technologies, Monheim); biotechnologische Anwendungen (Prof. Michael Müller, Universität Freiburg und Prof. Stephan Lütz, TU Dortmund)

und biologisch leicht abbaubar. Im Vergleich zu chemischen Katalysatoren sind diese Biokatalysatoren in der Regel bei vergleichsweise milden Reaktionsbedingungen in Bezug auf Temperatur, pH-Wert und Druck aktiv, und dies bereits bei wesentlich geringeren Katalysatorkonzentrationen als bei chemischen Katalysatoren üblich (Faber 2018; Jeromin und Bertau 2005).

Im Allgemeinen werden sechs wesentliche Vorteile genannt, die eine Anwendung von Enzymen in den oben genannten Bereichen attraktiv machen können. Dieses sind ihre:

- **Aktivität bei milden Reaktionsbedingungen** – Von Enzymen katalysierte Reaktionen erfolgen im Gegensatz zu chemischen Synthesen i. d. R. im wässrigen Milieu unter Vermeidung extremer pH-Werte und Temperaturen.
- **Reaktionsspezifität** – Im Allgemeinen katalysiert ein Enzym nur einen einzigen Reaktionstyp.
- **Substratspezifität** – Im Gegensatz zu einem chemischen Katalysator sind Enzyme oft hochspezifisch für ein bestimmtes Substrat und können dessen gezielte Umwandlung daher auch in einem Gemisch von verschiedenen Verbindungen hochspezifisch katalysieren (z. B. die Oxidation von Glucose zu Gluconsäure in Blutserum).
- **Regiospezifität** – Enzyme können aufgrund ihres aktiven Zentrums zwischen funktionellen Gruppen gleicher Reaktivität unterscheiden und werden nur ganz bestimmte davon umsetzen (z. B. spezifische Reaktion am C-11-Kohlenstoffatom bei der Hydroxylierung von Steroiden).
- **Enantioselektivität** – Die meisten Enzyme erkennen und unterscheiden aufgrund der Struktur ihres aktiven Zentrums nicht nur zwischen verschiedenen Regionen eines Substratmoleküls, sondern auch zwischen verschiedenen Enantiomeren eines Substrats und setzen in der Regel selektiv nur eines davon um. Da natürliche Enzyme selber aus L-Aminosäuren aufgebaut sind, sind sie selbst chirale Katalysatoren.

- **Nicht an ihre natürliche Rolle gebunden** – Viele Enzyme weisen eine hohe Substrattoleranz auf, indem sie auch nicht natürliche Substrate akzeptieren. Darüber hinaus lassen sie sich in nichtwässrigen Medien und auch in reinen Substanzen einsetzen.

Neben diesen möglichen Vorteilen gibt es jedoch auch eine Reihe von Limitierungen und Nachteilen von Enzymen gegenüber chemischen Katalysatoren, die bei einem technischen Einsatz Berücksichtigung finden müssen (Buchholz et al. 2012):

Enzyme sind in der Regel empfindlich gegenüber:

- hohen Temperaturen
- extremen pH-Werten
- Metallionen
- aggressiven Chemikalien
- vielen Lösungsmitteln sowie
- anfällig für einen Abbau durch Proteasen, da sie ja selbst Proteine sind.

Möglichkeiten, wie mit diesen Limitierungen umgegangen bzw. diese sogar überwunden werden können, sind in ▶ Kap. 8, 11, 12 und 13 zu finden.

Die Herstellung von Enzymen erfolgt entweder mikrobiell oder aus frischem biologischen Material, das pflanzlicher oder tierischer Natur sein kann, und erfordert je nach der für die entsprechende anschließende Anwendung notwendigen Reinheit einen mehr oder weniger hohen Aufwand für die Reindarstellung, der mit erheblichen Kosten verbunden sein kann, wenn dafür z. B. teure Chromatographieverfahren eingesetzt werden müssen (Aehle 2007).

Da Enzyme in der Regel gelöst in einem wässrigen Medium vorliegen, erfordert ihre Wiederverwendung eine vorherige Abtrennung vom Reaktionsmedium unter gleichzeitigem Erhalt der Aktivität. Dieses kann entweder durch Rückhaltung gelöst vorliegender Enzyme mittels Membranen oder alternativ nach ihrer vorhergehenden Bindung an einen unlöslichen Träger, d. h. Immobilisierung, durch Abfiltrieren, Abzentrifugieren oder Einsatz in einem Festbettreaktor in Analogie zu einer Chromatographiesäule geschehen. Beide Verfahrensweisen sind mit zusätzlichem Aufwand und Kosten verbunden. Ob am Ende ein bio- oder ein chemokatalytisches Verfahren industriell umgesetzt wird, hängt von der ökonomischen Gesamtbetrachtung in der jeweiligen Firma ab. Wenn es bereits etablierte Prozesse gibt, kann für viele Reaktionen der Einsatz chemischer Katalysatoren vorteilhafter und kostengünstiger sein.

Dennoch ist zunehmend der Einsatz von Enzymen auch in der chemischen Industrie zu beobachten (Liese et al. 2006; Grunwald 2015). Dieses ist vor allem der Fall bei Anwendungen, bei denen es um die Funktionalisierung eines bestimmten, nicht aktivierten C-Atoms in komplexen Molekülen geht, um die selektive Umwandlung einer bestimmten funktionellen Gruppe eines Moleküls unter mehreren Gruppen mit gleicher Reaktivität, um die Einführung von chiralen Zentren oder um die Racematspaltung von chiralen Verbindungen (Faber 2018). Häufig werden wegen der einfacheren Abtrennbarkeit von Katalysator und Produkt vom Reaktionsmedium und der Möglichkeit zur Wiederverwendung des Katalysators dabei immobilisierte Enzyme eingesetzt (Buchholz et al. 2011), zunehmend geschieht dieses auch in ungewöhnlichen nichtwässrigen Reaktionsmedien.

1.5 Industrielle Anwendungen von Enzymen

Mit der technischen Herstellung von Essigessenz im Generatorverfahren gibt es bereits seit Ende des 19. Jahrhundert erfolgreiche Beispiele für den Einsatz von immobilisierten Ganzzellbiokatalysatoren zur Durchführung von Enzymreaktionen in der Industrie im großen Maßstab. Chemische Umwandlungsreaktionen, sog. „Biotransformationen" (engl. *bioconversions*), können dabei nicht nur mit in freier oder immobilisierter Form vorliegenden Enzymen, sondern auch mit (z. B. mit Glutaraldehyd) behandelten Zellen, lebenden wachsenden oder lebenden immobilisierten mikrobiellen Zellen durchgeführt werden. Die Verwendung lebender Zellen hat den Vorteil, dass eine eventuell notwendige Coenzymregenerierung wie im Fall von Nicotinamidadenindinucleotid (NAD) oder Flavinadenindinucleotid (FAD) in einfacher Weise durch die Zellen selbst erfolgen kann. Problematisch können jedoch dabei auftretende Neben- und Abbaureaktionen sein. Abgetötete Zellen, auch „ruhende" genannt, verwendet man z. B. zur Stabilisierung von komplex und aus mehreren Untereinheiten aufgebauten Enzymen wie etwa bei der Nitrilhydratase- oder Tryptophansynthetase-Reaktion. Im Gegensatz zu den „ruhenden" Zellen benötigen die lebenden Zellen eine Kohlenstoffquelle wie z. B. Glucose. ◘ Abb. 1.3 zeigt die Haupteinsatzbereiche für industrielle Enzyme sowie die Umsätze, die der größte Enzymhersteller der Welt, die Firma Novozymes (Bagsværd, Dänemark) in den verschiedenen Einsatzbereichen erzielt. Die Anforderungen, die für einen industriellen Einsatz an Enzyme gestellt werden, sind je nach Anwendung sehr unterschiedlich.

1.5.1 Enzyme in der Lebensmittel-, Futtermittel und Textilindustrie

Bei einem Einsatz in der Lebensmittelindustrie verbleiben die Enzyme häufig im Endprodukt. Daher ist u. a. zu beachten, dass die Enzyme selbst als Lebensmittel geeignet sein müssen, was bedeutet, dass sie entweder tierischen oder pflanzlichen Ursprungs sind bzw. von sog. GRAS- (engl. Abkürzung für *generally regarded as safe*) Mikroorganismen stammen. Weiter sollten die Enzyme nicht toxisch und nicht allergen sein, sie sollten geschmacksneutral, einfach und preiswert herstellbar sein und keinen wesentlichen Kostenfaktor bei dem entsprechenden Prozess zur Lebensmittelherstellung darstellen (Aehle 2007).

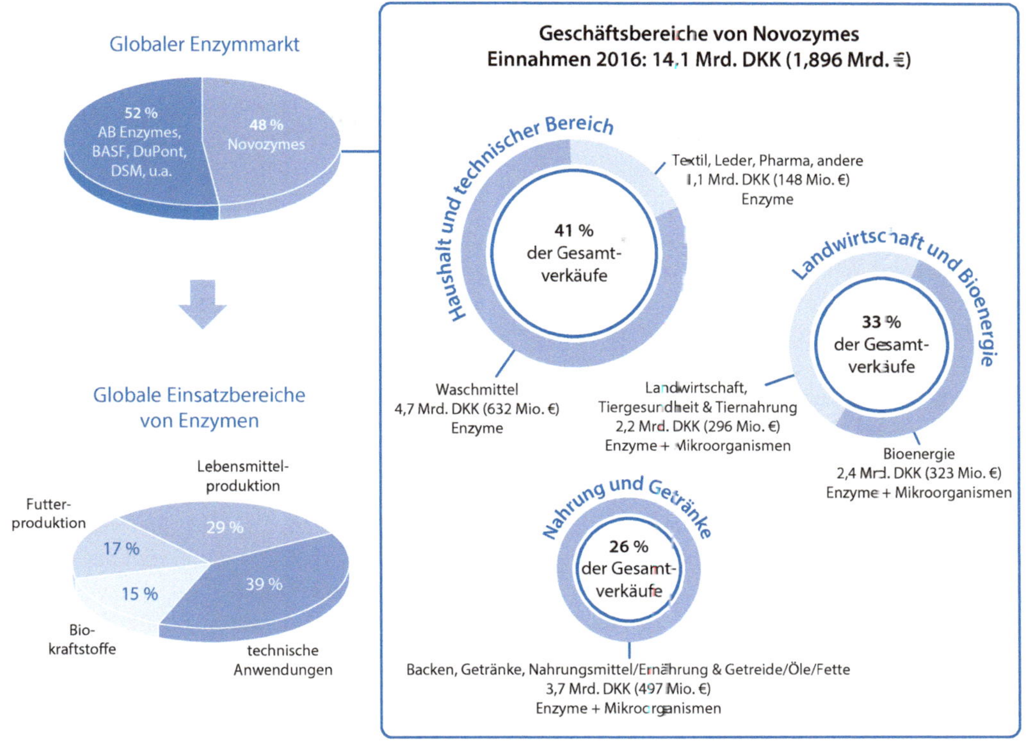

Abb. 1.3 Globaler Enzymmarkt, aufgeteilt in die Einsatzbereiche technische Anwendung (u. a. Textil-, Leder-, Papier-/Zellstoff-, Waschmittel- und Kosmetikherstellung, Landwirtschaft, Abwasserwirtschaft, Pharma- und Chemieindustrie), Lebensmittelproduktion (u. a. Nahrungsmittel-, Nahrungsergänzungsmittel- und Getränke- produktion), Futterproduktion (Tierfutter-, Tierfutterzusatzstoffproduktion) und Biokraftstoffe (u. a. Biomasse- abbau und -konversion), sowie der Anteil des größten Enzymproduzenten Novozymes daran. Zu den weltweit im größten Maßstab hergestellten Enzymen gehören u. a. Proteasen (ca. 2000 t a^{-1}), Amylasen (ca. 1200 t a^{-1}), Phytasen (ca. 50 t a^{-1}) und Lipasen (ca. 20 t a^{-1}). DKK: Dänische Kronen. (Quelle: Novozymes Report 2016)

Beispiele für seit Langem im Lebensmittel- sektor eingesetzte pflanzliche und tierische Enzyme sind schonend hergestellte enzym- haltige Getreidemalzextrakte zur Förderung des Stärkeabbaus, z. B. bei der Bierherstellung, Pepsin aus Schweinemagenschleimhaut als Verdauungsenzym in Pepsinwein zum bes- seren Proteinverdau im Magen, Labenzym aus Kälbermägen zur proteasekatalysierten Proteinfällung bei der Käseherstellung, Papain und Chymopapain aus dem Melonenbaum als Fleischzartmacher („Tenderizer") oder Bro- melain aus Ananas und Ficin aus dem Feigen- baum ebenfalls als Fleischzartmacher oder zur Verdauungsförderung bei Diäten.

Ebenso werden im Lebensmittelsektor aber auch mikrobielle Enzyme wie Amylasen, Glucanasen und Proteasen z. B. zur Stärke- verzuckerung und zum Abbau des „Kleberei- weißes" Gluten in Getreidemehlen eingesetzt, Proteasen werden als Ersatz von tierischem Kälberlab bei der Käseherstellung, Pectina- sen zur Klärung, Entschleimung und Sen- kung der Viskosität von Obstsäften genutzt. Auch die Verwendung von mikrobieller Lactase bzw. β-Galactosidase bei der Her- stellung lactosefreier Milchprodukte ist ein inzwischen weit verbreitetes Verfahren. Da mikrobielle Enzyme als „vegan" eingeordnet werden, ist eine Verwendung bei Herstellung entsprechender Lebensmittel ebenfalls möglich. Die genannten Enzyme verbleiben dabei in der Regel im Endprodukt. Eine Übersicht für diesen Bereich gibt ▶ Kap. 16.

Im Futtermittelsektor wird bei nicht wiederkäuenden Tieren das Enzym Phytase als Futterzusatz zur Phosphatmobilisierung in pflanzlichen Futtermitteln verwendet.

Eines der volumenmäßig weltweit größten eingesetzten Enzymverfahren ist die Glucose-isomerase-Reaktion zur Herstellung des in der Getränke- und Backindustrie eingesetzten Süßungsmittels Glucose-Fructose-Sirup („Isosirup", im engl. Raum *high fructose corn sirup*, HFCS). In der Regel geht dieser Reaktion eine aus mehreren Schritten bestehende enzymatische Verzuckerung von Stärke mit einem ersten enzymatischen Reaktionsschritt bei etwa 100 °C vorweg.

Erfolgreiche Beispiele für die Nutzung von hydrolytischen Enzymen für Synthesereaktionen mit Zusatz bzw. in organischen Lösungsmitteln sind die lipasekatalysierte Umesterung von Sonnenblumenöl zu Kakaobutter oder die proteasekatalysierte Synthese des Süßstoffes Aspartam (L-Aspartyl-L-phenylalaninmethylester). In beiden Fällen nutzt man die Regioselektivität und/oder die Stereoselektivität der verwendeten Enzyme.

In der Textilindustrie werden im großen Maßstab mikrobielle Amylasen industriell zur Entfernung des „Schlichtungsmittels" Stärke bei der Textilverarbeitung, mikrobielle Cellulasen zur Abspaltung von Baumwollfasern zur Verbesserung der Weichheit und der optischen Erscheinung der Wäsche und mikrobielle Proteasen zur Entfernung von Haaren und Fleischresten bei der Lederverarbeitung verwendet (Aehle 2007).

1.5.2 Enzyme in der chemischen und pharmazeutischen Industrie

Wenn in der chemischen und pharmazeutischen Industrie Verfahren, die mithilfe chemischer Katalysatoren durchgeführt wurden, durch Enzymverfahren abgelöst werden, spielen dabei die Aspekte Kostenreduktion, Qualitätsverbesserung, Rohstoffnutzung und Verminderung der Umweltbelastung eine wichtige Rolle (Buchholz et al. 2012). Beim bisherigen industriellen Einsatz von Enzymen in der chemischen und pharmazeutischen Industrie fällt jedoch auf, dass im großen Maßstab in freier oder immobilisierter Form überwiegend Enzyme der Enzymklasse EC 3 „Hydrolasen" verwendet werden. Gründe dafür sind vor allem darin zu sehen, dass viele dieser Enzyme bei der mikrobiellen Herstellung extrazellulär vorliegen, einfach aufzuarbeiten und in der Regel recht robust und stabil sind. Zudem benötigen sie keine teuren Cofaktoren bzw. Coenzyme wie Enzyme aus der Klasse EC 1 „Oxidoreduktasen". Entsprechende Reaktionen mit Enzymen aus dieser Enzymklasse werden daher häufig mit Wildtyp- oder rekombinanten Ganzzellkatalysatoren durchgeführt.

Bei fast allen industriell in der chemischen und pharmazeutischen Industrie bisher durchgeführten Reaktionen nutzt man wiederum die Eigenschaften Reaktions-, Regio- und Stereoselektivität. Wichtige Beispiele für den Einsatz von Enzymen in diesem Sektor sind die Herstellung von Vitamin C, von enantiomerenreinen nichtproteinogenen L- und D-Aminosäuren, z. B. mit den Enzymen L-*N*-Aminoacylase oder D-Hydantoinase, die Herstellung von 6-Aminopenicillansäure (6-APA) und 7-Aminocephalosporansäure (7-ACA) und davon abgeleitet von semisynthetischen Penicillinen und Cephalosporinen mit den entsprechenden Penicillin- und Cephalosporin-Acylasen, die Herstellung von enantiomerenreinen Alkoholen und Aminen als Bausteine (engl. *building blocks*) für die organische Synthese vieler weiterer Chiralica und in der Kosmetikindustrie z. B. von kosmetischen Estern, zum Teil sogar großtechnisch ohne den Einsatz von Lösungsmitteln in den reinen Eduktgemischen aus Fettsäure und Fettalkohol. Einen Überblick über diesen Bereich gibt ▶ Kap. 14.

Die meisten der dabei verwendeten Enzyme werden dafür inzwischen rekombinant unter Einsatz gentechnischer Verfahren hergestellt. Dieses hat gegenüber der Verwendung von tierischen, pflanzlichen oder mikrobiellen Enzymen aus Wildstämmen in vielen Fällen zu einer deutlich erhöhten Wirtschaftlichkeit geführt (Buchholz et al. 2012).

Über **Hochzelldichtekultivierung** können innerhalb kurzer Zeit große Enzymmengen bereitgestellt werden. Das rekombinante Enzym kann dabei mehr als 20 % des gesamten Zellproteins ausmachen.

Eine bewusst **fehlerhaft durchgeführte Polymerasekettenreaktion** (engl. *error-prone-* oder ep-PCR) erlaubt die Herstellung zahlreicher Genvarianten eines Enzyms und somit eine schnelle Optimierung. Nach Expression dieser Varianten erhält man sog. Enzymbibliotheken, die sich mithilfe geeigneter **Hochdurchsatzscreening-Verfahren** (engl. *high-throughput-screening*, HTS) nach besseren, so in der Natur nicht vorkommenden Enzymvarianten durchsuchen lassen (▶ Kap. 8).

Sogenannte **Tagging-Technologien** ermöglichen die schnelle und einfache Enzymreinigung. Man versieht dabei entweder den *N-* oder den *C*-Terminus eines rekombinanten Proteins mit einer spezifischen Sequenz von Aminosäuren (z. B. mit der Hexahistidin-Sequenz His_6), wodurch eine hochselektive Abtrennung des Proteins von Fremdprotein möglich ist.

Bei der Verwendung lebender Zellen für Biotransformationsreaktionen gibt es Beispiele für das erfolgreiche Design von rekombinanten, zu hohen Zelldichten kultivierbaren Ganzzellbiokatalysatoren (engl. *designer-bugs*), z. B. auf Basis von *Escherichia coli*-Zellen, zur Durchführung von Mehrenzymreaktionen mit enthaltenden rekombinanten Enzymen. Die rekombinanten Enzyme können dabei aus unterschiedlichen Wildstämmen stammen, sie können bereits molekularbiologisch optimiert und von den Konzentrationen in der Zelle her optimal aufeinander abgestimmt sein.

Eine Herausforderung bei lebenden Ganzzellbiokatalysatoren besteht in der Überwindung von durch Zellmembran und Zellwand verursachten möglichen Transportlimitierungen, die eventuell eine Permeabilsierung der Zellen erforderlich machen. Dieses kann bei der Umsetzung wiederum zu einem „Ausbluten" der Zellen und Freisetzung unerwünschter Nebenprodukte führen.

Weltweit hat die Umstellung der chemischen Industrie von erdölbasierten auf nachwachsende Rohstoffe begonnen und wird im Rahmen der Etablierung einer biobasierten Ökonomie weiter vorangetrieben. Daher besteht kein Zweifel, dass enzymatische Verfahren sowohl bei der Vorbehandlung und Bereitstellung der nachwachsenden Rohstoffe als auch bei der Herstellung von Grundchemikalien zukünftig eine immer wichtigere Rolle spielen werden (Hilterhaus et al. 2016).

Literatur

Aehle, W. (2007) *Enzymes in Industry*. 3rd Edition. Wiley-VCH-Verlag

Bisswanger, H. (2015) *Enzyme – Struktur, Kinetik und Anwendungen*. Wiley-VCH-Verlag

Bornscheuer, U. T., Huisman, G. W., Kazlauskas, R. J, Lutz, S., Moore, J. C., Robins, K. (2012) Engineering the third wave of biocatalysis. Nature 485: 185–194

Buchholz, K., Kasche, V., Bornscheuer, U. (2012) *Biocatalysts and Enzyme Technology*. 2nd Edition. Wiley-VCH-Verlag

Faber, K. (2018) *Biotransformations in Organic Chemistry*. 7th revised and corrected edition, Springer-Verlag

Grunwald, P. (2015) *Industrial Biocatalysis*. Pan Stanford Publishing

Hilterhaus, L., Kettling, U., Antranikian, G., Liese, A. (2016) *Applied Biocatalysis: From Fundamental Science to Industrial Applications*, Wiley-VCH-Verlag

Jeromin, G. E., Bertau M. (2005) *Bioorganikum - Praktikum der Biokatalyse*. Wiley-VCH-Verlag

Liese, A., Seelbach, K., Wandrey, C. (2006) *Industrial Biotransformations*. 2nd revised Edition. Wiley-VCH-Verlag

Panagiotopoulos, A. A., Fasouilakis, E.G. (2017) Introduction to Enzymes and Biotechnology, Lab Lambert Academic Publishing

Grundlagen

Inhaltsverzeichnis

Enzymstruktur und -funktion

Vlada B. Urlacher und Katja Koschorreck

© Springer-Verlag GmbH Deutschland, ein Teil von Springer Nature 2018
K.-E. Jaeger, A. Liese, C. Syldatk (Hrsg.), *Einführung in die Enzymtechnologie*,
https://doi.org/10.1007/978-3-662-57619-9_2

2

Zusammenfassung
Enzyme sind Biokatalysatoren, die biochemische Reaktionen beschleunigen und damit den Stoffwechsel von Organismen aufrechterhalten. Bei Enzymen handelt es sich um Proteine, die aus Aminosäuren aufgebaut sind. Die eine Hälfte des Kapitels widmet sich dem allgemeinen Aufbau von Enzymen sowie deren Struktur. Viele Enzyme benötigen für ihre Aktivität Cofaktoren. Das können entweder kleine organische Moleküle oder Metallionen sein. Das Kapitel gibt einige Beispiele für Cofaktoren in Enzymen und ihre Rolle in enzymkatalysierten Reaktionen. In der zweiten Hälfte des Kapitels werden die Mechanismen beleuchtet, die Enzyme zur Katalyse von Reaktionen nutzen. Dazu zählen Säure-Base-Katalyse, kovalente Katalyse, Metallionenkatalyse, Annäherungs- und Orientierungseffekte sowie die Stabilisierung des Übergangszustandes.

Enzyme sind biologische Katalysatoren, die die Geschwindigkeit chemischer Reaktionen bis zu 10^{17}-fach beschleunigen. Dies erreichen sie durch die Verringerung der energetischen Barrieren, die bei der Umwandlung eines Substrates zum Produkt überwunden werden müssen. Dafür wurden im Laufe der Evolution verschiedene molekulare Mechanismen entwickelt. Obwohl alle Enzyme aus den gleichen Grundbausteinen, den Aminosäuren, aufgebaut sind, spielt ihre dreidimensionale Struktur und bei einigen Enzymen auch die Beteiligung von Cofaktoren eine entscheidende Rolle bei der Katalyse. Um sich die Eigenschaften eines Enzyms zunutze machen zu können, müssen seine Struktur und der Katalysemechanismus aufgeklärt werden.

2.1 Struktur von Enzymen

2.1.1 Allgemeiner Aufbau

Enzyme sind Biokatalysatoren, die alle biochemischen Reaktionen in einem Organismus beschleunigen und dadurch dessen Stoffwechsel aufrechterhalten. Neben einer kleinen Gruppe katalytischer RNA und DNA sind die meisten Biokatalysatoren Proteine, d. h. Biopolymere, die aus Aminosäuren aufgebaut sind. Aminosäuren bestehen aus einem zentralen Kohlenstoffatom, an dem eine Aminogruppe, eine Carboxylgruppe, ein Wasserstoffatom und eine variable Seitenkette gebunden sind. Anhand der Seitenkette lassen sich 20 verschiedene kanonische Aminosäuren unterscheiden, die typischerweise in Proteinen zu finden sind. Aufgrund der chemischen Eigenschaften der Seitenkette können die Aminosäuren in vier Gruppen eingeteilt werden:

- Aminosäuren mit unpolarer Seitenkette: Glycin, Alanin, Valin, Leucin, Isoleucin, Methionin, Prolin, Phenylalanin, Tryptophan
- Aminosäuren mit polarer, ungeladener Seitenkette: Serin, Threonin, Asparagin, Glutamin, Tyrosin, Cystein
- Aminosäuren mit polarer, positiv geladener Seitenkette: Lysin, Arginin, Histidin
- Aminosäuren mit polarer, negativ geladener Seitenkette: Asparaginsäure, Glutaminsäure

Aminosäuren können durch die Ausbildung von Peptidbindungen lineare Polymere bilden. Peptidbindungen werden durch die Verknüpfung der Carboxylgruppe einer Aminosäure mit der Aminogruppe einer weiteren Aminosäure unter Freisetzung von Wasser gebildet. Aufgrund einer Resonanzstabilisierung haben Peptidbindungen eine starre, planare Struktur. In der Polypeptidkette bilden die Atome der Peptidbindungen das Rückgrat der Kette, während die Seitenketten, auch als Aminosäurereste bezeichnet, den variablen Teil darstellen. Durch die Vielzahl an Kombinationsmöglichkeiten der zwanzig Aminosäuren hat jede Polypeptidkette einen individuellen Charakter. Das Polypeptidende, welches die Aminogruppe trägt, wird als N-Terminus bezeichnet und definiert den Anfang der Polypeptidkette. Das Ende der Polypeptidkette trägt die Carboxylgruppe und wird als C-Terminus bezeichnet.

2.1.2 Primär-, Sekundär-, Tertiär- und Quartärstruktur

Die Struktur von Proteinen wird auf vier Ebenen beschrieben (Berg et al. 2013, S. 25). Die erste Ebene ist die lineare Sequenz der Aminosäuren, die über Peptidbindungen kovalent miteinander verbunden sind. Sie wird als Primärstruktur bezeichnet.

Durch die Primärstruktur eines Proteins werden weitere Strukturebenen festgelegt. Die Sekundärstruktur wird durch die räumliche Anordnung von Aminosäuren gebildet, die in der Primärstruktur nahe beieinander liegen. Diese spezifische Anordnung wird durch Wasserstoffbrücken zwischen den Amino- und Carbonylgruppen des Peptidrückgrats stabilisiert. Zu den lokalen Strukturelementen gehören unter anderem α-Helices, β-Faltblätter und β-Schleifen. Aufgrund der Wechselwirkungen zwischen einzelnen Aminosäuren wird bereits während der Translation einer mRNA die Sekundärstruktur des Proteins ausgebildet. In manchen Proteinen werden die linearen Polypeptidketten durch Disulfidbrücken verknüpft, die bei der Oxidation zweier Cysteinreste entstehen.

Bei der α-Helix ist das Rückgrat rechtsgängig gewunden und enthält durchschnittlich 3,6 Aminosäurereste pro Windung, wobei die Seitenketten nach außen zeigen. Die Stabilisierung erfolgt durch Wasserstoffbrücken, die zwischen den Carbonyl- und Aminogruppen der Peptidbindungen gebildet werden, die vier Aminosäurereste auseinander liegen. β-Faltblätter haben eine ausgestreckte Form und werden durch Wasserstoffbrücken zwischen den Carbonyl- und Aminogruppen benachbarter Polypeptidketten stabilisiert. Verlaufen die Polypeptidketten in dieselbe Richtung, spricht man von einem parallelen β-Faltblatt. Laufen sie entgegengesetzt, handelt es sich um ein antiparalleles β-Faltblatt. Im Durchschnitt werden β-Faltblätter in Proteinen aus sechs Polypeptidsträngen gebildet, die durchschnittlich sechs Aminosäurereste enthalten. Die Verbindung der Polypeptidstränge in den β-Faltblättern erfolgt häufig durch sog.

β-Schleifen. Dabei handelt es sich um Polypeptidabschnitte, die zu einem Richtungswechsel im Verlauf der Polypeptidkette führen. β-Schleifen liegen häufig an der Oberfläche von Proteinen. Durch unterschiedliche Kombination von α-Helices, β-Faltblättern und β-Schleifen ergeben sich verschiedenartige Proteinstrukturen. Allgemein unterscheidet man fibrilläre (oder faserförmige) und globuläre (oder kugelförmige) Proteine Fibrilläre Proteine wie z. B. Kollagen oder Elastin sind aus α-Helices aufgebaut, nicht oder schlecht wasserlöslich und haben eine stabilisierende Funktion. Globuläre Proteine wie z. B. Enzyme bilden sich durch die Verbindung von α-Helices und/oder β-Faltblättern über β-Schleifen. Sie sind meist wasserlöslich und haben vielfältige Funktionen (Voet et al. 2010, S. 144).

Der Sekundärstruktur übergeordnet sind Tertiärstruktur und Quartärstruktur. Die Tertiärstruktur wird durch spontane Faltung von Elementen der Sekundärstruktur gebildet. Dabei werden unpolare Aminosäurereste im Inneren von globulären Proteinen verborgen, während Aminosäuren mit polaren, geladenen Seitenketten auf der Proteinoberfläche angeordnet werden. Neben den hydrophoben Wechselwirkungen spielen bei der Stabilisierung der Tertiärstruktur auch ionische Bindungen, Wasserstoffbrücken sowie Disulfidbrücken eine wichtige Rolle. Erst durch die Tertiärstruktur erreicht ein Protein seine biologisch wirksame Form (Voet et al. 2010, S. 158).

Besteht ein Protein aus mehreren Polypeptidketten, den sog. Untereinheiten, spricht man von der Quartärstruktur. Die Untereinheiten werden dabei über elektrostatische Wechselwirkungen, Wasserstoffbrücken und Van-der-Waals-Kräfte zusammengehalten. Im einfachsten Fall bilden zwei identische Polypeptidketten ein Dimer. Die Katalase aus der Rinderleber, ein Wasserstoffperoxid spaltendes Enzym, ist z. B. ein Tetramer aus vier identischen Untereinheiten. Häufig lagern sich verschiedene Polypeptidketten zu einem Multimer zusammen. Die Pyruvat-Decarboxylase, die Pyruvat zu Acetaldehyd und CO_2

decarboxyliert, liegt beispielsweise als Tetramer aus zwei unterschiedlichen Untereinheiten vor. Die eukaryotische Cytochrom-c-Oxidase, ein großer Enzymkomplex der Atmungskette, besteht aus insgesamt 13 verschiedenen Untereinheiten (Voet et al. 2010, S. 173).

2.1.3 Posttranslationale Modifikationen

Ihre Aktivität können Enzyme nur in ihrer dreidimensionalen, biologisch funktionellen nativen Konformation entfalten. Allerdings bestimmt die Aminosäuresequenz allein nicht zwangsläufig die Aktivität der Enzyme. Viele Proteine werden erst durch sog. posttranslationale Proteinmodifikationen in ihre aktive Form überführt bzw. in ihren Eigenschaften verändert. Unter posttranslationalen Proteinmodifikationen versteht man Veränderungen von Proteinen, die nach der Translation stattfinden. Dazu gehört neben der proteolytischen Spaltung auch die Modifikation von Aminosäureresten. Diese kann durch Anfügen von anorganischen Gruppen, z. B. durch Phosphorylierung oder Hydroxylierung, oder von organischen Gruppen, z. B. durch Acetylierung oder Glykosylierung, erfolgen. Bei der proteolytischen Spaltung wird durch Spaltung einer oder mehrerer Peptidbindungen ein Teil des Proteins abgetrennt. Dadurch werden z. B. Verdauungsenzyme in ihre aktive Form überführt oder Blutgerinnungsfaktoren aktiviert. Viele Proteine werden durch kovalente Modifikation von Aminosäureresten verändert. Durch die Phosphorylierung von Serin- oder Threoninresten wird z. B. die Aktivität von Proteinen verändert. Hydroxylierungen treten an Prolin, Carboxylierungen an Glutamat auf. Durch Acetylierung des N-Terminus wird der Abbau von Proteinen erschwert. Bei der Glykosylierung werden Oligosaccharide kovalent an spezifische Aminosäurereste auf der Proteinoberfläche gebunden, wodurch die Proteine hydrophiler werden. Dadurch wird die Aktivität, Struktur und Stabilität der Proteine beeinflusst. Glykosylierungen findet man hauptsächlich bei sekretierten und membranständigen, eukaryotischen Proteinen.

2.1.4 Cofaktoren

Viele Enzyme benötigen für ihre Aktivität Cofaktoren. Cofaktoren sind nichtproteinartige niedermolekulare Bestandteile von Enzymen, die an der Katalyse teilnehmen (Voet et al. 2010, S. 357).

Cofaktoren können entweder kleine organische Moleküle oder Metallionen sein. Sie ermöglichen Reaktionen, die allein durch die im Enzym enthaltenen Aminosäuren nicht katalysiert werden können. Enzyme ohne ihre Cofaktoren bezeichnet man als Apoenzyme. Diese sind katalytisch inaktiv. Durch die Bindung des Cofaktors an das Apoenzym wird das sog. Holoenzym, die katalytisch aktive Form des Enzyms, gebildet. Handelt es sich bei den Cofaktoren um kleine organische Moleküle, werden sie als Coenzyme bezeichnet. Coenzyme, die lose an das Enzym gebunden sind und aus der Reaktion nicht unverändert hervorgehen, nennt man Cosubstrate. Beispiele für Cosubstrate sind Nicotinamid-adenin-dinucleotid (NAD$^+$), Nicotinamid-adenin-dinucleotid-phosphat (NADP$^+$) und Adenosintriphosphat (ATP) (◘ Tab. 2.1). NAD(P)$^+$/NAD(P)H fungieren in vielen biochemischen Reaktionen als Elektronenüberträger. Bei der Oxidation eines Substrates werden formal zwei Elektronen und ein Proton (ein Hydridion) auf NAD(P)$^+$ übertragen, sodass NAD(P)H gebildet wird. Die Alkohol-Dehydrogenase oxidiert beispielsweise Ethanol mithilfe von NAD$^+$ zu Acetaldehyd. Das gebildete NADH kann in einer unabhängigen enzymatischen Reaktion durch die Reduktion eines Substrates zu NAD$^+$ regeneriert werden. Die Lactat-Dehydrogenase verwendet beispielsweise NADH, um Pyruvat zu Lactat zu reduzieren. Das Cosubstrat ATP wird in einigen enzymatischen Reaktionen als Energielieferant verwendet. Durch die Hydrolyse von ATP zu Adenosindiphosphat (ADP) und Orthophosphat oder

◘ Tab. 2.1 Cosubstrate und prosthetische Gruppen in Enzymen

Cofaktor	Enzym
Cosubstrat	
Nicotinamid-adenin-dinucleotid	Alkohol-Dehydrogenase
Nicotinamid-adenin-dinucleotid-phosphat	Glucose-6-phosphat-Dehydrogenase
Adenosintriphosphat	Glutamin-Synthetase
Nicht metallhaltige prosthetische Gruppe	
Flavin-adenin-dinucleotid	Glucose-Oxidase
Flavin-mononucleotid	Glykolat-Oxidase
Biotin	Pyruvat-Carboxylase
Pyridoxalphosphat	Aspartat-Aminotransferase
Thiamindiphosphat	Pyruvat-Decarboxylase
Metallhaltige prosthetische Gruppe	
Eisen-Porphyrin	Cytochrom-P450-Monooxygenase
Eisen-Schwefel-Cluster	Ferredoxin
Molybdän-Cofaktor	Xanthin-Oxidase
Molybdän-Eisen-Cofaktor	Nitrogenase
Vanadium-Cofaktor	Vanadiumabhängige Haloperoxidase

zu Adenosinmonophosphat (AMP) und Diphosphat wird Energie freigesetzt, die endergonische Reaktionen antreiben kann. Die Glutamin-Synthetase (auch Glutamat-Ammonium-Ligase genannt) erhält z. B. die Energie zur Bildung von Glutamin aus Glutamat und Ammoniak durch die Hydrolyse von ATP zu ADP und Orthophosphat.

Coenzyme, die fest an das Enzym gebunden sind, werden als prosthetische Gruppen bezeichnet. Die Bindung der prosthetischen Gruppe an das Enzym ist in der Regel kovalent und wird häufig durch hydrophobe Wechselwirkungen und Wasserstoffbrückenbindungen unterstützt. Prosthetische Gruppen lassen sich

in metallhaltige und nicht metallhaltige prosthetische Gruppen unterteilen. Flavin-adenin-dinucleotid (FAD), Biotin, Pyridoxalphosphat und Thiamindiphosphat sind Beispiele für nicht metallhaltige prosthetische Gruppen in Enzymen (◘ Tab. 2.1). FAD fungiert ähnlich wie NAD^+ und $NADP^+$ als Elektronenakzeptor, es kann allerdings im Gegensatz zu NAD^+ und $NADP^+$ zwei Elektronen und zwei Protonen aufnehmen. Dabei wird $FADH_2$ gebildet. Die Glucose-Oxidase katalysiert mithilfe von FAD die Oxidation von Glucose zu Gluconolacton. Das dabei gebildete $FADH_2$ wird durch die anschließende Reduktion von Sauerstoff zu Wasserstoffperoxid durch die Glucose-Oxidase wieder zu FAD regeneriert.

Biotin ist ein wasserlösliches Vitamin (B_7 oder Vitamin H). Es handelt sich dabei um einen bizyklischen Ring, der aus Imidazolidon und Thiophan gebildet wird und eine Valeriansäure-Seitenkette enthält. Biotin wird kovalent an Enzyme über eine Amidbindung zwischen der Valeriansäure-Seitenkette und der ε-Aminogruppe eines spezifischen Lysinrestes des Enzyms gebunden. Biotinabhängige Enzyme katalysieren Carboxylierungsreaktionen.

Pyridoxalphosphat ist ein Derivat von Pyridoxin (Vitamin B_6). Es ist als prosthetische Gruppe vieler Enzyme zu finden, die im Aminosäurestoffwechsel involviert sind. Dabei bildet Pyridoxalphosphat mit der α-Aminogruppe einer Aminosäure eine Schiff'sche Base. Je nachdem, an welcher Stelle die Schiff'sche Base gespalten wird, findet eine Transaminierungs-, Decarboxylierungs- oder Eliminierungsreaktion statt. Welche Reaktion katalysiert wird, hängt vom Apoenzym ab.

Thiamindiphosphat ist der Phosphatester des Thiamins (Vitamin B_1). Es ist als prosthetische Gruppe in verschiedenen Enzymen an der Decarboxylierung von α-Ketocarbonsäuren beteiligt. Dabei stellt der Thiaziolumring die katalytisch aktive Gruppe dar. Der Thiazoliumring geht leicht durch Deprotonierung in die sogenannte Ylid-Form über, ein Zwitterion mit Kohlenstoff als Carbanion. Das Carbanion des Thiamindiphosphat-Ylids kann dann das

Carbonyl-Kohlenstoffatom einer Ketosäure wie z. B. Pyruvat nucleophil angreifen. Dies führt im weiteren Verlauf der Reaktion zur Decarboxylierung des Substrates.

Etwa 30 % aller Enzyme enthalten Metallionen, die für ihre Funktion, Struktur oder Stabilität essenziell sind. In diesen sog. Metalloenzymen finden sich z. B. Fe^{2+}, Fe^{3+}, Cu^{2+}, Co^{2+}, Zn^{2+}, Mg^{2+}, Mn^{2+}, Ni^{2+}, Mo^{4+}, und V^{5+} als Cofaktoren. Die Aktivität eines Metalloenzyms wird durch die Art des Metallions und insbesondere durch seine elektronische Struktur und Oxidationsstufe definiert. Die Proteinumgebung hat dabei einen wesentlichen Einfluss auf die Bindung, aber auch auf die Struktur und Eigenschaften des Metall-Cofaktors. Metallionen können in Enzymen entweder in makrocyclischen prosthetischen Gruppen koordiniert werden (◘ Tab. 2.1) oder sind direkt über Aminosäuren wie Asparaginsäure, Glutaminsäure, Histidin oder Cystein an das Protein gebunden (◘ Tab. 2.2).

Zu den weit verbreiteten, metallhaltigen prosthetischen Gruppen gehören Tetrapyrrol-Macrocyclen-Porphyrine. Sie bestehen aus vier Pyrrolringen, die über vier Methingruppen zyklisch miteinander verbunden sind. Sie sind optimal für die Koordination von Fe^{2+} und Fe^{3+} geeignet (◘ Abb. 2.1). Von sechs Koordinationsstellen des Eisens sind vier mit den Stickstoffatomen des Porphyrinrings besetzt. Die fünfte Koordinationsstelle ist z. B. mit der Imidazolgruppe eines konservierten Histidinrestes des Proteins, wie im Hämoglobin, oder mit der Thiolgruppe eines konservierten Cysteinrestes, wie in Cytochrom-P450-Monooxgenasen, besetzt. Die sechste Koordinationsstelle ist entweder mit Sauerstoff oder einem weiteren Aminosäurerest koordiniert. Eisen-Porphyrine werden auch als Häme bezeichnet. Sie unterscheiden sich in den funktionellen Gruppen am Porphyrinring. Häm enthaltende Proteine, die sog. Häm-Proteine, haben eine Vielzahl an Funktionen. Sie sind beispielsweise am Sauerstofftransport im Blut (Hämoglobin), an der Sauerstoffspeicherung (Myoglobin), an der Reduktion von Peroxiden (Katalasen und Peroxidasen), an der Elektronenübertragung in Redoxketten (Cytochrome) und an der Elektronenübertragung auf Sauerstoff unter Oxidation von Substraten (Cytochrom-P450-Monooxygenasen) beteiligt.

Porphyrine können außerdem Nickelionen (Cofaktor F430 bei Methyl-Coenzym-M-Reduktasen) oder Cobaltionen (Cobalamin bei Methylmalonyl-CoA-Mutasen) komplexieren (◘ Abb. 2.1).

Ein weiterer Typ metallhaltiger prosthetischer Gruppen sind Eisen-Schwefel-Cluster (Fe-S). Sie dienen in Enzymen dem Elektronentransfer und enthalten Eisen- und Sulfidionen, die über die Thiolgruppe von Cysteinresten koordiniert sind. Sie treten am häufigsten in Form von (2Fe-2S)- und (4Fe-4S)-Clustern auf, wie z. B. in elektronenübertragenden Ferredoxinen (◘ Abb. 2.1). Der (2Fe-2S)-Cluster besteht aus zwei Eisenionen, zwei Sulfidionen und vier Cysteinresten, während im (4Fe-4S)-Cluster vier Eisenionen, vier Sulfidionen und vier Cysteinreste vorliegen.

Zu den komplex aufgebauten metallhaltigen prosthetischen Gruppen gehören der Molybdän-Cofaktor (Moco) in Molybdoenzymen wie der Xanthin-Oxidase, und der Molybdän-Eisen-Cofaktor (FeMo) in der Nitrogenase (◘ Abb. 2.1; Mendel 2013; MacLeod und Holland 2013).

◘ **Tab. 2.2**   Metallionen als Cofaktoren in Enzymen

Metallion	Enzym
Fe^{2+}	Prolyl-4-Hydroxylase
Fe^{3+}	Catechol-1,2-Dioxygenase
Cu^{2+}	Laccase
Co^{2+}	3-Dehydrochinat-Synthase
Zn^{2+}	Carboxypeptidase A
Mg^{2+}	Hexokinase
Mn^{2+}	Manganhaltige Katalase
Ni^{2+}	Urease

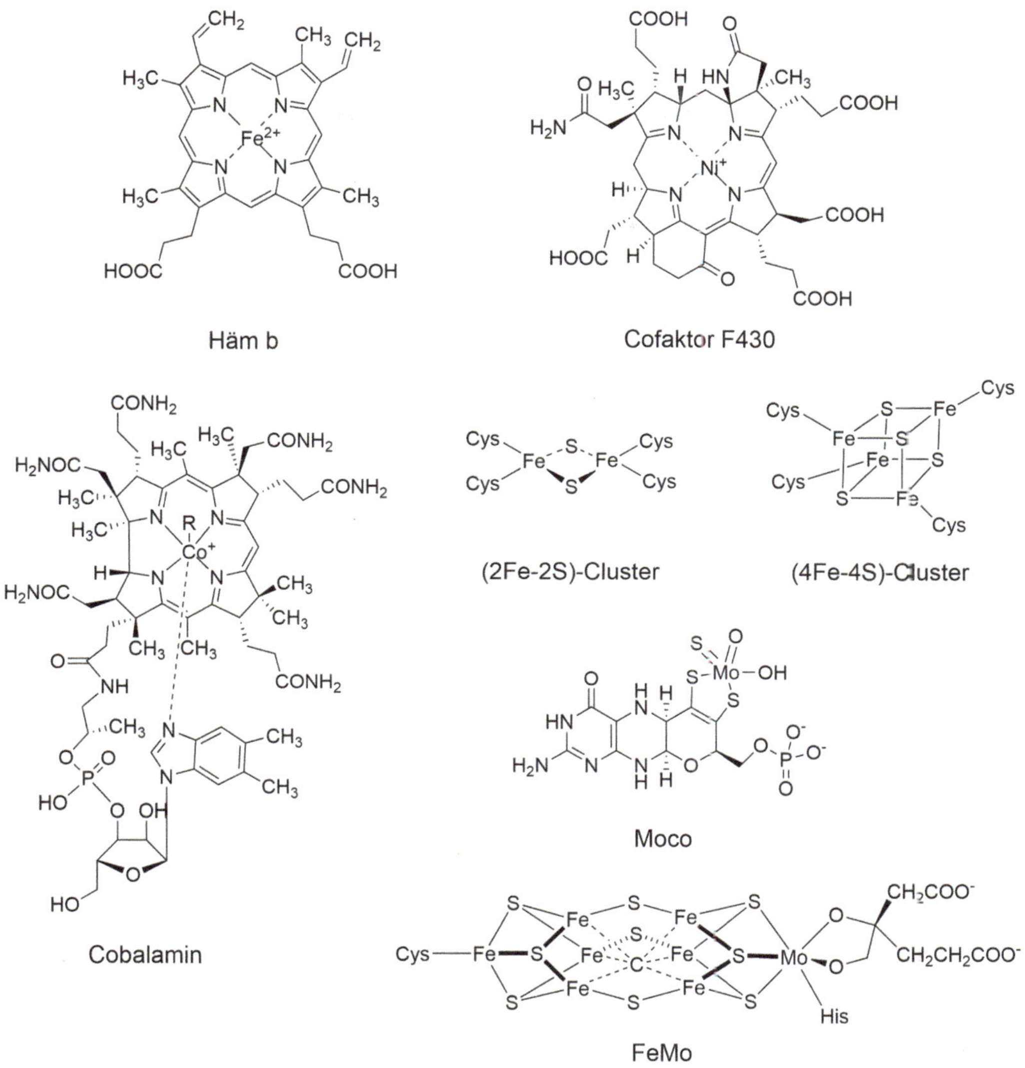

○ **Abb. 2.1**   Beispiele metallhaltiger prosthetischer Gruppen in Enzymen

Vanadium findet man als prosthetische Gruppe in vanadiumabhängigen Haloperoxidasen, die Halogenide mithilfe von Wasserstoffperoxid zu Hypohalogeniten oxidieren. Vanadium ist in diesen Enzymen über drei Sauerstoffatome, eine OH-Gruppe und den Imidazolring eines konservierten Histidinrestes koordiniert (Crans et al. 2004).

2.2 Funktion von Enzymen

2.2.1 Enzyme als Katalysatoren

Enzyme sind hervorragende Biokatalysatoren. In der Natur würden die meisten biologischen Reaktionen ohne die Hilfe von Enzymen unvorstellbar langsam ablaufen.

▣ Tab. 2.3 Reaktionsgeschwindigkeiten nicht katalysierter und enzymkatalysierter Reaktionen (nach Radzicka und Wolfenden 1995)

Enzym	Nicht katalysierte Reaktionsgeschwindigkeit (umgesetzte Substratmoleküle s^{-1})	Enzymkatalysierte Reaktionsgeschwindigkeit (umgesetzte Substratmoleküle Enzymmolekül^{-1} s^{-1})	Erhöhung der Reaktionsgeschwindigkeit
Staphylococcus-Nuclease	$1{,}7 \cdot 10^{-13}$	95	$5{,}6 \cdot 10^{14}$
Carboxypeptidase A	$3{,}0 \cdot 10^{-9}$	578	$1{,}9 \cdot 10^{11}$
Triosephosphat-Isomerase	$4{,}3 \cdot 10^{-6}$	4300	$1{,}0 \cdot 10^{9}$
Ketosteroid-Isomerase	$1{,}7 \cdot 10^{-7}$	66.000	$3{,}9 \cdot 10^{11}$
Carboanhydrase	$1{,}3 \cdot 10^{-1}$	$1 \cdot 10^{6}$	$7{,}7 \cdot 10^{6}$

Enzymkatalysierte Reaktionen können 10^6- bis 10^{17}-mal schneller ablaufen als die entsprechenden nicht katalysierten Reaktionen (▣ Tab. 2.3; Radzicka und Wolfenden 1995).

Vergleicht man enzymkatalysierte Reaktionen mit chemisch katalysierten Reaktionen, zeigen sich auch hier deutliche Vorteile von Enzymen. So sind Enzyme in der Regel schneller als chemische Katalysatoren und arbeiten darüber hinaus unter milden Reaktionsbedingungen wie Raumtemperatur, neutralen pH-Werten und Atmosphärendruck. Chemische Katalysatoren erfordern hingegen häufig hohe Temperaturen, extreme pH-Werte sowie hohe Drücke. Enzyme sind zudem weitaus spezifischer als chemische Katalysatoren, da sie aufgrund der präzisen Anordnung der katalytisch aktiven Aminosäurereste in der Lage sind, aus einer Vielzahl von Substraten ein Substrat oder mehrere Substrate spezifisch auszuwählen und umzusetzen.

Man unterscheidet dabei absolute, moderate und relative Substratspezifität. Enzyme mit einer absoluten Substratspezifität akzeptieren nur ein Substrat und setzen dieses um. Zu dieser Gruppe gehört unter anderem die Maltase, welche Maltose in zwei Glucosemoleküle spaltet. Enzyme mit moderater Substratspezifität setzen mehrere Substrate um, die eine bestimmte chemische Bindung in einer bestimmten Umgebung enthalten, wie z. B. das Verdauungsenzym Chymotrypsin. Dieses spaltet Peptidbindungen in Proteinen nach aromatischen Aminosäureresten. Enzyme mit relativer Substratspezifität setzen Substrate um, die bestimmte chemische Bindungen tragen, wie z. B. Ester spaltende Esterasen. Manche Enzyme sind in der Lage, eine große Zahl von strukturell ganz unterschiedlichen Substraten zu akzeptieren und umzusetzen, wie Cytochrom-P450-Monooxygenasen in der Leber. Bei diesen Enzymen spricht man von der sog. Substratpromiskuität.

Enzyme sind zudem sehr selektiv. Sie setzen häufig ein Substrat nur zu einem von mehreren möglichen Produkten um. Dabei unterscheidet man zwischen der Chemo-, Regio-, cis-/trans- bzw. *E-/Z*- und Stereoselektivität eines Enzyms. Ein chemoselektives Enzym reagiert nur mit einer von mehreren vorhandenen, unterschiedlichen funktionellen Gruppen eines Substrates. Dies ist zum Beispiel bei En-Reduktasen der Fall, die eine hohe Chemoselektivität für die Reduktion von C=C-Doppelbindungen gegenüber anderen ungesättigten Verbindungen wie etwa C=O-Bindungen aufweisen. Bei einer regioselektiven Reaktion greift das Enzym nur eine von mehreren äquivalenten Positionen bzw. Gruppen eines Substrates an, wie die Aspartat-4-Decarboxylase bei der Decarboxylierung von Asparaginsäure zu ʟ-Alanin. Bei einer cis- bzw. *E*-selektiven Reaktion wird bevorzugt die cis- bzw. *E*-Form des Substrates umgesetzt bzw. die des Produktes gebildet. Eine Nitrilase aus *Arabidopsis thaliana* hydrolysiert beispielsweise selektiv das *E*-Isomer von stereoisomeren α,β-ungesättigten Nitrilen zur *E*-Carbonsäure (Effenberger und Oßwald 2001). Handelt es sich um ein stereoselektives Enzym, wird die Bildung eines Stereoisomeres gegenüber dem oder den anderen bevorzugt. Wird selektiv ein Diastereomer gebildet bzw. umgesetzt, handelt es sich um eine diastereoselektive Reaktion, wie z. B. bei der diastereoselektiven Reduktion von α-Alkyl-1,3-Diketonen durch NADPH-abhängige Ketoreduktasen. Wird bevorzugt ein Enantiomer gebildet bzw. umgesetzt, spricht man von der Enantioselektivität eines Enzyms. Lipasen katalysieren beispielsweise enantioselektiv die Hydrolyse nur eines Enantiomers eines racemischen Esters. Die selektive Bildung eines Enantiomers macht man sich bei der sog. kinetischen Racematspaltung zunutze. Durch die hohe Selektivität der Enzyme treten bei enzymkatalysierten Reaktionen im Gegensatz zu chemisch katalysierten Reaktionen häufig keine Nebenprodukte auf.

2.2.2 Das aktive Zentrum

Enzymkatalysierte Reaktionen finden in einem streng definierten und räumlich begrenzten Bereich des Enzyms statt. Dieser Bereich wird als aktives Zentrum eines Enzyms bezeichnet. Das aktive Zentrum macht in der Regel nur einen kleinen Teil des Enzymmoleküls aus. Es liegt üblicherweise in einer Vertiefung im Enzymmolekül und hat die Form einer Spalte oder eines Hohlraumes. Das aktive Zentrum wird von den Aminosäureseitenketten gebildet, die an der Bindung und Umwandlung der Substrate sowie, falls vorhanden, an der Bindung des Cofaktors beteiligt sind (Berg et al. 2013, S. 228). Diese Aminosäureseitenketten

liegen in der Primärsequenz häufig weit voneinander entfernt. Die präzise räumliche Anordnung der Aminosäureseitenketten ist für die spezifische Positionierung und hochselektive Bindung des Substrates im aktiven Zentrum verantwortlich. Bei dieser Bindung entsteht vorübergehend ein Enzym-Substrat-Komplex, wodurch der Verlauf der Reaktion energetisch begünstigt wird. Das Substrat wird dabei durch viele nichtkovalente Wechselwirkungen wie Wasserstoffbrücken, elektrostatische Wechselwirkungen und Van-der-Waals-Kräfte an das Enzym gebunden.

Damit sich die Bindungen zwischen Substrat und Enzym ausbilden können, müssen beide perfekt zueinander passen. Um zu erklären, warum Enzyme eine hohe Substratspezifität aufweisen, postulierte Emil Fischer 1890 die Schlüssel-Schloss-Theorie. Das Substrat als „Schlüssel" passt dabei genau in das „Schloss", das Enzym. Das Problem dieser Theorie ist, dass sie die Stabilisierung des Substrates im aktiven Zentrum des Enzyms nicht erklärt. Nach der im Jahre 1958 von Daniel E. Koshland Jr. postulierten Theorie vom *induced fit* verändert das Enzym bei der Ausbildung des Enzym-Substrat-Komplexes seine Form und gelangt erst dabei zu einer dem Substrat komplementären Form. Erst diese Form erlaubt es dem Enzym, die zu katalysierende Reaktion zu starten. Somit ist ein Enzym sowohl für ein Substrat vorgeformt (was der Schlüssel-Schloss-Theorie entspricht), aber auch verformbar (was der *Induced-fit*-Theorie entspricht).

2.2.3 Aktivierungsenergie

Die Umwandlung eines Substrates in ein Produkt erfolgt über die Bildung eines Übergangszustandes ‡, der im Vergleich zu Substrat und Produkt die höchste freie Enthalpie G (Gibbs-Energie) besitzt (◘ Abb. 2.2). Die freie Enthalpie ist ein Maß für die maximale Arbeit, die ein System bei konstantem Druck und konstanter Temperatur leisten kann. Die Änderung der freien Enthalpie ΔG während einer Reaktion wird über die Gibbs-Helmholtz-Gleichung

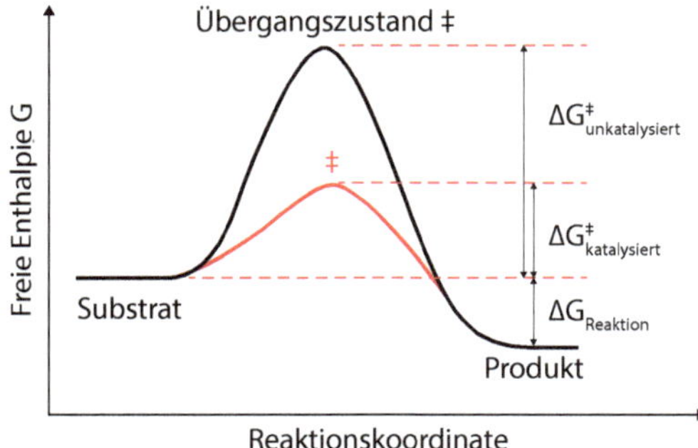

◘ Abb. 2.2 Übergangszustandsdiagramm einer katalysierten (rot) und einer unkatalysierten Reaktion

aus der Änderung der Enthalpie (ΔH) und der Änderung der Entropie (ΔS) berechnet: $\Delta G = \Delta H - T\Delta S$ (Berg et al. 2013, S. 11).

ΔG gibt an, in welche Richtung die Reaktion ablaufen kann und entspricht dem Unterschied der freien Enthalpien der Substrate und der Produkte ($\Delta G_{Reaktion}$). Ist $\Delta G < 0$, läuft die Reaktion spontan in Richtung der Produkte, die Reaktion ist exergonisch. Ist $\Delta G > 0$, läuft die Reaktion nicht spontan ab, die Reaktion ist endergonisch. Ist $\Delta G = 0$, befinden sich Hin- und Rückreaktion im thermodynamischen Gleichgewicht.

Die Differenz zwischen der freien Enthalpie des Übergangszustandes ‡ und der des Substrates wird als Aktivierungsenergie $\Delta G^{\ddagger}$ bezeichnet (Berg et al. 2013, S. 226). Nach der Arrhenius-Gleichung ist die Reaktionsgeschwindigkeit k proportional zu $e^{-\Delta G^{\ddagger}/RT}$, wobei R die universelle Gaskonstante und T die absolute Temperatur ist. Je höher also die Aktivierungsenergie ist, desto geringer ist die Reaktionsgeschwindigkeit. Bei einer Abnahme von $\Delta G^{\ddagger}$ von beispielsweise 30 kJ mol^{-1} auf 20 kJ mol^{-1} erhöht sich die Reaktionsgeschwindigkeit um das 55-Fache, bei einer Verringerung auf 10 kJ mol^{-1} sogar um das 3000-Fache.

Enzyme beschleunigen Reaktionen, indem sie die Aktivierungsenergie herabsetzen. Während der enzymkatalysierten Reaktion wird durch die Ausbildung einer Vielzahl von schwachen Wechselwirkungen zwischen Substrat und Enzym Energie freigesetzt. Es wird angenommen, dass durch diese frei werdende Energie die Aktivierungsenergie der Reaktion $\Delta G^{\ddagger}$ verringert und dabei die Bildung des Übergangszustandes erleichtert wird. So kann beispielsweise schon durch die Ausbildung einer Wasserstoffbrücke zwischen Enzym und Substrat die Aktivierungsenergie reduziert und die Reaktion merklich beschleunigt werden. Dabei wird sowohl die Geschwindigkeit für die Hin- wie auch für die Rückreaktion beschleunigt. Die maximale Anzahl an Wechselwirkungen zwischen Enzym und Substrat wird erst dann erreicht, wenn das Substrat im Übergangszustand gebunden ist. Dies ist nur bei Substraten möglich, die perfekt in das aktive Zentrum passen, und der Grund für die hohe Substratspezifität der Enzyme. Die Lage des chemischen Gleichgewichtes wird von Enzymen dabei nicht verändert, sie sorgen nur dafür, dass es sich schneller einstellt.

2.2.4 Katalytische Mechanismen

In Enzymen tragen unterschiedliche molekulare Prozesse zur Verringerung von $\Delta G^{\ddagger}$ des Übergangszustandes bei. Man unterscheidet fünf verschiedene katalytische Mechanismen, die einzeln oder in Kombination zur Katalyse von Reaktionen genutzt werden:
1. Säure-Base-Katalyse
2. Kovalente Katalyse
3. Metallionenkatalyse
4. Annäherungs- und Orientierungseffekte
5. Stabilisierung des Übergangszustandes

2.2.4.1 Säure-Base-Katalyse

Bei der Säure-Katalyse wird das Substrat vom Säure-Katalysator pronotiert, während bei der Base-Katalyse das Substrat vom Base-Katalysator deprotoniert wird. Durch diese Protonenübertragung wird die freie Enthalpie des Übergangszustands erniedrigt und die Reaktion dadurch beschleunigt. Treten beide Prozesse während der Reaktion auf, spricht man von einer Säure-Base-Katalyse (Voet et al. 2010, S. 361).

Man unterscheidet allgemeine (oder generelle) und spezifische Säure-Base-Katalyse. In der chemischen Katalyse findet man häufig eine spezifische Säure- oder Base-Katalyse. Dabei ist die Reaktionsgeschwindigkeit proportional der Konzentration der Hydroniumionen (H_3O^+) bzw. der Hydroxidionen (OH^-) und damit in einer nicht puffernden Lösung vom pH-Wert abhängig.

In Enzymen sind bestimmte Aminosäureseitenketten dafür verantwortlich, dass unter physiologischen Bedingungen (pH-Wert ca. 7) Protonen abgegeben oder aufgenommen werden können. Die pK_a-Werte der Aminosäureseitenketten von Aspartat, Glutamat, Lysin, Cystein, Histidin und Tyrosin befinden sich im physiologischen pH-Bereich und können daher als Protonendonoren oder Protonenakzeptoren fungieren. Durch die dreidimensionale Struktur von Enzymen können um ein Substrat mehrere katalytische Gruppen angeordnet werden, die ein Proton übertragen können und somit gemeinsam zur Steigerung der Reaktionsgeschwindigkeit beitragen. In der Natur findet man daher häufig bei Enzymen eine allgemeine Säure-Base-Katalyse. Da der pH-Wert der Umgebung den Protonierungszustand der Aminosäureseitenketten beeinflusst, ist die katalytische Aktivität der Enzyme pH-abhängig. Allerdings unterscheiden sich die

pK_a-Werte von freien Aminosäuren häufig von denen der proteingebundenen Aminosäuren. Dies liegt an der veränderten Mikroumgebung der Aminosäurereste in Proteinen. In der Regel fallen die Unterschiede zwischen den pK_a-Werten sehr gering aus (z. B. pK_a von ≈ 10 für proteingebundenes Lysin statt $\approx 10,5$ für freies Lysin), können aber auch relativ groß sein (z. B. pK_a von ≈ 12 für proteingebundenes Tyrosin statt ≈ 10 für freies Tyrosin).

Die allgemeine Säure-Base-Katalyse kommt in vielen Hydrolasen vor; ein Beispiel ist die Rinderpankreas Ribonuclease A (RNase A). Bei diesem Enzym handelt es sich um ein Verdauungsenzym, welches von der Bauchspeicheldrüse (Pankreas) in den Zwölffingerdarm sezerniert wird. Dort katalysiert es die Hydrolyse von RNA zu Mono-, Di- oder Oligonucleotiden. Biochemische und Röntgenstrukturanalysen haben gezeigt, dass zwei Histidinreste, His12 und His119, als Säure- bzw. Base-Katalysatoren wirken. Der Imidazolring des Histidins kann mit einem pK_a-Wert von ca. 7 sowohl als Säure als auch als Base fungieren. His12 deprotoniert als Base-Katalysator eine 2'-OH-Gruppe des 3'-Nucleotids, während His119 als Säure-Katalysator den 5'-Hydroxylrest an der Phosphatgruppe des Nucleotids protoniert (◘ Abb. 2.3). Dadurch kommt es zur Ausbildung eines 2',3'-zyklischen Phosphat-Intermediates. Dieses

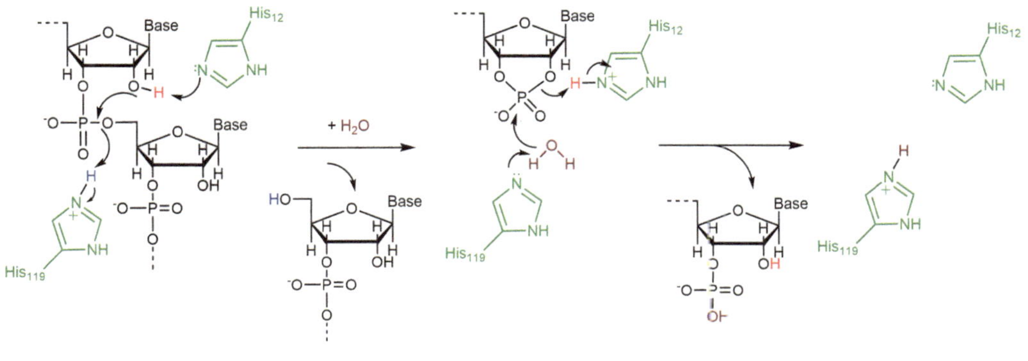

◘ **Abb. 2.3** Katalysemechanismus der RNase A. Durch Säure-Base-Katalyse wird die RNA unter Bildung eines 2',3'-zyklischen Zwischenproduktes von RNase A hydrolysiert

wird im Folgenden durch die Anlagerung von Wasser hydrolysiert, welches das frei werdende Nucleotid ersetzt und das Enzym regeneriert. His119 wirkt dabei als Base-Katalysator, während His12 als Säure-Katalysator fungiert (Voet et al. 2010, S. 362).

Weitere Beispiele für allgemeine Säure-Base-Katalyse findet man bei Hydratasen, Dehydratasen, Epimerasen und Isomerasen wie der Ribulose-5-phosphat-Isomerase, welche die Keto-Enol-Tautomerisierung von Ribulose-5-phosphat zu Ribose-5-phosphat katalysiert.

2.2.4.2 Kovalente Katalyse

Bei der kovalenten Katalyse greift normalerweise eine nucleophile Gruppe im aktiven Zentrum des Enzyms eine elektrophile Gruppe des Substrates an. Dadurch kommt es zur vorübergehenden Ausbildung einer kovalenten Bindung zwischen Enzym und Substrat (Voet et al. 2010, S. 364). Als elektrophil wirken oft Carbonylgruppen, welche eine partiell positive Ladung am Carbonyl-Kohlenstoffatom besitzen. Besonders in unpolaren Enzymtaschen kann eine nucleophile Gruppe sehr aktiv sein. Damit das Enzym unverändert aus der Reaktion hervorgehen kann, muss die kovalente Bindung wieder gelöst werden. Dazu muss die katalytische Gruppe leicht polarisierbar sein, um sowohl als nucleophiler Angreifer wie auch als gute Abgangsgruppe fungieren zu können. Imidazol-, Thiol- und Hydroxylgruppen in Aminosäureseitenketten erfüllen diese Anforderungen. ◘ Tab. 2.4 zeigt einige Enzyme und ihre funktionellen Gruppen die an der kovalenten Katalyse beteiligt sind.

Proteasen wie die Serin-Protease Chymotrypsin nutzen die kovalente Katalyse, um Peptidbindungen in Proteinen hydrolytisch zu spalten. Chymotrypsin enthält dazu in ihrem aktiven Zentrum ein reaktives Serin (Ser195). Ser195 ist Teil einer katalytischen Triade, die aus den drei Aminosäuren Aspartat (Asp102), Histidin (His57) und Serin (Ser195) gebildet wird (◘ Abb. 2.4). His57 wirkt als allgemeiner Säure-Base-Katalysator und koordiniert den

◘ **Tab. 2.4** Funktionelle Gruppen in Enzymen mit kovalenter Katalyse

Funktionelle Gruppe	Enzym
$-OH$ (Serin)	Serin-Proteasen, Lipasen
$-COOH$ (Asparaginsäure)	Pseudouridin-Synthase
$-SH$ (Cystein)	Acyltransferase
$-Imidazol-NH$ (Histidin)	Phosphotransferase
$-NH_2$ (Lysin)	Aldolase

Angriff auf die zu hydrolysierende Bindung (Berg et al. 2013, S. 260).

In Gegenwart eines Substrates erleichtert His57 die Deprotonierung der Hydroxylgruppe von Ser195, wodurch der nucleophile Angriff des entstandenen Alkoxidions auf die Carbonylgruppe der Peptidbindung erfolgen kann. Asp102 erleichtert dabei durch die Ausbildung von Wasserstoffbrücken zu His57 die Protonierung des Histidins. Somit kann ein kovalent gebundenes, tetraedrisches Zwischenprodukt gebildet werden. Im nächsten Schritt wird durch Deprotonierung von His57 die Peptidbindung gespalten, und es entsteht das Acyl-Enzym. Der *N*-Terminus der gespaltenen Polypeptidkette löst sich ab und wird durch Wasser ersetzt. Durch die Bildung einer Wasserstoffbrücke zwischen dem Wassermolekül und His57 erfolgt ein nucleophiler Angriff auf die Carbonylgruppe des Peptidrestes und die Ausbildung eines zweiten tetraedrischen Zwischenproduktes. Das Carbonyl-Kohlenstoffatom des instabilen Zwischenproduktes gelangt durch seine tetraedrische Form in den Bereich des sog. „Oxyanion-Loches", wo es durch zwei zusätzliche Wasserstoffbrücken stabilisiert wird. Im letzten Schritt wird die ursprüngliche Wasserstoffbrücke zwischen His57 und Ser195 wieder hergestellt und die kovalente Bindung zwischen Enzym und Peptidrest gespalten.

Bei den Typ-I-Aldolasen und Transaldolasen wird im aktiven Zentrum eine Schiff'sche Base zwischen der Aminogruppe

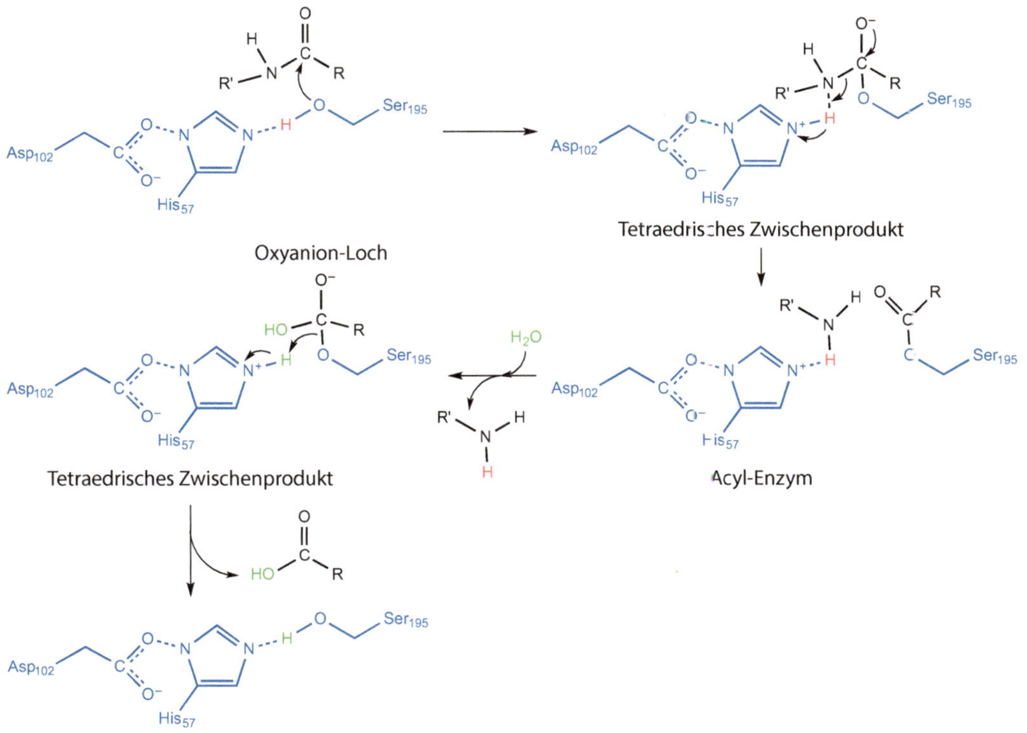

Abb. 2.4 Katalysemechanismus der Serinprotease Chymotrypsin. Durch Säure-Base-Katalyse und kovalente Katalyse erfolgt die Spaltung einer peptidischen Bindung

eines Lysinrestes und der Carbonylgruppe des reagierenden Ketons gebildet. Dadurch kann beispielsweise die Fructose-1,6-bisphosphat-Aldolase Fructose-1,6-bisphosphat in Glycerinaldehyd-3-phosphat und Dihydroxyacetonphosphat spalten.

Enzyme können aber auch mithilfe von Cofaktoren wie Biotin, Thiamindiphosphat oder Pyridoxalphosphat kovalente Katalysen durchführen (▶ Abschn. 2.1.4). Bei der Aspartat-Aminotransferase, welche den Transfer der Aminogruppe von Aspartat auf α-Ketoglutarat katalysiert, ist z. B. Pyridoxalphosphat in Form einer Schiff'schen Base an einen Lysinrest im aktiven Zentrum gebunden. Bei der Reaktion ersetzt die Aminogruppe von Aspartat die des Lysinrestes. Dabei wird ein kovalentes Zwischenprodukt, das Aldimin, gebildet. Durch die folgende Hydrolyse wird das erste Produkt

Oxalacetat freigesetzt. Der Cofaktor in Form von Pyridoxaminphosphat bildet mit α-Ketoglutarat ein weiteres kovalentes Zwischenprodukt. Die Aminogruppe des gebildeten Zwischenproduktes wird anschließend durch die des Lysinrestes ersetzt. Dadurch wird das zweite Produkt Glutamat freigesetzt, und das regenerierte Enzym steht für einen weiteren Katalysezyklus zur Verfügung.

2.2.4.3 Metallionenkatalyse

Wie in ▶ Abschr. 2.1.4 geschrieben, benötigen etwa ein Drittel aller bisher bekannten Enzyme fest gebundene Metallionen wie Fe^{2+}, Fe^{3+}, Cu^{2+}, Zn^{2+}, Mn^{2+} oder Co^{2+} für ihre katalytische Aktivität. Im Gegensatz dazu erfüllen Metallionen wie Na^+, K^+, Ca^{2+} und Mg^{2-} eher eine strukturelle als eine katalytische Funktion in Proteinen. Die

Metallionen dieser metallaktivierten Proteine werden in Lösung nur schwach gebunden (Voet et al. 2010, S. 366).

Die Aufgaben von Metallionen in Enzymen (Metallionenkatalyse) umfassen die Bindung von Substraten in der richtigen Orientierung, die Katalyse von Redoxreaktion und den elektrostatischen Ausgleich negativer Ladungen. Sie stabilisieren die negative Ladung einer frei werdenden Abgangsgruppe und verbessern dadurch die Eigenschaften der Abgangsgruppe als solche. Die positive Ladung von Metallionen erniedrigt zudem den pK_a-Wert von gebundenen Wassermolekülen. Dadurch kommt es bei neutralem pH-Wert leicht zur Deprotonierung der Wassermoleküle und zur Bildung von Hydroxidionen, die an die Metallionen gebunden sind. Die Hydroxidionen können dann nucleophil Substrate angreifen, die im aktiven Zentrum gebunden sind.

Ein bekanntes Beispiel dafür ist die Zn^{2+}-haltige Carboanhydrase. Dieses ubiquitäre Enzym katalysiert folgende Reaktion:

$$CO_2 + H_2O \leftrightarrow HCO_3^- + H^+$$

Das Zinkion ist in Carboanhydrasen über drei Histidinreste und ein Wassermolekül koordiniert. Das Zn^{2+}-Ion wirkt als Lewis-Säure und entzieht Elektronen vom gebundenen Wassermolekül. Dadurch wird der pK_a-Wert des Wassermoleküls noch vor der eigentlichen Reaktion von 15,7 auf 7 erniedrigt. Das nahe liegende His64 unterstützt die Deprotonierung des zinkgebundenen Wassermoleküls bei neutralem pH-Wert und überträgt ein Proton an die Proteinoberfläche. Das gebildete Hydroxidion kann das enzymgebundene Kohlenstoffdioxid nucleophil angreifen. Dabei entsteht ein Hydrogencarbonation, welches unter Bindung eines neuen Wassermoleküls freigesetzt wird (◻ Abb. 2.5; Berg et al. 2013, S. 270).

Metalloproteasen wie die Carboxypeptidase A oder Thermolysin nutzen ebenfalls die Aktivierung eines Wassermoleküls durch ein enzymgebundenes Metallion, in der Regel ein Zink-Ion, aus, um Peptidbindungen zu spalten.

Ein Beispiel für die Redoxkatalyse mit Metallionen stellen die Häm enthaltenden Cytochrom-P450-Monooxygenasen dar (◻ Abb. 2.6). Im Ausgangszustand ist ein Wassermolekül an das Häm-Eisen im aktiven Zentrum des Enzyms gebunden (1). Der katalytische Zyklus beginnt mit der Bindung des Substrates (RH) in der Nähe der Häm-Gruppe im aktiven Zentrum unter Verdrängung des Wassermoleküls (2). Die damit einhergehende Änderung des Redoxpotenzials des Eisen-Komplexes (2) erleichtert die folgende Reduktion des Häm-Eisen(III) zum Häm-Eisen(II) (3). Das dazu notwendige Elektron wird vom Cosubstrat NAD(P)H zur Verfügung gestellt. Im nächsten Schritt erfolgt die Bindung von molekularem Sauerstoff, die zur Ausbildung des sog. Eisen(III)-Superoxo-Komplexes (4) führt. Ein zweites Elektron

◻ **Abb. 2.5** Katalysemechanismus des Metalloenzyms Carboanhydrase. Das gebundene Zink-Ion deprotoniert ein gebundenes Wassermolekül, sodass das gebildete Hydroxidion ein Kohlenstoffdioxidmolekül nucleophil angreifen und hydratisieren kann

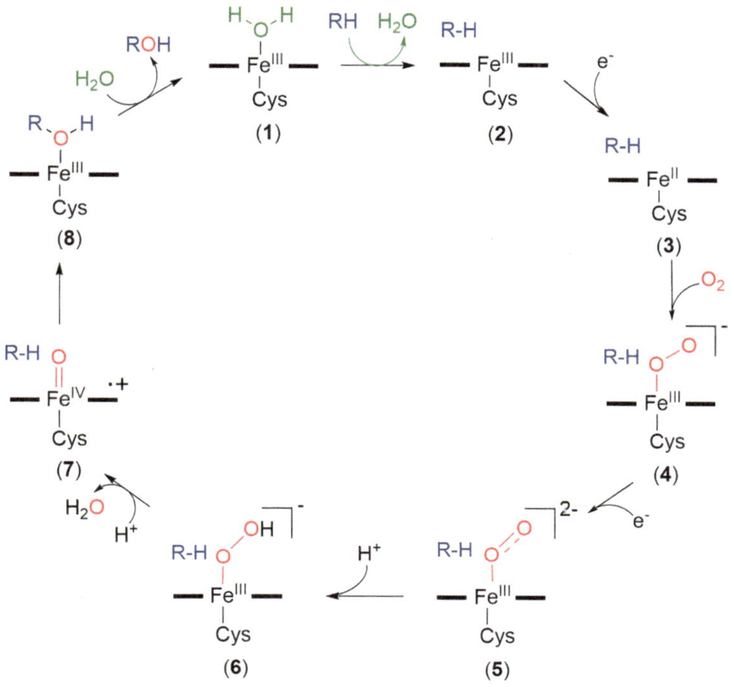

Abb. 2.6 Katalysemechanismus der Häm enthaltenden Cytochrom-P450-Monooxygenase

reduziert den Komplex zu einem Eisen(III)-Peroxo-Komplex (5). Nach einer Protonierung entsteht ein Häm-Eisen(III)-Hydroperoxo-Komplex (6), der auch *compound 0* genannt wird. Eine weitere Protonierung führt zur heterolytischen Spaltung der Sauerstoff-Sauerstoff-Bindung unter Freisetzung eines Wassermoleküls. Es kommt zur Ausbildung eines reaktiven Intermediates, welches einen Komplex aus einer Häm-Eisen(IV)-Oxo-Spezies und einem Porphyrinradikal (7) darstellt und als *compound I* bezeichnet wird. Im nächsten Schritt findet die eigentliche Substratoxidation statt (8). Das hydroxylierte Produkt (ROH) wird freigesetzt und das Enzym steht für einen weiteren Katalysezyklus zur Verfügung (Denisov et al. 2005).

2.2.4.4 Annäherungs- und Orientierungseffekte

Bekanntermaßen laufen intramolekulare Reaktionen im Allgemeinen viel schneller ab als intermolekulare Reaktionen. Enzyme können Reaktionen überaus effizient katalysieren, indem sie die Substrate in direkte räumliche Nähe zum aktiven Zentrum und zueinander bringen. Die effektive Konzentration der Substrate wird dadurch erhöht. Somit verleiht die Bindung von Substraten an das Enzym der Reaktion einen intramolekularen Charakter. Darüber hinaus binden Enzyme ihre Substrate im aktiven Zentrum in der für die Reaktion richtigen Orientierung (Horton et al. 2008, S. 238). Eine S_N2-Reaktion kann beispielsweise nur dann katalysiert werden, wenn das Substrat im Enzym so positioniert wird, dass das Nucleophil aus der Richtung angreifen kann, die der Abgangsgruppe gegenüber liegt. Dadurch können Reaktionen um das bis zu Hundertfache beschleunigt werden.

Eine weitere Reaktionsbeschleunigung kann durch den Verlust der Konformationsfreiheit der Substratmoleküle im aktiven Zentrum des Enzyms erreicht werden. Werden die Translations- und Rotationsbewegungen von Substraten in Enzymen eingeschränkt, führt dies zum Entropieverlust und kann die Reaktionsgeschwindigkeit drastisch erhöhen (bis zu 10^7-fach).

Nucleosidmonophosphat-Kinasen katalysieren z. B. die Übertragung einer endständigen Phosphorylgruppe von einem Nucleosidtriphosphat (üblicherweise ATP) auf ein Nucleosidmonophosphat. Mg^{2+} oder Mn^{2+} sind für die Aktivität dieser Enzyme essenziell. Das Metallion bindet zuerst ATP zusammen mit mehreren Wassermolekülen, was zur Bildung eines Metallion-Nucleotid-Komplexes führt. Unterstützt durch die Wechselwirkungen zwischen dem Metallion und dem Sauerstoffatom der Phosphorylgruppe wird ATP in einer bestimmten Orientierung im aktiven Zentrum des Enzyms gebunden. Das löst eine Bewegung der sog. P-Schleife, der Gly-X-X-X-X-Gly-Lys-Sequenz, aus, die mit den Phosphorylgruppen des gebundenen Substrates interagiert, welche mit den Phosphorylgruppen des gebundenen Nucleotids in Wechselwirkung tritt. Dies führt zu einer starken Konformationsänderung im Enzym. Das ATP-Molekül wird dabei so gebunden, dass seine endständige Phosphorylgruppe in direkter Nähe des zweiten Substrates Nucleosidmonophosphat positioniert wird. Die Bindung des Nucleosidmonophosphates induziert weitere Konformationsänderungen. Nur wenn beide Substrate gebunden sind, entsteht eine katalytisch aktive Konformation des Enzyms, welche die Konkurrenzreaktion – die Übertragung der Phosphorylgruppe auf ein Wassermolekül – verhindert und eine direkte Übertragung der Phosphorylgruppe von ATP auf das Nucleosidmonophosphat ermöglicht (Matte et al. 1998).

Dieses Beispiel zeigt, dass in Enzymen häufig mehrere Prozesse auf molekularer Ebene zur effektiven Katalyse beitragen: Wirkung des Metallions, konformelle Veränderungen der Enzymstruktur (*induced fit*) und Annäherungseffekt.

2.2.4.5 Stabilisierung des Übergangszustandes

Wenn in der Substratbindung nicht genügend Energie vorhanden ist, um das Substrat in den Übergangszustand zu überführen, bildet das Enzym mit seinem Substrat zuerst einen Enzym-Substrat-Komplex, bevor es zur Bildung und Bindung des Übergangszustandes kommt. Je fester die Bindung des Substrates im Vergleich zum Übergangszustand ist, desto höher ist allerdings die Aktivierungsenergie und desto langsamer die zu katalysierende Reaktion. Enzyme können Reaktionen maßgeblich beschleunigen, indem sie den Übergangszustand einer Reaktion stärker binden als das Substrat oder Produkt (Horton et al. 2008, S. 243). Gute Substrate, die schnell umgesetzt werden, werden daher mitunter mit vergleichbarer oder sogar geringerer Affinität von einem Enzym gebunden als schlechte Substrate, die nur langsam umgesetzt werden.

Serin-Proteasen wie Chymotrypsin binden bevorzugt den Übergangszustand, der dem tetraedrischen Zwischenprodukt ähnelt. Durch den Übergang des Carbonyl-Kohlenstoffatoms von der planaren in die tetraedrische Struktur erreicht das Carbonyl-Sauerstoffatom das „Oxyanion-Loch" (◘ Abb. 2.4). Dadurch kann es zur Ausbildung von zwei zusätzlichen Wasserstoffbrückenbindungen mit den Aminogruppen von Gly193 und Ser195 des katalytischen Zentrums und damit zur Stabilisierung des tetraedrischen Zwischenproduktes kommen (Berg et al. 2013, S. 260).

Übergangszustände sind kurzlebig und existieren für ca. 10^{-13} s. Untersuchungen an natürlichen Übergangszuständen helfen, Übergangszustandsanaloga zu synthetisieren. Dies sind stabile Moleküle, die dem Übergangszustand einer Reaktion ähneln und als starke Enzyminhibitoren wirken. 2-Phosphoglykolat wird beispielsweise durch die Triosephosphat-Isomerase als Übergangszustandsanalogon viel besser gebunden als das eigentliche Substrat Dihydroxyacetonphosphat. Natürlich vorkommende oder synthetisch hergestellte

Übergangszustandsanaloga werden in der Medizin als Antibiotika oder Enzyminhibitoren eingesetzt.

Literatur

Berg JM, Tymoczko JL, Stryer L (2013) Stryer Biochemie, 7. Aufl. Springer Spektrum. Berlin Heidelberg

Crans, DC, Smee JJ, Gaidamauskas E, Yang L (2004) The chemistry and biochemistry of vanadium and the biological activities exerted by vanadium compounds. Chem Rev 104:849–902

Denisov IG, Makris TM, Sligar SG, Schlichting I. (2005) Structure and chemistry of cytochrome P 450. Chem Rev 105:2253-2277

Effenberger F, Oßwald S (2001) (E)-Selective hydrolysis of (E,Z)-α,β-unsaturated nitriles by the recombinant nitrilase AtNIT1 from *Arabidopsis thaliana*. Tetrahedron Asymmetry 12:2581–2587

Horton HR, Moran LA, Scrimgeour KG, Perry MD, Rawn JD (2008) Biochemie, 4. Aufl. Pearson Education, Inc.

MacLeod KC, Holland PL (2013) Recent developments in the homogeneous reduction of dinitrogen by molybdenum and iron. Nat Chem 5:559–565

Matte A, Tari LW, Delbaere LTJ (1998) How do kinases transfer phosphoryl groups? Structure 6: 413–419

Mendel RR (2013) The Molybdenum Cofactor. J Biol Chem 288:13165–13172

Radzicka A, Wolfencen R (1995) A proficient enzyme. Science 267:90–93

Voet D, Voet JG, Pratt CW (2010) Lehrbuch der Biochemie, 2. Aufl. Wiley-VCH. Weinheim

Enzymmodellierung: von der Sequenz zum Substratkomplex

Silvia Fademrecht und Jürgen Pleiss

© Springer-Verlag GmbH Deutschland, ein Teil von Springer Nature 2018
K.-E. Jaeger, A. Liese, C. Syldatk (Hrsg.), *Einführung in die Enzymtechnologie*,
https://doi.org/10.1007/978-3-662-57619-9_3

3

Zusammenfassung

Die Struktur und die Funktion von Enzymen lassen sich durch zwei komplementäre Methoden modellieren. In der datengetriebenen Modellierung werden experimentelle Daten zur Sequenz, Struktur und Funktion in Datenbanken erfasst und statistisch ausgewertet. Da sequenzähnliche Proteine meist eine ähnliche Struktur und eine ähnliche Funktion haben, lassen sich durch einen Vergleich von Proteinsequenzen die Struktur und die biochemischen Eigenschaften neuer Proteine auf der Grundlage ihrer Sequenz vorhersagen. In der mechanistischen Modellierung wird die Struktur und Dynamik von Enzymen sowie ihre Wechselwirkung mit Substraten und Lösungsmitteln auf molekularer Ebene beschrieben. Dadurch lassen sich interessante Eigenschaften wie die Substratspezifität, die Selektivität, lösungsmittelbedingte Konformationsänderungen oder die Stabilität von Proteinkomplexen verstehen. Die Verknüpfung von datengetriebener und mechanistischer Modellierung erlaubt es, neue Enzyme aufzufinden und bekannte Enzyme durch Aminosäureaustausche zu verbessern.

Enzyme sind komplexe Nanomaschinen mit einer hohen strukturellen Stabilität, einer reichhaltigen Dynamik und einem fein abgestimmten aktiven Zentrum. Sämtliche Eigenschaften eines Enzyms – seine katalytische Funktion, die Substraterkennung, die Enzymdynamik, die dreidimensionale Struktur und der Faltungsweg – sind in der Proteinsequenz codiert. Die Lebenswissenschaften stehen erst am Anfang in ihrem Bemühen, diesen Code zu lesen, zu verstehen und schließlich selbst schreiben zu lernen.

Das rationale Protein-Engineering beruht auf zwei komplementären Modellierungsmethoden: der datengetriebenen und der mechanistischen Modellierung. In der datengetriebenen Modellierung wird die schnell wachsende Menge an Sequenz-, Struktur- und Funktionsdaten von Proteinen statistisch ausgewertet, um Zusammenhänge zwischen einzelnen Aminosäurepositionen und interessanten biochemischen Eigenschaften abzuleiten. Auf dieser Grundlage können neue Enzyme mit gewünschten Eigenschaften in Datenbanken gefunden werden oder die Eigenschaften eines bestimmten Enzyms können durch Mutation in eine gewünschte Richtung verändert werden. In der mechanistischen Modellierung der Struktur und Funktion von Enzymen wird ein atomistisches Modell des Enzyms, seiner Substrate und seiner Umgebung etabliert, um experimentell ermittelte biochemische Daten auf molekularer Ebene zu verstehen und die Auswirkung von Mutationen vorhersagen zu können. Die datengetriebene Modellierung wird insbesondere durch den schnell wachsenden Datenstrom aus genomischen und metagenomischen Sequenzierungsprojekten gespeist. In den letzten 30 Jahren erhöhte sich die Menge an DNA-Information in jedem Jahrzehnt um den Faktor 100 (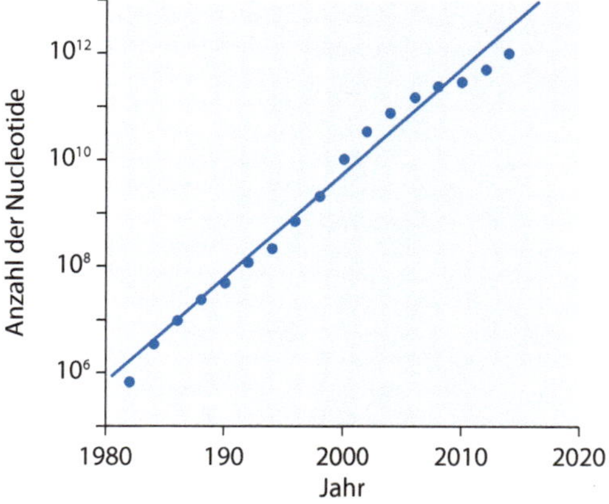 Abb. 3.1) und ein Ende dieses Wachstums ist nicht abzusehen. Die mechanistische Modellierung, welche durch die in zunehmendem Maße zur Verfügung stehende Rechenleistung befeuert wird, ermöglicht realistische Simulationen der Struktur und Dynamik großer Molekülsysteme. So hatte sich während der

Abb. 3.1 Zunahme der Datenmenge in der GenBank (▶ http://www.ncbi.nlm.nih.gov/genbank). Angegeben sind die Anzahl an Nucleotiden am Ende des jeweiligen Jahres und der Trend (Zunahme um den Faktor 100 pro Dekade)

letzten 40 Jahre die Mikroprozessorleistung in jedem Jahrzehnt um den Faktor 50 erhöht (Moore'sches Gesetz), und dieser Trend hält durch massive Parallelisierung auch in naher Zukunft an.

Während inzwischen die Sequenzen von mehr als 60 Mio. Proteinen bekannt sind (Protein Information Resource, PIR; ▶ http:// pir.georgetown.edu/), gibt es insgesamt lediglich 120.000 Proteinstruktureinträge in der Protein Data Bank (▶ http://www.rcsb.org, Mai 2017). Die geringe Anzahl experimentell bestimmter Strukturen und der wesentlich langsamere Zuwachs schränken die Möglichkeit einer mechanistischen Modellierung stark ein. Daher muss in den meisten Fällen die Struktur des zu untersuchenden Enzyms modelliert werden. Die Grundlage der template-basierten Methoden ist die Beobachtung, dass Proteine mit einer ähnlichen Sequenz auch eine ähnliche Struktur haben. So zeigen Proteine mit einer Sequenzidentität von 60 % eine mittlere Abweichung des Proteinrückgrats von 1 Å, bei einer geringeren Sequenzidentität von 30 % erhöht sich der Strukturunterschied auf 1,8 Å. Diese beachtliche Konservierung der Proteinstruktur zwischen homologen Proteinen bildet die verlässliche Basis für template-basierte Methoden der Strukturvorhersage (▶ Abschn. 3.2). Zusätzlich stehen inzwischen auch template-freie Methoden zur Verfügung, um die Struktur von Proteinen vorherzusagen, die weniger als 25 % Sequenzidentität zu einem Protein bekannter Struktur besitzen (▶ Abschn. 3.2.5). Die vorhergesagte Struktur eines Enzyms ist die Grundlage für Dockingverfahren, bei denen die Bindung eines Substratmoleküls in die Bindungstasche modelliert wird (▶ Abschn. 3.3). Aus dem Enzym-Substrat-Komplex lassen sich dann biochemische Eigenschaften wie Substratspezifität, Regio- und Stereoselektivität ableiten und Mutationen zur Optimierung der Enzymeigenschaften vorhersagen (▶ Abschn. 3.4).

3.1 Untersuchung des Proteinsequenzraums

In der Regel gilt, dass Proteine oder Proteindomänen mit einer ähnlichen Sequenz auch eine ähnliche Struktur und ähnliche biochemische Eigenschaften aufweisen. Ausgehend von der Sequenz eines Proteins lassen sich daher seine Struktur und katalytische Aktivität vorhersagen, wenn diese Eigenschaften für evolutionär verwandte (homologe) Proteine bereits experimentell bestimmt wurden. Innerhalb einer solchen homologen Proteinfamilie sind Positionen, welche die Struktur, den Faltungsweg oder die Funktion bestimmen, konserviert und können durch eine Konservierungsanalyse innerhalb einer homologen Familie identifiziert werden. Der erste Schritt einer Proteinmodellierung ist daher die Suche nach homologen Proteindomänen oder Proteinen mit experimentell bestimmter Struktur (Templates).

3.1.1 Domänenstruktur von Proteinen

Proteine sind modular aufgebaut. Der kleinste Baustein sind die Aminosäuren, welche die Primärstruktur (Aminosäuresequenz) bilden und die lokale Sekundärstruktur (α-Helices, β-Stränge) formen (▶ Abschn. 2.1.2). Mehrere dieser Sekundärstrukturelemente lagern sich zu Supersekundärstrukturelementen zusammen (β-α-β, β-*hairpin*). Die Zusammenlagerung von Sekundär- und Supersekundärstrukturen und den sie verbindenden Loops bildet wiederum die Tertiärstruktur eines Proteins. Von Quartärstruktur spricht man, wenn mehrere Proteine einen Proteinkomplex bilden. Ein Protein kann dabei aus mehreren Domänen, definiert als funktional und strukturell abgrenzbare Bereiche, bestehen. Domänen bilden daher eine Brücke zwischen Tertiär- und Quartärstruktur. Wenn

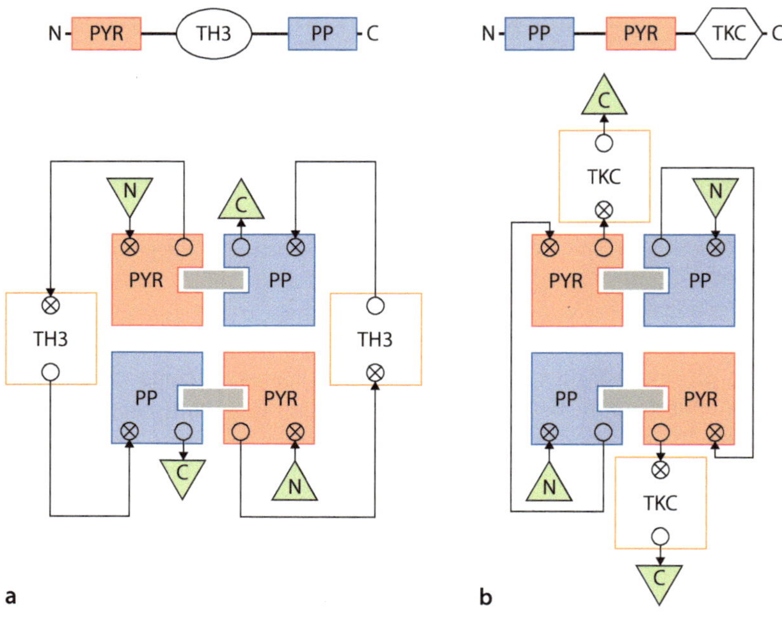

Abb. 3.2 Schematische Darstellung der Quartärstruktur zweier thiamindisphosphatabhängiger Enzyme: Homodimere der Decarboxylasen (**a**) und der Transketolasen (**b**). Die katalytisch aktiven PYR- (rot) und PP- *(blau)* Domänen binden den Cofaktor *(grau)* und sind in beiden Proteinen räumlich gleich angeordnet, obwohl sich die Reihenfolge der beiden Domänen auf der Proteinsequenz (A) bei beiden Proteinen erheblich unterscheidet. (Abbildung nach Vogel und Pleiss 2014 und Widmann et al. 2010)

zwei Domänen durch einen Proteinstrang verbunden sind, sind sie Teil der Tertiärstruktur, ansonsten bilden sie die Quartärstruktur. Der Unterschied zwischen einem aus zwei Domänen bestehenden Monomer und einem Dimer aus zwei Domänen ist lediglich, dass im ersten Fall die beiden Domänen durch einen Aminosäurestrang kovalent verbunden sind.

Häufig sind die einzelnen Domänen eines Enzyms an bestimmten Funktionen beteiligt. So bestehen thiamindiphosphatabhängige Decarboxylasen (DCs) aus drei Domänen: der N-terminalen PYR-Domäne, die den Pyrimidinring des Cofaktors bindet, der C-terminalen PP-Domäne, die die Phosphatgruppe des Cofaktors bindet, und der TH3-Domäne, welche die beiden Domänen verbindet (**Abb. 3.2**). Das aktive DC-Protein besteht aus einem Dimer, welches wiederum von zwei antiparallel angeordneten PYR-TH3-PP-Monomeren gebildet wird. Eine funktionell ähnliche Familie, die thiamindiphosphatabhängigen

Transketolasen (TKs), besteht ebenfalls aus drei Domänen, die jedoch in der Sequenz umgekehrt angeordnet sind: eine N-terminale PP-Domäne ist durch einen Loop mit einer PYR-Domäne verbunden und diese wiederum mit einer C-terminalen TKC-Domäne. Trotz der unterschiedlichen Sequenzen und Tertiärstrukturen der beiden Proteinfamilien sind die katalytisch aktiven PP- und PYR-Domänen räumlich gleich angeordnet (Vogel und Pleiss 2014).

3.1.2 Suche nach homologen Proteinen

Für die Suche nach homologen Proteinen in öffentlichen Sequenzdatenbanken wie GenBank oder UniProt stehen verschiedene Programme zur Verfügung (**Tab. 3.1**). BLAST und FASTA gehen von einer einzigen Sequenz aus und suchen durch paarweisen

◘ Tab. 3.1 Häufig verwendete Programme zur Suche nach homologen Proteinen	
Name	**Webadresse**
BLAST	▶ http://blast.ncbi.nlm.nih.gov/Blast.cgi/
FASTA	▶ http://www.ebi.ac.uk/Tools/sss/fasta/
HMMER	▶ http://hmmer.org/
PSI-BLAST	▶ http://blast.ncbi.nlm.nih.gov/Blast.cgi/

Sequenzvergleich nach homologen Proteinen. Beides sind heuristische Verfahren und zeichnen sich durch hohe Schnelligkeit aus. Sie werden insbesondere für die Suche nach eng verwandten Proteinen eingesetzt. BLAST, das am häufigsten für die Homologiesuche verwendete Werkzeug, gibt für jeden gefundenen Treffer die Sequenzidentität zur Suchsequenz, einen Score und einen Signifikanzwert in Form eines E-Werts an. Je höher die Sequenzidentität und der Score und je kleiner der E-Wert, umso signifikanter ist die Homologie eines Treffers, was ein wichtiges Kriterium zur Auswahl eines geeigneten homologen Proteins darstellt (E-Werte sehr viel kleiner 1 und eine Sequenzidentität größer als 20 %). Die weitere Auswahl richtet sich nach der jeweiligen Anwendung: Für die Homologiemodellierung, die Simulation der Proteindynamik oder für das Substratdocking werden homologe Proteine mit experimentell bestimmter Struktur benötigt. Hierfür wird die BLAST-Suche auf die Strukturdatenbank PDB beschränkt. Abhängig von der Fragestellung müssen verschiedene Faktoren wie Qualität, Vollständigkeit und vorliegende Konformation bei der Auswahl berücksichtigt werden. Kristallstrukturen mit einer Auflösung kleiner 2 Å werden dabei als hochauflösend betrachtet und eignen sich gut für die Homologiemodellierung. Für Substratdocking sollte sich das Protein in einer „produktiven Konformation" befinden, welche die Bindung eines Substrats ermöglicht. Daher werden zur Modellierung bevorzugt Kristallstrukturen mit bereits gebundenen Liganden verwendet.

Können durch BLAST-Suchen keine geeigneten homologen Proteine mit experimentell bestimmter Struktur gefunden werden, können Programme wie HMMER und PSI-BLAST benutzt werden. Diese starten mit einem Multisequenzalignment mehrerer homologer Proteine und berechnen für jede Alignmentposition die Wahrscheinlichkeit, dass eine bestimmte Aminosäure vorkommt (Sequenzprofil). Mit diesen positionsspezifischen Informationen können auch weiter entfernte Homologe in einer Sequenzdatenbank verlässlich gefunden werden.

3.1.3 Clustering von Proteinfamilien

Für die Modellierung der Struktur eines Proteins sollten möglichst Templates aus der gleichen Proteinfamilie verwendet werden, die mithilfe der in ▶ Abschn. 3.1.2 beschriebenen Methoden gefunden werden können. Allerdings besteht das Risiko, dass durch diese Methoden Proteine aus mehreren Familien mit unterschiedlichen Substratspezifitäten, Selektivitäten oder Domänenanordnungen eingesammelt werden. Um die Templatesuche auf homologe Proteine mit ähnlichen Eigenschaften zu beschränken, werden die Homologen durch Clustering in Gruppen mit ähnlicher Sequenz eingeteilt. Durch einen systematischen Vergleich der Sequenzen lassen sich dann Positionen identifizieren, die spezifisch für das jeweilige Cluster sind und möglicherweise zu den biochemischen Eigenschaften des jeweiligen Proteins beitragen.

Um eine systematische Untersuchung einer großen Zahl an Proteinsequenzen zu ermöglichen, werden sie in Datenbanken zur Verfügung gestellt. Die Einteilung der Proteinfamilien erfolgt dabei auf der Grundlage ihrer Sequenz oder ihrer Struktur (◘ Tab. 3.2), wobei hierarchische Bäume oder Clusteranalysen verwendet werden. Bei der Auswahl von geeigneten Templates sind

3

Tab. 3.2 Proteinfamiliendatenbanken

Name	Webadresse
BioCatNet[1]	▶ https://biocatnet.de/
CATH[2]	▶ http://www.cathdb.info/
InterPro[1]	▶ https://www.ebi.ac.uk/inter-pro/
Pfam[1]	▶ http://pfam.xfam.org/
SCOP2[2]	▶ http://scop2.mrc-lmb.cam.ac.uk/

[1]Einteilung auf Sequenzbasis, [2]Einteilung auf Strukturbasis

Tab. 3.3 Datenbanken mit biochemischen Daten von Enzymen

Name	Webadresse
BioCatNet	▶ https://biocatnet.de/
BRENDA	▶ http://www.brenda-enzymes.org/
SABIO-RK	▶ http://sabio.villa-bosch.de/
STRENDA	▶ https://www.beilstein-strenda-db.org/strenda/

Informationen aus diesen Datenbanken vorteilhaft: Befindet sich das homologe Protein in der gleichen Unterfamilie, sind größere Ähnlichkeiten in der dreidimensionalen Struktur und der katalytischen Aktivität wahrscheinlicher. Für Anwendungen wie die Homologiemodellierung sollten deshalb vorrangig diese Proteine in Betracht gezogen werden.

3.1.4 Ausblick: Integration von Sequenzdaten und biochemischen Daten

Während öffentlich zugängliche Datenbanken für DNA- und Proteinsequenzen sowie Proteinstrukturen bereits seit 40 bzw. 50 Jahren zur Verfügung stehen (Aminosäuresequenzen seit 1965, Proteinstrukturen seit 1971, DNA-Sequenzen seit 1980), wurde die erste Datenbank der biochemischen Eigenschaften von Enzymen (BRENDA; ▪ Tab. 3.3) erst im Jahr 2001 etabliert. Dies hat im Wesentlichen drei Gründe: Während die Datenmodelle zur Speicherung von Sequenz- und Strukturinformationen verhältnismäßig einfach sind (eine Zeichenkette für Sequenzinformation bzw. *xyz*-Koordinaten für Strukturinformation), sind biochemische Eigenschaften von Proteinen komplex und umfassen eine eindeutige Beschreibung des Biokatalysators, der chemischen Reaktion, der Edukte und Produkte, der Reaktionsbedingungen sowie der biophysikalischen Eigenschaften und kinetischen Parameter. Der zweite Grund sind allgemein akzeptierte Kriterien für die Qualität von Sequenz- oder Strukturdaten, während es, trotz vieler Versuche einer Standardisierung, noch immer keine allgemein verbindlichen Kriterien für die Beschreibung enzymkatalysierter Reaktionen gibt. Der dritte Grund ist der leicht durchzuführende Vergleich unterschiedlicher Sequenzen durch Sequenzalignments oder von verschiedenen Proteinstrukturen durch Überlagerung, wodurch die Nützlichkeit einer strukturierten Datensammlung unmittelbar einleuchtet. Hingegen hängen enzymkinetische Parameter wie k_{cat}- oder K_m-Werte nicht nur stark von der Sequenz des Enzyms und den Reaktionsbedingungen ab, sondern auch von dem zur Auswertung verwendeten kinetischen Modell (in der Regel Michaelis-Menten-Kinetik), wodurch ein direkter Vergleich der kinetischen Parameter wie k_{cat} oder K_m zwischen verschiedenen Enzyme erschwert wird.

Um jedoch die große, unüberschaubare Flut von publizierten biochemischen Daten einer systematischen Analyse zugänglich zu machen, werden in verschiedenen Arbeitsgruppen vielversprechende Ansätze verfolgt, Sequenz-, Struktur- und biochemische Daten in ein einheitliches Datenmodell zu integrieren und öffentlich zugänglich zu machen (▪ Tab. 3.3).

3.2 Strukturmodellierung

Während DNA durch *Next-generation-sequencing*-Methoden automatisiert und schnell sequenziert werden kann, ist der Prozess der Strukturbestimmung einzelner Proteine sehr aufwendig. Dies spiegelt sich sowohl in der absoluten Zahl als auch in der Geschwindigkeit der Zunahme wieder. Zurzeit unterscheidet sich die Anzahl von Sequenzen und Strukturen um den Faktor 1000, allerdings wächst die Zahl an Nucleotiden in jeder Dekade um einen Faktor 100, die Zahl der Proteinstrukturen lediglich um den Faktor 3.

Die Kenntnis der Struktur eines Proteins ist jedoch eine wesentliche Voraussetzung für ein vertieftes Verständnis der biochemischen Eigenschaften und ist damit eine Grundlage für alle Verfahren des rationalen Designs von Mutanten oder von Mutantenbibliotheken. Die Untersuchung der dreidimensionalen Struktur erlaubt es, katalytisch aktive Aminosäuren und die Substratbindestelle räumlich zu lokalisieren und so den katalytischen Mechanismus auf molekularer Ebene zu verstehen. Für die Substraterkennung und somit für Substratspezifität sowie Chemo-, Regio- und Stereoselektivität sind allerdings nicht nur Struktur und physikochemische Eigenschaften der Substratbindestelle verantwortlich, sondern auch der Zugangskanal von Substrat und Cosubstrat sowie die möglichen Kanäle, durch welche die Produkte die Bindetasche verlassen. Auch die Kenntnis der Quartärstruktur ist von Bedeutung, da in vielen Enzymen die Substratbindestelle an der Grenzfläche zwischen zwei Monomeren lokalisiert ist. Außerdem ist die Bildung von Oligomeren ein häufiges Prinzip, die Stabilität eines Proteins zu erhöhen.

Da Proteine mit ähnlicher Sequenz eine ähnliche räumliche Struktur haben, lässt sich die Tertiär- und Quartärstruktur eines Proteins auf der Grundlage seiner Sequenz durch das Verfahren der Homologiemodellierung *(Template-based-Modellierung)* vorhersagen (Orry und Abagyan 2012). Homologe Proteine mit experimentell bestimmter Struktur können demnach als Schablone (Template) verwendet werden, um die dreidimensionale Struktur eines Zielproteins (Target) zu modellieren.

Die Homologiemodellierung wird in vier Phasen unterteilt (◘ Abb. 3.3):

1. die Suche nach einem geeigneten Template,
2. die Erstellung eines geeigneten Sequenzalignments zwischen Target und Template, über das
3. ein Strukturmodell berechnet wird, schließlich
4. wird die Qualität des Modells bewertet.

Wird in Phase (1) kein Template gefunden, werden *Fragment-assembly*-Methoden eingesetzt, um ein räumliches Targetmodell zu erstellen (▶ Abschn. 3.2.5).

3.2.1 Suche nach einem geeigneten Template

Für die Homologiemodellierung geeignete Proteinstrukturen lassen sich, wie bereits in ▶ Abschn. 3.1.2 und ▶ Abschn. 3.1.3 beschrieben, finden. Generell gilt: Je höher die Sequenzidentität und je besser die Auflösung der Struktur, umso besser wird das Homologiemodell. Abhängig von der jeweiligen Fragestellung sind jedoch weitere Kriterien bei der Auswahl einer geeigneten Templatestruktur zu berücksichtigen. Wird das Homologiemodell für Substratdocking eingesetzt, sollte auf die Bindung von relevanten Cofaktoren (beispielsweise Kupferionen in Laccasen, NAD(P)(H) in Oxidoreduktasen oder Häm in Cytochrom-P450-Monooxygenasen) und auf das Vorliegen einer produktiven Konformation der Proteinstruktur geachtet werden, um eine realistische Substratbindung sicherzustellen. Bei Modellen, die in Proteinsimulationen eingesetzt werden, sollte außerdem die aktive Quartärstruktur verwendet werden.

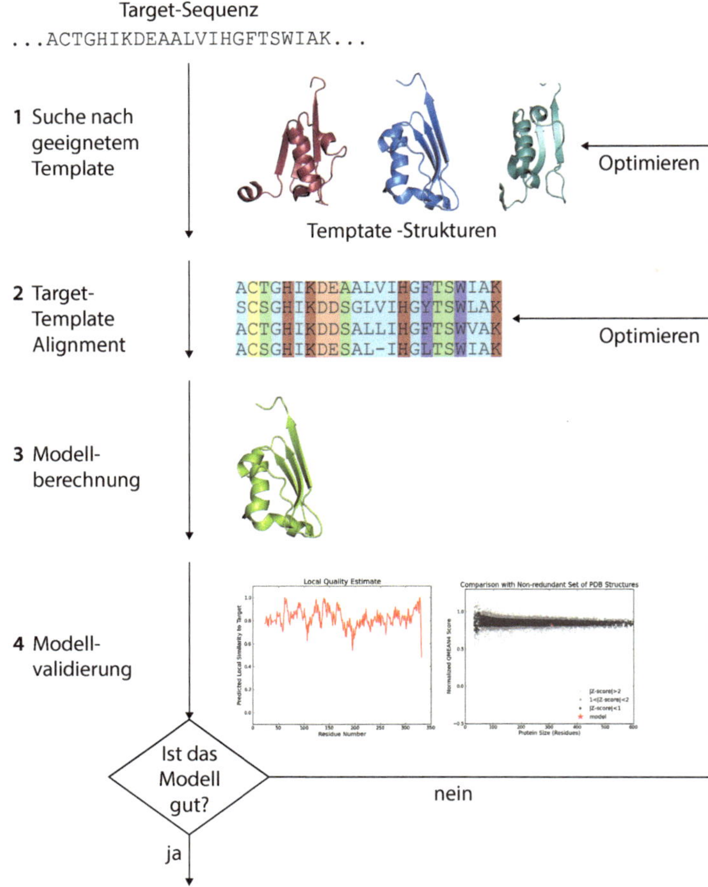

◻ Abb. 3.3 Schematische Darstellung der Schritte einer Homologiemodellierung

3.2.2 **Erstellung eines Target-Template-Alignments**

Template-gestützte Methoden zur Struktur-modellierung eines Proteins oder einer Proteindomäne setzen eine ausreichend hohe Sequenzähnlichkeit zwischen Target und Template voraus, um ein optimales Target-Template-Alignment berechnen zu können. Dafür stehen mehrere Programme zur Verfügung (◻ Tab. 3.4). Bei sehr ähnlichen Sequenzen mit einer Sequenzidentität von mindestens 50 % genügt ein paarweises Alignment von Target und Template, um ein verlässliches Alignment zu erhalten. Häufig hat jedoch die Targetsequenz eine niedrige Sequenzähnlichkeit zum ähnlichsten Protein

bekannter Struktur. Bei einer Sequenzidenti-tät zwischen 30 % und 50 % wird ein Multi-sequenzalignment von Target, Template und weiteren homologen Proteinen durchgeführt. Wenn von mehreren homologen Proteinen die Struktur experimentell bestimmt wurde, können außerdem strukturbasierte Sequenz-alignmentmethoden eingesetzt werden, die auch bei niedriger Sequenzähnlichkeit ein verlässliches Alignment liefern. Die für Multisequenzalignments verwendeten Pro-teine sollten den Sequenzraum zwischen Tar-get und Template möglichst gut abdecken. Sind die Sequenzähnlichkeiten noch nied-riger (bis etwa 15 % Sequenzidentität), kön-nen mit den in ▶ Abschn. 3.1.2 beschriebenen Methoden je ein Sequenzprofil für Target

◘ Tab. 3.4 Häufig verwendete Programme zum Sequenz- oder Strukturvergleich

Name	Webadresse
Clustal Omega[2]	► http://www.ebi.ac.uk/Tools/msa/clustalo/
COMA[4]	► http://www.ibt.lt/en/laboratories/bioinfo_en/software/coma.html/
EMBOSS Needle[1]	► http://www.ebi.ac.uk/Tools/psa/emboss_needle/
EXPRESSO[3]	► http://tcoffee.crg.cat/apps/tcoffee/do:expresso
MUSCLE[2,4]	► http://www.ebi.ac.uk/Tools/msa/muscle/
SALIGN[2,3]	► http://salilab.org/salign
T-Coffee[2]	► http://tcoffee.crg.cat/apps/tcoffee/

[1]paarweises Sequenzalignment, [2]Multisequenzalignment, [3]Strukturalignment, [4]Profil-Profil-Alignment

◘ Tab. 3.5 Häufig benutzte Programme und Server zur Homologiemodellierung

Name	Webadresse
CPHmodels Server	► http://www.cbs.dtu.dk/services/CPHmodels/
HHpred	► http://toolkit.tuebingen.mpg.de/hhpred
I-TASSER	► http://zhanglab.ccmb.med.umich.edu/I-TASSER/
M4T	► http://manaslu.aecom.yu.edu/M4T/
MODELLER	► http://salilab.org/modeller/
ModWeb	► https://modbase.compbio.ucsf.edu/modweb/
Pcons	► http://pcons.net/
Phyre2	► http://www.sbg.bio.ic.ac.uk/phyre2/html/page.cgi?id=index
Protein Model Portal	► http://www.proteinmodelportal.org
SWISS-MODEL	► http://swissmodel.expasy.org/

und Template erstellt werden, die dann miteinander verglichen werden (Profil-Profil-Alignment).

3.2.3 Erstellung eines Strukturmodells

Ausgehend vom Target-Template-Alignment wird ein Strukturmodell des Target-Proteins erstellt. Hierfür stehen verschiedene Programme und Webserver zur Verfügung (◘ Tab. 3.5). Durch das paarweise, Multisequenz- oder Profil-Profil-Alignment werden Positionen, die sich in der Struktur entsprechen, auf Sequenzebene zugeordnet. Bei Erstellung eines Strukturmodells werden die dreidimensionalen Koordinaten der Aminosäuren von der Templatestruktur auf die entsprechenden Aminosäuren der Targetsequenz übertragen. Bei identischen Aminosäuren werden Rückgrat und Seitenkettenkoordinaten übertragen. Bei unterschiedlichen Aminosäuren werden lediglich die Rückgratkoordinaten übertragen, während die Konformation der Seitenketten durch eine iterative Suche nach einer optimalen Packung ermittelt wird. Bereiche wie Insertionen oder Deletionen in Loopbereichen, für die keine Templateinformation verfügbar ist, werden durch Fragmentsuche in Strukturdatenbanken oder mithilfe von template-freien Methoden (► Abschn. 3.2.5) vorhergesagt. Das erhaltene Modell wird anschließend energieminimiert, um ein optimiertes Modell zu erhalten.

Ein häufig genutzter Webserver für die Homologiemodellierung ist der SWISS-MODEL-Server. Im *automated mode* muss lediglich die Aminosäuresequenz des Targetproteins angegeben werden, um nach einigen Minuten fertige Modelle mit einer zusätzlichen Abschätzung der Modellqualität (► Abschn. 3.2.4) zu erhalten. Im *alignment mode* kann zusätzlich ein Target-Template-Alignment eingelesen werden, wodurch ein Target auch bei niedrigerer Sequenzähnlichkeit zum Template verlässlich modelliert werden kann (► Abschn. 3.2.2).

3.2.4 Fehlerquellen und Abschätzung der Modellqualität

Für alle Methoden der Homologiemodellierung gilt: Je besser das Target-Template-Alignment, umso besser das resultierende Modell (Marti-Renom et al. 2000). Daher kann die Struktur in Regionen mit schlechtem oder fehlendem Alignment wie beispielsweise in Loops nur mit geringer Verlässlichkeit vorhergesagt werden. Auch kann die Orientierung der Aminosäureseitenketten zwischen Target und Template voneinander abweichen. Im Hinblick auf Anwendungen wie Mutantenvorhersage oder Docking sind jedoch die richtige Orientierung von Seitenketten und die richtige Konformation der Loops essenziell.

Für die Ermittlung möglicher Fehler bei der Modellierung werden Programme zur Abschätzung der Modellqualität eingesetzt (◘ Tab. 3.6). Aussagen über die globale Qualität des Modells geben QMEAN und DFIRE, während die lokale Qualität mithilfe von ANOLEA, ProQres und GROMOS abgeschätzt wird.

Um die Genauigkeit von Homologiemodellierungsmethoden zu bewerten und die Entwicklungen in diesem Feld voranzutreiben, finden seit 1994 zweijährlich CASP-Wettbewerbe (Critical Assessment of Protein Structure Prediction, ► http://predictioncenter.org/) statt. Ziel der teilnehmenden Modellierungsgruppen ist es, ausgehend von der Proteinsequenz ein möglichst akkurates Modell einer noch nicht veröffentlichten, experimentell generierten Struktur zu entwickeln. CASP liefert daher eine Bewertung von Verlässlichkeit und Genauigkeit der aktuellen Methoden zur Homologiemodellierung.

◘ **Tab. 3.6** Häufig genutzte Programme zur Abschätzung der Modellqualität

Name	Webadresse
ANOLEA	► http://melolab.org/anolea/
DFIRE	► http://sparks-lab.org/tools-dfire.html
GROMOS	► http://www.gromos.net/
PROCHECK	► http://www.ebi.ac.uk/thornton-srv/software/PROCHECK/
QMEAN	► http://swissmodel.expasy.org/qmean/
WHATCHECK	► http://swift.cmbi.ru.nl/gv/whatcheck/

3.2.5 Fragment-assembly-Methoden

Fragment-assembly-Methoden bauen die Proteinstruktur aus einzelnen Fragmenten einer Länge zwischen drei und 20 Aminosäuren Stück für Stück zusammen (Zhang 2007). Diese aus einer Fragmentbibliothek ausgewählten Fragmente haben in aller Regel eine sehr niedrige Sequenzähnlichkeit zu der entsprechenden Region im zu modellierenden Protein, weshalb immer mehrere unterschiedliche Strukturen berücksichtigt werden müssen. Außerdem ist die relative Orientierung der einzelnen Fragmente im Unterschied zu den template-basierten Methoden unbekannt, sodass es viele mögliche Anordnungen während des Zusammenbaus zu einer kompletten Struktur gibt. Eine optimale Kombination von Fragmenten und ihrer relativen Orientierung wird mithilfe von Monte-Carlo-Verfahren erreicht, wobei die Qualität der einzelnen Modelle jeweils in jedem Schritt bewertet wird. Diese Scoring-Funktion ist ein kritischer Schritt bei allen template-freien Methoden, da ihre Berechnung einerseits schnell sein muss, sie jedoch andererseits in der Lage sein muss, richtig gefaltete von falsch gefalteten Strukturen zu unterscheiden. Wegen der mit der Zahl an Fragmenten schnell wachsenden Zahl an Kombinationsmöglichkeiten („kombinatorische

◻ Tab. 3.7 Häufig verwendete *Fragment-assembly*-Server

Name	Webadresse
I-TASSER	▶ http://zhanglab.ccmb.med.umich.edu/I-TASSER/
MULTICOM	▶ http://sysbio.rnet.missouri.edu/multicom_toolbox/
QUARK	▶ http://zhanglab.ccmb.med.umich.edu/QUARK
RaptorX	▶ http://raptorx.uchicago.edu/
Robetta	▶ http://robetta.bakerlab.org/
SmotifTF	▶ http://search.cpan.org/dist/SmotifTF/

Explosion") sind *Fragment-assembly*-Methoden bisher auf die Strukturvorhersage von Proteinen von bis zu 250 Aminosäuren beschränkt.

Template-freie Methoden zur Proteinstrukturvorhersage sind meist als Pipeline aus mehreren aufeinander aufbauenden Methoden konstruiert: der Suche nach sequenzähnlichen Fragmenten mithilfe eines Sequenzprofils (PSI-BLAST, HHSearch), der Generierung von Strukturmodellen und der Bewertung der Qualität dieser Modelle durch mechanistische oder probabilistische Methoden (◻ Tab. 3.7).

3.2.6 Ausblick: Modellierung durch molekulardynamische Simulation

Die Proteinsequenz codiert den Faltungsweg und die Proteinstruktur. Damit sind sowohl die Kinetik als auch die Thermodynamik der Faltung durch die Abfolge der Aminosäuren und deren physikochemischen Eigenschaften festgelegt. Die Bewegung eines Proteins lässt sich durch mechanistische Modellierung der Wechselwirkungen aller Atome beschreiben (▶ Abschn. 3.4). Durch eine ausreichend lange Simulation in einer Millisekunden-Zeitskala gelang es, den Übergang zwischen gefaltetem und entfaltetem Zustand kleiner, schnell

faltender Proteine zu simulieren und so die experimentellen Daten wie die Struktur des gefalteten Proteins, die Faltungskinetik und die thermische Stabilität zu reproduzieren (Lindorff-Larsen et al. 2011). Diese erfolgreichen Simulationen zeigen, dass mechanistische Modelle prinzipiell in der Lage sind, die Strukturformung von Proteinen mit einfachen mechanistischen Prinzipien zu beschreiben. Mit wachsender Rechnerleistung ist daher zu erwarten, dass sich in Zukunft auch die Struktur größerer Proteine und Proteinkomplexe vorhersagen lassen.

3.3 Molekulares Docking

Die computergestützte Vorhersage der Bindung eines Rezeptors und eines Liganden wird molekulares Docking genannt. Der Rezeptor kann dabei ein Protein oder ein Oligonukleotid sein, bei dem Liganden kann es sich ebenfalls um ein Protein oder ein kleines Molekül handeln. Der häufigste Anwendungsfall ist das Screening nach Inhibitoren für die Entwicklung neuer medizinischer Wirkstoffe. Dockingmethoden werden auch erfolgreich eingesetzt, um die Wechselwirkung von Enzymen und ihren Substraten zu untersuchen und dadurch die molekularen Ursachen von Substratspezifität, Regio- und Stereoselektivität zu verstehen. Der Vorteil gegenüber experimentellen Screeningmethoden ist die höhere Effektivität. Außerdem ist der modellierte Enzym-Substrat-Komplex die Voraussetzung für ein erfolgreiches Mutanten- und Substratdesign.

Generell lassen sich zwei Schritte unterscheiden: das Sampling (Vorhersage der Konformation, der Position und der Orientierung des Liganden in der Bindungstasche (◻ Abb. 3.4)) sowie das Scoring (Abschätzung der Bindungsaffinität (Sousa et al. 2013)).

3.3.1 Sampling

Für das Docking werden die Strukturen des Rezeptors und des Liganden benötigt. Handelt

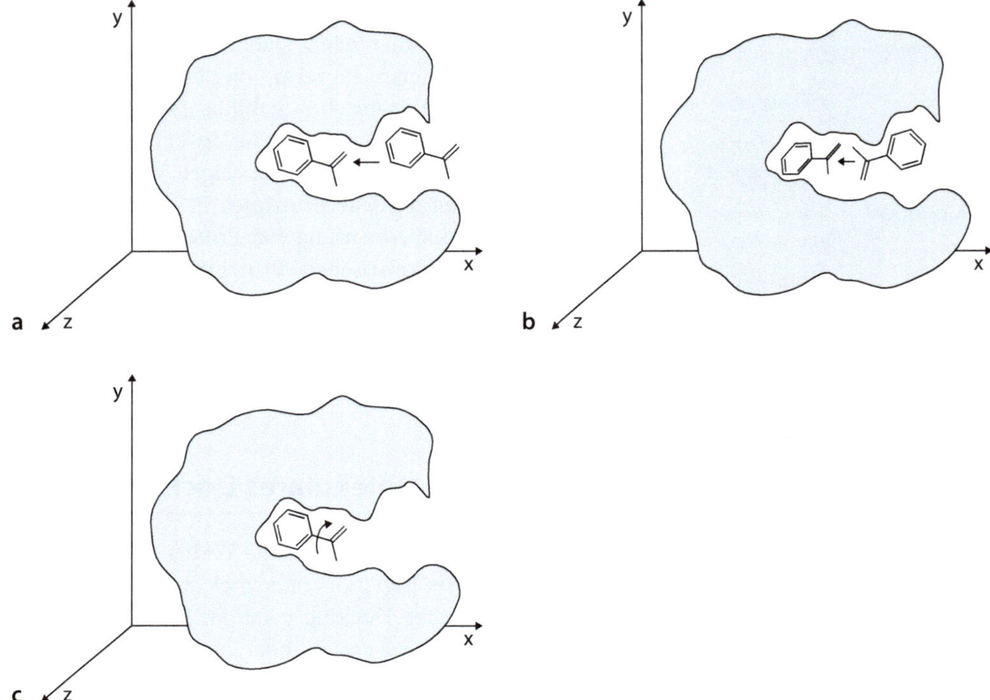

Abb. 3.4 Freiheitsgrade, die während des Dockings berücksichtigt werden müssen: **a)** Positionierung, **b)** Orientierung und **c)** Torsionen

es sich bei dem Rezeptor um ein Protein, eignet sich eine Kristallstruktur mit einer guten Auflösung oder ein qualitativ hochwertiges Homologiemodell. Auch sollte sich das Protein in einer aktiven Konformation befinden, um eine produktive Bindung des Substrats zu ermöglichen. Die räumliche Struktur des Liganden kann häufig aus Datenbanken (■ Tab. 3.8) extrahiert oder mithilfe von Programmen (■ Tab. 3.9) berechnet werden. In einigen Fällen weist bereits die Kristallstruktur des Zielproteins ein gebundenes Substrat oder einen Inhibitor auf, welches dem Liganden ähnelt. In solchen Fällen ist eine Überlagerung der beiden Moleküle per Hand möglich (z. B. mit PyMOL, ► https://www.pymol.org/). Auch unähnliche Moleküle geben Aufschluss über die ungefähre Orientierung des Liganden und sind für spätere Auswertungen äußerst nützlich.

■ Tab. 3.8 Datenbanken für kleine Moleküle

Name	Webadresse
ChemSpider	► http://www.chemspider.com/
PubChem	► http://pubchem.ncbi.nlm.nih.gov/
The Cambridge Structural Database	► http://www.ccdc.cam.ac.uk/solutions/csd-system/components/csd/
ZINC	► http://zinc.docking.org/

Durch die Flexibilität von Rezeptor und Ligand ergeben sich viele zu berücksichtigende Freiheitsgrade: Je drei Freiheitsgrade für Translation und Rotation des Liganden sowie je ein Freiheitsgrad pro drehbarer Bindung. Da die Anzahl der möglichen Kombinationen

Tab. 3.9 Programme zur Erstellung der räumlichen Struktur kleiner Moleküle	
Name	**Webadresse**
ChemDraw	▶ http://www.cambridgesoft.com/software/overview.aspx
Marvin Space	▶ https://www.chemaxon.com/products/marvin/marvin-space/

Tab. 3.10 Häufig verwendete Docking-programme für kleine Moleküle	
Name	**Webadresse**
AutoDOCK 4	▶ http://autodock.scripps.edu/
AutoDock Vina	▶ http://vina.scripps.edu/
DOCK	▶ http://dock.compbio.ucsf.edu/
FlexX	▶ https://www.biosolveit.de/FlexX/
FTDock	▶ http://www.sbg.bio.ic.ac.uk/docking/ftdock.html/
GLIDE	▶ http://www.schrodinger.com/Glide/
GOLD	▶ http://www.ccdc.cam.ac.uk/solutions/csd-discovery/components/gold/

mit der Anzahl der zu berücksichtigenden Freiheitsgrade schnell zunimmt („kombinatorische Explosion"), ist eine systematische Berechnung aller möglichen Freiheitsgrade nicht durchführbar. Deshalb wurden verschiedene Sampling-Algorithmen für eine effektive Suche nach optimalen Rezeptor-Ligand-Komplexen entwickelt: die *Shape-matching*-Algorithmen, die systematische Suche und die stochastischen Algorithmen.

Dabei können Rezeptor und Ligand als starr oder (teilweise) flexibel angenommen werden. Mit zunehmender Flexibilität nimmt die Realitätsnähe zu, allerdings steigen damit auch die Komplexität und der Rechenaufwand erheblich an.

3.3.2 Scoring

Eine Scoring-Funktion wird für die Bewertung des Dockings benötigt. Je nach Fragestellung soll sie die beste Konformation einer Rezeptor-Ligand-Kombination berechnen oder einen hochaffinen Liganden aus einer gegebenen Ligandenbibliothek ermitteln. Scoring-Funktionen lassen sich in drei Hauptklassen unterteilen: Kraftfeldbasierte, empirische und wissensbasierte. Wegen der großen Zahl an zu untersuchenden Rezeptor-Ligand-Kombinationen muss die Scoring-Funktion einfach berechenbar sein, andererseits soll sie möglichst wirklichkeitsnah sein und die experimentell bestimmten Bindungsaffinitäten widerspiegeln.

Die Auswahl an Docking-Programmen ist sehr vielfältig (▪ Tab. 3.10). Sie unterscheiden sich in den implementierten Sampling- und Scoring-Methoden, der Leistung, der Genauigkeit und der Benutzerfreundlichkeit.

3.3.3 Limitationen

Eine gute Ausgangssituation für molekulares Docking ist eine hochaufgelöste Kristallstruktur des Rezeptors, der sich in einer aktiven Konformation befinden sollte und von dem der Reaktionsmechanismus bekannt ist. Falls der Reaktionsmechanismus und die Substratbindetasche unbekannt sind, sind Docking-Ergebnisse nur schwer interpretierbar. Auch niedrig aufgelöste Kristallstrukturen oder unzureichende Homologiemodelle können sich negativ auf das Dockingergebnis auswirken, da bereits kleine Änderungen der Rezeptorstruktur die Docking-Resultate stark beeinflussen. Ein weiterer limitierender Faktor ist die Flexibilität der beteiligten Moleküle wie etwa Liganden mit einer großen Zahl an frei drehbaren Bindungen oder Rezeptoren mit beweglichen substratbindenden Loops.

3.3.4 Modellierung von Proteinkomplexen

Ein wesentlicher und häufig nicht beachteter Aspekt der Modellierung ist die Untersuchung der Quartärstruktur des nativen Enzyms. Die räumliche Orientierung von Proteinmolekülen kann einen entscheidenden Einfluss auf die Vorhersage von Substratbindung und -umsetzung haben: Wenn das aktive Zentrum an der Grenze zwischen zwei Proteinmolekülen liegt, wenn der Substratzugang von der Protein-Protein-Grenzfläche gebildet wird oder wenn mehrere Enzyme sich zu einer effizienten Kaskadenreaktion aneinanderlagern. Zusätzlich trägt die Quartärstruktur stark zu biophysikalischen Eigenschaften wie Thermostabilität und Löslichkeit bei.

Die Modellierung der Quartärstruktur lässt sich durch template-basierte Methoden auf der Grundlage von experimentell ermittelten Quartärstrukturen homologer Proteine durchführen. Proteinkomplexe, für die keine experimentellen Strukturinformationen vorliegen, werden mithilfe von Dockingverfahren modelliert (◻ Tab. 3.11). Protein-Protein-Docking-Methoden, die starre Proteinstrukturen annehmen, sind zwar schnell, aber nicht ausreichend prädiktiv, da es bei der Bindung von Proteinen zu erheblichen Konformationsänderungen kommen kann. Dies wird durch den seit 2001 existierenden Wettbewerb CAPRI (Critical Assessment of Prediction of Interactions, ▶ http://www.ebi.ac.uk/msd-srv/capri/) bestätigt. Sämtliche Methoden, die eine hohe Genauigkeit bei der Vorhersage von Proteinkomplexen zeigten, verwenden flexibles Docking, oft kombiniert mit einer verbesserten Berechnung des pK-Werts einzelner Aminosäuren oder einer statistischen Analyse der Aminosäuren an der Kontaktfläche.

3.3.5 Ausblick: Direkte Simulation der Substratbindung

Die in ▶ Abschn. 3.4 beschriebene Methode der molekulardynamischen Simulation erlaubt es, Energieberechnungen durchzuführen und Bewegungen von Molekülen zu beschreiben, sofern keine Bindung gebrochen oder geformt wird. Daher ist diese Methode prinzipiell geeignet, die nichtkovalente Bindung eines Liganden an ein Protein zu modellieren, ohne zuvor den Liganden in eine angenommene Bindungstasche zu platzieren (Lawrenz et al. 2015). Diese Methode setzt voraus, dass die Simulationszeit länger als die Bindungsrate des Liganden ist. Durch Anwendung von *cloud computing* konnten die experimentell bestimmten Konformationen gebundener Liganden durch Simulation von 100 µs Länge mit hoher Genauigkeit reproduziert werden. Außerdem wurden durch Untersuchung des Zugangswegs der Liganden kritische Aminosäuren identifiziert, die die Bindungskinetik beeinflussen. Die Kombination von Dockingmethoden und umfangreichen molekulardynamischen Simulationen werden als vielversprechende Methoden für erfolgreiches *drug design* eingeschätzt. Diese Methoden sollten sich direkt auf die Bindung von Substraten in die Substratbindetaschen von Enzymen übertragen lassen und stellen daher vielversprechende Methoden für das Design verbesserter Enzyme dar.

◻ **Tab. 3.11** Häufig verwendete Dockingprogramme für Protein-Protein-Docking

Name	Webadresse
ClusPro	▶ https://cluspro.bu.edu/
FRODOCK	▶ http://chaconlab.org/methods/docking/frodock/
GRAMM-X	▶ http://vakser.compbio.ku.edu/resources/gramm/grammx/
Haddock	▶ http://haddock.science.uu.nl/services/HADDOCK2.2/
pyDock	▶ http://life.bsc.es/servlet/pydock/home/
RosettaDock	▶ https://www.rosettacommons.org/
ZDOCK	▶ http://zdock.umassmed.edu/

3.4 Mechanistische Modelle von Proteinstruktur und -dynamik

Die Erkennung eines Substrats durch ein Enzym ist die Voraussetzung sowohl für eine hohe katalytische Aktivität als auch für Regio- und Stereoselektivität. Während beim Docking die Substratbindetasche des Enzyms meist als starr oder nur teilweise flexibel angenommen wird, wurden in den vergangenen 40 Jahren Methoden entwickelt, um die Dynamik und Flexibilität von Proteinen bei der Modellierung zu berücksichtigen. Dies ist für eine verlässliche und quantifizierbare Modellierung der Substratbindung unerlässlich, da Proteine keine starre Form besitzen, sondern als bewegliche Nanomaschinen mit einer komplexen Dynamik gesehen werden können. Durch Wechselwirkung mit einem Substratmolekül kommt es daher durch Änderungen der Seitenkettenorientierung oder der Verschiebung des Proteinrückgrats zu einer leichten Verformung der Substratbindetasche oder auch zu größeren Konformationsänderungen, wobei sich ein Deckel öffnen oder sich die Orientierung von Proteindomänen ändern kann.

3.4.1 Modellierung von Konformationsänderungen

Um diese Konformationsänderungen auf molekularer Ebene zu modellieren, wird seit über 40 Jahren die Methode der molekulardynamischen Simulation von Proteinen eingesetzt (◘ Tab. 3.12). Für die Simulation von Molekülen wird angenommen, dass die Bewegung der Atome durch einfache Wechselwirkungen beschrieben werden können. So wird z. B. eine chemische Bindung als harmonische Feder modelliert, während für die Wechselwirkungen zwischen Atomen, die nicht kovalent miteinander verbunden sind, ihre jeweiligen elektrostatischen Partialladungen und ihr Van-der-Waals-Radius berücksichtigt werden. Es wird angenommen, dass sich die Eigenschaften der Atome während

◘ **Tab. 3.12** Molekulardynamikprogramme für Proteinsimulationen

Name	Webadresse
AMBER	▸ http://ambermd.org/
CHARMM	▸ https://www.charmm.org/
Desmond	▸ http://www.deshawresearch.com/resources_desmond.html/
Folding@home	▸ http://folding.stanford.edu/
Gromacs	▸ http://www.gromacs.org/
GROMOS	▸ http://www.gromos.net/
NAMD	▸ http://www.ks.uiuc.edu/Research/namd/
YASARA	▸ http://www.yasara.org/

der Simulation nicht ändern und dass die Bewegung dem Newtonschen Kraftgesetz folgt.

Die methodische Weiterentwicklung und die zur Verfügung stehenden Rechenkapazitäten erlauben es inzwischen, wirklichkeitsnahe molekulare Modelle zu erstellen, um Enzyme als Oligomere im Komplex mit Substraten und Cosubstraten in beliebig komplexen Lösungsmittelgemischen über mehrere Mikrosekunden in atomarer Auflösung zu simulieren (Dror 2012). Dieser Zeitraum genügt meist, um lokale Konformationsänderungen vorhersagen und bewerten zu können. Für größere, langsamere Konformationsänderungen wurden Methoden zur beschleunigten Simulation entwickelt.

Molekularmechanische Methoden wurden erfolgreich eingesetzt, um experimentell bestimmte Eigenschaften wie Substratspezifität, Chemo-, Regio- und Stereoselektivität auf molekularer Ebene zu verstehen und vorherzusagen sowie Enzymmutanten mit verbesserten Eigenschaften zu entwickeln. Außerdem sind molekulardynamische Simulationen ein wesentlicher Bestandteil der experimentellen Strukturaufklärung von Proteinen durch Röntgenstrukturanalyse oder Kernresonanzspektroskopie.

3.4.2 Modellierung des biochemischen Reaktionsmechanismus

Enzymkatalysierte Reaktionen enthalten zumindest einen Schritt, in dem eine Bindung gebrochen oder neu geformt wird. Zur Modellierung chemischer Bindungen werden quantenchemische Methoden eingesetzt: schnelle, aber stark parametrisierte semiempirische Methoden oder parameterfreie *Ab-initio*-Methoden, bei denen jedoch der Rechenaufwand exponentiell mit der Anzahl von Elektronen zunimmt.

Während durch molekularmechanische Methoden sehr große molekulare Systeme von bis zu 10^6 Atomen modelliert werden können, müssen die wesentlich aufwendigeren quantenchemischen Methoden auf wenige Hundert Atome beschränkt werden. Die Vorteile beider Methoden werden in den sogenannten QM/MM-Methoden vereint: Die Bewegung der an der chemischen Reaktion unmittelbar beteiligten Atome (Substrat, katalytische Aminosäuren, Cofaktoren) wird durch eine quantenchemische Methode berechnet, die übrigen Atome (der größte Teil des Enzyms und das Lösungsmittel) durch molekularmechanische Methoden. Mit QM/MM-Methoden gelang es, Reaktionspfade vorherzusagen und Aktivierungsenergien zu berechnen.

3.4.3 Thermodynamische Berechnungen

Während die molekulardynamische Simulation von Proteinsystemen auf ein Zeitfenster von Mikrosekunden beschränkt ist, erfolgen funktionell wichtige Prozesse wie die Bindung eines Substrats, größere Konformationsänderungen des Proteins oder die Proteinfaltung im Zeitbereich von Millisekunden oder Sekunden. Während eine direkte Simulation solch langsamer Prozesse noch nicht möglich ist, wurden Methoden entwickelt, um die Unterschiede der freien Energie zwischen verschiedenen thermodynamischen Zuständen zu berechnen. Da die freie Energie ein Potenzial darstellt, ist die Berechnung wegunabhängig. Dadurch lassen sich Berechnungswege realisieren, die nur der Simulation zugänglich sind. Eine weitverbreitete Anwendung sind „alchemische Änderungen", bei denen etwa eine Aminosäure in einem Protein allmählich in eine andere Aminosäure umgewandelt wird. Entlang dieses Wegs wird dann die jeweilige Änderung der freien Energie berechnet. Dadurch erhält man beispielsweise den Unterschied zwischen den freien Bindungsenergien ΔG des Wildtyp-Enzyms und einer Punktmutante mit und ohne gebundenem Liganden. Um die berechneten Differenzen der freien Energie mit dem Experiment zu vergleichen, wird diese Simulationsmethode im Rahmen eines thermodynamischen Zyklus eingesetzt (◘ Abb. 3.5). In der Simulation wird der Unterschied zwischen den freien Bindungsenergien ΔG_B und ΔG_A des Wildtyp-Enzyms und einer Punktmutante mit und ohne gebundenem Liganden berechnet, im

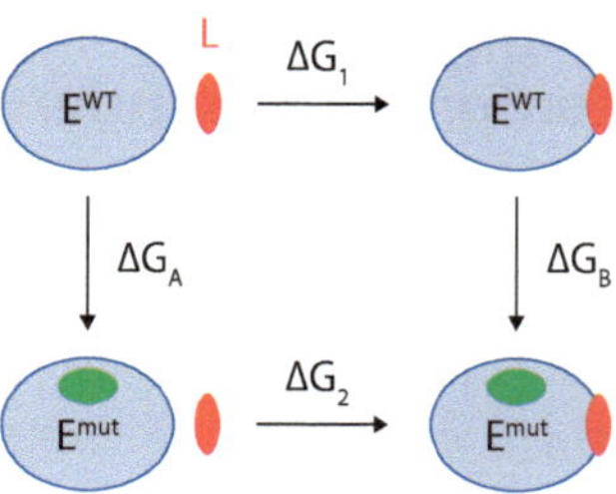

◘ **Abb. 3.5** Thermodynamischer Zyklus: Um die Auswirkung einer Mutation auf die Bindung eines Liganden L (Substrat oder Inhibitor) zu untersuchen, werden vier thermodynamische Zustände definiert: das Wildtyp-Enzym E^{WT} und die Punktmutante E^{mut}, jeweils im Komplex mit dem Liganden oder frei. Die Differenz der freien Energie zwischen Wildtyp-Enzym und Punktmutante (ΔG_A und ΔG_B) wird durch Simulation bestimmt, der Unterschied der Bindungsenergien des Liganden zum Wildtyp-Enzym oder zur Punktmutante (ΔG_1 und ΔG_2) wird experimentell bestimmt. Experiment und Simulation lassen sich direkt vergleichen, da gilt: $\Delta\Delta G = \Delta G_B - \Delta G_A = \Delta G_2 - \Delta G_1$

Experiment der Unterschied der Bindungsenergien ΔG_1 und ΔG_2 des Wildtyp-Enzyms und der Punktmutanten mit dem Liganden. Da die Berechnung der freien Energie wegunabhängig ist, sind die simulierten und experimentellen Unterschiede $\Delta \Delta G$ identisch.

3.5 Ausblick: Integration von mechanistischer und kinetischer Modellierung

Der Einsatz mechanistischer Modellierung von Enzymstruktur, Dynamik und Substratwechselwirkungen ermöglicht vertiefte Einblicke in die relevanten thermodynamischen Zustände. Durch die zukünftig verfügbare Rechenleistung werden Simulationen im Millisekundenmaßstab möglich sein, sodass zusätzlich zu thermodynamischen Größen auch kinetische Parameter einer molekularen Simulation zugänglich werden, wie etwa die Geschwindigkeitskonstanten für die Assoziation und Dissoziation des Enzym-Substrat- oder des Enzym-Produkt-Komplexes. Eine molekulare Simulation kinetischer Parameter erlaubt es, Engpässe der enzymkatalysierten Reaktion zu identifizieren und durch gezieltes Protein-, Substrat- oder Lösungsmittel-Engineering zu beseitigen. Außerdem lässt sich so die molekulare Modellierung von Enzym-Substrat-Lösungsmittelsystemen an die auf kinetischen Parametern beruhende Prozessmodellierung anbinden. Die Verbindung von molekularer und kinetischer Modellierung stellt den Kern einer skalenübergreifenden Modellierungsstrategie dar, bei der die komplexen Prozesse innerhalb eines Reaktors auf die atomare Struktur der Komponenten zurückgeführt werden.

Literatur

Dror, R. O., Dirks, F. M., Grossman, J. P., Xu, H., Shaw, D. E. Biomolecular simulation: a computational microscope for molecular biology. *Annu. Rev. Biophys.* **41**, 429–52 (2012).

Lawrenz, M., Shukla, D., Pande, V. S. Cloud computing approaches for prediction of ligand binding poses and pathways. *Sci. Rep.* **5**, 7918 (2015).

Lindorff-Larsen K., Piana S., Dror R.O., Shaw D.E. How fast-folding proteins fold. Science 334:517-520 (2011).

Martí-Renom, M. A., Stuart, A.C., Fiser. A., Sánchez, R., Melo, F., Sali, A. Comparative protein structure modeling of genes and genomes. *Annu. Rev. Biophys. Biomol. Struct* **29**, 291–325 (2000).

Orry, A. J. W., Abagyan, R. *Homology Modeling*. **857**, (Humana Press, 2012).

Sousa, S. F., Ribeiro, A.J., Coimbra, J.T., Neves, R.P., Martins, S.A., Mcorthy, N.S., Fernandes, P.A., Ramos, M.J. Protein-ligand docking in the new millennium-a retrospective of 10 years in the field. Curr. Med. Chem. 20, 2296–314 (2013).

Vogel, C., Pleiss, J. The modular structure of ThDP-dependent enzymes. *Proteins* **82**, 2523–2537 (2014).

Widmann, M., Radloff, R., Pleiss, J. The Thiamine diphosphate dependent Enzyme Engineering Database: a tool for the systematic analysis of sequence and structure relations. *BMC Biochem.* **11**, 9 (2010).

Zhang, Y. Template-based modeling and free modeling by I-TASSER in CASP7. Proteins Struct. Funct. Bioinform. 69, 108–117 (2007).

Enzymkinetik

Lorenzo Pesci, Selin Kara und Andreas Liese

Zusammenfassung

Enzymkatalysierte Reaktionen sind nichts anderes als chemische Reaktionen, die durch einen Katalysator der Natur beschleunigt werden. Die Enzymkinetik beschreibt die Geschwindigkeit, mit der ein oder mehrere Substrate von einem Enzym zu einem oder mehreren Produkten umgesetzt werden. Die Thermodynamik gibt hierbei nur die Möglichkeit einer Reaktion an, und es ist unerheblich, ob diese Reaktion unkatalysiert abläuft oder mit einem chemischen oder biologischen Katalysator beschleunigt wird. Die grundsätzlichen Prinzipien der Bestimmung der kinetischen Parameter zur Beschreibung der Reaktionsgeschwindigkeit sowie mögliche Inhibierungsphänomene werden in diesem Kapitel im Detail vorgestellt.

Die Enzymkinetik kann als chemische Kinetik enzymkatalysierter Reaktionen definiert werden. Daher ist es hilfreich, die grundlegenden Konzepte, die Eigenschaften sowie die Methoden der chemischen Kinetik und Katalyse zu kennen. Kurz gesagt, die chemische Kinetik ist die Beschreibung der Geschwindigkeit, mit der Reaktionen sowohl auf der makroskopischen als auch auf der mikroskopischen (Reaktionsmechanismus) Ebene stattfinden. Ihre Studie liefert wichtige Einsichten, um eine Reaktion im Detail zu verstehen (und idealerweise die Entwicklung eines Katalysators zu beschleunigen). Darüber hinaus ist die chemische Kinetik nicht nur von grundlegendem wissenschaftlichen Interesse, sondern ist die Grundlage für Ingenieure, um einen Reaktor für eine bestimmte Umwandlung zu konstruieren und zu dimensionieren, und in diesem Sinne ist die chemische Kinetik auch mit der Ökonomie korreliert.

4.1 Grundbegriffe der chemischen Katalyse

Die Kinetik ist ganz klar von der Thermodynamik zu unterscheiden. Die Kinetik beschreibt die Geschwindigkeit, mit der eine chemische Reaktion abläuft, bzw. wie schnell der thermodynamisch maximal mögliche Umsatz, d. h. Gleichgewichtszustand, erreicht wird. Ein Katalysator, unabhängig davon, ob er chemisch-synthetisch oder ein Biokatalysator (= Enzym) ist, beschleunigt eine thermodynamisch mögliche Reaktion, ohne dabei selbst verbraucht zu werden. Die Thermodynamik hingegen beschreibt die Lage des Gleichgewichtes, d. h. in unserem Sinne den maximal möglichen Umsatz unter Gleichgewichtsbedingungen. Das Prinzip von Le Chatelier, formuliert von Henry Le Chatelier und Ferdinand Braun zwischen 1884 und 1888, besagt, dass sich dieser nur durch Verschiebung des Gleichgewichtes verändern lässt, indem ein Reaktand auf der Produktseite aus dem Gleichgewicht entfernt wird oder alternativ die Konzentration eines Reaktanden auf der Substratseite erhöht wird. Dementsprechend wird es auch das „Prinzip des kleinsten Zwanges" genannt. Neben der Konzentration können auch Änderungen in Temperatur und Druck zu einer Verschiebung des Gleichgewichtes führen.

Wie wir aus der chemischen Thermodynamik wissen, werden chemische Verbindungen in die Reaktionsrichtung umgesetzt, in der die Entropie ihr Maximum erreicht. Im Allgemeinen ist es nicht so einfach, mit der Entropiefunktion umzugehen, da die Eigenschaften von System und Umgebung berücksichtigt werden müssen. Häufig ist es deshalb einfacher, mit Energiefunktionen zu arbeiten, wie der Gibbs-Energie (oder auch freie Enthalpie genannt), für die nur die Eigenschaften des Systems bekannt sein müssen, um einen bestimmten Prozess (einschließlich chemischer Prozesse) zu beschreiben.

Eine chemische Reaktion erfolgt in die Richtung, in welche die freie Gibbs-Energie (G) abnimmt. Mit anderen Worten, wenn ein Objekt fällt, weil es der Schwerkraft ausgesetzt ist (in Richtung niedrigerer Gravitationsenergie, auch potenzieller Energie genannt), werden auch chemische Verbindungen (unter bestimmten experimentellen Bedingungen) in die Richtung des niedrigeren chemischen Potenzials „fallen" (molare Gibbs-Energie).

Betrachten wir die allgemeine chemische Reaktion ($\blacktriangleright$ Gl. 4.1):

$$aA + bB \rightleftharpoons cC + dD \qquad (4.1)$$

Es ist möglich, durch klassische Thermodynamik zu zeigen, dass die Gibbs-Energiedifferenz für diese Reaktion ($\blacktriangleright$ Gl. 4.1) durch die Van't-Hoff-Gleichung ($\blacktriangleright$ Gl. 4.2) beschrieben werden kann:

$$\Delta_r G = \Delta_r G^0 + RT \ln Q \qquad (4.2)$$

$\Delta_r G$ (J mol^{-1}) ist die Differenz der freien Energie zwischen dem Anfangs- und Endzustand des Systems; $\Delta_r G^0$ (J mol^{-1}) ist die Differenz der freien Energie zwischen dem Anfangs- und Endzustand des Systems für die Substanzen in ihren Standardzuständen (d. h. 1 bar Druck und unitäre Aktivität); R (8,314 J mol^{-1} K^{-1}) ist die universelle Gaskonstante; T (K) ist die absolute Temperatur und Q ist der Reaktionsquotient ($\blacktriangleright$ Gl. 4.3), welcher den Reaktionsfortschritt angibt:

$$Q = \frac{c_C{}^c \times c_D{}^d}{c_A{}^a \times c_B{}^b} \qquad (4.3)$$

Dies bedeutet, dass unter bestimmten Bedingungen, bei denen die Substrate in relativ hohen Konzentrationen vorliegen, die Reaktion in $\blacktriangleright$ Gl. 4.1 von links nach rechts fortschreitet, wobei die freie Energie zunehmend abnimmt. Die Funktion wird schließlich ein Minimum erreichen, wenn $\Delta_r G = 0$ ($\blacktriangleright$ Gl. 4.2) (chemisches Gleichgewicht). In diesem Zustand entspricht der Quotient Q der Reaktionsgleichgewichtskonstante (K_{eq}):

$$\Delta_r G^0 = -RT \ln K_{eq} \qquad (4.4)$$

Daher gilt:
- $\Delta_r G^0 > 0$, $K_{eq} < 1$ d. h. die Reaktionsmischung im Gleichgewicht enthält mehr Substrate.
- $\Delta_r G^0 < 0$, $K_{eq} > 1$ d. h. die Reaktionsmischung im Gleichgewicht enthält mehr Produkte.

Zusammenfassend gibt die chemische Thermodynamik Auskunft darüber, welche Transformationen bevorzugt sind aber sie gibt keinerlei Aufschluss darüber, wie schnell sie ablaufen werden. Die Information über die Reaktionsgeschwindigkeit kommt aus der Kinetik. Als einfaches Beispiel: Jedes Lebewesen besteht hauptsächlich aus Kohlenstoff, Wasserstoff und Sauerstoff. Auch wenn Kohlenstoffdioxid (CO_2) und Wasser (H_2O) die thermodynamisch bevorzugten Verbindungen sind, wird die Umwandlung nicht allzu schnell ablaufen.

Jede chemische Reaktion kann durch ein Geschwindigkeitsgesetz beschrieben werden, welches die Geschwindigkeit mit den Konzentrationen der beteiligten Spezies korreliert. Wenn wir die chemische Gleichung ($\blacktriangleright$ Gl. 4.1) als eine irreversible Reaktion betrachten, ergibt sich für das Geschwindigkeitsgesetz die folgende Formel ($\blacktriangleright$ Gl. 4.5):

$$v = k c_A{}^x c_B{}^y \qquad (4.5)$$

In dieser Gleichung ist v (z. B. mit der Einheit mol L^{-1} s^{-1}) die Reaktionsgeschwindigkeit und k ist die kinetische Konstante, die von den Reaktionsbedingungen, aber nicht von der Konzentration abhängig ist. Hierbei werden die Konzentrationen der Reagenzien eingesetzt und ihre individuellen Reaktionsordnungen x und y, die sich nicht auf die stöchiometrischen Koeffizienten beziehen – abgesehen von einem Sonderfall, den wir später diskutieren werden. Die globale Reaktionsordnung ist die Summe von x und y. Es ist offensichtlich, dass die Einheit von k von der globalen Reaktionsordnung abhängt. Die Struktur dieser Gleichung ist ziemlich intuitiv, da auf mikroskopischer Ebene chemische Reaktionen auftreten, die chemische Bindungen bilden und brechen, was nur passieren kann, wenn Moleküle mit einer bestimmten Energie kollidieren (oder vibrieren); höhere Konzentrationen gewährleisten daher eine höhere Wahrscheinlichkeit, dass diese Ereignisse auftreten.

Die einzelnen Reaktionsordnungen in einer gegebenen Reaktion müssen experimentell bestimmt werden, nehmen aber typischerweise Werte von 0, 1/2, 1, 2 an. Diese Werte hängen von dem Reaktionsmechanismus und genauer von der Anzahl der Moleküle ab, die an einem bestimmten Reaktionsschritt beteiligt sind.

Reaktionen können durch die Bildung einer Vielzahl von Zwischenprodukten ablaufen. Die Elementarreaktionen finden wie in den folgenden Gleichungen beschrieben statt. Elementarreaktionen sind durch ihre Molekularität gekennzeichnet. ▸ Gl. 4.6 zeigt eine monomolekulare Reaktion, bei der z. B. ein einzelnes Molekül vibriert, um eine chemische Bindung zu brechen, während ▸ Gl. 4.7 und 4.8 bimolekulare und trimolekulare Reaktionen zeigen. Höhere Molekularitäten sind extrem selten.

$$A \to B \tag{4.6}$$

$$A + B \to C \tag{4.7}$$

$$A + B + C \to D \tag{4.8}$$

Die Reaktionsordnung (die vor allem eine empirische Bedeutung hat) sollte mit den Molekularitäten nicht verwechselt werden, welche mit dem mikroskopischen Mechanismus zusammenhängt. Es scheint jedoch klar zu sein, dass in Elementarreaktionen die Molekularität der globalen Reaktionsordnung entspricht und die einzelnen Ordnungen den stöchiometrischen Koeffizienten entsprechen.

Um die grundlegenden Komponenten eines Geschwindigkeitsgesetzes zu verstehen, betrachten wir zuerst die monomolekulare Reaktion (▸ Gl. 4.6). Das Geschwindigkeitsgesetz ist zusammen mit den Differentialtermini der abnehmenden Substrat- und der zunehmenden Produktkonzentration in Abhängigkeit von der Zeit t in ▸ Gl. 4.9 beschrieben:

$$v = -\frac{\mathrm{d}c_A}{\mathrm{d}t} = \frac{\mathrm{d}c_B}{\mathrm{d}t} = kc_A \tag{4.9}$$

Diese Differentialgleichung kann leicht durch Trennung der Variablen gelöst werden:

$$-\int \frac{\mathrm{d}c_A}{c_A} = k \int \mathrm{d}t \tag{4.10}$$

$$c_A = c_{A0}\, e^{-kt} \tag{4.11}$$

Die Lösung (▸ Gl. 4.11) ist eine negative Exponentialfunktion mit c_{A0} (Substratkonzentration zum Zeitpunkt $t = 0$) und stark abhängig von der Konstante k (in diesem Fall mit der Einheit Zeit^{-1}).

Um die jeweiligen Reaktionsordnungen und die kinetischen Konstanten zu bestimmen, ist der einfachste Weg die experimentelle Durchführung mit gleichzeitiger Messung des Substratverbrauchs als Funktion der Zeit und der Berechnung der Reaktionsgeschwindigkeit. Zum Beispiel zeigt ◘ Abb. 4.1 ein typisches Konzentrationsprofil für eine Reaktion erster Ordnung für das Substrat A und die resultierende Reaktionsgeschwindigkeit als Funktion der Substratkonzentration. Hierbei ist die Reaktionsgeschwindigkeitskonstante k die Steigung der Geraden.

Durch analoge Ableitungen ist es möglich, lineare Beziehungen für die anderen Reaktionsordnungen zu ermitteln.

◘ **Abb. 4.1** Die Kinetik einer Reaktion erster Ordnung (▸ Gl. 4.6)

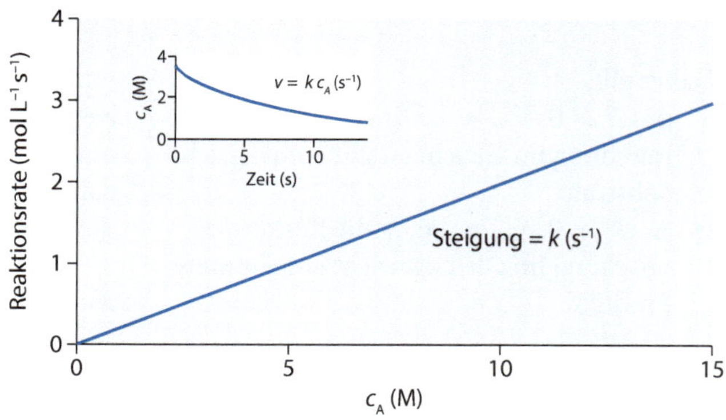

Die minimale durchschnittliche Energie, die für den Ablauf einer Reaktion erforderlich ist, ist die Aktivierungsenergie E_a, welche auch die Aktivierungsbarriere der Umsetzung darstellt. ◘ Abb. 4.2a zeigt ein typisches Energie-Reaktionskoordinaten-Profil, in welchem zu erkennen ist, dass Substrat und Produkt durch einen Energiepfad getrennt werden und dass dessen Maximum der Aktivierungsenergie entspricht. Die Spezies auf dem Gipfel des „Energieberges" ist der Übergangszustand, eine extrem instabile chemische Spezies mit teilweise gebrochenen/gebildeten chemischen Bindungen, die nur für einen sehr kurzen Zeitraum existiert und sich zu einem Produkt entwickeln kann. In ◘ Abb. 4.2 stellt die x-Achse die Reaktionskoordinate dar, die einem geometrischen Parameter (z. B. Bindungslänge, Winkel etc.) entspricht, welcher sich im Verlauf einer Reaktion ändert. Je niedriger die E_a ist, desto höher ist die Wahrscheinlichkeit erfolgreicher Kollisionen zwischen den Molekülen und umso höher ist auch die Reaktionsgeschwindigkeit. Entsprechend lässt sich die kinetische Konstante mit der Arrhenius-Gleichung beschreiben (▶ Gl. 4.12).

$$k = Ae^{-\frac{E_a}{RT}} \tag{4.12}$$

Dementsprechend führt eine Erhöhung der Temperatur zu einer Erhöhung der Reaktionsgeschwindigkeit. Während der exponentielle Faktor ein rein energetischer Ausdruck ist, ist der vorexponentielle Term A (Zeit^{-1}) ein statistischer Ausdruck, der die Kollisionsfrequenz zwischen den Molekülen angibt. Die Aktivierungsenergie und der vorexponentielle Faktor können durch Bestimmung der

kinetischen Konstanten bei verschiedenen Temperaturen und durch Auftragen des Logarithmus von k gegen $1/T$ berechnet werden. Es resultiert eine gerade Linie mit negativer Steigung $-E_a/R$ und ln A als y-Achsenabschnitt (Arrhenius-Kurve).

Bisher haben wir nur irreversible Reaktionen in Betracht gezogen, bei denen die Gleichgewichtsposition auf der Produktseite in einem extremen Ausmaß liegt (theoretisch sollten alle chemischen Reaktionen als reversibel betrachtet werden). Bei reversiblen Reaktionen muss sowohl die Geschwindigkeit der Hin- als auch die der Rückreaktionen berücksichtigt werden. So ergibt sich für die reversible Reaktion (▶ Gl. 4.13) die Gleichung für die Reaktionsgeschwindigkeit (▶ Gl. 4.14) zu:

$$A \underset{k_{-1}}{\overset{k_1}{\rightleftharpoons}} B \tag{4.13}$$

$$v = k_1 c_A - k_{-1} c_B \tag{4.14}$$

Im Gleichgewicht ist die Nettogeschwindigkeit gleich null:

$$v = k_1 c_{Aeq} - k_{-1} c_{Beq} = 0 \tag{4.15}$$

$$K_{eq} = \frac{c_{Beq}}{c_{Aeq}} = \frac{k_1}{k_{-1}} \tag{4.16}$$

Dies lässt sich anhand von ◘ Abb. 4.2a leicht interpretieren: Wenn $K_{eq} > 1$ ist, ergibt sich eine höhere Aktivierungsenergie für die Rückreaktion, sie wird somit langsamer $k_{-1} < k_1$). Folglich kann die kinetische Gleichung auch als Funktion der Gleichgewichtskonstante geschrieben werden:

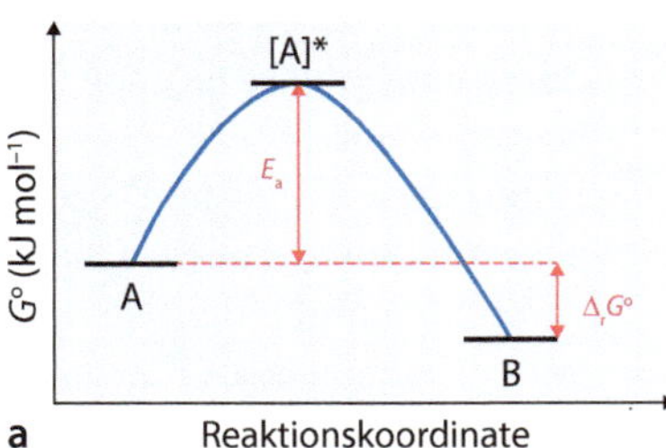

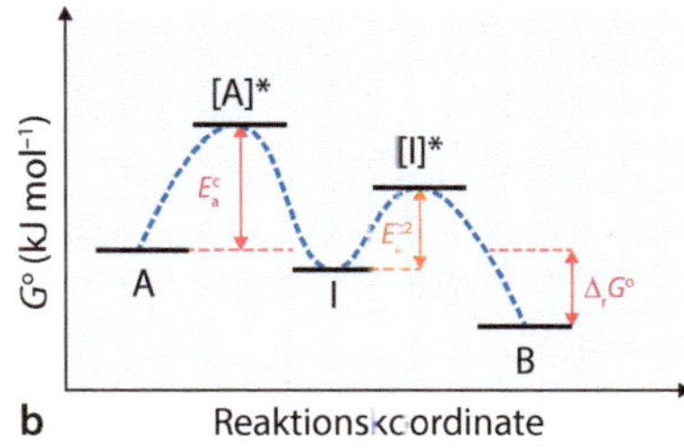

◘ **Abb. 4.2** Energie-Reaktionskoordinate-Profil für eine unkatalysierte (**a**) und eine katalysierte Reaktion (**b**)

$$v = k_1\left(c_A - \frac{c_B}{K_{eq}}\right) \qquad (4.17)$$

Aus ► Gl. 4.12 geht klar hervor, dass eine Erhöhung der Temperatur eine Reaktion beschleunigt. Daher scheint es ausreichend zu sein, jedes Reaktionsgefäß auf die gewünschte Temperatur zu erwärmen. Als Faustregel gilt: Eine Erhöhung um 10 °C führt zu einer Verdoppelung der Reaktionsgeschwindigkeit. Leider wird nicht nur die gewünschte Reaktion beschleunigt, sondern unter Umständen auch weitere mögliche Nebenreaktionen. Darüber hinaus können höhere Temperaturen die Zersetzung von Reagenzien beschleunigen und infolgedessen die Gleichgewichtszusammensetzung beeinflussen. Zur Beschleunigung einer Reaktion ist es daher besser, die Aktivierungsenergie durch die Verwendung eines Katalysators (aus griech. *katalysis,* engl. *dissolve through*) herabzusetzen, statt die Population von Molekülen, die eine bestimmte Energie haben, zu erhöhen.

Der Begriff Katalysator wurde 1836 durch Jöns Jakob Berzelius definiert als eine Substanz, die die Geschwindigkeit der Gleichgewichtseinstellung einer chemischen Reaktion durch Absenkung der Aktivierungsenergie erhöht, ohne in der Reaktion verbraucht zu werden. Auf der molekularen Ebene ist ein Katalysator eine Substanz, die den Mechanismus der Reaktion verändert und ihn dabei auch häufig komplizierter macht. In diesem Fall ist die höchste Aktivierungsbarriere niedriger als die Aktivierungsbarriere der unkatalysierten Reaktion.

Das Reaktionsprofil in ▣ Abb. 4.2b schematisiert einen Reaktionsweg für eine katalysierte Reaktion. Es kann eine Änderung des Mechanismus beobachtet werden, die die Bildung eines Intermediats I einschließt, das nach der Bildung eines weiteren Übergangszustands [I]* zum Produkt führt. Der entscheidende Punkt ist die niedrigere Aktivierungsenergie der katalysierten Reaktion im Vergleich zu der unkatalysierten Reaktion ($E_a > E_a^c$).

4.2 Homogene, heterogene und enzymatische Katalyse: Unterschiede und Gemeinsamkeiten

Die Frage, die wir in diesem Abschnitt stellen möchten, ist, wie die verschiedenen Arten der Katalyse definiert sind und in welchem Sinne sie ähnlich sind. Damit wäre es in den nächsten Abschnitten möglich, Enzymkatalyse in die allgemeinen Kategorien klassischer chemischer Katalyse einzuordnen und gleiche Prinzipien der Kinetik und Reaktionstechnik anzuwenden.

Katalysatoren werden aus chemischer Sicht in der Regel in die folgenden drei Kategorien unterteilt: i) homogen, ii) heterogen und iii) enzymatisch. Die erste Kategorie, homogen, zeigt, dass der Katalysator und die Reagenzien in der gleichen Phase vorliegen. Die zweite Kategorie, heterogen, gibt an, dass sich die beiden in verschiedenen Phasen befinden und die letzte zeigt auf, dass die katalytische Spezies ein Enzym ist. Diese Unterscheidung hat vor allem historische, aber auch berufsbezogene Gründe:

- **Homogene Katalyse:** Traditionell mit dem Beruf der Chemiker(in) verbunden, impliziert, dass die chemische Reaktion in einer einzigen Phase stattfindet, in der Regel flüssig, aber auch gasförmig. Homogene Katalysatoren umfassen verschiedene Unterkategorien wie Brønsted-Säuren und -Basen, metallorganische Komplexe und Organokatalysatoren (metallfreie organische Moleküle). Eines der wichtigsten Merkmale dieser Gruppe von Katalysatoren ist ihr molekularer und *single-site*-katalytischer Charakter, was bedeutet, dass die katalytische Wirkung durch eine präzise Gruppe von Atomen ausgeübt wird.

- **Heterogene Katalyse:** Diese Kategorie ist eher mit dem Beruf des Chemieingenieurs verbunden und beschreibt im Gegensatz zur vorhergehenden Kategorie Prozesse, die an der Grenzfläche zwischen zwei Phasen stattfinden, gasförmig-fest oder flüssig-fest, wobei der Katalysator (z. B. ein Metalloxid) in der Feststoffphase ist. Da diese Prozesse auf einer heterogenen Oberfläche stattfinden, gibt es nicht eine einzige aktive Stelle, sondern eine Vielzahl von ihnen, abhängig von den Oberflächenmerkmalen des Festkörpers.

- **Enzymatische Katalyse**: Traditionell mit dem Beruf der Biologen und Biochemiker verbunden (obwohl die Grenzen zwischen diesen und den anderen Chemieberufen mit bemerkenswerter Geschwindigkeit verschwimmen), beschreibt sie die Umwandlung eines Substrats in ein Produkt, katalysiert durch ein Enzym. Die katalytischen Ereignisse treten in der aktiven Stelle des Enzyms auf, die bei Bedarf einen präzisen Satz von Aminosäuren und anorganischen/organischen Cofaktoren umfasst.

Mit Blick auf die oben genannten drei Kategorien ist die Unterscheidung für die enzymatische Katalyse nicht so offensichtlich, vor allem aus drei Gründen:

- Obwohl die Enzyme Größenunterschiede von ein bis zwei Größenordnungen in Bezug auf ihre Substratmoleküle aufweisen, sind Enzyme in wässrigen Medien löslich. Daher müssen sie als homogene Katalysatoren betrachtet werden.

- Auf der anderen Seite wurde die gewisse Ähnlichkeit mit heterogenen Katalysatoren, basierend auf den molekularen und mechanistischen Aspekten, nachgewiesen. Die chemische Umgebung im aktiven Zentrum des Enzyms unterscheidet sich von der in der Bulk-Lösung (wie in heterogenen Katalysatoren). Darüber hinaus wird das kinetische Verhalten von Enzymen stark von den Bindungsschritten gekennzeichnet, die den Adsorptionsverfahren auf Feststoffen ähneln. Außerdem können homogen gelöste Enzyme mittels Ultrafiltrationsmembranen zurückgehalten (retentiert) werden.

- Enzyme können neben in freier Form auch immobilisiert oder als Bestandteil ganzer Zellen, d. h. in eindeutiger heterogener Form, verwendet werden.

Homogene Katalysatoren können auf festen Trägern immobilisiert werden, damit die Eigenschaften von homo- und heterogenen Katalysatoren (Molekularcharakter, aber unterschiedliche Phasen) beibehalten werden. Daher umfassen heterogene Katalysatoren – auch wenn traditionell auf anorganische Feststoffe und aktiven Oberflächen bezogen – eine breite Palette von Katalysatoren, welche durch die Heterogenisierung der homogenen Katalysatoren erhalten werden. Entsprechend sollten Katalysatoren nur anwendungsorientiert kategorisiert werden. Denn die reaktionstechnischen Prinzipien (Reaktionsführung und Apparatewahl) sind die gleichen für Chemo- und Biokatalysatoren, so sie heterogen oder homogen vorliegen. Im Fall von immobilisierten und damit heterogenen Katalysatoren, unabhängig ob chemisch oder enzymatisch, müssen im Gegensatz zu deren homogenen Einsatz Stofftransportlimitierungen berücksichtig werden. Aus dieser Perspektive sollten Katalysatoren nur in die zwei Kategorien homogen und heterogen unterteilt werden. Diese Unterscheidung ist in ◘ Abb. 4.3 dargestellt.

4.3 Enzymkinetik-Modelle

Betrachtet man die dreidimensionale Struktur eines Proteins = Enzyms, so können drei wichtige Bereiche identifiziert werden:

- die äußere Oberfläche, die polare Gruppen gegenüber der Gesamtlösung exponiert,

- der innere Kern, der vorwiegend Wechselwirkungen zwischen nichtpolaren Gruppen (z. B. aliphatischen und aromatischen Seitenketten von Aminosäuren) enthält, und

- das aktive Zentrum, das sich an einer bestimmten Stelle des inneren Kerns befindet, wo die katalytischen Aktivitäten stattfinden.

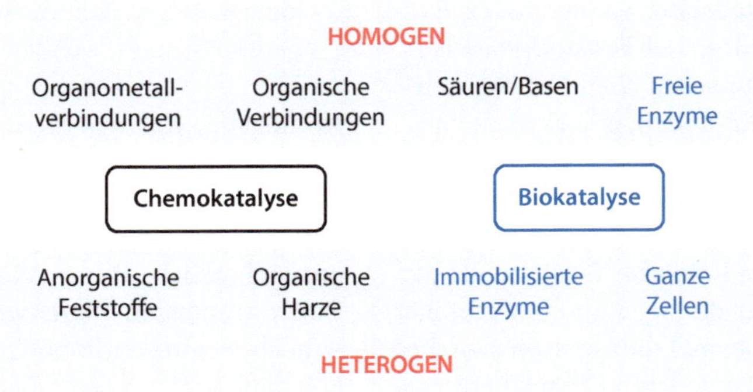

◘ Abb. 4.3   Anwendungsbasierte Klassifizierung von Katalysatoren (adaptiert nach Yuryev und Liese 2010)

Daher muss das Substrat vor der Katalyse in das aktive Zentrum eingebunden werden. Dieser Schritt stellt ein Hauptkonzept in der Enzymkinetik dar, und es wurden verschiedene Theorien zur Rationalisierung eines solchen Ereignisses vorgeschlagen. Emil Fischer entwickelte 1894 den sogenannten Schlüssel-Schloss-Mechanismus (engl. *lock and key*), der eine perfekte strukturelle und funktionelle Übereinstimmung zwischen dem aktiven Zentrum und den Substratmolekülen voraussetzt, wie eben ein Schloss mit seinem passenden Schlüssel. Dieses Modell kann jedoch nicht erklären, warum beispielsweise größere Substrate, die nicht in das aktive Zentrum passen, ebenfalls umgesetzt werden können. Als ein erweitertes Modell, das auch diese Beobachtung berücksichtigt, wurde 1958 der *Induced-fit*-Mechanismus von Daniel Koshland Jr. vorgestellt (Koshland 1958). Durch eine flexible Anpassung der Proteinkonformation wird die Aufnahme von Reaktanden mit unterschiedlichen Größen ermöglicht. Bildlich gesehen kann ein Enzym als ein „magisches" Schloss vorgestellt werden, das seine Gänge wechseln kann, um eine Vielzahl von Schlüsseln zu akzeptieren.

Bisher haben wir den Begriff „Binden" benutzt. Genauer betrachtet handelt es sich bei der Anbindung des Substrats im aktiven Zentrum des Enzyms jedoch mehr um eine Adsorption (die IUPAC-Definition lautet: „eine Zunahme der Konzentration einer gelösten Substanz an der Grenzfläche einer kondensierten und einer flüssigen Phase aufgrund der Einwirkung von Oberflächenkräften"), da kovalente Bindungen, wenn ihre Bildung nicht Teil des Reaktionsmechanismus ist, wie z. B. bei einigen Hydrolasen oder Transaminasen, erst in den folgenden Stufen auftreten. Die Etablierung von Enzym-Substrat-Adsorptionskomplexen, welche in der Regel durch die Dissoziationskonstanten im mikro- oder millimolaren Bereich charakterisiert werden (Leskovac 2003), ist ein gemeinsames Merkmal aller enzymkinetischen Modelle.

4.3.1 Ein-Substrat Reaktionen

Die bahnbrechenden Arbeiten zur Enzymkinetik sind ohne Zweifel jene, die Leonor Michaelis und Maud Leonora Menten 1913 mit dem Titel „Kinetik der Invertinwirkung" (Michaelis und Menten 1913) veröffentlichten. Ihre Arbeit berichtet nicht nur über die erste kohärente Geschwindigkeitsgleichung für eine enzymkatalysierte Reaktion, sondern auch über die erste Anpassung an experimentelle Daten unter Verwendung der Produktinhibierung (▶ Abschn. 4.2). Bevor wir mit der Diskussion der Gleichung beginnen, ist es erwähnenswert, dass die Gleichungen zu einer Zeit entwickelt wurden, als Enzyme noch „Fermente" genannt wurden, was bedeutet, dass ihre molekulare Zusammensetzung nicht bekannt war und ihre Konzentrationen daher nicht definiert werden konnten. Das von Michaelis und Menten untersuchte Reaktionssystem war eine Invertase, die die Spaltung von Saccharose zu Fructose und Glucose katalysiert. Ihre Experimente zeigten zwei Schlüsselpunkte der Enzymologie:

- Die anfängliche Reaktionsgeschwindigkeit (v_0) steigt linear mit der Menge an zugesetztem Enzym an und
- v_0 zeigt ein hyperbolisches Verhalten bei steigenden Substratkonzentrationen.

Die Notwendigkeit, die Anfangsreaktionsgeschwindigkeiten zu messen ($\leq 10\,\%$ der Umwandlung), ist eindeutig eine Folge des zweiten Punkts. Darüber hinaus soll der Einfluss einer möglichen Produktinhibierung minimiert werden.

Die Gültigkeit der Michaelis-Menten-Gleichung wird gewöhnlich unter Verwendung der von George Briggs und John Haldane 1925 entwickelten *steady-state*-Annahme bewiesen (Briggs und Haldane 1925), weil sie zu allgemeineren Ergebnissen führt. Es ist ein zweistufiger Mechanismus, bei dem ein Enzym-Substrat-Zwischenprodukt gebildet wird. Dieses wird durch das Enzym stabilisiert, welches zu einer entscheidenden Herabsetzung der Aktivierungsenergie führt.

$$S + E \underset{k_{-1}}{\overset{k_1}{\rightleftharpoons}} ES \xrightarrow{k_2} P + E \quad \text{(4.18)}$$

$$\underbrace{\qquad}_{\textit{Adsorption}} \quad \underbrace{\qquad}_{\textit{Transformation}}$$

Da in der Regel $c_E \ll c_S$ ist, erreicht der Enzym-Substrat-Komplex (ES) laut Briggs und Haldane einen quasistationären Zustand kurz nach dem Beginn der Reaktion, es wird ein Fließgleichgewicht gebildet:

$$\frac{dc_{ES}}{dt} = k_1\, s\, c_E - (k_{-1} + k_2)\, c_{ES} = 0 \quad \text{(4.19)}$$

$$-\frac{dc_S}{dt} = k_1\, c_S\, c_E - k_{-1}\, c_{ES} \quad \text{(4.20)}$$

$$-\frac{dc_E}{dt} = k_1\, c_S\, c_E - k_{-1}\, c_{ES} - k_2\, c_{ES} \quad \text{(4.21)}$$
$$= -(k_{-1} + k_2)\, c_{ES} + k_1\, c_S\, c_E$$

$$\frac{dc_P}{dt} = k_2\, c_{ES} \quad \text{(4.22)}$$

Die Gesamtkonzentration can Enzym c_{E0} setzt sich aus der Konzentration an aktuell freiem Enzym c_E und derjenigen mit dem Substrat in dem Enzym-Substrat-Komplex gebundenen zusammen (c_{ES}):

$$c_{E0} = c_E + c_{ES} \quad \text{(4.23)}$$

Die Lösungen der Differentialgleichungen können mit einem Computer leicht ermittelt werden und sind in ■ Abb. 4.4 gezeigt.

Aus den Gleichungen ▶ Gl. 4.19 und 4.23 ergibt sich der Terminus für den Enzym-Substrat-Komplex (ES):

$$c_{ES} = \frac{k_1\, c_S\, c_{E0}}{k_1\, c_S + k_{-1} + k_2} \quad \text{(4.24)}$$

Durch Substitution in ▶ Gl. 4.22 für die Produktbildung erhält man die Michaelis-Menten-Gleichung:

■ **Abb. 4.4** Lösungen der Differentialgleichungen (▶ Gl. 4.19 bis 4.23) mit: $k_1 = 20\ \text{min}^{-1}\ \text{mM}^{-1}\ \text{L}$; $k_{-1} = \text{min}^{-1}$; $k_2 = 10\ \text{min}^{-1}$; und $c_{E0} = 0{,}5\ \mu\text{M}$

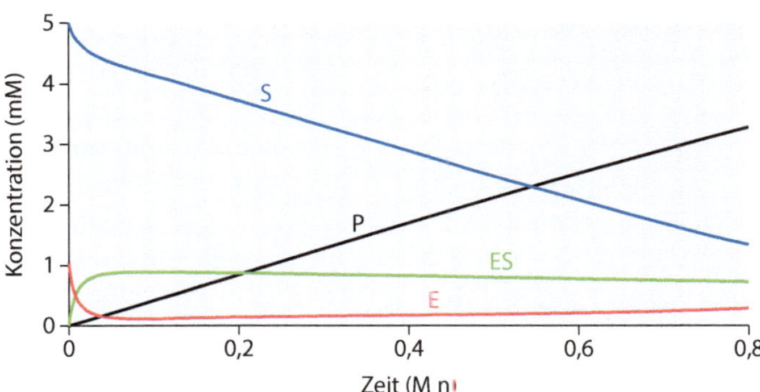

$$v = -\frac{dc_S}{dt} = \frac{dc_P}{dt} = k_2\, c_{ES}$$

$$= \frac{k_2\, k_1\, c_S\, c_{E0}}{(k_1\, c_S + k_{-1} + k_2)} = \frac{v_{max}\, c_S}{K_m + c_S} \qquad (4.25)$$

wobei: $v_{max} = k_2\, c_{E0}$ und $K_m = \frac{k_{-1} + k_2}{k_1}$

In Abb. 4.5 ist die Michaelis-Menten-Gleichung einer Ein-Substrat-Reaktion dargestellt.

Der Michaelis-Menten-Graph lässt sich bezüglich der Reaktionsgeschwindigkeit in drei Bereiche unterteilen:

- Niedrige Substratkonzentration, $c_S \ll K_m$ Bereich erster Reaktionsordnung, d. h. die Reaktionsgeschwindigkeit ist linear von der Substratkonzentration abhängig.

$$v = \frac{v_{max}}{K_m}\, c_S \qquad (4.26)$$

- Mittlere Substratkonzentration c_S: Bereich gebrochener/gemischter Reaktionsordnung, d. h. die Reaktionsgeschwindigkeit ist nicht linear von der Substratkonzentration abhängig.

$$v = \frac{v_{max}\, c_S}{K_m + c_S} \qquad (4.27)$$

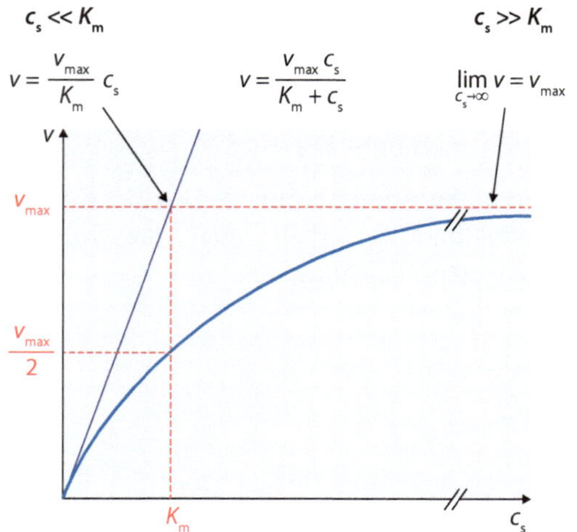

Abb. 4.5 Grafische Darstellung der Michaelis-Menten-Kinetik (▶ Gl. 4.25). K_m (in mM): Michaelis-Menten-Konstante; v_{max} (in μmol min^{-1}): maximale Reaktionsgeschwindigkeit

- Hohe Substratkonzentration, $c_S \gg K_m$: Bereich nullter Reaktionsordnung, d. h. die Reaktionsgeschwindigkeit ist nicht von der Substratkonzentration abhängig. Alle aktiven Zentren sind gesättigt, und die resultierende Reaktionsgeschwindigkeit ist nur von der Enzymkonzentration abhängig.

$$\lim_{c_S \to \infty} v = v_{max} \qquad (4.28)$$

Vier Schlüsselparameter der Enzymkinetik können aus ▶ Gl. 4.25 abgeleitet werden (Tab. 4.1). Diese Parameter sind wichtig für Chemiker und Ingenieure, um einen enzymkatalysierten chemischen Prozess zu bewerten, und für Biologen, um die Enzymfunktion und -regulation *in vivo* zu verstehen. Im Allgemeinen kann K_m als die Substratkonzentration definiert werden, bei der die Reaktionsgeschwindigkeit der Hälfte von v_{max} entspricht (Abb. 4.5). Diese Beziehung lässt sich leicht durch Ersetzen von $K_m = c_s$ in ▶ Gl. 4.25 herleiten. K_m (gewöhnlich im mikro- bis millimolaren Bereich) wird oft als „Affinitätskonstante" bezeichnet. Diese Definition ist aber ungenau, da K_m nur proportional zu der Enzym-Substrat-Dissoziationskonstante $\left(\frac{k_{-1}}{k_1}\right)$ ist.

Nur wenn $k_2 \ll k_{-1}$ gilt (die Annahme in der Arbeit von Michaelis und Menten von 1913), ist die Michaelis-Menten-Konstante gleich der Dissoziationskonstante. Es ist jedoch allgemein akzeptiert, K_m als eine Schätzung für die Substrat-Enzym-Affinität zu betrachten, für die höhere Affinitäten einem niedrigeren K_m-Wert entsprechen. Ein zweiter wichtiger Parameter ist v_{max} der mathematisch die Asymptote der rechtwinkligen Hyperbel und chemisch die Reaktionsgeschwindigkeit anzeigt, wenn alle Enzymmoleküle mit Substratmolekülen im aktiven Zentren gesättigt sind. Man unterscheidet die volumetrische Reaktionsrate (μmol min^{-1} mL^{-1}) von der massenspezifischen Reaktionsrate (μmol min^{-1} mg^{-1}). Der Parameter k_{cat} ist die Wechselzahl oder *turnover frequency*:

> **Tab. 4.1** Vier kinetische Parameter der Enzymkinetik

Parameter	K_m	v_{max}	k_{cat}	$K_a = \frac{v_{max}}{K_m}$
Name	Michaelis-Menten-Konstante	Maximale Reaktionsgeschwindigkeit	Wechselzahl (engl. *turnover frequency*)	Spezifitätskonstante
Einheit	mM	$\mu mol \cdot min^{-1} \cdot mg$	min^{-1} oder s^{-1}	$L \cdot min^{-1}$

$$k_{cat} = \frac{v_{max}}{nc_{E0}} \tag{4.29}$$

Die Wechselzahl k_{cat} beschreibt die Anzahl der katalytischen auftretenden Reaktionen pro Zeiteinheit pro aktivem Zentrum des Enzyms (n ist die Anzahl der aktiven Zentren pro Molekül bei multimeren Enzymen). Die k_{cat}-Werte sind sehr unterschiedlich, z. B. hat das Enzym Carboanhydrase einen k_{cat}-Wert bis $\approx 10^6\,s^{-1}$, während die Werte für das Schlüsselenzym der Photosynthese Ribulose-1,5-bisphosphat-Carboxylase in der Regel im Bereich von $\approx 10^{-1}$–$1\,s^{-1}$ liegen (BRENDA-Datenbank 2018). Der Kehrwert von k_{cat} zeigt die Zeit, die für eine einzige katalytische Reaktion benötigt wird. Für den oben gegebenen einfachen Mechanismus ist $k_{cat} = k_2$.

Ein vierter wichtiger Parameter ist die Spezifitätskonstante (K_a), die die Effizienz eines Enzyms bezüglich eines bestimmten Substrats darstellt. Die Spezifitätskonstante K_a ist gleich zu $\frac{v_{max}}{K_m}$.

Unter Bedingungen, bei denen $c_S \ll K_m$ ist, kann dies als zweite Reaktionsordnungsrate für die Umsetzung eines Substrats ins Produkt beschrieben werden:

$$v = \frac{k_{cat}\, c_S\, c_{E0}}{K_m} \tag{4.30}$$

Wenn unterschiedliche Substrate gegenüber einem bestimmten Enzym zu vergleichen sind, gibt K_a einen Hinweis auf die Präferenzen des Enzyms.

4.3.2 Zwei-Substrat-Reaktionen

Die meisten der enzymatischen Reaktionen umfassen nicht nur ein Substrat, sondern zwei (z. B. bei Oxidoreduktasen, Transferasen, Lipasen …) die ein oder zwei Produkte freisetzen.

$$A + B \rightleftharpoons P + Q \tag{4.31}$$

Der einfachste Ansatz zur Beschreibung einer Zwei-Substrat-Reaktion ist die Doppelsubstrat-Michaelis-Menten-Kinetik (▶ Gl. 4.32) unter der Annahme einer quasi irreversiblen Reaktion, welche durch die Multiplikation zweier Ein-Substrat-Michaelis-Menten-Kinetiken erhalten wird. Hierbei wird davon ausgegangen, dass beide Substrate an das gleiche aktive Zentrum binden und somit auch nur ein v_{max} gegeben ist. Für die beiden Substrate A und B werden jeweils individuelle K_m-Werte, K_{mA} und K_{mB}, bestimmt.

$$v = v_{max} \frac{c_A}{K_{mA} + c_A} \frac{c_B}{K_{mB} + c_B} \tag{4.32}$$

Die mathematische Behandlung dieser Systeme aus mechanistischer Sicht ist natürlich komplexer. Aber getreu dem Motto „das einfachste Modell, welches die Realität treffend beschreibt, ist das beste" kann auch dieser einfache kinetische Ansatz schon ausreichen. Ist dieses nicht mehr der Fall, muss auf detaillierte, mechanistisch begründete Modelle zurückgegriffen werden.

Bei Zwei-Substrat-Mechanismen differenziert man in der Regel zwischen „geordneten" (engl. *ordered*) und „ungeordneten, zufälligen" (engl. *random*) Mechanismen, auf Grundlage der zeitlichen Abfolge, mit der die Substrate an das aktive Zentrum gebunden werden und die Produkte freigegeben werden. Die Anzahl der beteiligten Spezies wird durch die Begriffe „Uni-" (ein Substrat- oder Produktmolekül) und „Bi-" (zwei Substrat- oder Produktmoleküle) benannt. In der Regel sind die komplexen geordneten und ungeordneten Mechanismen ziemlich schwierig zu behandeln. Eine klare und systematische Methodik, die Multisubstrat-Enzymmechanismen zu beschreiben, kommt aus einer Studie von William Cleland (Cleland 1963). In diesem Ansatz wird eine gerade Linie gezogen, die die Reaktanden in der Bulk-Lösung von den enzymgebundenen Spezies trennt (Abb. 4.6). Die Buchstaben A, B, … beschreiben die Reihenfolge der Anlagerung an das Enzym und P, Q, … die Produkte.

Um aus den verschiedenen Multisubstrat-Enzymmechanismen die verschiedenen Kinetiken herzuleiten, kann alternativ zur Herleitung über die Differentialgleichungen auch das Verfahren nach King-Altman eingesetzt werden, welches einen systematischen Ansatz zur Behandlung von hochkomplexen Mechanismen darstellt (King und Altman 1956). Dazu wird das Netzwerk von einzelnen Reaktionen geometrisch aufgezeichnet und die jeweiligen einzelnen Geschwindigkeitskonstanten nach bestimmten Regeln zusammengefasst.

Der Theorell-Chance-Mechanismus ist typisch für Alkoholdehydrogenasen, wobei z. B. im Falle einer Oxidation A NAD(P)$^+$, B ein Alkohol, P ein Aldehyd, und Q NAD(P)H sein würde (Abb. 4.6). In Fällen, in denen Abdissoziation von P für die Bindung des zweiten Substrats B erforderlich ist, wird dieser Bi-Bi-Mechanismus als Ping-Pong bezeichnet (Abb. 4.6). Ping-Pong-Bi-Bi-Mechanismen sind z. B. typisch für Transferasen und Lipasen. Das F bedeutet, dass das Enzym während des Katalysezyklus chemisch modifiziert worden ist (im Falle von Transferasen wird z. B. eine funktionelle Gruppe von dem Substrat A auf das Enzym übertragen).

4.4 Bestimmung der kinetischen Konstanten

Kinetische Parameter sind nicht direkt messbar, sondern müssen über die Reaktionsgeschwindigkeitsgleichung bestimmt werden, der ein spezifisches kinetisches Modell zugrunde liegt. Messtechnisch erfasst werden Konzentrationsänderungen der Reaktanden (zumindest eines Reaktanden) als Funktion der Zeit. Dieses kann neben der Edukt- oder Produktkonzentration auch der pH-Wert oder eine Gasbildung etc. sein. Einzige Bedingung ist, dass diese Schlüsselkomponente direkt mit der Umsetzung des Substrates verknüpft sein

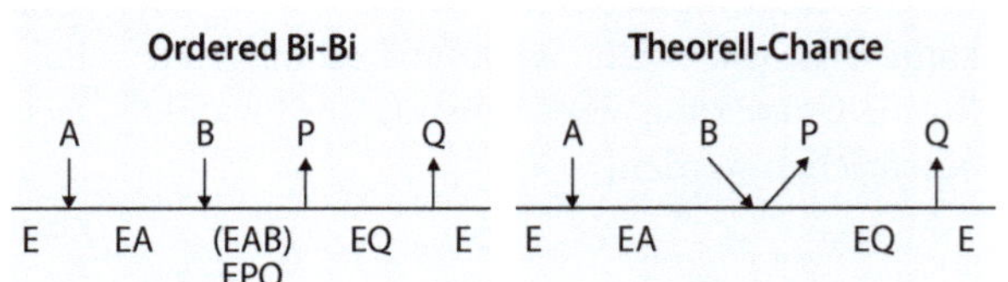
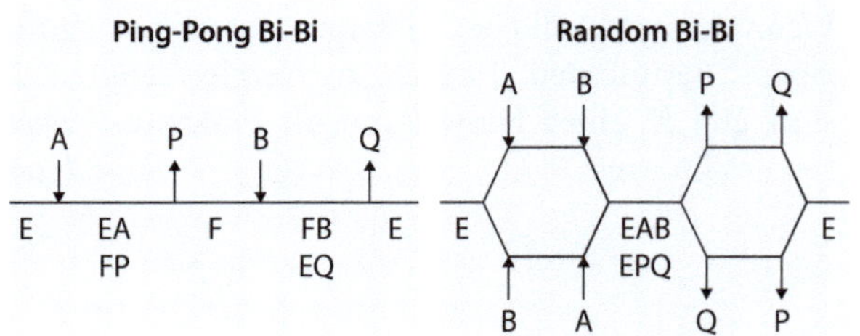

Abb. 4.6 Schematische Darstellung der grundlegenden Reaktionsmechanismen von Zwei-Substrat-Reaktionen

muss. Hierbei ist darauf zu achten, dass bei der Bestimmung der Reaktandenkonzentrationen der Fehler der analytischen Methode minimiert ist. Andernfalls überträgt er sich auf die zu bestimmenden kinetischen Parameter.

Bevor mit den Messungen begonnen wird, müssen die übrigen Reaktionsbedingungen wie z. B. pH-Wert, Temperatur, Pufferkonzentration, … festgelegt sein, da alle diese Parameter die Enzymaktivität beeinflussen. Deshalb sollten kinetische Messungen auch immer thermostatisiert durchgeführt werden.

Ein typisches Beispiel für die kontinuierliche Online-Bestimmung einer Reaktandenkonzentration ist die spektrophotometrische Analyse, wobei die Zu- oder Abnahme der Absorption eines Chromophors bei einer bestimmten Wellenlänge als Funktion der Zeit verfolgt wird (z. B. die Absorption bei $\lambda = 340$ nm für den Cofaktor NAD(P)H bei Redoxreaktionen mit Oxidoreduktasen). Wenn jedoch Chromophore an der Reaktion nicht beteiligt sind oder wenn zwei oder mehrere Reaktionskomponenten signifikante Absorption in dem gleichen Wellenlängenbereich zeigen und wenn sich kein anderer chemisch-physikalischer Parameter (z. B. pH-Wert) während der Reaktion ändert, dann muss eine diskontinuierliche Off-line-Analyse etabliert werden. In einer solchen Analyse wird die Reaktion zu bestimmten Zeitpunkten gestoppt und die Konzentrationen der Reaktionskomponenten (Substrate und/oder Produkte) werden unter Verwendung von Standardanalyseverfahren (z. B. HPLC, GC, NMR, usw.) bestimmt.

Ein wichtiger Faktor, um den Fehler der diskontinuierlichen Analyse zu minimieren, ist das Verfahren, welches zum Stoppen der Reaktion benutzt wird. Dieses kann durch

- Kühlung (Enzym arbeitet dann mit einer deutlich niedrigeren Geschwindigkeit),
- Erhitzung (dies führt zur thermischen Denaturierung des Enzyms) oder durch
- Zugabe von denaturierenden Agenzien (z. B. Säuren, Basen oder mit Wasser mischbare organische Lösungsmittel)

erreicht werden.

Grundsätzlich existieren zwei Methoden zur Bestimmung der Enzymkinetik: Messung der Anfangsreaktionsgeschwindigkeit (engl. *initial rate measurement*) sowie Analyse der Verlaufskurven eines Satzreaktorversuches (engl. *progress curve analysis*).

4.4.1 Messung der Anfangsreaktionsgeschwindigkeit

Anfangsreaktionsgeschwindigkeiten können bei Umsätzen von $\leq 10\,\%$ des Substrates im Bereich erster Reaktionsordnung bestimmt werden. Die Ausschlusskriterien für den Einsatz dieser Methode sind das Vorliegen von schwerer Produktinhibierung (▶ Abschn. 4.5) und/oder – im Fall einer Gleichgewichtskonstante $K_{eq} < 1$ – dass das Gleichgewicht aufseiten der Substrate liegt und nur ein geringer Umsatz erzielt werden kann. Im Fall von signifikanter Produktinhibierung nehmen bereits geringe Konzentrationen desselben einen deutlichen Einfluss auf die initiale Reaktionsgeschwindigkeit. Die eingesetzte Enzymmenge sollte relativ niedrig sein (die genaue Bedeutung von „niedrig" hängt von den K_m- und k_{cat}-Werten des Systems ab), um eindeutig den linearen Bereich beobachten zu können, bei dem quasistationäre Bedingungen herrschen. Die Enzymmenge sollte auf der anderen Seite jedoch recht hoch sein, um eine relative schnelle Analyse zu etablieren.

Unter Berücksichtigung eines Bi-Bi-Mechanismus (zwei Substrate A, B und zwei Produkte P, Q; ◨ Abb. 4.6), kann der folgende Messplan für die Bestimmung der Anfangsreaktionsgeschwindigkeiten verwendet werden (◨ Tab. 4.2). Die konstanten Konzentrationen werden aus dem Bereich der nullten Reaktionsordnung des jeweiligen Reaktanden in der Michaelis-Menten-Kurve gewählt, um den Einfluss von Pipettierfehlern zu minimieren. Das Ergebnis ist in ◨ Abb. 4.7 als Aktivitätskurve dargestellt.

Die ◨ Abb. 4.7a zeigt, dass durch Etablierung einer konstanten Konzentration von

◘ Tab. 4.2 Messplan für die Bestimmung der Anfangsreaktionsgeschwindigkeiten einer Reaktion mit dem Bi-Bi-Mechanismus

c_A(mM)	c_B	c_P	c_Q
Variiert	Konstant	–	–
Konstant	Variiert	–	–
Konstant	Konstant	Variiert	–
Konstant	Konstant	–	Variiert

c_B eine Sättigungskinetik als Funktion von c_A erhalten werden kann (in der Doppelsubstrat-Kinetik wird der Term, der eine Funktion von c_B ist, eine Konstante). Ein analoges Ergebnis wird erhalten, wenn bei Variation von c_B nun c_A konstant ist. Beide Kurven verlaufen asymptotisch zum gleichen Wert von v_{max}. Die ◘ Abb. 4.7 b zeigt, dass im Falle von Produkthemmung durch P die Reaktionsgeschwindigkeit durch Erhöhung von c_P abnimmt. Das gleiche Prinzip kann für das Produkt Q genutzt

werden. Die Reaktionsgeschwindigkeit bei dem Wertepaar c_A = konstant und c_B konstant mit $c_P = c_0 = 0$ muss in allen vier Abhängigkeiten im Rahmen des Messfehlers zu dem gleichen Wert bestimmt sein. In der Praxis empfiehlt es sich, Versuche wiederholend durchzuführen, um eine geeignete statistische Behandlung der Daten zu ermöglichen. Es ist auch empfehlenswert, die Aktivitätsanalyse bei verschiedenen Enzymkonzentrationen durchzuführen. Die resultierende Proportionalität zwischen Reaktionsgeschwindigkeit und c_E bestätigt die Validität der Methode.

Zur Realisierung einer Michaelis-Menten-Kurve sind in der Regel ≈ 10 Messpunkte erforderlich. Es wird empfohlen, die kinetischen Messungen nicht über lange Zeitperioden durchzuführen, wenn die Stabilität des Enzyms nicht bekannt ist. Im Folgenden werden wir sehen, wie man die kinetischen Konstanten aus diesen Michaelis-Menten Kurven berechnen kann.

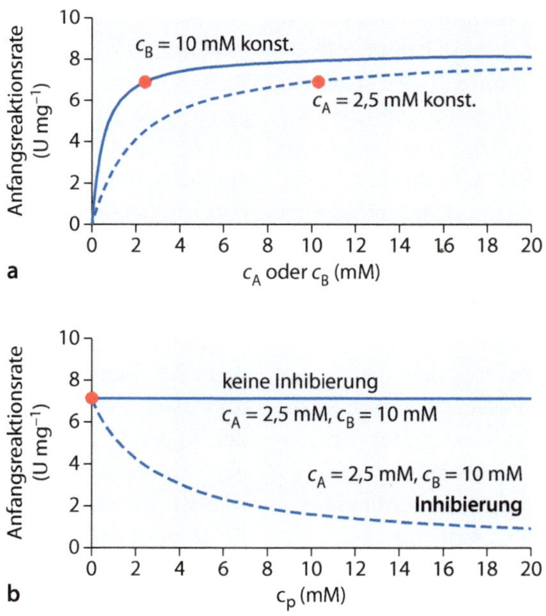

◘ Abb. 4.7 Anfangsgeschwindigkeitsmessungen für eine Reaktion mit dem Bi-Bi-Mechanismus; K_{mA} = 0,5 mM, K_{mB} = 2 mM K_{IP} = 0,5 mM, v_{max} = 10 U mg⁻¹. **a)** Anfangsreaktionsgeschwindigkeit in Abhängigkeit der jeweiligen Substratkonzentration A und B bei konstanter Konzentration des jeweilig anderen Substrates; **b)** Anfangsreaktionsgeschwindigkeit in Abhängigkeit der Produktkonzentration P. Punkte gleicher Reaktionsgeschwindigkeit (c_A = konstant und c_B = konstant) sind mit einem roten Punkt markiert

4.4.2 Analyse der Verlaufskurven

Wenn die Gleichgewichtskonstante für die Reaktion $K_{eq} < 1$ ist und/oder eine signifikante Produkthemmung auftritt, ist es schwierig, die Anfangsreaktionsgeschwindigkeit direkt zu messen, da diese bereits bei geringen Substratumsätzen beeinflusst wird. Die bevorzugte Methode ist es in diesem Fall, die Daten durch Anpassung der Differentialgleichung des geeigneten kinetischen Modells an die Reaktionsverlaufskurven, d. h. den Verlauf der Substrat- und Produktkonzentration als Funktion der Zeit, zu erhalten (▶ Abschn. 5.3). Wichtig ist hierbei, die eingesetzte Enzymmenge bzw. Enzymaktivität zu beachten.

4.4.3 Bestimmung der katalytischen Konstanten

Die direkte visuelle Bestimmung der katalytischen Konstanten aus dem Verlauf einer typischen Michaelis-Menten-Kurve (Anfangsreaktionsgeschwindigkeit als Funktion der Substratkonzentration) ist sehr ungenau, zudem, wenn komplexe Mechanismen mit mehreren Substraten, Reversibilität und/oder Inhibierungen vorliegen. Genauere Informationen können nur aus der Realisierung von komplementären Graphen, aus zusätzlichen Experimenten und mithilfe von Berechnungsmethoden gewonnen werden.

Es gibt verschiedene Methoden, um enzymkinetische Parameter zu bestimmen, die in drei Gruppen unterteilt werden können:
- Linearisierungsverfahren
- Numerische Methoden (nichtlineare Anpassung und Analyse der Verlaufskurve)
- Kombiniertes Verfahren

Die Beteiligung von computergestützten Berechnungen erhöht sich vom ersten zum dritten Punkt zunehmend.

Wir werden nun die drei Gruppen von Bestimmungsmethoden diskutieren und kurz ihre Eigenschaften vergleichen. **Linearisierungsmethoden** stellen die älteste Prozedur dar

und werden normalerweise verwendet, wenn Daten aus Messungen der Anfangsreaktionsgeschwindigkeit vorliegen. Linearisierungen bestehen in einfachen mathematischen Manipulationen der Michaelis-Menten-Gleichung, wobei zwei Variablen, die gegeneinander aufgetragen sind, die kinetischen Konstanten als Achsenabschnitte und Steigungen der linearen Regression ergeben.

Die drei am häufigsten verwendeten Linearisierungsmethoden sind:
- Lineweaver-Burk (oder doppelt reziproke) Gleichung (Lineweaver und Burk 1934):

$$\frac{1}{v} = \frac{1}{v_{max}} + \left(\frac{K_m}{v_{max}}\right)\frac{1}{c_S} \qquad (4.33)$$

- Eadie-Hofstee-Gleichung (Eadie 1942; Hofstee 1959):

$$v = v_{max} - K_m \frac{v}{c_S} \qquad (4.34)$$

- Hanes-Gleichung (Hanes 1932):

$$\frac{c_S}{v} = \frac{K_m}{v_{max}} + \left(\frac{1}{v_{max}}\right)c_S \qquad (4.35)$$

In ◘ Abb. 4.8 wird die Hanes-Linearisierungsgraph gezeigt.

Obwohl die drei Methoden austauschbar erscheinen mögen, weisen statistische Analysen starke Unterschiede zwischen ihnen auf. Die doppelte reziproke Auftragung, die 1934 entwickelt wurde (Lineweaver und Burk 1934), ist eine der am häufigsten verwendeten und zugleich diejenige mit dem größten Fehler; sie verleiht den experimentellen Punkten bei niedrigeren Substratkonzentrationen, die den größten Fehler aufweisen, ein höheres Gewicht (Leskovac 2003). Das Eadie-Hofstee-Diagramm (Eadie 1942; Hofstee 1959) hat auch eine Fehlerverzerrung, genauer gesagt, bei niedrigeren v- und höheren v/c_s-Werten. Es ist jedoch in der Lage, das Vorliegen von unzuverlässigen Messungen aufzuzeigen, indem besonders hohe Standardabweichungen gezeigt werden.

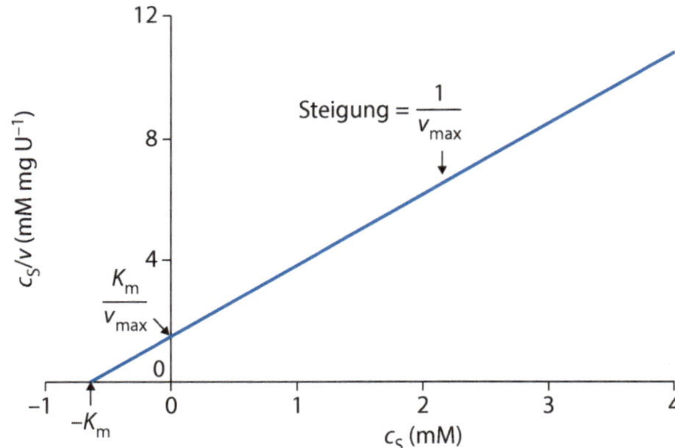

Abb. 4.8 Linearisierung der Michaelis-Menten-Gleichung mit der Hanes-Methode

Der Hanes-Plot (Hanes 1932) ist die beste der drei Methoden, da keine Verzerrung der Fehler auftritt. Obwohl lineare Methoden im Vergleich zu nichtlinearen Methoden als veraltet gelten, kann eine sorgfältige Verwendung von Linearisierungsverfahren sehr nützlich sein, um Abweichungen von der erwarteten Sättigungskinetik zu beobachten (Leskovac 2003) und kann auch von Studenten am Anfang ihres Studiums verwendet werden, die noch nicht mit komplexeren Berechnungsmethoden vertraut sind.

Nichtlineare Methoden umfassen die nichtlineare Anpassung der kinetischen Parameter der Michaelis-Menten-Kinetik an die Daten der Messung der Anfangsreaktionsgeschwindigkeiten und alternativ an die Verlaufskurven von Satzreaktorversuchen. Die nichtlineare Anpassung an die Sättigungskinetik ist eine Anpassung des kinetischen Modells (z. B. Doppelsubstrat-Michaelis-Menten-Kinetik), wobei die kinetischen Konstanten schrittweise optimiert werden (z. B. durch die Methode der kleinsten Fehlerquadrate). Für diesen Ansatz ist es notwendig, Schätzungen der kinetischen Parameter zu haben, die z. B. durch Linearisierungsverfahren erhalten werden können. Zudem müssen Annahmen zu möglichen Inhibierungen und thermodynamischen Limitierungen in dem Simulationsmodell berücksichtigt werden.

Dieses Verfahren kann für die Anpassung eines kinetischen Modells, d. h. durch Regression der kinetischen Konstanten, an eine gemessene Reaktionsverlaufskurve verwendet werden. Bibliotheken von verschiedenen kinetischen Modelle können helfen, die besten Lösungen für die Fragestellung zu finden (Drauz und Waldmann 2002).

Bei diesem Ansatz muss vor allem eine mögliche thermische Deaktivierung des Enzyms in Betracht gezogen werden, da der Ablauf der Reaktion wesentlich länger dauern kann als die Messung der Anfangsreaktionsgeschwindigkeit. In vielen Fällen liegt eine thermische oder durch Reaktanden ausgelöste Enzymdeaktivierung vor, welche zumeist einer Kinetik erster Ordnung folgt (daher wird die Enzymkonzentration exponentiell abnehmen). Infolgedessen ist die Enzymkonzentration nicht konstant, sondern eine Funktion der Zeit:

$$c_E = c_{E0}\, e^{-k_d t} \tag{4.36}$$

c_{E0} ist die anfänglich aktive Enzymkonzentration, c_E die aktuelle aktive Enzymkonzentration, k_d die Deaktivierungskonstante bei der Reaktionstemperatur und t die Zeit. Die Deaktivierungskonstante (k_d) kann leicht durch eine logarithmische Transformation der ▶ Gl. 4.36 berechnet werden. Basierend hierauf kann die Halbwertzeit $\tau_{1/2}$ bestimmt werden (▶ Gl. 4.37). Sie gibt die Zeit an, in der die Hälfte der aktiven Enzymkonzentration deaktiviert ist:

$$\tau_{1/2} = \frac{\ln 2}{k_d} \tag{4.37}$$

Der dritte Ansatz stellt eine Kombination aus Messungen der Anfangsreaktionsgeschwindigkeit und der Analyse der Verlaufskurve dar. In der Kombination wird eine geringere Anzahl an Experimenten als bei dem Anfangsgeschwindigkeitsansatz benötigt; sie wird für reversible Bi-Bi-Reaktionen verwendet (z. B. Transaminase; Al-Haque et al. 2012). Der Vorteil in der Kombination der beiden Ansätze besteht darin, dass die Durchführung der Analyse einer einzigen Verlaufskurve bei einem komplexen Mechanismus nicht ausreicht, um realistische Daten aufgrund der Anwesenheit von lokalen Minima zu erhalten, was zu fehlerhaften Ergebnissen führt. Die Messung der Anfangsreaktionsgeschwindigkeit würde eine sehr gute Schätzung der kinetischen Konstanten K_m und v_{max} liefern, die in den nachfolgenden Regressionsoperationen als Startparameter verwendet werden können.

4.5 Enzyminhibierung

Ein Inhibitor ist eine chemische Substanz, die die Reaktionsgeschwindigkeit einer enzymkatalysierten Reaktion reduziert. Inhibitoren sind *in vivo* mit der Regulierung von enzymatischen Aktivitäten innerhalb der metabolischen Netzwerke assoziiert, aber sie können im Allgemeinen jede Art von natürlicher/synthetischer Verbindung sein, die eine Bindung mit dem Enzym eingeht, welches zu einer Abnahme der Enzymaktivität führt. Das Verständnis und die Quantifizierung der Inhibierung sind von zentraler Bedeutung für die Etablierung eines biotechnologischen Verfahrens, um den Aktivitätsverlust zu überwinden. Es werden reversible und irreversible Inhibierungen unterschieden:

- **Reversible Inhibierung**: Der Inhibitor bindet reversibel an das Enzym, je nach Bindungspartner können unterschiedliche Inhibierungstypen definiert werden: i) kompetitiv, ii) unkompetitiv, iii) nichtkompetitiv und iv) gemischt. Die Substratüberschussinhibierung und

Produktinhibierung sind „Sonderfälle" von unkompetitiver und kompetitiver Inhibierung.
- **Irreversible Inhibierung**: Der Inhibitor ist in der Regel ein reaktives Molekül, das irreversibel an das Enzym bindet und dessen Inaktivierung bewirkt. Praktisch kann diese Art der Hemmung leicht von der reversiblen unterschieden werden, weil die vollständige Enzymaktivität nach der Abtrennung des Inhibitors (z. B. mittels Ultrafiltration oder Ultrazentrifugation) nicht wiederhergestellt werden kann (Kot und Zaborska 2003).

Abhängig von dem Inhibierungstyp werden ein oder mehrere kinetische Parameter geändert. Im Folgenden werden reversible Inhibierungen im Detail beschrieben, weil sie die am häufigsten verbreiteten sind. Ein allgemeiner Überblick über reversible Hemmungen durch den Inhibitor I wird in ◘ Abb. 4.9 gegeben. Die fundamentalen Inhibierungstypen i–iii sind prinzipiell dargestellt.

Der Fall, dass die kinetische Konstante k_6 im Gesamtschema von ◘ Abb. 4.9 ungleich null ist, stellt *per se* einen seltenen Fall dar. Eine detaillierte Einführung ist in Hans Bisswanger (2002) zu finden. Aus den verschiedenen reversiblen Gleichgewichten können die folgenden Konstanten (mit der Einheit mM) bestimmt werden:

$$K_S = \frac{k_{-1}}{k_1} = \frac{c_E\, c_S}{c_{ES}} \qquad (4.38)$$

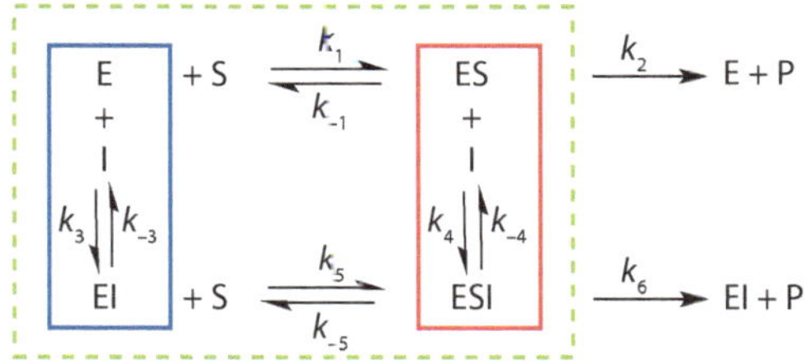

◘ **Abb. 4.9** Reversible Hemmung durch den Inhibitor I für einen Uni-Uni-Mechanismus

$$K_{Si} = \frac{k_{-5}}{k_5} = \frac{c_{EI}\, c_S}{c_{ESI}} \qquad (4.39)$$

$$K_{Ik} = \frac{k_{-3}}{k_3} = \frac{c_E\, c_I}{c_{EI}} \qquad (4.40)$$

$$K_{Iu} = \frac{k_{-4}}{k_4} = \frac{c_{ES}\, c_I}{c_{ESI}} \qquad (4.41)$$

Hierbei steht „I" für „Inhibitor", „k" für kompetitive und „u" für unkompetitive Inhibierung. Diese Gleichungen werden zueinander in Beziehung gesetzt:

$$\frac{K_S}{K_{Si}} = \frac{K_{Ik}}{K_{Iu}} \qquad (4.42)$$

Die Enzymspezies stehen im Zusammenhang mit:

$$E_0 = E + ES + ESI + EI \qquad (4.43)$$

Mit Annahme des *steady state* für E und ES und unter Berücksichtigung der Geschwindigkeit der Produktbildung ergeben sich die folgenden Gleichungen:

$$v = k_2\, c_{ES} + k_6\, c_{ESI} \qquad (4.44)$$

$$v = \frac{\left(v_{\max,1} + v_{\max,2}\frac{c_I}{K_{Iu}}\right) c_S}{K_m\left(1 + \frac{c_I}{K_{Ik}}\right) + \left(1 + \frac{c_I}{K_{Iu}}\right) c_S} \qquad (4.45)$$

Falls k_6 gleich null ist, ist die Inhibierung „vollständig", und es ergibt sich:

$$v = \frac{v_{\max,1}\, c_S}{K_m\left(1 + \frac{c_I}{K_{Ik}}\right) + \left(1 + \frac{c_I}{K_{Iu}}\right) c_S} \qquad (4.46)$$

Im Folgenden werden die verschiedenen Arten von reversiblen vollständigen Inhibierungen diskutiert: kompetitiv, unkompetitiv und nichtkompetitiv. Die wichtigsten mathematischen Begriffe für jeden Typ sind in ▶ Gl. 4.46 dargestellt. Der Term $\left(1 + \frac{c_I}{K_{Ik}}\right)$ steht für den blau markierten Bereich in ▣ Abb. 4.9, der Term $\left(1 + \frac{c_I}{K_{Iu}}\right)$ für den rot markierten Bereich.

4.5.1 Kompetitive Hemmung

Der Inhibitor I bindet reversibel nur an das freie Enzym und bildet einen EI-Komplex, der durch die Dissoziationskonstante K_{Ik} (▶ Gl. 4.40; blaue Farbe in ▣ Abb. 4.9) quantifiziert wird. Da die Bindung nicht den Enzym-Substrat-Komplex beeinflusst, ist $v_{\max}$ nicht betroffen. Jedoch verändert der Inhibitor das Enzym-Substrat-Gleichgewicht, was zu einem erhöhten k_m-Wert führt (▣ Abb. 4.10).

In Anwesenheit einer bestimmten Inhibitorkonzentration c_I zeigt der Michaelis-Menten-Graph eine typische hyperbolische Form. Allerdings kann diese nur mit einem sog. „scheinbaren" (engl. *apparent*) K_m-Wert beschrieben werden: $K_m^{app} = K_m\left(1 + \frac{c_I}{K_{Ik}}\right)$.

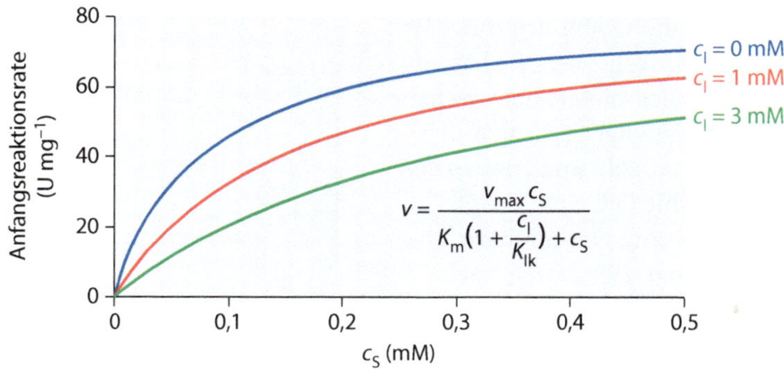

$$v = \frac{v_{\max}\, c_S}{K_m\left(1 + \frac{c_I}{K_{Ik}}\right) + c_S}$$

▣ **Abb. 4.10** Michaelis-Menten-Kinetik, grafische Darstellung bei einer kompetitiven Inhibierung; $K_m = 0{,}07$ mM, $K_{Ik} = 1$ mM

Die Summe $\alpha = 1 + c_I/K_{Ik}$ wird als „Korrekturfaktor" für die kompetitive Inhibierung betrachtet. Die Inhibierung nimmt für (i) hohe c_I und (ii) starker EI Bindung zu. Linearisierungsverfahren können auf die kinetische Gleichung angewendet werden, aus der der K_{Ik} mit einem Hanes-Plot berechnet werden kann (▶ Gl. 4.47 und ◻ Abb. 4.11).

$$\frac{c_S}{v} = \frac{K_{\mathrm{m}}\left(1 + \frac{c_I}{K_{Ik}}\right)}{v_{\max}} + \left(\frac{1}{v_{\max}}\right)c_S \qquad (4.47)$$

Die Konstanten können aus der linearen Auftragung durch Analyse der Steigung und der x,y-Achsenabschnitte wie bei der einfacheren Michaelis-Menten-Gleichung bestimmt werden.

Darüber hinaus kann K_{Ik} aus einer sekundären Auftragung berechnet werden, die durch Auftragung von K_m^{app} als Funktion von c_I erhalten wird. Dies führt zu ◻ Abb. 4.12, wenn K_m^{app}, gemessen bei verschiedenen Konzentratonen an I, und K_m bekannt sind.

Aufgrund der hohen Ähnlichkeiten zwischen den Substraten und Produkten in enzymatischen Reaktionen ist ein Sonderfall die kompetitive Inhibierung durch das Produkt. Die Gleichung kann auf einfachem Wege durch Ersetzen von c_I mit c_P und K_k mit K_{IP} erhalten werden. Zur Beurteilung der Signifikanz der Produktinhibierung kann das Prinzip von Lee und Whitesides herangezogen werden, indem das Verhältnis K_{IP}/K_m betrachtet wird (Lee und Whitesides 1986).

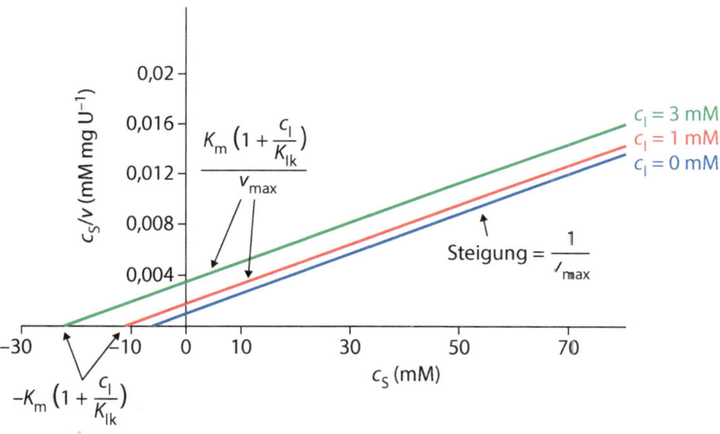

◻ **Abb. 4.11**   Hanes-Linearisierungsgraph für kompetitive Inhibierung

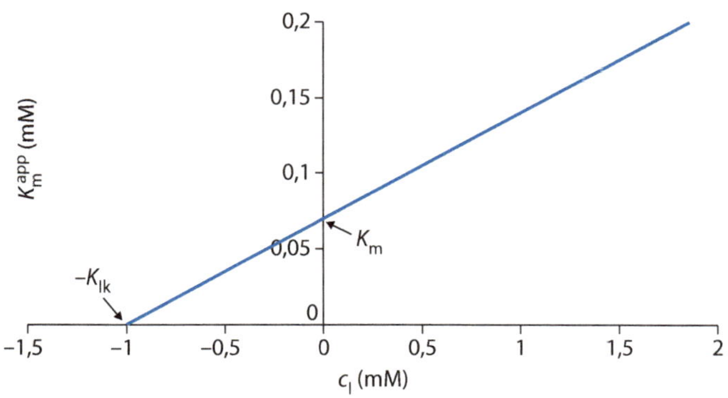

◻ **Abb. 4.12**   Sekundärer Graph zur Berechnung von K_{Ik}

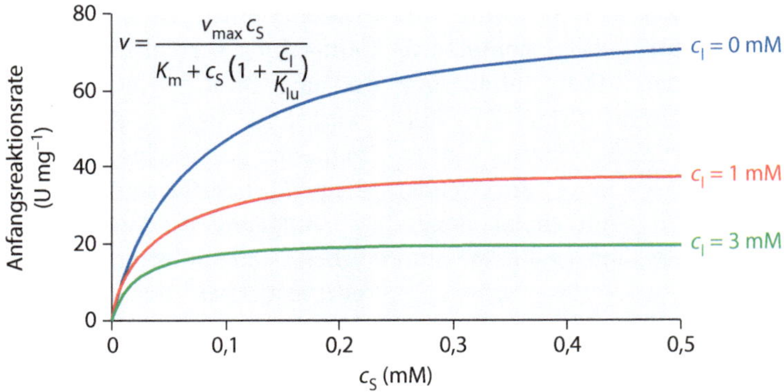

◘ Abb. 4.13 Modifizierung des Michaelis-Menten-Graphs in Anwesenheit eines unkompetitiven Inhibitors; $K_m = 0{,}07$ mM, $K_{Iu} = 1$ mM, $v_{\max} = 80$ U mg^{-1}

Als Faustregel gilt, dass ein Verhältnis von $K_{IP}/K_m > 1$ hohe Umsätze in kurzer Zeit garantiert, während bei $K_{IP}/K_m < 1$ die Reaktion nicht effizient abläuft und eine molekularbiologische Optimierung des Enzyms oder alternativ eine reaktionstechnische Maßnahme, wie z. B. die *in-situ*-Abtrennung des Produktes in Betracht gezogen werden muss.

Für Reaktionen, die zwei oder mehrere Substrate/Produkte enthalten, ist die Produktinhibierung oft eine un- oder nichtkompetitive.

4.5.2 Unkompetitive Hemmung

Im Unterschied zu der kompetitiven Inhibierung bindet ein unkompetitiver Inhibitor nur an den Enzym-Substrat-Komplex (rote Farbe in ◘ Abb. 4.9). In diesem Fall wird durch den Inhibitor I sowohl K_m als auch $v_{\max}$ verändert (◘ Abb. 4.13). Die Reduzierung des K_m-Wertes bedeutet hier nicht, dass das Enzym für die Substrate eine erhöhte Affinität hat, sondern nur, dass das ES-Gleichgewicht nach rechts durch die Bildung eines zusätzlichen Komplexes verschoben wird.

Der „Korrekturfaktor" α wird in diesem Inhibierungstyp mit c_s multipliziert. Auch in diesem Fall können die kinetischen Konstanten mit Linearisierungsverfahren und sekundären Plots berechnet werden.

Die Hanes-Linearisierung ist in ◘ Abb. 4.14 gezeigt.

$$\frac{c_S}{v} = \frac{K_m}{v_{\max}} + \left(\frac{1 + \frac{c_I}{K_{Iu}}}{v_{\max}}\right) c_S \tag{4.48}$$

Ein Spezialfall der unkompetitiven Inhibierung ist die Substratüberschussinhibierung. Diese kann leicht durch Ersetzung des Inhibitors I mit einem zusätzlichen Substratmolekül S beschrieben werden (Bildung eines katalytisch inaktiven ES$_2$-Komplexes). Der Effekt ist ausgeprägter bei höheren Substratkonzentrationen, wobei eine Abnahme der Reaktionsrate beobachtet wird (◘ Abb. 4.15).

Die doppeltreziproke Auftragung und der Dixon-Graph sind in diesem Zusammenhang sehr nützlich, um die unkompetitive Substratinhibierung zu berechnen, wie in ▶ Gl. 4.49 und 4.50 beschrieben:

$$\frac{1}{v} = \frac{\left(1 + \frac{c_S}{K_{Su}}\right)}{v_{\max}} + \frac{K_m}{v_{\max}\, c_S} \tag{4.49}$$

$$\frac{1}{v} = \frac{1}{v_{\max}}\left(1 + \frac{K_m}{c_S}\right) + \frac{c_S}{v_{\max}\, K_{Su}} \tag{4.50}$$

Mithilfe dieser beiden Linearisierungsgraphen ist es möglich, sowohl K_{Su} als auch K_m als x-Achsen-Schnittpunkt zu bestimmen, indem

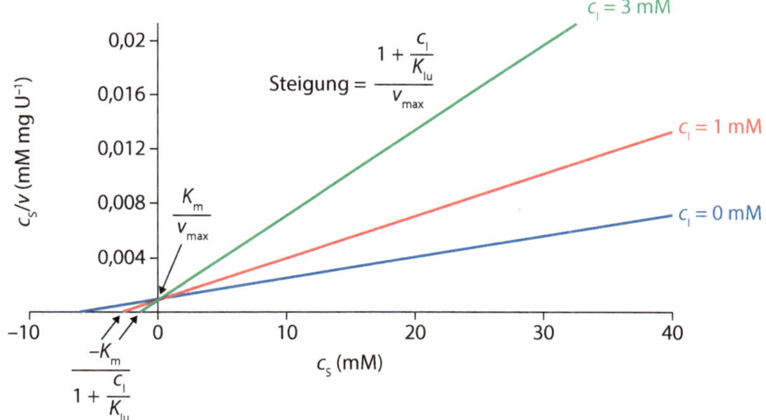

○ **Abb. 4.14** Hanes-Linearisierungsgraph für unkompetitive Inhibierung

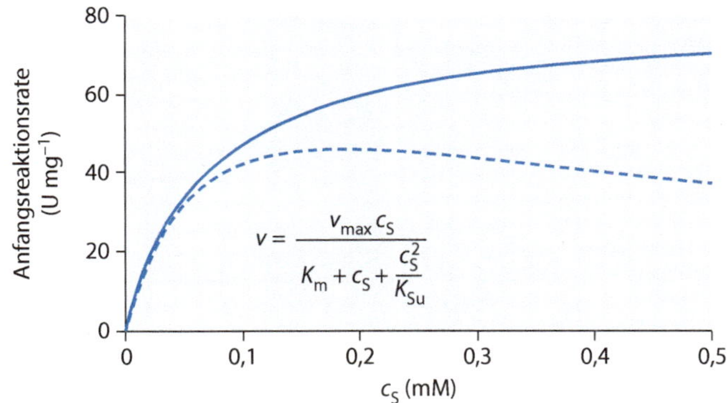

○ **Abb. 4.15** Substratüberschussinhibierung; $Ksu = 0,5$ mM

Asymptoten der Kurven bei niedrigen und hohen Substratkonzentrationen gezeichnet werden (○ Abb. 4.16).

4.5.3 Nichtkompetitive Hemmung

Der (gemisch-)nichtkompetitive Inhibierungs-typ (grüne Farbe in ○ Abb. 4.9) ist in Multi-Substrat-/-Produkt-Systemen zu finden und nur sehr selten bei Ein-Substrat-Reaktionen. Der Inhibitor vergrößert in der Regel den K_m-Wert und reduziert v_{max} (○ Abb. 4.17).

Die kinetische Gleichung enthält zwei Korrekturfaktoren α und α', die im Nenner jeweils c_s und K_m multiplizieren. Für den Hanes-Linearisierungsgraphen ergibt sich:

$$\frac{c_S}{v} = \frac{K_m\left(1 + \frac{c_I}{K_{I\alpha}}\right)}{v_{max}} + \left(\frac{1 + \frac{c_I}{K_{Iu}}}{v_{max}}\right) c_S \quad (4.51)$$

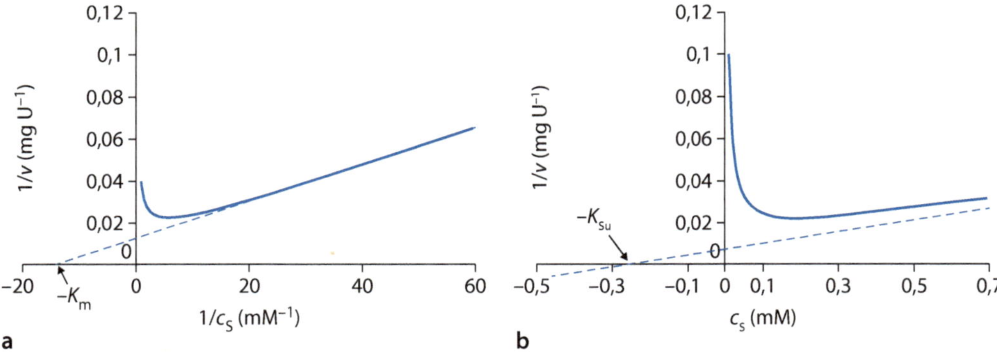

Abb. 4.16 Doppeltreziproke Auftragung **a)** und Dixon-Graph **b)** für unkompetitive Substrathemmung (Substratüberschussinhibierung)

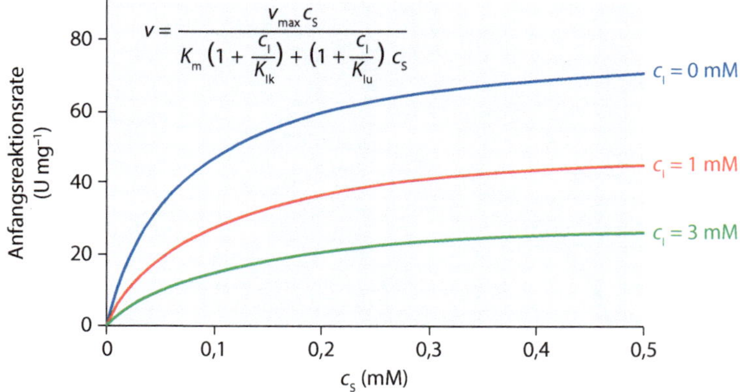

Abb. 4.17 Michaelis-Menten-Graph für eine nichtkompetitive Inhibierung; $K_{Ik} = 1$ mM, $K_{Iu} = 2$ mM

Literatur

Al-Haque N, Santacoloma PA, Neto W, Tufvesson P, Gani R, Woodley JM (2012) A robust methodology for kinetic model parameter estimation for biocatalytic reactions. Biotechnology Progress 28(5):1186–1196.

Bisswanger H (2002) Enzyme Kinetics: Principles and Methods. WILEY-VCH Verlag GmbH, Weinheim.

BRENDA-Datenbank Technische Universität Braunschweig: ▶ www.brenda-enzymes.org (Zugriff 03.05.2018).

Briggs GE, Haldane JBS (1925) A note on the kinetics of enzyme action. Biochemistry Journal 19(2):338–339.

Cleland W (1963) The kinetics of enzyme-catalyzed reactions with two or more substrates or products. Biochimica et Biophysica Acta (BBA) - Specialized Section on Enzymological Subjects 67:188–196.

Drauz K, Waldmann H (2002) Enzyme Catalysis in Organic Synthesis, 2nd. Edn. Wiley-VCH, Weinheim.

Eadie GS (1942). The Inhibition of Cholinesterase by Physostigmine and Prostigmine. Journal of Biological Chemistry 146: 85–93.

Fischer F (1894) Einfluss der Configuration auf die Wirkung der Enzyme. Ber. dtsch. chem. Ges. 27(3):2985–2993.

Hanes CS (1932) Studies on plant amylases. I. The effect of starch condensation upon the velocity of hydrolysis by the amylase of germinated barley. Biochemistry Journal 26(5):1406–1421.

Hofstee BHJ (1959). Non-Inverted Versus Inverted Plots in Enzyme Kinetics. Nature 184 (4695): 1296–1298.

King EL, Altman C (1956) A Schematic method of deriving the rate laws for enzyme catalyzed reactions. The Journal of Physical Chemistry 60(10):1375–1378.

Koshland DE, Jr, (1958) Application of a theory of enzyme specificity to protein synthesis. Proc. Natl. Acad. Sci. USA 44(2), 98–104.

Kot M, Zaborska W (2003) Irreversible inhibition of jack bean urease by pyrocatechol. Journal of Enzyme Inhibition and Medicinal Chemistry 18(5):413–417.

Lee LG, Whitesides GM (1986) Preparation of Optically Active l,2-Diols and a-Hydroxy Ketones Using Glycerol Dehydrogenase as Catalyst: Limits to Enzyme-Catalyzed, Synthesis due to to non-competitive and mixed inhibtion, Journal Organic Chemistry, 51(1), 1986, 25–36

Leskovac V (2003) Comprehensive Enzyme Kinetics, Springer, USA

Lineweaver H, Burk D (1934) The Determination of Enzyme Disscciation Constant. The Journal of the American Chemical Society 3:658–666.

Michaelis L, Menten ML (1913) Kinetic der Invertinwirkung. Biochemische Zeitschrift 49:333–369.

Yuryev R, Liese A (2010) Biocatalysis: The Outcast. ChemCatChem 2(1):103–1

Weiterführende L teratur

Cornish-Bowden A. (2004). Fundamentals of enzyme kinetics (3rd ed.). London: Portland Press.

Segel I. (1993). Enzyme kinetics: behavior and analysis of rapid equilibrium and steady state enzyme systems (New ed.). New York: Wiley.

Enzymreaktoren und Prozessführung

Steffen Kühn und Andreas Liese

© Springer-Verlag GmbH Deutschland, ein Teil von Springer Nature 2018
K.-E. Jaeger, A. Liese, C. Syldatk (Hrsg.), *Einführung in die Enzymtechnologie*,
https://doi.org/10.1007/978-3-662-57619-9_5

5

Zusammenfassung

Der Einsatz von Enzymen bedingt die Verwendung von Reaktoren, mit welchen auf vorliegende Inhibierungen oder Deaktivierungen des Enzyms reagiert werden kann. Beim Betrachten der Grundreaktortypen im Batch- oder kontinuierlichen Betrieb können innerhalb idealisierter, mathematischer Beschreibungen bereits Regeln abgeleitet werden, die im industriellen Maßstab die Produktion ermöglichen. Dieses Kapitel beschäftigt sich daher mit der Reaktorführung für enzymkatalysierte Reaktionen. Es wird auf Basis idealer Bedingungen ein Einblick in die Berechnung verschiedener Reaktortypen gegeben, um die wichtigsten Parameter zur Bewertung eines enzymkatalysierten Prozesses bestimmen und die grundlegenden Reaktoren voneinander unterscheiden zu können. Zudem erfolgt die Diskussion zur Auswahl des Reaktors bei Inhibierungsphänomen sowie verschiedenen Prozessführungsstrategien. Anhand von Beispielen wird am Ende des Kapitels die industrielle Relevanz enzymkatalysierter Reaktionen aufgezeigt, wobei für die Wirtschaftlichkeit eines industriellen Prozesses immer die Gesamtheit thermodynamischer und kinetischer Parameter berücksichtigt werden muss.

Seit der Entdeckung der DNA-Doppelhelix-Struktur durch Watson und Crick im Jahre 1953 ist die Anwendung von Enzymen in der industriellen Biotechnologie für die Synthese einer Vielzahl von chemischen und biologischen Produkten nicht mehr wegzudenken. Über die Jahre haben sich hauptsächlich drei Wege herauskristallisiert, um die Prozessintegration von Enzymen zu gewährleisten und zu optimieren. Einerseits wurde die Optimierung der eingesetzten Enzyme auf struktureller Ebene ermöglicht. Strategien zur Überexpression von Genen und die Entwicklung sowie das Design neuartiger Proteineigenschaften durch kontrolliertes Ein- und Ausschalten verschiedener Gensequenzen spielen dabei eine zentrale Rolle (Woodley et al. 2013). Andererseits wurde die Zugänglichkeit einer breiten Substratpalette durch Anpassung der Prozessführung und Reaktionsbedingungen betrachtet. Bedingt durch die begrenzte Kapazität an Rohstoffen, ist als dritter Fokus die Entwicklung umweltfreundlicher und nachhaltiger Prozessstrategien in den Vordergrund gerückt. Ein zentraler Aspekt der industriellen Anwendbarkeit von Enzymen ist ein Grundverständnis der möglichen Reaktorkonzepte mit den jeweiligen Vor- und Nachteilen. Ob die Wirtschaftlichkeit des entwickelten Prozesses gegeben ist, muss dabei für jeden Prozess individuell untersucht werden. Um den Hauptvorteil der hohen Regio- und Enantioselektivität von Enzymen im Vergleich zu anorganischen Katalysatoren im Prozess zu realisieren, ist die Wahl des Reaktors von wesentlicher Bedeutung. Es erfolgt dabei eine klare Trennung zwischen idealisiert betrachteten Reaktoren und der Berücksichtigung realer Phänomene. Im idealisierten Betrieb können zunächst die Betriebsweisen voneinander abgegrenzt werden und Parameter zur Charakterisierung prozessrelevanter Parameter identifiziert werden. Zur Anpassung der Reaktorführung auf reale Fragestellungen ist u. a. entscheidend, in welcher Form der Biokatalysator im Prozess vorliegt. Freie bzw. isolierte Biokatalysatoren besitzen als homogen im Reaktionsmedium verteilte Komponenten grundlegend andere Eigenschaften bezüglich des Stofftransportes als fixierte bzw. immobilisierte Biokatalysatoren (▶ Kap. 11). Ebenfalls muss berücksichtigt werden, ob eine Inhibierung des Biokatalysators durch gebildete Produkte oder vorgelegte Substrate erfolgt. Mögliche Parallel- oder Folgereaktionen spielen ebenfalls eine Rolle bei der Reaktorauswahl. Es ist zudem wichtig, thermodynamische und kinetische Phänomene bei der Betrachtung zu differenzieren. Während sich die kinetische Betrachtung mit der Reaktionsgeschwindigkeit der katalysierten Reaktion beschäftigt, gibt die thermodynamische Betrachtung beispielsweise Aufschluss über den maximal möglichen Umsatz und Möglichkeiten zur

Verschiebung des Reaktionsgleichgewichtes. Aufbauend auf die strukturelle und kinetische Beschreibung von Enzymen (▸ Kap. 2 und 3) werden daher in diesem Kapitel die grundlegenden prozesstechnischen Aspekte mathematisch beschrieben.

5.1 Parameter zur Beschreibung idealer Reaktoren

Unabhängig vom eingesetzten Reaktortyp erfolgt die Bewertung eines enzymkatalysierten Prozesses über eine Vielzahl von Parametern. Zu den fünf wichtigsten Parameter gehören: Umsatz, Selektivität, Ausbeute, katalytische Aktivität, Produktivität und Raum-Zeit-Ausbeute. Die Parameter werden zunächst vorgestellt, bevor auf die einzelnen Reaktorkonzepte genauer eingegangen wird.

Hierzu wird eine einfache irreversible Reaktion betrachtet (▸ Gl. 5.1):

$$|v_S|S \rightarrow |v_P|P + |v_{NP}|NP \qquad (5.1)$$

S symbolisiert das Substrat, P das gewünschte Produkt und NP das unerwünschte Nebenprodukt. Die zugehörigen stöchiometrischen Koeffizienten sind mit $|v_i|$ gekennzeichnet, wobei i den Index der jeweiligen Komponente beschreibt. Ausgehend von ▸ Gl. 5.1 können die zu diskutierenden Parameter abgeleitet werden.

Der Umsatz χ beschreibt die abreagierte Stoffmenge von S bezogen auf die eingesetzte Stoffmenge S_0 zu Beginn der Reaktion. Hierbei spielt zunächst keine Rolle, ob das gewünschte Produkt P oder das unerwünschte Nebenprodukt NP synthetisiert wird. In ▸ Gl. 5.2 ist die mathematische Beschreibung des Umsatzes aufgeführt:

$$\chi = \frac{n_{S,0} - n_S}{n_{S,0}} \qquad (5.2)$$

$n_{S,0}$: Anfangsstoffmenge der Komponente S am Anfang der Reaktion zum Zeitpunkt t_0.
n_S: Stoffmenge des Substrates S zum Zeitpunkt $t > t_0$.

Die Selektivität σ bezeichnet die pro verbrauchter Stoffmenge von S gebildete Stoffmenge des gewünschten Produktes P (▸ Gl. 5.3).

$$\sigma = \frac{n_P - n_{P,0}}{n_{S,0} - n_S} \cdot \frac{|v_S|}{|v_P|} \qquad (5.3)$$

$n_{P,0}$: Anfangsstoffmenge des Produktes P am Anfang der Reaktion zum Zeitpunkt t_0.

n_P: Stoffmenge des Produktes P zum Zeitpunkt $t > t_0$.

Die Ausbeute η des Prozesses kann aus dem Produkt von Umsatz und Selektivität bestimmt werden (▸ Gl. 5.4). Durch die Ausbeute wird die gebildete Stoffmenge von P bezogen auf die eingesetzte Stoffmenge an S ausgedrückt.

$$\eta = \chi \cdot \sigma = \frac{n_P - n_{P,0}}{n_{S,0}} \cdot \frac{|v_S|}{|v_P|} \qquad (5.4)$$

Es wird zusätzlich zwischen der analytischen (hier berechnet) und isolierten Ausbeute differenziert. Die analytische Ausbeute bezieht sich auf die Ausbeute alleinig im betrachteten Reaktionsschritt. Die Aufarbeitung bzw. Abtrennung des Produktes vom Lösungsmittel wird in diesem Fall vernachlässigt. Mit der isolierten Ausbeute wird die Gesamtausbeute inklusive der Aufarbeitungsschritte bezeichnet. Wenn im betrachteten Verfahren mehrere, sequenziell aufeinander folgende Aufarbeitungsschritte erforderlich sind, berechnet sich die Gesamtausbeute multiplikativ. Grundsätzlich wird eine möglichst hohe Ausbeute im Prozess angestrebt, um die Wirtschaftlichkeit des Prozesses zu verbessern.

Zwischen den Prozessparametern Umsatz, Selektivität und Ausbeute besteht ein linearer Zusammenhang, der mit steigender Selektivität erhöhte Ausbeuten aufzeigt. Die Selektivität fungiert als Steigung, wodurch die Ausbeute beeinflusst wird.

Bei enzymkatalysierten Reaktionen wird die katalytische Aktivität in Unit angegeben (1 U = 1 µmol min^{-1}), die entweder über den Substratverbrauch oder die Produktzunahme bei gleichbleibenden Bedingungen bestimmt werden kann. Um einen Vergleich katalytischer Aktivitäten für einen bestimmten Katalysator angeben zu können, müssen daher die vorherrschenden Reaktionsbedingungen wie Temperatur, pH-Wert, Ionenkonzentration etc. eingehalten werden. Neben der katalytischen Aktivität wird die *turnover frequency* (TOF) als Parameter zur Bewertung herangezogen. Sie gibt an, wie effizient die gewünschte Reaktion katalysiert wird. Dazu wird mathematisch der zeitlich abhängige Substratumsatz bezogen auf die Stoffmenge des Katalysators berücksichtigt (▶ Gl. 5.5).

$$\text{TOF} = \frac{n_S}{t \cdot n_\text{Kat}} \qquad (5.5)$$

n_S: umgesetzte Stoffmenge des Substrates (mol)
n_Kat: eingesetzte Stoffmenge des Katalysator (mol)
t: Reaktionszeit (s)

Mit der katalytischen Aktivität ist ein Vergleich verschiedener Katalysatoren möglich, ohne die Masse des Katalysators zu berücksichtigen. In enzymkatalysierten Reaktionen kann bei vorhandener Michaelis-Menten-Kinetik die TOF als k_{cat}^{-1} beschrieben werden, was gleichbedeutend ist mit dem geschwindigkeitsbestimmenden Schritt zur Bildung des Produktes aus dem Enzym-Substrat-Komplex (siehe ▶ Kap. 4).

Die katalytische Aktivität, TOF ist zu unterscheiden von der katalytischen Produktivität (*turnover number*; TON). Unter der TON wird das Verhältnis aus gebildeter Stoffmenge des Produktes zur eingesetzten Stoffmenge an Katalysator verstanden. Alternativ kann zur Beschreibung der TON auch die Masse an gebildetem Produkt im Verhältnis zur eingesetzten Katalysatormasse betrachtet werden (▶ Gl. 5.6).

$$\text{TON} = \frac{n_P}{n_\text{Kat}} = \frac{m_P}{m_\text{Kat}} \cdot \frac{M_\text{Kat}}{M_P} \qquad (5.6)$$

n_Kat: ingesetzte Stoffmenge des Katalysators (mol)
m_p: ebildete Masse des Produktes (g)
m_Kat: ingesetzte Masse des Katalysators (g)
M_p: Molekulargewicht des Produktes (g mol^{-1})
M_Kat: Molekulargewicht des Katalysators (g mol^{-1})

Die TON enthält keine zeitliche Abhängigkeit und dient als dimensionslose Kennzahl, mit der die maximal mögliche Stoffmenge bzw. Masse an Produkt unter Einsatz einer bestimmten Stoffmenge bzw. Masse des Katalysators beschrieben wird. Je höher die TON für eine spezifische Reaktion ist, desto interessanter ist der eingesetzte Biokatalysator für einen industriellen Prozess, da die Produktionskosten durch längere Einsatzzeiten des Biokatalysators gesenkt werden. In ◻ Tab. 5.1 sind TONs für verschiedene Produktkategorien vom Pharmasektor bis zu Bulk-Chemikalien für

◻ **Tab. 5.1** Katalytische Produktivität (*turnover number*; TON) für verschiedene Produkte mit zugehörigen Bereichen für die Produktkosten. (Nach Tufvesson et al. 2011)

Produkt	Produktkosten (€ kg^{-1})	Bereich der katalytischen Produktivität (TON) (kg kg^{-1})		
		Zelltrockenmasse	Isoliertes Enzym	Immobilisiertes Enzym
Pharma	>100	10–35	250	50–100
Feinchemikalien	>15	70–230	670–1700	330–670
Spezialchemie	0,25	140–400	1000–4000	400–2000
Bulk	0,05	700–2000	5000–20.000	2000–10.000

Prozesse unter Verwendung von ganzen Zellen, isolierten Enzymen und immobilisierten Enzymen im Prozess angegeben (Tufvesson et al. 2011). Die TON sollte Werte von mindestens zehn beim Einsatz von ganzen Zellen zur Synthese von Pharmaprodukten bis zu 20.000 bei der Verwendung von isolierten Enzymen für die Herstellung von Bulk-Produkten annehmen. Bei einem solchen Vergleich müssen auf der anderen Seite immer die unterschiedlichen Reaktionsbedingungen bzw. katalysierten Reaktionen mit in Betracht gezogen werden, die sich von Anwendung zu Anwendung deutlich unterscheiden können.

Neben der katalytischen Produktivität (TON) ist die Raum-Zeit-Ausbeute (RZA) für den Prozess entscheidend (▶ Gl. 5.7). Im Gegensatz zur katalytischen Produktivität wird hier nicht die eingesetzte Menge an Katalysator, sondern das Reaktionsvolumen betrachtet. Zudem liegt bei der RZA über die Verweilzeit im Reaktor eine Zeitabhängigkeit vor, wohingegen die TON zeitunabhängig ist. Mit der RZA wird die im Prozess gebildete Produktmenge, welche im Reaktionsvolumen vorliegt, beschrieben.

$$\text{RZA} = \frac{m_P}{\tau \cdot V_R} \tag{5.7}$$

τ: Verweilzeit oder Reaktionszeit (h)
V_R: eingesetztes Reaktionsvolumen (L)

Da in der anschließenden Produktaufreinigung häufig mit Produktverlusten zu rechnen ist, sollte die RZA immer möglichst hoch sein. In Abhängigkeit der Produktkosten sind Werte für die RZA im Bereich von $>100\,\text{g}\ \text{L}^{-1}\ \text{d}^{-1}$ für hochpreisige Pharmaprodukte bis zu Werten $>500\,\text{g}\ \text{L}^{-1}\ \text{d}^{-1}$ für Bulk-Chemikalien erforderlich (Liese et al. 2006; Yuryev et al. 2011).

Für Anwendungen im Pharmasektor ist die Industrie auf eine zuverlässige enzymkatalysierte Synthese enantiomerenreiner Produkte angewiesen, da chemische Katalysatoren im Vergleich zu Enzymen häufig nicht zur enantioselektiven Synthese eingesetzt werden können. Das gesteigerte Interesse an enantiomerenreinen Produkten hängt mit den unterschiedlichen Eigenschaften der nicht ineinander überführbaren Enantiomere zusammen. Um ein Enantiomer selektiv herzustellen, werden Katalysatoren benötigt, die spezifisch nur das gewünschte Enantiomer bilden. Die selektive Bildung eines chiralen Moleküls wird als asymmetrische Synthese bezeichnet. Ein erfolgreiches Beispiel für asymmetrische Synthesen mittels Biokatalysatoren ist der Einsatz von Alkoholdehydrogenasen, die mittels Reduktion von prochiralen Ketonen chirale Alkohole, Diole oder Hydroxyester synthetisieren (Daußmann et al. 2006). Eine weitere Möglichkeit zur Synthese chiraler Alkohole ist die Addition von Blausäure an Aldehyde oder Ketone, wobei die beteiligten Biokatalysatoren Oxynitrilasen bzw. Hydroxynitril-Lyasen sind (Daußmann et al. 2006). Außerdem kann eine kinetische Racematspaltung durchgeführt werden, um ein gewünschtes chirales Produkt zu erhalten. Dieser Fall wird im Folgenden genauer diskutiert. Der Unterschied bei einer kinetischen Racematspaltung im Vergleich zu der Reaktion in ▶ Gl. 5.1 liegt in zwei parallel ablaufenden Reaktionen des Substrates mit unterschiedlichen Reaktionsgeschwindigkeiten. Diese Besonderheit resultiert aus der Zusammensetzung des Substrates, welches aus einem äquimolaren Gemisch zweier Enantiomere besteht. Das äquimolare Substratgemisch wird als Racemat bezeichnet. ▶ Gl. 5.8 zeigt den irreversiblen Fall einer kinetischen Racematspaltung, in der einerseits das (S)-Enantiomer ((S)-S) und andererseits das (R)-Enantiomer ((R)-S) reagieren kann. Entscheidend für eine erfolgreiche kinetische Racematspaltung ist, dass ein Enantiomer durch hohe Selektivität des Katalysators bevorzugt umgesetzt wird. In diesem Fall wird eine hohe Selektivität bezüglich des (R)-Enantiomers vorausgesetzt, wodurch $k_1 \gg k_2$ resultiert. Das Zielprodukt der kinetischen Racematspaltung ist entweder das langsamer reagierende Enantiomer des Racemates ((S)-S) oder das Syntheseprodukt des schneller umgesetzten Enantiomers ((R)-P).

$$(R)-\text{S} \xrightarrow{k_1} (R)-\text{P}$$
$$(S)-\text{S} \xrightarrow{k_2} (S)-\text{P} \tag{5.8}$$

k_1: Reaktionsgeschwindigkeitskonstante des abreagierenden *(R)*-Enantiomers ((R)-S) (mol s^{-1})

k_2: Reaktionsgeschwindigkeitskonstante des abreagierenden *(S)*-Enantiomers ((S)-S) (mol s^{-1})

Die größte prozesstechnische Herausforderung einer kinetischen Racematspaltung liegt darin, die maximal mögliche Ausbeute von $\eta = 0{,}5$ zu überwinden, welche aus dem vorgelegten Racemat als Grenzwert hervorgeht. Die maximal mögliche Ausbeute wird zudem nur erreicht, wenn der eingesetzte Biokatalysator hoch selektiv nur ein Enantiomer des Racemats umsetzt. Um die maximal mögliche Ausbeute zu erhöhen, kommt als Verfahren eine dynamische kinetische Racematspaltung (DKR) zum Einsatz. Dabei wird mittels eines zweiten, meist chemischen Katalysators das übrig bleibende Enantiomerengemisch aus *(R)*-S und *(S)*-S *in situ* racemisiert, wodurch Ausbeuten von $\eta > 0{,}5$ erzielt werden können. Voraussetzung zur Durchführung einer DKR im vorgestellten Beispielfall ist das Interesse am Syntheseprodukt der bevorzugt ablaufenden Reaktion zu *(R)*-P. Der Einsatz der DKR ist sinnvoll, sobald neben einer hohen Selektivität für die kinetische Racematspaltung mindestens eine 10-fach höhere Reaktionsgeschwindigkeit für die Racemisierungsreaktion vorliegt (Martin-Matute und Bäckvall 2007).

Zur Beschreibung der Racematspaltung werden zusätzlich zu den zuvor vorgestellten Parametern spezifische Parameter eingeführt. Diese setzen sich aus dem Enantiomerenüberschuss (engl. *enantiomeric excess*; *ee*) und der Enantioselektivität (E) zusammen. Als Enantiomerenüberschuss bezeichnet man den Überschuss eines vorliegenden Enantiomers bezogen auf die Gesamtmenge beider Enantiomere (▶ Gl. 5.9).

$$ee_S = \frac{n_{(S)-S} - n_{(R)-S}}{n_{(S)-S} + n_{(R)-S}}$$
$$ee_P = \frac{n_{(R)-P} - n_{(S)-P}}{n_{(R)-P} + n_{(S)-P}} \tag{5.9}$$

ee_S: Enantiomerenüberschuss bezüglich des Substrates (–)

ee_P: Enantiomerenüberschuss bezüglich des Produktes (–)

Das racemische Gemisch weist nach ▶ Gl. 5.9 einen Enantiomerenüberschuss von $ee = 0$ auf. Liegt in einer kinetischen Racematspaltung das langsamer reagierende Substrat- oder Produkt-Enantiomer rein vor, so beläuft sich der Enantiomerenüberschuss auf $ee = 1$. Mit dem *ee* kann also der Reaktionsfortschritt bezüglich des gewünschten Ziel-Enantiomers sowohl seitens des Substrates als auch des Produktes beurteilt werden. Zur Bewertung muss im Gegensatz zur asymmetrischen Synthese zusätzlich der Umsatz χ der Reaktion mit angegeben werden, um den Reaktionsfortschritt bei dem vorliegenden *ee* zu berücksichtigen.

Die Enantioselektivität *E* beschreibt das Verhältnis der Reaktionsgeschwindigkeitskonstanten der beiden Enantiomere zueinander, kann aber für eine idealisiert ablaufende, irreversible Reaktion auch mithilfe des Umsatzes und ee_P oder ee_S bestimmt werden (▶ Gl. 5.10; Faber 2011). Eine hochselektive Reaktion zeichnet sich durch hohe Enantioselektivitäten wie beispielsweise $E > 100$ aus. Bei $E = 100$ wird pro hundert Molekülen des bevorzugten Enantiomers ein Molekül des konkurrierenden Enantiomers umgesetzt. Je höher die Enantioselektivität einer Reaktion, desto selektiver erfolgt die Umsetzung des schneller reagierenden Substrates. Industriell sind Reaktionen ab $E = 35$ für die Prozessentwicklung interessant (Liese und Kragl 2013).

$$E = \frac{k_1}{k_2} = \frac{\ln[1 - \chi \cdot (1 + ee_P)]}{\ln[1 - \chi \cdot (1 - ee_P)]}$$
$$= \frac{\ln[(1 - \chi) \cdot (1 - ee_S)]}{\ln[(1 - \chi) \cdot (1 + ee_S)]} \tag{5.10}$$

Der Einfluss der Enantioselektivität auf den Enantiomerenüberschuss und den Umsatz der Reaktion stellt einen wichtiger Faktor bei der Bewertung einer kinetischen und einer

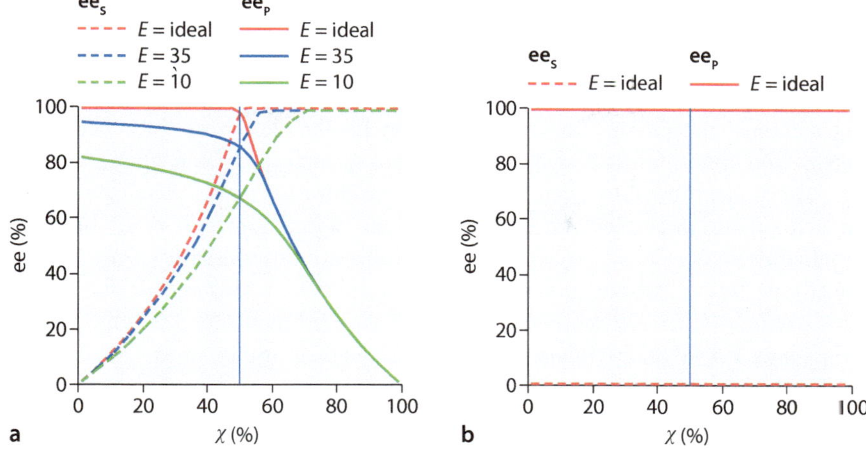

Abb. 5.1 Enantioselektivität (*E*) für verschiedene Abhängigkeiten des Umsatzes (χ) und des Enantiomerenüberschusses *(ee)* im Batch-Reaktor

dynamischen kinetischen Racematspaltung dar und ist in ▪ Abb. 5.1 für einen Batch-Reaktor verdeutlicht. Zunächst wird der Fall der kinetischen Racematspaltung diskutiert (▪ Abb. 5.1a). Je höher die Enantioselektivität ist, desto schneller wird ein hoher ee_S-Wert erzielt bzw. desto länger wird ein hoher ee_P bezüglich des Umsatzes beibehalten. Im Idealfall ($E=$ ideal) kann in der kinetischen Racematspaltung bei einer hochselektiven Reaktion am Umsatzpunkt von $χ = 50\,\%$ das optisch reine Substratenantiomer ($ee_S = 1$) erzielt werden. Demnach ist nur noch das nicht reagierende Substratenantiomer vorhanden. Gleichzeitig kann unter hochselektiven Bedingungen bei Interesse am optisch reinen Produktenantiomer ebenfalls bei $χ = 50\,\%$ die maximale Ausbeute mit $ee_P = 1$ erzielt werden. Dieses Verhalten ist ebenfalls über die hohe Enantioselektivität zu erklären, da nur ein Syntheseprodukt aus der bevorzugt ablaufenden Reaktion entsteht. Bei reduzierten Enantioselektivitäten ($E = 35$) ist ein höherer Umsatz ($χ > 0{,}5$) erforderlich, um optisch reines Substratenantiomer zu erreichen. Ebenfalls ist der ee_P reduziert, der durch die stattfindende nicht bevorzugte Reaktion zustande kommt. Wird eine wenig enantioselektive Reaktion ($E = 10$) betrachtet,

verschiebt sich der Umsatzpunkt für das optisch reines Substratenantiomer weiter zu höheren Umsätzen, und für das Produktenantiomer ist von Beginn an ein niedriger ee_P zu verzeichnen. Im Vergleich dazu ist in ▪ Abb. 5.1b der ideale Verlauf für eine dynamische kinetische Racematspaltung dargestellt, worin der Vorteil erhöhter Umsätze durch die Racemisierungsreaktion erkennbar ist. Im gezeigten Idealfall ist es demnach möglich, 100 % Umsatz und 100 % Ausbeute vom optisch reinen Produkt-Enantiomer ($ee_P = 1$) zu erzielen.

Mit den erläuterten Parametern ist die Grundlage zum Verständnis der Bewertung eines Prozesses gelegt. Im Folgenden werden die Grundreaktortypen vorgestellt und auf Basis der erläuterten Parameter verglichen.

5.2 Typen idealer Enzymreaktoren

Zur Durchführung enzymkatalysierter Reaktionen kommen drei idealisierte Reaktortypen zum Einsatz. Unter der idealisierten Betrachtung wird vereinfachend eine vollständige Durchmischung des Reaktors ohne Berücksichtigung von realen Phänomenen wie einer Diffusionslimitierung oder einer Deaktivierung des Katalysators verstanden. Aus den idealisierten Grundreaktortypen lassen sich komplexere und auf die jeweilige Fragestellung angepasste Reaktormodifikationen sowie veränderte Betriebsweisen ableiten. Die Grundreaktortypen unterscheiden sich anhand der jeweiligen Betriebsweise voneinander:

1. Diskontinuierlicher Rührkesselreaktor bzw. ideal durchmischter Satzreaktor (engl. *stirred tank reactor*; STR=Batch-Reaktor)
2. Kontinuierlich betriebener Rührkesselreaktor, ideal durchmischt (engl. *continuous stirred tank reactor*; CSTR)
3. Strömungsrohrreaktor mit idealer Pfropfenströmung (engl. *plug flow reactor*; PFR)

Im diskontinuierlichen Batch-Betrieb (1) wird nach dem Startzeitpunkt $t=0$ die Menge an Reaktionsmedium im Reaktor konstant gehalten, d. h. es ist keine weitere Zu- oder Abfuhr von Reaktanden möglich. Der ideale Batch-Reaktor stellt demnach ein abgeschlossenes System dar. Sobald die vorgelegte Substratmenge bis zum gewünschten Umsatz der Reaktion abreagiert ist, muss die Reaktion abgebrochen, der Reaktor entleert und mit neuen Reaktanden befüllt werden, bevor eine erneute Reaktion erfolgen kann. Im idealen Betrieb liegt eine homogene Durchmischung der Reaktanden vor, wodurch die Parameter Temperatur, Systemdruck und Konzentrationen der Reaktanden zu einem bestimmten Zeitpunkt an jedem Ort im Reaktor konstant sind. Zeitabhängig wird von t_0 nach $t_2 > t_0$ eine Abnahme der Substratkonzentration bei gleichzeitiger Zunahme der Produktkonzentration beobachtet. Die Konzentrationsverläufe von Substrat und Produkt in Abhängigkeit der Zeit und des Ortes sind in ◪ Abb. 5.2 aufgeführt. Aufgrund der diskontinuierlichen Arbeitsweise ist es nicht möglich, einen stationären Betriebspunkt zu erreichen. Eine industriell häufig genutzte Modifikation des Batch-Reaktors ist die semikontinuierliche Betriebsweise im Fed-Batch-Betrieb. Das Hauptmerkmal dieser Betriebsweise ist die zeitlich abhängige Zugabe von Reaktanden nach dem Zeitpunkt $t=0$ in einem Substrat enthaltenden Feed-Strom (Fütterungsstrom). Der Unterschied eines solchen Fed-Batch-Reaktors zum Batch-Reaktor liegt in der zeitlichen Änderung des Reaktionsvolumens bei konstantem Reaktorvolumen. Im Fed-Batch-Betrieb handelt sich um halboffene Systeme, da ein Austausch an Reaktanden über die Systemgrenze erfolgt. Zwar ist bei semikontinuierlicher Betriebsweise ebenfalls ein Abbruch der Reaktion notwendig, da keine Abfuhr von Reaktanden während der Reaktion erfolgt, allerdings besteht durch konstante Substratzufuhr die Möglichkeit,

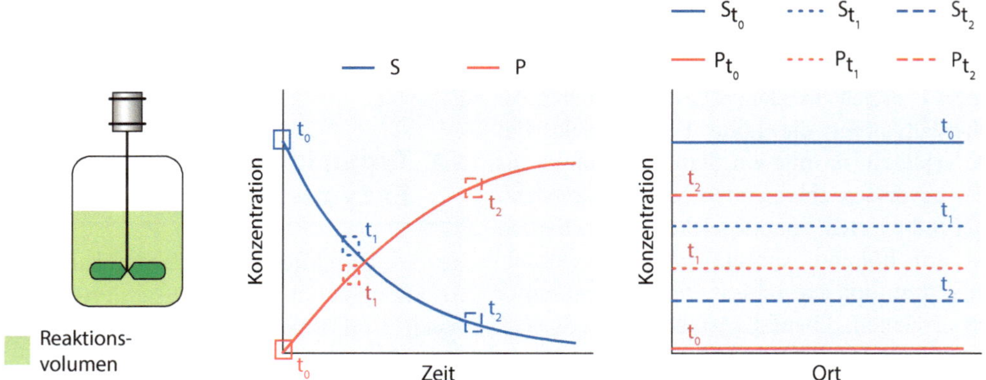

◪ **Abb. 5.2** Konzentrationsprofile im Batch-Betrieb in Abhängigkeit der Zeit *(t)* und des Ortes

höhere Produktkonzentrationen im Reaktor zu erzielen. Die Limitation des Fed-Batch-Betriebes liegt im Volumen des Reaktors, d. h. es kann nicht beliebig viel Substrat zugeführt werden. Durch die Zufuhr des Feedstroms tritt im Fed-Batch eine zeitlich abhängige Volumenänderung auf, wodurch sich die Konzentrationen aller beteiligten Reaktanden ebenfalls ändern. Sowohl im Batch- als auch im Fed-Batch-Betrieb werden in Abhängigkeit der Enzymstabilität möglichst viele Reaktionszyklen ohne Enzymwechsel durchgeführt, um den Prozess wirtschaftlich betreiben zu können. Diese Betriebsweise wird als *repetitive batch* bezeichnet, was eine mehrmalige Benutzung des eingesetzten Enzyms durch Rückhaltung beinhaltet. Zwischen den einzelnen Zyklen wird der Reaktor zunächst entleert und der Reaktorinhalt zur Produktaufreinigung überführt. Anschließend erfolgt eine erneute Befüllung des Reaktors mit Substratlösung zur Produktsynthese.

Die kontinuierliche Betriebsweise im CSTR (2) zeichnet sich durch eine konstante Zu- und Abfuhr von Reaktanden im Laufe der Reaktion aus. Diese Tatsache ist der entscheidende Unterschied zum Fed-Batch-Betrieb. Demnach wird im idealen Betrieb die Menge an Reaktionsmedium im Reaktor konstant gehalten, und es ist bei hoher Enzymstabilität über einen langen Zeitraum kein Abbruch der Reaktion notwendig. Ideal betrachtet, erfolgt durch die homogene Durchmischung direkt nach dem Start der kontinuierlichen Dosierung der Reaktanden eine annähernd sprunghafte Änderung der Konzentrationen. Ab der sprunghaften Änderung sind die Konzentrationen überall im Reaktor örtlich und zeitlich betrachtet gleich den Konzentrationen des Reaktorauslaufs (◘ Abb. 5.3). Dieser Betriebszustand wird als Betrieb unter Auslaufbedingungen bezeichnet, d. h. es stellt sich im Gegensatz zum Batch- und Fed-Batch-Betrieb ein stationärer Betriebspunkt bzw. ein Fließgleichgewicht ein. Eine wichtige Kenngröße im CSTR ist die Zeit, über die ein im Reaktionsvolumen gelöstes Molekül im Reaktor verbleibt. Diese Zeit wird als Verweilzeit bezeichnet und hängt neben dem Reaktionsvolumen vom Volumenstrom des Zu- bzw. Ablaufs ab (▶ Gl. 5.11).

$$\tau = \frac{V_R}{F} \tag{5.11}$$

τ: Verweilzeit (min)
V_R: Reaktionsvolumen (m³)
F: Volumenstrom im Zulauf und Ablauf (m³ min⁻¹)

Die Verweilzeit jedes zugeführten Moleküls bis es den Reaktor wieder verlässt ist, idealisiert betrachtet, im CSTR gleich, da die Fließgeschwindigkeit des Zulaufes und des Ablaufes gleich groß sind.

Im PFR (3) findet – im Gegensatz zum Batch-, Fed-Batch- und CSTR-Betrieb – im idealen Fall keine Durchmischung statt. Durch eine vorherrschende Pfropfenströmung bewegt sich im idealen Betrieb, d. h. unter Vernachlässigung

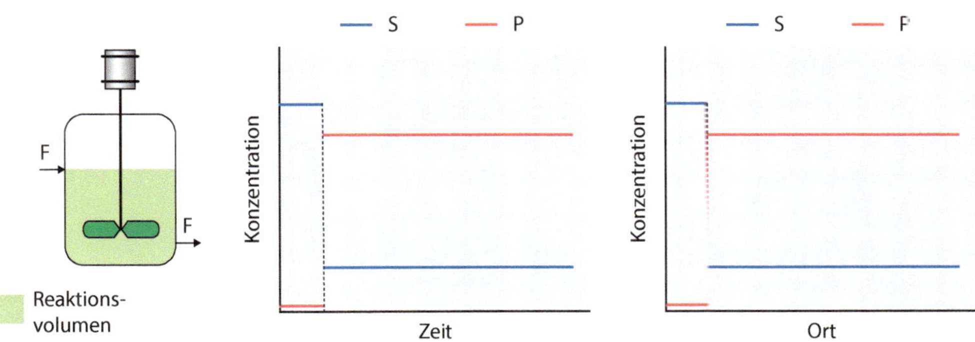

◘ Abb. 5.3 Konzentrationsprofile im kontinuierlichen Rührkessel (CSTR) in Abhängigkeit der Zeit und des Ortes

von axialer Diffusion und vollständiger Durchmischung in radialer Richtung, jedes Molekül mit der gleichen Geschwindigkeit durch das Strömungsrohr. Genau wie im CSTR arbeitet das Strömungsrohr mit Zu- und Ablauf (= Feed, F), wodurch die Verweilzeit aller Moleküle im Reaktor und das Reaktorvolumen konstant sind. Die Konzentrationsverläufe hingegen zeigen den charakteristischen Unterschied zum CSTR. Es erfolgt demnach keine Arbeitsweise unter Auslaufbedingungen. Dieser Unterschied resultiert aus der veränderten Konfiguration des PFR, wodurch die Substratkonzentration mit der Ortskoordinate, d. h. über die Länge des Strömungsrohrreaktors von z_0 nach $z_2 > z_0$, abnimmt (Abb. 5.4). Am Eintritt des PFR liegt die Anfangssubstratkonzentration vor, welches bis zum Austritt aus dem Reaktor durch die vorherrschende, enzymkatalysierte Reaktion zum Produkt umgesetzt wird. Bei Betrachtung der Zeit sind konstante Konzentrationen im Strömungsrohrreaktor an jedem Ort zu beobachten. Dieses Verhalten lässt sich mittels differenzieller Betrachtung der Ortskoordinate erklären. Stellt man sich einen Batch-Reaktor mit differenziell kleinem Volumen (dV_R) vor, der das Strömungsrohr vom Eintritt zum Austritt mit der Ortskoordinate passiert, so nimmt die Substratkonzentration des differenziellen Batch-Reaktors im PFR zu. Aufgrund des idealen Verhaltens ist die vorherrschende Konzentration zu einer bestimmten Verweilzeit hingegen konstant. Das zeitliche und örtliche Verhalten

des Batch-Reaktors und des PFR sind demnach vertauscht. Zusammenfassend lässt sich aus reaktionstechnischer Sicht deshalb festhalten, dass der PFR die kontinuierliche Variante des Batch-Reaktors ist und nicht der CSTR. Eine fest etablierte Modifikation des PFR ist der Festbettreaktor (engl. *packed bed reactor*; PBR), worin immobilisierte Katalysatorpräparationen als dicht gepacktes Bett eingesetzt werden. Solange niedrige Strömungsgeschwindigkeiten durch das Festbett und vernachlässigbare Stofftransportphänomene vorliegen, kann der PBR idealisiert als PFR betrachtet werden.

5.3 Mathematische Bilanzierung idealer Reaktoren

Auf Basis der vorgestellten prozessrelevanten Parameter und der Reaktortypen zur Beschreibung von enzymkatalysierten Reaktionen wird an dieser Stelle auf die Bilanzierung der verschiedenen Reaktortypen eingegangen. Die Bilanzierung bildet die Grundlage zum Verständnis der Abläufe in dem jeweiligen Reaktorsystem und ermöglicht die Berechnung von zeitlichen Verläufen aller Konzentrationen bzw. Stoffmengen. Eine allgemeine Bilanzgleichung lässt sich unabhängig vom Reaktortyp als Akkumulationsterm innerhalb einer definierten Bilanzgrenze beschreiben. Die Bilanzgrenze beschreibt den Bereich, worin die Änderung der Konzentrationen bzw. Stoffmengen von

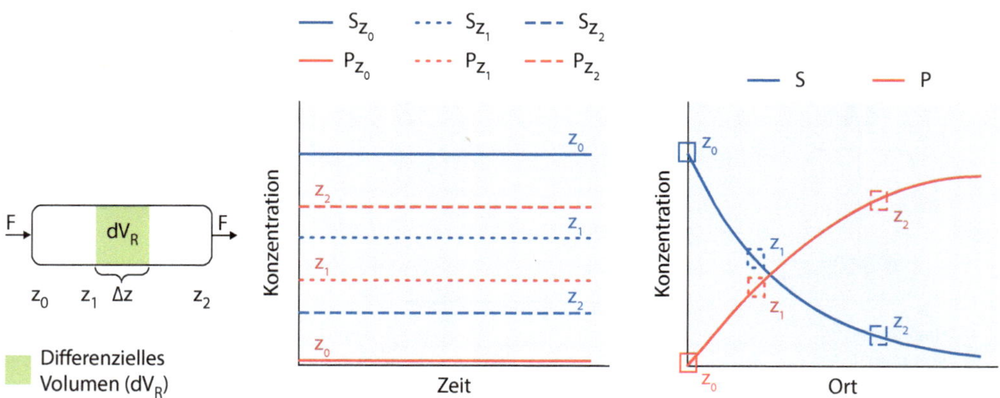

 Abb. 5.4 Konzentrationsprofile im Strömungsrohrreaktor (PFR) in Abhängigkeit der Zeit und des Ortes *(z)*

Interesse stattfindet. Als Akkumulationsterm ist die zeitliche Änderung von Konzentrationen, Stoffmengen und Massen in einem festgelegten Volumenelement zu verstehen. Es werden alle auftretenden Faktoren berücksichtigt, die zu einer Änderung des Akkumulationsterms führen können. Diese Phänomene setzen sich aus einem konvektivem, einem diffusiven und einem reaktiven Term zusammen (▶ Gl. 5.12).

$$\text{Akkumulation} = \text{Konvektion}$$
$$+ \text{Diffusion} \qquad (5.12)$$
$$+ \text{Reaktion}$$

In ▶ Gl. 5.12 kann der konvektive Anteil als die Summe der durch Strömung hervorgerufenen Änderung der Reaktanden im gewählten Bilanzraum bezeichnet werden. Diffusive Effekte beschreiben die Summe eines Reaktandenaustauschs zwischen benachbarten Bilanzräumen. Die durch den Biokatalysator ausgelöste Reaktion wird innerhalb des reaktiven Terms berücksichtigt. Die Beschreibung der kinetischen Parameter einer enzymkatalysierten Reaktion ist in ▶ Kap. 4 näher erläutert und spiegelt sich im reaktiven Term der Bilanzierung wieder. Im reaktiven Teil ist es demnach möglich, die Kinetik, vorliegende Inhibierungen sowie Enzymdesaktivierungen der betrachteten Reaktion zu berücksichtigen. Für die Betrachtung idealer Reaktoren werden hier keine energetischen Änderungen wie die Wärmezufuhr/-abfuhr oder die Enthalpieänderung bei exothermen Reaktionen mit einbezogen, um zunächst die grundlegenden Phänomene zu beschreiben. Sobald die Reaktion bei höheren oder niedrigeren Temperaturen durchgeführt wird, ist eine Betrachtung der Energiebilanzen im Reaktor allerdings erforderlich. Ebenso ist der Energieeintrag des Rührorgans in den Energiebilanzen zu berücksichtigen.

Hier werden im Folgenden die Stoffmengen- und die Konzentrationsänderungen der an der Reaktion beteiligten Substrate und Produkte genauer betrachtet. Für jede im Reaktor vorliegende Komponente lässt sich

ausgehend von ▶ Gl. 5.12 eine Stoffmengenbilanzgleichung formulieren (▶ Gl. 5.13):

$$\frac{dn_j}{dt} = \sum \dot{n}_{j,\text{ein}} - \sum \dot{n}_{j,\text{aus}} + R_j \cdot V_R \qquad (5.13)$$

$\frac{dn_j}{dt}$: zeitliche Änderung der akkumulierten Gesamtstoffmenge des Reaktanden j (mol min^{-1})

$\sum \dot{n}_{j,\text{ein}}$: durch Konvektion oder Diffusion zugeführter Molenstrom der Komponente j (mol min^{-1})

$\sum \dot{n}_{j,\text{aus}}$: durch Konvektion oder Diffusion abgeführter Molenstrom der Komponente j (mol min^{-1})

R_j: stoffmengenbezogene Reaktionsgeschwindigkeit (mol min^{-1} m^{-3})

V_R: Reaktionsvolumen (m^3)

Für die Bilanzierung von Reaktionen, die in stark verdünnten Lösungen durchgeführt werden, wird vereinfachend eine konstante Dichte im Reaktor angenommen. In einer stark verdünnten Lösung ist die Konzentration der betrachteten Reaktanden viel kleiner als die Konzentration des eingesetzten Lösungsmittels (▶ Gl. 5.14).

$$c_S \ll c_{\text{Lösungsmittel}} \qquad (5.14)$$

c_S: Substratkonzentration (mol m^{-3})

$c_{\text{Lösungsmittel}}$: Konzentration des eingesetzten Lösungsmittels im Reaktor (mol m^{-3})

Diese Annahme ist beispielsweise für die Synthese in verdünnten wässrigen oder gepufferten Reaktionsansätzen gültig, allerdings nicht in Lösungsmittel freien Reaktionen. Über die Vernachlässigung einer Dichteänderung mit daraus resultierender Volumenkonstanz im Reaktor können die einzelnen Komponenten der Stoffbilanzgleichung (▶ Gl. 5.13) in Konzentrationen ausgedrückt werden (▶ Gl. 5.15).

$$\frac{dc_j}{dt} = \frac{\sum \dot{n}_{j,\text{ein}} - \sum \dot{n}_{j,\text{aus}}}{V_R} + R_j \qquad (5.15)$$

$\frac{dc_j}{dt}$: zeitliche Konzentrationsänderung der Komponente j (mol m^{-3})

c_j: stoffmengenbezogene Konzentration der Komponente j (mol m^{-3})

Am Beispiel einer irreversiblen Ein-Substrat-Reaktion mit $c_j = c_S$ ohne Inhibierung ist der reaktive Term $R_j = R_S$ der Substratabnahme über die Michaelis-Menten-Kinetik (▶ Kap. 4) definiert (▶ Gl. 5.16). Aufgrund der abnehmenden Substratkonzentration reduziert sich der reaktive Term und erhält ein negatives Vorzeichen.

$$R_S = -v(c_E, c_S) = -c_E \cdot \frac{a_E \cdot c_S}{K_m + c_S} \tag{5.16}$$

R_S: substratbezogene Reaktionsgeschwindigkeit (mol min^{-1} m^{-3})
c_E: Enzymkonzentration (g m^{-3})
a_E: massenspezifische Enzymaktivität (mol min^{-1}g^{-1})
K_m: Michaelis-Menten-Konstante (mol m^{-3})

Unter Berücksichtigung der Volumenkonstanz kann die Abhängigkeit von der Substratkonzentration c_S durch den Umsatz χ (▶ Gl. 5.2) und die Anfangssubstratkonzentration $c_{S,0}$ ausgedrückt werden (▶ Gl. 5.17).

$$(c_E, \chi) = -c_E \cdot \frac{a_E \cdot c_{S,0} \cdot (1 - \chi)}{K_m + c_{S,0} \cdot (1 - \chi)} \tag{5.17}$$

$c_{S,0}$: Anfangs-Substratkonzentration (mol m^{-3})

Ausgehend vom hergeleiteten Reaktionsterm (▶ Gl. 5.17) können die Umsätze der verschiedenen Reaktorkonzepte mathematisch beschrieben werden. Die vorgestellte Bilanzierung kann unter Berücksichtigung der Inhibierungskinetik aus ▶ Kap. 4 erweitert werden, worauf an dieser Stelle verzichtet wird.

5.3.1 Bilanzierung eines ideal durchmischten Satzreaktors (Batch)

Bei der Betrachtung des Umsatzes in einem Batch-Reaktor sind aufgrund des konstanten Bilanzvolumens ohne konvektive und diffusive Ströme in der Bilanzgleichung ▶ Gl. 5.13 nur der Akkumulations- und der Reaktionsterm zu berücksichtigen. Es wird während der Reaktion keine Komponente in den Reaktor gegeben oder entnommen, und es erfolgt kein Austausch von Reaktanden mit der Umgebung, da es sich um einen abgeschlossenen Rührkessel handelt. Als Bilanzraum im idealen Rührkessel wird stets das Reaktionsvolumen und nicht das Reaktorvolumen verstanden. Da hier von einer einfachen Michaelis-Menten-Kinetik ausgegangen wird (▶ Gl. 5.17), folgt für die Bilanz zur Beschreibung der Substratkonzentration im Batch-Reaktor (▶ Gl. 5.18):

$$\frac{dc_S}{dt} = -c_{S,0} \frac{d\chi}{dt} = -v(c_E, \chi) \tag{5.18}$$

Mittels Trennung der Variablen wird der integrale Ausdruck in ▶ Gl. 5.19 generiert.

$$\int_0^\chi \frac{d\chi}{v(c_E, \chi)} = \int_0^t \frac{dt}{c_{S,0}} \tag{5.19}$$

Im hier betrachteten idealisierten Fall wird vereinfachend eine konstante Enzymstabilität über den gesamten Verlauf der Reaktion angenommen. Es erfolgt keine Deaktivierung des Enzyms, weshalb $v(c_E, \chi)$ nur eine Funktion des Umsatzes χ ist und direkt integriert werden kann. Unter Berücksichtigung der Michaelis-Menten-Kinetik resultiert für den Batch-Reaktor ▶ Gl. 5.20.

$$\frac{c_{S,0}}{K_m} \cdot \chi - ln \cdot (1 - \chi) = \frac{v_{max}}{K_m} \cdot t \tag{5.20}$$

v_{max}: maximale Reaktionsgeschwindigkeit (mol min^{-1})

▶ Gl. 5.20 gibt den zeitabhängigen Umsatz einer idealisierten Ein-Substrat-Reaktion in Abhängigkeit der Anfangssubstratkonzentration und der enzymspezifischen Konstanten im Batch-Reaktor wieder. Innerhalb der vorgestellten Bilanzgleichung besteht die Möglichkeit, eine dimensionslose Betriebszeit beschreiben zu können.

Häufig ist die eingesetzte Konzentration des Enzyms ein Faktor, der bei der Bewertung des Prozesses relevant ist, um einen festgelegten Umsatz in einer bestimmten Reaktionszeit zu erzielen. Über die Konzentration des Enzyms und die massenspezifische Aktivität kann die dimensionslose Betriebszeit aus ▶ Gl. 5.21 umgeformt werden, wodurch die Katalysatorkonzentration direkt als Parameter variiert werden kann.

$$\frac{v_{\max}}{K_m} \cdot t = \frac{c_E \cdot a_E}{K_m} \cdot t \tag{5.21}$$

c_E: Enzymkonzentration ($\mathrm{g\,m^{-3}}$)

a_E: massenspezifische Enzymaktivität ($\mathrm{mol\,min^{-1}\,g^{-1}}$)

Mit ▶ Gl. 5.21 in Kombination mit ▶ Gl. 5.20 ist es möglich, die Einflussfaktoren bezüglich des Umsatzes im Batch-Reaktor zu identifizieren. Entscheidend für den Betrieb des Batch-Reaktors sind das Verhältnis der eingesetzten Substratkonzentration $c_{S,0}$ zum K_m-Wert des Enzyms, die Enzymkonzentration c_E und die Betriebszeit t. Die drei beschriebenen Parameter können je nach Anwendung unterschiedlich variiert werden, um einen bestimmten Umsatz im Batch-Reaktor zu erzielen. Einerseits wird bei niedrigen Enzymkonzentrationen ein längerer Zeitraum benötigt, um einen definierten Umsatz zu erzielen, und umgekehrt. Andererseits werden hohe Umsätze schneller mit niedrigen Verhältnissen der Anfangssubstratkonzentration zum K_m-Wert des Enzyms erzielt. Wenn hingegen mit hohen $c_{S,0} \cdot K_m^{-1}$-Werten gearbeitet wird, muss die Katalysatorkonzentration erhöht werden, um vergleichbare Reaktionszeiten im Verhältnis zu niedrigen $c_{S,0} \cdot K_m^{-1}$-Werten zu gewährleisten. Der Betrieb des Reaktors lässt sich dementsprechend in Abhängigkeit der aufgezeigten Parameter anpassen. Der Einfluss des Verhältnisses der eingesetzten Substratkonzentration $c_{S,0}$ zum K_m-Wert des Enzyms auf den Umsatz und die Betriebszeit ist in ◼ Abb. 5.5 veranschaulicht.

Die aufgezeigte Herleitung einer dimensionslosen Bilanzgleichung wird im Folgenden auf

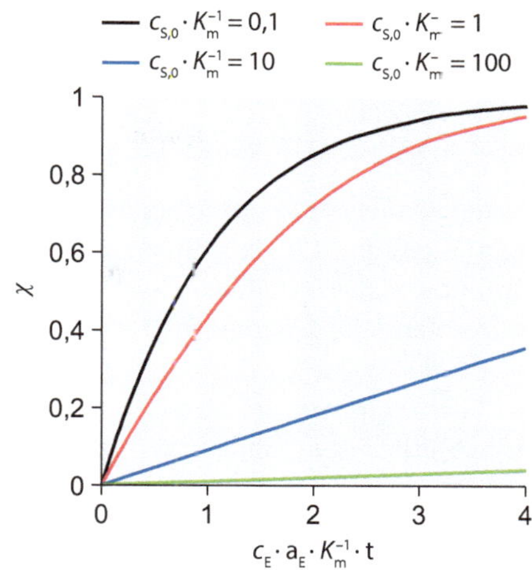

◼ **Abb. 5.5** Batch-Betrieb in Abhängigkeit der eingesetzten Substratkonzentration ($c_{S,0}$) und des K_m-Wertes

die beiden kontinuierlichen Grundreaktortypen übertragen. Die Hauptunterschiede der Bilanzgleichungen resultieren aus den in ▶ Abschn. 5.2 diskutierten Prozessführungen.

5.3.2 Bilanzierung eines kontinuierlich betriebenen idealen Strömungsrohrreaktors (PFR)

Ausgehend von der Bilanzgleichung ▶ Gl. 5.15 kann für einen idealen Strömungsrohrreaktor unter Berücksichtigung des stationären Betriebes als Bilanzgleichung der in ▶ Gl. 5.22 gezeigte Term aufgestellt werden. Durch die vorliegende Pfropfenströmung liegt im Strömungsrohr keine Durchmischung des Reaktorinhaltes vor. Vielmehr wird ein differenzielles Volumenelement als Bilanzraum gewählt, wodurch eine örtliche Betrachtung zur Ermittlung der Umsatzänderung erforderlich ist. Die Indizes z und $z + \Delta z$ beschreiben zwei unterschiedliche Orte im Strömungsrohr. Das zugehörige differenzielle Volumenelement V bildet den Bilanzraum für die Änderung aller Komponenten.

$$-c_{S,0}\frac{d\chi}{dt} = 0 = \frac{F}{V} \cdot c_{S,0}(1-\chi)|_z$$
$$-\frac{F}{V} \cdot c_{S,0}(1-\chi)|_{z+\Delta z} - v(c_E, \chi) \qquad (5.22)$$

F: eingehender bzw. ausgehender Volumenstrom (Feed) im PFR ($m^3\ min^{-1}$)
V: infinitesimales, differenzielles Volumen des betrachteten Bilanzraumes (m^3)

Das Bilanzvolumen ist wiederum über die Querschnittsfläche und die Ortsdifferenz im betrachteten Strömungsrohr eindeutig bestimmt (▶ Gl. 5.23).

$$V = A \cdot \Delta z \qquad (5.23)$$

A: Querschnittsfläche des PFR (m^2)
Δz: Länge des infinitesimalen, differenziellen Volumenelementes (m).

Daher kann für ein differenzielles Volumenelement der Grenzwert der ortsabhängigen Größen ermittelt werden (▶ Gl. 5.24).

$$\lim_{\Delta z \to 0}\left[\frac{F \cdot c_{S,0}}{A \cdot \Delta z} \cdot \left((1-\chi)|_z - (1-\chi)|_{z+\Delta z}\right)\right]$$
$$= v(c_E, \chi) \qquad (5.24)$$

A: Querschnittsfläche des betrachteten Volumenelementes im Strömungsrohr (m^2)
Δz: Ortsänderung des betrachteten Bilanzraumes (m)

Die ortsabhängige Änderung der Substratkonzentration kann so direkt mathematisch beschrieben werden (▶ Gl. 5.25).

$$-\frac{F \cdot c_{S,0}}{A}\frac{d(1-\chi)}{dz} = v(c_E, \chi) \qquad (5.25)$$

Somit ergibt sich nach Vereinfachung mit Trennung der Variablen für die integrale Beschreibung im Strömungsrohr ▶ Gl. 5.26.

$$\int_0^X \frac{d\chi}{v(c_E, \chi)} = \int_0^z \frac{A}{F \cdot c_{S,0}}dz \qquad (5.26)$$

Ebenso wie im vorher betrachteten Fall wird für das idealisierte Strömungsrohr nach Integration unter Berücksichtigung einer Michaelis-Menten-Kinetik ein Ausdruck für die Beschreibung des Umsatzes erhalten (▶ Gl. 5.27). Der Umsatz im PFR hängt von den enzymspezifischen Konstanten, der Anfangssubstratkonzentration und der Verweilzeit ab.

$$\frac{c_{S,0}}{K_m} \cdot \chi - ln \cdot (1-\chi) = \frac{v_{max}}{K_m} \cdot \tau \qquad (5.27)$$

τ: Verweilzeit (min)

Der mathematische Vergleich der beiden vorgestellten Reaktorkonzepte zeigt den Unterschied zwischen Batch und PFR aus ▶ Abschn. 5.2 deutlich. Statt der zeitlichen Veränderung der Substratkonzentration im Batch-Reaktor ist im PFR die Ortskoordinate für die Änderung der Substratkonzentration verantwortlich. Für den kontinuierlich betriebenen PFR ist es möglich, eine dimensionslose Verweilzeit zu definieren (▶ Gl. 5.28).

$$\frac{v_{max}}{K_m} \cdot \tau = \frac{c_{kat} \cdot a_s}{K_m} \cdot \tau = \frac{m_{kat} \cdot a_s}{F \cdot K_m} \qquad (5.28)$$

m_{Kat}: eingesetzte Biokatalysatormasse (g)

Mit der vorgestellten Vereinfachung aus ▶ Gl. 5.28 kann über einen festgelegten Feedstrom mit einer definierten Substratkonzentration und einer vorgelegten Katalysatormasse der Umsatz bestimmt werden. Analog zur mathematischen Beschreibung des Batch-Reaktors erlaubt die Variation der drei genannten Parameter die Ermittlung des optimalen Betriebspunktes für den PFR. Für verschiedene Verhältnisse der eingesetzten Substratkonzentration zum K_m-Wert des Enzyms wird aufgrund der beschriebenen mathematischen Zusammenhänge das gleiche Verhalten wie im Batch-Reaktor beobachtet (◘ Abb. 5.5). Die Reaktionszeit wird im PFR allerdings durch die Verweilzeit substituiert.

5.3.3 Bilanzierung eines ideal durchmischten, kontinuierlich betriebenen Rührkessels (CSTR)

Die Beschreibung eines ideal durchmischten CSTR wird ebenfalls auf Basis der Bilanzgleichung (▶ Gl. 5.15) durchgeführt. Es gelten erneut die Annahmen, die zur Überführung von der Stoffbilanz zum konzentrationsabhängigen Ausdruck getroffen wurden. Die kontinuierliche Betriebsweise führt wie zuvor im PFR dazu, dass der Akkumulationsterm der Bilanzgleichung gleich null ist. Eine örtliche Betrachtung ist aufgrund der vollständigen Durchmischung im gesamten Reaktionsvolumen analog zum Batch-Betrieb nicht notwendig. Die daraus resultierende Bilanz ist in ▶ Gl. 5.29 aufgeführt.

$$- c_{S,0} \frac{d\chi}{dt} = 0 = \frac{F}{V} \cdot c_{S,0}$$
$$- \frac{F}{V} \cdot c_{S,0}(1 - \chi) - v(c_E, \chi) \tag{5.29}$$

Durch Vereinfachung wird ▶ Gl. 5.30 erhalten.

$$\frac{\chi}{v(c_E, \chi)} = \frac{\tau}{c_{S,0}}$$

Auf Basis einer Ein-Substrat-Reaktion mit Michaelis-Menten-Kinetik kann der Umsatz in Abhängigkeit der Verweilzeit im CSTR, der enzymkinetischen Parameter und der Anfangssubstratkonzentration bestimmt werden (▶ Gl. 5.31).

$$\frac{\chi}{1 - \chi} + \frac{\chi \cdot c_{S,0}}{K_m} = \frac{v_{max}}{K_m} \cdot \tau = \frac{c_E \cdot a_E}{K_m} \cdot \tau \tag{5.31}$$

Das Erzielen von hohen Umsätzen ist für den CSTR nur bei erhöhten Katalysatorkonzentrationen oder längeren Verweilzeiten im Vergleich zum Batch-Betrieb möglich, wenn eine Michaelis-Menten-Kinetik zugrunde gelegt wird. Dieses Verhalten ist vor allem bei geringen $c_{S,0} \cdot K_m^{-1}$-Werten zu beobachten (▪ Abb. 5.6).

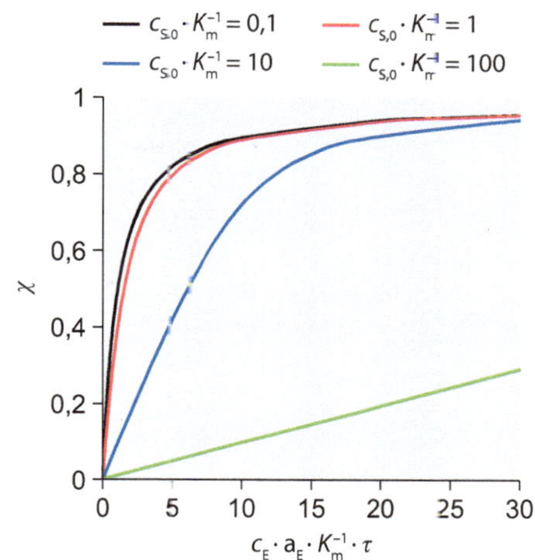

▪ **Abb. 5.6** CSTR-Betrieb in Abhängigkeit der eingesetzten Substratkonzentration ($c_{S,0}$) und des K_m-Wertes

5.3.4 Bilanzierung unter Berücksichtigung von Inhibierungsphänomenen

Die mathematische Beschreibung im Batch, PFR und CSTR kann über die Berücksichtigung von Inhibierungsphänomen (▶ Kap. 4) im reaktiven Anteil der Bilanzgleichung erweitert werden. Die Herleitung erfolgt analog zur vorgestellten Ein-Substrat-Reaktion mit Michaelis-Menten-Kinetik, wobei die Reaktionsgeschwindigkeit durch die Inhibierung beeinflusst wird. Häufige Inhibierungstypen sind die Substratüberschussinhibierung oder eine kompetitive Produktinhibierung. Für die genannten Inhibierungstypen sind an dieser Stelle die resultierenden Gleichungen in ▪ Tab. 5.2 zusammengefasst.

Trotz der Integration von Inhibierungstermen innerhalb der mathematischen Beschreibung kann das Verhalten im realen Reaktorbetrieb nur abgeschätzt werden. Dies liegt einerseits an überlagerten nichtidealen bzw. realen Phänomenen, die bisher nicht berücksichtigt wurden. Andererseits sind

◻ Tab. 5.2 Mathematische Beschreibung der Grundreaktortypen bei Ein-Substrat-Reaktionen. (Nach Illanes 2008)

	PFR und Batch: $\frac{c_{Kat} \cdot a_{sp}}{K_m} \cdot \tau =$	**CSTR:** $\frac{c_{Kat} \cdot a_{sp}}{K_m} \cdot \tau =$
Michaelis-Menten-Kinetik	$\frac{\chi \cdot c_{S,0}}{K_m} - \ln(1-\chi)$	$\frac{\chi \cdot c_{S,0}}{K_m} + \frac{\chi}{1-\chi}$
Kompetitive Produktinhibierung	$\chi \cdot \left[\frac{c_{S,0}}{K_m} - \frac{c_{S,0}}{K_I}\right] - \left[1 + \frac{c_{S,0}}{K_I}\right] \cdot \ln(1-\chi)$	$\frac{\chi \cdot c_{S,0}}{K_m} + \frac{\chi}{1-\chi} + \frac{c_{S,0}}{K_I} \cdot \frac{\chi^2}{1-\chi}$
Substratüberschussinhibierung	$\frac{\chi \cdot c_{S,0}}{K_m} - \ln(1-\chi) + \frac{c_{S,0}}{K_m} \cdot \frac{c_{S,0}}{K_I} \cdot \chi \cdot (1 - 0,5 \cdot \chi)$	$\frac{\chi \cdot c_{S,0}}{K_m} + \frac{\chi}{1-\chi} + \frac{c_{S,0}}{K_m} \cdot \frac{c_{S,0}}{K_I} \cdot \chi \cdot (1-\chi)$

für industrielle Maßstäbe deutlich größere Reaktoren einzusetzen, wodurch beispielsweise eine idealisierte Pfropfenströmung im PFR im Vergleich zu kleinen Laborreaktoren durch ein geändertes Strömungsverhalten nicht mehr zulässig ist. Um eine möglichst genaue Modellvorstellung für Reaktoren zu erhalten, werden nichtideale Phänomene ebenfalls in Betracht gezogen. Diese werden hier im Folgenden aufgeführt, aber nicht ausführlich diskutiert. Ein wesentlicher Faktor ist die Präparation des eingesetzten Biokatalysators. Im Vergleich zum freien Enzym kann der Katalysator fixiert werden, was als Immobilisierung bezeichnet wird. Zur Immobilisierung können verschiedene Verfahren eingesetzt werden, wie z. B. die Adsorption an ein Trägermaterial. Durch die Immobilisierung weist der Katalysator meist eine erhöhte Stabilität gegenüber erhöhten Betriebstemperaturen auf. Die Herausforderungen sind auf der anderen Seite das Verhindern einer Stofftransportlimitierung oder Deaktivierung des Katalysators durch den Einschluss im oder die Bindung am Träger. Ein weiteres, reales Phänomen ist die Deaktivierung des Biokatalysators durch das eingesetzte Lösungsmittel oder die Reaktanden im Prozess (Liese und Hilterhaus 2013; Jesionowski et al. 2014). Die bereits vorgestellten idealen Reaktorkonzepte können je nach Anwendung in abgewandelter oder kombinierter Form eingesetzt werden. Beim Einsatz von immobilisierten Enzymen kann der Katalysator beispielsweise in einem Festbettreaktor (PBR) platziert werden. Der PBR zeigt

dabei im idealen Verhalten die Charakteristik des PFR, wobei Stofftransportlimitierungen im realen Fall häufig eine Rolle spielen und zu Abweichungen des idealen Verhaltens führen (Liese und Hilterhaus 2013). Zum Rückhalten von freien, d. h. homogen gelösten, Enzymen werden häufig Membranreaktoren mit Ultrafiltrationsmembranen geeigneter Ausschlussgrenze verwendet, um den Katalysator so länger für die Produktion zur Verfügung zu stellen. Dabei wird eine Membran mit Substratlösung überströmt und das Produkt als Filtrat erhalten. Der Katalysator kann die Membran im Gegensatz zum Produkt nicht passieren, wodurch ihre Verweilzeiten voneinander entkoppelt werden (Gallucci et al. 2011).

5.4 Reaktorauswahl und Prozessführung

Der Fokus in diesem Abschnitt wird auf die Anwendung der Grundreaktortypen bei verschiedenen Ausgangssituationen gelegt. Das Ziel ist, anhand der beschriebenen Grundlagen die Auswahl eines Reaktors zu ermöglichen. Dazu wird eine einfache, irreversible Reaktion wie in ▶ Gl. 5.1 betrachtet. Je nach Reaktortyp wird durch die unterschiedlichen Konzentrationsprofile bzw. die integrierte Bilanzgleichung ein starker Einfluss auf das zeitliche Verhalten im Reaktor beobachtet. Zwei wesentliche Parameter werden im Folgenden genauer diskutiert: die Verweilzeit in Verbindung mit der eingesetzten

Enzymkonzentration und der erzielte Umsatz im jeweiligen Reaktor. Auf Basis der drei vorgestellten Grundreaktortypen ist das Verhalten im Batch und PFR mathematisch betrachtet gleich. Der Unterschied im Dauerbetrieb liegt in der erforderlichen Rüstzeit für den Batch-Reaktor zwischen aufeinander folgenden Batch-Reaktionen *(repetitive batch)*. Diese Rüstzeiten sind im PFR nicht notwendig, solange von idealem Verhalten ausgegangen wird, d. h. wenn das Enzym nicht zeitlich deaktiviert wird. Je kürzer die Rüstzeit zwischen den Batch-Reaktionen ist, desto weiter nähern sich die Reaktortypen bezüglich der Produktivität einander an. Unter dieser Annahme erfolgt im weiteren Verlauf ein Vergleich zwischen den Betriebsweisen des Batch/PFR und dem davon abweichenden Grundtyp des CSTR. Als vergleichender Parameter wird die Verweilzeit verwendet, welche direkt mit der eingesetzten Katalysatorkonzentration verknüpft ist ($\blacktriangleright$ Abschn. 5.3). Das Verhältnis der Verweilzeiten zwischen PFR und CSTR ändert sich bei verschiedenen $c_{S,0} \cdot K_m^{-1}$-Werten, worüber in Abhängigkeit der eingesetzten Substratkonzentration der bevorzugte Reaktortyp ausgewählt werden kann.

5.4.1 Reaktorauswahl ohne Berücksichtigung von Inhibierungsphänomenen

Für eine Ein-Substrat-Reaktion mit Michaelis-Menten-Kinetik ohne Inhibierung ist für niedrige $c_{S,0} \cdot K_m^{-1}$-Werte im Bereich von 0,1–10 eine höhere Verweilzeit τ bzw. eine höhere Enzymkonzentration c_E im Vergleich zum PFR/Batch notwendig, um den entsprechenden Umsatz zu erreichen ($\square$ Abb. 5.7). Bei hohen $c_{S,0} \cdot K_m^{-1}$-Werten (hier: 100) weichen die Verläufe erst bei hohen Umsätzen voneinander ab. Solange keine Inhibierung vorliegt ist der PFR demnach dem CSTR vorzuziehen, da in der Produktion möglichst hohe Umsätze ($\chi > 0,8\,\%$) in kurzer Zeit bzw. unter dem Einsatz einer geringen

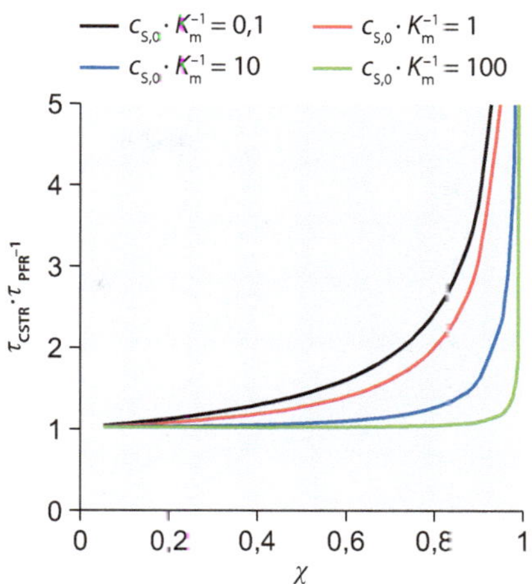

$\square$ **Abb. 5.7** Reaktorauswahl ohne Berücksichtigung von Inhibierungsphänomenen

Katalysatorkonzentration erzielt werden sollen. Allerdings bedarf der PFR der zusätzlichen Immobilisierung des Enzyms.

5.4.2 Reaktorauswahl bei Substratüberschussinhibierung

Bei einer vorliegenden Inhibierung durch einen Substratüberschuss kann auf Basis der örtlichen und zeitlichen Konzentrationsprofile der CSTR als geeigneter Reaktortyp gewählt werden, da die Substratkonzentration im Reaktor durch das Arbeiten unter Auslaufbedingung am niedrigsten ist. Eine analoge Bewertung zum Fall ohne Inhibierung wird hier erneut vorgenommen, wobei der $c_{S,0} \cdot K_m^{-1}$-Wert zur Verdeutlichung konstant bei 10 gehalten wird und der Einfluss der Inhibierung mittels des $c_{S,0} \cdot K_I^{-1}$-Wertes erfolgt. Die Betrachtung des Umsatzes in Abhängigkeit vom $c_{S,0} \cdot K_m^{-1}$-Wert zeichnet bei hohen $c_{S,0} \cdot K_I^{-1}$-Werten ebenfalls den *CSTR* als empfohlenen Reaktortyp aus ($\square$ Abb. 5.8). Wird mit niedrigen Anfangs-Substratkonzentrationen gearbeitet, reduziert sich der Effekt der Substratüberschussinhibierung und der PFR/Batch stellt die effektivere

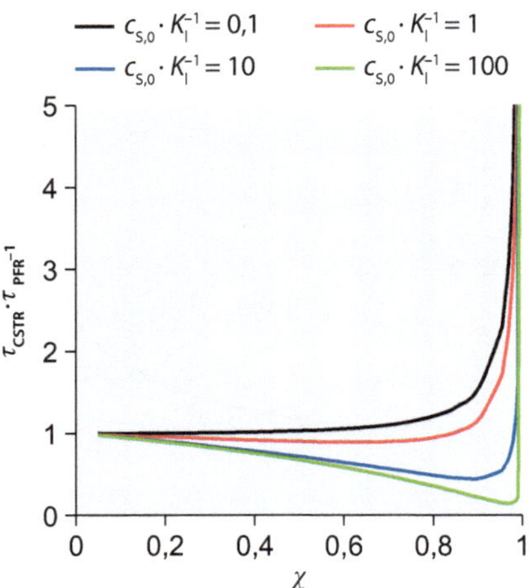

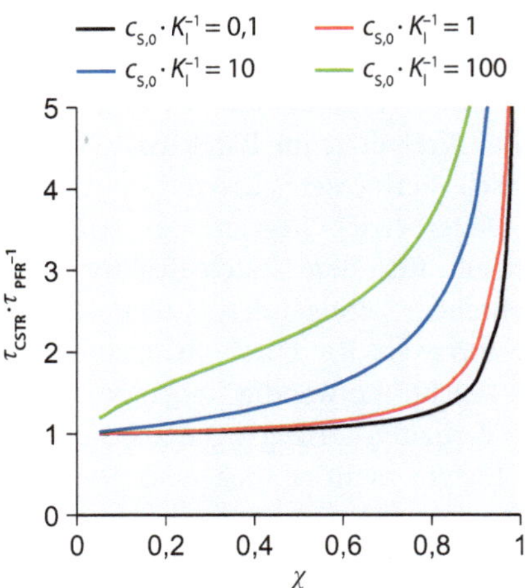

◘ Abb. 5.8 Reaktorauswahl bei Substratüberschussinhibierung

◘ Abb. 5.9 Reaktorauswahl bei Produktinhibierung

Reaktorfahrweise dar. Dies ist an steigenden Verweilzeiten des CSTR im Vergleich zum PFR/Batch-Betrieb bei $c_{S,0} \cdot K_m^{-1}$-Werten zwischen 0,1 und 1 zu beobachten. Ebenfalls ist der Einsatz eines Fed-Batch-Reaktors (als Modifikation des Batch-Reaktors) durch die Zufuhr eines Substratfeeds möglich, um niedrige Substratkonzentrationen im Reaktor zu ermöglichen.

5.4.3 Reaktorauswahl bei Produktinhibierung

Zeigt das Produkt einen inhibierenden Effekt, sind Reaktoren im Batch- oder PFR-Betrieb im kompletten Bereich des $c_{S,0} \cdot K_I^{-1}$-Wertes bei konstantem $c_{S,0} \cdot K_m^{-1}$-Wert von 10 zu bevorzugen (◘ Abb. 5.9). Dies ist mit der vergleichsweise niedrigen Produktkonzentration in diesen Reaktortypen im Gegensatz zum CSTR zu erklären. Verfahrenstechnisch gesehen sind hier ebenfalls Modifikationen der einzelnen Reaktoren sinnvoll, in denen das Produkt selektiv im Betrieb entfernt werden kann (*in situ product removal*; ISPR). Typische ISPR-Verfahren sind Adsorption, Destillation, Extraktion oder Stripping unter Verwendung von Gasen.

5.4.4 Reaktorauswahl bei Parallelreaktionen des Substrates und Folgereaktionen des Produktes

Findet zusätzlich zu einer einfachen, irreversiblen Reaktion eine Parallelreaktion zu einem unerwünschten Nebenprodukt statt, ist die Betriebsweise des CSTR der Fahrweise im Batch-Reaktor oder PFR vorzuziehen. Dies basiert auf der geringen Substratkonzentration im Konzentrationsprofil der Reaktion im CSTR im Vergleich zu den beiden anderen Grundreaktortypen. Wird hingegen eine Folgereaktion des Produktes erwartet, sind wiederum der Batch-Reaktor und der PFR bevorzugt, da im Gegensatz zum CSTR die Produktkonzentration nur langsam ansteigt.

Anhand der aufgezeigten Parameter zur Wahl eines geeigneten Grundreaktortyps für enzymatische Reaktionen wird der Einfluss der vorliegenden Reaktion bzw. des Verhaltens der Reaktanden bezüglich des Enzyms deutlich. Die Effektivität der Synthese hängt demnach wesentlich vom gewählten Reaktortyp ab, wobei die größten Unterschiede bei hohen Umsätzen – wie sie in der Industrie notwendig sind – zu verzeichnen sind.

5.5 Beispiele industrieller enzymatischer Prozesse

Die Anwendbarkeit von entwickelten Prozessen in der Industrie hängt maßgeblich von deren Wirtschaftlichkeit ab. Grundsätzlich wird von Fall zu Fall unterschieden, ob chemische Katalysatoren oder Enzyme für die Synthese besser geeignet sind und welche Art von Prozessführung eingesetzt werden sollte. In diesem Abschnitt wird anhand von Beispielen der Einsatz von enzymkatalysierten Reaktionen diskutiert. Hauptsächlich kommen für enzymkatalysierte Synthesen Batch-Reaktoren zum Einsatz. Hier wird als Beispiel auf die Synthese des Wirkstoffs Sitagliptin genauer eingegangen, wobei im Fokus die Abwägung zwischen chemisch katalysierten und enzymkatalysierten Reaktionen steht. Als kontinuierlich betriebenes Verfahren wird die enzymkatalysierte Produktion von *high fructose corn syrup* (HFCS), die volumenmäßig größte Biotransformation mit Enzymen, diskutiert. Abschließend wird anhand der Synthese von Fettsäureestern die Notwendigkeit aufgezeigt, neben den Grundreaktortypen auch modifizierte Varianten mit Integration von ISPR-Technologien bei der Prozessauslegung zu berücksichtigen.

5.5.1 Synthese von Sitagliptin

Die Herstellung des pharmazeutischen Wirkstoffs Sitagliptin, in Medikamenten wie Januvia zur Behandlung von Typ-II-Diabetes angewandt, wurde von Merck in Kooperation mit Solvias und Codexis entwickelt (Desai 2011). Das Verfahren wurde über drei Generationen schrittweise optimiert, um eine kosteneffiziente und „grüne" Synthese zu ermöglichen (◘ Abb. 5.10; ◘ Tab. 5.3; Greener

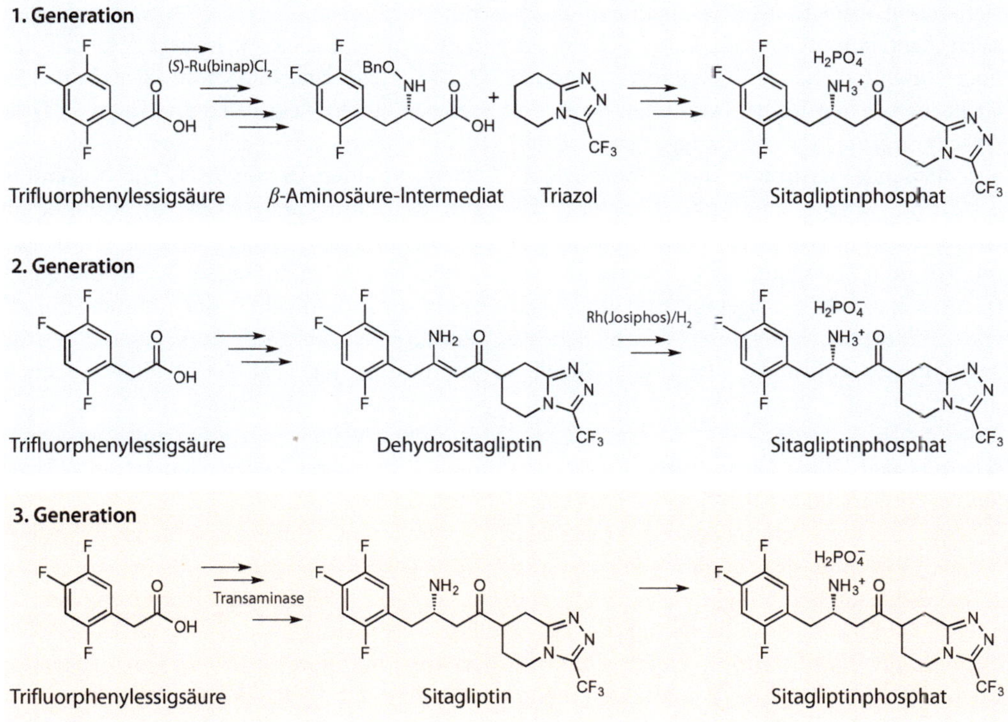

◘ **Abb. 5.10** 3-Generationen des Prozesses zur Synthese des pharmazeutischen Wirkstoffes Sitagliptin

◘ Tab. 5.3 Vergleich des 3-Generationen des Prozesses zur Synthese von Sitagliptin. (Nach Desai 2011; Dunn 2012; Hansen et al. 2009; Savile et al. 2010)

	1. Generation	2. Generation	3. Generation
Katalysator[a]	(S)-binapRuCl$_2$	Rh(COD)Cl$_2$ und t-Bu Josiphos	Transaminase/PLP
Prozessschritte[b]	8	5 (3 finden in einem Reaktor statt)	4
Abfallmenge (kg kg$_{Produkt}$)$^{-1}$	250	50	40,5
Ausbeute (%)	45–52	65	75
ee (%)	–	95 (>99,9 nach zusätzlicher Umkristallisierung)	>99,95

[a]zur Einbringung des chiralen Zentrums, [b]ausgehend von Trifluorphenylessigsäure

Synthetic Pathways Award 2006). Sitagliptin ist ein β-Aminosäurederivat mit chiralem Zentrum, wobei das *(R)*-Enantiomer als Wirkstoff fungiert. Die stereoselektive Synthese des Enantiomers stellt die größte Herausforderung des Prozesses dar. Interessiert ist die Industrie zur pharmazeutischen Anwendung am Phosphatmonohydratsalz des Sitagliptins (◘ Abb. 5.10 d). Im Verfahren der ersten Generation erfolgt die Einbringung des chiralen Zentrums in den achiralen β-Ketoester über asymmetrische Hydrierung mithilfe eines chemischen Ruthenium-Katalysators. Im Anschluss erfolgt die mehrstufige Synthese und anschließende Hydrolyse des *N*-Benzoyloxy-β-lactams, woraus durch die Kopplung des entstehenden β-Aminosäure-Intermediats (b) mit Triazol (c) Sitagliptin (f) synthetisiert wird (Hansen et al. 2005). Insgesamt sind ausgehend von Trifluorphenylessigsäure (a) acht Schritte zur Synthese notwendig, die 100 kg Sitagliptin für die ersten klinischen Studien mit einer Gesamtausbeute von 45–52 % ermöglichten (Hansen et al. 2005; Dunn 2012). Der Nachteil der beschriebenen Syntheseroute ist einerseits der Einsatz hochmolekularer Reagenzien für die Integration des chiralen Zentrums und andererseits die schlechte Atomeffizienz von EDC (*N*-(3-Dimethylaminopropyl)-*N*-ethylcarbodiimid Hydrochlorid), welches für die Kopplung verantwortlich ist und eine erhöhte Abfallproduktion (250 kg kg$_{Produkt}$)$^{-1}$ nach sich zieht (Desai 2011).

Im von Merck entwickelten Prozess der zweiten Generation wird die Integration des chiralen Zentrums am Enaminamid Dehydrositagliptin durchgeführt, wodurch die aufwendige Einbringung der Chiralität des ersten Prozesses verbessert werden konnte. Dazu wird zunächst in einem Reaktor aus Trifluorphenylessigsäure (a) über die Zwischenstufe des β-Ketoamids das Dehydrositagliptin (e) mit einer Ausbeute von 82 % und einer Reinheit von 99,6 Gew.-% isoliert (Hansen et al. 2005). Die anschließende Rhodium-katalysierte, stereoselektive Hydrierung von Dehydrositagliptin ermöglicht eine Ausbeute von 98 % mit einem *ee* von 95 %. Die Abtrennung des Rhodium-Katalysators zur Rezyklierung erfolgt über Aktivkohle. Die isolierte Gesamtausbeute beträgt bis zu 65 %, wobei gleichzeitig die Anzahl der durchgeführten Reaktionsschritte auf fünf gesenkt werden konnte (Hansen et al. 2005). Zudem kann so der anfallende Abfallstrom auf 50 kg kg$_{Produkt}^{-1}$ reduziert werden, auf ein Fünftel gegenüber dem Prozess der ersten Generation (Hansen et al. 2005).

Weiteres Optimierungspotenzial wurde auf Basis des Prozesses in der zweiten Generation in der stereoselektiven Hydrierung gesehen. Die Verwendung des chemischen Katalysators mit koordiniertem Übergangsmetall erfordert die vollständige Abtrennung aus dem resultierenden Produktstrom sowie das Arbeiten unter hohen Drücken, wodurch hohe Prozesskosten zustande kommen (Desai 2011). Im Prozess der dritten Generation wird eine Effizienzsteigerung durch die Substitution des Rhodium-Katalysators mittels enzymkatalysierter Aminierung mit einer Transaminase erzielt (Savile et al. 2010). Hierbei wird die Chiralität stereoselektiv durch das Enzym in das Intermediat β-Ketoamid eingebracht und somit ein weiterer Prozessschritt eingespart. Insgesamt kann somit eine Produktkonzentration von bis zu 200 g L^{-1} Sitagliptin mit einem $ee > 99{,}95\,\%$ und einer Gesamtausbeute von 75 % erzielt werden (Savile et al. 2010). Als Hauptvorteile gegenüber dem chemisch katalysierten Prozess kann in der enzymkatalysierten Syntheseroute eine Produktivitätssteigerung um mehr als 50 %, eine weitere Abfallreduktion um 19 % sowie die Vermeidung von Schwermetallen bei gleichzeitig niedrigeren Prozesskosten verzeichnet werden (Desai 2011).

5.5.2 Produktion von *high fructose corn syrup* (HFCS)

High fructose corn syrup (HFCS) ist ein flüssiges, alternatives Süßungsmittel zur kristallin vorliegenden Sucrose (Saccharose). Seit den 1960er-Jahren wird HFCS mit unterschiedlichen Anteilen an Fructose und Glucose für den Einsatz in Lebensmitteln wie Soft Drinks, Backwaren, Eiscremes und Cerealien produziert (Visuri und Klibanov 1987). Über den Anteil an Fructose mit einer relativen Süße von 1,3 bezogen auf Sucrose wird die Süße des Sirups eingestellt (Parker et al. 2010). Die Herstellung des HFCS basiert auf drei enzymkatalysierten Prozessschritten, in denen die aus Amylose und Amylopectin aufgebaute Stärke aus Getreide (meistens Mais) durch Spaltung in den Grundbaustein Glucose zugänglich gemacht und anschließend zu Fructose isomerisiert wird. Zunächst erfolgt dazu in Batch-Reaktoren die Stärkehydrolyse zu Oligosacchariden und Dextrin. Katalysiert wird dieser zweistufige Prozessschritt

durch α-Amylase aus *Bacillus licheniformis* bei hohen Temperaturen von 105 °C und 90–95 °C, worin die α-1,4-glykosidische Verknüpfung der Stärkebausteine aufgeschlossen wird (Crabb und Shetty 1999). Anschließend erfolgt erneut im Batch-Betrieb die Spaltung von α-1,4- und -1,6-Verknüpfungen des Dextrins zu Glucose durch Amyloglucosidase aus *Aspergillus niger* bei 60 °C (Parker et al. 2010). Beide Prozessschritte werden als Stärkeverflüssigung bezeichnet, da flüssiger Glucosesirup als Zwischenprodukt erhalten wird. Der Betrieb der Stärkeverflüssigung erfolgt mit freien Enzymen, die direkt im Prozess eingesetzt und aufgrund ihrer niedrigen Beschaffungskosten nicht rezykliert werden. Im dritten Schritt erfolgt in parallelen oder in Reihe geschalteten Festbettreaktoren die Isomerisierung von Glucose zu Fructose, katalysiert durch immobilisierte Glucose-Isomerase aus *Streptomyces murinus* bei 60 °C (Parker et al. 2010). Vor Eintritt in die Festbettreaktoren wird die aufgespaltene Glucose über Filtration, Adsorption und Ionenaustauscher aufgereinigt, um Verstopfungen der gepackten Festbettreaktoren zu vermeiden. Um zusätzlich der Nebenproduktbildung bei der Isomerisierung entgegenzuwirken, werden hohe Enzymkonzentrationen von 1800 kg pro Festbettreaktor mit entsprechend niedrigen Verweilzeiten eingesetzt, die bis zu 687 Tage betrieben werden können (Liese et al. 2006). Diese Betriebszeiten stellen bis heute ein Alleinstellungsmerkmal in biokatalysierten Prozessen dar. Die Isomerisierungsreaktion von Glucose zu Fructose symbolisiert mit Produktivitäten von 8000–10.000 kg pro kg Enzym darüber hinaus weltweit den größten enzymkatalysierten Herstellungsprozess (Liese et al. 2006). Der Gleichgewichtsumsatz der Isomerisierung liegt bei knapp 55 %, wobei der Anteil an Fructose anschließend mit chromatographischen Trennverfahren auf bis zu 90 % erhöht werden kann (Visuri und Klibanov 1987) Die Betriebsparameter des Prozesses sind in ◻ Tab. 5.4 aufgezeigt.

◘ Tab. 5.4 Betriebsparameter der industriellen Synthese von *high fructose corn syrup*. (HFCS; nach Crabb und Shetty 1999; Liese et al. 2006; Parker et al. 2010; Visuri und Klibanov 1987)

Produkt	HFCS mit bis zu 90 % Fructose[a]
T_{max} (°C)	115 °C[b]
Verweilzeit im Festbettreaktor (h)	0,17–0,33
Halbwertszeit Glucose-Isomerase (d)	>100[c]
TON (kg kg^{-1})	8000–10.000[c]
Produktion (kg Tag^{-1})	>1.000.000

[a]nach chromatographischer Trennung, [b]in Stärkeverflüssigung, [c]in Isomerisierung

5.5.3 Synthese von Fettsäureestern

Der Einsatz von Fettsäureestern findet eine breite Anwendung u. a. in Körperpflegeprodukten, Pharmazeutika, Lebensmitteln und Reinigungsmitteln (Ansorge-Schumacher und Thum 2013). Ermöglicht wird die Vielfalt an Produkten auf Basis von Fettsäureestern durch die variable Kettenlänge. Die Synthese der gewünschten Fettsäureester ist sowohl chemokatalytisch als auch enzymkatalysiert möglich. Bei der chemokatalytischen Herstellungsroute kommt es allerdings aufgrund von Prozessbedingungen >180 °C zur Bildung von Nebenprodukten. Die anschließend notwendige Produktaufbereitung für den Einsatz in den Endprodukten setzt sich demnach aus mehreren Prozessschritten zusammen und erhöht die Prozesskosten (Thum 2004). Alternativ können die Fettsäureester enzymkatalysiert mithilfe von Lipasen synthetisiert werden. Die milden Reaktionsbedingungen <75 °C unter Einsatz von Lipasen verringern die Nebenproduktbildung deutlich und ermöglichen das Arbeiten ohne Lösungsmittel (Anderson et al. 1998). Im Vergleich zum chemokatalytischen Prozess entfallen daher die Aufarbeitungsschritte, was einen einstufigen Prozess im Batch-Reaktor (▶ Abschn. 5.2) oder im Festbettreaktor (wenn keine Stofftransportlimitierung vorliegt, ähnlich zu PFR ▶ Abschn. 5.2) grundsätzlich erlaubt. Darüber hinaus ist gerade in der Kosmetikindustrie der Einsatz von Produkten auf Basis natürlicher Rohstoffen von Vorteil. Dennoch ergeben sich aus den milden Reaktionsbedingungen im enzymkatalysierten Syntheseweg auch Herausforderungen, da die Reaktionen zur Synthese von Fettsäureestern aus Alkoholen und Säuren gleichgewichtslimitiert sind. Zur Erzielung hoher Umsätze muss das entstehende Reaktionswasser aus der Reaktion möglichst vollständig durch eine gezielte *In-situ*-Abtrennung (ISPR) entfernt werden. Nach dem Prinzip von Le Chatelier kann darüber das Gleichgewicht auf die Produktseite verschoben werden, wodurch theoretisch hohe Umsätze der Fettsäureester von >99 % erzielt werden können. Am besten eignet sich hier für den Batch-Reaktor der Betrieb unter Vakuumbedingungen zur Verdampfung des leicht siedenden Wassers. Trotzdem sind dem Einsatz konventioneller Batch- und Festbettreaktoren beim Betrachten der vorliegenden Viskositäten von Substraten und Produkten in der Fettsäureester-Synthese Grenzen aufgezeigt. Um lösungsmittelfrei im Festbettreaktor arbeiten zu können, ist nur der Einsatz niedrig schmelzender Rohstoffe zulässig, da hoch schmelzende und hoch viskose Substanzen einen hohen Druckabfall erzeugen (Ansorge-Schumacher und Thum 2013) Ebenso sind konventionelle Batch-Reaktoren durch den hohen mechanischen Stress für das Enzym nicht einsetzbar (Ansorge-Schumacher und Thum 2013). Industriell wird daher entweder ein Umlaufreaktor, bestehend aus einem Festbettreaktor mit einem Vorlagebehälter, über den Vakuum gezogen wird, oder ein Blasensäulenreaktor eingesetzt (Hilterhaus et al. 2008). Im Gegensatz zum Umlaufreaktor mit Festbett ist beim Blasensäulenreaktor die Reaktion und Abtrennung des Reaktionswassers nicht räumlich getrennt. Der Vorteil des Blasensäulenreaktors gegenüber dem konventionellen Batch-Reaktor oder dem Festbettansatz ist die Durchmischung per Gaseintrag. Dadurch sinkt die mechanische Belastung auf das Enzym, das gebildete Reaktionswasser wird durch Stripping *in situ* abgetrennt, und es kommt zu einer makroskopischen Viskositätserniedrigung im System (Hilterhaus et al. 2008). Abb. 5.11a zeigt schematisch den Betrieb im Blasensäulenreaktor. Er gehört zur Klasse der Mehrphasenreaktoren, was am Beispiel der Synthese von hochviskosem Polyglycerol-3-laurat aus Polyglycerol-3 und Laurinsäure verdeutlicht werden kann (Abb. 5.11b). In diesem Fall findet die Reaktion in einem Vierphasensystem statt. Neben zwei nicht mischbaren flüssigen Phasen (Polyglycerol-3 und Laurinsäure) bildet die immobilisierte Lipase in Form von Novozym 435 eine feste Phase, und der Eintrag von Luft oder Stickstoff repräsentiert die vierte Phase. Über den zeitlichen Verlauf des Prozesses erfolgt eine Viskositätszunahme um den Faktor 20 (von 30 mPa s auf 700 mPa s; Hilterhaus et al.

2008). Im Blasensäulenreaktor konnte neben der Synthese von Polyglycerol-3-laurat die Synthese von Myristylmyristat gezeigt werden (Abb. 5.11c). Beide Reaktionen sind nur unter dem Einsatz von immobilisierten Enzymen möglich, da die Stabilität des Katalysators so über neun Zyklen für Polyglycerol-3-laurat und sechs Zyklen für Myristylmyristat mit Halbwertszeiten von 20 h bzw. 157 h gewährleistet werden konnte (Hilterhaus et al. 2008, 2016). Die geringere Halbwertszeit für das höher viskose Produkt Polyglycerol-3-laurat kann mit der schnelleren Desorption der Lipase aus dem Trägermaterial erklärt werden. Dafür sind die stärkeren Tensideigenschaften des Polyglycerol-3-laurats im Vergleich zu Myristylmyristat verantwortlich. Eine Verringerung der Desorption vom Träger ist durch Modifizierungen des Enzympräparats beispielsweise durch Silikonbeschichtung oder Quervernetzung über Glutardialdehyd möglich (Wiemann et al. 2009). Die Betriebsparameter der aufgezeigten Fettsäureester-Synthesen im Blasensäulenreaktor sind in Tab. 5.5 zusammengefasst.

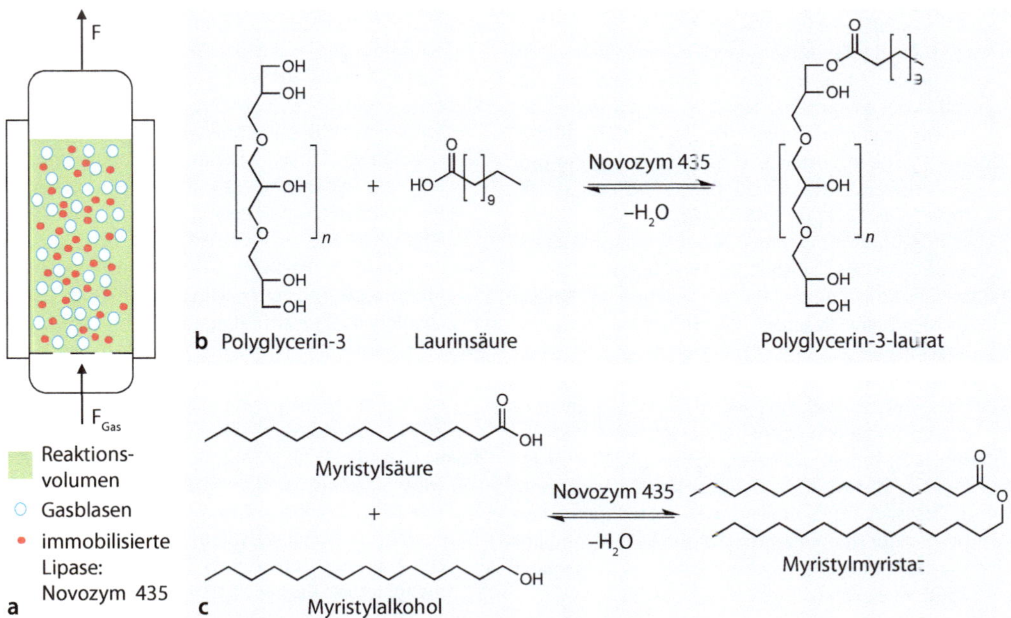

Abb. 5.11 Enzymkatalysierte Synthese von Fettsäureestern. a) Schematische Darstellung der vierphasigen Reaktion im Blasensäulenreaktor; b) Synthese von Polyglycerin-3-laurat; c) Synthese von Myristylmyristat

◻ **Tab. 5.5**   Betriebsparameter der Fettsäureestersynthesen von Polyglycerol-3-laurat und Myristylmyristat im Blasensäulenreaktor. (Nach Hilterhaus et al. 2008)

Produkt	Polyglycerol-3-laurat	Myristylmyristat
T_{max} (°C)	60	60
Substratverhältnis	1:1[a]	1:1[b]
Halbwertszeit Novozym435 (h)	20 (9 Batch-Zyklen)	157 (6 Batch-Zyklen)
TON (kg kg^{-1})	–[c]	2500
RZA (kg L^{-1} Tag^{-1})	3	7

[a]massenbezogen (w/w), [b]molbezogen (x/x), [c]nicht bekannt

Literatur

Anderson, E. M.; Larsson, K. M.; Kirk, O. One biocatalyst–many applications: the use of Candida antarctica B-lipase in organic synthesis. *Biocatalysis and Biotransformation* **1998**, 16 (3), 181–204.

Ansorge-Schumacher, M. B.; Thum, O. Immobilised lipases in the cosmetics industry. *Chemical Society Reviews* **2013**, 42 (15), 6475–6490.

Crabb, W. D.; Shetty, J. K. Commodity scale production of sugars from starches. *Current opinion in Microbiology* **1999**, 2 (3), 252–256.

Daußmann, T.; Hennemann, H.-G.; Rosen, T. C.; Dünkelmann, P. Enzymatische Technologien zur Synthese chiraler Alkohol-Derivate. *Chemie Ingenieur Technik* **2006**, 78 (3), 249–255.

Desai, A. A. Sitagliptin manufacture: a compelling tale of green chemistry, process intensification, and industrial asymmetric catalysis. *Angewandte Chemie International Edition* **2011**, 50 (9), 1974–1976.

Dunn, P. J. The importance of green chemistry in process research and development. *Chemical Society Reviews* **2012**, 41 (4), 1452–1461.

Faber, K. *Biotransformations in organic chemistry: a textbook.* Springer Science & Business Media, 2011.

Gallucci, F.; Basile, A.; Hai, F. I. Introduction – A Review of Membrane Reactors, *Membranes for Membrane Reactors: Preparation, Optimization and Selection* 2011, 1–61.

Greener Synthetic Pathways Award (2006), U.S. Environmental Protection Agency (accessed Feb 14, 2017)

Hansen, K. B.; Balsells, J.; Dreher, S.; Hsiao, Y.; Kubryk, M.; Palucki, M.; Rivera, N.; Steinhuebel, D.; Armstrong, J. D.; Askin, D.; Grabowski, E. J. J. First generation process for the preparation of the DPP-IV inhibitor sitagliptin. *Organic process research & development* **2005**, 9 (5), 634–639.

Hansen, K.B.; Hsiao, Y.; Xu, F.; Rivera, N.; Clausen, A.; Kubryk, M.; Krska, S.; Rosner, T.; Simmons, B.; Balsells, J.; Ikemoto, N.; Sun, Y.; Spindler, F.; Malan, C.;

Grabowski E. J. J.; Armstrong, J. D. Highly Efficient Asymmetric Synthesis of Sitagliptin. *J. Am. Chem. Soc.* **2009**, 131 (25), 8798–8804.

Hilterhaus, L.; Thum, O.; Liese, A. Reactor concept for lipase-catalyzed solvent-free conversion of highly viscous reactants forming two-phase systems. *Organic Process Research & Development* **2008**, 12 (4), 618–625.

Hilterhaus, L.; Liese, A.; Kettling, U.; Antranikian, G. *Applied Biocatalysis: From Fundamental Science to Industrial Applications*; Wiley: Weinheim, 2016.

Illanes, A. *Enzyme Biocatalysis: Principles and Applications*; Springer Science & Business Media, 2008.

Jesionowski, T.; Zdarta, J.; Krajewska, B. Enzyme immobilization by adsorption: a review. *Adsorption* **2014**, 20, 801–821.

Liese, A.; Hilterhaus, L. Evaluation of immobilized enzymes for industrial applications. *Chemical Society Reviews* **2013**, 42 (15), 6236–6249.

Liese, A.; Seelbach, K.; Wandrey, C. *Industrial Biotransformations*; Wiley: Weinheim, 2006.

Liese, A.; Kragl, U. Einfluss der Reaktorkonfiguration auf die Enantioselektivität einer kinetischen Racematspaltung. *Chemie Ingenieur Technik* **2013**, 85 (6), 826–832.

Martin-Matute, B.; Bäckvall, J.-E. Dynamic kinetic resolution catalyzed by enzymes and metals. *Current Opinion in Chemical Biology* **2007**, 11, 226–232.

Parker, K.; Salas, M.; Nwosu, V. C. High fructose corn syrup: production, uses and public health concerns. *Biotechnology and Molecular Biology Reviews* **2010**, 5 (5), 71–78.

Savile, C. K.; Janey, J. M; Mundorff, E. C.; Moore, J. C.; Tam, S.; Jarvis, W. R.; Colbeck, J. C.; Krebber, A.; Fleitz, F. J.; Brands, J.; Devine, P. N.; Huisman, G. W.; Hughes, G. J. Biocatalytic asymmetric synthesis of chiral amines from ketones applied to sitagliptin manufacture. *Science* **2010**, 329 (5989), 305–309.

Thum, O. Enzymatic production of care specialties based on fatty acid esters. *Tenside Surfactants Detergents* **2004**, 41 (6), 287–290.

Tufvesson, P.; Lima-Ramos, J.; Nordblad, M.; Woodley, J. M. Guidelines and Cost Analysis for Catalyst Production in Biocatalytic Processes. *Organic Process Research & Development* **2011**, 15, 266–274.

Visuri, K.; Klibanov, A. M. Enzymatic production of high fructose corn syrup (HFCS) containing 55% fructose in aqueous ethanol. *Biotechnology and bioengineering* **1987**, 30 (7), 917–920.

Watson, J. D.; Crick, F. H. The structure of DNA. *Cold Spring Harbor symposia on quantitative biology* **1953**, 18, 123–131.

Wiemann, L. O.; Niecuth, R.; Eckstein, M.; Naumann, M.; Thum, O.; Ansorge-Schumacher, M. B. Composite particles of novozyme 435 and silicone: advancing technical applicability of macroporcus enzyme carriers. *ChemCatChem* **2009**, 1 (4), 455–462.

Woodley, J. M.; Breuer, M.; Mink, D. A future perspective on the role of industrial biotechnology for chemicals production. *Chemical Engineering Research and Design* **2013**, 91, 2029–2036.

Yuryev, R.; Strompen, S.; Liese, A. Coupled chemo(enzymatic) reactions in continuous flow. *Beilstein Journal of Organic Chemistry* **2011**, 7, 1449–1467.

Methoden

Inhaltsverzeichnis

Enzymidentifizierung und Screening: aktivitätsbasierte Methoden

Jessica Rehdorf, Alexander Pelzer und Jürgen Eck

© Springer-Verlag GmbH Deutschland, ein Teil von Springer Nature 2018
K.-E. Jaeger, A. Liese, C. Syldatk (Hrsg.), *Einführung in die Enzymtechnologie*,
https://doi.org/10.1007/978-3-662-57619-9_6

Zusammenfassung

Die Methoden für die Identifizierung und Charakterisierung „idealer" Enzyme für den industriellen Einsatz im Bereich „Weißer" Biotechnologie haben sich in den letzten Jahren rasant weiterentwickelt. Der Einsatz aktivitätsbasierter Methoden für die Enzymidentifizierung aus natürlichen Ressourcen wie dem Metagenom erlaubt das Auffinden selektiver und aktiver Biokatalysatoren. Der wesentliche Vorteil eines aktivitätsbasierten Screenings ist die direkte Identifizierung gewünschter Enzymaktivitäten völlig unabhängig von jeder Kenntnis über Sequenz oder Struktur eines Enzyms. Auf diese Weise ermöglicht das aktivitätsbasierte Screening auch die Identifizierung neuer, bisher unbekannter Enzyme. In diesem Kapitel werden die Ressourcen für eine Enzymidentifizierung sowie die strategische Herangehensweise in einem Multiparameterscreening beschrieben. Außerdem werden die verschiedenen Methoden, die in einer solchen Screeningkampagne zum Einsatz kommen, deren Vor- und Nachteile und Kombinationsmöglichkeiten erläutert.

Der Einsatz mikrobieller Zellen oder isolierter Enzyme für die Produktion von Fein- und Spezialchemikalien ist in den letzten Jahren stetig gestiegen und gilt heute als unverzichtbares Werkzeug in der modernen synthetischen Chemie. Unter Verwendung hoch aktiver und selektiver Enzyme ermöglicht die Biokatalyse auch Synthesestrategien, die mittels traditioneller organischer Synthese häufig nicht möglich sind. Die bemerkenswerte Entwicklung im Bereich der „industriellen" oder auch „Weißen" Biotechnologie ist dabei nicht zuletzt auch der gesteigerten Aufmerksamkeit und Wertschätzung durch die (chemische) Industrie zu verdanken. Das spiegelt sich u. a. in der wachsenden Anzahl implementierter biotechnologischer Syntheseprozesse wider. Die Basis dafür schafften verschiedenste Technologien, die sich rasant weiterentwickelt haben. Diese befassen sich mit dem Zugang zu genetischen Ressourcen, der Identifizierung von Enzymen, der Optimierung von Enzymeigenschaften mittels evolutiver Methoden sowie dem Durchmustern (Screening) von erstellten Enzymbanken.

6.1 Das „ideale" Enzym

Wissenschaftler und Prozessingenieure gehen heute davon aus, dass nur ein sehr geringer Anteil der mikrobiellen Zellen einer Umweltprobe (Habitat) unter Laborbedingungen kultivierbar ist. Daher war die Industrie lange Zeit gezwungen, Enzyme aus der vergleichbar kleinen Ressource der kultivierbaren Mikroorganismen einzusetzen. Aufgrund der geringen Verfügbarkeit neuer Enzyme waren Prozessführung und Enzymeigenschaften oftmals nicht optimal aufeinander abgestimmt. In industriellen Prozessen herrschen zum Teil harsche Bedingungen (extreme Temperaturen, Drücke, pH-Werte, Lösungsmitteleinsatz), in denen nicht natürliche Substrate in oftmals sehr hohen Konzentrationen transformiert werden sollen. Enzyme sind allerdings an Substratkonzentrationen und Umweltbedingungen ihres natürlichen Lebensraumes angepasst. Die eingesetzten Enzyme konnten daher nicht mit maximaler Aktivität arbeiten. Folglich waren Enzyme in einem Produktionsprozess meist der limitierenden Faktor. Um nicht auf die bekannten Vorteile Chemo-, Regio- und Enantioselektivität einer enzymatischen Reaktion verzichten zu müssen, wurden Enzyme zwar verwendet, jedoch liefen diese Prozesse oft suboptimal ab und waren wirtschaftlich kaum konkurrenzfähig (Aehle et al. 2012). Mit der wachsenden Anzahl an verfügbaren Enzymaktivitäten ist es heutzutage weitaus leichter, das „ideale" Enzym für die gewünschte Biokatalyse zu identifizieren (Burton et al. 2002). Für die Implementierung eines Enzyms in einen industriellen Prozess muss es verschiedene Kriterien erfüllen. Dazu gehören neben der Aktivität und der Selektivität auch die Spezifität für ein bestimmtes Substratspektrum, die Stabilität unter Prozessbedingungen, die Effizienz bezogen auf die Raum-Zeit-Ausbeute sowie die Herstellbarkeit im Tonnenmaßstab. Erfüllt ein Enzym diese Kriterien, kann ein industrieller Prozess ökologisch und wirtschaftlich gestaltet werden. Abb. 6.1 zeigt an zwei ausgewählten Beispielen, wie unterschiedlich die Anforderungen an ein industrielles Enzym sein können. Ein Waschmittelenzym, bspw. eine Protease oder eine α-Amylase, benötigt oft ein breites Substratspektrum. Außerdem muss es sowohl hohe Temperaturen, extreme pH-Werte als auch die Anwesenheit von Tensiden und Bleichmitteln tolerieren. Ein Hochleistungsbiokatalysator, bspw. eine Alkoholdehydrogenase, der die Reduktion eines prochiralen Ketons in einen enantiomerenreinen Alkohol katalysiert, muss hingegen über eine hohe Enantio- und Regioselektivtität verfügen, dabei einen guten *turnover* (k_{cat}) zeigen sowie eine hohe Raum-Zeit-Ausbeute ermöglichen.

Nach dem Prinzip *„you get what you screen for"* (Frances H. Arnold) ist eine intelligente Multiparameter-Screeningstrategie zur Identifizierung des idealen Enzyms daher die Voraussetzung für den Erfolg. Am Ende eines solchen Vorhabens sollte die Reaktion, die durch ein ideales Enzym katalysiert wird, ausschließlich durch die Diffusion des Substrates oder des Produktes zum bzw. vom aktiven Zentrum limitiert sein.

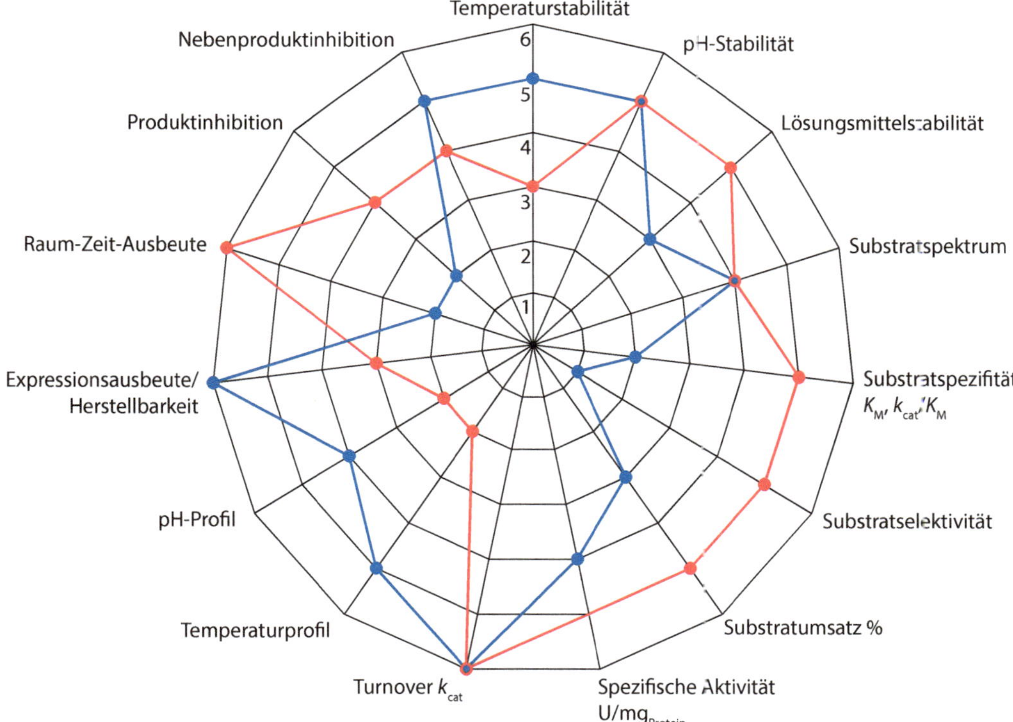

Abb. 6.1   Multiparameteranalyse zweier unterschiedlicher industrieller Enzyme nach Lorenz und Eck (2005). Angegeben sind die industriellen Parameter, die an Enzyme und Biokatalysatoren je nach Anwendungsbereich gestellt werden. Graue Linie: Biokatalysator zur Herstellung einer enantiomerenreinen Feinchemikalie, eine Alkoholdehydrogenase. Schwarze Linie: Technisches Enzym für Waschmittelanwendungen, eine Protease. Die Einstufung der Parameter erfolgt einheitslos in der Abstufung von 1–6, wobei 1 als von untergeordneter Relevanz und 6 als äußerst relevant für den jeweiligen Parameter im Einsatzbereich eingestuft wird

6.2 Ressourcen für die Enzymidentifizierung

Die Mehrheit der relevanten Biokatalysatoren stammt heute aus Mikroorganismen. Neben den Eukaryoten und den filamentösen Pilzen kommt eines der bekanntesten Enzyme aus der Hefe *Candida antarctica*, die Lipase CalB (EC 3.1.1.3). Diese Serin-Hydrolase wird heute von großen Enzymproduzenten jährlich im Multitonnenmaßstab hergestellt und in der stereoselektiven Katalyse zur Synthese chiraler Alkohole und Acylester eingesetzt. Die größte Bedeutung für die Entdeckung neuer Biokatalysatoren haben jedoch die Prokaryoten. Bakterien und Archaeen gelten als die früheste Lebensform auf der Erde (Whitman et al. 1998). Über Millionen Jahre haben sie sich im Zuge der Evolution an die unterschiedlichsten Lebensräume und ökologischen Nischen angepasst. Das Überleben an teilweise extremen Standorten sichern sie sich durch ein beeindruckend diverses Repertoire an Proteinen und spezialisierten Enzymen.

Das Screening von Mikroorganismen aus verschiedenen Habitaten gehört zu den häufig genutzten Techniken, um neue Proteine und Enzyme zu identifizieren. Die Zugänglichkeit dieser Ressource ist allerdings sehr stark von der Kultivierbarkeit dieser Mikroorganismen unter Laborbedingungen abhängig. Natürlicherweise leben Mikroorganismen häufig in Konsortien zusammen. Sie sind in ihrer Lebensweise sowie der Aufnahme und Umwandlung von Nährstoffen oft aufeinander abgestimmt. Eine Anzucht als Reinkultur ist daher nur möglich, wenn die natürlichen Bedingungen des Habitats wie pH-Wert, Temperatur, Kohlenstoffquelle, Stickstoffquelle, essenzielle Ionen, Spurenelemente und Vitamine bekannt sind. Heute gehen Wissenschaftler davon aus, dass je nach Habitat nur ca. 1 % der Mikroorganismen im Labor kultivierbar ist. Ein Großteil der genetischen Information und der darin codierten mikrobiellen Biodiversität ist somit nicht zugänglich. In der Praxis gehen diese Informationen verloren. Moderne Technologien erlauben es inzwischen aber, aus verschiedenen Habitaten die gesamte DNA der darin befindlichen Mikroorganismen (Bakterien, Pilze, Algen, Protisten, Archaeen), das sog. „Metagenom" zu extrahieren. Dieses Prinzip ist in ◘ Abb. 6.2 gezeigt.

Die Diversität innerhalb dieser Habitate unterscheidet sich dabei je nach Zusammensetzung der Probe: So beinhaltet eine Probe aus nährstoffreichem Waldboden oder Weideland durchschnittlich 6000–8000 Genomäquivalente pro Kubikzentimeter, wohingegen die genetische Diversität in ausgewählten ökologischen Nischen durch hohen Selektionsdruck viel geringer ist und oft nur < 20 Genomäquivalente aufweist (◘ Tab. 6.1).

Die Erstellung eines Metagenoms hat das Feld der Enzymidentifizierung revolutioniert (Handelsmann et al. 1998). Die heutige Metagenomtechnologie ermöglicht den Zugang zum Werkzeugkasten der Natur: zur mikrobiellen Biodiversität und deren enzymatischer Ausstattung. Bei dieser Technik werden die Zellen aus einer Habitatprobe mit mechanischen und/oder chemischen Methoden lysiert. Anschließend wird die gesamte DNA der Probe isoliert und gereinigt. Die so gewonnene Metagenom-DNA wird mittels verschiedener Klonierungsmethoden in Vektorsysteme verpackt, in einen geeigneten leicht kultivierbaren Wirt überführt und dort zur Expression gebracht (▶ Kap. 9). Zu den heute genutzten Expressionssystemen für metagenomische DNA zählen neben *Escherichia coli (E. coli)* auch verschiedene *Pseudomonas-, Bacillus-* sowie *Saccharomyces*-Stämme, mit deren Hilfe Screening- und Selektionsverfahren zur Identifizierung neuer Enzymaktivitäten durchgeführt werden können. Neben der Nutzung und Exploration der natürlichen mikrobiellen Biodiversität durch die Metagenomtechnologie sei an dieser Stelle auch erwähnt, dass Methoden wie die Zufallsmutagenese eines gesamten Genoms bzw. definierter Teilbereiche sowie das gerichtete Proteindesign alternative Möglichkeiten darstellen, neuartige Enzyme zu generieren. Die

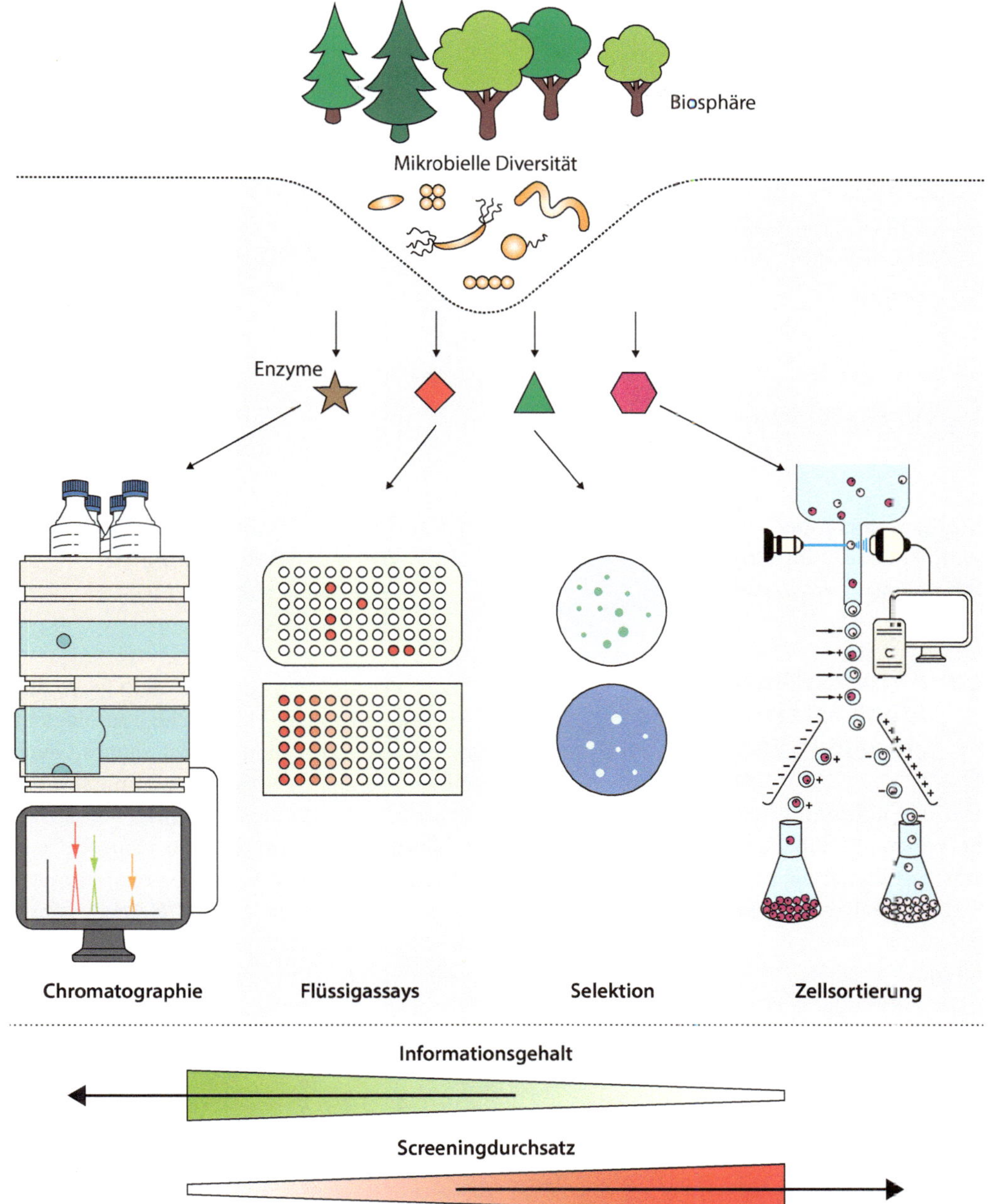

◘ Abb. 6.2 Gegenüberstellung des klassischen Kultivierungsansatzes und der Metagenomtechnik nach Lorenz (2006). Nur ein Bruchteil (<1 %) aller Mikroorganismen ist kultivierbar und so unmittelbar biotechnologisch nutzbar (links). Das biosynthetische Potenzial des gesamten Biodiversität kann durch die direkte Isolation der DNA aller Mikroorganismen aus einer Umweltprobe (Metagenom) zugänglich gemacht werden (rechts)

◘ Tab. 6.1 Übersicht mikrobielle Biodiversität in unterschiedlichen Habitaten nach Torsvik et al. (2002). Die Anzahl der Zellen pro Kubikzentimeter wurde mittels Fluoreszenzmikroskopie bestimmt. Die Genomkomplexität wird in Gesamtbasenpaaren angegeben. Die Genomäquivalente errechnen sich aus der mittleren relativen Genomgröße von *Escherichia coli* mit $4{,}1 \cdot 10^6$ bp

DNA-Quelle	Anzahl Zellen pro cm³	Genomkomplexität in bp	Genomäquivalente
Waldboden	$4{,}8 \cdot 10^9$	$2{,}5 \cdot 10^{10}$	6000
Waldboden, kultivierbare Mikroorganismen	$1{,}4 \cdot 10^7$	$1{,}4 \cdot 10^8$	35
Weideland	$1{,}8 \cdot 10^{10}$	$1{,}5 \cdot 10^{10} - 3{,}5 \cdot 10^{10}$	3500–8800
Ackerboden	$2{,}1 \cdot 10^{10}$	$5{,}7 \cdot 10^8 - 1{,}4 \cdot 10^9$	140–350
Marines Sediment	$3{,}1 \cdot 10^9$	$4{,}8 \cdot 10^{10}$	11.400
Salzlake (22 % Salzgehalt)	$6{,}0 \cdot 10^7$	$2{,}9 \cdot 10^7$	7

heutigen Methoden zur Enzymmodifikation und Ansätze zum Proteindesign werden in ▶ Kap. 7 ausführlich diskutiert.

6.3 Aktivitätsbasierte Identifizierung eines „idealen" Enzyms

Die Identifizierung eines „idealen" Enzyms in einem Multiparameterscreening erfordert zunächst immer die Festlegung eines geeigneten Screeningaufbaus. Dieser ist stark an die Zielparameter geknüpft, die das Enzym für den Einsatz in einem industriellen Prozess oder einer Anwendung erreichen muss. Prinzipiell wird zwischen drei möglichen Ansätzen unterschieden, die auch miteinander kombiniert werden können:

- Durchmustern von Datenbanken (*In-silico*-Screening)
- sequenzbasiertes Screening
- aktivitätsbasiertes Screening

Im Folgenden wird das aktivitätsbasierte Screening erläutert. Eine detaillierte Beschreibung zum Vorgehen in einem sequenzbasierten Screening und die Nutzung von Nucleotid- und Proteindatenbanken für ein *In-silico*-Screening erfolgt in ▶ Kap. 7.

6.3.1 Funktionelle Genexpression als Voraussetzung für ein aktivitätsbasiertes Screening

Die Voraussetzung für aktivitätsbasierte Methoden ist eine erfolgreiche homologe bzw. heterologe Expression der relevanten Gene in einem geeigneten Screeningstamm. Um möglichst alle Gensequenzen einer Metagenombibliothek zur Expression zu bringen, ist das Design eines universellen Expressionssystems wahrscheinlich die größte Herausforderung in einem aktivitätsbasierten Screening. Die isolierten Gene bzw. DNA-Fragmente werden hierbei stromabwärts eines geeigneten Promotors kloniert. Für die Expression von Metagenom-DNA können Plasmide, Cosmide, Fosmide und in ausgewählten Fällen auch *bacterial artificial chromosomes* (BACs) verwendet werden. Diese Vektoren unterscheiden sich in ihrer Kopienzahl und Stabilität, aber auch in der Aufnahmefähigkeit (Insertgröße) des zu klonierenden DNA-Fragments.

Die aktive Darstellung von Enzymen ist ein komplexer molekularbiologischer Prozess, der sich aus Transkription, Translation sowie Proteinfaltung zusammensetzt und unter Umständen auch posttranslationale Modifikationen, Enzymaktivierung sowie

Proteinsekretion beinhalten muss. Das kann in der Regel nicht von einem Organismus geleistet werden.

Aufgrund der einfachen Handhabung, der genetischen Zugänglichkeit und der hohen Transformationseffizienz von *E. coli* ist dieser Wirtsorganismus für die Expression von Genen aus einer Metagenombibliothek häufig die erste Wahl (▶ Kap. 9). Die Fähigkeit, mRNAs mit verschiedenen Translationssignalen prozessieren zu können, ist hierbei ein wesentlicher Vorteil im Vergleich zu anderen Organismen wie *Bacillus subtilis* und *Streptomyces lividans* (Gabor et al. 2007). Für solche mRNAs, deren Translationssignale nicht von *E. coli* erkannt werden oder einer anderen Genregulation unterliegen, müssen alternative Organismen zum Einsatz kommen. Dazu gehören neben *Bacillus* und *Streptomyces* auch häufig *Pseudomonas*, *Mycobacterium* und *Saccharomyces*. Die Verwendung von Shuttle-Vektoren zur Klonierung von Metagenom-DNA erlaubt es zudem, die Expression in verschiedenen Organismen parallel durchführen zu können und erhöht somit die Chance auf eine erfolgreiche Enzymproduktion. Mittels sog. *Escherichia-coli*-Hefe-Shuttlevektoren ist es möglich, posttranslationale Modifikationen wie Glykosylierungen durchzuführen und aktive Enzyme eukaryotischen Ursprungs herzustellen. *Escherichia-coli-Bacillus*-Shuttle-Vektoren erlauben die Proliferation in gramnegativen und grampositiven Organismen. Auf diese Weise wird z. B. die Sekretion eines Enzyms in den Kulturüberstand durch *Bacillus subtilis* ermöglicht. Ein direkter Vergleich beider Organismen in einem aktivitätsbasierten Screening nach neuen β-Galactosidasen aus einer Metagenomressource bei BRAIN zeigte, dass die Anzahl der Hitklone je nach Expressionskapazität sehr unterschiedlich sein kann (BRAIN AG, nicht veröffentlichte Daten). In einem Agarplattenscreening mit X-Gal als Modelsubstrat konnten aus 270.000 Primärklonen (entspricht >170 bakteriellen Genomen) 52 lactolytische Enzyme in *E. coli,* aber nur 8 in *B. subtilis* dargestellt werden. Ein vergleichbares Ergebnis wurde von einer japanischen Arbeitsgruppe gezeigt: Hier konnte in einem Screening eine neue Naphthalen-Dioxygenase nur in *Pseudomonas putida* aktiv produziert werden. In *E. coli* als Screeningorganismus wurde dieses Enzym nicht gefunden (Ono et al. 2007).

Diese Ergebnisse belegen die unterschiedliche Expressionskapazität verschiedener Stämme und machen die Bedeutung der Wahl eines geeigneten Organismus für die Genexpression deutlich. Um die Chance auf eine funktionelle Darstellung von Biokatalysatoren weiter zu erhöhen, wird heute intensiv daran gearbeitet, neue Expressionsstämme zu etablieren und bestehende Systeme zu optimieren. Im Mittelpunkt stehen dabei u. a. die Erforschung der Transkription (Promotorauswahl, Regulierbarkeit des Promotors, Einfluss verschiedener Terminationssignale), der Translation (Initiation, Elongation der Polypeptidkette, *codon usage,* interne Shine-Dalgano-Sequenzen, Ausbildungen von Sekundärstrukturen, Termination), die Proteinfaltungskinetik und die posttranslationale Prozessierung von Proteinen (Interaktion mit Chaperonen, Bindung an Faktoren für die Sekretion, Proteinprozessierung nach Sekretion, Ausbildung von Disulfidbrücken).

6.3.2 Methoden für ein aktivitätsbasiertes Screening

Das aktivitätsbasierte Screening beschränkt sich ausschließlich auf die messbare Aktivität eines Enzyms. Proteinsequenz und -struktur spielen keine Rolle. Dadurch wird auch das Finden von solchen Enzymen ermöglicht, deren Aktivität für eine bestimmte Reaktion bislang unbekannt war. Häufig wird dann von Promiskuität dieser Enzyme gesprochen, d. h. hier werden Reaktionen katalysiert, die nicht zum bekannten Substratspektrum oder Reaktionsrepertoire eines bestimmten Enzyms gehören. Vor einigen Jahren hat eine

Gruppe von Wissenschaftlern mittels aktivitätsbasiertem Screening einer Metagenombibliothek aus Rindermagen eine völlig neue Familie der Multikupfer-Oxidasen entdeckt, die sich strukturell von den bisher bekannten Enzymen dieser Gruppe unterscheiden (Beloqui et al. 2006). Mit anderen Methoden, wie dem sequenzbasierten Screening, hätten diese Enzyme wahrscheinlich nicht identifiziert werden können.

Aus industrieller Sicht sind Enzyme der Klassen Oxidoreduktasen (EC 1), Transferasen (EC 2), Hydrolasen (EC 3), Lyasen (EC 4) und Isomerasen (EC 5) von besonderer Bedeutung. Für die Identifizierung und Charakterisierung dieser hochspezialisierten Enzyme bedarf es robuster und selektiver Methoden (Assays). Diese müssen zuverlässig, enzymspezifisch, sensitiv, reproduzierbar, einfach und schnell durchführbar sein. Die Verwendung solcher aktivitätsbasierter Assays erlaubt es, in einer Metagenombibliothek aus einer Umweltprobe äußerst effizient und gezielt nach der gewünschten Enzymeigenschaft zu suchen.

Prinzipiell unterscheidet man bei einem aktivitätsbasierten Screening zwei Herangehensweisen. Zum einen kann eine Methode gewählt werden, die einen hohen Screeningdurchsatz erlaubt (d. h. das Durchmustern von vielen Klonen pro Zeiteinheit), dafür aber einen geringen Informationsgehalt bezüglich Aktivität und Spezifität der Hitklone (Kandidaten, die die gewünschte Aktivität zeigen) mitbringt. Zum anderen gibt es die Möglichkeit, einen Assay zu wählen, der einen hohen Informationsgehalt ermöglicht, mit dem aber nur ein vergleichsweise geringer Durchsatz erzielt werden kann. Ein genauer Vergleich der Methoden ist in ◘ Abb. 6.3 gezeigt. Die Methode der Wahl ist maßgeblich vom gesuchten Enzym abhängig. Wird bspw. nach einer neuen Lipase oder Alkoholdehydrogenase gesucht, so ist die Anzahl der zu durchmusternden Metagenomklone vergleichsweise gering. Schaut man sich das Genom eines durchschnittlichen Prokaryoten an, so besitzt ein einfacher *E. coli* ca.

20–50 Gensequenzen, die für solche Enzyme codieren. Für seltenere Enzyme wie Nitrilhydratasen oder P450-Monooxygenasen, die durchschnittlich nur etwa 1–10 Gensequenzen pro Genom aufweisen, muss daher eine weitaus größere Ressource durchmustert werden, um die Wahrscheinlichkeit zur Identifizierung zu erhöhen. Hier bedarf es also einer Hochdurchsatzmethode, bei der zwischen 10^5–10^9 Klone in einem überschaubaren Zeitfenster durchmustert werden können.

In der Praxis werden im Laufe eines Multiparameterscreenings oftmals beide Herangehensweisen miteinander kombiniert. In einem Primärscreening zur Identifizierung eines Enzyms, das bspw. die Hydrolyse eines veresterten Glycerins katalysiert, werden mittels selektiver Agarplattenassays oder der fluoreszenzaktivierten Zellsortierung (FACS) aus einer Metagenombibliothek mit 10^5–10^9 Klonen alle hydrolaseaktiven Klone identifiziert. Eine genaue Aussage über die Aktivität oder die Spezifität der einzelnen Hitklone ist zu diesem Zeitpunkt noch nicht möglich. Im Anschluss an das Primärscreening werden die Hitklone in einem Sekundärscreening mit geringerem Durchsatz validiert und die zugehörige Gensequenz mittels Sequenzierung aufgeklärt. Anschließend können diese Sequenzen in einem geeigneten Expressionsorganismus unter kontrollierten Bedingungen exprimiert werden. In einem Tertiärscreening können abschließend die enzymatischen Eigenschaften der Hitkandidaten (Aktivität, Stabilität, Effizienz, Spezifität) mithilfe von Flüssigassays oder chromatographischen Methoden intensiv charakterisiert werden. Im Verlauf dieser Herangehensweise steigt der Informationsgehalt, und ein geeignetes Enzym für eine gewünschte Anwendung kann herausgefiltert werden.

6.3.2.1 Fluoreszenzaktivierte Zellsortierung

Bei der Suche nach neuen Biokatalysatoren hängt die Wahl der Screeningstrategie oft von der Größe der zu durchmusternden

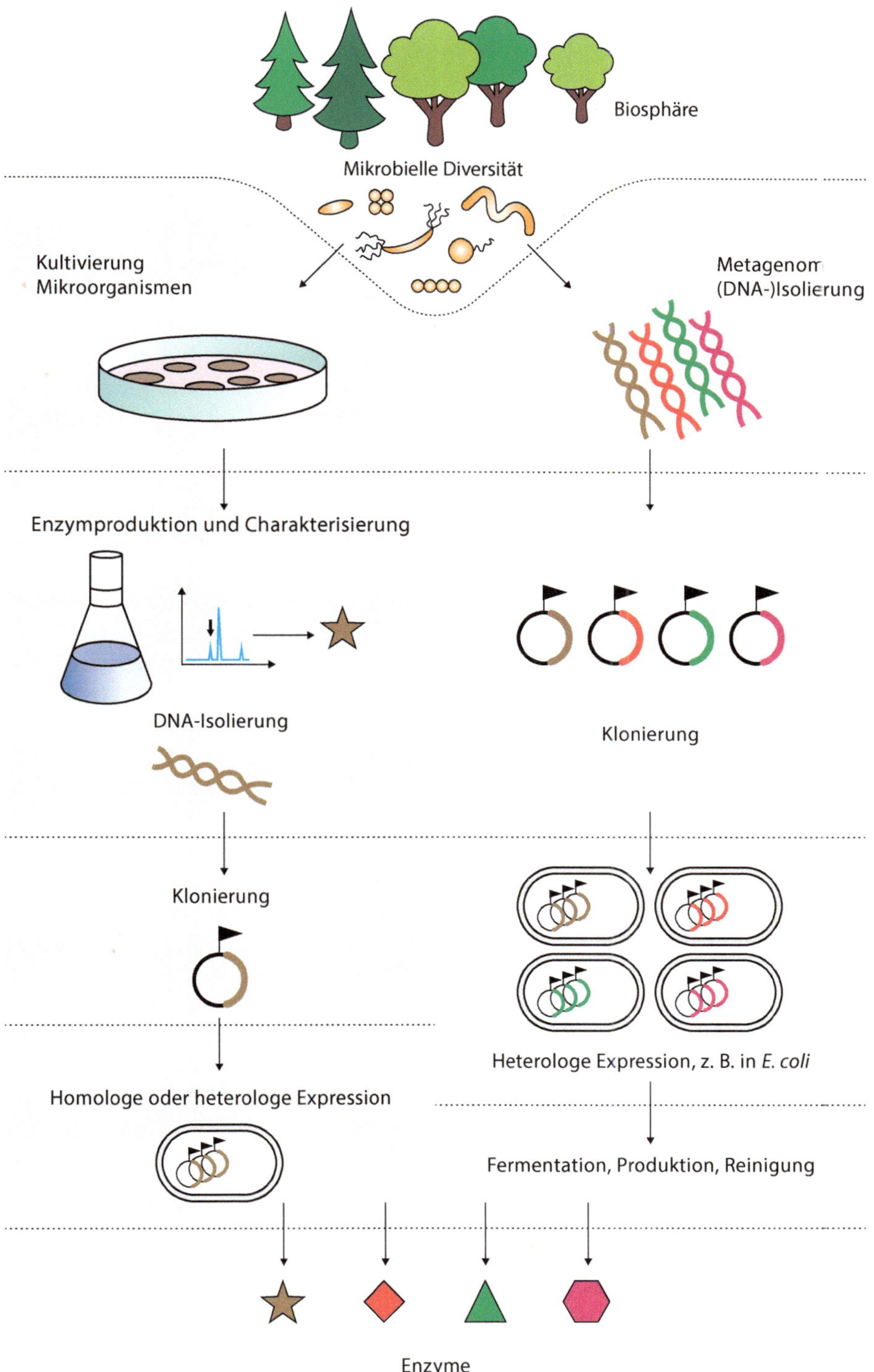

Abb. 6.3 Übersicht über die verschiedenen Methoden und Assays in einem aktivitätsbasierten Screening

Metagenombibliothek ab. Da die durchschnittliche Anzahl an Hitklonen in einem Metagenomscreening bei ca. 1–10 Kandidaten pro 100.000 Klonen liegt, bedarf es meist einer Ultra-Hochdurchsatzmethode, die es ermöglicht, auch sehr große Banken (10^8–10^{13} Klone) durchmustern zu können. Traditionelle Screeningmethoden wie Flüssigassays in 96- oder 384-Lochplatten oder Agarplattenassays stoßen hier an ihre Grenzen. Die fluoreszenzaktivierte Zellsortierung (*fluorescence-activated cell sorting*, FACS) wird heute im Bereich des Metagenomscreenings und auch bei der Durchmusterung von Mutantenbibliotheken im Proteindesign verwendet. Dabei wird die gesuchte Enzymaktivität mittels eines fluoreszierenden Moleküls (Substrat oder Produkt) nachgewiesen. Im Zuge der Entwicklung von FACS-basierten Screeningmethoden gibt es heute zwar eine anschauliche Auswahl fluoreszenzmarkierter Substrate für verschiedene Enzymklassen, doch in der Regel handelt es sich dabei aber um Modellsubstrate. In einem Sekundärscreening muss daher die Aktivität der identifizierten Enzyme in jedem Fall mit dem eigentlichen Zielsubstrat verifiziert werden.

Technisch bedient man sich in einem FACS-basierten Screening eines Durchflusszytometers, das mit speziellen Lasern für die Detektion der Substrate oder Produkte ausgestattet ist. Heute gibt es FACS-Geräte, die Hitklone mit der gewünschten enzymatischen Aktivität detektieren und aussortieren. Dadurch erzielen sie eine Anreicherung aus einer großen Enzym- bzw. einer Metagenombibliothek. Mittels dieser Technologie können bis zu 10^7 Klone/Stunde durchmustert werden. Damit liegt der limitierende Faktor dieser Technologie nicht mehr bei der Screeningmethode, sondern vielmehr in der vergleichsweise geringen Transformationseffizienz des Screening-Wirts (10^6–10^8 Klone mittels Transformation).

Die wichtigste Voraussetzung im FACS-basierten Screening ist die gesicherte Verbindung zwischen dem Phänotyp einer positiven Reaktion und dessen Genotyp. In einem Metagenom- oder einem Enzymvariantenscreening bedeutet das, dass das fluoreszierende Molekül physikalisch immer mit der Nucleotidsequenz des zugehörigen Enzyms verbunden bleiben muss. Für die Sicherstellung der Kopplung zwischen Genotyp und Phänotyp gibt es in der Praxis verschiedene Möglichkeiten: Oberflächenpräsentation aktiver Enzyme (*cell surface display*), Einsatz von Reporterproteinen, Einschluss des Fluoreszenzsignals in der Zelle (Entrapment) und die *in-vivo-* bzw. *in-vitro*-Kompartimentierung. Letztere ist die am häufigsten verwendete Methode beim aktivitätsbasierten Screening von Metagenombibliotheken mittels FACS. Um die Verbindung zwischen Phänotyp und Genotyp sicherzustellen und keine falsch-positiven Ergebnisse zu erzielen, wird bei der Kompartimentierung der gesamte Reaktionsraum mittels einer Wasser-Öl-Wasser- (W/O/W-) Doppelemulsion in kleine, meist mono- oder polydisperse Tröpfchen verpackt. Dafür werden im Labor die Zellen, die eine Metagenombibliothek exprimieren, zusammen mit dem fluorogenen Modelsubstrat und allen erforderlichen Cosubstraten für einen Aktivitätsnachweis in W/O/W-Vesikel eingeschlossen. Durch die entstehende Kompartimentierung ist es möglich, sowohl ein *in-vivo*-Screening mit ganzen Zellen, die die Enzyme der Metagenombibliothek produzieren, als auch ein *in-vitro* Screening, bei dem die Metagenombank mittels eines zellfreien Expressionssystems exprimiert wird, durchzuführen. Diese Mikrokompartimente haben eine durchschnittliche Größe von 3–300 μm und in ihnen findet Transkription, Translation sowie Biokatalyse statt. Die eingesetzten Öle in der W/O/W-Doppelemulsion stellen später die Barriere für das Modelsubstrat und das entstehende Produkt dar und sichern die Bindung des Phänotyps an den zugehörigen Genotypen (◘ Abb. 6.4). Diese sog. Microdroplets sind äußerst stabil und können sogar für mehrere Tage gelagert und inkubiert werden. Fluoreszierende Microdroplets werden anschließend im FACS detektiert, sortiert

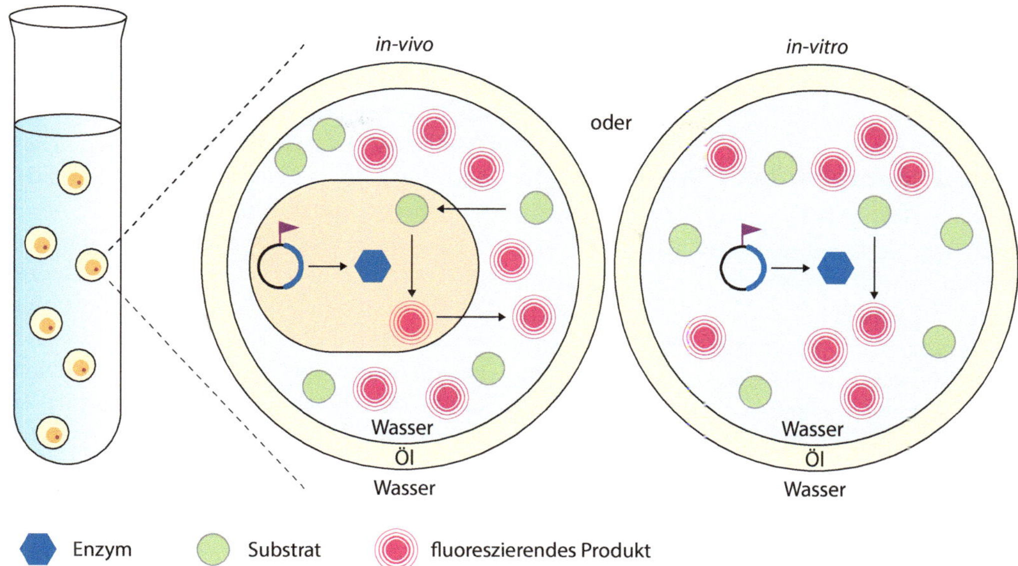

Abb. 6.4 Schematische Darstellung der Vorgehensweise zum Auffinden neuer Enzyme aus einer Metagenombank mittels fluoreszenzaktivierter Zellsortierung (FACS) in Mikrokompartimenten (Rehdorf et al. 2015). Im ersten Schritt wird die Bibliothek in eine Wasser-Öl-Primäremulsion eingeschlossen und anschließend in Wasser-Öl-Wasser Doppelemulsionen verpackt. Dies kann sowohl *in-vitro* (zellfrei, rechts) als auch *in-vivo* (mit ganzen Zellen, links) durchgeführt werden. Durch die Herstellung der Doppelemulsionen verbleiber Modelsubstrat sowie Produkt in dem Mikrokompartiment, und der detektierte Phänotyp kann eindeutig auf den zugehörigen Genotypen zurückgeführt werden

und angereichert. Nach mehreren Screening-Runden kann die DNA der angereicherten Hitklone durch Aufbrechen der Doppelemulsionen isoliert und sequenziert werden.

Die Pioniere dieser W/O/W-Mikrokompartimente für FACS sind Andrew D. Griffiths und Dan S. Tawfik (Griffiths und Twafik 2000). Bereits 1998 beschrieben beide diese Technologie als Werkzeug für die molekulare Evolution von Proteinen am Beispiel einer DNA-Methyltransferase. Neben dem Einsatz zur Durchmusterung von Mutantenbibliotheken wurde das mikrokompartimentbasierte FACS auch bei BRAIN erfolgreich für das Screening nach β-Galactosidasen eingesetzt, die selektiv und schnell Lactose für die Herstellung lactosefreier Produkte spalten. Als genetische Ressource diente eine Metagenombibliothek. Die Zellen, die diese Bibliothek exprimierten, wurden für das Screening in Doppelemulsionen

eingeschlossen. Als Modelsubstrat diente Fluorescein-digalactosid. Nach einem Primärscreening mit drei Anreicherungsrunden wurden die sortierten Hitkandidaten auf Selektivagar mit X-Gal (5-Brom-4-chlor-3-indoxyl-β-D-galactopyranosid) vereinzelt. Alle Klone waren aktiv und zeigten eine deutliche Blaufärbung. Schwaneberg und Kollegen haben die Methode der *in-vitro*-Kompartimente optimiert und für die Durchmusterung verschiedener Variantenbibliotheken von z. B. Monooxygenasen (P450-Monooxygenasen) fluorogene Modelsubstrate synthetisiert (Ruff et al. 2012). Um die Diffusion des fluoreszierenden Produkts aus dem Mikrokompartiment in die Umgebung vollständig zu verhindern, haben die Forscher erst kürzlich eine Weiterentwicklung der Kompartimente auf Basis von Hydrogelen veröffentlicht (Pitzler et al. 2014). Daneben werden heute auch andere

Polymere wie Alginate oder Agarose zur *in-vivo*-Kompartimentierung von Zellen in Microbeads für ein FACS-basiertes Screening verwendet.

6.3.2.2 Komplementation und Selektion

Bei der Selektion wird das Überleben von Zellen bzw. Klonen an die aktive Produktion einer spezifischen Enzymaktivität gekoppelt. Aufgrund der Robustheit, der einfachen Durchführbarkeit (keine teuren Geräte und Analysemethoden notwendig) und des hohen Screeningdurchsatzes (10^8–10^{12} Klone) wird die Selektion gerne als Primärscreening verwendet. Die Selektionsmethode findet besonders bei der Metabolisierung von seltenen Kohlenstoffquellen (z. B. seltene Zucker), bei aromatischen und aliphatischen Kohlenwasserstoffen (z. B. Polyphenole und Alkane) oder bei der Freisetzung von Stickstoff, Schwefel und Phosphaten aus nicht natürlichen Substraten Anwendung. Hierbei werden die Klone, die eine Metagenombibliothek exprimieren, auf Selektionsmedium ausplattiert, das entweder keine zusätzliche Kohlenstoffquelle enthält oder völlig frei von Stickstoff-, Schwefel- und Phosphatquellen ist. Ohne die Supplementierung der gesuchten Aktivität durch die Aktivität eines Enzyms, das die Nutzung der C-, N-, S- oder P-Quelle ermöglicht, können die Klone nicht überleben. Nach einigen Inkubationstagen werden die Platten ausgewertet. Die Plasmide der gewachsenen Klone werden isoliert und die Sequenz des zugehörigen Gens kann mittels Sequenzierung aufgeklärt werden. In einem aktivitätsbasierten Screening nach neuen Alkan hydroxylierenden Enzymen, wie P450-Monooxygenasen oder Hydroxylasen, konnten bei BRAIN neue Enzyme in einer Metagenombibliothek identifiziert werden (BRAIN AG, nicht veröffentlichte Daten). Dabei wurde einer Population von *E. coli*, die eine Metagenombibliothek einer Umweltprobe exprimierte, Oktan als einzige Kohlenstoffquelle angeboten. Da *E. coli* Alkane wie Oktan nicht verstoffwechseln kann, waren nur die Klone überlebensfähig, die das Substrat durch eine aus dem Metagenom stammende Hydroxylase oder P450-Monooxygenase endständig zu 1-Octanol hydroxylierten. Dieser primäre Alkohol kann von *E. coli* als Kohlenstoffquelle genutzt werden.

Ein Sonderfall der Selektion ist die Komplementation. Hierbei wird ein essenzielles Gen, das für das Zellwachstum unter bestimmten Bedingungen notwendig ist, in einem Screeningstamm deletiert (Deletionsmutante). Dieser Stamm ist anschließend nur lebensfähig wenn er ein Metagenomgen erhält, das für ein komplementationsfähiges und somit funktionsgleiches Enzym codiert. Dadurch wird der Genverlust kompensiert, und die Zellen sind wieder überlebensfähig. Diese Technologie eignet sich hervorragend, um bspw. nach neuen Enzymen für die *de-novo*-Synthese von essenziellen Aminosäuren oder Vitaminen zu suchen. Die Komplementation lässt sich aber auch für die Identifizierung von Enzymen zur Metabolisierung von seltenen Zuckern oder Polymeren einsetzen.

6.3.2.3 Aktivitätsbestimmung auf Agarplatten

Für die Identifizierung von Enzymaktivitäten im Hochdurchsatz sind auch plattenbasierte Aktivitätsbestimmungen geeignet. In der Regel handelt es sich bei Aktivitätsbestimmungen auf Agarplatten um qualitative bzw. semiquantitative Analysen. Für quantitative Analysen eignen sich Flüssigassays, die eine Verwendung chromogener oder fluoreszierender Substrate einschließen, deutlich besser. Auf einer Agarplatte (9 cm Durchmesser) können 2000–3000 deutlich voneinander abgegrenzte Einzelkolonien kultiviert werden. Dies ermöglicht in einem überschaubaren Zeitraum ohne Weiteres die Durchmusterung von 10^5–10^6 Klonen. Somit ist diese Methode auch für große Banken geeignet. Voraussetzung ist allerdings, dass die gesuchte Enzymgruppe sekretiert wird.

Für intrazelluläre Enzyme müssten die Zellen lysiert oder zumindest destabilisiert werden, um den Kontakt zum Substrat in der Agarplatte zu gewährleisten. Neben diesem Ansatz der heterologen Expression ist es ebenso möglich, Stämme, die aus interessanten Habitaten isoliert wurden, direkt auf Substratagarplatten zu kultivieren, um die Sekretion aktiver Enzyme zu analysieren.

Die Charakterisierung hydrolytischer Aktivität erfolgt häufig über Agarplatten, die ein enzymspezifisches Substrat beinhalten und bei entsprechender Enzymaktivität zur Spaltung des Substrates führen. Das bewirkt eine Klärung des Agars (Hofbildung). Diese Klärung in einer Zone um den wachsenden Mikroorganismus herum ist deutlich von dem trüben Hintergrund der Substratplatte zu unterscheiden. Die Größe des Hofes kann ein Hinweis auf die Menge und/oder die Aktivität des sekretierten Enzyms sein. Diese Substratagarplatten werden besonders für die Identifizierung von proteolytischen und lipolytischen Enzymen verwendet. Waschkowitz et al. (2009) identifizierten und charakterisierten zwei aus dem Metagenom stammende Metalloproteasen u. a. durch die Verwendung von *Skim-milk-* (Milchpulver-)Agarplatten. Das in dem Milchpulver vorhandene Protein (Casein) dient als Substrat für Proteasen. Die Degradation des Caseins führt zur Klärung in einem Bereich um einen Hitklon herum und deutet somit auf vorhandene Proteaseaktivität hin.

Für die Identifizierung von lipolytischen Enzymen wie Lipasen und Esterasen werden überwiegend Agarplatten verwendet, die Tributtersäureglycerinester (Tributyrin) beinhalten. Auch hier findet eine Hofbildung durch die Enzymaktivität statt. Tributyrin wird sowohl von Lipasen als auch von Esterasen als Substrat genutzt und ermöglicht somit keine klare Differenzierung. Wenn eine Differenzierung von Lipasen und Esterasen erfolgen soll, müssen enzymspezifische Substrate verwendet werden. Flüssigassays würden sich z. B. für eine solche Differenzierung anbieten.

Neben Substratplatten, die Enzymaktivitäten über eine Hofbildung detektieren, können auch Agarplatten verwendet werden, die eine Farbänderung bei vorhandener enzymatischer Aktivität hervorrufen. Das Diammoniumsalz der 2,2'-Azino-di-(3-ethylbenzthiazolin-6-sulfonsäure) (ABTS) ist ein Redoxfarbstoff, der sich für den direkten sowie indirekten Nachweis von Oxidoreduktasen wie Oxidasen, Peroxidasen oder Laccasen eignet. Laccasen sind kupferabhängige Enzyme, die molekularen Sauerstoff für die Oxidation von Substraten verwenden. Aus industrieller Sicht sind Laccasen interessant, da sie u. a. in der Textil- und Papierindustrie Anwendung finden.

6.3.2.4 Aktivitätsbestimmung in Flüssigassays

Für die Analyse vieler Enzymproben im Hochdurchsatz eignen sich Farbänderungen und Fluoreszenz sehr gut. Markierte Substrate sind in der Lage, direkt den Zusammenhang zwischen enzymatischer Aktivität und messbarem Signal aufzuzeigen. Außerdem ermöglichen gute markierte Substrate den Nachweis von Enzymaktivität unterhalb der Proteindetektionsgrenze. Neben der reinen Identifizierung von Enzymen können mittels markierter Substrate auch grundlegende Enzymeigenschaften wie pH-Wert- und temperaturabhängige Aktivität, Enantioselektivität, Toleranz gegenüber anderen Stoffen oder die Enzymstabilität ermittelt werden.

In der Regel verursachen enzymatische Reaktionen Farbänderungen oder Fluoreszenz allerdings nicht eigenständig, sodass Substrate Verwendung finden, die mit einer farbgebenden oder fluoreszierenden Komponente markiert wurden. Eine Ausnahme stellen Enzymreaktionen dar, die Nicotinamidadenindinucleotid (NAD) als Coenzym verwenden, da $NAD(P)^+/NAD(P)H$ photometrisch bestimmt werden können. Bei markierten Substraten handelt es sich meist um Modellsubstrate, die einen direkten

Aktivitätsnachweis ermöglichen. Im Fall des direkten Aktivitätsnachweises sind vor allem solche Substrate geeignet, deren Farbe oder Fluoreszenz sich im Verlauf einer enzymatischen Reaktion deutlich ändert. Ein offensichtlicher Nachteil der Verwendung von Modellsubstraten besteht darin, dass Enzyme nicht anhand ihrer Zielsubstrate charakterisiert werden und die Übertragbarkeit der Aktivität auf das Zielsubstrat gering ist. Demzufolge ist nicht sichergestellt, dass identifizierte Enzyme letztendlich die gewünschten Zielsubstrate nutzen. Abhilfe schaffen in diesem Fall gekoppelte Assays. Bei gekoppelten Assays werden Enzymen die Zielsubstrate zur Verfügung gestellt. In einer Folgereaktion werden die nicht umgesetzten Substrate bzw. die entstehenden Produkte in ein messbares Signal umgewandelt, das leicht detektiert werden kann.

Hydrolasen sind mit Abstand die am meisten verwendeten Enzyme in der Industrie. Proteasen katalysieren die Hydrolyse von Peptidbindungen und sind daher in der Lage, Peptide sowie Proteine zu degradieren. Peptide, die über ein Amid mit einem p-Nitroanilin verknüpft sind, sind klassische Proteasesubstrate. Sie erzeugen einen Farbumschlag von farblos nach gelb bei basischen Bedingungen, der bei einer Wellenlänge von 410 nm photometrisch detektiert werden kann. Die Charakterisierung von subtilisinähnlichen Serin-Proteasen erfolgt meist mittels N-Succinyl-L-Ala-L-Ala-L-Pro-L-Phe-p-nitroanilid, das nach proteolytischer Spaltung p-Nitroanilin freigibt und photometrisch ermittelt werden kann. Der Nachweis anderer Hydrolasen erfolgt häufig über andere p-Nitrophenyl-Derivate. Die Spaltung von Glykosiden durch Glykosidasen sowie die Spaltung von Estern durch Lipasen, Esterasen oder Phospholipasen kann durch die Verwendung von p-Nitrophenol-markierten Substraten identifiziert werden. Ein p-Nitrophenol-markierter Ester wurde z. B. verwendet, um die Optimierung einer Lipase aus *Pseudomonas aeruginosa* hinsichtlich deren Enantioselektivität zu charakterisieren

(Liebeton et al. 2000; Reetz et al. 1997). Der Lipase wurde entweder ein *(S)*-Ester oder ein *(R)*-Ester zur Verfügung gestellt, die jeweils mittels p-Nitrophenol markiert wurden. In einem Screening wurden die Aktivitäten der Lipasevarianten für beide Substrate untersucht und die Präferenz der Lipase für eines der beiden Enantiomere analysiert. Letztendlich war es möglich, mittels Protein-Engineering hoch enantioselektive Varianten der Lipase zu erzeugen.

Resorufin ist ein weiterer Farbstoff, der für die Markierung von Substraten verwendet wird. Durch den großen Extinktionskoeffizienten ist die Sensitivität des Assays hoch und ermöglicht dadurch die Detektion von geringsten Enzymaktivitäten. Nach Anregung (Exzitation) des Resorufins emittiert es Licht bei 584 nm und kann somit sowohl für die spektrophotometrische als auch für die fluorometrische Analyse verwendet werden. Substrate für Proteasen, Lipasen und Esterasen, β-Galactosidasen oder Glucosidasen werden häufig mit Resorufin markiert.

Oxidoreduktasen sind eine vielseitige Enzymgruppe, die Redoxreaktionen katalysieren. Für die Identifizierung neuer Oxidoreduktasen wurden in den vergangenen Jahren zahlreiche Nachweismethoden etabliert und optimiert, die eine schnelle und zuverlässige Findung dieser Enzyme ermöglichen. Die Aktivität von Dehydrogenasen kann direkt oder indirekt über $NAD(P)^+$/ $NAD(P)H$ quantifiziert werden. Wie bereits erwähnt, benötigt man für den Nachweis dieser Reaktion kein markiertes Substrat. $NAD(P)^+$ fungiert als Akzeptor von Reduktionsäquivalenten und ist daher an Redoxreaktionen beteiligt. Dehydrogenasen nutzen diese Eigenschaften des $NAD(P)^+$ für die Übertragung von Protonen zwischen Molekülen. Sowohl das oxidierte $NAD(P)^+$ als auch das reduzierte $NAD(P)H$ absorbieren Licht bei spezifischen Wellenlängen und können somit photometrisch bestimmt werden. Das oxidierte $NAD(P)^+$ absorbiert Licht einer Wellenlänge von 260 nm, wohingegen das reduzierte NAD(P)H Licht einer Wellenlänge von 340 nm absorbiert. Aufgrund dieser Eigenschaften können enzymatische Reaktionen über $NAD(P)^+/NAD(P)H$ verfolgt werden. Sollen Dehydrogenasen allerdings im Hochdurchsatz identifiziert oder analysiert werden, eignet sich diese Methode in der Regel nicht. Aus diesem Grund wurden Nachweismethoden entwickelt, die NAD(P)H über einen Redoxfarbstoff markieren und so die photometrische Bestimmung erleichtern. Eine solche Reaktion kann durch Nitroblau-tetrazoliumchlorid (NBT) vermittelt werden, das aus einem Ditetrazoliumsalz und einem Redoxfarbstoff besteht. Durch Reduktion des Ditetrazoliumsalzes entsteht in Gegenwart von Phenazinmethosulfat ein unlöslicher blauer Diformazanfarbstoff mit einem Absorptionsmaximum bei 560 nm.

Oxidasen wiederum katalysieren den Transfer eines Wasserstoffatoms von einem Substrat zu molekularem Sauerstoff, der bei dieser Reaktion als Elektronenakzeptor fungiert (Oxidation). Dabei wird Wasser (H_2O) oder Wasserstoffperoxid (H_2O_2) freigesetzt. Als Substrate dienen z. B. Zucker wie Galactose (Galactose-Oxidase) oder Glucose (Glucose-Oxidase), aber auch D,L-Aminosäuren (Aminosäure-Oxidasen). Der Nachweis von Oxidaseaktivität erfolgt in der Regel über das gebildete H_2O_2 in einem gekoppelten Enzymnachweis. Die Bildung des H_2O_2 kann über eine Meerrettich-Peroxidase (HRP, *horseradish peroxidase*) quantifiziert werden. Bei dieser gekoppelten Methode wird die Peroxidaseaktivität der HRP genutzt, die die Reduktion von H_2O_2 katalysiert und dabei Substrate oxidieren kann. Diese Substrate können z. B. chromogene Substrate wie 2,2'-Azino-di-(3-ethylbenzthiazolin-6-sulfonsäure) (ABTS) oder 3,3'-Dimethoxybenzidin (*o*-Dianisidin) sein. Bei der HRP-vermittelten Reaktion mit dem Redoxindikator ABTS entsteht ein blau-grünes ABTS-Radikalkation (ABTS·+), dessen Absorption photometrisch bei 414 nm messbar und proportional zu der gebildeten Menge H_2O_2 ist. ABTS eignet sich sehr gut für die Identifizierung und Charakterisierung von Oxidasen im Hochdurchsatz. Es ist sowohl in wässrigen als auch in organischen Lösungsmitteln löslich, es kann in einem breiten pH-Wert- und Temperaturspektrum verwendet werden, und die blaugrüne Färbung des ABTS·+ ist stabil. Neben der HRP/ABTS-Methode kann H_2O_2 auch über HRP/*o*-Dianisidin nachgewiesen werden. Hierbei entsteht ein braun-rotes Produkt, das bei 435 nm bestimmt werden kann. Bei der Suche nach neuen Peroxidasen können ebenfalls ABTS oder *o*-Dianisidin verwendet werden. In diesem Fall katalysieren die Peroxidasen direkt die Oxidation der chromogenen Substrate. Weitere chromogene Substrate, die durch die Aktivität von Peroxidasen oxidiert werden, sind 3,3',5,5'-Tetramethylbenzidin (Farbänderung von Blau nach Gelb) und Guajacol (Farbänderung von Farblos nach Braun).

Innerhalb der Oxygenasen unterscheidet man zwischen Mono- und Dioxygenasen. Unter Nutzung von molekularem Sauerstoff und Coenzymen wie FAD und NAD(P)H werden reduktiv ein bzw. zwei Sauerstoffatome auf ein Substrat unter Freisetzung von Wasser übertragen. Zu den wichtigsten Vertretern dieser Enzymgruppe gehören die Cytochrom-P450-Monooxygenasen (z. B. P450-BM3 aus *Bacillus megaterium*), die Baeyer-Villiger-Monooxygenasen (z. B. Cyclohexanon-Monooxygenase aus *Acinetobacter calcoaceticus*) und die Catechol- bzw. Tryptophan-Dioxygenasen. Zum Nachweis von Oxygenasen in Hochdurchsatzverfahren können markierte Modelsubstrate wie *p*-Nitrophenyl- und Umbelliferylderivate eingesetzt werden, die regioselektiv oxygeniert werden. Das frei werdende *p*-Nitrophenol kann spektroskopisch bei 410 nm nachgewiesen werden, das blau-fluoreszierende Umbelliferon lässt sich nach Anregung bei 325 nm bei 455 nm quantifizieren.

Fluorogene Substrate sind eine Alternative zu chromogenen Substraten. Die Umsetzung der Substrate funktioniert analog zu den chromogenen Substraten. Der

6

wesentliche Vorteil fluorogener Substrate ist die höhere Sensitivität. Diese erlaubt zum einen, in kleineren Volumina mit geringeren Enzym- sowie Substratkonzentrationen zu arbeiten, und zum anderen kann die Aktivität von solchen Enzymen detektiert werden, deren Konzentration oder Aktivität zu gering für den Nachweis durch chromogene Detektion ist. Die Fluoreszenzintensität kann über ein Fluoreszenzphotometer quantifiziert werden. Bei Verwendung eines Mikrotiterplatten-Fluoreszenzphotometers können auch fluorogene Substrate im Hochdurchsatz für die Analyse von Enzymaktivitäten verwendet werden. Im Idealfall ermöglicht ein fluorogenes Substrat nach dessen Umsetzung die Freisetzung stark fluoreszierender und wasserlöslicher Produkte, deren optische Eigenschaften deutlich von denen des Substrates abweichen. Unter diesen Voraussetzungen ist es möglich, ohne einen weiteren Trennungsschritt, bspw. mittels HPLC, die Produktbildung auszulesen.

Zahlreiche Fluoreszenzfarbstoffe basieren auf Cumarin. Einer der gängigsten ist 7-Amino-4-methylcoumarin (AMC). Peptide wie Z-Gly-Gly-L-Arg-AMC, die als Substrate für Proteasen dienen, werden häufig an der C-terminalen Carboxylgruppe über ein Amid mit einem AMC-Farbstoff verknüpft. Nach der Spaltung des Peptids durch eine Protease wird der Fluoreszenzfarbstoff frei und durch die Anregung bei 360 nm kann die Emission bei 460 nm bestimmt werden. Das ist möglich, da sich die Fluoreszenz des Farbstoffes nach Spaltung von dem Peptid deutlich von der Fluoreszenz bei Bindung an das Peptid unterscheidet. Sensitivere Fluoreszenzfarbstoffe basieren auf Fluorescein, Rhodamin und Resorufin.

Eine weitere Klasse der Fluoreszenzfarbstoffe sind 4,4-Difluoro-4-bora-3a,4a-diaza-s-indacen-Derivate (BODIPY). Basierend auf der BODIPY-Grundstruktur wurde eine Serie an verschiedenen BODIPY-Farbstoffen mit verschiedenen optischen Eigenschaften generiert (grün, gelb, orange und rot fluoreszierend). Das grün fluoreszierende BODIPY

FL wurde in einer Studie bei BRAIN verwendet, um neuartige Proteasen zu identifizieren (Niehaus et al. 2011). In dieser Studie nutzten die Autoren das Metagenom einer Bodenprobe für die Identifizierung drei neuartiger Proteasen mit geeigneten Eigenschaften für die Anwendung in Waschmitteln. Besonders Serin-Proteasen aus der Gruppe der Subtilasen eignen sich aufgrund ihrer Eigenschaften gut für diese Anwendung (Gupta et al. 2002). Für die Anlegung einer Metagenombibliothek wurden priorisierte Bodenproben verwendet, die einen basischen pH-Wert aufwiesen. Sequenzbasiertes und aktivitätsbasiertes Durchmustern der DNA-Banken mittels *Skim-milk*-Substratagarplatten führte zur Identifizierung von 18 Proteasesequenzen. Die identifizierten Proteasesequenzen wurden in Expressionsvektoren kloniert und anschließend in *E. coli* exprimiert. Für die Bestätigung der Aktivität dieser neuen Proteasen und deren Charakterisierung wurde BODIPY-FL-markiertes Casein verwendet. Das markierte Substrat wurde dafür bei einer Wellenlänge von 485 nm angeregt und die Emission bei 520 nm bestimmt. Zusätzlich zu der Erhebung biochemischer Eigenschaften wurde die Waschleistung der neuen Proteasen in Anwendungstests analysiert. Letztendlich wurden drei neue Proteasen aus dem Metagenom identifiziert, die großes Potenzial für die Anwendung in der Waschmittelindustrie zeigten.

6.3.2.5 Chromatographische Analysemethoden

Um nach dem Screening eines Metagenoms oder einer Enzymbibliothek die gewünschte katalytische Aktivität identifizieren zu können, müssen die Hitkandidaten intensiv untersucht und evaluiert werden. Die Charakterisierung der gefundenen Enzyme schließt neben einer Aktivitätsbestimmung und der Untersuchung der Substrat- und Produktinhibierung oftmals die Aufklärung der Regio-, Stereo- und Enantioselektivität ein. Für die Bestimmung dieser Parameter müssen analytische Verfahren herangezogen werden, bei denen man sich verschiedener Methoden und Messgeräte bedient. Die Wahl dieser Methoden und Geräte hängt maßgeblich von den zu untersuchenden Analyten (Substrate, Produkte, Nebenprodukte) sowie deren Eigenschaften ab. Eine wichtige Rolle spielt dabei die Löslichkeit der Verbindungen in verschiedenen polaren und unpolaren organischen Lösungsmitteln, der Schmelz- und Siedepunkt, der Dampfdruck und die Anzahl und Eigenschaften der funktionellen Gruppen in den Molekülen (z. B. Hydroxyl-, Amino-, Carboxyl-, Epoxy-, Keto- und Halogengruppen). Zu den wichtigsten Analyseverfahren zählen die Gaschromatographie (GC) und die Hochleistungsflüssigchromatographie (HPLC).

Die Wahl der Methode hängt von der Volatilität und der Hydrophilie der Analyten ab (◘ Tab. 6.2). Flüchtige und meist hydrophobe Verbindungen werden vorwiegend mittels GC analysiert. Die wichtigste Voraussetzung für die GC-Analyse ist, dass alle Analyten und eingesetzten Lösungsmittel im Injektor zersetzungsfrei in die Gasphase übergehen. Die Analyten werden also zu Beginn im Injektor verdampft (bei ca. 250 °C) und gasförmig mittels eines geeigneten Trägergases (meist Helium, aber auch Stickstoff oder Wasserstoff) über eine Festphasentrennsäule im temperierten GC-Ofen transportiert. Für die Detektion der einzelnen Analyten können bei der GC verschiedene Detektoren verwendet werden. Zu den Klassikern gehört der Flammenionisationsdetektor (FID) und das Massenspektrometer (MS). Der FID eignet sich für viele organische Verbindungen. Er zeichnet sich durch eine hohe Empfindlichkeit, Robustheit und die Möglichkeit der direkten Quantifizierung aus. Ein MS ermöglicht es außerdem, jedem Peak in einem Chromatogramm eine Masse zuzuordnen. Neben der Retentionszeit ist der Molekülpeak eine wichtige Kenngröße bei der Identifizierung von unbekannten Analyten in Stoffgemischen. Die Sensitivität des MS kann durch den Einsatz von sogenannten Quadrupol-Massenspektrometern erhöht werden. Neben dem FID und der MS gibt es auch spezielle Detektoren für den Nachweis von funktionellen Gruppen wie Stickstoff und Phosphor (NPD, *nitrogen phosphor detector*) oder schwefelhaltigen, nitrierten und halogenierten Verbindungen (ECD, *electron capture detector*).

Nicht flüchtige und überwiegend hydrophile Analyten werden mittels HPLC analysiert. Im Gegensatz zur GC werden die Analyten hierbei in einem Flüssigstrom (Laufmittel) über eine Festphasentrennsäule transportiert. Die vollständige Löslichkeit und Stabilität der Analyten in dem Laufmittel ist damit auch die Voraussetzung für eine LC-Analytik. Für die Detektion der getrennten Analyten verwendet die LC sehr häufig einen UV-Detektor (Diodenarray-Detektor, DAD). Voraussetzung dafür ist, dass die Analyten eine chromophore Gruppe besitzen, die bei einer bestimmten Wellenlänge nachgewiesen werden kann. Ein universell einsetzbarer Detektor für die LC-Analyse ist der Lichtstreudetektor

◘ **Tab. 6.2** Übersicht über die gängigen analytischen Methoden zur Quantifizierung und Bestimmung der Aktivität sowie der Regio,- Chemo- und Enantioselektivität von Enzymen

Analyten	Methode	Detektionsmöglichkeiten
Volatile, hydrophobe Analyten (Schmelzpunkt <250 °C) z. B. Fettsäuren, Terpene	GC	FID, MS
Nicht volatile, hydrophile Analyten z. B. Aminosäuren, Zucker	HPLC	ELSD, DAD, MS, RID

(*evaporative light scattering detector,* ELSD). Damit können alle nicht flüchtigen organischen Verbindungen detektiert werden. Die Sensitivität ist allerdings begrenzt, sodass man sich häufig analog zur GC-Analyse dem Massenspektrometer bedient. Ein weiterer Detektor für die LC-Analytik, der vor allem in der Zuckeranalytik Anwendung findet, ist der Brechungsindexdetektor (*refractive index detector,* RID). Aufgrund der geringen Sensitivität des RID werden geringste Zuckermengen häufig auch mittels der *high performance anion exchange chromatography* (HPAEC), gekoppelt an den amperometrischen PAD-Detektor, vermessen und quantifiziert.

In einigen Fällen ist es nötig, die funktionellen Gruppen der Analyten für eine bessere Detektion bzw. Stabilität zu derivatisieren. Für eine Quantifizierung mittels GC-Analytik kann dies bspw. für instabile Proben nötig sein, die sich ohne eine Derivatisierung bereits im Injektor zersetzen würden. Bei OH-Gruppen oder Säurefunktionen wird standardmäßig eine Silylierung, eine Methylierung oder eine Acetylierung durchgeführt. Bei primären Aminogruppen kommen OPA-Reagenzien (*ortho*-Phthaldialdehyd), bei sekundären Aminogruppen sogenannte FMOC- (Fluormethoxycarbonyl-), BOC- (*tert*-Butyl-) oder Cbz- (Benzyloxycarbonyl-) Derivate zum Einsatz. Auch für den Einsatz des UV-Detektors in der LC-Analytik müssen nicht UV-aktive Substanzen mit UV-gängigen Chromophoren vor der Analyse derivatisiert werden.

6.4 Fazit und Herausforderungen

Die Methoden und Möglichkeiten für die Identifizierung „idealer" Enzyme für den industriellen Einsatz im Bereich industrielle Biotechnologie haben sich in den letzten Jahren stark entwickelt. Neben bioinformatischen Methoden zur Priorisierung und Vorhersage von Enzymaktivitäten aus Nucleotid- und Proteindatenbanken ermöglicht ein aktivitätsbasiertes Screening auch die Entdeckung von bisher unbekannten Funktionalitäten. Als Werkzeugkasten der Natur bietet das Metagenom Zugang zu einer uneingeschränkten Biodiversität und stellt damit eine wichtige Ressource für die Identifizierung neuer Biokatalysatoren dar. Heute sind zahlreiche Möglichkeiten des Screenings etabliert, die je nach Anforderung und Fragestellung modifiziert werden können. Dabei muss die Methodik eines Multiparameterscreenings selektiv, kostengünstig und vor allem effizient sein. Das FACS-basierte Screening und die Selektionstechnologie werden aufgrund des hohen Durchsatzes häufig für ein Primärscreening eingesetzt. In einem Sekundärscreening mittels chromogener bzw. fluorogener Substrate und/oder Produkte werden die Hitkandidaten weiter untersucht und hinsichtlich der Zielparameter für eine spätere Prozessimplementierung biochemisch charakterisiert. Die genaue Bestimmung der Enzymaktivität, Selektivität und Spezifität erfolgt schließlich mittels chromatographischer Methoden wie der Gas- und Flüssigchromatographie.

Die größten Herausforderungen eines aktivitätsbasierten Screenings sind die Entwicklung eines robusten, hochdurchsatzfähigen Screeningsystems sowie die funktionelle Darstellung des gesuchten Biokatalysators in einem geeigneten Organismus. Die großtechnische und wirtschaftliche Produktion des Enzyms ist eine der wichtigsten Voraussetzungen für dessen Einsatz im industriellen Umfeld. Um die Herstellbarkeit eines Enzyms frühzeitig sicherzustellen ist es von Vorteil, wenn das aktivitätsbasierte Screening in dem späteren Enzymproduzenten durchgeführt werden kann. Dies ist jedoch nicht immer möglich. Ein Screeningstamm muss über eine hohe Transformationseffizienz verfügen und unter Bedingungen wachsen, die weder ideal sind noch den späteren Prozessbedingungen entsprechen. Folglich bleibt eine der wichtigsten Fragestellungen, nämlich die ökonomische Produktion eines Biokatalysators, während der eigentlichen Screeningkampagne offen. Die Prüfung auf Eignung des gefundenen Enzyms für einen

Zielprozess erfolgt meist erst im letzten Schritt. Eine weitere Limitation ist die Darstellung und Untersuchung von Mehrschrittenzymreaktionen (Reaktionskaskaden). Vor allem bei der biotechnologischen Herstellung von Naturstoffen für die Lebensmittel- und Kosmetikindustrie (Aminosäuren, bioaktive Wirkstoffe u. v. m.) kommen häufig Designermikroorganismen zum Einsatz, die ganze Enzymkaskaden und Stoffwechselwege rekombinant exprimieren. In einem solchen System müssen die Eigenschaften der einzelnen Biokatalysatoren aufeinander abgestimmt sein. Diese sind in einem Multiparameterscreening bisher nur begrenzt implementierbar (bspw. Cofaktorabhängigkeiten, Toxizität von Substraten, Intermediaten und Produkten, instabile Zwischenstufen, metabolische Fluxanalysen) und müssen in den meisten Fällen separat untersucht werden. Am Ende müssen alle an der Kaskadenreaktion beteiligten Enzyme in einem Produktionsstamm assembliert und auf die Zielparameter hin untersucht werden. Eine Vorhersage der Eigenschaften (Aktivität, Spezifität, Selektivität) und Darstellbarkeit neuer Enzyme zu einem frühen Zeitpunkt des Prozesses der Enzymidentifizierung würde die Entwicklung von Hochleistungsbiokatalysatoren wesentlich vorantreiben. Erste Versuche zeigten, dass bestimmte Enzymparameter bereits auf Basis der Proteinsequenz abgeleitet werden können. Zuverlässige Vorhersagen, die eine genaue Prognose zur Expressionsfähigkeit eines Gens in einem Wirtsorganismus erlauben, konnten bisher noch nicht entwickelt werden.

Literatur

Aehle, W, Eck, J (2012) Discovery of Enzymes. In: Enzyme Catalysis in Organic Synthesis. Wiley-VCH Verlag GmbH & Co. KGaA, S. 67–87

Beloqui, A, Pita, M et al (2006) Novel polyphenol oxidase mined from a metagenome expression library of bovine rumen: biochemical properties, structural analysis, and phylogenetic relationships. J Biol Chem 281:22933-22942

Burton, SG, Cowan DA et al (2002) The search for the ideal biocatalyst. Nat Biotechnol 20:37–45

Gabor, E, Liebeton K et al (2007) Updating the metagenomics toolbox. Biotechnol J 2:201–206

Griffiths, A D, Twafk, D S (2000) Man-made enzymes – from design to in vitro compartmentalisation. Current Opinion in Biotechnology 11: 338–353

Gupta, R, Beg, QK et al (2002) Bacterial alkaline proteases: molecular approaches and industrial applications. Appl Microbiol Biotechnol 59:15–32

Handelsmann, J, Rondon, MR et al (1998) Molecular biological access to the chemistry of unknown soil microbes: a new frontier for natural products. Chem Biol 5:245–249

Liebeton, K, Zonta A et al (2000) Directed evolution of an enantioselective lipase. Chem Biol 7:709–718

Lorenz, P (2006) Metagenomics für die Weiße Biotechnologie. Chem Ing Tech 78:461–468

Lorenz, P, Eck, J (2005) Metagenomics and industrial applications. Nat Rev Microbiol 3:510–516

Niehaus, F, Gabor, E et al (2011) Enzymes for the laundry industries: tapping the vast metagenomic pool of alkaline proteases. Microb Biotechnol 4:767–776

Ono, A, Miyazaki, R et al (2007) Isolation and characterization of naphthalene-catabolic genes and plasmids from oil-contaminated soil by using two cultivation-indepedent approaches. Appl Microbiol Biotechnol 74:501–510

Pitzler, C, Wirtz, G et al (2014) A fluorescent hydrogel-based flow cytometry high-throughput screening platform for hydrolytic enzymes. Chem Biol 21:1733-1742

Reetz, MT, Zonta, A et al (1997) Erzeugung enantioselektiver Biokatalysatoren für die Organische Chemie durch In-vitro-Evolution. Angewandte Chemie 109:2961-2963

Rehdorf, J, Meinhardt, S et al (2015) Regarding the potential of fluorescence-based double emulsion cytometry for screening complex metagenome libraries. In: Blickwinkel Evolution. BRAIN Aktiengesellschaft, Zwingenberg, S. 7–12

Ruff, AJ, Dennig, A et al (2012) Flow cytometer-based high throughput screening system for accelerated directed evolution of S. 450 monooxygenases. ACS Catalysis 2:2724-2728

Torsvik, V, Ovreas, L et al (2002) Prokaryotic diversity - magnitude, dynamics, and controlling factors. Environ Microbiol 296:1064-1066

Waschkowitz, T, Rockstroh, S et al (2009) Isolation and characterization of metalloproteases with a novel domain structure by construction and screening of metagenomic libraries. Appl Environ Microbiol 75:2506-2516

Whitman, WB, Coleman, DC et al (1998) Prokaryotes: the unseen majority. Proc Natl Acad Sci USA 95:6578-6583

Bioinformatische Methoden zur Enzymidentifizierung

Anett Schallmey

© Springer-Verlag GmbH Deutschland, ein Teil von Springer Nature 2018
K.-E. Jaeger, A. Liese, C. Syldatk (Hrsg.), *Einführung in die Enzymtechnologie*,
https://doi.org/10.1007/978-3-662-57619-9_7

Zusammenfassung
Bioinformatische Methoden zur Sequenzanalyse homologer DNA- oder Proteinsequenzen gehören heutzutage zum Grundwerkzeug in den biologischen Wissenschaften, ob zur Bestimmung der Sequenzidentität zweier Enzyme oder DNA-Moleküle, der Auffindung homologer Sequenzen eines bekannten Proteins oder der Analyse komplexer Verwandtschaftsverhältnisse ganzer Organismen. Das Buchkapitel gibt speziell einen Überblick über gängige bioinformatische Methoden zur Identifikation neuer Enzymsequenzen in öffentlichen Datenbanken, angefangen von der Homologiesuche basierend auf einer bekannten Sequenz, die Erstellung multipler Sequenzalignments bis hin zur phylogenetischen Analyse neu identifizierter Sequenzen. Dabei wird neben der Vermittlung der theoretischen Grundlagen und deren Veranschaulichung anhand eines praktischen Beispiels besonders auf verfügbare Programme und deren Unterschiede eingegangen.

Die vorhandene Sequenzinformation in öffentlichen Sequenzdatenbanken stellt eine unerschöpfliche Quelle für neue Enzyme und andere Proteine dar. Aufgrund vieler Genom- und Metagenomsequenzierungsprojekte hat sich diese Sequenzinformation in den letzten 30 Jahren pro Jahrzehnt um den Faktor 100 erhöht. Um die vorhandenen Sequenzdaten jedoch entsprechend auswerten zu können und somit nutzbar zu machen, sind eine Reihe verschiedener bioinformatischer Methoden notwendig. Dies beginnt mit der korrekten Annotierung von DNA-Sequenzen aus Genom- und Metagenomsequenzierungsprojekten zur Ableitung darin codierter primärer Proteinsequenzen. Basierend auf Sequenzhomologien lassen sich den Proteinsequenzen anschließend mögliche Funktionen zuordnen. Allerdings konnten für eine Vielzahl wahrscheinlicher Proteinsequenzen bisher keine Funktionen experimentell nachgewiesen werden. Diese Sequenzen sind in öffentlichen Datenbanken entsprechend als hypothetische Proteine gekennzeichnet. Im Unterschied zu aktivitätsbasierten Methoden der Enzymidentifizierung lassen sich mithilfe bioinformatischer Methoden nur Enzyme mit entsprechender Ähnlichkeit (Homologie) zu bereits bekannten Enzymen auffinden. Außerdem ist eine Vorhersage biochemischer Eigenschaften wie Substratspektrum oder Selektivität nur aufgrund von Sequenzhomologien bisher schwierig.

7.1 Sequenzanalyse und Genidentifizierung

Die spezifische Aminosäuresequenz jedes Proteins bestimmt dessen Struktur und damit im Falle von Enzymen auch die Aktivität. Die Grundlage dieser Proteinsequenz ist die genetische Information, welche über die Nucleotidsequenz der DNA gegeben ist. Die Identifizierung neuer Enzyme erfolgt daher in der Regel immer indirekt über ihre Gensequenzen bzw. über die daraus abgeleiteten Proteinsequenzen (▶ Abschn. 7.2). Dies bedeutet, dass die korrekte Identifizierung von Genen innerhalb bekannter DNA-Sequenzen Grundvoraussetzung ist, um ebenfalls korrekte Proteinsequenzen ableiten zu können.

Um sequenzbasiert neue Enzyme zu identifizieren, kann man sich die bereits vorhandene Sequenzinformation in öffentlichen Datenbanken wie GenBank (▶ http://www.ncbi.nlm.nih.gov/genbank/) zunutze machen. Sequenzinformationen können aber auch aus eigenen Genom- oder Metagenomsequenzierprojekten stammen – gestützt durch die Entwicklung moderner Sequenziertechnologien und der damit verbundenen dramatischen Reduzierung von Sequenzierkosten. In diesem Fall müssen in der DNA-Sequenz enthaltene Gene zunächst erst noch korrekt identifiziert (annotiert) werden. Ein Gen besteht aus einer Abfolge von Triplet-Codonen, welche durch ein Start- und ein Stopcodon eingerahmt sind. Darüber hinaus finden sich in der DNA-Sequenz weitere „Signale", wie z. B. Ribosomenbindestellen oder Promotorbereiche, die ebenfalls das Vorhandensein eines Gens anzeigen. Für eukaryotische DNA-Sequenzen ist die Generkennung zusätzlich durch das Vorhandensein von nichtcodierenden Bereichen (Introns) erschwert. Die Genidentifizierung in einer gegebenen DNA-Sequenz kann dabei über eine Datenbanksuche und die Erstellung von Sequenzalignments, z. B. mithilfe des Algorithmus Basic Local Alignment Search Tool (BLAST) (► Abschn. 7.2.1), oder *ab initio* (von Grund auf, also ohne Sequenzvergleich) mit speziellen Computerprogrammen erfolgen.

BLAST bietet verschiedene Suchoptionen: blastn, blastx und tblastx (◘ Tab. 7.1). Mit **blastn** kann in einer DNA-Sequenzdatenbank nach homologen Sequenzen zu der gegebenen DNA-Sequenz gesucht werden. Dies bietet sich z. B. an, wenn die Genomsequenzen nah

verwandter Organismen bereits bekannt und annotiert sind. Neben Genen können hierbei aber auch DNA-Bereiche identifiziert werden, die z. B. für funktionelle RNAs codieren. Dagegen kann mit **blastx** direkt in einer Proteindatenbank gesucht werden, wobei die gegebene DNA-Sequenz zunächst unter Berücksichtigung der sechs möglichen Leseraster (jeweils drei pro DNA-Strang) translatiert wird. Bei einer blastx-Suche erhält man als Ergebnis also direkt alle proteincodierenden Bereiche (Gene) der DNA-Suchsequenz sowie die dazu homologen, in der Datenbank vorhandenen Proteinsequenzen. Bei einer **tblastx**-Suche wird die gegebene DNA-Sequenz zunächst ebenfalls translatiert, damit anschließend aber in einer ebenfalls translatierten DNA-Sequenzdatenbank (unter Berücksichtigung der sechs möglichen

◘ **Tab. 7.1**   BLAST-Programme in NCBI zur Suche nach homologen Sequenzen

Name	Beschreibung	Anmerkung
Blastn	Sucht ausgehend von einer DNA-Sequenz nach homologen Sequenzen in einer DNA-Sequenzdatenbank	Unter Berücksichtigung beider DNA-Stränge
Blastp	Sucht ausgehend von einer Proteinsequenz nach homologen Sequenzen in einer Protein-Sequenzdatenbank	Standardprogramm zur Identifikation homologer Enzyme
Blastx	Sucht ausgehend von einer translatierten DNA-Sequenz nach homologen Sequenzen in einer Protein-Sequenzdatenbank	Unter Berücksichtigung aller möglichen Leseraster bei der Translation; hilfreich für die Genidentifizierung (► Abschn. 7.1)
Tblastn	Sucht ausgehend von einer Proteinsequenz nach homologen Sequenzen in einer translatierten DNA-Sequenzdatenbank	Unter Berücksichtigung aller möglichen Leseraster bei der Translation
Tblastx	Sucht ausgehend von einer translatierten DNA-Sequenz nach homologen Sequenzen in einer translatierten DNA-Sequenzdatenbank	Unter Berücksichtigung aller möglichen Leseraster bei der Translation; hilfreich für die Genidentifizierung (► Abschn. 7.1)
PSI-BLAST	Sucht ausgehend von einem Multisequenzalignment mehrerer homologer Proteine nach homologen Sequenzen in einer Protein-Sequenzdatenbank	Zur Identifikation auch weit entfernt homologer Enzyme
PHI-BLAST	Sucht ausgehend von einer Proteinsequenz und spezifischen Sequenzmotiven nach homologen Sequenzen in einer Protein-Sequenzdatenbank	Zur Identifizierung auch weit entfernt homologer Enzyme, die ein bestimmtes Sequenzmotiv teilen

Leseraster) gesucht. Dies ermöglicht, wie bei blastx, die Suche auf Proteinebene und damit die vereinfachte Identifikation von (auch entfernt homologen) Genen.

Mithilfe des Programmes **ORF Finder** (Open Reading Frame Finder) des National Center for Biotechnology Information (NCBI) können für eine gegebene DNA-Sequenz mögliche offene Leserahmen (ORFs) und damit mögliche proteincodierende Bereiche anhand von Sequenzsignalen vorhergesagt werden (Link: ▶ https://www.ncbi.nlm.nih.gov/orffinder/). Moderne *Ab-initio*-Genvorhersageprogramme, z. B. zur Annotierung von Genom- oder Metagenomsequenzen, verbinden die Suche nach Sequenzsignalen zusätzlich mit modernen statistischen Methoden (*hidden Markov models*, HMM). Allerdings liefern auch diese Programme keine 100 % genauen Vorhersagen. Dies gilt insbesondere, wenn es sich um eukaryotische DNA-Sequenzen handelt.

Die in öffentlichen Datenbanken vorhandene Sequenzinformation ist bereits annotiert. Da für einen Großteil der enthaltenen Sequenzinformation die Annotierung aber automatisiert erfolgt ist und die dafür verwendeten Computerprogramme (noch) nicht fehlerfrei arbeiten, empfiehlt es sich, die bei einer Homologiesuche nach neuen Enzymen gefundenen Sequenzen noch einmal manuell auf korrekte Annotierung hin zu prüfen. Dabei gilt es vor allem, die korrekte Identifizierung des Start- und Stop-Codons eines Gens und damit seine Länge zu überprüfen (▶ Abschn. 7.5.3). Des Weiteren können speziell Proteinsequenzen aus Metagenomdaten, wie sie z. B. in der env_nr-Datenbank enthalten sind, unvollständige N- bzw. C-Termini aufweisen. Dies ist anhand der Aminosäuresequenz zunächst nicht ersichtlich, wird aber bei Überprüfung des zugrunde liegenden Gens deutlich, wenn z. B. Start- bzw. Stop-Codon fehlen.

7.2 Homologiesuche

7.2.1 BLAST

Das wahrscheinlich am häufigsten verwendete Programm zur Suche nach homologen Sequenzen ist BLAST, welches über NCBI zur Verfügung steht (▶ http://blast.ncbi.nlm.nih.gov/Blast.cgi) (Altschul et al. 1990). BLAST ermöglicht dabei durch paarweisen Sequenzvergleich ausgehend von einer Suchsequenz sowohl die Suche nach DNA- als auch Proteinsequenzen in öffentlichen Sequenzdatenbanken. Darüber hinaus existieren Versionen, die nicht nur von einer, sondern von mehreren Suchsequenzen ausgehen. BLAST stellt somit eine ganze Familie verschiedener Suchprogramme dar (◘ Tab. 7.1).

Für die Identifikation homologer Enzyme – ausgehend von einem bereits bekannten Enzym – ist die Suche in einer Protein-Sequenzdatenbank dabei die Methode der Wahl (im Vergleich zur Homologiesuche über die entsprechende DNA-Sequenz). Homologiesuchen auf Basis von Proteinsequenzen sind aufgrund der Redundanz des genetischen Codes und der Tatsache, dass die Ähnlichkeit von Proteinsequenzen im Vergleich zu DNA-Sequenzen viel stärker konserviert ist, deutlich sensitiver.

Für die Proteinsuche durch BLAST stehen verschiedene Sequenzdatenbanken zur Verfügung, aus denen gewählt werden kann (◘ Tab. 7.2). Je nachdem, welches Ziel bei der Homologiesuche verfolgt wird, kann somit die Suche auf eine bestimmte Datenbank eingeschränkt werden. Für die Identifikation neuer Enzyme sind dabei aber die nr- und env_nr-Datenbank aus NCBI am interessantesten. Die nr-Datenbank umfasst neben GenBank auch Sequenzdaten anderer Protein-Datenbanken und ist somit sehr umfangreich. Die env_nr-Datenbank bietet dagegen die Möglichkeit, gezielt in Meta-

◘ Tab. 7.2 Wichtige Protein-Sequenzdatenbanken zur Protein-BLAST-Suche in NCBI

Name	Beschreibung
Non-redundant protein sequences (nr)	Umfasst alle translatierten Gensequenzen aus GenBank sowie Proteinsequenzen aus der Proteindatenbank (PDB), Swiss-Prot, Protein Information Resource (PIR) und Protein Research Foundation (PRF), ausgenommen metagenomischer Daten aus *World-global-sampling*- (WGS-)Projekten
UniProtKB/Swiss-Prot	Umfasst alle Proteinsequenzen aus UniProtKB/Swiss-Prot
Patented protein sequences	Umfasst nur patentierte Proteinsequenzen aus GenBank
Protein Data Bank	Umfasst alle Proteinsequenzen mit bekannter Struktur aus der PDB
Metagenomic proteins (env_nr)	Umfasst nur Proteinsequenzen aus WGS-Metagenomprojekten

genomsequenzdaten nach neuen Enzymen zu suchen. Bei dieser Suche muss allerdings darauf geachtet werden, dass potenziell interessante Proteinsequenzen anschließend noch anhand der zugrunde liegenden DNA-Sequenz auf Vollständigkeit überprüft werden, da die env_nr-Datenbank einen höheren Anteil an unvollständigen Proteinsequenzen aufweist. Darüber hinaus kann die BLAST-Suche auch gezielt in translatierten Genomsequenzdaten einzelner Organismen durchgeführt werden.

BLAST stellt ein heuristisches Verfahren dar, welches als Ergebnis der Homologiesuche lokale Alignments zwischen der Suchsequenz und einem entsprechenden Datenbankeintrag liefert. Zusätzlich wird für jeden gefundenen Treffer in Form der Sequenzidentität, eines Scores und eines E-Wertes angegeben, wie signifikant die Homologie zwischen Datenbankeintrag und Suchsequenz tatsächlich ist. Generell gilt, dass die Homologie umso signifikanter ist, je höher Sequenzidentität bzw. *score* und je kleiner der E-Wert ausfallen. Diese Signifikanz richtig zu beurteilen ist besonders wichtig, wenn auch entfernt homologe Sequenzen betrachtet werden sollen, die z. B. über eine *position-specific iterated* (PSI-) BLAST-Suche gefunden werden.

PSI-BLAST ermöglicht eine iterative BLAST-Suche, wobei ausgehend von einer Suchsequenz zunächst eine einfache BLAST-Suche in einer Protein-Sequenzdatenbank durchgeführt

wird (Altschul et al. 1997). Anschließend wird aus den gefundenen homologen Sequenzen ein multiples Sequenzalignment mit der Suchsequenz als Template erstellt und daraus wiederum ein Sequenzprofil generiert. Dabei wird für jede Aminosäureposition die Wahrscheinlichkeit berechnet, dass eine bestimmte Aminosäure an dieser Stelle vorkommt. In der nächsten BLAST-Runde dient dieses Sequenzprofil als Suchkriterium für die Identifikation weiterer homologer Sequenzen in der Datenbank und die Erstellung eines neuen Sequenzprofils. Diese Schritte laufen iterativ ab, entweder über eine vorher bestimmte Anzahl von Runden oder bis keine neuen Sequenzen in der Datenbank gefunden werden. Wichtig dabei ist die Festlegung eines Grenzwertes *(treshold)* für den E-Wert, mit dem eingegrenzt wird, welche Mindesthomologie eine Sequenz aufweisen muss, um in das Multisequenzalignment und damit die Erstellung des Sequenzprofils mit aufgenommen zu werden. Wird dieser Wert zu hoch angesetzt (gleichbedeutend mit einer geringen Signifikanz der vorhandenen Homologie), besteht die Gefahr, dass falsch-positive Treffer in das Alignment mit aufgenommen werden, die sich in den folgenden Runden amplifizieren und somit insgesamt ein falsches Homologieergebnis liefern (Jones und Swindells 2002). Der Vorteil von PSI-BLAST besteht aber darin, dass mit dieser Methode nicht nur ausgehend von einer einzelnen Suchsequenz nach homologen Enzymen gesucht wird, sondern praktisch ein Sequenzprofil basierend auf einem Multisequenzalignment als Suchsequenz dient und die Suche iterativ durchgeführt wird, wodurch auch noch weit entfernt homologe Enzyme gefunden werden können.

Pattern-hit initiated (**PHI-**)**BLAST** ermöglicht ebenfalls die eindeutige Identifikation von homologen Enzymen in einer Sequenzdatenbank, auch wenn deren Homologie zur Suchsequenz recht gering ausfällt. Bei dieser Methode werden zusätzlich zur Suchsequenz noch ein oder mehrere Sequenzmotive, welche für die gesuchte Enzymfamilie konserviert sind, in die Suche mit einbezogen (Zhang et al. 1998). Praktisch gesehen wird dabei die zu durchsuchende Sequenzdatenbank zunächst auf die Sequenzen reduziert, welche das angegebene Sequenzmotiv aufweisen und anschließend nur in dieser eingeschränkten und damit deutlich kleineren Sequenzdatenbank eine einfache BLAST-Suche durchgeführt. Auf diese Weise lassen sich ebenfalls weit entfernt homologe Enzyme finden, die bei einer Standard-BLAST-Suche aufgrund zu geringer Homologie vielleicht übersehen werden würden. Voraussetzung für die erfolgreiche Durchführung einer PHI-BLAST-Suche ist allerdings die Kenntnis entsprechend konservierter Sequenzmotive für die im Fokus stehende Enzymfamilie, welche z. B. über ein multiples Sequenzalignment (▶ Abschn. 7.3) ermittelt werden können. Je spezifischer die Sequenzmotive definiert werden können, umso aussagekräftiger bzw. verlässlicher ist anschließend das Ergebnis der Homologiesuche.

7.3 Multiples Protein-Sequenzalignment

Multisequenzalignments (MSAs) von drei oder mehr Proteinsequenzen werden in den biologischen Wissenschaften heutzutage für eine ganze Reihe verschiedener Analysen benötigt. Neben der Suche nach homologen Proteinsequenzen (▶ Abschn. 7.2) dienen sie vor allem als Grundlage für phylogenetische

Analysen (▶ Abschn. 7.4) oder werden eingesetzt, um konservierte Bereiche (z. B. einzelne Aminosäuren, Sequenzmotive oder Domänenstrukturen) in Enzymfamilien zu identifizieren. Darüber hinaus werden MSAs in der Strukturmodellierung von Proteinen (▶ Kap. 3) eingesetzt. Für die Erstellung von multiplen Sequenzalignments stehen dabei verschiedene Programme zur Verfügung, die teils unterschiedliche Algorithmen nutzen (Edgar und Batzoglu 2006). Da das Erstellen eines MSA gegenüber einem paarweisen Alignment von nur zwei Sequenzen deutlich mehr Rechenleistung benötigt, beruhen diese Algorithmen zum Großteil ebenfalls auf heuristischen Methoden und liefern damit nur eine Annäherung an das optimale Alignment einer gegebenen Anzahl von Sequenzen.

Die am häufigsten verwendete Methode zur Berechnung von MSAs ist das *progressive alignment*. Sie basiert auf der Kombination von paarweisen Sequenzalignments, beginnend mit dem ähnlichsten Sequenzpaar bis hin zum am weitesten entfernt verwandten Sequenzpaar. Dabei wird im ersten Schritt zunächst die Verwandtschaft der Sequenzen untereinander bestimmt und in einem *guide tree*, vergleichbar einem phylogenetischen Stammbaum, festgelegt. Anschließend werden die Sequenzen entsprechend dem *guide tree* nacheinander zum wachsenden MSA hinzugefügt. Wird allerdings an einer Stelle im paarweisen Alignment ein Fehler eingebaut, pflanzt sich dieser bis zum finalen MSA fort und liefert somit ein ungenaues Alignment. Besonders schwierig ist dabei das korrekte Alignment von Sequenzen mit geringer Homologie. Deshalb nutzen heutige Programme zusätzliche Strategien, wie z. B. iterative oder *consistency*-basierte Methoden, um Fehler zu minimieren und damit verlässlichere MSAs zu generieren. Dennoch wird das jeweilige Ergebnis immer nur eine mehr oder weniger genaue Näherung darstellen. Als Nutzer muss man sich deshalb bewusst sein, dass verschiedene MSA-Programme aufgrund unterschiedlicher zugrunde liegender Algorithmen für das gleiche Set von

> **Iterative und consistency-basierte Methoden zur Verbesserung von Multisequenzalignments**
>
> Bei Programmen wie MAFFT, MUSCLE oder Clustal Omega wird die Genauigkeit eines zunächst über *progressive alignment* erhaltenen Multisequenzalignments (MSA) durch schrittweise Verfeinerung (*iterative refinement*) des Alignments verbessert. Dabei wird das ursprüngliche MSA wiederholt in Sub-Alignments unterteilt und die Anordnung der Sequenzen im jeweiligen Sub-Alignment optimiert.
>
> Dagegen nutzen Programme wie T-Coffee oder ProbCons *consistency* (Folgerichtigkeit) als Information bei der Berechnung eines MSA über *progressive alignment*. Dies bedeutet, dass bei jedem paarweisen Alignment zweier Sequenzen berücksichtigt wird, wie dieses zum globalen MSA beiträgt. Das heißt, ein etwas weniger optimales Alignment zweier Sequenzen kann durchaus bevorzugt werden, wenn dadurch ein besseres Gesamt-Alignment aller Sequenzen erzielt werden kann.

Proteinsequenzen auch unterschiedliche Sequenzalignments liefern können. Je nach weiterer Verwendung des erhaltenen MSA liegt es beim Nutzer, die Genauigkeit bzw. Zuverlässigkeit des Alignments zu überprüfen.

7.3.2 Auswahl eines geeigneten Alignmentprogramms

Bei der Auswahl eines geeigneten Programms für die Erstellung eines multiplen Sequenzalignments sind vor allem drei Parameter von Bedeutung:

- die biologische Genauigkeit des generierten MSA
- die benötigte Rechenzeit
- die benötigte Prozessorleistung

Die Genauigkeit des MSA ist dabei meist am Wichtigsten. Allerdings ist es recht schwierig, die Genauigkeit der verschiedenen Programme objektiv zu überprüfen bzw. zu validieren. In der Praxis erfolgt dies anhand von *benchmark tests* basierend auf Referenzalignments. Nicht überraschend sind Programme, welche in diesen *benchmark tests* am besten abschneiden, häufig gleichzeitig auch sehr rechenintensiv. Allerdings spielt für die benötigte Rechenleistung nicht nur die Genauigkeit des MSA eine Rolle, sondern auch die Anzahl an zu vergleichenden Sequenzen (je mehr, umso schwieriger) und deren Homologie zueinander (je geringer, umso schwieriger). Deshalb hängt es immer

von der jeweiligen Fragestellung ab, welches Programm am besten für die Erstellung eines MSA geeignet ist (Tab. 7.3).

Über viele Jahre hinweg wurde z. B. ClustalW laut Literatur am häufigsten eingesetzt, weil das Programm vergleichsweise wenig Rechenkapazität benötigte, um ein Alignment zu erstellen. *Benchmark tests* zeigten aber, dass neuere Programme wie MAFFT, MUSCLE, T-COFFEE oder PROBCONS, welche andere bzw. verbesserte Algorithmen nutzen, deutlich genauere MSAs liefern. Durch immer neue Fragestellungen und Anwendungsgebiete für multiple Sequenzalignments und die damit zusammenhängende ständige Weiterentwicklung von Algorithmen zur Berechnung von MSAs steht heutzutage eine Vielzahl von Programmen, auch für sehr spezielle Anwendungen, zur Verfügung (Chatzou et al. 2015). Nur ein Teil davon ist ebenfalls über ein Online-Portal nutzbar. Tab. 7.3 gibt eine Übersicht über gängige, online verfügbare Programme zum Vergleich von homologen Proteinsequenzen und deren Anwendungsbereiche.

7.4 Phylogenetische Analysen

Um die Verwandtschaftsverhältnisse homologer Proteinsequenzen zu untersuchen, wird standardmäßig eine phylogenetische Analyse durchgeführt Das Ergebnis ist ein phylogenetischer Stammbaum, der die Verwandtschaftsbeziehungen

◘ Tab. 7.3   Häufig genutzte Programme zur Erstellung von multiplen Sequenzalignments homologer Proteinsequenzen, deren Besonderheiten und Anwendungsbereiche

Name/Webadresse	Beschreibung	Anwendung
Clustal Omega ► http://www.ebi.ac.uk/Tools/msa/clustalo/	Gute Genauigkeit der generierten MSAs bei sehr großen Datensätzen (>20.000 Sequenzen); für kleine Datensätze weniger genau als MAFFT, ProbCons oder T-Coffee	Alignment sehr großer Datensätze
Expresso ► http://tcoffee.crg.cat/apps/tcoffee/do:expresso	Alignment basierend auf Sequenz- und Strukturinformationen (Variante der T-Coffee-Methode)	Generierung strukturbasierter Alignments, z. B. für Strukturmodellierung (► Kap. 3)
MAFFT ► http://mafft.cbrc.jp/alignment/server/	Bietet ein gutes Verhältnis zwischen benötigter Rechenleistung und erzielter Genauigkeit des MSA; Auswahl zusätzlicher Alignmentoptionen möglich; ebenfalls für sehr große Datensätze (>20.000 Sequenzen) geeignet, aber mit etwas geringerer Genauigkeit als Clustal Omega	Standardprogramm für das Alignment weniger Sequenzen als auch großer Datensätze
MUSCLE ► http://www.ebi.ac.uk/Tools/msa/muscle/	Bietet ein gutes Verhältnis zwischen benötigter Rechenleistung und erzielter Genauigkeit des MSA; ebenfalls für große Datensätze geeignet	Standardprogramm für das Alignment weniger Sequenzen als auch großer Datensätze (bis 3000 Sequenzen)
webPRANK ► http://www.ebi.ac.uk/goldman-srv/webPRANK/	Erstellung von MSAs unter Einbezug der evolutionären Verwandtschaft der Proteinsequenzen; nicht für deutlich entfernt verwandte Sequenzen geeignet; rechenintensiv; nicht für große Datensätze geeignet	Phylogenetische Analyse kleiner Datensätze (<100 Sequenzen) mit deutlicher (>40 %) Sequenzidentität
ProbCons ► http://probcons.stanford.edu/index.html	Sehr hohe Genauigkeit des generierten MSA, dafür aber sehr rechenintensiv, besonders bei großen Datensätzen	Standardprogramm für das Alignment eher kleiner Datensätze
T-Coffee ► http://tcoffee.crg.cat/apps/tcoffee/do:regular	Hohe Genauigkeit des generierten MSA, dafür aber rechenintensiv, besonders bei größeren Datensätzen; Einbeziehung zusätzlicher Informationen möglich	Standardprogramm für das Alignment eher kleiner Datensätze

anschaulich darstellen kann. Dabei beschreiben die Verzweigungen einzelner Äste (Topologie des Stammbaumes) sowie die Abstände einzelner Knoten (Entfernungen) im Stammbaum die relativen Verwandtschaftsverhältnisse einzelner Sequenzen untereinander. Jedem phylogenetischen Stammbaum liegt dabei ein multiples Sequenzalignment zugrunde, welches benötigt wird, um computergestützt die Entfernungen und Topologien zu berechnen. Die dafür verfügbaren Computerprogramme nutzen unterschiedliche Methoden, um phylogenetische Stammbäume aus MSAs abzuleiten (◘ Tab. 7.4). Grundsätzlich kann man diese Methoden in abstandsbasiert (*distance*) und zeichenbasiert unterteilen (◘ Tab. 7.5; Yang und Rannala 2012). Abstandsbasierte

Methoden wie *neighbor joining* beruhen auf der paarweisen Berechnung genetischer Abstände zwischen allen Sequenzen im Alignment und der Erstellung einer entsprechenden Abstandsmatrix als Grundlage für die Berechnung des Stammbaumes. Zeichenbasierte Methoden wie *maximum parsimony* oder *maximum likelihood* nutzen stattdessen direkt die Sequenzinformation homologer Bereiche im Alignment, um einen phylogenetischen Stammbaum abzuleiten. Eine neuere Methode, *Bayesian inference*, ist wie *maximum likelihood* ebenfalls wahrscheinlichkeitsbasiert, liefert als Ergebnis aber nicht nur einen sehr wahrscheinlichen Stammbaum, sondern gleich mehrere ähnlich wahrscheinliche Stammbäume zum Vergleich. Diese Methode ist deshalb

Abstands- und Zeichenbasierte Methoden zur Bestimmung phylogenetischer Stammbäume

Bei den abstandsbasierten Methoden wird zunächst für jedes Sequenzpaar im Sequenzalignment basierend auf einem Substitutionsmodell ein genetischer Abstand berechnet. Die daraus resultierende Abstandsmatrix für alle Sequenzen im Datensatz dient anschließend als Grundlage für die Berechnung des phylogenetischen Stammbaumes. Im Gegensatz dazu wird bei den zeichenbasierten Methoden die Sequenzinformation im Multisequenzalignment direkt zur Berechnung des phylogenetischen Stammbaumes verwendet. Dabei werden alle Sequenzen gleichzeitig verglichen, allerdings wird jede Position im Alignment (Zeichen) einzeln nacheinander betrachtet.

◘ **Tab. 7.4** Häufig genutzte Computerprogramme für phylogenetische Analysen

Name	Erläuterung	Webadresse
MEGA	Programmpaket für phylogenetische Analysen über *Distance-*, *Parsimony-* und *Likelihood*-Methoden einschließlich Alignmentprogramm; kann Sequenzdaten direkt aus GenBank importieren; bietet eine grafische Nutzeroberfläche	▶ http://www.megasoftware.net/
PHYLIP	Programmpaket für phylogenetische Analysen über *Distance-*, *Parsimony-* und Likelihood-Methoden	▶ http://evolution.genetics.washington.edu/phylip.html
PhyML	Schnelles Programm für *Maximum-likelihood*-Analysen basierend auf Nucleotid- oder Protein-Sequenzdaten	▶ http://www.atgc-montpellier.fr/phyml/
FastME	Schnelles Programm für phylogenetische Analysen über *Distance*-Methoden; Erweiterung des *Neighbor-joining*-Algorithmus	▶ http://www.atgc-montpellier.fr/fastme/
IQTREE	Schnelles und effizientes Programm für *Maximum-likelihood*-Analysen basierend auf Nucleotid- oder Protein-Sequenzdaten	▶ http://www.iqtree.org/
BEAST	Programm für phylogenetische Analysen über *Bayesian inference*	▶ http://beast.bio.ed.ac.uk/

◻ Tab. 7.5   Methoden zur Rekonstruktion phylogenetischer Stammbäume

Methode	Beschreibung	Vorteile/Nachteile
Neighbor Joining[1]	Nutzt einen schnellen Cluster-Algorithmus, um aus einer Abstandsmatrix einen phylogenetischen Stammbaum zu berechnen; verwendet ein Substitutionsmodell zur Berechnung der paarweisen Sequenzabstände	Benötigt vergleichsweise wenig Rechenleistung; besonders für große Datensätze deutlich homologer Sequenzen geeignet, dagegen fehleranfällig bei Sequenzen mit geringer Homologie
Maximum Parsimony[2]	Sucht den Stammbaum, der die wenigsten Nucleotid- bzw. Aminosäureaustausche benötigt, um die vorhandenen Sequenzen im MSA und deren Homologien zu beschreiben; verwendet kein Substitutionsmodell	Sehr einfache Methode; nutzt aber keine vorhandene Information über tatsächliche Sequenzevolution; fehleranfällig bei weiter entfernt verwandten Sequenzen, da mögliche Mehrfachaustausche an einer Sequenzposition nicht berücksichtigt werden
Maximum Likelihood[2] (ML)	Sucht basierend auf einem Substitutionsmodel den wahrscheinlichsten Stammbaum für ein gegebenes MSA	Benötigt deutlich mehr Rechenleistung; ermöglicht die Verwendung unterschiedlicher Substitutionsmodelle zur Beschreibung der Phylogenie; ebenfalls fehlerbehaftet bei Verwendung eines zu einfachen Substitutionsmodells
Bayesian inference[2]	Sucht basierend auf einem Substitutionsmodel die wahrscheinlichsten Stammbäume für ein gegebenes MSA; im Unterschied zu ML sind Modellparameter keine unbekannten Konstanten, sondern zufällige Variablen mit statistischer Verteilung	Benötigt hohe Rechenleistung; ermöglicht die Verwendung unterschiedlicher Substitutionsmodelle zur Beschreibung der Phylogenie; das Ergebnis ist durch Berechnung von Wahrscheinlichkeiten für Stammbäume und Verzweigungen leicht interpretierbar, berechnete Wahrscheinlichkeiten erscheinen aber häufig zu hoch

[1] abstandsbasiert; [2] zeichenbasiert

besonders interessant, wenn es darum geht, die genaue evolutionäre Verwandtschaft und Entstehung von Sequenzen nachzuvollziehen.

Mit Ausnahme von *maximum parsimony* nutzen sowohl abstands- als auch zeichenbasierte Methoden ein Substitutionsmodell, um die im MSA vorhandenen Nucleotid- bzw. Aminosäureaustausche zwischen den Sequenzen zu beschreiben. Dabei stehen verschiedene Modelle zur Verfügung, die teils unterschiedliche Annahmen treffen (z. B. bezüglich der Häufigkeit oder Verteilung von Nucleotiden bzw. Aminosäuren). Deshalb ist es für die Rekonstruktion tatsächlicher evolutionärer Verwandtschaftsverhältnisse (z. B. von Organismen) wichtig, ein Substitutionsmodell zu verwenden, welches die Sequenzinformation im MSA am besten beschreibt. Für die Erstellung eines phylogenetischen Stammbaumes homologer Proteinsequenzen zur grafischen Darstellung der Verwandtschaftsverhältnisse der zugrunde liegenden Sequenzen spielt die tatsächliche evolutionäre Entwicklung der Proteine dagegen eine eher untergeordnete Rolle. Nichtsdestotrotz haben auch das „Aussehen" des zugrunde liegenden MSA sowie die verwendete Methode einen großen Einfluss auf die spätere Topologie des Stammbaumes. Deshalb ist es sinnvoll, für ein gegebenes Set homologer Proteinsequenzen verschiedene Programme zur Erstellung des multiplen Sequenzalignments sowie verschiedene Methoden zur Berechnung des phylogenetischen Stammbaumes zu testen und die erhaltenen Stammbäume anschließend zu vergleichen (s. auch ▶ Abschn. 7.5.4). Dabei können sich die verschiedenen erhaltenen Stammbäume im Detail durchaus unterscheiden.

Um die Verlässlichkeit eines phylogenetischen Stammbaumes zu untersuchen, wird häufig eine *Bootstrap*-Analyse durchgeführt. Bei dieser statistischen Methode werden Pseudoreplikate, meist 100 oder 1000, des originalen Sequenzdatensatzes erstellt und daraus ebenfalls phylogenetische Stammbäume über die gleiche Methode erstellt, wie der ursprüngliche Stammbaum. Durch vergleichende Analyse aller *Bootstrap*-Stammbäume wird für jeden Verzweigungspunkt (Knoten) im Stammbaum eine prozentuale Häufigkeit berechnet, die angibt, in welchem Anteil aller *Bootstrap*-Stammbäume diese Verzweigung tatsächlich enthalten ist. In der Praxis werden dabei Verzweigungen mit mindestens 70 % *bootstrap support* als verlässlich bewertet. Eine andere Möglichkeit besteht darin, aus allen *Bootstrap*-Stammbäumen einen *consensus tree* erstellen zu lassen, der nur die Verzweigungen darstellt, die ebenfalls in allen Einzelstammbäumen enthalten sind.

Bei der Darstellung phylogenetischer Stammbäume wird zusätzlich zwischen zwei verschiedenen Typen unterschieden. Bei einem *rooted tree* wird während der Stammbaumerstellung eine den Input-Sequenzen gemeinsame Vorläufersequenz berechnet, von der aus sich der Stammbaum aufspannt (◘ Abb. 7.1). In der Praxis wird für die Bestimmung solch einer Vorläufersequenz die Aufnahme mindestens einer zusätzlichen, aber weiter entfernt verwandten Sequenz (*outgroup*) in den Sequenzdatensatz benötigt. Diese *Outgroup*-Sequenz sollte, wenn richtig gewählt, im Stammbaum nahe der Vorläufersequenz auftauchen und die größte Entfernung zu allen anderen Sequenzen aufweisen. Bei einem *unrooted tree* werden dagegen die Abstände und Verwandtschaftsverhältnisse zwischen den Input-Sequenzen ohne Kenntnis bzw. Betrachtung eines gemeinsamen Vorläufers grafisch dargestellt.

7.5 Beispiel: Identifizierung neuer Halohydrindehalogenasen

Halohydrindehalogenasen (HHDHs) sind Enzyme, die bisher nur in wenigen Bakterienarten beschrieben wurden. Sie katalysieren die reversible Dehalogenierung von vicinalen Haloalkoholen unter Bildung der entsprechenden Epoxidverbindungen und sind

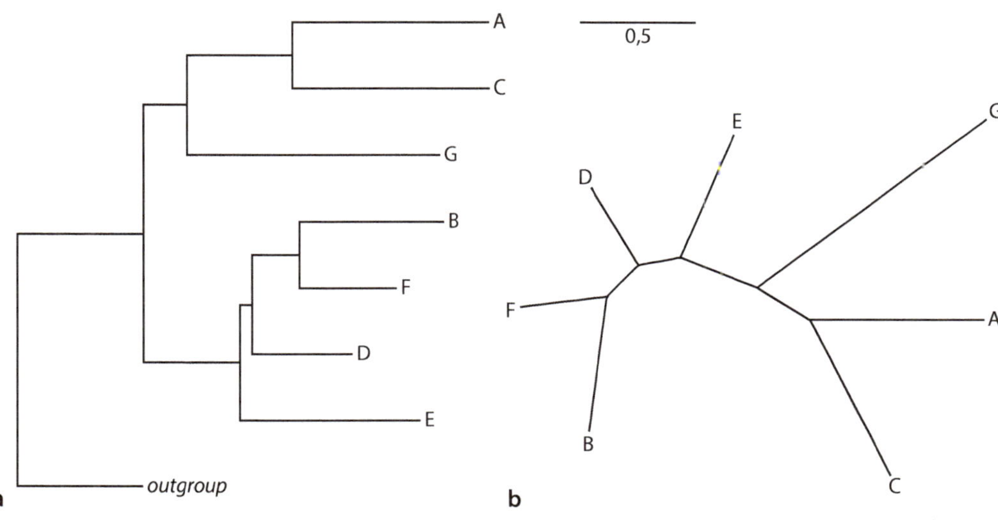

◘ **Abb. 7.1** Stammbaumtopologien für einen *rooted* (**a**) und einen *unrooted* (**b**) phylogenetischen Stammbaum

biotechnologisch relevant. So werden HHDHs z. B. zur Entfernung von toxischen Haloalkoholen in Lebensmittelanwendungen eingesetzt oder dienen in der Biokatalyse als Katalysatoren zur Herstellung verschiedener β-substituierter Alkohole. Phylogenetisch gehören HHDHs zur Superfamilie der kurzkettigen Dehydrogenasen und Reduktasen *(short-chain dehydrogenase/reductase (SDR) superfamily)*, mit denen sie einige strukturelle und mechanistische Eigenschaften teilen, auch wenn sich die von ihnen katalysierten Reaktionen grundlegend unterscheiden. Aufgrund der signifikanten Homologie zwischen HHDHs und SDR-Enzymen ist eine eindeutige Unterscheidung beider Enzymgruppen in einer einfachen BLAST-Suche nicht trivial, für die Identifikation neuer HHDH-Sequenzen in Sequenzdatenbanken aber essenziell. Bis vor Kurzem waren lediglich die Gen- und Proteinsequenzen von fünf verschiedenen HHDHs bekannt, welche durch klassisches mikrobielles, aktivitätsbasiertes Screening identifiziert wurden. Um die Anzahl verfügbarer HHDHs für biotechnologische Anwendungen zu erhöhen, wurde versucht, neue HHDH-Sequenzen in öffentlichen Datenbanken über eine Homologiesuche zu identifizieren (Schallmey et al. 2014).

7.5.1 MSA zur Identifikation spezifischer Sequenzmotive

Für die fünf bereits beschriebenen HHDHs war bekannt, dass diese im Unterschied zu SDR-Enzymen eine katalytische Triade von Serin, Tyrosin und Arginin aufweisen. Die katalytische Triade der meisten SDR-Enzyme besteht stattdessen aus Serin, Tyrosin und Lysin. Außerdem war bekannt, dass HHDHs im Gegensatz zu SDR-Enzymen keine Nucleotidcofaktorbindetasche besitzen, da HHDHs für ihre Aktivität keinen entsprechenden Cofaktor benötigen. Diese Nucleotidcofaktorbindetasche wird bei klassischen SDR-Enzymen durch das glycinreiche Motiv $T-G-X_3-(G/A)-X-G$ gebildet.

Stattdessen weisen HHDHs an gleicher Stelle eine Nucleophilbindetasche auf, die in den gelösten Kristallstrukturen der bekannten HHDHs HheC und HheA2 von aromatischen Aminosäuren flankiert ist. Somit waren erste sequenzspezifische Informationen zur Unterscheidung von HHDHs und SDRs bekannt.

In einem über MAFFT erstellten multiplen Sequenzalignment der fünf HHDHs sowie ausgewählter SDR-Enzyme stimmen jeweils die Aminosäurereste der katalytischen Triade überein. Außerdem befindet sich in den HHDH-Sequenzen im Vergleich zu den SDR-Enzymen ein aromatischer Rest anstelle des zentralen Glycins bzw. Alanins des glycinreichen Motivs der SDRs. Diese Informationen wurden in einem ersten Schritt genutzt, um in einem MSA homologer Sequenzen, welche über eine blastp-Suche ausgehend von einer HHDH-Suchsequenz erhalten wurden, neue HHDHs von homologen SDR-Enzymen zu unterscheiden. Auf diese Weise konnten mehrere neue, zunächst putative Halohydrindehalogenasen gefunden werden, deren Aktivität später auch experimentell bestätigt werden konnte. Allerdings war diese Suche recht aufwendig, da jede einzelne Sequenz im Alignment noch manuell bezüglich ihrer katalytischen Triade und dem Vorhandensein eines Glycin- bzw. Alaninrestes oder einer aromatischen Aminosäure an gleicher Stelle hin überprüft werden musste. Um HHDHs und SDR-Enzyme in einer BLAST-Suche leichter voneinander unterscheiden zu können, sollten deshalb eines oder mehrere HHDH-spezifische Sequenzmotive identifiziert werden. Dazu wurde wiederum von den bereits bekannten und allen neuen HHDHs ein MSA über MAFFT erstellt und hinsichtlich konservierter Bereiche im Alignment untersucht. Dabei wurde festgestellt, dass für alle HHDHs die drei Aminosäuren der katalytischen Triade feste Abstände zueinander aufweisen. Somit konnte zum einen das Sequenzmotiv $S-X_{12}-Y-X_3-R$ festgelegt werden. Des Weiteren stellte sich heraus, dass die bereits genannte aromatische Aminosäure bei HHDHs ebenfalls von einem konservierten Motiv (T-X$_4$-(F/Y)-X-G) flankiert ist, welches dem glycinreichen Motiv von SDR-Enzymen zwar ähnlich ist, aber eindeutig zur Unterscheidung von HHDHs und SDRs beiträgt. Trotz einzelner Unterschiede in den verschiedenen MSAs wurden diese Sequenzmotive ebenfalls durch Sequenzalignments, welche über webPRANK und Clustal Omega erstellt wurden, bestätigt (◘ Abb. 7.2).

7.5.2 Homologiesuche in öffentlichen Datenbanken

Eine einfache BLAST-Suche in der nr-Datenbank von NCBI mit einer der bekannten HHDHs als Suchsequenz liefert, aufgrund der vorhandenen Homologie, neben neuen putativen HHDH-Sequenzen ebenfalls eine große Anzahl von SDR-Enzymen als Ergebnis.

Wenn keine weiteren Sequenzinformationen zur Unterscheidung von HHDHs und SDRs zur Verfügung stünden, könnten die echten HHDHs in der Liste von homologen Sequenzen anschließend nur über entsprechende Aktivitätstests eindeutig identifiziert werden. Da dies viel Zeit und Ressourcen in Anspruch nimmt, könnte standardmäßig jeweils nur eine kleine Anzahl an homologen Sequenzen experimentell untersucht werden. Die Wahrscheinlichkeit, dabei viele neue HHDHs zu finden, wäre aber eher gering. Verbessert werden kann die Homologiesuche durch Kenntnis zusätzlicher HHDH-spezifischer Sequenzinformationen. Wie in ▶ Abschn. 7.5.1 beschrieben, konnten für Halohydrindehalogenasen über ein multiples Sequenzalignment zwei HHDH-spezifische Sequenzmotive identifiziert werden. Das erste, T-X$_4$-(F/Y)-X-G, umfasst Aminosäuren der Nucleophilbindetasche von HHDHs.

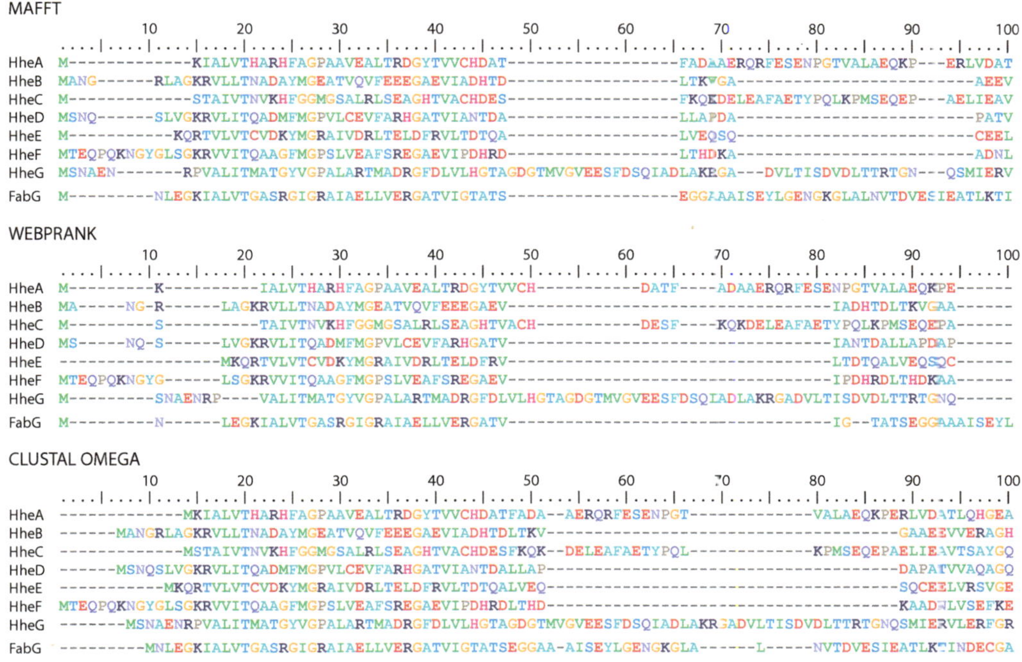

◘ **Abb. 7.2** *N*-terminaler Ausschnitt multipler Sequenzalignments ausgewählter Halohydrindehalogenasen (HheA bis HheG) zur Identifikation HHDH-spezifischer Sequenzmotive. Zum Vergleich wurde ebenfalls das SDR-Enzym FabG mit einbezogen. Die drei MSAs wurden mithilfe der Programme MAFFT, webPRANK und CLUSTAL Omega erstellt

Im Gegensatz dazu weisen SDR-Enzyme ein glycinreiches Motiv (T-G-X$_3$-(G/A)-X-G) für die Bindung des Nucleotidcofaktors auf. Das zweite HHDH-spezifische Sequenzmotiv, S-X$_{12}$-Y-X$_3$-R, beinhaltet die Aminosäuren der katalytischen Triade von Halohydrindehalogenasen: Serin, Tyrosin und Arginin. SDR-Enzyme weisen stattdessen klassischerweise eine katalytische Triade bestehend aus Serin, Tyrosin und Lysin auf, wobei der Abstand zwischen Serin und Tyrosin variieren kann. Über diese beiden Sequenzmotive lassen sich dementsprechend HHDHs von SDR-Enzymen unterscheiden. Durch Verwendung eines der beiden Sequenzmotive zusammen mit einer HHDH-Suchsequenz als Ausgangspunkt einer PHI-BLAST-Suche kann die Anzahl an SDRs in der Liste homologer Sequenzen bereits deutlich reduziert werden. Die Kombination beider Sequenzmotive in der PHI-BLAST-Suche liefert dagegen als Ergebnis ausschließlich (putative) HHDH Sequenzen mit signifikanter Homologie zur Suchsequenz und ermöglicht gleichzeitig eine deutlich tiefergehende Durchsuchung des in der Datenbank vorhandenen Sequenzraumes als eine einfache BLAST-Suche. Im Vergleich dazu werden bei einer PSI-BLAST-Suche ebenfalls die weiter entfernt homologen HHDHs gefunden, d. h. auch hier wird der vorhandene Sequenzraum deutlich tiefergehend durchsucht. Allerdings sind in der Ergebnisliste homologer Sequenzen immer noch SDR-Enzyme enthalten, da diese ebenfalls deutliche Homologie zu den Halohydrindehalogenasen aufweisen. In unserem speziellen Beispiel, d. h. bei Kenntnis spezifischer HHDH-Sequenzmotive und einer notwendigen Diskriminierung zwischen homologen HHDH- und SDR-Enzymen, liefert eine PHI-BLAST-Suche somit das bessere Ergebnis.

7.5.3 Überprüfung der korrekten Genannotierung

Von den durch Homologiesuche in der nr- bzw. env_nr-Datenbank identifizierten neuen HHDHs wiesen einige Sequenzen gemäß ursprünglicher Annotierung nicht das standardmäßige ATG Start-Codon auf. Deshalb wurde für alle gefundenen Sequenzen zunächst die korrekte Annotierung überprüft und dabei nach einem alternativen ATG Start-Codon innerhalb der ursprünglichen Gensequenz gesucht (◘ Abb. 7.3). Verkürzte Genversionen wurden jedoch nur dann in Betracht gezogen, wenn die von ihnen codierten Aminosäuresequenzen immer noch das nahe dem N-Terminus lokalisierte Sequenzmotiv T-X$_4$-(F/Y)-X-G aufwiesen. Zudem wurde das Vorhandensein einer *Shine-Dalgarno*-Sequenz wenige Nucleotide vor (*upstream*) dem neuen ATG-Startcodon geprüft. Diese A/G-reiche Sequenz dient bei Prokaryoten als Ribosomenbindestelle während der Translation. Durch diese Überprüfung der Genannotierung der gefundenen Sequenzen konnte für alle HHDH-Gene, welche in ihrer ursprünglichen Annotierung kein Standard-ATG-Startcodon aufwiesen, doch noch ein alternatives ATG-Startcodon mit entsprechender Ribosomenbindestelle identifiziert werden.

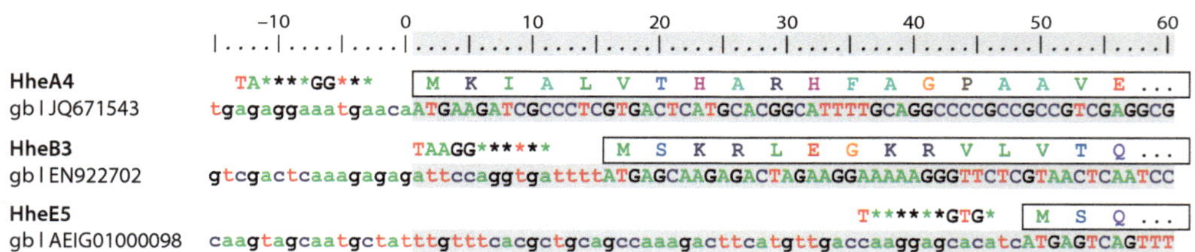

◘ **Abb. 7.3**   Überprüfung der korrekten Annotierung von Translationsstarts dreier in GenBank enthaltener HHDH-codierender Sequenzen

7.5.4 Phylogenetische Analyse neuer Halohydrindehalogenasen

Um die Phylogenie aller neu identifizierten HHDHs einschließlich der zuvor bekannten Enzyme zu untersuchen, wurden verschiedene Stammbäume basierend auf zwei unterschiedlichen MSAs (erstellt über MAFFT bzw. PRANK + F) und unter Verwendung zweier verschiedener phylogenetischer Algorithmen (PhyML bzw. FastME) erstellt und jeweils anschließend eine *Bootstrap*-Analyse durchgeführt. Im Ergebnis waren alle erhaltenen Stammbäume in ihrer Topologie recht ähnlich, besonders bezogen auf die Hauptverzweigungen im Stammbaum. Demnach können HHDHs in insgesamt sechs phylogenetische Subtypen (A + C, B, D, E, F und G) unterteilt werden (◘ Abb. 7.4). Dagegen unterschied sich in den verschiedenen Stammbäumen die genaue Aufspaltung der einzelnen Enzyme innerhalb der Subtypen, sodass die tatsächliche phylogenetische Verwandtschaft von HHDHs des gleichen Subtyps nicht abschließend geklärt werden kann. Anhand der durchgeführten *Bootstrap*-Analysen wurden diese Ergebnisse insgesamt bestätigt.

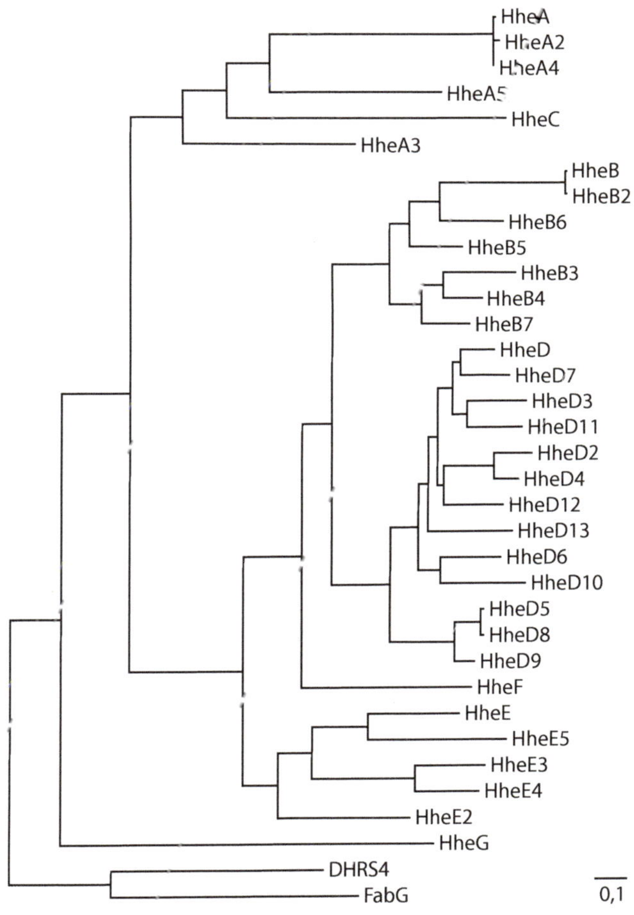

◘ Abb. 7.4 Phylogenetischer Stammbaum zur Darstellung der Verwandtschaftsverhältnisse der verschiedenen HHDH-Sequenzen, erstellt mit PhyML basierend auf einem PRANK + F MSA. FabG und DHRS4 (SDR-Enzyme) wurden als *Outgroup*-Sequenzen verwendet

Literatur

Altschul SF, Gish W, Miller W, Myers EW, Lipman DJ (1990) Basic local alignment search tool. Journal of Molecular Biology 215: 403–410

Altschul SF, Madden TL, Schäffer AA, Zhang J, Zhang Z, Miller W, Lipman DJ (1997) Gapped BLAST and PSI-BLAST: A new generation of protein database search programs. Nucleic Acids Research 25 (17): 3389-3402

Chatzou M, Magis C, Chang J-M, Kemena C, Bussotti G, Erb I, Notredame C (2015) Multiple sequence alignment modelling: Methods and applications. Briefings in Bioinformatics: 1–15

Edgar RC, Batzoglou S (2006) Multiple sequence alignment. Current Opinion in Structural Biology 16: 368–373

Jones DT, Swindells MB (2002) Getting the most from PSI-BLAST. TRENDS in Biochemical Sciences 27 (3): 161–164

Schallmey M, Koopmeiners J, Wells E, Wardenga R, Schallmey A (2014) Expanding the halohydrin dehalogenase enzyme family: Identification of novel enzymes by database mining. Applied & Environmental Microbiology 80 (23): 7303–7315

Yang Z, Rannala B (2012) Molecular phylogenetics: Principles and practice. Nature Reviews Genetics 13: 303–314

Zhang Z, Schäffer AA, Miller W, Madden TL, Lipman DJ, Koonin EV, Altschul SF (1998) Protein sequence similarity searches using patterns as seeds. Nucleic Acids Research 26 (17): 3986–3990

Optimierung von Enzymen

Dominique Böttcher und Uwe T. Bornscheuer

© Springer-Verlag GmbH Deutschland, ein Teil von Springer Nature 2018
K.-E. Jaeger, A. Liese, C. Syldatk (Hrsg.), *Einführung in die Enzymtechnologie*,
https://doi.org/10.1007/978-3-662-57619-9_8

Zusammenfassung

Für eine effiziente Anwendung von Enzymen in der Biokatalyse ist oft deren Optimierung notwendig, um beispielsweise Selektivität, Aktivität, Toleranz von Lösungsmitteln und Stabilität für industrielle Anwendungen zu verbessern. In diesem Kapitel werden daher Konzepte wie rationales Design und gerichtete Evolution für das Protein-Engineering von Enzymen beschrieben. Molekularbiologische Methoden zur Erzeugung von Mutantenbibliotheken durch positionsgerichtete Mutagenese oder Verfahren der Zufallsmutagenese werden ebenfalls vorgestellt sowie Konzepte für Screening oder Selektion zur Identifizierung gewünschter Enzymvarianten. Mehrere Beispiele illustrieren die erfolgreiche Verbesserung von Biokatalysatoren.

Bei der Verwendung von Enzymen als Biokatalysatoren in der industriellen Anwendung trifft man schnell auf Grenzen, die aufgrund ihrer natürlichen Funktion in der lebenden Zelle bestehen. Enzyme sind nämlich oft nicht kompatibel z. B. mit den Anforderungen in der organischen Synthese. Die Eigenschaften von Enzymen wie Substrat- oder Produktinhibierung, Stabilität und katalytische Effizienz sind fein abgestimmt durch die natürliche Evolution, um ein Überleben des Organismus zu gewährleisten. In einer industriellen Anwendung ist diese aber eher nachteilig, denn dort sind hohe Substratkonzentration und vollständiger Umsatz gefordert. Auch die von Natur aus hohe Substratspezifität, die in der Zelle sehr wichtig ist, um unerwünschte Nebenreaktionen zu verhindern, hat zur Folge, dass das Enzym häufig zur Synthese von nur wenigen Produkten genutzt werden kann.

Das Design von Enzymen mit maßgeschneiderten Eigenschaften ist daher für eine industrielle Anwendung von großer Bedeutung.

8.1 Strategien zur Optimierung von Enzymen

Je nach vorliegenden Informationsgehalt über das betreffende Protein gibt es zwei unterschiedliche Ansätze für die Optimierung von Enzymen: Das rationale Proteindesign und die gerichtete Evolution (engl. *directed evolution* oder *in vitro evolution*; ◘ Abb. 8.1).

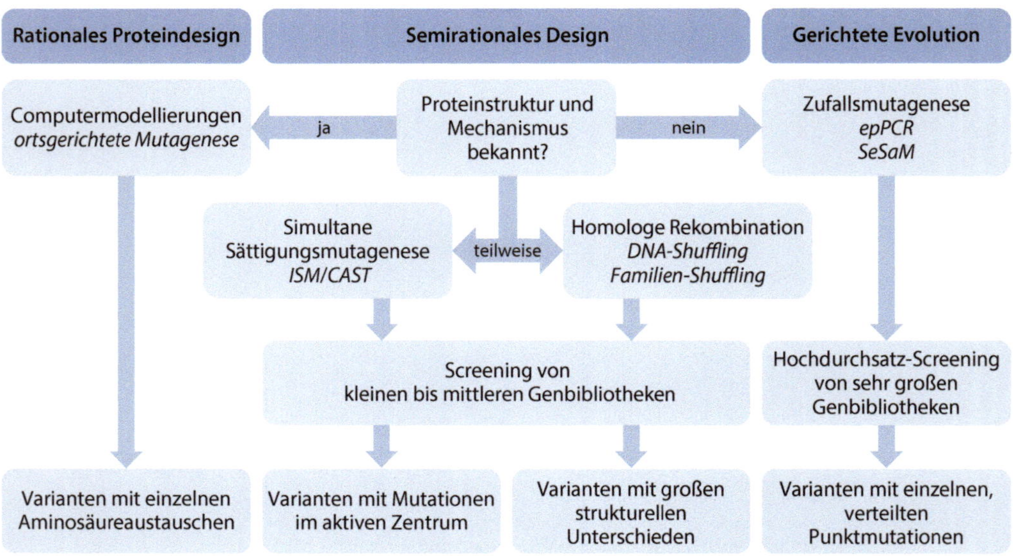

◘ **Abb. 8.1**   Strategien des Protein-Engineering

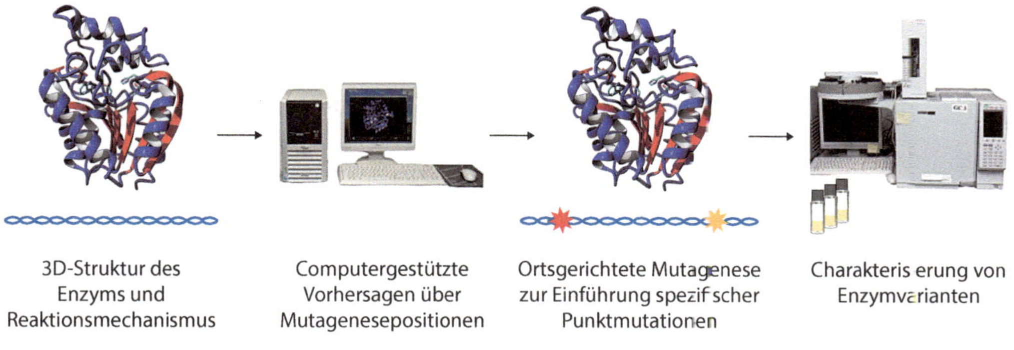

◘ Abb. 8.2   Rationales Proteindesign

8.1.1 Rationales Proteindesign

Das rationale Enzymdesign nutzt die Methoden der Bioinformatik, um Kenntnisse darüber zu gewinnen, wie eine Proteinstruktur geändert werden muss, damit ein Biokatalysator die gewünschten Eigenschaften wie Aktivität, Stabilität und Spezifität besitzt.

Dazu muss das Zielprotein zunächst gereinigt, biochemisch detailliert charakterisiert und anschließend seine dreidimensionale Struktur über die Röntgenkristallographie aufgeklärt werden. Gelingt die Aufklärung der Proteinstruktur nicht, kann auf Basis der Strukturdaten von verwandten (homologen) Proteinen, welche in der Proteindatenbank (PDB) hinterlegt sind, ein Homologiemodell erstellt werden. Wenn die Lage des aktivem Zentrums und der Katalysemechanismus bekannt sind, wird die Modellierung der Substratbindung *(molecular modeling)* und die Planung der Mutagenesepositionen durchgeführt. Dazu kommen häufig Computerprogramme (z. B. Yasara mit AutoDock) oder Webserver-basierte Anwendungen (Caver3.0, HotSpot Wizard) zum Einsatz. Anhand der Vorhersagen werden anschließend durch gezielte Mutagenese einzelne Aminosäuren ausgetauscht und die daraus resultierenden Proteinvarianten hergestellt, gereinigt und biochemisch charakterisiert.

Mithilfe des rationalen Proteindesigns allein lassen sich aber selten neue Enzymvarianten mit signifikant verbesserten Eigenschaften erzielen (◘ Abb. 8.2). Häufig sind noch weitere Runden der Optimierung nötig.

8.1.2 Gerichtete Evolution

Anders als beim rationalen Design benötigt man für die Methoden der gerichteten Evolution kein detailliertes Wissen über die dreidimensionale Struktur des Enzyms, des Reaktionsmechanismus' oder über die Beziehungen zwischen Strukturen, Sequenzen und Mechanismen. Die Voraussetzungen für den evolutiven Ansatz sind nur das Vorhandensein des Gens, das für das zu optimierende Enzym codiert, ein geeignetes Expressionssystem (meist *Escherichia coli,* s. auch ▶ Kap. 9), eine effektive Methode, um qualitativ hochwertige Mutantenbibliotheken herzustellen und ein leistungsfähiges Screening- oder Selektionssystem (◘ Abb. 8.3). Bei der gerichteten Evolution werden nur zufallsbasierte Mutagenesemethoden eingesetzt. Hierbei unterscheidet man PCR-basierte *In-vitro*-Methoden und *In-vivo*-Methoden, die neben dem Plasmid auch das gesamte Genom in der wachsenden Bakterienzelle mutieren. Bei den *In-vitro*-Zufallsmutagenesemethoden unterscheidet man weiterhin nicht rekombinierende Methoden (z. B. *error-prone PCR*) und rekombinierende Methoden wie DNA-Shuffling.

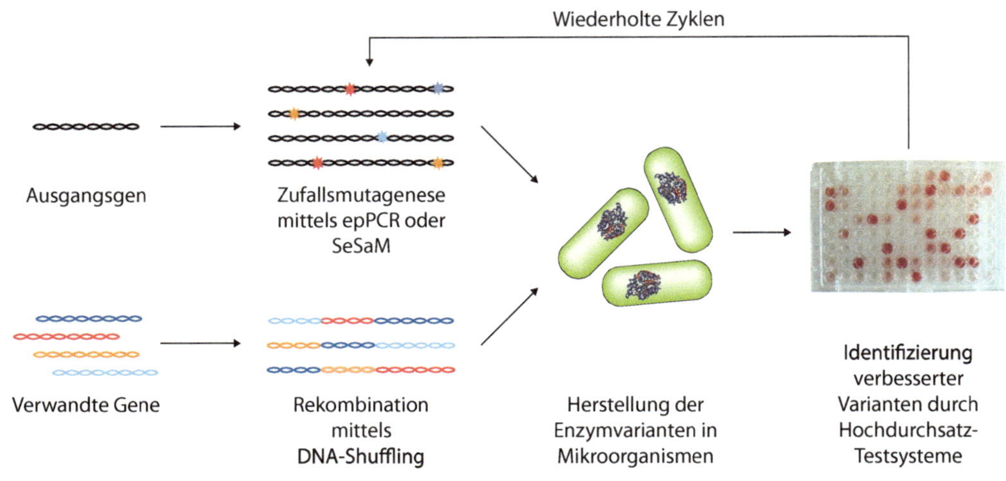

◘ Abb. 8.3 Gerichtete Evolution

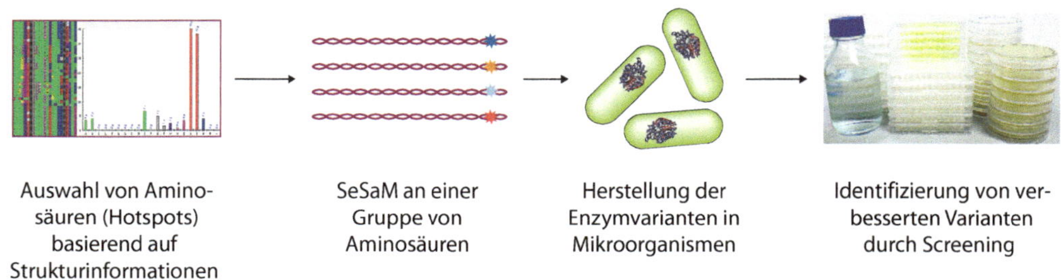

◘ Abb. 8.4 Semi-rationales Proteindesign. (SeSaM: sequenzielle Sättigungsmutagenese)

8.1.3 Semi-rationales Design

Basierend auf den Erkenntnissen von Struktur-daten und biochemischen Analysen kombi-nieren semi-rationale Methoden die Vorteile von rationalen Ansätzen und Methoden der Zufallsmutagenese, um kleine „smarte" Biblio-theken von Enzymvarianten zu generieren (◘ Abb. 8.4). Wenn zudem die Analyse des Kristallstruktur oder des Homologiemodells keine konkreten Anhaltspunkte für einen gezielten Austausch einzelner Aminosäuren im aktiven Zentrum gibt, können alternativ gleich mehrere Positionen im aktiven Zentrum einer (simultanen) Sättigungsmutagenese unter-zogen werden. Eine häufig eingesetzte Methode des semi-rationalen Designs ist die iterative Sättigungsmutagenese (ISM), hier insbesondere die CAST-Methode (▶ Abschn. 8.2.2).

8.2 Methoden zur Erzeugung einer Mutantenbibliothek

8.2.1 Ortsspezifische Sättigungsmutagenese

Bei dieser Methode wird eine Mutantenbiblio-thek erstellt, in der wenige Aminosäuren unter Verwendung von sog. *Wobble*-Primern, das sind Oligonucleotide mit degenerierten Basentripletts (Codons), durch alle 19 ande-ren ersetzt werden sollen. Die Auswahl der Codons bestimmt dabei maßgeblich den Screeningaufwand (◘ Tab. 8.1). Die Standard-codons NNN oder NNK (mit N = A, T, G oder C und K = G oder T) codieren dabei für alle Nucleotide und decken somit alle 20 Aminosäuren ab. Damit die Wahrscheinlich-keit für ein zufällig eingefügtes Stopcodon

◘ Tab. 8.1 Screeningaufwand für 95 % Abdeckung. (Reetz et al. 2008)

Positionen	NNK		NDT	
	Codons	Anzahl zu durchmusternder Varianten	Codons	Anzahl zu durchmusternder Varianten
1	32	94	12	34
2	1028	3066	144	430
3	32.768	98.163	1728	5175
4	1.048.576	3.141.251	20.736	62.118
5	33.554.432	100.520.093	248.832	745.433

minimiert ist, wird aber für eine vollständig randomisierte Aminosäureposition ausschließlich ein NNK-Primer verwendet.

Will man den Aufwand zum Durchmustern (Screening) reduzieren, kommen spezielle Codons zum Einsatz, bei denen die Auswahl der codierten Aminosäuren auf die verschiedenen Aminosäureklassen eingeschränkt wird. Das Codon NDT (mit D = A, G oder T) codiert nur für zwölf in Ladung und Polarität unterschiedliche Aminosäuren.

Zur Vereinfachung der Planung von degenerierten Primern kann man sich die Codons auch mithilfe einer Webserver-basierten Anwendung wie z. B. DYNAMCC (► http:// www.dynamcc.com) erstellen lassen. Dieses Tool eliminiert unerwünschte Aminosäuren, Stopcodons, Redundanz und den *codon bias* (► Abschn. 8.2.4). Die resultierenden

komprimierten Codons sind außerdem für die *codon usage* des entsprechenden Wirtsorganismus optimiert (Pines et al. 2015).

8.2.2 Die iterative Sättigungsmutagenese (ISM)

Bei dieser Methode werden in iterativen Zyklen ausgewählte Aminosäurepositionen, von denen man annimmt, dass sie eine bestimmte Eigenschaft des Proteins mit hoher Wahrscheinlichkeit beeinflussen, sog. Hotspots, mit allen anderen Aminosäuren gesättigt. Ein Bereich kann aus einer, zweien, dreien oder auch mehr Aminosäuren bestehen, die jeweils nacheinander „gesättigt" werden (◘ Abb. 8.5). Dabei dient die jeweils beste

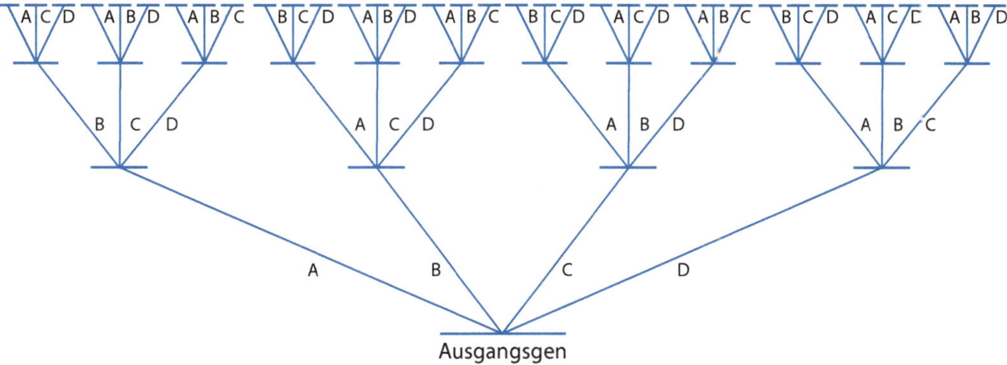

◘ Abb. 8.5 Schematische Darstellung einer iterativen Sättigungsmutagenese als Beispiel mit vier Mutagenesepositionen A, B, C und D

Mutante eines Bereiches als Grundlage für die Sättigungsmutagenese des nächsten Bereiches. Die Aminosäurepositionen werden also aufeinander aufbauend mutiert, wobei sich die gewünschte Eigenschaft ständig verbessern sollte. Führt dabei eine Mutation zu einer inaktiven Variante, geht man einen Schritt zurück und wählt eine andere Position für die Mutagenese.

Die CAST-Methode *(combinatorial active-site saturation test;* Reetz et al. 2005), eine Variante der ISM, ist eine häufig genutzte Methode des semi-rationalen Proteindesigns und wird vor allem zur Veränderung der Substrat- oder Stereospezifität eingesetzt. Hierbei stehen vorrangig die Aminosäuren in der ersten Sphäre *(first shell residues)* um das katalytische Zentrum im Fokus und werden einer positionsgerichteten Sättigungsmutagenese unterzogen.

Eine Variation der CAST-Methode ist B-Fit *(B-factor iterative test;* Reetz et al. 2006) wobei die Grundlage für die Wahl der Positionen für die iterative Sättigungsmutagenese die sog. B-Faktoren der Aminosäuren in der Kristallstruktur sind. Diese Methode wird vor allem zur Stabilisierung und zur Erhöhung der Thermostabilität eines Proteins verwendet.

8.2.3 ProSAR

Ein weiteres Beispiel für eine semi-rationale Methode bildet ProSAR *(protein sequence activity relationships;* Fox et al. 2007). Bei ProSAR handelt es sich um ein lernendes System, das Resultate der gerichteten Evolution auswertet und Vorhersagen für weitere Experimente erlaubt. Dabei können alle Mutagenesemethoden zum Einsatz kommen. Ein Algorithmus ermöglicht die Berechnung des Einflusses jeder einzelnen Mutation auf die Aktivität, unabhängig davon, wie viele Mutationen das Gen trägt. Auf diese Weise können Mutationen in Genen identifiziert werden, die die Aktivität verbessern, obwohl das Protein möglicherweise eine geringere Aktivität als das Ausgangsprotein hat.

8.2.4 Fehlerbehaftete PCR (*error-prone* PCR)

Bei der fehlerbehafteten PCR (Cadwell und Joyce 1992; engl. *error-prone PCR*, epPCR) werden die Bedingungen so gewählt, dass bei der Genamplifikation höhere Fehlerraten auftreten (1–5 %). Die dabei häufig verwendete Polymerase aus *Thermus aquaticus* besitzt bereits durch ihre *(non-proof-reading)* Funktion eine erhöhte Fehlerrate. Diese kann durch Verwendung von $MnCl_2$ anstelle von $MgCl_2$, einem unausgewogenen Nucleotidverhältnis oder einer erhöhten Konzentration der Nucleotide gesteigert werden. Die Mutationsrate kann zudem auch durch die Konzentration des Gentemplates, dem Einsatz spezieller Polymerasen, z. B. Mutazyme (GeneMorphII Random Mutagenesis Kit, Agilent Technologies) oder von Nucleotidtriphosphat-Analoga (JBS dNPT-Mutagenesis Kit, Jena Bioscience) auf eine Fehlerrate von bis zu 20 % erhöht werden.

Ein wesentlicher Nachteil der *error-prone PCR* ist, dass nicht alle theoretischen Mutationen möglich sind und somit auch nicht alle möglichen Proteinvarianten erzeugt werden können. Die Wahrscheinlichkeit, mehr als eine Base pro Triplett (Codon) auszutauschen, ist bei dieser Methode sehr gering. Aufgrund des degenerierten genetischen Codes sind somit nur sechs der 20 Aminosäuren der theoretisch möglichen Aminosäureaustausche im statistischen Mittel experimentell zugänglich *(codon bias).* Dies führt wiederum zu einer begrenzten Diversität der Mutantenbibliothek.

Außerdem haben die Polymerasen die Eigenschaft, bestimmte Nucleotidaustausche zu bevorzugen, wodurch einige Mutationen öfter als andere auftreten *(polymerase bias).* Durch eine Kombination mehrerer Polymerasen oder den Einsatz von kommerziellen Kits mit verschiedenen Polymerasen kann man den Fehler in der Bibliothek verringern. Der *amplification bias* entsteht durch die exponentielle Vervielfältigung der Mutationen aus den ersten PCR-Zyklen. So ist eine Mutation, die in der ersten Amplifikation entstanden ist, am Ende zu 25 % überrepräsentiert. Dies kann man umgehen, indem man mehrere verschiedene Reaktionsansätze parallel durchführt und sie am Ende vereinigt, um dann die Mutantenbibliothek zu generieren. Mithilfe von kommerziellen Kits mit speziellen Polymerasen kann das Problem des nicht statistischen Austauschs der Nucleotide weitestgehend minimiert werden. Das Einstellen einer optimalen Mutationsrate und die Minimierung des *bias* sind somit die wichtigsten Parameter für eine qualitativ hochwertige Genbibliothek.

Eine Alternative zur *error-prone PCR* ist die „Sequenzielle Sättigungsmutagenese" (SeSaM), welche einen Pool aus DNA-Fragmenten unterschiedlicher Länge generiert, an die anschließend enzymatisch die Universalbase Desoxyinosin angefügt wird. Die Fragmente werden dann in einer nachfolgenden PCR, bei der das Ausgangsgen als Matrize dient, zur Herstellung einer nun modifizierten Gensequenz mit voller Länge amplifiziert. Dabei wird das Desoxyinosin durch eine der vier Standardbasen ersetzt (Wong et al. 2004).

8.2.5　DNA-Shuffling

Die rekombinierenden Methoden bringen Veränderungen in der Gensequenz durch Trennung und Neukombination von sich unterscheidender DNA hervor.

Beim DNA-Shuffling, einer der wichtigsten Methoden der *In-vitro*-Rekombination, werden ein oder mehrere verwandte (homologe) Gene mit verschiedenen positiven Mutationen mit der Endonuclease DNase I geschnitten (Stemmer 1994). Es entstehen zufällig über das gesamte Gen verteilte, überlappende DNA-Fragmente. Die fragmentierten Gensequenzen werden neu kombiniert und Genvarianten von Mutanten mit verbesserten Eigenschaften als Startpunkt für weitere Runden von Mutation und Rekombination verwendet. Das DNA-Shuffling kann mit Mutanten desselben Gens durchgeführt werden, aber auch

mit homologen Genen unterschiedlicher Spezies (Familien-Shuffling).

8.2.6　*In-vivo*-Mutagenese

Für die Mutagenese gibt es auch unspezifische *in-vivo*-Methoden, darunter traditionelle Methoden wie die Behandlung mit UV-Strahlung, Chemikalien wie *N*-Methyl-*N*'-nitro-*N*-nitrosoguanidin (MNNG) oder Ethylmethansulfonat (EMS), radioaktive Strahlung und kommerziell erhältliche bakterielle Mutationsstämme wie z. B. *Epicurean coli* XL1-Red mit fehlerhaftem DNA-Reparatursystem. All diese Methoden haben allerdings den großen Nachteil, dass die Mutationen nicht nur im gewünschten Gen auf dem Plasmid eingeführt werden, sondern auch im gesamten Genom der Wirtszelle entstehen und zudem auch überall auf dem Plasmid verteilt sein können. Der erste Fall führt mitunter zu nicht lebensfähigen Klonen und der zweite meist zu einer großen Anzahl verkürzter und somit inaktiver Proteinvarianten. Wenn darüber hinaus die Ribosomenbindestelle (rbs), die Promotorregion oder das Antibiotika-Resistenzgen von Mutationen betroffen sind, wird vom Expressionswirt überhaupt kein rekombinantes Protein mehr produziert. Ebenso ist das Einstellen einer definierten Mutationsrate nahezu unmöglich.

Aufgrund dieser Nachteile wurden für diese Methode bisher nur wenige Anwendungen für das Protein-Engineering beschrieben.

Um dieses Problem zu umgehen, können alternativ sog. Mutatorplasmide eingesetzt werden. Dazu wurde erstmals 2001 von Wissenschaftlern der Firma Genencor eine Methode beschrieben, bei der die ε-Untereinheit der DNA-Polymerase III, die für die *Proof-reading*-Funktion verantwortlich ist, zusätzlich mit einer plasmidcodierten, inaktiven Variante aus *E. coli* (MutD5 Protein) ausgestattet wurde (Selifonova et al. 2001). Trotz des Verlustes seiner katalytischen Aktivität kann das MutD5-Proteins noch sehr effektiv an die Polymerase III binden und mit der funktionalen chromosomalen Kopie des MutD-Proteins konkurrieren und so die Mutationsrate der Expressionswirtes zeitweise signifikant erhöhen. Durch anschließende Selektion konnten Klone, die eine gewünschte Eigenschaft weiterentwickelt haben, angereichert werden. Damit der neue Phänotyp nicht weiter mutieren kann, wurde durch Verwendung eines temperatursensitiven Replikationsursprungs *(origin of replication)* nach Erhöhung der Wachstumstemperatur der Verlust das Mutatorplasmides ausgelöst.

Mithilfe dieser neuen Methode konnte nun die Mutationsrate weitestgehend gesteuert werden, dennoch blieb der Nachteil, dass die Mutationen das gesamte Genom des Bakteriums betrafen.

Erst mit der Verwendung einer plasmidcodierten *Error-prone*-Variante der DNA-Polymerase I, welche die fehlerbehaftete Replikation eines Zielgens auf einem zweiten Plasmid durchführt, konnten durch Mutatorplasmide zielgerichtet Mutationen eingefügt werden (Camps et al. 2003).

Die Herstellung von qualitativ hochwertigen Mutantenbibliotheken bleibt trotz der Entwicklung der verschiedensten, meist zuverlässigen Methoden eine zeitaufwendige Herausforderung. Daher ist die Verwendung kommerzieller Mutantenbibliotheken von z. B. Genscript, Thermofisher oder Eurofins eine zunehmend interessantere Alternative.

8.3 Screening und Selektion

Das rationale Proteindesign bringt meist eine überschaubare Anzahl von Proteinvarianten hervor, die mit Standardanalysemethoden wie der Gaschromatographie (GC) oder der Hochleistungsflüssigchromatographie (HPLC) untersucht werden können.

Im Gegensatz dazu werden bei der gerichteten Evolution durch die Methoden der Zufallsmutagenese häufig große Bibliotheken mit einer sehr großen Anzahl von Proteinvarianten erzeugt. Dabei könnten theoretisch $19^M[N!/(N-M)!M!]$ Varianten eines Gens mit N Aminosäuren entstehen, wenn M Positionen durch 19 andere Aminosäuren ausgetauscht werden (◼ Tab. 8.2).

Zum Auffinden von verbesserten Enzymvarianten stehen prinzipiell zwei unterschiedliche Methoden zur Verfügung: Selektion oder Screening.

Eine Selektion kann dann erfolgen, wenn die verbesserte Proteinvariante der Bakterienzelle einen Wachstums- oder gar Überlebensvorteil gegenüber anderen Zellen erlaubt. Dies kann zum Beispiel eine Antibiotikaresistenz, Toxinabbau oder die Nutzung einer alternativen Energie- oder Metabolitquelle sein. Mit Selektion können sehr schnell große Bibliotheken (>10^{10} Klone) überprüft werden, meist durch Wachstum auf selektiven Agarnährmedien.

Falls kein geeignetes System zur Selektion zur Verfügung steht, müssen die Bibliotheken durchmustert werden (Screening; ► Kap. 6). Dazu ist ein schneller, einfacher und zuverlässiger Hochdurchsatzassay die Voraussetzung zum Auffinden verbesserter Enzymvarianten. Dieser erfolgt überwiegend im Mikrotiterplattenformat und erlaubt das Durchmustern von 10^3–10^6 Enzymvarianten.

Die Reaktion im Assay sollte dabei der wahren Reaktion gegenüber dem richtigen Substrat so ähnlich wie möglich sein. Zudem ist es besser, das reale Substrat und kein testspezifisches Substrat zu einzusetzen, da sonst unter Umständen nur Varianten identifiziert werden, die das (artifizielle) Testsubstrat besser akzeptieren (*„you get what you screen for"*).

◼ **Tab. 8.2** Screeningaufwand abhängig von der Sequenzlänge

Anzahl der ausgetauschten Aminosäuren (M)	Anzahl der Varianten abhängig von der Sequenzlänge (N)	
	10	200
1	190	1
2	16.245	2
3	823.080	3
4	27.367.410	4

8.4 Erfolgreiche Beispiele für optimierte Biokatalysatoren

Das erste Beispiel für die Optimierung von Enzymen mit Methoden der gerichteten Evolution war die Anpassung einer Esterase an Reaktionsbedingungen der organischen Lösungsmittel zur Synthese des Antibiotikums Loracarbef (Moore und Arnold 1996). Nach mehreren Runden der Zufallsmutagenese mittels *error-prone PCR* und Rekombination der besten Varianten durch DNA-Shuffling konnte eine Variante der *p*-Nitrobenzyl-Esterase gefunden werden, die eine 150-fach erhöhte Aktivität in 15 % Dimethylformamid (DMF) aufwies.

In einem anderen Beispiel konnten Wissenschaftler der Firma Codexis und der Universität Delft auf beeindruckende Weise demonstrieren, was bei entsprechendem Aufwand – es wurden insgesamt fast 600.000 Klone durchgemustert – mit Protein-Engineering möglich ist. Für die Herstellung eines Ausgangsstoffes zur Produktion des Cholesterinspiegel senkenden Medikamentes Atorvastatin (Lipitor) sollte eine Halohydrindehalogenase optimiert werden. Durch die Kombination verschiedenster Methoden der Zufallsmutagenese und einer aufwendigen statistischen Analyse des Einflusses der Aminosäureaustausche auf die Aktivität, mithilfe des ProSAR-Algorithmus, wurde schließlich eine Variante erzeugt, deren volumetrischen Produktivität um das 4000-Fache gesteigert war (s. ▶ Kap. 7; Fox et al. 2007) Dazu mussten auch in diesem Beispiel mehrere Runden (insgesamt 18) der „evolutiven" Optimierung durchlaufen werden.

Ein weiteres besonders eindrucksvolles Beispiel stellt die Entwicklung eines Biokatalysators zur Herstellung von Sitagliptin dar, einem Medikament zur Behandlung von Diabetes mellitus Typ 2. Das Ausgangsenzym, eine Transaminase, zeigte zunächst keine messbare Aktivität gegenüber dem sterisch anspruchsvollen Ketonsubstrat. Es wurden nach rationalem Design und Substratdockingstudien geplante Mutationen eingeführt, die schrittweise mehr Raum im aktiven Zentrum erzeugten. Nach mehreren Runden der Sättigungsmutagenese, der Kombination der besten Mutationen und nachfolgender Zufallsmutagenese konnte schließlich eine Enzymvariante (mit 27 Mutationen) mit 40.000-fach gesteigerter Aktivität und ausgezeichneter Stereoselektivität unter Prozessbedingungen erzeugt werden (Savile et al. 2010).

Diese Beispiele demonstrieren, dass der Prozess der Optimierung von Enzymen selbst eine Art „Evolution" erfahren hat und sich innerhalb von nur wenigen Jahren von einer Methode der „naiven" Zufallsmutagenese, gefolgt von einfacher Selektion und/oder Screening, zu einem durchdachten, strategisch geplanten Vorgehen weiterentwickelt hat. Folglich wird diese Methode auch zur industriellen Entwicklung maßgeschneiderter Biokatalysatoren erfolgreich genutzt (Bornscheuer et al. 2012). Dies ist maßgeblich auf die Entwicklung ausgeklügelter Computerprogramme und Webserver-basierter Anwendungen sowie dem Zugang zu riesigen Genom-, DNA- und Proteinsequenz- und Proteinstruktur-Datenbanken begründet. Diese ermöglichen die Herstellung qualitativ hochwertiger Mutantenbibliotheken, und moderne Techniken wie Mikrofluidik-Systeme bzw. Durchflusszytometrie (z. B. FACS) erlauben die rasche und erfolgreiche Durchmusterung von riesigen Bibliotheken von Proteinvarianten.

Literatur

Bornscheuer UT, Huisman G, Kazlauskas R., Lutz S, Moore J, Robins K (2012) Engineering the third wave in biocatalysis. Nature 485 (7397): 135–194.

Cadwell RC, Joyce GF (1992) Randomization of genes by PCR mutagenesis. PCR Methods Appl 2: 28–33.

Camps M, Naukkarinen J, Johnson BP, Loeb LA (2003) Targeted gene evolution in *Escherichia coli* using a highly error-prone DNA polymerase I. Proc Natl Acad Sci USA 100 (17): 9727-9732.

Fox RJ, Davis SC, Mundorff EC, Newman LM, Gavrilovic V, Ma SK, Chung LM, Ching C, Tam S, Muley S, Grate J, Gruber J, Whitman JC, Sheldon RA, Huisman GW (2007) Improving catalytic function by ProSAR-driven enzyme. Nature Biotechnol 25 (3): 338–344.

Moore J, Arnold FH (1996) Directed evolution of a *para*-nitrobenzyl esterase for aqueous-organic solvents. Nature Biotechnol 14 (4): 458–467.

Pines G, Pines A, Garst AG, Zeitoun RI, Lynch SA, Gill RT (2015) Codon compression algorithms for saturation mutagenesis. ACS Synth Biol 4: 604–614.

Reetz MT, Bocola M, Carballeira JD, Zha D, Vogel A (2005) Expanding the range of substrate acceptance of enzymes: combinatorial active-site saturation test. Angew Chem Int Ed 44 (27): 4192-4196.

Reetz M T, Carballeira J D, Vogel A (2006) Iterative saturation mutagenesis on the basis of B factors as a strategy for increasing protein thermostability. Angew Chem Int Ed 45, (46): 7745-7751.

Reetz M T, Kahakeaw D, Lohmer R (2008) Addressing the numbers problem in directed evolution. ChemBioChem 9 (11): 1797-1804.

Savile CK, Janey JM, Mundorff EC Moore JC, Tam S, Jarvis WR, Colbeck JC, Krebber A, Fleitz FJ, Brands J, Devine PN, Huisman GW, Hughes GJ (2010) Biocatalytic asymmetric synthesis of chiral amines from ketones applied to sitagliptin manufacture. Science 329 (5989): 305–309.

Selifonova O, Valle F, Schellenberger V (2001) Rapid evolution of novel traits in microorganisms. Appl Environ Microbiol 67 (8): 3645-3649.

Stemmer W P C (1994) Rapid evolution of a protein *in vitro* by DNA shuffling. Nature 370 (6488): 389–391.

Wong T S, Tee K L, Hauer B, Schwaneberg U (2004) Sequence saturation mutagenesis (SeSaM): a novel method for directed evolution. Nucleic Acids Res 32 (3): e26.

8

Produktion von Enzymen

Andreas Knapp und Karl-Erich Jaeger

© Springer-Verlag GmbH Deutschland, ein Teil von Springer Nature 2018
K.-E. Jaeger, A. Liese, C. Syldatk (Hrsg.), *Einführung in die Enzymtechnologie*,
https://doi.org/10.1007/978-3-662-57619-9_9

Zusammenfassung

Die Wahl des Wirtsorganismus ist entscheidend für die Enzymproduktion. Nach einem Überblick über limitierende Faktoren in der Proteinbiosynthese, welche die biotechnologische Produktion von Enzymen beeinflussen, werden die Vor- und Nachteile der (Mikro-)Organismen beschrieben, die häufig für die Enzymproduktion eingesetzt werden. Anschließend wird erklärt, wie man einen Organismus dazu bringt, ein ihm „unbekanntes" Protein oder Enzym zu produzieren, und schließlich werden Probleme bei der biotechnologischen Enzymproduktion sowie deren Lösungen und Optimierungsmöglichkeiten kurz aufgeführt.

Für wissenschaftliche und industrielle Anwendungen müssen Enzyme in ausreichender Menge und in enzymatisch aktiver Form verfügbar sein. Dazu ist es erforderlich, die für die Enzyme codierenden Gene möglichst effizient zu exprimieren. Trotz der Universalität des genetischen Codes ist die Wahl des Expressionssystems und des Wirtsorganismus von entscheidender Bedeutung. Als Wirtsorganismen kommen hauptsächlich prokaryotische und eukaryotische Mikroorganismen zum Einsatz, für diese gibt es eine Vielzahl unterschiedlich regulier- und kontrollierbarer Expressionssysteme. Man muss also das breite Spektrum verschiedener Wirtsorganismen und Expressionssysteme kennen und bei Bedarf weiter optimieren, um die gewünschten Enzyme mit guter Ausbeute und hoher Aktivität produzieren zu können.

9.1 Wahl des Wirtsorganismus

9.1.1 Homologe oder heterologe Proteinproduktion

Für die Produktion eines Enzyms kann man den Organismus verwenden, der das Enzym natürlicherweise synthetisiert. Beispiele sind eine Lipase, die von dem gramnegativen Bakterium *Burkholderia glumae* produziert wird, oder eine Phytase, die der filamentöse Pilz *Aspergillus niger* bildet. Lipasen werden sowohl als Biokatalysatoren in chemische Synthesen als auch in Waschmitteln eingesetzt, wo sie zur Entfernung von Fettflecken beitragen. Phytasen kommen als Zusatzstoffe in Futtermitteln zum Einsatz, wo sie Phosphate in pflanzlicher Nahrung besser verwertbar machen. Nachdem das industrielle Potenzial beider Organismen deutlich wurde, wurden die Enzymausbeuten durch genetische Optimierungen der beiden Organismen deutlich erhöht und damit deren Nutzung als Enzymproduzenten profitabler.

Allerdings ist schätzungsweise nur 1 % aller Mikroorganismen unter Laborbedingungen kultivierbar, und auch diese weisen oft Nachteile wie eine langsame Zellteilungsrate oder schwer zu realisierende Kultivierungsbedingungen auf. Filamentöse Pilze etwa produzieren natürlicherweise eine Reihe interessanter Enzyme, z. B. die Cellobiohydrolase I aus *Trichoderma reesei* zur Verwertung von cellulosehaltigen Abfällen. Die Kultivierung filamentöser Pilze ist jedoch meist teurer und aufwendiger als die prokaryotischer Organismen. In Fällen, in denen eine homologe Enzymproduktion nicht realisierbar oder aus ökonomischer Sicht nicht sinnvoll ist, können Enzyme aber auch in einem anderen Wirtsorganismus produziert werden.

Vorteile einer solchen heterologen Produktion können in einer günstigeren und schnelleren Kultivierung des gewählten Wirtsorganismus, aber auch in einer erhöhten Enzymausbeute liegen. Die Handhabung von gut charakterisierten Organismen fällt zudem leichter, da eine Vielzahl etablierter Protokolle dafür verfügbar ist. Außerdem besteht so die Möglichkeit, Enzyme aus potenziell gefährlichen oder nicht im Labor kultivierbaren Organismen zu produzieren. Weiterhin kann das gewünschte Enzym bei der heterologen Produktion durch Änderungen der entsprechenden Gensequenz modifiziert und optimiert werden. Eine Übersicht über Ursprungsorganismen industriell relevanter Proteine und Enzyme sowie deren tatsächlich genutzte Produktionswirte findet sich in ◘ Tab. 9.1.

◘ Tab. 9.1 Ursprungs- und Produktionsorganismen industriell wichtiger Proteine und Enzyme. (Auswahl; nach Maurer et al. 2013)

Enzyme	Ursprung (Bsp.)	Produktionsstamm (Bsp.)
Proteasen	Verschiedene *Bacillus*-Arten (Prokaryoten)	Verschiedene *Bacillus*-Arten (Prokaryoten)
Amylasen	*Bacillus licheniformis* und *B. stearothermophilus* (Prokaryoten)	*Bacillus licheniformis, B. amyloliquefaciens, B. stearothermophilus* (Prokaryoten)
Amylasen	*Aspergillus niger* bzw. *Trichoderma reesei* (Pilz)	*Aspergillus niger, A. oryzae* bzw. *Trichoderma reesei* (Pilze)
Phytasen	*Escherichia coli* (Prokaryot)	*Trichoderma reesei, Pichia pastoris, Schizosaccharomyces pombe* (Pilze)
Phytasen	*Aspergillus niger, Peniophora lycii* (Pilze)	*Aspergillus niger* (Pilz)
Cellulasen	*Trichoderma reesei* (Pilz, homolog)	
	Clostridium thermocellum, C. cellulolyticum (Prokaryoten)	*Escherichia coli* und *Bacillus subtilis* (Prokaryoten)
	Acidothermus cellulolyticus (Prokaryot)	*Nicotiana tabacum* (Tabak), *Zea mays* (Mais) und *Oryza sativa* (Reis)
Lipasen	*Candida antarctica* (Eukaryot)	*Escherichia coli* (Prokaryot), *Pichia pastoris, Saccharomyces cerevisiae* (Eukaryoten)
Xylanasen	Verschiedene *Bacillus*-Arten (Prokaryoten)	*Bacillus subtilis* (Prokaryot)
	Actinomadura sp. (Prokaryot) und *Trichoderma* sp. (Pilz)	*Trichoderma reesei, T. longibrachiatum* (Pilze)
Insulin	Mensch	*Escherichia coli* (Prokaryot) und *Saccharomyces cerevisiae* (Pilz)
Antikörper	Maus, Kaninchen (homolog)	
	Mensch	*Escherichia coli, Saccharomyces cerevisiae* (Pilz), CHO und HEK

CHO: *Chinese Hamster Ovary*, Ovarien-Zelllinie isoliert aus Eierstöcken des chinesischen Hamsters. HEK: *Human Embryonic Kidney*, Zelllinie aus menschlichen embryonalen Nierenzellen

Für die heterologe Enzymproduktion stehen dank intensiver Forschung viele verschiedene Organismen aus den unterschiedlichen Phyla des Stammbaums der Lebewesen zur Verfügung; jeder davon mit besonderen Vor- und Nachteilen, die je nach gewünschtem Zielprotein anders zu gewichten sind und die im Folgenden beschrieben werden (s. auch ◘ Tab. 9.2, 9.3 und 9.4).

Vorteile der heterologen/rekombinanten Enzymproduktion sind:

- Kostengünstige und schnelle Kultivierung
- einfache Handhabung des heterologen Wirtsorganismus
- erhöhte Ausbeute durch molekularbiologische Optimierung des Wirtsorganismus
- Umgang mit sicheren Produktionsstämmen
- Modifikationen des Zielenzyms möglich

9.1.2 Limitierende Faktoren in der Proteinbiosynthese

Der genetische Code bestimmt mit nur vier unterschiedlichen Informationseinheiten, den Nucleobasen Adenin, Thymin, Guanin und Cytosin, die Abfolge der Aminosäuren in jedem

◘ Tab. 9.2 Vor- und Nachteile verschiedener Expressionswirte

Prokaryoten	Eukaryoten
(+) Einfache Handhabung (Kultivierung, Aufarbeitung des Zielenzyms) (+) Gute genetische Zugänglichkeit (Klonierung, Einbringen von DNA und Mutationen) (−) Keine komplexen Proteinmodifikationen möglich	(−) Kompliziertere Handhabung (Kultivierung, Aufarbeitung des Zielenzyms) (−/+) Oft weniger gut genetisch zugänglich (+) Posttranslationale Proteinmodifikationen möglich

◘ Tab. 9.3 Charakteristika und Vorteile häufig industriell genutzter prokaryotischer Wirtsorganismen. (Yin et al. 2007; Demain und Vaishnav 2009; Fernandez und Vega 2013)

	Escherichia coli (gramnegativ)	*Bacillus* sp. (grampositiv)
Generationszeit	0,3–0,5 h	0,6–1,0 h
Benötigte Zeit zur Isolierung eines aktiven Enzyms *	1–2 Wochen	1–3 Wochen
Vorteile	– Sehr gut charakterisiert – Schnelles Wachstum/ Enzymproduktion – Hohe Ausbeuten an Zielprotein – Vielzahl molekularbiologischer Werkzeuge verfügbar – Viele verschiedene Stämme kommerziell erhältlich – Kostengünstige Kultivierung	– Sehr gut charakterisiert – Schnelles Wachstum/Enzymproduktion – Hohe Sekretionskapazität ohne Bildung von Einschlusskörpern – Vielzahl molekularbiologischer Werkzeuge verfügbar – GRAS-Status *(generally recognized as safe)* – Kostengünstige Kultivierung

* Diese Zeit braucht ein erfahrener Experimentator im Idealfall für alle notwendigen Arbeiten

Protein. Drei Basen in Folge (Triplett) codieren für eine bestimmte Aminosäure. Da diese Codierung universell ist, also grundsätzlich für jede lebende Zelle gilt, können prinzipiell auch „fremde" (heterologe) Proteine in einem beliebigen Organismus produziert werden, solange gewährleistet ist, dass die zugrunde liegende DNA-Sequenz über alle Abschnitte verfügt, die für eine erfolgreiche Proteinbiosynthese nötig sind (◘ Abb. 9.1). Dazu zählen eine Promotor-Sequenz, an der eine RNA-Polymerase mit der Umschrift des auf der DNA codierten Gens in mRNA beginnen kann (Transkription), sowie eine Terminator-Sequenz, an der die Transkription endet. Die Transkriptionsrate, also die Häufigkeit und Geschwindigkeit der mRNA-Produktion, sowie die Transkriptstabilität haben dabei einen Einfluss auf die in der Zelle vorliegende mRNA-Menge und bestimmen dadurch maßgeblich auch die Menge des gebildeten Zielproteins. In Prokaryoten schließt sich an die Transkription direkt die Übersetzung der mRNA- in eine Aminosäuresequenz an (Translation), während in Eukaryoten vor der Translation noch Modifikationen an der mRNA vorgenommen werden. Neben dem Transport aus dem Zellkern in das Cytoplasma und Modifikationen an den Termini der Sequenz sei hier vor allem das Spleißen genannt, bei dem bestimmte

◘ Tab. 9.4 Charakteristika und Vorteile eukaryotischer Wirtsorganismen. (Yin et al. 2007; Demann und Vaishnav 2009; Fernandez und Vega 2013)

	Hefen (z. B. *S. cerevisiae*, *P. pastoris*)	Filamentöse Pilze (z. B. *A. niger*)	Insekten, Säuger, Pflanzen bzw. Zellkulturen
Generationszeit	1,3–3,0 h	3,0–4,0 h	18–24 h (Insekten) 14–36 h (Säuger CHO) Wochen bis Jahre für Säuger- und Pflanzen-Individuen
Benötigte Zeit zur Isolierung eines aktiven Enzyms *	2–6 Wochen	2–6 Wochen	3–8 Wochen für Zellkultur, Wochen bis Jahre für Pflanzen und Tiere
Vorteile	– Hohe Proteinausbeuten und Zelldichten möglich – (Relativ) schnelles Wachstum – Proteinmodifikation (Faltung, Glykosylierung) ähnlich zu Säugern – GRAS-Status – Kostengünstige Kultivierung	– Komplexere PTMs möglich – Hohe Sekretionskapazität – GRAS-Status – Relativ kostengünstige Kultivierung	– PTM sehr ähnlich zu humanen PTMs – Hohe Proteinausbeute (Insekten, transgene Tiere und Pflanzen) – Akkumulation in Geweben (transgene Pflanzen) oder Organen/Sekreten (transgene Tiere) möglich

* Diese Zeit braucht ein erfahrener Experimentator im Idealfall für alle notwendigen Arbeiten
CHO: *Chinese Hamster Ovary*, Ovarien-Zelllinie isoliert aus Eierstöcken des chinesischen Hamsters. PTM: posttranslationale Modifikation

Bereiche der mRNA (Introns) nachträglich aus dem Transkript entfernt werden, sodass deren genetische Information nicht mehr in die Aminosäuresequenz übersetzt wird. Da nur Eukaryoten über Mechanismen zur Entfernung von Introns verfügen, müssen diese bereits im Vorfeld entfernt werden, wenn eukaryotische Gene in prokaryotischen Wirten heterolog exprimiert werden sollen. Die Translation, also die Synthese der Proteine, erfolgt dann an den Ribosomen. Hierfür wichtig sind Bereiche der mRNA, die von den Ribosomen als Bindestellen erkannt werden, sowie das Start- und das Stoppcodon der codierenden Sequenz. Auch hier hat die Geschwindigkeit (Translationsrate) einen Einfluss auf die erzielbare Menge des gewünschten Proteins und wird u. a. von Faktoren wie der tRNA-Verfügbarkeit oder der Häufigkeit der zu translatierenden Codons beeinflusst. Das fertige Protein kann zudem weiter modifiziert werden, wobei hier Art und Vielfalt dieser posttranslationaler Modifikationen (PTM) vom Organismus abhängig sind. Solche Proteinmodifikationen finden bevorzugt in Eukaryoten statt, es können Glykosylierungen, Acetylierungen und Phosphorylierungen bestimmter Aminosäuren sein. Einige Proteine falten während oder nach der Proteinbiosynthese spontan in ihre aktive Konformation, andere brauchen für eine korrekte Faltung die Hilfe weiterer Proteine (Chaperone). Einige Proteine können in bestimmte Zellkompartimente oder sogar aus der Zelle heraus transportiert werden, wofür komplexe Transportmechanismen existieren.

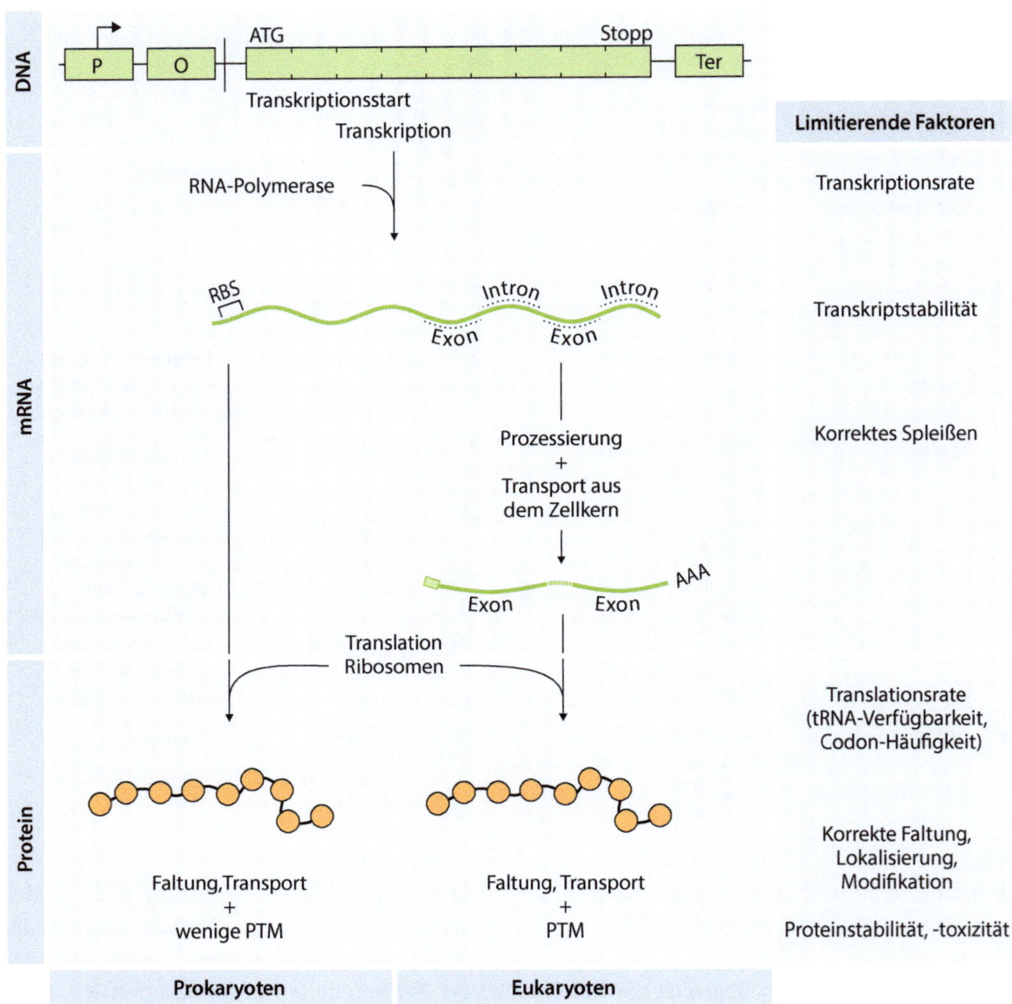

◻ Abb. 9.1 Die Proteinbiosynthese (PBS) und limitierende Faktoren. Einem Gen vorgelagert sind eine Promotor-(P)- und optional eine Operator-(O)-Sequenz. Die Transkription beginnt mit dem Startcodon (oft ATG) und endet mit einem Stopp-Codon, gefolgt von einer oder mehreren Terminatorsequenzen (Ter). Auf der mRNA befindet sich eine Ribosomenbindestelle (RBS). Sowohl bei der Bildung der mRNA (Transkription) als auch des Proteins (Translation) können geschwindigkeitslimitierende Faktoren die Menge des synthetisierten Proteins beeinflussen. Die Transkript- und Proteinstabilität bestimmen ebenfalls die Ausbeute des Zielproteins. Je nach gewähltem Expressionswirt sind die Möglichkeiten der Prozessierung von mRNA (z. B. Spleißen) und des Proteins (Faltung, Lokalisierung, PTM) für die Proteinausbeute von Bedeutung. Toxische Proteine können schädlich für den Wirtsorganismus sein und damit ihre eigene Produktion negativ beeinflussen

9.2 Produktion in Eukaryoten oder Prokaryoten

Entscheidet man sich für die Produktion eines Zielenzyms als rekombinantes Protein in einem heterologen Wirt, ist nicht nur die Proteinausbeute von Bedeutung, sondern auch die gewünschte enzymatische Aktivität (Bioaktivität). Beide Faktoren können durch den gewählten Wirtsorganismus und die Kultivierungsbedingungen beeinflusst werden. So sind nicht alle Organismen in der

Lage, bestimmte posttranslationale Modifikationen an Proteinen durchzuführen, die für deren enzymatische Aktivität erforderlich sind (▶ Abschn. 9.1.2). Weiterhin ist es möglich, dass ein produziertes Enzym seine Bioaktivität aufgrund der physikalischen oder chemischen Bedingungen im Kultivierungsmedium (Temperatur, pH-Wert, Salzgehalt u. a.) nicht ausbilden kann. Der Wirtsorganismus sowie die Kultivierungsbedingungen müssen also so gewählt werden, dass nicht nur das Enzym gebildet wird, sondern auch dessen Bioaktivität erhalten bleibt. Oft spielen auch wirtschaftliche Überlegungen eine Rolle bei der Wahl des Wirtsorganismus, da die Kosten für die Kultivierung sehr unterschiedlich sein können und die Enzymproduktion in der industriellen Enzymtechnologie rentabel sein muss. Je nach Anwendung des Enzyms müssen auch bei seiner Produktion bereits Sicherheitsbestimmungen eingehalten werden, was die Wahl des Wirtsorganismus weiter einschränkt.

Ein klarer Vorteil einiger pro- und eukaryotischer Mikroorganismen für die heterologe Enzymproduktion ist deren genetische Zugänglichkeit sowie die Kenntnis der kompletten Genomsequenzen. Weiterhin zeichnen sie sich durch schnelle und kostengünstige Kultivierungsverfahren sowie eine einfache Handhabung (z. B. Aufarbeitung des Zielenzyms) aus. Diese Vorteile resultieren hauptsächlich aus dem relativ simplen Aufbau der Mikroorganismen. Für die Produktion eukaryotischer Enzyme können posttranslationale Modifikationen (PTM) erforderlich sein, die in Prokaryoten nicht durchgeführt werden können. Hier können eukaryotische Hefen zum Einsatz kommen, die ebenfalls gut handhabbar und genetisch zugänglich sind. Höhere Eukaryoten wie Insekten, Pflanzen und Säugetiere bzw. entsprechende Zellkulturen sind aufwendiger zu handhaben und damit deutlich teurer, werden aber für die Produktion werthaltiger Proteine ebenfalls eingesetzt. Die grundsätzlichen Vor- und Nachteile von Pro- und Eukaryoten als Expressionswirte sind in ◘ Tab. 9.2

zusammengefasst. ◘ Abb. 9.2 zeigt schematisch den Zellaufbau von Pro- und Eukaryoten sowie den Weg eines Zielproteins durch die Zelle.

Generell lässt sich keine allgemeingültige Antwort auf die Frage geben, welcher Wirtsorganismus die besten Resultate für die Produktion eines Zielenzyms liefern wird. Dazu sind die Anforderungen der Zielenzyme an den jeweiligen Proteinbiosynthese- und Modifikationsapparat zu vielfältig. Es empfiehlt sich, mit einfachen prokaryotischen Organismen zu beginnen und erst beim Ausbleiben von Proteinproduktion oder Bioaktivität zu komplexeren Wirtsorganismen zu wechseln.

9.2.1 Prokaryoten

Prokaryoten lassen sich in drei Untergruppen unterteilen, die grampositiven und die gramnegativen Bakterien und die Archaea. Grampositive Bakterien besitzen nur eine Cytoplasmamembran, welche durch eine aufgelagerte Mureinschicht verstärkt wird. Gramnegative verfügen zusätzlich über eine zweite, äußere Zellmembran; der Raum zwischen beiden Membranen wird Periplasma genannt (s. auch ◘ Abb. 9.2). Im Folgenden werden die beiden am häufigsten genutzten prokaryotischen Wirtsorganismen vorgestellt. Ihre Vorteile und einige Charakteristika sind zudem in ◘ Tab. 9.3 zusammengefasst.

9.2.1.1 *Escherichia coli*

Das gramnegative Bakterium *Escherichia coli*, welches u. a. den menschlichen Darm besiedelt, ist der wohl bekannteste und am häufigsten genutzte Mikroorganismus. Seit seiner Entdeckung und Beschreibung im 19. Jahrhundert durch den namensgebenden Theodor Escherich ist *E. coli* als Modellorganismus Gegenstand weltweiter Forschung und wird in der Mikrobiobiologie und Biotechnologie auch als „Arbeitstier" (englisch: *workhorse*) bezeichnet. So sind über 90 % der heute bekannten dreidimensionalen Proteinstrukturen mit Proteinen erzeugt worden, die

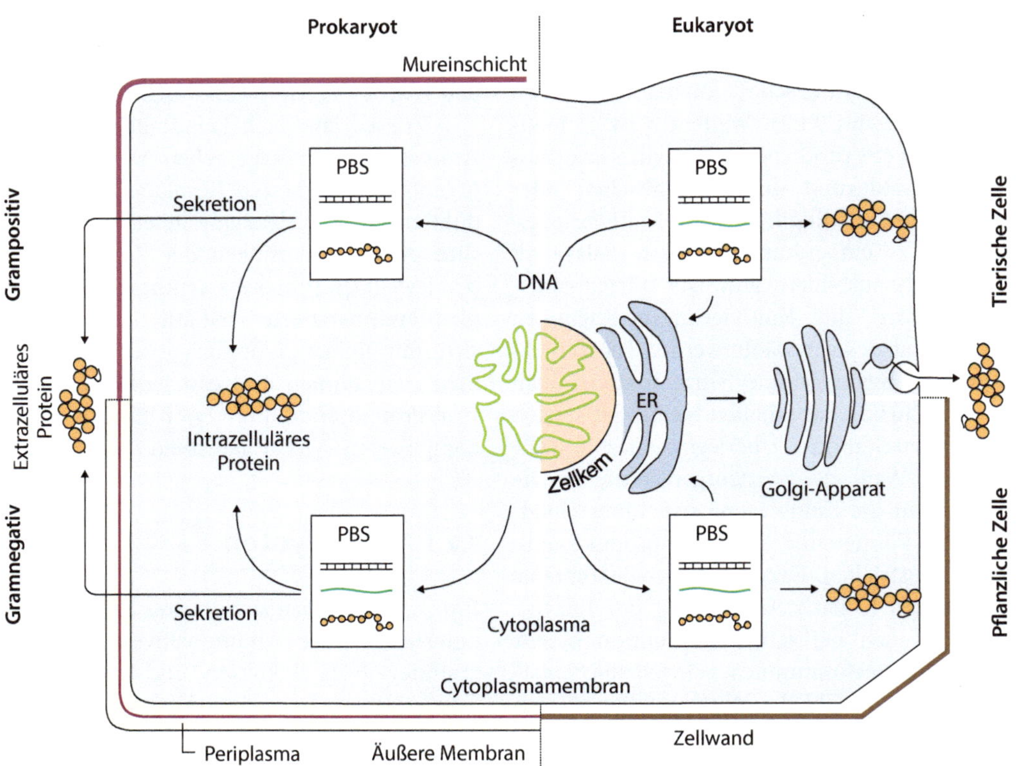

◘ Abb. 9.2 Zellaufbau der Pro- und Eukaryoten. Generell lassen sich lebende Zellen in eu- (= mit) und prokaryotische (= ohne Zellkern) einteilen. Ihnen allen gemein ist eine das Cytoplasma begrenzende Lipiddoppelschicht, die Cytoplasmamembran. Dieser aufgelagert ist bei den Prokaryoten (Bakterien) eine Peptidoglycan- oder Mureinschicht. Gramnegative Bakterien besitzen eine zusätzliche äußere Membran, die den grampositiven Bakterien fehlt. Eukaryotische Zellen, die sich in pflanzliche (mit Zellwand) und tierische Zellen unterteilen lassen, besitzen neben anderen Organellen ein endoplasmatisches Retikulum (ER) und einen Golgi-Apparat, die beide zur Sekretion von Proteinen benötigt werden

in diesem Organismus produziert wurden (Lübben und Gasper 2015).

Escherichia coli zeichnet sich besonders durch seine kurze Generationszeit aus; unter optimalen Wuchsbedingungen liegt diese bei ca. 20 min pro Zellteilung, sodass bereits nach wenigen Stunden des Wachstums eine hohe Zelldichte erreicht werden kann. *Escherichia coli* erreicht theoretisch eine maximale Zelldichte von $1 \cdot 10^{13}$ Zelle mL^{-1}, was etwa 200 g Zelltrockengewicht pro Liter Kultivierungsmedium entspricht. Diese Zelldichten werden in der praktischen Anwendung nicht erreicht, mit ca. $1 \cdot 10^{10}$ Zellen mL^{-1} sind aber dennoch sehr hohe Zelldichten möglich. Außerdem kann *E. coli* in kostengünstigen

Medien kultiviert werden und bietet damit die Möglichkeit, rekombinante Enzyme möglichst ökonomisch zu produzieren (Rosano und Ceccarelli 2014). Nach erfolgter Kultivierung kann das Zielprotein bis zu 80 % der Trockenmasse von *E. coli* ausmachen (Demain und Vaishnav 2009). Zusammen mit der sehr guten genetischen Zugänglichkeit prädestinieren diese Eigenschaften *E. coli* als Standardwirt für die heterologe Enzymproduktion.

Nach erfolgter Herstellung des Zielenzyms muss dieses oft für weitere Arbeiten in gereinigter Form, also frei von anderen Proteinen, vorliegen. Da intrazellulär gebildete Enzyme durch eine Vielzahl zelleigener Proteine verunreinigt werden, kann der Transport des Zielenzyms aus dem Cytoplasma heraus von Vorteil sein. Einige Expressionssysteme nutzen dafür Transportmechanismen in *E. coli,* die das zu transportierende Protein anhand eines Signalpeptids an dessen N-Terminus erkennen und in das Periplasma transportieren (s. auch ◘ Abb. 9.2). Die Ausbeuten an periplasmatisch lokalisierten Zielenzymen in *E. coli* sind zwar geringer als die der cytoplasmatisch lokalisierten, können aber immer noch bis zu ca. 5 g L^{-1} betragen (etwa für die heterolog produzierte alkalische Phosphatase PhoA, Adrio und Demain 2014).

Inzwischen sind viele verschiedene Stämme verfügbar, die meist auf dem *E.-coli*-Stamm B basieren, in denen aber zusätzlich die beiden Proteasen Lon und OmpT deletiert sind, um den proteolytischen Abbau des Zielproteins zu minimieren. Das Zielgen kann mit einer RNA-Polymerase exprimiert werden, die aus dem Bakteriophagen T7 stammt und spezifisch den T7-Promotor erkennt, hinter den das Zielgen kloniert wurde (▶ Abschn. 9.4.2). Weitere *E.-coli*-Stämme verfügen über definierte genetische Modifikationen, z. B. der Stamm *E. coli* BL21 (DE3) Rosetta, der zusätzliche Gene für in *E. coli* nur selten vorkommende tRNAs enthält, sodass auch heterologe Proteine exprimiert werden können, die zahlreiche dieser tRNAs für eine korrekte Translation benötigen.

9.2.1.2 *Bacillus* sp

Grampositive besitzen im Gegensatz zu gramnegativen Bakterien keine zweite, äußere Membran. Das gewünschte Enzym liegt hier nach dem Transport über die Cytoplasmamembran also bereits im Kulturmedium vor. Dort befinden sich im Gegensatz zum Cytoplasma nur relativ wenige andere von der Zelle sekretierte Proteine, was eine anschließende Isolierung und Reinigung des Zielenzyms vereinfacht. Besonders die stäbchenförmigen sporenbildenden Bakterien der Gattung *Bacillus* werden daher als Alternative zu *E. coli* verwendet. Hier ist besonders *B. subtilis* zu nennen, auch wenn andere Vertreter dieser Gattung, etwa *B. licheniformes* oder *B. pumilus*, ebenfalls stärker in den Fokus rücken.

Aufgrund seiner Eigenschaft, relativ große Mengen homologer Proteine in das Kulturmedium zu sekretieren (etwa 25 g L^{-1}; Maurer et al. 2013), wird *Bacillus* auch zur Produktion und Sekretion rekombinanter Enzyme eingesetzt. So konnte die Produktionsrate des Enzyms α-Amylase, welches als Stärke spaltendes Enzym u. a. Verwendung in der Nahrungs- und Textilindustrie findet, in *B. subtilis* 2500-fach erhöht werden, indem ein heterologes Gen aus *B. amyloliquefaciens* eingebracht wurde (Adrio und Demain 2010). Zudem sind viele der industriell von *B. subtilis* produzierten Stoffe von der FDA (Food and Drug Administration, US-amerikanische Behörde für Lebens- und Arzneimittel) als sicher für den Lebensmittelmarkt eingestuft (engl: *generally recognized as safe*, GRAS), da dieser Organismus keine Endo- oder Exotoxine produziert.

Einer der Nachteile von *Bacillus*, gerade im Vergleich zu *E. coli,* ist die Instabilität von Plasmiden, auf denen das rekombinante Enzym codiert ist (eine kurze Erklärung zu Plasmiden findet sich in (▶ Abschn. 9.3.1). Dies kann jedoch einerseits durch eine stabile Integration des entsprechenden Gens in das Genom von *B. subtilis* umgangen werden, andererseits stehen inzwischen auch relativ stabile Plasmide für diese Organismen zur Verfügung. *Bacillus subtilis* verfügt über einen natürlichen Mechanismus zur Aufnahme von DNA, was die genetische Modifizierbarkeit des Organismus deutlich vereinfacht. So stehen inzwischen auch Stämme zur Verfügung, in denen unterschiedlich viele intra- wie extrazelluläre Proteasen deletiert sind, um den proteolytischen Abbau des Zielenzyms zu verhindern.

9.2.1.3 Alternative prokaryotische Wirte

Neben *E. coli, B. subtilis* und anderen Vertretern der Gattung *Bacillus* etablieren sich auch andere prokaryotische Wirtsorganismen, die spezielle Anforderungen für die Produktion spezieller Enzyme erfüllen. Für die Expression GC-reicher Gene bieten sich etwa Wirtsorganismen mit einem ebenfalls relativ hohen GC-Gehalt ihrer chromosomalen DNA an, wie etwa *Pseudomonas putida* (Fernandez und Vega 2013). Für die Produktion von Proteinen und Enzymen, die in die Cytoplasmamembran eingebettet werden müssen, stellt *Rhodobacter capsulatus* eine interessante Alternative dar, da dieser Stamm unter gewissen Umweltbedingungen eine sehr große Membranoberfläche ausbilden und somit ausreichend Raum für den Einbau zusätzlicher Membranproteine bieten kann.

9.2.2 Eukaryoten

Ein genereller Nachteil von Prokaryoten als Wirtsorganismen für die rekombinante Enzymproduktion ist ihre fehlende Kapazität zur posttranslationalen biochemischen Modifikation der hergestellten Proteine. Proteine eukaryotischen Ursprungs benötigen für ihre Stabilität und Bioaktivität oft solche Modifikationen, etwa das Anfügen von Zuckerresten an bestimmte Aminosäuren (Glykosylierung, fast 50 % aller bekannten eukaryotischen Proteine sind glykosyliert), die nicht ohne Weiteres von Prokaryoten durchführbar sind. Hier bieten sich demnach eukaryotische Wirte an, die näher mit dem Spender des Zielgens verwandt sind. Einige Charakteristika und Vorteile der vorgestellten Wirtsorganismen sind in ◘ Tab. 9.4 zusammengefasst.

9.2.2.1 Hefen

Hefen stellen eine relativ einfache Form des eukaryotischen Lebens dar und umfassen eine diverse Gruppe von einzelligen Pilzen. Sie sind in der Lage, viele der von höheren Eukaryoten bekannten posttranslationalen Modifikationen an Proteinen und Enzymen durchzuführen und eignen sich daher besonders zur Produktion von z. B. pflanzlichen oder menschlichen Proteinen. Hefen lassen sich in methylotrophe (verwerten Methanol als Kohlenstoffquelle) und nicht methylotrophe unterteilen. Zu den nicht methylotrophen Hefen gehört unter anderem die Bier- oder Bäckerhefe *Saccharomyces cerevisiae*, deren Rolle bei der Herstellung von

Alkohol bereits seit der Antike bekannt ist, zu den methylotrophen gehören *Pichia pastoris* (auch: *Komagataella phaffii*) und *Hansenula polymorpha*. Alle drei Hefen bzw. viele der von ihnen hergestellten Produkte sind von der FDA als GRAS eingestuft, da sie keine toxischen Substanzen bilden.

Saccharomyces cerevisiae, *P. pastoris* und *H. polymopha* lassen sich ähnlich einfach und mit niedrigen Kosten kultivieren wie *E. coli* und sind mit einer Generationszeit von wenigen Stunden zwar deutlich langsamer in der Biomasseproduktion, erreichen aber trotzdem hohe Biomasseausbeuten (Fernandez und Vega 2013; Yin et al. 2007). Sie zeichnen sich zudem durch hohe Enzymausbeuten aus, beispielsweise produzieren und sekretieren *S. cerevisiae* und *P. pastoris* bis zu 9 bzw. 20 g L^{-1} einer rekombinanten Glucose-Oxidase aus *Aspergillus niger* direkt in das Kulturmedium (Demain und Vaishnav 2009; Looser et al. 2015). Gerade die Bioaktivität des Zielenzyms kann hier durch die möglichen posttranslationalen Modifikationen wie Glykosylierung, Acetylierung, Phosphorylierung oder eine korrekte Faltung im Vergleich zur Produktion in Prokaryoten deutlich verbessert werden, wenn das Zielenzym etwa aus einem höheren Eukaryoten stammt. Obwohl phylogenetisch relativ nah miteinander verwandt, führen die verschiedenen Hefen unterschiedliche Arten von PTM an Proteinen aus. So modifiziert etwa *H. polymorpha* Proteine mit kürzeren Oligosacchariden als *P. pastoris* oder die Bäckerhefe *S. cerevisiae* (Demain und Vaishnav 2009).

Hefen verfügen, wie auch die höheren Eukaryoten, über Zellkompartimente wie das Endoplasmatische Retikulum und den Golgi-Apparat, durch die rekombinant produzierte Enzyme auch in das Außenmedium sekretiert werden können. Dies ist zum einen für die weitere Reinigung des Enzyms von Vorteil, zum anderen aber auch für dessen Produktion, wenn das Enzym z. B. eine toxische Wirkung hat, die durch die Sekretion in andere Zellkompartimente vermieden werden kann.

9.2.2.2 Filamentöse Pilze

Filamentöse Pilze wie *Aspergillus niger* können in Flüssigkulturen kultiviert werden, auch wenn die Reproduktionszeiten nochmals langsamer sind als die der Hefen (3–4 h) und die Kultivierung komplexer zu handhaben ist (Adrio und Demain 2010). Filamentöse Pilze bilden fadenförmige Hyphen aus, deren Wachstum hauptsächlich an der Spitze stattfindet; dort werden auch Proteine sekretiert. *Aspergillus niger* wird seit Langem für die Nahrungsmittelherstellung verwendet und gilt als sicherer Wirtsorganismus auch für die heterologe Enzymproduktion. Allerdings gestaltet sich das Einbringen von Fremd-DNA, wie es für die Produktion rekombinanter Enzyme notwendig ist, schwieriger als bei Prokaryoten und Hefen, auch wenn in letzter Zeit immer einfacher durchführbare Protokolle veröffentlicht werden (Yin et al. 2007). Ein Vorteil von *A. niger* und anderen filamentösen Pilzen ist die hohe natürliche Sekretionskapazität für homologe Proteine von etwa $100\,g\,L^{-1}$ unter optimalen Fermentationsbedingungen und bis zum $5\,g\,L^{-1}$ für heterologe Enzyme. Der ebenfalls filamentös wachsende Pilz *Trichoderma reesei* produziert sogar bis zu $35\,g\,L^{-1}$ heterologer Enzyme (Demain und Vaishnav 2009; Nevalainen und Peterson 2014). Auch filamentöse Pilze modifizieren posttranslational Proteine und Enzyme und erzeugen damit z. B. Glykosylierungsmuster, die sehr ähnlich denen von Säugetierproteinen sind. Einige bei menschlichen Proteinen notwendige PTMs können jedoch auch hier nicht durchgeführt werden.

9.2.2.3 Weitere eukaryotische Wirte

Gerade wenn menschliche Proteine oder Enzyme, wie sie etwa in verschiedenen medizinischen Therapien eingesetzt werden, auch in rekombinanter Form möglichst „naturgetreue" posttranslationale Modifikationen aufweisen müssen, bieten sich weitere noch komplexere Wirtsorganismen an. So können Insektenzellen, die durch genetische Modifikationen dazu in der Lage sind, säugetierähnliche Glykosylierungen zu erzeugen, mit Fremd-DNA versehen und zur Produktion rekombinanter Proteine eingesetzt werden (Kost et al. 2005). Dabei sind Ausbeuten von 30 % des Zielproteins in Bezug auf die Gesamtproteinmenge in der Insektenzelle möglich (Demain und Vaishnav 2009). Weiterhin existieren Zelllinien von Säugetieren (wie etwa die CHO-Zelllinie: *Chinese Hamster Ovary*, Zellen aus Eierstöcken chinesischer Hamster isoliert), für die Ausbeuten bis zu ca. $4\,g\,L^{-1}$ Zielprotein beschrieben werden. Die Kosten und der Aufwand bei Produktion in Säugetierzellen sind jedoch verhältnismäßig hoch. Auch der Einsatz von transgenen Pflanzen und Tieren ist möglich und erlaubt u. a. die Produktion des Enzyms nur in bestimmten Geweben oder Organen. So ist es möglich, das humane Enzym α-Glucosidase rekombinant in Kaninchen herzustellen, die das Enzym direkt in die Muttermilch sezernieren und darüber in Ausbeuten von bis zu $8\,g\,L^{-}$ ausscheiden. Komplexe Handhabung, lange Reproduktionszeiten und Haltungskosten stellen hier jedoch deutliche Nachteile dar. Transgene Pflanzen hingegen sind im Vergleich dazu kosteneffektiver, da sie zum Wachstum nur Wasser, darin gelöste Salze, Luft und Licht benötigen (Demain und Vaishnav 2009).

9.2.3 Zellfreie Produktionssysteme

Eine weitere Alternative stellen zellfreie Proteinsynthesen dar, die jedoch methodisch bedingt nicht für eine langfristige Enzymproduktion im großen Maßstab infrage kommen. Hierbei werden Transkription und Translation *in vitro*, also im Reagenzglas ohne lebenden Wirt, durchgeführt. Die dafür nötigen Komponenten (RNA-Polymerase, Ribosomen usw., ▶ Abschn. 9.1.2) werden entweder durch vorher angefertigte Zelllysate zur Verfügung gestellt oder in gereinigter Form separat produziert. Zellfreie Systeme finden in der Enzymproduktion oft dann Anwendung, wenn die Produktion *in vivo* durch andere Komponenten der Zelle gestört wird, etwa weil das Zielenzym mit anderen Proteinen aggregiert und dadurch seine Aktivität verliert oder das Zielenzym eine toxische Wirkung auf die Zelle hat (Rosenblum und Cooperman 2014).

9.3 Wahl des Expressions- und Regulationssystems

9.3.1 Episomal oder chromosomal vorliegende rekombinante Gene

Um ein Zielgen in einem anderen als dem ursprünglichen Organismus zu exprimieren, muss das heterologe Gen stabil in diesem Organismus vorliegen. Es muss also mit jeder Zellteilung verdoppelt werden und nach der Zellteilung erneut in beiden Tochterzellen vorhanden sein. Dazu kann das Gen entweder in das Genom des Wirtes integriert werden, oder es wird auf einem autonomen Element, einem Vektor, in die Zelle eingebracht und liegt dort dann episomal, also außerhalb der chromosomalen DNA, vor.

Zur heterologen Expression episomal vorliegender Gene werden Plasmide verwendet (□ Abb. 9.3). Dies sind zirkuläre DNA-Doppelstränge, die ursprünglich in Bakterien gefunden wurden und dort unabhängig von der chromosomalen DNA vorliegen und repliziert werden. Abhängig von der Anzahl an Plasmiden pro Zelle spricht man von *Low-*, *Medium-* und *High-copy*-Plasmiden (bis zu 700 Kopien pro Zelle bzw. pro Chromosom, Mayer 1995). Die Plasmidanzahl ist abhängig von der Häufigkeit der Replikation des Plasmids, welche wiederum durch den Replikationsursprung bestimmt wird (engl. *origin of replication,* ORI). Dieser wird von der Replikationsmaschinerie des Wirtes erkannt, und von dort ausgehend wird das Plasmid verdoppelt. Bestimmte ORIs werden jedoch nur in bestimmten Organismen erkannt. Plasmide, die in mehreren, nicht nahe verwandten Organismen eingesetzt werden können, tragen daher oft mehrere ORIs und werden als *Shuttle*-Vektoren bezeichnet.

Soll ein Gen in das Genom des Wirts integriert werden, muss es zunächst in die Zelle eingebracht werden, dies geschieht mithilfe eines Vektors. Nach der Integration in das Wirtschromosom bleibt ein heterologes Gen zumeist stabil erhalten und wird automatisch mit der chromosomalen Replikation vervielfältigt, während Plasmide einem eigenen Replikationszyklus unterliegen. Allerdings liegen plasmidcodierte Gene aufgrund der höheren Kopienzahl des Plasmids pro Zelle deutlich häufiger vor als in das Genom integrierte, was oft auch zu einer größeren Menge entsprechender mRNA und damit höherer Ausbeute des rekombinanten Enzyms führt.

9.3.2 Stabil replizierende Plasmide brauchen einen Selektionsdruck

Zur Erhaltung eines Plasmids in einem sich teilenden Organismus ist ein Selektionsdruck notwendig, da das Plasmid ansonsten im Laufe vieler Zellteilungen verloren gehen kann. Hierzu verwendet man häufig (teure) Antibiotika als Zusatz zum Kulturmedium und ein entsprechendes Resistenzgen, welches auf dem Plasmid codiert ist, damit nur solche Zelle überleben, die das Plasmid enthalten (□ Abb. 9.3). Alternativ verwendet man Stämme, denen ein essenzielles (lebensnotwendiges) Gen auf dem Chromosom fehlt (etwa für die Produktion einer essenziellen Aminosäure), welches dann episomal durch das Plasmid wieder eingebracht wird. Auch so überleben nur die Zellen, die das Plasmid tragen; im Englischen spricht man hier auch von *plasmid addiction,* zu Deutsch „Plasmidabhängigkeit" (Rosano und Ceccarelli 2014).

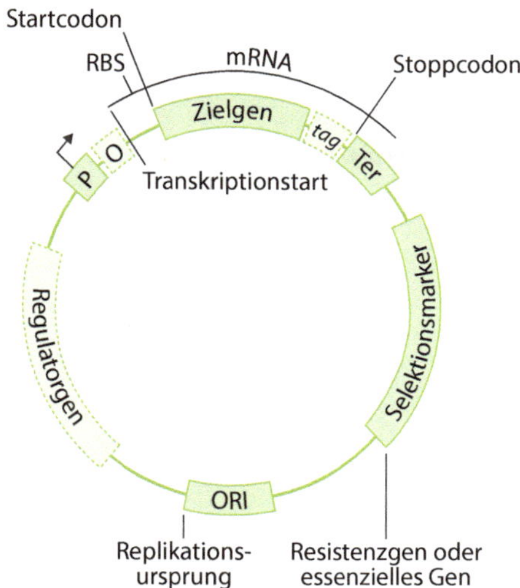

◘ Abb. 9.3 Die genetischen Elemente eines Plasmids. Optionale Elemente sind in gestrichelten Boxen dargestellt. Abgekürzt sind Promotor (P), Operator (O), Ribosomenbindestelle (RBS), Transkriptionsterminator (Ter) und der *origin of replication* (ORI, zu Deutsch: Replikationsursprung). Der Bereich *tag* (englisch für Markierung oder Etikett) codiert für Aminosäuresequenzen, die mit dem Zielenzym fusioniert werden können

9.4 Die Proteinproduktion kann auf jeder Ebene der Proteinbiosynthese modifiziert und optimiert werden

Die Entscheidung, ob ein Zielgen chromosomal oder episomal im Expressionswirt vorliegen soll, beeinflusst die Kopienzahl des Gens und damit oft auch die Produktionsrate des Zielenzyms. Zusätzlich sind zahlreiche weitere regulatorische Elemente erforderlich (▶ Abschn. 9.1.2 und ◘ Abb. 9.3). Von grundlegender Bedeutung sind die Eigenschaften des verwendeten Promotors, auf die im Folgenden genauer eingegangen wird.

9.4.1 Konstitutive Promotoren

Promotoren sind Bereiche der DNA, an denen die RNA-Polymerase bindet und mit der Transkription beginnt. Die RNA-Polymerase synthetisiert komplementär zum Gen eine mRNA, die dann translatiert, d. h. in ein Protein übersetzt wird. Dieser grundlegende Mechanismus gilt für alle Gene einer Zelle, kann jedoch durch unterschiedliche Regulationsprozesse kontrolliert werden. Promotoren, die im Gegensatz dazu zu einer permanenten Transkription eines Gens führen, werden als konstitutive Promotoren bezeichnet. In der Biotechnologie werden aufgrund ihrer Einfachheit oft konstitutive Promotoren für die Expression eines rekombinanten Gens verwendet, da die Enzymproduktion dann kontinuierlich stattfindet (Borodina und Nielsen 2014). Solche Promotoren stehen sowohl für grampositive wie für gramnegative Bakterien und auch für eukaryotische Zellen zur Verfügung (◘ Tab. 9.5). Der Nachteil können jedoch eine relativ geringe Expressionsrate des Zielgens und zugleich eine geringe Ausbeute an Biomasse sein, da die Zellen kontinuierlich neben der Biomasse parallel das Zielprotein produzieren müssen. Dies kann durch die Verwendung von kontrollierbaren Promotoren verhindert werden, bei denen nur unter bestimmten Bedingungen die Expression des Zielgens erfolgt.

9.4.2 Kontrollierbare Promotoren

Eine Zelle muss nicht jedes Gen zu jedem Zeitpunkt ihres Lebens exprimieren. Daher existieren Regulationsmechanismen, die die Expression bestimmter Gene nur unter bestimmten (Umwelt-)Bedingungen induzieren bzw. reprimieren können. Diese natürlich existierenden Regulationsmechanismen werden auch in der Biotechnologie genutzt, um die rekombinante Proteinproduktion im Wirt kontrollieren zu können. So kann zuerst der Aufbau von Biomasse gewährleistet und im Anschluss daran die Expression des Zielgens eingeleitet werden. Eine Auswahl häufig genutzter induzierbarer Promotoren findet sich in ◘ Tab. 9.5. Das wohl bekannteste und auch biotechnologisch verwendete Regulationssystem ist das des *lac*-Operons.

◘ Tab. 9.5   Häufig genutzte Expressionssysteme, Promotoren und Induktoren

Organismus	Promotor, Induktor
Escherichia coli	P_{lacUV5}, Induktion mittels Lactose/IPTG P_{T7}, wird von T7-RNA-Polymerase erkannt, deren Produktion unter Kontrolle des P_{lac} steht, Induktion mittels Lactose/IPTG P_{araI}, Induktion mittels Arabinose P_{tac}, eine Kombination aus P_{lac} und P_{trp}, Induktion mittels Lactose/IPTG
Bacillus subtilis	P_{HpaII}, konstitutiv P_{T7} (siehe *E. coli*)
Saccharomyces cerevisiae	P_{TEF1}, konstitutiv P_{Gal10}, Induktion mittels Galactose
Pichia pastoris	P_{GAP}, konstitutiv P_{AOX1}, Induktion mittels Methanol
Aspergillus niger	P_{pkiA}, konstitutiv P_{glaA}, Induktion mittels Stärke oder Maltose
Trichoderma reesei	P_{pdc}, konstitutiv P_{cbh1}, Induktion mittels Cellulose
Säugetiere (am Beispiel CHO)	P_{CHEF1}, konstitutiv P_{MMTV}, Induktion mittels Dexamethason (künstliches Glucocorticoid)

CHO: *Chinese Hamster Ovary,* Ovarien-Zelllinie isoliert aus Eierstöcken des chinesischen Hamsters. IPTG: Isopropyl-β-D-thiogalactopyranosid

9.4.2.1 Der *lac*-Promotor

Der Regulationsmechanismus des *lac*-Operons ermöglicht es *E. coli,* nur dann Lactose abbauende Enzyme zu produzieren, wenn dies sinnvoll ist, also wenn Lactose in der Umwelt vorhanden ist. Ohne Lactose im Medium werden die Strukturgene des *lac*-Operons *(lacZ, lacY, lacA)* nicht transkribiert, da zwischen dem *lac*-Promotor und den Strukturgenen ein Repressorprotein *(LacI)* am sog. *lac*-Operator bindet und die RNA-Polymerase am Erreichen der Strukturgene hindert. Lactose jedoch interagiert mit dem Repressor und führt bei diesem zu einer Konformationsänderung, die bewirkt, dass er nicht mehr an den Operator binden kann. Nun kann die RNA-Polymerase die Strukturgene ungehindert transkribieren. Diesen Mechanismus nennt man Substratinduktion. Ersetzt man nun die eigentlichen Strukturgene durch ein heterologes Zielgen und bringt dieses Konstrukt in den Wirtsorganismus ein, kann man über den gleichen Mechanismus dessen Expression in *E. coli* steuern. Nach diesem oder ähnlichen Prinzipien funktionieren die meisten der induzierbaren Promotoren (s. auch ◘ Abb. 9.4). Im Falle des *lac*-Operons verwendet man jedoch statt des natürlichen Induktors Lactose oft das Strukturanalogon IPTG (Isopropyl-β-D-thiogalactopyranosid), welches zwar ebenfalls den Repressor LacI inhibiert, nicht jedoch im Metabolismus des Organismus umgesetzt werden kann. Eine sehr elegante Alternative ist die Verwendung eines sog. Autoinduktionsmediums. Dieses enthält den Induktor Lactose, aber auch Glucose als weitere Kohlenstoffquelle. Glucose wird von *E. coli* bevorzugt metabolisch umgesetzt und reprimiert gleichzeitig das *lac*-Operon, sodass keine Zielgenexpression stattfindet, solange Glucose noch vorhanden ist. In einer ersten Wachstumsphase der Kultur wird unter Glucoseverbrauch zunächst Biomasse aufgebaut. Erst wenn die Glucose verbraucht ist,

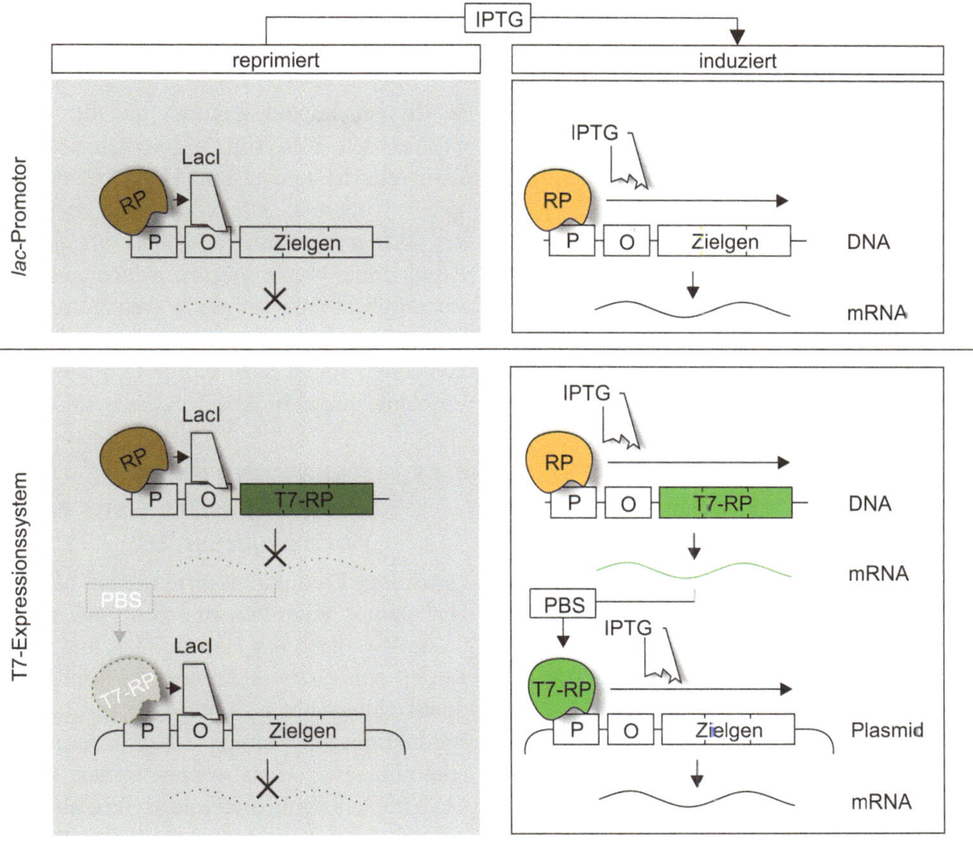

◘ Abb. 9.4 Regulation der Genexpression. Nach einem ähnlichen Prinzip wie der *lac*-Promotor funktionieren viele induzierbare Promotoren. Ist kein Induktor (in diesem Fall Lactose oder IPTG) vorhanden, bindet ein Repressor (hier LacI) an eine Operator (O) genannte Region zwischen Promotor (P) und Zielgen. Dies verhindert, dass die RNA-Polymerase (RP) die Zielgene transkribieren kann. Die Bindung des Induktors führt zu einer strukturellen Veränderung des Repressors, sodass dieser nicht mehr an den Operator binden kann und damit die Expression des Zielgens ermöglicht. Das T7-Expressionssystem kann ebenfalls durch IPTG oder Lactose induziert werden, hier folgt das Zielgen jedoch auf einen T7-Promotor. Dieser wird ausschließlich von einer genomisch codierten T7-RNA-Polymerase erkannt (T7-RP), deren Proteinbiosynthese (PBS) wiederum vom *lac*-Promotor aus erfolgt und demnach durch IPTG induziert werden kann

wirkt Lactose als Induktor, und die bereits in großer Zahl vorhandenen Zellen beginnen mit der Expression des Zielgens.

9.4.2.2 Das T7-Expressionssystem

Ein sehr oft in Prokaryoten wie *E. coli* und *B. subtilis* genutztes Expressionssystem ist das auch kommerziell vertriebene T7-RNA-Polymerase-System. Dieses basiert auf der Eigenschaft der viralen RNA-Polymerase aus dem Bakteriophagen T7, ausschließlich und

mit einer hohen Affinität an den Promotor P_{T7} dieses Phagen zu binden. Bei den meisten verwendeten T7-Expressionssystemen liegt das Gen der T7-RNA-Polymerase unter Kontrolle eines *lac*-Promotors auf dem Genom des Wirtsorganismus vor, während das Zielgen auf einem Plasmid unter Kontrolle des P_{T7}-Promotors nachträglich in die Zelle eingebracht wird. Die Induktion durch IPTG führt nun im ersten Schritt zur Bildung der T7-RNA-Polymerase, welche dann wiederum am P_{T7}-Promotor bindet und das Zielgen transkribiert (Abb. 9.4). Da zwischen P_{T7} und dem Zielgen ebenfalls ein *lac*-Operator liegt, der erst nach Zugabe von IPTG oder Lactose eine Transkription des Zielgens ermöglicht, wird das System auf mehreren Ebenen reguliert, wodurch die Basalexpression (Expression trotz Abwesenheit des Induktors) des Zielgens minimiert wird. Das T7-Expressionssystem führt zudem meist zu hohen Enzymausbeuten, da die T7-RNA-Polymerase eine hohe Transkriptionsrate aufweist.

9.4.2.3 Weitere induzierbare Promotoren

Induzierbare Promotoren werden auch für die Enzymproduktion in Eukaryoten verwendet (Tab. 9.5). In *S. cerevisiae* führt die Zugabe von Galactose zur Induktion der Genexpression unter Kontrolle des P_{Gal10}-Promotors; in *P. pastoris* induziert Methanol die Expression von durch den P_{AOX1}-Promotor regulierten rekombinanten Genen. Da *P. pastoris* zu den methanotrophen Hefen gehört, wird Methanol jedoch ebenfalls im Metabolismus abgebaut, und der Biomasseaufbau kann nicht von der Zielenzymproduktion entkoppelt werden (Looser et al. 2015). Die am häufigsten verwendeten Promotoren in filamentösen Pilzen können ebenfalls durch Zugabe verschiedener Kohlenstoffquellen induziert werden (Tab. 9.5). In höheren Eukaryoten wie etwa Pflanzen ist es zudem möglich, über die Verwendung von spezifischen Promotoren ein rekombinantes Enzym nur in einem bestimmten Gewebe, Organ oder nur in einem bestimmten Abschnitt des Lebenszyklus zu produzieren. Neben der chemischen Induktion können auch physikalische Effekte zur Induktion verwendet werden. So gibt es Promotoren, die erst nach Über- oder Unterschreiten einer gewissen Temperatur oder pH-Wertes das Binden der RNA-Polymerase und damit die Transkription des Zielgens erlauben (Rosano und Ceccarelli 2014).

9.4.3 Modifikationen auf Gen- und Proteinebene

In diesem Kapitel konnten aus der schnell wachsenden Zahl von Wirtsorganismen und Expressionssystemen nur einige wenige Beispiele vorgestellt werden. Neben der Wahl des Wirtsorganismus und des verwendeten Regulationssystems müssen jedoch noch viele weitere Faktoren auf dem Weg zum erfolgreich produzierten Enzym bedacht werden. Im Folgenden sollen dazu einige Fragestellungen, Probleme und neue Ansätze dargestellt werden.

9.4.3.1 Anpassung eines rekombinanten Gens an den Wirtsorganismus

Heterologe Produktionswirte werden oft für die Herstellung rekombinanter Enzyme genutzt, da sie Vorteile in der Handhabung und bei den Kosten aufweisen. Allerdings müssen, bedingt durch Unterschiede zwischen Ursprungs- und Produktionswirt, einige Modifikationen des rekombinanten Gens vorgenommen werden, um eine effiziente heterologe Produktion zu ermöglichen oder zu optimieren. Eukaryotische Gene etwa weisen zusätzlich zu den Bereichen, die für das Zielenzym codieren (Exons), weitere Bereiche auf, die nach der Transkription durch das sogenannte Spleißen aus der mRNA entfernt werden (Introns; s. Abb. 9.1). Da Prokaryoten nicht in der Lage sind, diese Modifikation durchzuführen, müssen die entsprechenden Introns bereits auf DNA-Ebene entfernt worden sein, wenn diese Gene in Prokaryoten exprimiert werden sollen. Der genetische Code selbst, also die Übersetzung von je drei Basen auf der DNA in eine Aminosäure im Protein, gilt zwar als universell, wird jedoch von unterschiedlichen Organismen unterschiedlich genutzt. Mehrere Basenkombinationen können etwa für die gleiche Aminosäure codieren (z. B. codieren sechs unterschiedliche Tripletts für Valin, zwei für Cystein, aber nur eines für Tryptophan), jedoch wird nicht jede Kombination in jedem Organismus gleich häufig verwendet. Dieser unterschiedliche Gebrauch der Codons wird auch (auf Englisch) als *codon usage* bezeichnet. Seltene Codons führen möglicherweise zu einer verlangsamten Proteinbiosynthese und senken damit die Enzymausbeute. Durch eine Codon-Optimierung, bei der für jede Aminosäure das jeweils häufigste Basentriplett des Wirtsorganismus verwendet wird, kann die Ausbeute in einigen Fällen erhöht werden. Dazu werden Gene mittels PCR aus ihrem Ursprungsorganismus amplifiziert und anschließend in ein Plasmid eingefügt, welches wiederum in den Wirtsorganismus eingebracht wird. Die PCR-Methode erlaubt zwar Modifikationen des amplifizierten DNA-Fragments, komplexe Veränderungen wie das Entfernen mehrerer Introns oder eine Anpassung der *codon usage* für das gesamte Gen wären jedoch sehr kosten- und zeitintensiv. Inzwischen ist jedoch auch die Technologie der DNA-Synthese so weit entwickelt, dass Wunschsequenzen zu Preisen von ca. 0,20 € pro Basenpaar hergestellt werden können.

Außerdem benötigen einige Enzyme für ihre korrekte Faltung und damit für die Ausbildung ihrer enzymatischen Aktivität weitere Proteine oder Enzyme, die zwar in ihrem Ursprungsorganismus natürlicherweise vorkommen, nicht aber im heterologen Wirtsorganismus. Dies können etwa Faltungshelfer (Chaperone) sein, die dem Enzym erst zu seiner aktiven Konformation verhelfen, oder auch Proteasen, die ein bestimmtes Peptid vom Enzym abspalten müssen, bevor dieses seine aktive Konformation annehmen kann. Solche Proteine und Enzyme müssen, falls nicht vom Wirtsorganismus zur Verfügung gestellt, identifiziert und ebenfalls im heterologen Wirt produziert werden. Auch gibt es mit einer sog. Chaperon-„Toolbox" patentierte Methoden, die eine große Anzahl bereits bekannter Chaperone in einem Expressionswirt miteinander kombinieren können, um diejenige Kombination zu identifizieren, die zur Bioaktivität des gewünschten Zielenzyms notwendig ist.

9.4.3.2 Sekretion eines rekombinanten Enzyms

In der aktuellen Forschung werden neue Proteinsekretionswege identifiziert und bereits bekannte charakterisiert. Da in das Medium sekretierte Proteine einfacher für die weitere Verwendung isoliert werden können, findet dieses Wissen auch Anwendung in der Biotechnologie. Für *E. coli* ist ein Transporter bekannt, mit dem auch rekombinante Proteine durch Fusion an das natürlicherweise transportierte Protein in das Kulturmedium sekretiert werden können. Die Sekretion eines Zielenzyms durch *Bacillus* kann verbessert werden, indem es mit verschiedenen Sekretionssignalen fusioniert und dabei dasjenige identifiziert wird, welches für das jeweilige Zielenzym den effektivsten Transport in das Kulturmedium ermöglicht. In Pflanzen, Säugern und Pilzen, die Proteine über das Endoplasmatische Retikulum und den Golgi-Apparat sekretieren, ist inzwischen ebenfalls eine „unkonventionelle Sekretion" bekannt, die beide Kompartimente und damit die darin stattfindenden posttranslationalen Modifikationen umgeht.

9.4.3.3 Toxizität und Löslichkeit eines rekombinanten Enzyms

Die Bioaktivität eines Enzyms kann zu einer Schädigung des Wirtes führen (Toxizität). Phospholipasen sind hier ein Beispiel, da sie Bestandteile der Wirtsmembran (Phospholipide) abbauen können, sodass der Wirtsorganismus im Wachstum gehemmt wird und damit ungeeignet für die Produktion dieses speziellen Enzyms ist. Gerade bei hohen Transkriptionsraten des Zielgens (etwa beim T7-Expressionssystem, ▶ Abschn. 9.4.2.2) kann zudem ein großer Teil der in der Zelle zur Verfügung stehenden Energie in die Produktion des rekombinanten Enzyms umgeleitet werden, was ebenfalls das Zellwachstum einschränkt. Ein weiterer Nebeneffekt einer (zu) hohen Proteinproduktion in Bakterien ist die

Aggregation des rekombinanten Enzyms in wasserunlöslichen Einschlusskörpern (engl. *inclusion bodies*). Da diese Aggregation meist auf eine Fehlfaltung des Enzyms zurückzuführen ist, die zum Verlust der Bioaktivität führt, wird die Bildung von *inclusion bodies* im Allgemeinen als Nachteil betrachtet. Ein Vorteil kann jedoch sein, dass das rekombinante Enzym in Form von *inclusion bodies* aufgrund ihrer Größe einfach von den Zellen und anderen Proteinen getrennt und gereinigt werden kann. Neue Methoden machen sich diese Vorteile zunutze, isolieren die Proteinaggregate und überführen das reine Protein nachträglich in seine aktive Konformation (Ramon et al. 2014). Ebenfalls ist es möglich, Enzyme in ihrer katalytisch aktiven Form in Einschlusskörpern zu immobilisieren und diese sog. CatIBs *(catalytically active inclusion bodies)* direkt in den gewünschten Reaktionsansatz einzubringen.

Soll die Bildung von *inclusion bodies* vermieden werden, stehen mehrere Strategien zur Verfügung. Eine Senkung der Kultivierungstemperatur führt zu einem langsameren Zellwachstum und einer gedrosselten Proteinbiosynthese. Nun hat das gebildete Enzym mehr Zeit, in seine aktive Konformation zu falten und nicht in Aggregaten zu akkumulieren. Ebenfalls kann die Transkriptionsrate durch Verwendung eines schwächeren Promotors vermindert werden. Eine andere Möglichkeit stellt die Fusion mit einem weiteren Protein dar, welches die Löslichkeit des Zielenzyms erhöhen kann (Protein-*tag*). Eine Kombination aus Zielenzym und einem Maltose bindenden Protein (MBP) etwa kann die Löslichkeit des Zielenzyms drastisch erhöhen, auch wenn der Grund dafür bisher nicht vollständig bekannt ist. Solche Protein-*tags* (engl. für Markierung oder Etikett) können zudem eingesetzt werden, um das Zielenzym nach seiner Produktion zu reinigen, wobei ihre hohe Affinität zu gewissen Substanzen ausgenutzt wird (Rosano und Ceccarelli 2014). Im Falle des MBP würde das Proteingemisch, welches alle zelleigenen und das gewünschte Protein beinhaltet, auf eine immobilisierte Maltosematrix aufgetragen werden. Das Fusionsprotein aus Zielenzym und MBP bindet spezifisch an die Matrix, während die restlichen Proteine ausgewaschen werden können. Das nun rein vorliegende Fusionsprotein kann im Anschluss von der Säule gewaschen (eluiert) werden. Oft werden auch deutlich kürzere Peptid-*tags* zur Reinigung des Zielenzyms verwendet, die bekanntesten sind der His-*tag* (6–10 Histidinreste, Affinität zu Ni^{2+}-NTA) oder der Strep-*tag* (acht Aminosäuren lange Sequenz mit Affinität zu Streptavidin). Die entsprechenden affinitätschromatographischen Verfahren werden im Kapitel Enzymreinigung näher beschrieben.

Literatur

Adrio JL, Demain AL (2010) Recombinant organisms for production of industrial products. Bioeng Bugs 1 (2):116–131. ▶ https://doi.org/10.4161/bbug.1.2.10484

Adrio JL, Demain AL (2014) Microbial enzymes: tools for biotechnological processes. Biomolecules 4 (1):117–139. ▶ https://doi.org/10.3390/biom4010117

Borodina I, Nielsen J (2014) Advances in metabolic engineering of yeast *Saccharomyces cerevisiae* for production of chemicals. Biotechnol J 9 (5):609–620. ▶ https://doi.org/10.1002/biot.201300445

Demain AL, Vaishnav P (2009) Production of recombinant proteins by microbes and higher organisms. Biotechnol Adv 27 (3):297–306. ▶ https://doi.org/10.1016/j.biotechadv.2009.01.008

Fernandez FJ, Vega MC (2013) Technologies to keep an eye on: alternative hosts for protein production in structural biology. Curr Opin Struc Biol 23 (3):365–373. ▶ https://doi.org/10.1016/j.sbi.2013.02.002

Kost TA, Condreay JP, Jarvis DL (2005) Baculovirus as versatile vectors for protein expression in insect and mammalian cells. Nat Biotech 23 (5):567–575. ▶ https://doi.org/10.1038/nbt1095

Looser V, Bruhlmann B, Bumbak F, Stenger C, Costa M, Camattari A, Fotiadis D, Kovar K (2015) Cultivation strategies to enhance productivity of *Pichia pastoris*: A review. Biotechnol Adv 33 (6 Pt 2):1177–1193. ▶ https://doi.org/10.1016/j.biotechadv.2015.05.008

Lübben M, Gasper R (2015) Prokaryotes as protein production facilities. In: Kück U, Frankenberg-Dinkel N (eds) Biotechnology. Walter de Gruyter GmbH, Berlin/Bosten

Maurer K-H, Elleuche S, Antranikian G (2013) Enzyme. In: Sahm H, Antranikian G, Stahmann K-P, Takors S (eds) Industrielle Mikrobiologie. Springer, Berlin/Heidelberg. ▶ https://doi.org/10.1007/978-3-8274-3040-3

Mayer MP (1995) A new set of useful cloning and expression vectors derived from pBlueScript. Gene 163 (1):41–46. ▶ https://doi.org/10.1016/0378-1119(95)00389-n

Nevalainen H, Peterson R (2014) Making recombinant proteins in filamentous fungi - are we expecting too much? Frontiers in Microbiology 5. ▶ https://doi.org/10.3389/fmicb.2014.00075

Ramon A, Señorale M, Marin M (2014) Inclusion bodies: Not that bad…. Frontiers in Microbiology 5. ▶ https://dci.org/10.3389/fmicb.2014.00056

Rosano GL, Ceccarelli EA (2014) Recombinant protein expression in *Escherichia coli*: advances and challenges. Frontiers in Microbiology 5:172. ▶ https://doi.org/10.3389/fmicb.2014.00172

Rosenblum G, Cooperman BS (2014) Engine out of the chassis: Cell-free protein synthesis and its uses. FEBS Letters 588 (2):261–268. ▶ https://doi.org/10.1016/j.febslet.2013.10.016

Yin J, Li G, Ren X, Herrler G (2007) Select what you need: A comparative evaluation of the advantages and limitations of frequently used expression systems for foreign genes. Journal of Biotechnology 127 (3):335–347. ▶ https://doi.org/10.1016/j.jbiotec.2006.07.012

Enzymreinigung

Sonja Berensmeier und Matthias Franzreb

© Springer-Verlag GmbH Deutschland, ein Teil von Springer Nature 2018
K.-E. Jaeger, A. Liese, C. Syldatk (Hrsg.), *Einführung in die Enzymtechnologie*,
https://doi.org/10.1007/978-3-662-57619-9_10

Zusammenfassung

Die wachsende Bedeutung von Enzymen für zahlreiche Industriezweige, wie z. B. die Lebensmittel-, Biotech-, Pharma- und Kosmetikindustrie, erhöht auch den Bedarf an effizienten und schnellen Methoden zu ihrer Isolierung und Prozessierung auf die in der jeweiligen Anwendung erforderlichen Reinheiten. Mit den heutzutage zur Verfügung stehenden Techniken zur Proteinreinigung kann dabei davon ausgegangen werden, dass es im Prinzip gelingt, jedes Enzym bis zur geforderten Qualität und Homogenität zu reinigen. Die mit entsprechenden, vielstufigen Trennprozessen verbundenen Kosten sind aber teilweise sehr hoch und verursachen einen erheblichen Anteil der Gesamtproduktionskosten. Ein vertieftes Verständnis der zur Enzymreinigung eingesetzten Methoden sowie ihrer jeweiligen Stärken und Limitierungen ist daher ein wichtiger Faktor bei der Entwicklung von enzymtechnologischen Verfahren im industriellen Maßstab, aber auch z. B. von Reinigungsprozessen für pharmakologische Enzyme, die den regulatorischen Anforderungen genügen. Das Kapitel bietet einen Überblick über die wichtigsten Reinigungsverfahren für technische, diagnostische und therapeutische Enzyme sowie deren Verknüpfung zu effektiven Gesamtprozessen.

Ausgangsmaterialien für die Isolierung von Enzymen sind Mikroorganismen, tierische Organe/Zellkulturen und Pflanzenmaterial. Die Wahl des Aufarbeitungsverfahrens und die Anzahl an Aufarbeitungsschritten hängen von der Lokalisation des Enzyms ab. Die Isolierung von intrazellulären Enzymen zieht nach dem Aufschluss des Ausgangsmaterials oft die Trennung von einer komplexen biologischen Mischung nach sich. Extrazelluläre Enzyme werden hingegen bereits in weniger komplexe Medien freigesetzt, was die Aufarbeitung sehr vereinfacht.Enzymkonformitäthinsichtlich:Enzymkonformitäthinsichtlich:

Enzyme sind sehr komplexe Proteine, und ihre hohe spezifische Aktivität wird nur in ihrer nativen Form aufrechterhalten, welche stark von den umgebenen Bedingungen wie pH-Wert, Temperatur und Ionenstärke beeinflusst wird. Dies hat zur Folge, dass nur milde, spezifisch entwickelte Methoden für die Enzymreinigung verwendet werden können.

Für eine effiziente Trennung werden unterschiedliche physikochemische Eigenschaften ausgenutzt. Hierzu gehören im Wesentlichen Oberflächenladung und Hydrophobizität, pI-Wert, das Molekulargewicht und die Affinität zu biospezifischen Liganden (z. B. Farbstoffe, Metallionen). Diese sind in ◨ Tab. 10.1 mit entsprechenden Trennmethoden skizziert.

10.1 Kenngrößen

Kenngrößen wie Reinheit, Ausbeute und Aufkonzentrierungsfaktor sind in der Aufarbeitung essenziell, um die Güte eines Prozesses zu bestimmen. Die Reinheit P ist definiert durch:

$$P = \frac{\text{Menge Produkt}}{\text{Menge Produkt} + \text{Menge Verunreinigungen}}$$

$$(10.1)$$

Bei Enzymen wird die Reinheit meist auch über deren spezifische Aktivität (Unit/mg Gesamtprotein) ausgedrückt, die durch Aktivitätsmessung bestimmt wird (▶ Kap. 4). Je reiner ein Enzym ist, desto größer wird die spezifische Aktivität und nähert sich während des Reinigungsprozesses einem konstanten maximalen Wert an. Das Verhältnis der spezifischen Aktivitäten vor und nach der Reinigung bestimmt den Aufreinigungsfaktor PF.

Bei der Berechnung der Ausbeute, die in Prozent angeben wird, unterscheidet man die Ausbeute eines einzelnen Prozessschrittes und die Gesamtausbeute der gesamten Prozesskette. Dabei wird die Gesamtmenge an Zielenzym im entsprechenden Schritt auf die Menge an Zielmolekül am Anfang des Prozesses oder zu Beginn des betrachteten Prozessschrittes bezogen. Die Ausbeute eines einzelnen Schrittes kann sehr unterschiedlich sein und hängt

◘ Tab. 10.1 Klassische Trennmethoden

Physikochemische Eigenschaft	Trennprozess
Ladung	Ionenaustausch-Chromatographie Elektrodialyse Wässrige Zwei-Phasen-Extraktion Reverse Mizellen-Extraktion
Hydrophobizität	Hydrophobe Interaktions-Chromatographie Reverse-Phase-Chromatographie Präzipitation Wässrige Zwei-Phasen-Extraktion
Spezifische Bindung	Affinitätschromatographie
Größe	Gelfiltration Ultrafiltration Dialyse
Sedimentationsrate	Zentrifugation
Oberflächenaktivität	Adsorption Schaumfraktionierung
Löslichkeit	Kristallisation Extraktion Extraktion mit überkritischen Gasen

von vielen Parametern ab. Je nach Methode können Ausbeuten einzelner Schritte Y_i zwischen 50 und 99 % variieren, sodass mit steigender Anzahl der benötigten Reinigungsschritte n die Gesamtausbeute Y_total eines Prozesses sehr gering wird (▶ Gl. 10.2, ◘ Abb. 10.1).

$$Y_\text{total} = \prod_{i=1}^{n} Y_i \tag{10.2}$$

Neben den zu erzielenden Reinheiten bei möglichst hohen Ausbeuten hat der Aufkonzentrierungsfaktor CF ebenfalls eine sehr große industrielle Bedeutung. Das zu prozessierende Volumen soll möglichst gering gehalten werden, um geringere Massenströme und kleinere Apparaturen einsetzen zu können. Zudem sollte für den Anwender die Endkonzentration des Zielenzyms in Lösung möglichst hoch sein, ggf. sollte es sogar in fester Form vorliegen.

◘ Abb. 10.1 Einfluss der Ausbeuten und Anzahl der Aufreinigungsschritte auf die Gesamtausbeute eines Prozesses

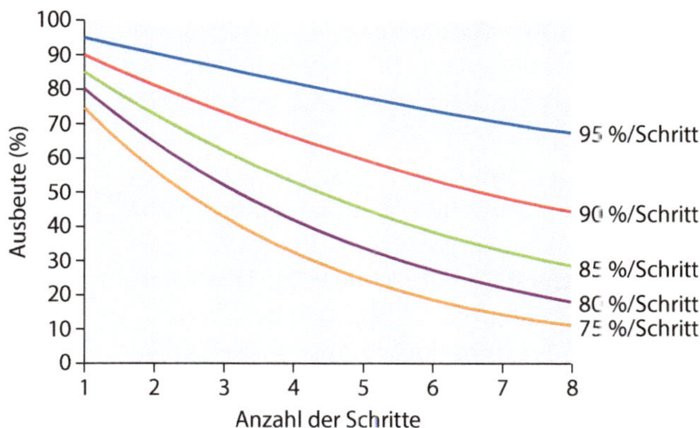

10.2 Prozessentwicklung

In der Enzymreinigung gibt es nicht nur einen Aufarbeitungsprozess, sondern es wird in der Regel individuell für jedes Zielprodukt ein mehrstufiger Prozess entwickelt. Neben den bereits oben erwähnten physikochemischen Eigenschaften des Enzyms und den daraus abgeleiteten Trennprozessen (■ Tab. 10.1) müssen die zu erzielende Reinheit und die Qualitätsansprüche des Zielmoleküls definiert werden. Dies hängt von der späteren Anwendung und den damit zusammenhängenden Richtlinien ab. Auf dieser Basis wird zwischen drei Hauptkategorien unterschieden:

- Technische (Bulk-) Enzyme, z. B. Hydrolasen wie Amylasen, Cellulasen, Pectinasen und Proteasen
- Enzyme, die im diagnostischen Bereich eingesetzt werden und deren Aktivitäten häufig über photometrische Messungen ausgewertet werden – z. B. Glucose-Oxidase, Peroxidase, Cholesterol-Esterase (▶ Kap. 18)
- Therapeutische Enzyme, z. B. α-Glucosidase, Arylsulfatase, Iduronidase, Prokonvetin (▶ Kap. 19)

Sowohl im diagnostischen als auch im therapeutischen Bereich sind die Ansprüche an die Reinheit sehr groß, um unerwünschte Wechselwirkungen ausschließen zu können. Werden die Enzyme später jedoch z. B. im Waschmittel oder zur Bioethanolherstellung eingesetzt, dann reichen oftmals niedrige Reinheiten aus (■ Abb. 10.2).

Je höher die Ansprüche bzgl. Reinheit und den gesetzlichen Regularien sind, umso mehr Prozessschritte und auch Analysen werden benötigt und bestimmen den Preis. Je nach Enzym und Anwendung unterscheiden sich die Produktionsorgansimen, in denen das Enzym hergestellt wird (▶ Kap. 9). Dies wiederum bestimmt die Lokalisation des Enzyms (intra- und extrazellulär) und dessen Konzentration vor Beginn des Aufarbeitungsprozesses.

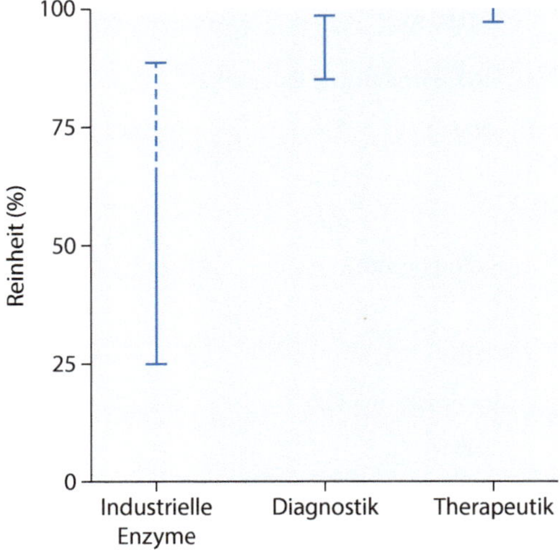

■ **Abb. 10.2**   Benötigte Reinheiten für unterschiedliche Produkte. (Nach Harrison 1994)

Abhängig von der Lokalisation wird zunächst das Enzym in einer löslichen Form zugänglich gemacht. Dies kann bei einer intrazellulären Produktion durch den mechanischen Aufschluss der Zellen z. B. mittels Hochdruckhomogenisation erfolgen. Im Falle der Ausbildung von schwer löslichen *inclusion bodies* muss ggf. ein weiterer Schritt zur Rückfaltung integriert werden. Im Gegensatz dazu kann bei extrazellulären Produkten direkt durch eine Fest-Flüssig-Trennung (z. B. Zentrifugation, Mikrofiltration) eine Abtrennung des Zellmaterials erfolgen. Erstes Ziel ist es, die Volumenströme wesentlich zu reduzieren und das Produkt aufzukonzentrieren sowie zu stabilisieren. Je nach geforderter Reinheit folgt ein mehr oder weniger mehrstufiger Reinigungsprozess und je nach Anwendung eine Formulierung des Enzyms (■ Abb. 10.3).

10.2.1 Technische Enzyme

Industrielle Bulk-Enzyme (z. B. Waschmittelenzyme, Stärke abbauende Enzyme) werden in großen Mengen hergestellt (mehrere Tonnen pro Jahr; Kapazitäten einzelner Fermenter

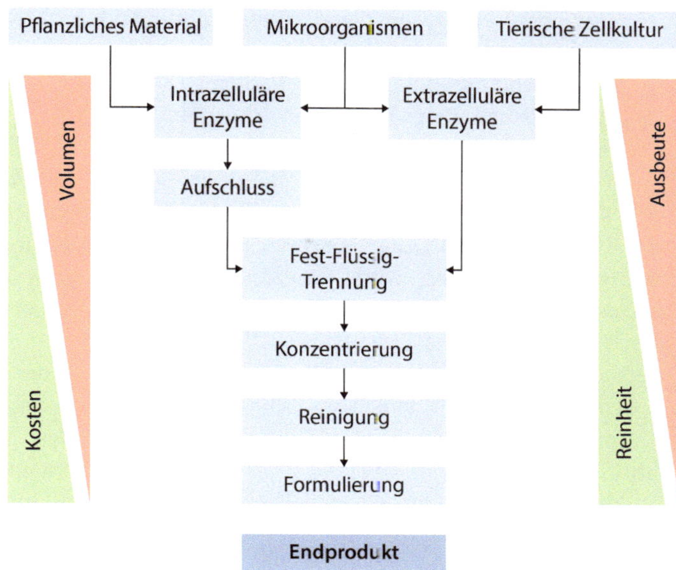

Abb. 10.3 Allgemeiner Prozess zur Aufarbeitung von Enzymen

bis zu 100 m³) und besitzen z. T. geringe Anforderungen bzgl. der Reinheit (25–90 %; ▶ Kap. 17). Industriell in großem Maßstab verwendete Enzyme sind häufig unreine Präparationen, die die Kundenansprüche bzgl. Aktivität und Stabilität ausreichend erfüllen. Oft enthalten sie viele andere Enzyme, die in manchen Anwendungen sogar nützlich für die Gesamtleistung des Präparats sind.

Im Bereich der Lebensmittel und Futtermittel bevorzugt die Industrie etablierte GRAS- *(generally regarded as safe)* zertifizierte Produktionsstämme wie *Bacillus*, *Aspergillus* und *Saccharomyces* (▶ Kap. 9). Ihre Biologie ist gut verstanden, und neben ihrer sicheren Einstufung wachsen sie sehr schnell sowie anspruchslos und produzieren hohe Raum-Zeit-Ausbeuten des Zielmoleküls. Mikrobielle Enzyme werden überwiegend in Flüssigkulturen satzweise kontrolliert produziert, obwohl auch abhängig von den Möglichkeiten und Kulturen anderer Länder traditionelle Festphasen-Fermentationen für die extrazelluläre Produktion mittels Pilzen gängig sind. Viele technische Enzyme werden direkt ins Medium sekretiert, sodass nach einer Abtrennung der Zellmasse durch Zentrifugation oder Filtration meist nur eine Aufkonzentrierung mittels Präzipitation, Kristallisation oder Filtration folgt. Je nach Anwendung und Formulierung werden ggf. stabilisierende Agenzien hinzugesetzt oder nach einem Trocknungsprozess Enzympulver hergestellt. Aufgrund der hohen Kosten wird bei technischen Enzymen versucht, auf hochauflösende Chromatographieverfahren zu verzichten.

10.2.2 Diagnostische Enzyme

Viele analytische Verfahren in der Medizin und Lebensmittelanalyse basieren auf enzymkatalysierten Umsetzungen, um u. a. Stoffwechselmetabolite wie Glucose und Cholesterin nachzuweisen. Enzyme, die im diagnostischen Bereich eingesetzt werden, müssen sehr spezifisch und empfindlich sein. Damit keine weiteren enzymatischen Aktivitäten oder andere Interferenzen im diagnostischen Test auftreten, müssen sehr hohe Reinheiten (>95 %) und Qualitätsmerkmale gewährleistet werden.

Als Beispiel für mögliche auftretende Interferenzen wird die Glucose-Oxidase (GOD) gewählt. Sie wird gewöhnlich in GRAS-gelisteten

Stämmen von *Aspergillus-* und *Penicillium-*Stämmen industriell produziert und steht einem breiten Anwendungsspektrum zur Verfügung. Im diagnostischen Bereich wird sie häufig in Kombination mit einer Peroxidase (POD) zum Nachweis von Glucose eingesetzt. Dabei oxidiert GOD Glucose zu Gluconat unter Bildung von H_2O_2 (▸ Abschn. 18.2.2). Für eine kolorimetrische Auswertung wird ein reduziertes farbloses Chromogen in der Indikatorreaktion durch H_2O_2 durch die Peroxidase (POD) oxidiert. Handelsübliche Präparate enthalten als zusätzliches Enzym Mutarotase, welche die zu bestimmende α-D-Glucose in β-D-Glucose überführt.

Mutarotase: α-D-Glucose → β-D-Glucose

Glucose-Oxidase: β-D-Glucose + H_2O + $½O_2$ → Gluconolacton + H_2O_2

Peroxidase: Farbstoff-H_2(red.) + H_2O_2 → Farbstoff(ox.) + $2H_2O$

Je nach Produktionsorganismus enthalten GOD-Präparate auch Carbohydrasen wie z. B. Saccharase und Maltase sowie Catalase als Begleitenzyme (De Baetselier et al. 1991). Bei der Bestimmung des Blutzuckergehaltes in Blut oder Urin stören Erstere nicht, da Disaccharide praktisch nicht enthalten sind. Für die Analyse des Glucosegehaltes im stetig wachsenden Feld der Lebensmittel und Lebensmittelkontrollen müssen die Carbohydrasen jedoch beseitigt werden, um ein quantitatives Ergebnis zu garantieren. Catalase kann zudem durch das Binden des H_2O_2 das Analyseergebnis indirekt beeinflussen, wenn dieses mittels einer Meerrettich-Peroxidase (*horseradish peroxidase*, HRP) nachgewiesen wird (Simpson et al. 2007).

Die Problematik der unterschiedlichen Wechselwirkungen zeigt klar, dass bei der Reinigung von diagnostischen Enzymen wie bei den therapeutischen Enzymen auf selektive Methoden wie Chromatographie und Ultrafiltration zurückgegriffen werden muss (▸ Abschn. 10.2.3). Ebenso muss die Produktqualität genauestens überprüft werden, um qualitative Aussagen in der Diagnostik machen zu können.

10.2.3 Therapeutische Enzyme

Neben Anwendungen in der Industrie sowie zu diagnostischen Zwecken finden Enzyme auch vermehrt Einsatz als Biopharmazeutika (Kap. 19; Walsh und Shanley 2005). Derartige therapeutische Enzyme werden traditionell zumeist direkt aus den natürlichen Quellen wie Serum oder tierischem Gewebe extrahiert und in einem anschließenden vielstufigen Prozess bis zu Reinheiten größer 99 % gebracht (Walsh und Murphy 1999). Aufgrund der raschen Fortschritte molekularbiologischer Methoden gewinnt die Produktion mithilfe rekombinanter Mikroorganismen oder Zellkulturen zunehmend an Bedeutung, wobei sich mit der Art der Quelle auch der notwendige Reinigungsprozess in der Regel stark verändert. Aufgrund der Injektion oder oralen Aufnahme entsprechender Präparate werden höchste Reinheiten von 99,9 % und höher verlangt, um unerwünschte Immunreaktionen und Nebenwirkungen von Verunreinigungen zu vermeiden. ◻ Tab. 10.2 enthält eine kurze Auflistung bekannter therapeutischer Enzyme, des zugehörigen medizinischen Anwendungsbereichs sowie der verwendeten Enzymquelle. Die Jahresproduktion von einzelnen Biopharmazeutika liegt im Normalfall bei nur einigen Kilogramm, wobei in der Regel geringe Produkttiter im Ausgangsgemisch vorliegen.

Mit den von den Zulassungsbehörden geforderten Reinheiten liegen therapeutische Enzyme im gleichen Bereich wie therapeutisch genutzte monoklonale Antikörper (mAk). Im Unterschied zu mAk existiert für therapeutische Enzyme jedoch keine etablierte Plattformtechnologie, die eine schnelle und standardisierte Entwicklung eines Reinigungsprozesses erlaubt. Reinigungsschemata für therapeutische Enzyme enthalten oftmals selektive Reinigungsstufen, die spezielle Eigenschaften des jeweiligen Enzyms nutzen. Zudem unterscheiden sich die Reinigungsschemata für Enzyme aus Serum bzw. Gewebe sowie für Enzyme aus Zellkulturen zumindest im Bereich der ersten Produktisolierung deutlich.

◘ Tab. 10.2 Beispielhafte Auflistung bekannter therapeutischer Enzyme, ihres klinischen Anwendungsbereichs sowie der bei der Produktion verwendeten Enzymquelle

Therapeutisches Enzym	Anwendungsbereich	Enzymquelle
Faktor VIIa	Hämophilie (Bluterkrankheit)	Zellkultur (BHK)
Faktor IX	Hämophilie (Bluterkrankheit)	Plasma, Zellkultur (CHO)
Gewebespezifischer Plasminogenaktivator (tPA)	Auflösung von Blutgerinnsel z. B. bei Herzinfarkt	*E. coli*, Zellkultur (CHO)
Urokinase	Auflösung von Blutgerinnsel z. B. bei Herzinfarkt	Zellkultur (CHO)
DNase	Zystische Fibrose	Zellkultur (CHO)
Aktiviertes Protein C	Hemmung der Blutgerinnung, Sepsis	Zellkultur (HEK 293)
Asparaginase	Krebs (Leukämie)	*E. coli, Erwinia chrysanthemi*
Glucozerebrosidase	Erbkrankheit Morbus Gaucher	Zellkultur (CHO)
α-Galactosidase	Erbkrankheit Morbus Fabry	Zellkultur (CHO)

◘ Abb. 10.4 zeigt typische Prozessfolgen der Reinigung therapeutischer Enzyme aus natürlichen Quellen (Plasma, Gewebe) bzw. aus tierischen Zellkulturen. Diese vielstufigen Prozessfolgen sind vereinfacht dargestellt und vernachlässigen z. B. notwendige Fest-Flüssig-Trennungen im Anschluss an einen Fällungsschritt sowie eventuelle Volumenreduktionen und Umpufferungen zwischen den Chromatographieschritten. Im Folgenden werden die Rahmenbedingungen und Aufgaben der in den Prozessfolgen genannten Verfahrensschritte kurz beschrieben:

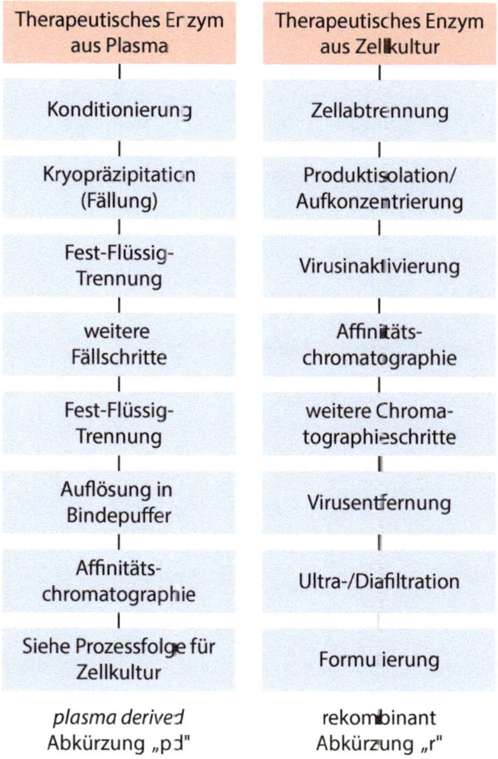

10.2.3.1 Zellernte bzw. Zellabtrennung, Fest/Flüssigtrennung

Bei der Produktion therapeutischer Enzyme mittels einer Zellkultur liegt das Enzym in der Regel extrazellulär vor. Der Schritt der Zellabtrennung bzw. Zellernte dient daher zumeist der Entfernung der Zellen und der Klärung des Überstands von suspendierten Feststoffen. Als Technologien kommen vor allem Separatoren und Mikrofiltrationssysteme zum Einsatz. Am verbreitetsten sind kontinuierlich arbeitende Tellerseparatoren

◘ Abb. 10.4 Typische Prozessfolgen der Reinigung therapeutischer Enzyme aus natürlichen Quellen (Plasma, Gewebe) bzw. aus tierischen Zellkulturen sowie eine im Querstrom betriebene Mikro-filtration *(tangential flow microfiltration)*. Im Falle der Separatoren folgt zur Klärung der Prozesslösung als zweiter Schritt zumeist eine Tiefenfiltration. Positiv geladene Filter-materialien führen dabei zudem zu einer Reduktion der DNA-Konzentration sowie potenzieller Viren im Filtrat. Für eine sichere und vollständige Klärung folgt schließlich im Allgemeinen noch eine Direktstromfiltration *(dead-end filtration)* mit einer Porenweite der Filtermembran von ca. 0,2 μm, um ein Verb-locken in folgenden Chromatographie- und Membranverfahren zu vermeiden.

des Separatorbodens transportiert und dabei schonend auf die volle Drehzahl gebracht wird (◘ Abb. 10.5). Hauptbestandteil des Separators ist ein Paket konischer Teller, die sich im Abstand von wenigen Millimetern befinden. Beim Durchströmen des Tellerpakets unter Rotation sammelt sich die Substanz mit der höheren Dichte, d. h. im Falle einer Zellabtrennung die Zellen, an der Unterseite der Teller an. Durch die Zentrifugalkraft werden die Zellen dann schräg nach unten in einen Sediment-sammelraum geleitet, wo sie in zyklischen Abständen durch ein kurzes Absenken des Unterteils der Trommel ausgeschleust werden. Die geklärte Fermentationsflüssigkeit strömt auf der Oberseite der Teller nach innen, wo sie von einem sog. Greifer aufgenommen und ebenfalls aus dem Tellerseparator gefördert wird.

> **Der Tellerseparator**
> Tellerseparatoren ermöglichen die effiziente Trennung von Suspensionen oder Emulsionen. Das Trennprinzip beruht auf den unterschiedlichen Zentrifugalkräften, die die Suspensions- oder Emulsionsbestandteile aufgrund ihrer unterschiedlichen Dichten und der schnellen Rotation erfahren. Der Zulauf in einem Tellerseparator erfolgt über eine Hohlwelle, in der die Suspension in den Bereich

10.2.3.2 Fällungsschritte

Menschliches Serum war für lange Zeit eine der Hauptquellen für therapeutische Enzyme und spielt auch heute noch eine Rolle als Ausgangs-basis für ihre Aufreinigung. Serum besitzt mit ca. $70\,\mathrm{g\,L^{-1}}$ eine sehr hohe Proteinkonzentration, wobei Albumin und Immunglobuline den bei

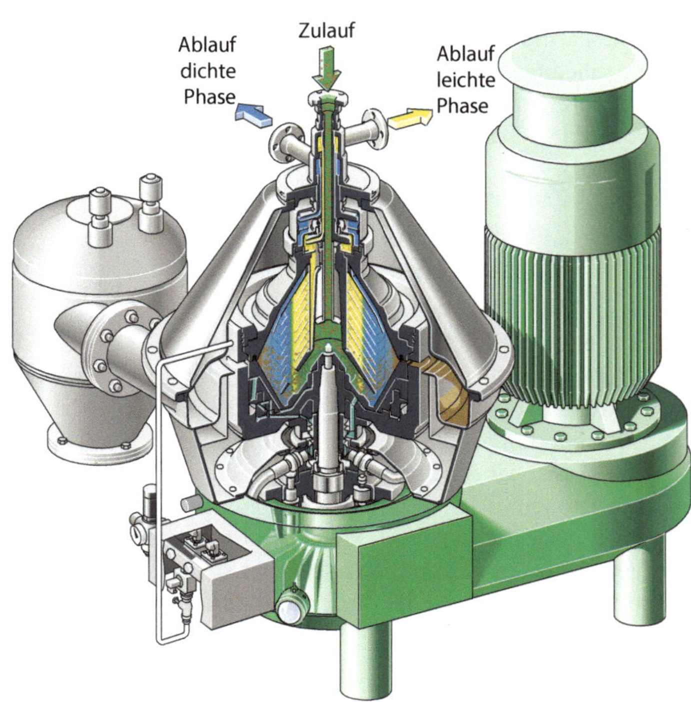

◘ **Abb. 10.5**   Tellerseparator mit automatischem Feststoffaustrag der Firma GEA (GEA Westfalia Separator Group, mit freundlicher Genehmigung)

Weitem größten Anteil ausmachen. Im Vorfeld spezifischer Aufreinigungsmethoden für ebenfalls enthaltene therapeutische Enzyme wie Faktor VIIa oder Faktor IX wird daher zunächst durch eine Fraktionierung der Anteil dieser Hauptproteine des Serums stark verringert. Diese Fraktionierung erfolgt durch gestaffelte Fällungsschritte mit zunehmender Ethanolkonzentration, wobei die Temperatur und der pH-Wert, bei dem die Fällung erfolgt, ebenfalls einen wichtigen Einfluss auf die Löslichkeit verschiedener Serumproteine haben. Das bekannteste Verfahren für diese auch als Kryopäzipitation bezeichnete schrittweise Fällung ist der Cohn-Prozess, benannt nach E. J. Cohn (Cohn et al. 1946). Hauptstufen des Cohn-Prozesses sind:

1. eine Fällung bei 8 % Ethanol, -3 °C und pH 7,2
2. eine Fällung bei 25 % Ethanol, -5 °C, pH 6,9
3. eine Fällung bei 18 % Ethanol, -5 °C, pH 5,2
4. eine Fällung bei 40 % Ethanol, -5 °C, pH 5,8
5. eine Fällung bei 40 % Ethanol, -5 °C, pH 4,8

Für die an den Fällungsprozess anschließende Fest-Flüssig-Trennung werden gekühlte Zentrifugen benötigt, da auch während dieses Trennprozesses das gewählte Temperaturniveau exakt eingehalten werden muss. Beispiel hierfür sind z. B. spezielle Rohr- bzw. Kammerzentrifugen.

10.2.3.3 Produktisolierung, Aufkonzentrierung

Im Zuge eines Aufreinigungsprozesses ist neben der Stabilisierung des Zielenzyms seine rasche Aufkonzentrierung eines der primären Ziele. Eine Aufkonzentrierung reduziert das Lösungsvolumen und damit die notwendige Baugröße nachfolgender Prozessstufen. Neben den bereits beschriebenen Fällungsprozessen kommen für die Aufkonzentrierung insbesondere chromatographische Schritte infrage. Aufgrund der hohen erzielbaren Beladungskapazitäten kommt vor allem die Ionenaustauschchromatographie zum Einsatz, wobei es sich je nach Ladung des Zielenzyms um Kationen- bzw. Anionen-Austauschermaterialien handelt. Die nutzbaren Kapazitäten bzw. Durchsätze liegen bei bis zu 100 g Enzym bzw. 10 L h^{-1} pro L Säulenvolumen. Ein typischer Ablauf der Ionenaustauschchromatographie beinhaltet Äquilibrierungs-, Beladungs-, Wasch-, Elutions- und Regenerationsschritte (Carta und Jungbauer 2010). Die Chromatographie ist daher ein zeit- und ressourcenintensives Verfahren und oftmals einer der Hauptkostenpunkte eines Aufreinigungsprozesses. Eine Alternative zu einem eigenen Chromatographieschritt zur Produktisolierung ist eine Aufkonzentrierung im Zuge einer Affinitätschromatographie.

Chromatographiesäulen

Chromatographie ist ein Überbegriff für physikalisch-chemische Trennverfahren, die auf der Verteilung der zu trennenden Stoffe zwischen einer mobilen und einer stationären Phase beruhen. Bei der Säulenchromatographie befindet sich die stationäre Phase als kompakte Schüttung in einer zylindrischen Säule (◻ Abb. 10.6). Strömt die mobile Phase mit den gelösten Stoffen durch die Säule, werden die stärker mit der stationären Phase wechselwirkenden Stoffe stärker zurückgehalten (retardiert) und erscheinen entsprechend später im Ablauf. Trotz des vermeintlich einfachen Prinzips sind Chromatographiemedien, d. h. die stationäre Phase, sowie Chromatographiesäulen komplexe und oftmals teure Komponenten eines Aufreinigungsprozesses. Chromatographiemedien für industrielle Anwendungen müssen hohe Kapazitäten und Selektivitäten für die Zielkomponente aufweisen und gleichzeitig chemisch und mechanisch robust sowie hoch porös sein. Eine Chromatographiesäule benötigt einen sehr effizienten Flüssigkeitsverteiler im Einlauf, um eine gleichmäßige Durchströmung des gepackten Chromatographiemediums zu erreichen. Zusätzlich muss die Packung über einen fahrbaren Stempel unter einem definierten Druck gehalten werden, der eine Fluidisierung oder Kanalbildung verhindert. Die Konstruktion und das Material der Säule müssen höheren Drücken standhalten und eine vollständige Reinigung des Systems mit z. B. 1 M NaOH erlauben.

◼ Abb. 10.6   Chromatographiesäule AxiChrom™ (GE Healthcare, mit freundlicher Genehmigung)

10.2.3.4 Weitere Chromatographieschritte und Affinitätschromatographie

Neben der Aufkonzentrierung dienen Chromatographieschritte auch zur Entfernung der Hauptkontaminanten (andere Proteine des Produktionsstamms bzw. des Ausgangsmediums, DNA) sowie zur Entfernung unerwünschter Varianten (z. B. Dimere) des Zielenzyms. Zur Entfernung der Hauptkontaminanten kommen eine breite Palette von Chromatographievarianten zum Einsatz (u. a. Ionenaustausch, hydrophobe Interaktion, *mixed-mode,* Affinitätschromatographie). Eine besondere Bedeutung hat dabei die Affinitätschromatographie, da sie in einem Schritt eine starke Erhöhung der Reinheit des Zielenzyms

ermöglicht. Auf sie wird daher im folgenden Abschnitt nochmals gesondert eingegangen. Zur Entfernung unerwünschter Varianten des Zielenzyms sind die bisher genannten Chromatographiearten jedoch weitgehend ungeeignet, da z. B. ein Dimer eines Enzyms in einer Vielzahl seiner physikochemischen Eigenschaften mit denen des entsprechenden Monomers übereinstimmt. Eine Ausnahme macht dabei die Größe des Makromoleküls, sodass eine Trennung der Varianten mittels Größenausschlusschromatographie erfolgen kann.

10.2.3.5 Affinitätschromatographie

Affinitätschromatographie ist ein spezielles Chromatographieverfahren, beim dem hoch selektive, biospezifische Wechselwirkungen zwischen den Liganden des Chromatographiemediums und dem aufzureinigenden Enzym genutzt werden (Janson 2011). Bei den Liganden kann zwischen gruppenspezifischen Liganden, die für eine ganze Gruppe von Proteinen eine hohe Affinität besitzen, und monospezifischen Liganden, die nur für ein ganz bestimmtes Protein eine hohe Affinität besitzen, unterschieden werden. Zu den bekanntesten Vertretern gruppenspezifischer Liganden zählen Komplexbildner wie NTA (Nitrilotriessigsäure) oder IDA (Iminodiessigsäure), die nach Beladung mit zweiwertigen Metallionen wie z. B. Cu^{2+}, Ni^{2+} oder Co^{2+} eine hohe Affinität zu Proteinen mit mehreren Histidin- oder Cysteinresten in geeigneter Anordnung besitzen. Zur Nutzung dieses als Immobilisierte-Metallionen-Affitätschromatographie (IMAC) bezeichneten Verfahrens werden entsprechende Polyhistidin-Gruppen oftmals über molekulargenetische Methoden *C*- oder *N*-terminal an das aufzureinigende Enzym fusioniert. Speziell für therapeutische Enzyme wird das Vorgehen, mit sogenannten Fusions-Tags zu arbeiten, aber in der Regel nur für Forschungszwecke benutzt, da eine molekulargenetische Veränderung des Enzyms bei einem medizinischen Einsatz unerwünscht ist. Speziell für cofaktorabhängige Enzyme bieten sich andere gruppenspezifische Liganden an, die in ihrer Struktur dem jeweiligen Cofaktor ähneln und keine zusätzlichen Tags benötigen. Ein bekanntes Beispiel ist *Blue Sepharose* der Firma GE Healthcare. Bei diesem Chromatographiematerial ist der Reaktivfarbstoff Cibacron Blue 3G an eine Sepharosematrix gekoppelt. Cibacron Blue 3G ähnelt dem Cofaktor NAD und eignet sich zur Aufreinigung von z. B. Dehydrogenasen oder Kinasen. Aufgrund der hohen Wertschöpfung therapeutischer Enzyme lohnt sich auch häufig die spezielle Entwicklung monospezifischer Liganden. In der Regel handelt es sich dabei um monoklonale Antikörper, die das zu reinigende Zielenzym als Antigen erkennen und binden. Die Antikörper werden in einer eigenen Zellkultur produziert, gereinigt und kovalent auf ein aktiviertes Chromatographiematerial, wie z. B. NHS-Sepharose, gebunden. Eine entsprechend präparierte Chromatographiesäule erlaubt anschließend eine hoch selektive Aufreinigung des Zielenzyms direkt aus der geklärten Prozesslösung, d. h. sie ermöglicht die Kombination der Schritte zur Aufkonzentrierung und der Entfernung der Hauptkontaminanten.

10.2.3.6 Virenentfernung

Neben der Entfernung aller Proteine (bis auf das Zielenzym) und der DNA muss ein Produktionsprozess für therapeutische Enzyme auch eine sichere Entfernung eventueller Viruskontaminationen des serumhaltigen Ausgangsmediums gewährleisten. Hierfür muss das Prozessschema mehrere Verfahrensstufen zur Virusentfernung enthalten, die sich in ihrem physikalischen Prinzip unterscheiden. Die häufigsten hierfür eingesetzten Verfahren sind die Virusfiltration sowie die Membranchromatographie. Für beide Verfahren kommen Kartuschensysteme zum Einsatz, die oftmals für eine einmalige Nutzung *(disposable)* konzipiert sind. Die Verfahren unterscheiden sich jedoch in ihrer Funktion. Während bei der Virusfiltration Membranen mit einer nominellen Trenngrenze von 20 nm genutzt werden, die eine Virusabreicherung vorwiegend durch einen mechanischen Siebeffekt erzielen, basiert die Virusabreicherung mittels Membranchromatographie auf Ladungseffekten. Eine Membran von wenigen Millimetern Dicke und einer Porenstruktur im Mikrometerbereich besitzt positive Ladungsgruppen auf der Oberfläche der Membranfasern. Da Viren in der Regel eine negative Oberflächenladung aufweisen, kommt es zu einer effektiven Anlagerung der Viren an die Fasern. Die Größe der Poren und die Dicke der Membran machen aber klar, dass es sich nicht um eine Oberflächenfiltration, sondern um eine spezielle Form der Tiefenfiltration handelt. Da die potenziell auftretende Virusmasse auch bei einer Kontamination gering ist, sind die Systeme zur Membranchromatographie nicht hinsichtlich ihrer Beladungskapazität, sondern bezüglich ihres Durchsatzes optimiert, der im Bereich von bis zu 30 Bettvolumina pro min liegt.

- **Kartuschensysteme**

Moderne Kartuschensysteme zur Virusabreicherung sind steril verpackte und direkt einsetzbare Hohlfasermodule (◨ Abb. 10.7). Die Hohlfasern aus Polyethersulfon werden bei der Herstellung direkt in ein geschlossenes Gehäuse eingebettet, das nicht mehr geöffnet

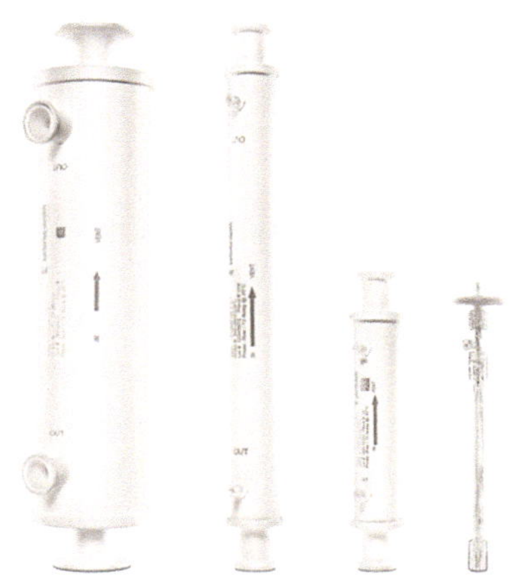

◨ **Abb. 10.7** Einweg-Filtrationskartuschen Virosart® HF der Firma Sartorius zur Virenentfernung. (©Sartorius Stedim Biotech, mit freundlicher Genehmigung)

werden kann. Die Kartuschen sind daher nur für einen einmaligen Gebrauch konzipiert. Neben den Hauptanschlüssen für Zu- und Ablauf gibt es noch weitere Anschlüsse, die zu einer Entlüftung und Spülung dienen. Bei einem Betriebsdruck von 2 bar besitzen entsprechende Kartuschensysteme einen Durchsatz von ca. $5 \, \text{L} \, \text{min}^{-1} \, \text{m}^{-2}$.

10.2.3.7 Formulierung und Gefriertrocknung

Ziel der Formulierung ist es, die aufgereinigten therapeutischen Enzyme in einen stabilen, transport- und lagerfähigen Zustand zu bringen (Parkins und Lashmar 2000). Die hierzu notwendigen Schritte sind zum einen die Einstellung eines für das Enzym günstigen pH-Werts sowie der Ionenstärke durch Überführung des Enzyms in einen entsprechenden Lagerpuffer mittels einer Kombination aus Ultrafiltration und Diafiltration (UF/DF). Der Ultrafiltrationsschritt dient dabei zunächst einer weiteren Aufkonzentrierung des Enzyms und bedingt zudem eine Einsparung von Lagerpuffer im anschließenden Diafiltrationsschritt. Der Diafiltrationsschritt dient dem eigentlichen Pufferwechsel, wobei die Filtrationsmembran das Enzym zurückhält, während der als Querstrom die Membran überströmende Puffer zum Teil durch die Membran dringt und abgeführt wird. Durch die kontinuierliche oder zyklische Nachförderung von frischem Lagerpuffer erfolgt

über die Zeit ein praktisch vollständiger Austausch des Puffers, in dem das Enzym vorliegt. Nachfolgend werden der Lösung in der Regel weitere Substanzen, wie z. B. Polysorbate, zugegeben, die u. a. eine Aggregation des Wirkstoffs, d. h. des therapeutischen Enzyms, verhindern sollen. Die stabilisierte Wirkstofflösung wird abschließend eingefroren oder kühl gelagert. Eine für die langfristige Lagerung oder den Transport günstigere Alternative ist die Gefriertrocknung. Hierzu wird die gefrorene Wirkstofflösung schonend unter Vakuum getrocknet, wobei die Feuchtigkeit aus dem gefrorenen Zustand sublimiert.

10.2.3.8 Anforderungen an gereinigte therapeutische Enzyme

Für die Zulassung des Reinigungsprozesses und bei der routinemäßigen Qualitätskontrolle müssen therapeutische Enzyme zahlreiche hohe Anforderungen an die Reinheit der Wirkstofflösung, aber auch an die eindeutige Konformation des Enzyms selbst erfüllen. ◘ Tab. 10.3 zeigt eine Übersicht der wichtigsten Anforderungen.

Zu den wichtigsten Anforderungen an die Reinheit therapeutischer Wirkstoffe gehört die Virenfreiheit, da je nach Virenart bereits ein einziger Virus eine Infektion verursachen könnte. Daher werden für einen Reinigungsprozess mehrere unabhängige Stufen zur Virusabtrennung gefordert. Die Effektivität

◘ **Tab. 10.3**   Anforderungen an therapeutische Enzyme

Reinheitsanforderungen		Konformitätsanforderungen Nachweis der korrekten Enzymkonformität hinsichtlich:	
Virenfrei	Frei von Mikroorganismen	Aggregate	Bruchstücke
DNA <10 ng pro Dosis	Proteine (HCP[a]) <100 ng pro mg Enzym	Konformation	Glykosylierung
Definiertes, serumfreies Zellkulturmedium	Definierte Pufferkomponenten	Oxidation	Disulfidbrücken

[a] engl. *host cell protein*

der einzelnen Stufen beträgt dabei in der Regel 4–6 Logstufen, d. h. eine Reduktion der Viruskonzentration um einen Faktor 10^4 bis 10^6. Insgesamt muss ein Reinigungsprozess z. B. eine theoretische Virenreduktion von 14 Logstufen aufweisen, sodass selbst bei einer Viruskontamination von 10^6 Viren in dem Ausgangsvolumen an Zellkultur, das einer späteren Dosis entspricht, die Wahrscheinlichkeit, dass eine gereinigte Dosis noch einen Virus enthält, unter 10^8 liegt. Das heißt selbst unter diesen ungünstigen Annahmen enthielte nur jede hundertmillionste Dosis einen Virus. Im Falle von Proteinen und DNA der Produktionszellen ist keine Reduktion auf null möglich. Jedoch existieren strenge Grenzwerte, die für Protein oftmals im Bereich 0–100 ng Zellprotein pro Milligramm therapeutischem Enzym liegen, d. h. die geforderte Reinheit liegt bei >99,99 %. Für DNA liegt ein üblicher Grenzwert bei <10 ng DNA pro Dosis. Im Falle von reinen Aggregaten des therapeutischen Enzyms lassen sich keine entsprechend geringen Grenzen setzen, da sich Aggregate wie z. B. Dimere nur unvollständig von ihren Monomeren trennen lassen und sie sich aus dem hochkonzentrierten Enzym in der einsatzfähigen Formulierung auch wieder nachbilden können. Zum anderen besitzen korrekt gefaltete Dimere in der Regel auch die gewünschte therapeutische Wirkung. Die zulässigen Grenzen für Aggregate sind daher z. B. mit 0–5 % relativ weit. Die Frage, wie kritisch andere Konformitätsvarianten – z. B. Varianten in der Glykosylierung – sind, lässt sich nicht allgemein beantworten und muss für jedes therapeutische Enzym gesondert untersucht werden.

10.2.4 Anwendungsbeispiel: Industrielle Aufreinigung von Faktor VII

Der Gerinnungsfaktor VII (Prokonvertin) ist ein Vitamin-K-abhängiges Enzym. Es handelt sich um ein Glykoprotein mit einem Molekulargewicht von 59 kDa. Liegt keine Verletzung vor, zirkuliert Faktor VII als Proenzym in einer inaktiven monomeren Form im Blutkreislauf. Bei einer Verletzung wird Faktor VII in seine aktive dimere Form, Faktor VIIa, umgewandelt und die Gerinnungskaskade aktiviert (Per et al. 2005). Bei Patienten mit Störungen der Blutgerinnung kann die Verabreichung eines Faktor-VIIa-Präparats bei ernsten Blutungen oder Operationen notwendig sein. In den 1950er- und 1960er-Jahren wurden aus Blutplasma gewonnene Konzentrate genutzt, die jedoch eine Mischung aus mehreren Gerinnungsfaktoren darstellten. In den 1980er-Jahren gelang die Entwicklung von rekombinantem Faktor VIIa, und 1988 begannen die klinischen Studien zum Einsatz dieses therapeutischen Enzyms. 1996 erfolgte schließlich die Zulassung des Medikaments NovoSeven (rFVIIa) als Produkt der Firma Novo Nordisk in der EU, gefolgt von der Zulassung in den USA (1999) sowie Japan (2002).

◘ Abb. 10.8 zeigt eine vereinfachte schematische Darstellung eines Aufreinigungsprozesses für Faktor VIIa. Am Anfang einer Batchproduktion steht die Präparation des Inokulums, ausgehend von tiefgefrorenen Startzellen einer streng kontrollierten Zellbank. Als Produktionszellen dienen rekombinante Babyhamsternierenzellen (*baby hamster kidney* – BHK), die das Gen für humanen Faktor VII besitzen. Die BHK-Zellen werden über mehrere Skalierungsstufen vermehrt und schließlich als Inokulum für die Zellkultur im Bioreaktor verwendet. Im Hinblick auf den Reinigungsprozess und mögliche Kontaminationen ist zu beachten, dass in dem Zellkulturmedium zum Teil noch fötales Kälberserum zum Einsatz kommt. Neben dem Vorliegen von Proteinen eines zweiten Organismus (Hamster und Rind) birgt dies die Gefahr einer Viruskontamination, sodass in dem folgenden Reinigungsprozess der Virusentfernung besondere Beachtung geschenkt werden muss. Da das produzierte Enzym FVII extrazellulär vorliegt, folgt als erster Schritt nach der Zellkultur eine Zellabtrennung, z. B. durch einen Tellerseparator und eine

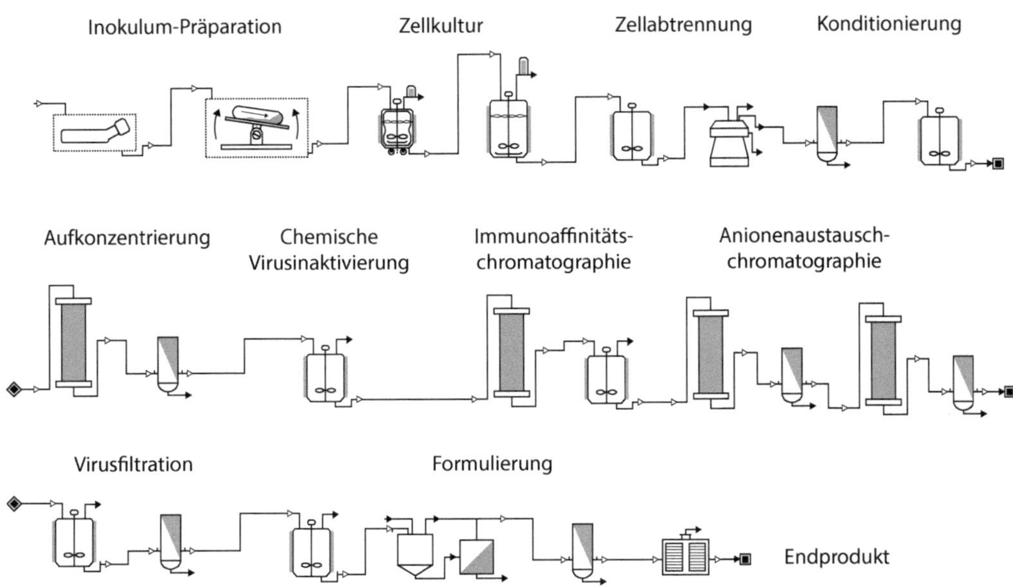

◘ Abb. 10.8   Schematischer Aufreinigungsprozess des rekombinanten Gerinnungsfaktors VIIa

Mikrofiltration, gefolgt von einer Konditionierung der geklärten Lösung im Hinblick auf die folgenden Chromatographieschritte. Als erster Chromatographieschritt erfolgt eine Anionenaustauschchromatographie zur Aufkonzentrierung des Zielenzyms sowie einer ersten Entfernung anderer Proteine. Eine nachgeschaltete Zugabe von Tensiden führt zu einer chemischen Virusinaktivierung. Als Hauptreinigungsstufe dient eine Immunoaffinitätschromatographie, bei der als Ligand des Chromatographiemediums ein FVII-spezifischer, monoklonaler Antikörper zum Einsatz kommt. Im Anschluss an die Affinitätschromatographie folgen noch zwei weitere Anionenaustauschchromatographien. Diese dienen zum einen der Entfernung eventuell aus der Affinitätschromatographie abgegebener Liganden, zum anderen führen sie zu einer vollständigen Umwandlung von FVII in die aktive Form FVIIa. Als zweite, unabhängige Stufe der Virusentfernung folgt eine Membranfiltration mit 20 nm Porengröße. Schließlich werden verschiedene Formulierungsschritte benötigt, wie z. B. eine

Ultra- und Diafiltration zur Überführung des Produkts in den Lagerpuffer, eine Sterilfiltration sowie eine Gefriertrocknung.

Das beschriebene, vereinfachte Aufreinigungsschema veranschaulicht verschiedene Besonderheiten der Aufreinigung therapeutischer Enzyme. Erstens werden oftmals komplexe Reinigungsprozeduren mit einer Vielzahl an Einzelschritten benötigt. Zweitens folgt die Reinigungsprozedur keinem Plattformprozess, sondern enthält enzymspezifische Schritte, die sich in der Regel nicht auf andere Produkte übertragen lassen. Der beschriebene Prozess für FVIIa enthält z. B. drei Anionenaustauschchromatographien. Eine derartige Wiederholung von Reinigungsschritten mit vergleichbarem Wirkprinzip ist für Standardprozesse zu vermeiden, dient hier aber u. a. der Transformation des Produkts in seine aktive Form. Drittens erfordert das Fehlen einer universell einsetzbaren hoch selektiven Reinigungsstufe, vergleichbar dem Einsatz einer Protein-A-Chromatographie bei monoklonalen Antikörpern, spezielle Reinigungsstufen.

10.3 Fazit

Abschließend können folgende Grundregeln zur Entwicklung eines Aufarbeitungsverfahrens zusammengefasst werden:

1. Festlegung der benötigten Produktreinheit, Produktaktivität und Menge an Gesamtprodukt

2. Bestimmung der physiko-chemischen Eigenschaften des Zielenzyms und der kritischen Verunreinigungen für eine vereinfachte Methodenauswahl.

3. Entwicklung von analytischen Nachweisverfahren, um sowohl das Zielmolekül samt Aktivität und auch die kritischen Kontaminanten nachweisen zu können.

4. Möglichst am Beginn der Aufarbeitung sollte das Volumen drastisch eingeengt werden und in folgenden Schritten immer wieder reduziert werden, um lange Prozesszeiten und große Apparaturen zu umgehen. Ebenso kann dadurch eine starke Reduktion an Pufferlösungen und Reinigungsmitteln erzielt werden.

5. Die verwendeten Trennmethoden sollten sich in der Trennungsart (z. B. Größe, Ladung, Ligandenspezifität, Hydrophobizität) unterscheiden.

6. Es sollte auf die Zugabe von Additiven (z. B. Detergenzien, Proteaseinhibitoren, Lysozym zum Zellaufschluss) verzichtet werden, da diese zum einem zusätzlich wieder abgetrennt werden müssen und zudem häufig in der Analytik Probleme bereiten.

7. Proteasen, die die Enzyme denaturieren können, sollten bereits zu Beginn des Aufarbeitungsprozesses entfernt werden. Neben dem Verzicht auf Proteaseinhibitoren kann so ggf. ein Arbeiten bei 4–8 °C umgangen werden, wenn die Proteine nicht bei Prozessbedingungen (meist Raumtemperatur) thermisch instabil sind.

8. Die Anzahl der benötigten Schritte sollte so gering wie möglich sein und logisch kombiniert werden, um die Gesamtausbeute und die benötigte Prozesszeit zu optimieren.

Literatur

Carta G, Jungbauer A (2010) Protein Chromatography: Process Development and Scale-Up. Wiley-VCH, Weinheim

Cohn EJ, Strong LE, Hughes WL, Mulford DJ Ashworth JN, Melin M, Taylor HL (1946) Preparation and Properties of Serum and Plasma Proteins. IV. A System for the Separation into Fractions of the Protein and Lipoprotein Components of Biological Tissues and Fluids1a,b,c,d. Journal of the American Chemical Society 68 (3):459–475. ► https://doi.org/10.1021/ja01207a034

De Baetselier A, Vasavada A, Dohet P, Ha-Thi V, De Beukelaer M, Erpicum T, De Clerck L, Hanotier J, Rosenberg S (1991) Fermentation of a yeast producing A. Niger glucose oxidase: Scale-up, purification and characterization of the recombinant enzyme. Nat Biotechnol 9 (6):559–561

Harrison RG (ed) (1994) Protein Purification Process Engineering Bioprocess Technology. Marcel Dekker, Inc., New York

Janson J-C (ed) (2011) Protein Purification: Principles, High Resolution Methods, and Applications. Third Edition edn. Wiley & Sons, Hoboken

Parkins DA, Lashmar UT (2000) The formulation of biopharmaceutical products. Pharmaceutical Science & Technology Today 3 (4):129–137. doi:► http://dx.doi.org/10.1016/S1461-5347(00)00248-0

Per R, Elisabeth E, Nikolai B, Niels Kristian K, Egon P (2005) Recombinant Factor VIIa. In: Directory of Therapeutic Enzymes. CRC Press, pp 189–207. ► https://doi.org/10.1201/9781420038378.ch10

Simpson C, Jordaan J, Gardiner NS, Whiteley C (2007) Isolation, purification and characterization of a novel glucose oxidase from Penicillium sp. CBS 120262 optimally active at neutral pH. Protein Expression and Purification 51 (2):260–266. ► https://doi.org/10.1016/j.pep.2006.09.013

Walsh G, Murphy B (eds) (1999) Biopharmaceuticals, an Industrial Perspective. Springer Netherlands. ► https://doi.org/10.1007/978-94-017-0926-2

Walsh G, Shanley N (2005) Applied Enzymology. In: Directory of Therapeutic Enzymes. CRC Press, pp 1–15. ► https://doi.org/10.1201/9781420038373.ch1

Enzymimmobilisierung

Marion B. Ansorge-Schumacher

© Springer-Verlag GmbH Deutschland, ein Teil von Springer Nature 2018
K.-E. Jaeger, A. Liese, C. Syldatk (Hrsg.), *Einführung in die Enzymtechnologie*,
https://doi.org/10.1007/978-3-662-57619-9_11

Zusammenfassung

Immobilisierung ist ein vergleichsweise alter Ansatz, Enzyme technisch nutzbar zu machen. Ziele sind sowohl die Erhöhung von Produktivität und Enzymstandzeiten als auch die Verbesserung der praktischen Handhabung und Erleichterung der Enzymrückgewinnung. Das Kapitel gibt einen Überblick der wesentlichen, praktisch relevanten Immobilisierungsprinzipien und erläutert deren wichtigste molekulare und physikalisch-chemische Effekte auf die katalytische Leistungsfähigkeit von Enzymen. Zentrale Kenngrößen des Immobilisierungsprozesses und der resultierenden Immobilisate werden beschrieben und Überlegungen zur Methodenwahl vor dem Hintergrund einer technischen Anwendung angestellt.

Immobilisierung ist ein vergleichsweise alter Ansatz, Enzyme technisch nutzbar zu machen. Sie wurde bereits 1916 (Nelson und Griffin 1916) erstmals beschrieben, 1953 kamen die ersten immobilisierten Enzyme zur praktischen Anwendung (Grubhofer und Schleith 1953). Heute werden immobilisierte Enzyme breitflächig u. a. in Produktionsverfahren der Chemie und Lebensmittelindustrie, in der Diagnostik und Biosensorik oder in Waschmitteln, Agrarprodukten und Kosmetik genutzt.

Enzymimmobilisierung ist generell definiert als „physikalische Abgrenzung oder Lokalisierung von Enzymen in einem begrenzten Raum unter Erhalt der katalytischen Aktivität". Dies wurde im Jahr 1973 im Verlauf der International Enzyme Engineering Conference in Henniker, New Hampshire (USA) festgelegt (Katchalski-Katzir 1993). Sie zielt vorrangig darauf ab, die technische Nutzung isolierter Enzyme auf eine breitere Basis zu setzen. So kann durch Immobilisierung eine Konzentrierung der Enzyme und damit verbunden eine höhere Produktivität (Raum-Zeit-Ausbeute) erreicht werden. Gleichzeitig wird die Abtrennung der Enzyme vom Reaktionsmedium erleichtert, wodurch einerseits Produktkontamination mit ggf. pyrogen wirkenden Enzymmolekülen verhindert und andererseits die Verwendung der Enzyme in mehreren Reaktionszyklen ermöglicht werden kann. Letzteres hat enorme Wirkung auf die Wirtschaftlichkeit enzymkatalysierter Prozesse, da Enzymkosten auch im Zeitalter der Produktion mit rekombinanten Hochleistungsstämmen noch unverhältnismäßig hohe Anteile der Gesamtprozesskosten ausmachen können. Zusätzlich kann mit der Immobilisierung eine intrinsische Stabilisierung der Enzyme einhergehen, sodass Lagerfähigkeit und Prozessstandzeit im Vergleich zum freien Enzym signifikant verbessert sind. Nicht zuletzt kann Immobilisierung die Motivation zum technischen Einsatz von Enzymen erhöhen, da die praktische Handhabung vereinfacht wird und gesundheitliche Risiken reduziert werden, die durch das allergene Potenzial enzymhaltiger Präparate erwachsen.

11.1 Methodische Prinzipien

Per definitionem breit gefächert ist die Herangehensweise an die Immobilisierung von Enzymen. Grundlegend lassen sich die methodischen Prinzipien Trägerbindung, Einschlussverfahren und trägerfreie Immobilisierung unterscheiden (◻ Abb. 11.1).

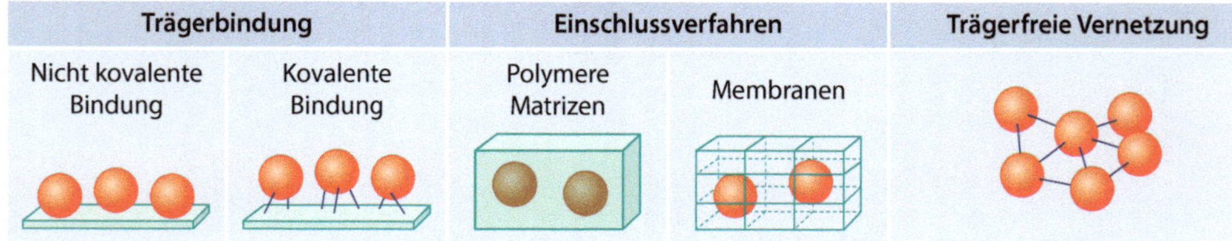

◻ **Abb. 11.1**   Methodische Grundprinzipien und Kategorien der Enzymimmobilisierung

Die wichtigsten Unterkategorien dieser Prinzipien sind in den nachfolgenden Abschnitten näher erläutert und mit ausgewählten Beispielen kommerziell erhältlicher Enzymimmobilisate belegt.

11.1.1 Nicht kovalente Bindung an Trägermaterialien

Bedingt durch die starke Funktionalisierung ihrer Moleküloberfläche tendieren Enzyme zur spontanen Anlagerung an Oberflächen von Fremdmaterialien. Dabei kommen Wasserstoffbrückenbildung sowie hydrophobe, polare, elektrostatische oder Chelat bildende Wechselwirkungen zum Tragen (Abb. 11.2). Affinität und Bindungsstärke hängen individuell von Art und Anzahl der Wechselwirkungen zwischen Enzym- und Materialoberfläche ab. Daraus folgend kann nahezu jedes Material potenziell als Enzymträger fungieren; entsprechend groß ist das Repertoire an Materialien, mit denen eine nicht kovalente Immobilisierung von Enzymen bereits beschrieben wurde (Jesionowski et al. 2014; Zucca und Sanjust 2014). Es reicht von wenig definierten Materialien wie Holzspänen über natürliche oder synthetische Hetero- und Homopolymere (z. B. Agarose bzw. Polystyrol)

bis zu aktiviertem Kohlenstoff, Mineralien (z. B. Tonerden) und Metallverbindungen (z. B. Aluminiumoxid, metallorganische Netzwerke).

Kommerziell erhältliche **Trägermaterialien** für die nicht kovalente Immobilisierung von Enzymen greifen überwiegend auf natürliche oder synthetische, hoch funktionalisierte organische Polymere wie Agarose, Cellulose und Dextran bzw. Poly(acrylat), Poly(methacrylat), Poly(propylen) und Poly(styrol) als Grundmaterialien zurück. Sie sind weit gehend aus der chromatographischen Proteinreinigung bekannt. Die mechanische und chemische Stabilität dieser Materialien sowie ihre Porenstruktur können durch interne Quervernetzung, z. B. mit Epichlorhydrin, gezielt verändert werden. Durch Einführung zusätzlicher hydrophober Gruppen wie Octylketten oder ionisierbarer Gruppen wie Amino- oder Carboxylfunktionen lässt sich die Wechselwirkung zwischen Trägermaterial und Enzym pH-Wert-abhängig kontrollieren. Zunehmend werden auch Materialien kommerziell verfügbar, die spezifisch die Adsorption getaggter (d. h. terminal mit spezifischen Aminosäuresequenzen versehener) rekombinanter Enzyme ermöglichen, allerdings sind diese meist sehr kostspielig. Vom praktischen Einsatz der Enzymimmobilisierung über die Chelierung in der Matrix eingebetteter Metallionen,

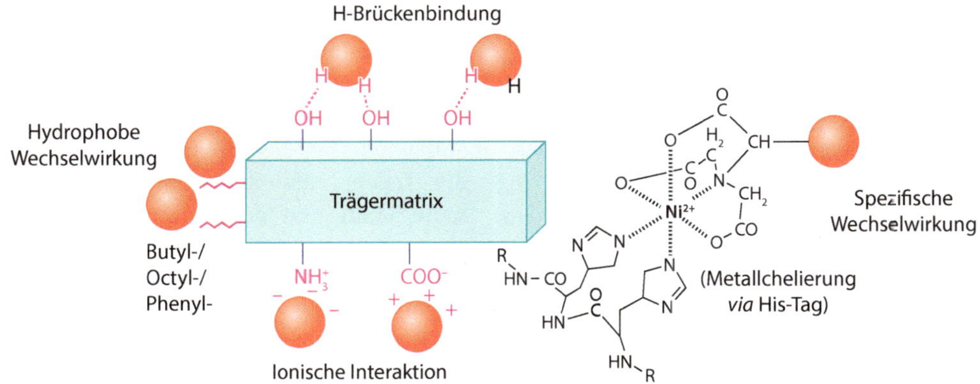

Abb. 11.2   Mechanismen der adsorptiven Enzymbindung. Hydroxylfunktionen werden vielfältig durch natürliche Polymere wie Agarose oder Cellulose sowie anorganische Silicate exponiert. Amino- und Carboxylfunktionen finden sich in hoher Dichte auf Ionentauschermaterialien wie Diethylaminoethyl- (DEAE-) bzw. Carboxymethylcellulose

z. B. durch die Interaktion Histidin-getaggter Enzyme mit Nickel-Nitrilacetat-Matrizes (Abb. 11.2) oder Cu^{2+}-aktivierten Silicaten, ist auch prinzipiell abzuraten, da es durch die kontinuierliche, zunächst kaum detektierbare Desorption der Metallionen zur Kontamination und Destabilisierung von Syntheseprodukten kommen kann. Insbesondere für den weiteren Einsatz in pharmazeutischen Formulierungen ist dies unter allen Umständen zu vermeiden.

Unter den anorganischen Materialien sind vor allem **Silicate** (SiO_2-basierte Materialien) für die adsorptive Bindung von Enzymen relevant. Ihre mit freien Hydroxylgruppen hoch funktionalisierte Oberfläche ermöglicht sowohl die direkte Interaktion mit dem Enzymmolekül als auch die Einführung alternativer funktioneller Gruppen. Letzteres geschieht durch den Prozess der Silanisierung, indem funktionalisierte Trialkoxysilanderivate über Siloxanbrücken eine kovalent an das Trägermaterial gebundene Beschichtung der Oberfläche formen. Verfügbar sind amino-, epoxy-, cyano- und sulfhydrylfunktionalisierte sowie phenolische Triethyoxy- oder Trimethoxysilane, wobei aminofunktionalisierte Trialkoxysilane wie APTES (3-Aminoethoxysilan) bei Weitem am häufigsten genutzt werden. Kommerziell erhältliche Silicate sind einfache Glasperlen, Partikel in Mikro- und Nanogrößen, Zeolithe und Kieselgur (Diatomeenerde). Besonders vielversprechend für die adsorptive Immobilisierung synthetisch aktiver Enzyme sind mesoporöse Silicate wie SBA-15 oder MCM-41 bzw. deren zahlreiche Weiterentwicklungen (Hartmann und Kostrov 2013). Ihre einstellbaren Porenvolumina, die geordnete Porenstruktur, die einheitliche Porengrößenverteilung, das hohe spezifische Porenvolumen sowie die große interne Oberfläche ermöglichen es, Enzyme effizient in die Matrix zu bringen und gleichzeitig dem Zu- bzw. Abfluss von Substraten und Produkten gut zugänglich zu machen. Prinzipiell ist auch die direkte Granulation von Enzymen und Silicaten zu katalytisch aktiven Materialien möglich, ein Verfahren, das für die Erzeugung wasserlöslicher Waschmittel-

präparate genutzt wird. Für synthetische Zwecke sind solche Immobilisate aufgrund ihrer Wasserlöslichkeit jedoch nur für Reaktionen in nicht wässrigen Medien relevant.

Novozym® 435

Das wohl prominenteste kommerziell gehandelte Präparat eines adsorptiv gebundenen Enzyms für die synthetisch-technische Anwendung ist Novozym® 435 der Firma Novozymes S/A (Dänemark).

Es bindet die katalytisch sehr vielseitige Lipase B (EC 3.1.1.3) aus *Candida antarctica* (reannotiert als *Pseudozyma antarctica*) an Lewatit® VP OC 1600 der Firma Lanxess (Deutschland).

Der poröse Poly(methylmethacrylat)-Träger weist eine durchschnittliche Partikelgröße von 0,3–0,9 mm und eine große spezifische Oberfläche von 80 m² g⁻¹ auf.

Die Lipase dringt bis zu einer Tiefe von ca. 100 µm in das Porensystem des Trägers ein, sodass nur die äußere Schale mit aktivem Enzym belegt ist.

Novozym® 435 zeichnet sich durch hervorragende katalytische Eigenschaften und ein breites Reaktionsspektrum aus. Großtechnisch wird es beispielsweise zur Synthese von Emollient-Estern im Multitonnenmaßstab genutzt.

11.1.2 Kovalente Bindung an Trägermaterialien

Reaktive funktionelle Gruppen an der Enzymoberfläche ermöglichen die kovalente Verknüpfung mit der Oberfläche funktionalisierter Trägermaterialien. Dabei weisen vor allem die Sulfhydrylgruppe der Aminosäure Cystein, die freien Aminofunktionen der Aminosäure Lysin und der *N*-terminalen Aminosäure sowie die freien Carboxylfunktionen der Aminosäuren Glutamat und Aspartat sowie der *C*-terminalen Aminosäure ausreichend hohe Reaktivität (Nucleophilie) auf. Aufgrund des günstigen Verhältnisses zwischen Reaktivität und durchschnittlicher Häufigkeit an der Enzymoberfläche erfolgt der überwiegende Teil kovalenter Bindung von Enzymen jedoch über die ε-Aminofunktion des Lysins.

Als Träger kovalent gebundener Enzyme können prinzipiell alle auch für die adsorptive Immobilisierung geeigneten organischen und anorganischen Materialien (▶ Abschn. 11.1.1) genutzt werden, wenn freie Hydroxyl-, Amino- und Carboxylfunktionen vorhanden sind (Novick und Rozzell 2005; Zucca und Sanjust 2014). Diese müssen vor Reaktion mit dem Enzym nochmals aktiviert werden, damit ein nucleophiler Angriff durch die Aminosäureseitenketten des Enzyms unter für das Enzym verträglichen Bedingungen (geringe Temperaturen, moderate pH-Werte) erfolgen kann (◘ Abb. 11.3).

Freie **Hydroxylfunktionen** unmodifizierter natürlicher Polymere oder anorganischer Silicate können beispielsweise durch Cyanbromid (BrCN) zu reaktiven Cyanatestern und cyclischen Imidocarbonaten umgesetzt werden, die mit Aminofunktionen des Enzyms Isoureat- (oder Imidocarbonat-)Bindungen bilden. Letztere weisen allerdings nur geringe Hydrolysebeständigkeit auf, und BrCN selbst ist durch ein hohes Gefahrenpotenzial (Flüchtigkeit, Toxizität, Explosivität) gekennzeichnet. Alternative cyanylierende Agenzien wie 4-Nitrophenylcyanat, *N*-Cyanotriethylammoniumbromid und 1-Cyano-4-dimethylaminopyridiniumbromid, die geringere Toxizität aufweisen und zu hydrolysestabileren Bindungen führen, haben sich bislang jedoch nicht durchgesetzt. Die Aktivierung von **Aminofunktionen** erfolgt überwiegend durch Reaktion mit bifunktionalen Aldehyden. Eine prominente Stellung nimmt dabei Glutardialdehyd ein, das schnell und nahezu irreversibel bei neutralen bis sauren pH-Werten reagiert und effizienter als andere Reagenzien thermisch und chemisch stabile Bindungen erzeugt. Für die Aktivierung von **Carboxylfunktionen** kommt der Einsatz von Carbodiimiden wie 1-Ethyl-3-(3-dimethylaminopropyl)carbodiimid

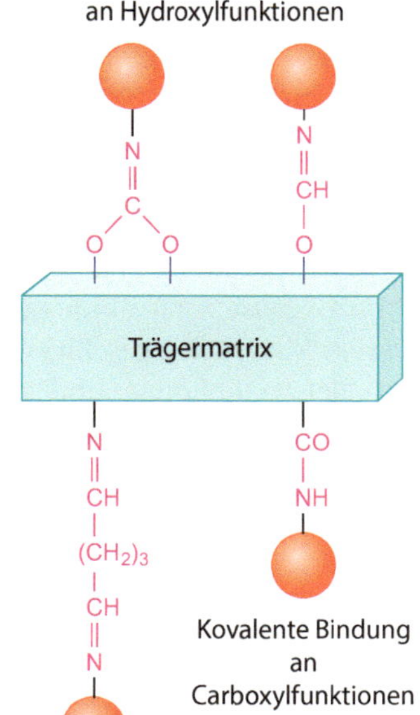

Primäre reaktive Gruppe (Träger)	Aktivierendes Agenz	Sekundäre reaktive Gruppe
—OH	Br—C≡N Cyanobromid	—O—C≡N und/oder —O—C=NH (mit zweitem —O)
—NH₂	Glutar(di)aldehyd	—N=C—(CH₂)₃—CHO
—COOH	R—N=C=N—R' Carbodiimid	—COO—C(NHR')(NHR)

◘ **Abb. 11.3** Mechanismen der kovalenten Enzymbindung an hydroxy-, amino- und carboxylfunktionalisierte Träger unter Nutzung freier Aminofunktionen des Enzyms

(EDC) infrage. Alle Aktivierungsansätze teilen allerdings den Nachteil, dass die Stabilität der erzeugten reaktiven Gruppen in wässriger Lösung nur gering ist. Die Bevorratung aktivierter Träger ist somit kaum möglich, und die anschließende Verknüpfung mit dem Enzym erfordert eine sehr zügige Arbeitsweise.

Eine Funktionalisierung, die die kovalente Bindung von Enzymen ohne weitere Aktivierung ermöglicht und über lange Zeit stabil ist, bieten Materialien mit **Oxiran- (Epoxid-)Funktionen**. Organische Träger mit entsprechender Modifikation werden von diversen Herstellern kommerziell vertrieben. Auf anorganische Träger kann die Funktionalisierung durch Silanisierung (▶ Abschn. 11.1.1) beispielsweise mit Glycidoxypropyltrimethoxysilan übertragen werden. Die kovalente Bindung von Enzymen an expoxyfunktionalisierte Materialien erfolgt spontan bei Raumtemperatur und neutralem pH-Wert. Aufgrund der geringen Reaktivität erfordert eine zufriedenstellende Beladung allerdings großen Enzymüberschuss und lange Reaktionszeiten (typischerweise ≥ 48 h). Höhere Effizienz wird durch die Exposition hydrophober Bereiche oder weiterer funktioneller Gruppen (z. B. Aminofunktionen, Iminodiacetylfunktionen) an der Trägeroberfläche erreicht (Mateo et al. 2007). Sie bringen durch schnelle Adsorption des Enzyms die reaktiven Funktionen von Träger und Enzym in räumliche Nähe und unterstützen dadurch die Bildung der kovalenten Bindung.

Die Aktivität kovalent gebundener Enzyme profitiert häufig von der Einführung längerer, nicht reaktiver Molekülketten zwischen Enzym und Träger, sog. **Spacer**. Dabei handelt es sich überwiegend um einfache bifunktionale Moleküle wie 1,6-Diaminohexan oder 1,8-Diaminooctan, die mit Enzym und Träger Schiff'sche Basen und durch anschließende Reduktion stabile Bindungen bilden. Damit Enzyme nicht gleichzeitig untereinander vernetzt werden, erfolgt die Einführung des Spacers in zwei getrennten Schritten, zunächst am Träger, dann am Enzym.

11.1.3 Einschluss in polymere Matrizes

Polymere Materialien mit der Fähigkeit zur Bildung dreidimensionaler Netzwerke sind grundsätzlich befähigt, Enzyme in ihre Netzwerkkavitäten (Hohlräume/Zwischenräume) aufzunehmen. Im Gegensatz zur Bindung von Enzymen an poröse Materialien geschieht dies im Verlauf der Netzwerkbildung und nicht erst am fertigen Träger. Eine direkte Interaktion zwischen Enzymen und Trägermaterial ist also nicht erforderlich, kann grundsätzlich aber auch nicht ausgeschlossen werden. Prinzipiell zu unterscheiden sind Netzwerkbildungen auf Basis von Monomeren und Netzwerkbildungen durch Querverbindung polymerer Moleküle. Gängige Polymere beider Typen sind in ◘ Abb. 11.4 dargestellt.

Der **monomerbasierte Einschluss** von Enzymen beinhaltet überwiegend den Vorgang der Polymerisation oder Polykondensation. Durch

▫ Abb. 11.4 Gängige Polymere zur Einschlussimmobilisierung von Enzymen

Polymerisation werden vor allem Poly(acrylate) und Poly(acrylamide) erhalten. Dabei besteht die Reaktionslösung aus einer Mischung von Monomeren (Acrylate, Acrylamide) und Quervernetzern (z. B. N,N'-Methylenbis(acrylamid)) in definierten Konzentrationsverhältnissen. Die chemischen Eigenschaften der Monomere bedingen Gesamteigenschaften wie Funktionalisierung, Hydrophilie und Hydrophobie der fertigen Matrix, während die Einsatzmenge des Quervernetzers die Netzwerkdichte bestimmt. Durch chemischen Zerfall oder UV-Strahlung wird ein Startermolekül radikalisiert (z. B.

Ammoniumpersulfat oder Riboflavin), das seinerseits die radikalische Polymerisierung der Monomere initiiert. Zur Stabilisierung freier Radikale wird meist TEMED (N,N,N',N'-Tetramethylendiamin) zugesetzt. Eine gute Effizienz der Matrixbildung über radikalische Polymerisation erfordert grundsätzlich die Verwendung sauerstofffreier Medien. Der Reaktionsverlauf ist durch eine hohe Reaktionswärme gekennzeichnet. Inwieweit es auch zu einer kovalenten Einbindung des Enzyms in das Polymernetzwerk kommt, ist nicht eindeutig geklärt.

Polykondensationsreaktionen kommen vor allem beim Einschluss von Enzymen in Sol-Gele auf Basis anorganischer Silicate zum Einsatz (Pierre 2004). Basierend auf monomeren Alkylsilanen wie $Si(OC_2H_5)$ werden durch saure Hydrolyse reaktive Spezies der Grundform Si–O–Si gebildet, welche dann zu polymeren dreidimensionalen Netzwerken reagieren. Die Hydrophilie/Hydrophobie dieses Netzwerkes wird entscheidend durch die Wahl des Alkylsilan-Vorläufers, insbesondere Länge und Verzweigungsgrad des Alkylrestes, bestimmt und kann somit den Bedürfnissen des immobilisierten Enzyms angepasst werden. Die Zugabe enzymstabilisierender Additive wie Isopropylalkohol, Kronenether (18-*crown*-6), Tween 80®, Methyl-β-cyclodextrin oder KCl kann sich günstig auf die Immobilisierung auswirken. Für sensiblere Enzyme hat sich auch die Erzeugung eines Hybrid-Nanokompositen aus Tetrakis(2-hydroxyethyl)orthosilicat (THEOS) und natürlichen Polysacchariden (Xanthan, Locust Bean Gum) als günstig erwiesen. Im Kompositen sind Silicatnetzwerk und Enzyme in eine Matrix der Polysaccharide eingebettet, die zu einer Erhöhung der Stabilität des Enzyms und zu einer Verringerung der Brüchigkeit des Gesamtmaterials führt. Die Anwesenheit des Polysaccharids während des Polymerisationsprozesses vermeidet außerdem die Verwendung organischer Lösungsmittel im Polymerisationsprozess, reduziert die Hitzeentwicklung und ermöglicht die Anhebung des pH-Wertes.

Der **polymerbasierte Einschluss** von Enzymen greift auf die Quervernetzung natürlicher oder synthetischer, meist linearer Polymere durch Induktion physikalischer Wechselwirkungen oder Bildung kovalenter Bindungen zurück. Der Einschluss in dreidimensionale Netzwerke aus natürlichen Polymeren erfolgt gewöhnlich durch die thermische Induktion der Neuordnung molekularer Wechselwirkungen zwischen Polymerketten (Agar, Gellan, κ-Carrageenan, Gelatine) oder durch ionotrope Querverbindung von Polymerketten über multivalente Ionen (Alginate, Pectate). Es resultiert eine gelartige Matrix mit geringem Polymergehalt ($\leq 4\,\%$) und hohem Wasseranteil (sog. Hydrogele).

Während Thermogelierung zumindest initial das Anlegen vergleichsweise hoher Temperaturen (80–100 °C) und lange, vom Gehalt an Fremdionen abhängige Gelbildungszeiten erfordert, läuft ionotrope Gelbildung sehr schnell und effizient bei Raumtemperatur ab. Vor diesem Hintergrund wird Alginat gerne als Immobilisierungsmatrix für biologische Komponenten verwendet. Alginat ist ein natürliches Polymer aus blockweise angeordneten β-D-Mannuronsäure- (M) und α-L-Guluronsäureeinheiten (G), das Gele über Interaktionen mit zweiwertigen Kationen (bevorzugt Ca^{2+}) bildet. Die physikalischen Eigenschaften der resultierenden Gele variieren mit dem (naturgegebenen) G- und M-Gehalt der verwendeten Alginate, der Sequenz und Ausdehnung der GM-Blöcke im Polymer, der Polymerkettenlänge und der Endkonzentration des Polymers im Gel. Darüber hinaus spielen Art und Konzentration des vernetzenden Ions eine entscheidende Rolle (Smidsrod und Skjak-Braek 1990).

Der Enzymeinschluss in dreidimensionale Netzwerke aus synthetischen Polymeren erfolgt überwiegend durch Bildung kovalenter Verbindungen zwischen Polymerketten. Eine Ausnahme bildet die Verwendung von Poly(vinylalkohol) (PVA). PVA ist vor allem im vollverseiften Zustand (d. h. beim Vorliegen freier Hydroxylgruppen bis nahezu 100 %) in der Lage, über Wasserstoffbrücken partiell kristalline Strukturen auszubilden. Darauf basierend kommt es durch wiederholtes Einfrieren und Auftauen (bis zu fünf Zyklen) einer konzentrierten wässrigen Lösung des Polymers (80–$100\,g\,L^{-1}$) zur Bildung sog. Kryogele (Lozinsky 1998). Im äquimolaren Gemisch mit Poly(ethylenglycol) (Molekulargewicht bis $1000\,g\,mol^{-1}$) führt schon ein einziger Zyklus des Einfrierens und langsamen Auftauens zur Bildung einer stabilen makroporösen Matrix.

Polyurethanmatrizes für den Enzymeinschluss werden ausgehend von kurzkettigen Polyurethanpolymeren mit freien

Isocyanatfunktionen gebildet (Molekulargewicht 500–5000 g mol^{-1}). Die Zugabe von Wasser zu diesen Polymeren führt zur Bildung primärer Amine an Isocyanatendgruppen, die mit weiteren Isocyanatfunktionen kovalente Bindungen erzeugen. Je nach Beschaffenheit der gewählten Polyurethane entstehen gelartige Matrizes oder Schäume (Romaskevic et al. 2006). Die hohe Reaktivität der Isocyanatfunktionen bedingt, dass Enzyme über zugängliche freie Aminofunktionen kovalent in das Polyurethannetzwerk eingebunden werden.

Ohne direkte Interaktion mit dem Enzym verläuft die Bildung von Siliconmatrizes durch Pt^0-katalysierte Hydrosilylierung von Vinylsiloxanen mit linearem Poly(hydroxymethylsiloxan-ω-dimethylsiloxan). Dabei bestimmen Anzahl und Verteilung der an der Vernetzung beteiligten funktionellen Gruppen (Vinyl- und SiH-Funktiionen) die Dichte des resultierenden Netzwerkes. Silicone ermöglichen sowohl den Einschluss freier Enzyme als auch die Stabilisierung enzymhaltiger Emulsionen und die Bildung stabiler Komposite mit porösen Enzymträgern (sog. *silCoat*-Immobilisate). Die Hydrophilie der Matrix kann durch den Einbau von Poly(ethylenglykol)400 anstelle eines Siloxans verändert werden. Eine direkte Interaktion des Siliconnetzwerkes mit den eingelagerten Enzymen tritt nicht auf.

Bei der Immobilisierung von Enzymen in polymere Netzwerke müssen, im Gegensatz zur Bindung an vorgefertigte Träger, grundsätzlich auch **Form und Größe** der Immobilisate definiert werden. Für die technische Nutzung haben distinkte Partikel mit kleinen Durchmessern (Mikrometer-Bereich) die größte Bedeutung, da sie sowohl als Schüttung im Festbett als auch dispergiert in gerührten Reaktoren effizient eingesetzt werden können. **Unregelmäßige Partikel** werden einfach erhalten, indem zunächst größere Blöcke der polymeren Matrix erzeugt und diese anschließend zur gewünschten Größe zermahlen wer-

den. Weiche Polymere wie Poly(acrylamid)gele können auch mit Messern geschnitten oder durch Metallsiebe gepresst werden. Generell weisen die resultierenden Partikel eine breite Größenstreuung auf. Durch die Entstehung sehr kleiner Partikel kann erheblicher Materialverlust (Ausschuss) auftreten.

In ihrer Form klarer definierte, meist annähernd **kugelförmige Partikel** werden durch Portionierung des Einschlussmaterials vor der eigentlichen Netzwerk- (Matrix-)bildung erhalten. Zum Einsatz kommen Suspensions- oder Eintropfverfahren (◻ Abb. 11.5). Beim **Suspensionsverfahren** wird das Einschlussmaterial als flüssige Phase in einer nicht mischbaren zweiten flüssigen Phase emulgiert. Unter Rühren entstehen distinkte Tröpfchen, die durch Matrixbildung zu stabilen Kugeln aushärten. Die Größe der Tröpfchen wird durch die Viskosität der kontinuierlichen Phase, die Grenzflächenspannung, das Phasenverhältnis und die Rührintensität (Energieeintrag) maßgeblich beeinflusst. Letztere wiederum ist eine Funktion der Form von Rührer und Reaktor sowie der Rührgeschwindigkeit. Unter konstanten Bedingungen entstehen im dynamischen Gleichgewicht aus Koaleszenz und Redispergierung kugelförmige Matrizes mit breit streuender Größenverteilung. Das Verfahren kann prinzipiell auf beliebige Einschlussmaterialien angewandt werden. Beim **Eintropfverfahren** wird das Einschlussmaterial portionsweise in einen Flüssigkeitscontainer eingebracht, indem es oberhalb der Flüssigkeit pulsartig durch eine Düse gepresst oder ein dünner Materialstrahl durch feine Drähte bzw. durch Vibration zerteilt wird. In Abgrenzung zur umgebenden Luft entstehen Tröpfchen, deren Form durch rasche oberflächliche Netzwerkbildung auf dem Weg in den Flüssigkeitscontainer oder direkt bei Kontakt mit der Containerflüssigkeit fixiert wird. Dispergiert in der Flüssigkeit erfolgt dann die vollständige Aushärtung der Matrix. Die Größe der Tröpfchen wird maßgeblich

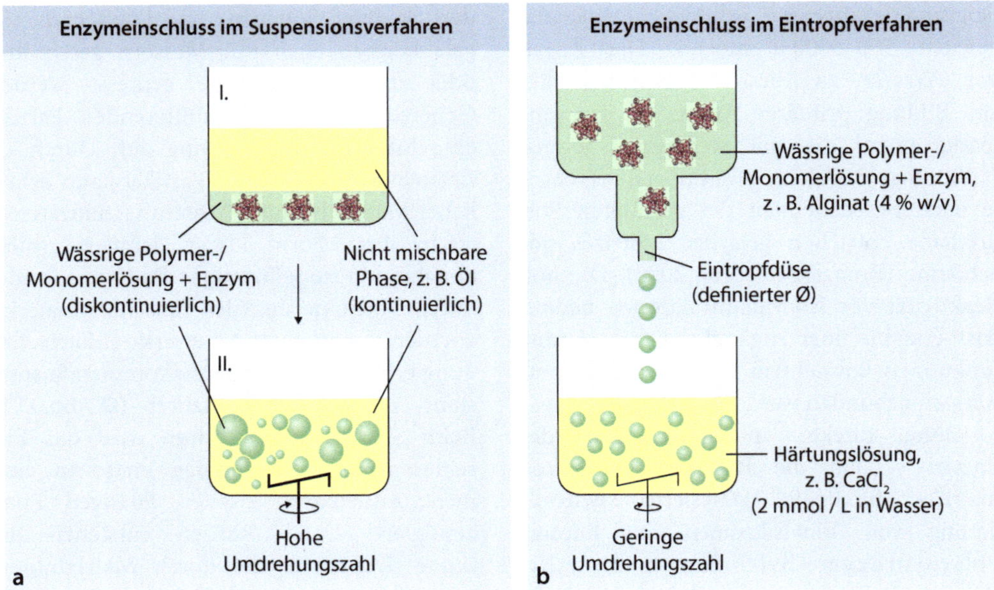

◘ Abb. 11.5 Einschluss von Enzymen in polymere Matrizes nach dem Suspensionsverfahren (**a**) und dem Eintropfverfahren (**b**)

durch den Durchmesser der Eintropfdüse sowie wahlweise durch Puls- oder Vibrationsfrequenz bzw. durch die Geschwindigkeit des Materialstrahls und der Schneiddrähte bestimmt. Die Tröpfchengröße lässt sich somit gut definieren, und es entsteht eine vergleichsweise enge Größenverteilung. Einschränkend lässt sich das Verfahren nur auf Matrizes mit sehr schneller Netzwerkbildung anwenden. Es kommt besonders häufig im Zusammenhang mit ionotroper Netzwerkbildung zum Einsatz.

Lentikats®–β-Galactosidase

Eines der wenigen Beispiele für kommerziell direkt verfügbare Enzympräparate, die durch Einbettung in polymere Matrizes erhalten wurden, bildet die Lentikats®-β-Galactosidase der Firma LentiKat's Biotechnologies (Tschechien). Die linsenförmigen Präparate mit einem durchschnittlichen Durchmesser von 3–4 mm und einer maximalen Dicke von 200–400 µm werden bei Raumtemperatur aus einer durch die Firma geniaLab (Deutschland) entwickelten Speziallösung von Polyvinylalkohol (LentiKat®Liquid) erzeugt. Sie entstehen, indem Tropfen einer mit dem Enzym versetzten Lösung auf eine feste Oberfläche gebracht, partiell getrocknet und abschließend wieder gequollen werden.
Lentikats®-β-Galactosidase kann bspw. zur Hydrolyse von Milchzucker und zur Synthese von Galactooligosacchariden genutzt werden. Das Immobilisierungsverfahren lässt sich auf unterschiedliche Enzyme übertragen.

11.1.4 Einschluss in Membranen

Membranen, semipermeable dünne Materialschichten, können prinzipiell in Form kleiner Kapseln (Durchmesser im Millimeter- bis Mikrometer-Bereich) oder eingebaut in vorgefertigte technische Module zur Immobilisierung von Enzymen genutzt werden. Voraussetzung ist, dass die molekulare Ausschlussgröße (*molecular weight cut-of*, MWCO) der Schichtstruktur den Durchtritt der Enzyme verhindert, während niedermolekulare Verbindungen (Substrate, Produkte) möglichst ungehindert durch die Membran diffundieren.

Die rundum geschlossene Struktur von **Membrankapseln** bedingt, dass der Enzymeinschluss direkt im Verlauf der Kapselbildung erfolgen muss. Als gängigste Methoden kommen Coacervierung (Phasentrennung), Grenzflächenpolymerisierung oder Flüssigtrocknung zum Einsatz (Park und Chang 2000). Bei Membranbildung durch Coacervierung wird eine wässrige Lösung des Enzyms in einem nicht mit Wasser mischbaren Lösungsmittel dispergiert, in welchem das membranbildende Polymer gelöst ist. Durch Zugabe eines zweiten, nicht mit Wasser mischbaren Lösungsmittels wird das Polymer separiert, lagert sich an der Oberfläche der emulgierten Wassertröpfchen ab und fusioniert anschließend zu einer kontinuierlichen Membran. Dabei ist wichtig, dass das Polymer eine konzentrierte Lösung bildet, ohne auszufallen. Polymere, die auf diese Weise zur Membranbildung genutzt werden können, sind beispielsweise modifizierte Cellulosen (Cellulosenitrat, Ethylcellulose, Nitrocellulose), Poly(styrol), Poly(ethylen), Poly(vinylacetat), Poly(methylmethacrylat) und Poly(isobutylen). Membranbildung durch Grenzflächenpolymerisierung geht von einer wässrigen Mischung des Enzyms und hydrophiler Monomere aus, die in einem nicht mit Wasser mischbaren Lösungsmittel dispergiert wird. Der Emulsion wird ein hydrophobes Monomer, das im gleichen nicht mit Wasser mischbaren Lösungsmittel gelöst ist, zugegeben. An der Grenzfläche zwischen wässriger und nicht wässriger Phase kommt es zum Kontakt zwischen hydrophilen und hydrophoben Monomeren und somit zur Polymerisierung. Die Methode wird typischerweise zur Erzeugung von Nylonmembranen genutzt, kann aber auf die Erzeugung anderer Polymermembranen, z. B. aus Polyurethanen und Polyestern, übertragen werden. Bei Membranbildung durch Flüssigtrocknung wird ein Polymer, z. B. Poly(styrol) oder Ethylcellulose, in einem nicht mit Wasser mischbaren Lösungsmittel gelöst,

dessen Siedepunkt unterhalb des Siedepunkts von Wasser liegt (z. B. Benzol oder Chloroform). Eine wässrige Lösung des Enzyms wird in diesem Lösungsmittel emulgiert und die resultierende Emulsion wiederum in einer mit Stabilisatoren (z. B. Gelatine) versehenen wässrigen Phase dispergiert. Durch Verdampfen des nicht wässrigen Lösungsmittels werden an der Oberfläche der enzymhaltigen wässrigen Phase Membranen gebildet.

Der Rückhalt von Enzymen in vorgefertigten **technischen Modulen** erfolgt meist durch kommerziell erhältliche Membranen aus Poly(sulfon), Celluloseacetat oder acrylischen Copolymeren, die eine MWCO zwischen 200 Da und 100.000 Da aufweisen. Die technischen Module folgen den Prinzipien gängiger Filtrations- bzw. Belüftungstechnik, überwiegend kommen Hohlfasern oder Ultrafiltrationseinheiten zum Einsatz (Abb. 11.6). Die Enzyme werden vor dem Betrieb auf einer Seite der Membran, gewöhnlich dem Lumen oder der Hauptkammer, inseriert. Der Rückhalt niedermolekularer Cofaktoren kann durch deren kovalente Modifikation mit höhermolekularen Verbindungen wie Poly(ethylenglykol) verbessert werden.

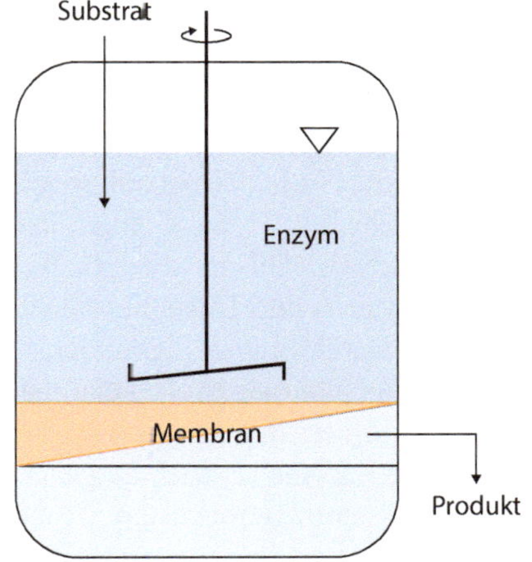

 Abb. 11.6 Prinzipieller Aufbau eines Filtrationsmoduls für die Enzymrückhaltung

Amicon®-Rührzelle

Technische Module für die Immobilisierung von Enzymen durch Membranen sind vor allem in kleinem Maßstab (Arbeitsvolumen < 1 L) kommerziell erhältlich. Ein viel genutztes Beispiel stellt die nach dem Dead-End-Filtrationsprinzip arbeitende Amicon®-Rührzelle der Firma Merck Millipore (Deutschland) dar. Die Zelle besteht aus einem zylindrischen Gefäß mit einem Arbeitsvolumen zwischen drei und 400 mL, in dessen unterem Bereich die gewählte Membran lokalisiert ist. Die effektive Membranfläche liegt zwischen 0,9 und 41,8 cm². Die Durchmischung erfolgt durch einen Magnetfisch unmittelbar über der Membran, zur Steigerung der Effizienz kann ein Überdruck von bis zu 75 psi (5,3 kg cm^{-2}) angelegt werden.

11.1.5 Trägerfreie Immobilisierung

Trägerfreie unlösliche Agglomerate (Immobilisate) von Enzymen entstehen durch direkte oder über Spacer vermittelte kovalente Quervernetzung der einzelnen Proteinmoleküle (Rössl et al. 2010). Dabei kommen bifunktionelle Reagenzien zum Einsatz, die mit den reaktiven Funktionen der Aminosäureseitenketten auf der Enzymoberfläche reagieren. Wie bei der kovalenten Trägerbindung (▶ Abschn. 11.1.2) dienen vorrangig die ε-Aminofunktionen der Lysinreste als Reaktionspartner. Als Vernetzungsreagenzien sind Dialdehyde (z. B. Glutardialdehyd, Dextrandialdehyd), Diisocyanate (z. B. Hexamethyldiisocyanat) und Diisothiocyanate (z. B. p-Phenylendiisothiocyanat) geeignet, praktisch wird aber überwiegend Glutardialdehyd genutzt. Die Quervernetzung ist sowohl auf Basis gelöster Enzyme als auch ausgehend von gefrier- bzw. sprühgetrockneten Präparaten, Enzymkristallen und voraggregierten Enzymen

möglich. Anwendungstechnische Bedeutung haben vor allem vernetzte Enzymkristalle, sog. *cross-linked enzyme crystals* (CLEC), und vernetzte Enzymagglomerate, sog. *cross-linked enzyme aggregates* (CLEA), erlangt.

CLECs, die ursprünglich für die Vereinfachung von Röntgenstrukturanalysen entwickelt wurden, weisen eine solide mikroporöse Struktur mit uniformen, den Kristall durchziehenden Kanälen auf. Der Partikeldurchmesser kann über das Verhältnis von Enzym und Vernetzungsreagenz bzw. über die Inkubationszeit zwischen 1–100 μm flexibel eingestellt werden. Die physikalisch-chemischen Eigenschaften der CLECs werden vor allem durch die Bedingungen der Kristallisierung bestimmt, geringfügigen Einfluss hat außerdem die Wahl des Vernetzungsreagenzes. Geeignete Kristallisierungsbedingungen sind für jedes Enzym individuell zu ermitteln, generelle Voraussetzung für die Kristallbildung ist ein hoher Reinheitsgrad der Enzyme vor Beginn der Kristallisierung.

Die Erzeugung von **CLEAs** macht sich die spontane Agglomeration und Präzipitation von Proteinen in Gegenwart verschiedener organischer Lösungsmittel, Elektrolyte, nicht ionischer Polymere und Säuren zunutze, die unter Erhalt der dreidimensionalen Struktur, d. h. ohne Denaturierung, erfolgt. Die resultierenden Aggregate werden zu Partikeln mit einem Durchmesser von 5–50 μm und gelartiger Konsistenz vernetzt. Der Partikeldurchmesser kann über das Verhältnis von Enzym und Vernetzungsreagenz bzw. über die Inkubationszeit beeinflusst werden. Ähnlich der Erzeugung von CLECs sind die Eigenschaften der resultierenden CLEAs vom Vernetzungsreagenz und von den Bedingungen der Präzipitation abhängig. Zur Präzipitation werden überwiegend Ammoniumsulfat und Polyethylenglykol, die auch bei der Proteinreinigung gute Resultate erbringen, genutzt.

CLEA®301 – Penicillin-Acylase
Beispiel eines kommerziell erhältlichen, trägerlos quervernetzten Enzyms ist das Präparat CLEA®301 der Firma CLEA Technologies (Niederlande). Es besteht aus aggregierten und mit Glutardialdehyd querverbundenen Molekülen der Penicillin-Acylase (EC 3.5.1.11). Das Präparat katalysiert die Synthese bzw. Hydrolyse von Penicillin G im gleichen Verhältnis wie andere kommerziell erhältliche Immobilisate der Penicillin-Acylase (z. B. PGA-50, Polyacrylamidträger) und weist eine hohe Stabilität in organischen Lösungsmitteln auf.

11.2 Molekulare und physikalisch-chemische Effekte

Die katalytische Leistungsfähigkeit von Enzymen wird weitestgehend durch individuelle molekulare Eigenschaften wie die dreidimensionale Struktur, die Lage und Beschaffenheit des aktiven Zentrums sowie die Moleküldynamik bestimmt (▶ Kap. 2). Das Erreichen der maximalen spezifische Aktivität ($U\ mg_{Prot}^{-1}$) setzt grundsätzlich die konstante Auslastung des aktiven Zentrums mit Substraten voraus (▶ Kap. 4). Folglich beeinflussen sowohl die Veränderung molekularer Eigenschaften als auch die Beschränkung des Stofftransports (Substratzufuhr) zwangsläufig die katalytische Leistung von Enzymen. Beides sind häufige Effekte der durch Immobilisierung herbeigeführten Konzentrierung von Enzymmolekülen, ihrer Kontaktierung mit katalytisch nicht aktiven Materialien und der Transformation von einem gelösten (homogenen) in einen festen oder pseudo-festen (heterogenisierten) Katalysator. Während des Immobilisierungsprozesses kann es außerdem zum Verlust oder zur vollständigen Deaktivierung eines Anteils der Enzympopulation kommen. Ausmaß und Richtung der genannten Immobilisierungseffekte werden in ihrer Gesamtheit durch die Aktivitätsausbeute bzw. Restaktivität der Immobilisate beschrieben (▶ Abschn. 11.3.1).

Die Bestimmung des tatsächlichen Beitrags einzelner Effekte zum Gesamteffekt ist aufgrund der vielfältigen Wechselwirkungen und Überlagerungen aber höchstens näherungsweise möglich.

11.2.1 Molekulare Modifikation

Die Interaktion von Bestandteilen des Immobilisierungsansatzes mit Enzymmolekülen kann sich vielfach auf deren strukturelle, und somit katalytische, Eigenschaften auswirken. Neben vollständiger Deaktivierung durch Verlust der katalytisch aktiven Konformation oder Reaktionen an katalytisch aktiven Aminosäuren kann es auch zu dauerhaften „Verzerrungen" der aktiven Konformation, zu Veränderungen der Ladung und Ladungsverteilung sowie zur Veränderung der Moleküldynamik kommen.

Die vollständige **Deaktivierung** von Enzymen steht meist im Zusammenhang mit den Reaktionsbedingungen des Immobilisierungsprozesses wie Temperatur, pH-Wert und Gegenwart organischer Lösungsmittel oder mit beteiligten Reaktionskomponenten wie toxischen Reagenzien oder Nebenprodukten. Vergleichsweise hohe Inkubationstemperaturen sind beispielsweise beim Einschluss in thermoinduzierte Gele wie Agar, Gellan, κ-Carrageenan oder Gelatine erforderlich. Im Verlauf der Bildung von Einschlussmatrizes durch radikalische Polymerisierung (z. B. Poly(acrylamid)gele) oder Polykondensation (z. B. anorganische Sol-Gele) kommt es häufig zu erheblicher Hitzeentwicklung (▶ Abschn. 11.1.3). Die Bildung einfacher Sol-Gele ist zusätzlich durch niedrige pH-Werte und die Erfordernis organischer Lösungsmittel gekennzeichnet, wodurch Enzyme geringer Stabilität nur unter Zusatz stabilisierender Additive oder in anorganisch-organischen Kompositen spezieller Zusammensetzung noch ausreichende Restaktivität aufweisen. Die Bildung von Membrankapseln erfolgt prinzipiell an Phasengrenzen (überwiegend organisch-wässrig; ▸ Abschn. 11.1.4), die eine rasche Denaturierung von Enzymen herbeiführen können. Bei der Bildung von Poly(acrylamiden) entfalten die erforderlichen Reaktionskomponenten, insbesondere die verwendeten Monomere, der Starter und der Stabilisator, eine speziell für oxidationsempfindliche Enzyme stark toxische Wirkung.

Dauerhafte **Änderungen der katalytischen Eigenschaften** sind überwiegend auf die direkte Interaktion von Enzymen mit katalytisch nicht aktivem Material zurückzuführen. So haben hydrophobe/hydrophile Interaktionen, ionische Wechselwirkungen, die Ausbildung von Wasserstoffbrücken zwischen Enzym und Trägeroberfläche und die Ausbildung inter-und intramolekularer Bindungen Veränderungen der Ladung und Ladungsverteilung im Molekül, Beschränkungen der Moleküldynamik und Abweichungen der Molekülstruktur von der gelösten aktiven Konformation („Verzerrungen") zur Folge. Durch kovalente Bindungen kann es außerdem zu direkten Veränderungen am aktiven Zentrum kommen. Resultat der Trägerbindung ist häufig eine geringe Restaktivität der Enzyme bei gleichzeitig deutlicher Erhöhung der Enzymstabilität. Vor allem in Zusammenhang mit der Immobilisierung von Lipasen wird allerdings auch die Steigerung der katalytischen Aktivität durch den Immobilisierungsprozess berichtet. In Sol-Gelen beispielsweise können Lipasen eine bis zu 100-fach höhere Aktivität als im freien Zustand aufweisen, Ähnliches wird für die Immobilisierung in statischen Emulsionen aus Wasser in Silicon berichtet. Ursache dieses Verhaltens ist vermutlich die Fixierung der Enzymmoleküle in der für aktive Lipasen typischen offenen Konformation. Die Wirkungen physikalisch-chemischer Interaktionen werden durch die Einführung gering funktionalisierter Spacermoleküle zwischen Träger und Enzym deutlich vermindert.

11.2.2 Limitierung des Stofftransports

Unmittelbare Folge der Immobilisierung von Enzymen ist fast immer die Verminderung der Reaktionsrate der katalysierten Reaktion durch die Beschränkung der Versorgung der katalytisch aktiven Zentren mit Substraten. Dies ist zum einen auf die Verteilung der Substrate zwischen flüssiger Phase und Träger zurückzuführen, die durch Funktionalität und hydrophile/hydrophobe Eigenschaften des Materials beeinflusst wird. Zum anderen wird in Abhängigkeit der Partikelgröße und Porenbeschaffenheit der Immobilisate der diffusive Transport der Substrate zum Enzym verlangsamt. Zusätzlich können notwendige Substratrotationen und der Substratzugang zum aktiven Zentrum durch ungünstige Orientierung der Enzyme im Immobilisat erheblich eingeschränkt sein.

Stofftransportlimitierungen wirken sich gewöhnlich umso stärker aus, je größer die an der Reaktion beteiligten Substratmoleküle sind. Besonders deutliche Effekte ergeben sich außerdem, wenn die Enzymkinetik einer Produktinhibierung unterliegt oder es zur Ausbildung ausgeprägter pH-Gradienten kommt. Der Beitrag einer Limitierung der Stoffdiffusion zur Aktivitätsminderung wird bestimmt, indem in einem Strömungsrohr der Einfluss der Fließgeschwindigkeit auf den Umsatz quantifiziert wird. Steigt bei definierter Verweilzeit im Reaktor der Umsatz bei steigender Fließgeschwindigkeit an, so läuft die Reaktion diffusionslimitiert ab. Ist kein Einfluss der Fließgeschwindigkeit festzustellen, unterliegt die Reaktionsgeschwindigkeit überwiegend der Kinetik des Katalysators.

11.3 Kenngrößen

Die Qualität einer Enzymimmobilisierung wird über eine Reihe von Kenngrößen charakterisiert, die einerseits den

◼ Tab. 11.1   Technisch relevante Kenngrößen des Prozesses der Enzymimmobilisierung und der resultierenden Immobilisate

Kenngrößen Immobilisierungsprozess	
Immobilisierungsausbeute (%)	$Y_{\text{Immo}} = \dfrac{EA_{\text{Immo}}}{EA_{\text{ges}}} * 100 = \dfrac{(EA_{\text{ges}} - EA_{\text{frei}})}{EA_{\text{ges}}} * 100$
Immobilisierungseffizienz (%)	$Eff_{\text{Immo}} = \dfrac{EA_{\text{app}}}{EA_{\text{Immo}}} * 100 = \dfrac{EA_{\text{app}}}{EA_{\text{ges}} - EA_{\text{Fei}}} * 100$
Aktivitätsausbeute (Restaktivität) (%)	$Y_{\text{EA}} = Y_{\text{Immo}} * Eff_{\text{Immo}} = \dfrac{EA_{\text{app}}}{EA_{\text{ges}}} * 100$
Kenngrößen Immobilisate	
Trägerbeladung ($g_{\text{Enzym}}\, g_{\text{Träger}}^{-1}$)	$m_{\text{sup}} = \dfrac{m_{\text{Enzym}}}{m_{\text{Träger}}}$
Trägerspezifische Aktivität ($U\, g_{\text{Träger}}^{-1}$)	$EA_{\text{sup}} = \dfrac{EA_{\text{app}}}{m_{\text{Träger}}}$
Aktivität pro Volumenelement ($U\, L^{-1}$)	$EA_{\text{V}} = \dfrac{EA_{\text{app}}}{V_{\text{Träger}}} = EA_{\text{sup}} * \delta_{\text{Träger}}$
Spezifische Katalysatorproduktivität (Umsatzzahl) ($g_{\text{Produkt}}\, g_{\text{Immobilisat}}^{-1}\, h^{-1}$)	$TN = \dfrac{m_{\text{Produkt}}}{m_{\text{Träger}} * t}$
Gesamtumsatzzahl ($g_{\text{Produkt}}\, g_{\text{Immobilisat}}^{-1}$)	$TTN = \dfrac{m_{\text{Produkt}}}{m_{\text{Träger}}}$
Deaktivierungskonstante (h^{-1})	$k_{\text{d}} = \dfrac{\ln(EA_0 - EA_t)}{t}$
Halbwertzeit (h)	$t_{0,5} = \dfrac{\ln 2}{k_{\text{d}}}$
Leaching (Enzymverlust) ($g_{\text{Enzym}}\, g_{\text{Träger}}^{-1}$)	$m_{\text{desorb}} = m_{\text{sup},0} - m_{\text{sup},t}$

$\delta_{\text{Träger}}$: Massendichte des Immobilisates; EA: enzymatische Aktivität bezogen auf ein definiertes Substrat und einen definierten Assay; EA_0: Enzymatische Aktivität bei Reaktionsstart; EA_{app}: tatsächliche (apparente) Aktivität des Immobilisates; EA_{frei}: Restaktivität im Immobilisierungsansatz nach Immobilisierungsprozess; EA_{ges}: Gesamtaktivität im Immobilisierungsansatz vor Immobilisierungsprozess; EA_{Immo}: Theoretisch immobilisierte Aktivität; EA_t: Enzymatische Aktivität nach definierter Zeit; m_{Enzym}: Masse des Enzyms; m_{Produkt}: Masse des Produkts der enzymatischen Umsetzung; $m_{\text{sup},0}$: Beladung bei Reaktionsstart; $m_{\text{sup},t}$: Trägerbeladung nach definierter Zeit; $m_{\text{Träger}}$: Masse des Immobilisates; t: Zeit; $V_{\text{Träger}}$: Volumen des Trägermaterials; Y: Ausbeute

Immobilisierungsprozess selbst und andererseits die Leistungsfähigkeit der resultierenden Präparate beschreiben. Sie werden nachfolgend detailliert erläutert, eine Übersicht gibt ◼ Tab. 11.1.

11.3.1 Kenngrößen des Immobilisierungsprozesses

Zur Charakterisierung des Immobilisierungsprozesses katalytisch aktiver Enzyme werden besonders häufig (jedoch nicht ausschließlich) die Immobilisierungsausbeute, die Immobilisierungseffizienz und die Aktivitätsausbeute als Kenngrößen herangezogen.

Die **Immobilisierungsausbeute** (in %) beschreibt den prozentualen Anteil der gesamten ursprünglich im Immobilisierungsansatz vorhandenen enzymatischen Aktivität, der theoretisch in die Immobilisate eingegangen ist. Die Bestimmung der theoretisch immobilisierten Aktivität (EA_{Immo}) erfolgt durch Subtraktion der Aktivität, die nach Beendigung des Immobilisierungsprozesses im Ansatz verbleibt (EA_{frei}), von der ursprünglich im Ansatz vorhandenen Gesamtaktivität (EA_{ges}). Gegebenenfalls muss der erhaltene Wert um die enzymatische Aktivität, die während des Immobilisierungsprozesses durch Deaktivierung verloren geht, berichtigt werden. Diese wird durch einen Leeransatz ermittelt, bei dem das freie Enzym – soweit möglich – den Reaktionsbedingungen der Immobilisierung ausgesetzt und die verbleibende Aktivität bestimmt wird. Der Einfachheit halber wird die Immobilisierungsausbeute gerne auf die im Ansatz vorhandene Proteinmenge anstatt auf die enzymatische Aktivität bezogen. Insbesondere bei Verwendung von Enzymlösungen, in denen mehr Proteine als das Zielenzym enthalten sind, kann dies jedoch zu einer Verfälschung der Ergebnisse führen, da unterschiedliche Proteine sehr unterschiedliches Immobilisierungsverhalten aufweisen können. Hinweise auf ein solches Verhalten kann die Veränderung der proteinspezifischen Aktivität des freien Enzyms im Immobilisierungsansatz (Enzymaktivität pro Proteinmasse) liefern.

Die **Immobilisierungseffizienz** (in %) bezeichnet den prozentualen Anteil der apparenten, d. h. tatsächlich messbaren enzymatischen Aktivität, des Immobilisates (EA_{app}) an der theoretisch in die Immobilisierung eingegangenen Aktivität (EA_{immo}, s. o.). Im Idealfall liegt sie bei ≥ 100 %.

Die **Aktivitätsausbeute** (in %), die häufig auch als **Restaktivität** bezeichnet wird, gibt den prozentualen Anteil der apparenten enzymatischen Aktivität des Immobilisates (EA_{app}, s. o.) an der ursprünglich im Immobilisierungsansatz vorhandenen Gesamtaktivität (EA_{ges}, s. o.) an und ergibt sich als Produkt der Immobilisierungsausbeute und Immobilisierungseffizienz.

Alle Kenngrößen ergeben sich aus der Bestimmung absoluter Aktivitäten (Units in μmol min^{-1}), nicht aus volumen- oder proteinbezogenen Werten. Vergleichbarkeit ist nur gegeben, wenn die Aktivitätsermittlung unter identischen Bedingungen (Substrat, Konzentration, Temperatur, pH-Wert, etc.) erfolgt, da die Höhe der Aktivität mit dem verwendeten Assay variiert.

11.3.2 Kenngrößen der Immobilisate

Allgemeine Kenngrößen der aus einem Immobilisierungsprozess resultierenden Enzympräparate beschreiben vor allem ihre katalytische Leistungsfähigkeit und Stabilität, die gemeinsam die erforderlichen Einsatzmengen, und damit die Enzymkosten, bedingen. Die Werte der Kenngrößen werden generell sehr stark durch die Untersuchungsbedingungen (Temperatur, pH-Wert, Substrat- und Produktkonzentrationen, Cosolvenzien, etc.) beeinflusst, weshalb diese so weit wie möglich mit den Bedingungen der geplanten Anwendung identisch sein sollten.

Zentrale Kenngrößen der **katalytischen Leistungsfähigkeit** sind die trägerspezifische Aktivität und die spezifische Katalysatorproduktivität bzw. Umsatzzahl *(turnover number)*. Die trägerspezifische Aktivität bezeichnet die direkt messbare katalytische Aktivität des Immobilisates bezogen auf die Immobilisat- (bzw. Träger-)menge. Unter Berücksichtigung der Massendichte (g mL^{-1}) des Immobilisates kann sie zur Ermittlung der maximal erreichbaren katalytischen Aktivität pro Volumenelement (U mL^{-1}) eines Reaktors genutzt werden. Die spezifische Katalysatorproduktivität bzw. Umsatzzahl *(turnover number)* gibt die Masse des Produktes an, die pro Masse des Immobilisates (resp. Katalysators) in einem definierten Zeitraum erhalten wird. Sie wird aus der direkten Quantifizierung der Produktmenge, also unabhängig vom Substratverbrauch, unter Berücksichtigung des stöchiometrischen Faktors des Produkts in der katalysierten Reaktion ermittelt. Die Gesamtumsatzzahl *(total turnover number)* beschreibt die absolute Produktmenge, die mit einer definierten Menge des Immobilisates erzeugt werden kann, und berücksichtigt somit intrinsisch die katalytische Stabilität des Immobilisates im Verlauf der Anwendung.

Die Beschreibung der **katalytischen Stabilität** von Enzymimmobilisaten erfolgt über die Deaktivierungskonstante oder die aus dieser abgeleiteten Halbwertzeit. Die Deaktivierungskonstante errechnet sich als Steigung der exponentiell mit der Zeit abnehmenden messbaren katalytischen Aktivität des Immobilisates. Die Halbwertzeit bezeichnet die Zeitspanne, nach der das Immobilisat nur noch die Hälfte der ursprünglichen katalytischen Aktivität aufweist. Unter Annahme der Aktivitätsabnahme nach einer Reaktion 1. Ordnung errechnet sie sich aus dem Quotienten des natürlichen Logarithmus von Zwei und der Deaktivierungskonstanten. Bei wiederholtem Einsatz eines Enzymimmobilisates in mehreren Reaktionszyklen (Rezyklierung) ergibt sich die Halbwertzeit des Immobilisates aus der Auftragung der messbaren Aktivität zu Beginn jedes Reaktionszyklus (ggf. prozentual bezogen auf die Ausgangsaktivität) über der akkumulierten Reaktionszeit. Der beobachtete Aktivitätsverlust beschreibt nicht zwangsläufig eine Abnahme der Enzymaktivität, wie dies bei freien Enzymen der Fall ist, sondern kann auch vollständig oder anteilig durch Leaching verursacht werden. Leaching bezeichnet den Aktivitätsverlust, den ein Immobilisat durch physischen Verlust des Enzyms erleidet und kommt einer Verringerung der Beladung des Trägers mit Enzym gleich. Die Quantifizierung von Leaching kann direkt durch Bestimmung der Enzymmenge im Überstand bzw. im Durchlauf eines Reaktionsansatzes oder indirekt anhand des Aktivitätsverlustes im Vergleich zum freien Enzym unter identischen Bedingungen erfolgen. Beide Ansätze sind nicht trivial, da einerseits die Quantifizierung von Enzymmengen (insbesondere bei der Verwendung von Proteingemischen während der Immobilisierung) Probleme verursacht und andererseits die vielfältigen möglichen Auswirkungen von Immobilisierung auf die messbare katalytische Aktivität von Enzymen (▶ Abschn. 11.2) zu berücksichtigen sind.

Wie generell in der Enzymkatalyse ist grundsätzlich zwischen der Lagerstabilität und der Prozessstabilität von Enzymimmobilisaten zu unterscheiden. Die **Lagerstabilität** beschreibt Veränderungen der katalytischen oder mechanischen Eigenschaften der Immobilisate vor oder zwischen katalytischen Einsätzen, während sich die **Prozessstabilität** auf Veränderungen während des katalytischen Einsatzes bezieht. Allein aufgrund der während der Lagerung fehlenden Reaktions-

teilnehmer und Moleküldynamik, die aus der katalytischen Aktivität resultiert, unterscheiden sich Lager- und Prozessstabilität meist signifikant. Zusätzlich wirken sich Reaktorkonfiguration, Prozessführung und abweichende Umgebungsbedingungen auf die jeweiligen Kenngrößen aus. Gewöhnlich kann daher nicht von der Lagerstabilität eines Enzymimmobilisates auf seine Prozessstabilität geschlossen werden.

11.4 Methodenwahl

Vor dem Hintergrund der großen Bandbreite verfügbarer Methoden, die auch die Kombination verschiedener Grundprinzipien beinhaltet, ist die Identifizierung der besten Methode zur Immobilisierung eines Enzyms kein triviales Anliegen. Im Fokus der Überlegungen stehen gewöhnlich die Erzielung einer hohen Aktivitätsausbeute (Restaktivität) im Zuge des Immobilisierungsprozesses und die Optimierung der katalytischen Leistungsfähigkeit der resultierenden Immobilisate (Katalysatorproduktivität und Gesamtumsatzzahl; ▶ Abschn. 11.3). Diese sind jedoch keine konstanten Größen, sondern variieren mit den Anforderungen, die der konkrete Anwendungsfall stellt. Die gesamte Auswahl oder Entwicklung des Immobilisierungsverfahrens muss sich daher an der geplanten Anwendung einschließlich der Reaktionsbedingungen und avisierten Prozessführung orientieren. Darüber hinaus sollten auch wirtschaftliche Überlegungen zu Materialverfügbarkeit und -kosten sowie zu Energiebedarf und Abfallmengen einbezogen werden.

Wie aus ▶ Abschn. 11.2 ersichtlich, wird das Ergebnis eines Immobilisierungsprozesses durch die individuellen Eigenschaften der involvierten Enzyme und Materialien und der daraus resultierenden Wechselwirkungen bestimmt. Völlig unterschiedliche Immobilisierungsansätze können aufgrund sehr unterschiedlicher Effekte zur selben Aktivitätsausbeute führen. Auf Basis des verbesserten Verständnisses struktureller Eigenschaften von Enzymen und der Relation zwischen Struktur und katalytischer Aktivität, der modernen Methoden der Molekularbiologie und der Polymerwissenschaften wird zunehmend eine rational ausgerichtete Immobilisierung durch Vorhersage von Immobilisierungseffekten angestrebt. Die viel versprechenden Perspektiven eines solchen Ansatzes werden anhand der Fortschritte in der Immobilisierung von Lipasen evident. Diese nutzen die charakteristischen Oberflächeneigenschaften dieser Enzyme nicht nur für eine stabile Adsorption an Carrier, sondern auch für die Aktivierung in Sol-Gelen und Siliconen. Für die meisten anderen Enzymklassen allerdings ist die Beziehung zwischen der Beschaffenheit des Trägers und der Leistungsfähigkeit des resultierenden Immobilisates bislang kaum verstanden, sodass Immobilisierungsstrategien nach wie vor überwiegend durch empirisches Screening entwickelt werden.

Für die Katalysatorproduktivität der Immobilisate (▶ Abschn. 11.3.2) spielen neben der katalytischen Aktivität und Stabilität der beteiligten Enzyme auch materialbedingte Eigenschaften wie Stabilität gegen chemische und mechanische Belastung und Katalysatorrückhaltung eine Rolle. Wie bedeutend diese ist, hängt von den Reaktionsbedingungen und der Prozessführung des avisierten technischen Einsatzes ab. Relevant für die Wahl der Immobilisierungsmethode sind vor allem der Medientyp (wässrig oder nicht wässrig), der verwendete Reaktortyp (Rühr- oder Festbettreaktoren) und die Reaktionsführung in (wiederholter) Batch oder kontinuierlicher Weise.

In wässrigen Medien oder in Gegenwart von Substraten oder Produkten mit tensidischen Eigenschaften kommt dem **Enzymleaching**, also dem Verlust katalytischer Aktivität durch die Verminderung der Enzymmenge im Reaktionsansatz (▶ Abschn. 11.3.2), erhebliche Bedeutung zu. Es tritt besonders im Zusammenhang mit Immobilisierungsverfahren auf, die keine kovalente Bindung der Enzyme beinhalten.

Bei Einschluss in polymere Matrizes oder Membranen bedingen die Maschenweite der Matrizes bzw. die Porendurchmesser der Membranen den Rückhalt des Enzyms während der Reaktion. Ein vollständiger Rückhalt ist prinzipiell möglich, jedoch meist mit einer erheblichen Beschränkung des Stofftransports zwischen Reaktionsmedium und Immobilisat verbunden. Die Bindung von Enzymen über rein physikalische Interaktionen mit Materialoberflächen steht gewöhnlich in einem thermodynamischen Gleichgewicht mit ungebundenem Enzym. Die Lage dieses Gleichgewichts ist von der Art und Anzahl der Wechselwirkungen zwischen Enzym und Träger abhängig, welche wiederum durch die Umgebungsbedingungen, wie Temperatur, pH-Wert und Ionenstärke sowie die Gegenwart lösungsvermittelnder Verbindungen wie tensidischer Substanzen beeinflusst werden. Daher führen sowohl die Abtrennung gelöster Enzymmoleküle durch Überführung des Immobilisates in neue Reaktionsansätze (Rezyklierung) oder kontinuierlichen Betrieb des Reaktionsansatzes, als auch Veränderungen der Umgebungsbedingungen im Reaktionsverlauf zu graduellen, mehr oder minder starken Verlusten des Enzyms vom Trägermaterial. In nicht wässrigen Reaktionsmedien ergeben sich die Probleme des Leaching in der Regel nicht, da die geringe Löslichkeit von Enzymen in diesen Medien ihre Diffusion wirksam verhindert. Unter diesen Bedingungen können sich vorteilhafte Eigenschaften nicht kovalenter Immobilisierung wie die Rezyklierbarkeit des Trägermaterials oder die Abschirmung der Enzyme von schädigenden Einflüssen des Lösungsmittels günstig auf die Wirtschaftlichkeit der Anwendung auswirken.

Die konkrete Zusammensetzung des Reaktionsmediums und die Reaktionstemperatur bedingen eine **chemische bzw. physikalisch-chemische Belastung** der Immobilisate, der diese über einen längeren Zeitraum standhalten müssen. Dies ist insbesondere beim Einschluss von Enzymen in Matrizes aus natürlichen Polymeren kritisch zu berücksichtigen. So reagieren ionotrop erzeugte Gele wie Ca-Alginat besonders sensitiv auf chelierende Komponenten wie Phosphate, Citrate, EDTA und Lactate oder Kationen, die die Gelbildung hemmen (z. B. Na^+- oder Mg^{2+}-Ionen), während Gele, die durch Thermogelierung erzeugt wurden, nur bei vergleichsweise niedrigen Temperaturen stabil bleiben. Dagegen verhalten sich Materialien, die auf Basis synthetischer Bausteine oder durch kovalente Quervernetzung natürlicher Materialien erzeugt wurden, unter typischen Reaktionsbedingungen der Biokatalyse meist inert.

Die optimalen physikalischen Eigenschaften von Immobilisaten werden durch die Reaktorkonfiguration der Anwendung maßgeblich bestimmt. Besonders abzugrenzen sind Rührwerks- und Festbettreaktoren. **Rührwerksreaktoren** zeichnen sich durch überwiegend turbulente Durchmischung der Reaktionsmedien aus. Die im Reaktionsmedium suspendierten Immobilisate sind mechanischer Belastung durch die vom Rührwerk erzeugten Scherkräfte sowie durch Kollisionen mit Einbauten, Wänden und anderen Partikeln ausgesetzt. In der Folge kann es zu Abrieb vom und Brüchen im Trägermaterial kommen. Dies lässt sich beispielsweise durch (elektronen-)mikroskopische Aufnahmen direkt visualisieren oder indirekt über die Veränderung der Partikelgrößenverteilung der Immobilisate während des Gebrauchs (Anstieg des Anteils kleinerer Partikel) nachweisen. Es liegt die Vermutung nahe, dass Immobilisate in Rührwerkreaktoren von einer möglichst kleinen Partikelgröße profitieren, da diese sowohl den Stofftransport begünstigt und somit geringere Durchmischung erforderlich macht als auch Scherkräften eine geringere Angriffsfläche bietet. Eine hohe Porosität kann sich einerseits negativ auf die Resistenz gegen Abrieb und Materialbruch auswirken, andererseits kann sie zu einer Verbesserung des Stofftransports führen. In **Festbettreaktoren** werden Immobilisate in lockerer Schüttung übereinandergeschichtet, das Reaktionsmedium durchströmt die Schüttung gerichtet von einem Ende zum anderen. Es treten kaum nennenswerte Scherkräfte durch die Strömung auf, jedoch erfahren die Immobilisate mechanische Belastung durch das Gewicht der überlagernden Schüttung. Die Gewichtsbelastung kann eine Materialdeformation bis hin zum Bruch verursachen. Dies lässt sich durch einen einfachen Versuchsaufbau, der den Widerstand des Untersuchungsmaterials bei zunehmender Druckbelastung aufzeichnet, demonstrieren. Der Bruchpunkt ist durch einen plötzlichen, kurzzeitigen Abfall des Materialwiderstandes gekennzeichnet. Er wird durch die zur Erreichung des Bruchpunktes erforderlichen Kompressionskraft F_{krit} (in $N\,cm^{-2}$) beschrieben. Mit zunehmender Kompression der Partikel im Reaktor und abnehmender Partikelgröße steigt der Druckabfall im Festbett und wird somit eine weniger wirksame Durchströmung erreicht. Eine hohe Porosität des Immobilisierungsmaterials kann einerseits die Kompressibilität erhöhen und andererseits die Durchströmung des Festbetts vereinfachen ◻ Abb. 11.7.

Die Möglichkeit, die physikalischen Eigenschaften durch die Wahl des Trägermaterials rational zu beeinflussen, führt in beiden Reaktorkonfigurationen zur Überlegenheit trägergebundener gegenüber trägerfreien

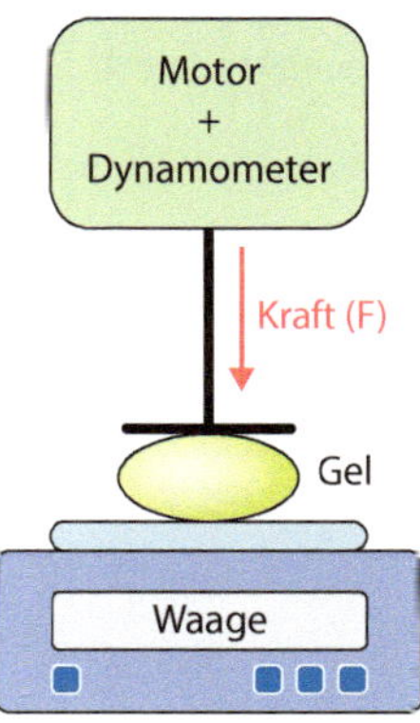

◻ Abb. 11.7 Versuchsaufbau zur Bestimmung der Bruchfestigkeit von Immobilisierungsmaterialien. Es ist darauf zu achten, dass der Kompressionsstempel einen größeren Durchmesser als der zu vermessende Partikel aufweist. Er sollte außerdem mit langsamer, konstanter Geschwindigkeit gesenkt werden

Immobilisaten. Insbesondere vernetzte Enzymaggregate (CLEAs) weisen aufgrund ihrer gelatinösen Konsistenz sowohl eine geringe mechanische Stabilität im Rührwerkreaktor als auch eine hohe Kompressibilität im Festbettreaktor auf. Eine etwas höhere Stabilität gegen mechanische Belastung haben vernetzte Enzymkristalle (CLECs). Eine gemessen am Bruchverhalten sehr geringe mechanische Stabilität wird auch bei den meisten Einschlussmaterialien aus natürlichen Polymeren beobachtet, wobei ionotrope Gele überwiegend besser abschneiden als durch Thermogelierung erzeugte Gele. Synthetische Materialien wie Poly(vinylalkohol) weisen dagegen eine sehr hohe Bruchfestigkeit auf, sind allerdings auch stark kompressibel, sodass es im Festbettreaktor schon bei geringer Schüttungshöhe zu einem hohen Druckabfall kommen kann. Durch besonders geringe Stabilität in Rührwerksreaktoren zeichnen sich anorganische Trägermaterialien wie Sol-Gele und andere Silicate aus. Schon bei geringer Rührleistung zerfallen sie in kleinste Partikel. Neuere Untersuchungen an kommerziell erhältlichen Trägern haben allerdings gezeigt, dass die mechanische Stabilität diverser Trägermaterialien durch die Bildung von Kompositen mit Silicon, die sog. *silCoat*-Technologie, signifikant verbessert werden kann. Gleichzeitig wird das häufig zu beobachtende Leaching von porösen Enzymträgern vermindert.

Die physikalischen Eigenschaften von Trägermaterialien können somit durch rationales Materialdesign recht gut beeinflusst werden, was die rationale Auswahl und Entwicklung geeigneter Immobilisierungsverfahren weiter befördern sollte.

Literatur

Grubhofer, N., Schleith, K., Naturwissenschaften 1953, 40, 508.

Hartmann, M., Kostrov, X., Chem. Soc. Rev. 2013, 42, 6205.

Jesionowski, T., Zdarta, J., Krajewska, B., Adsorpt. 2014, 20, 801.

Katchalski-Katzir, E., Trends Biotechnol. 1993, 11, 471.

Lozinsky, V. I., Russ. Chem. Rev. 1998, 67, 573.

Mateo, C., Grazu, V, Pessela, B. C. C., Montes, T., Palomo, J. M., Torres, R., Lopez-Gallego, F., Fernandez-Lafuente, R., Guisan, J. M., Biochem. Soc. Transact. 2007, 35(6) 1593

Nelson, J. M., Griffin, E. G., J. Am. Chem. Soc. 1916, 38, 1109.

Novick und Rozzell 2005, in Microbial Enzymes and Biotransformations (Hrsg. J. L. Barredo), 247, Springer, Totowa

Park, J. K., Chang, H. N., Biotechnol. Adv. 2000, 18, 303.

Pierre, A. C., Biocatal. Biotransf. 2004, 22, 145.

Rössl, U., Nahalka, J., Nidetzky, B., Biotechnol. Lett. 2010, 32, 341.

Romaskevic, T., Budriene, S., Pielichowski, K., Pielichowski, J., Chemija 2006, 17, 74.

Smidsrod, O., Skjaj-Braek, G., Trends Biotechnol. 1990, 8, 71.

Zucca, P., Sanjust, E., Molecules 2014, 19, 14139.

Enzymatische Reaktionen in ungewöhnlichen Reaktionsmedien

Christoph Syldatk

Zusammenfassung

Der Einsatz von Enzymen in ungewöhnlichen Reaktionsmedien hat in den vergangenen Jahren vor allem für die organische Synthese und die chemische Industrie große Bedeutung gewonnen. Neben polaren und unpolaren organischen Lösungsmitteln sowie superkritischen Fluiden sind inzwischen auch ionische Flüssigkeiten und stark eutektische Lösungen als Reaktionsmedien für enzymatische Synthesen beschrieben. Die Hauptmotivationen zum Einsatz von Enzymen in ungewöhnlichen Reaktionsmedien sind, die Löslichkeit von Substraten und Produkten gegenüber wässrigen Reaktionssystemen deutlich zu erhöhen, die anschließende Aufarbeitung zu vereinfachen und mikrobielle Kontaminationen sowie Neben- und Abbaureaktionen zu vermeiden.

Enzyme zeigen in ungewöhnlichen Reaktionsmedien in der Regel andere Eigenschaften und katalysieren auch andere Reaktionen als in wässrigen Systemen. So können hydrolytische Enzyme in fast wasserfreien Reaktionsmedien erfolgreich für Synthesereaktionen eingesetzt werden, um dabei deren Eigenschaften Regioselektivität, Stereoselektivität und Substratspezifität gezielt zu nutzen. Bei allen Reaktionen ist für eine erfolgreiche Durchführung die Berücksichtigung der Wasseraktivität a_W wesentliche Voraussetzung. Durch das bei den jeweiligen Synthesereaktionen entstehende Reaktionsprodukt Wasser ab einer bestimmten Konzentration zu einer Gleichgewichtseinstellung kommt. Daher sollte das Reaktionswasser entweder aus den Reaktionsansätzen entfernt werden, oder dessen Bildung sollte durch Wahl geeigneter Reaktionsbedingungen oder Substrate vermieden werden.

Viele interessante Zielprodukte der organischen Synthese sind in ungewöhnlichen Reaktionsmedien wesentlich besser löslich als in wässriger Lösung und besitzen darin häufig auch eine wesentlich höhere Stabilität. Die Abwesenheit von Wasser verhindert bei empfindlichen Verbindungen in der Regel zudem sowohl Neben- und Abbaureaktionen als auch mikrobielle Kontaminationen, wodurch als weiterer Vorteil der Aufwand für ein Arbeiten unter sterilen Bedingungen entfällt.

Aus diesen Gründen bestand in der Geschichte der Biokatalyse bereits frühzeitig Interesse, Biotransformationsreaktionen mit Zusatz bzw. in Gegenwart von organischen Lösungsmitteln durchzuführen, um z. B. durch Zusatz wassermischbarer Lösungsmittel die Löslichkeit von Substraten und Produkten in wässrigen Reaktionsmedien zu erhöhen oder durch Verwendung von nicht wassermischbaren Lösungsmitteln in Zweiphasensystemen die Umsetzung von wasserunlöslichen Substraten oder die anschließende Edukt- und Produktabtrennung zu vereinfachen. Dabei wurde jedoch bereits auch früh festgestellt, dass Lösungsmittel Aktivität und Stabilität der Enzyme recht unterschiedlich beeinflussen können, je nachdem, ob diese in monophasischen oder biphasischen Systemen vorliegen.

Bahnbrechend war in den 1980er-Jahren der Nachweis, dass viele Enzyme der Enzymklasse EC 3 (Hydrolasen) in fast wasserfreien unpolaren Lösungsmitteln anstelle der Hydrolyse-Reaktion die reverse Synthesereaktion katalysieren können (Fukui und Tanaka 1985; Zaks und Russell 1988). Als weiter vorteilhaft wurde dabei erkannt, dass die in unlöslicher Form zugegebenen Enzyme einfach von den Reaktionsansätzen abgetrennt werden können, da sie in den unpolaren Lösungsmitteln zwar aktiv, jedoch nicht löslich sind.

In der Folge konnte Enzymaktivität auch in superkritischen Lösungen, wie sie in der Lebensmitteltechnologie Verwendung finden, in ionischen Flüssigkeiten, in stark eutektischen Lösungen, in der Gasphase oder sogar in Festphasensystemen nachgewiesen werden.

Inzwischen ist der Einsatz von Enzymen in ungewöhnlichen Reaktionsmedien eine auch industriell etablierte Technologie, wobei bei ihrem Einsatz jedoch bestimmte Gesetzmäßigkeiten und Grundregeln zu beachten sind, die im Folgenden behandelt werden sollen.

12.1 Enzymatische Reaktionen mit Verwendung organischer Lösungsmittel

Lösungsmittel sind definitionsgemäß Stoffe, in denen Gase, Flüssigkeiten oder Feststoffe gelöst werden können, ohne dass es dabei damit zu einer chemischen Reaktion kommt. Enzymreaktionen laufen in der Regel in Wasser als Lösungsmittel ab, in dem neben den Enzymen selbst zusätzlich Salze und organische Verbindungen wie Zucker, organische Säuren, Aminosäuren, Lipide und daraus aufgebaute übergeordnete Verbindungen in der Regel homogen gelöst vorliegen. Wasser ist im Gegensatz zur obigen Definition bei vielen Enzymreaktionen jedoch nicht nur Lösungsmittel, sondern gleichzeitig auch Reaktionspartner und Substrat.

Wasser zeichnet sich aufgrund seiner positiven und negativen Teilladungen durch seinen ausgeprägten Dipolcharakter aus, es kann dissoziieren und trägt mit der Möglichkeit, Wasserstoffbrückenbindungen auszubilden, zur Lösung von Salzen und organischen Verbindungen bis hin zur Ausbildung von Mizell- und Membranstrukturen in der Zelle bei. In der Fähigkeit der Wassermoleküle, untereinander Wasserstoffbrückenbindungen einzugehen, liegt auch der im Vergleich zu organischen Lösungsmitteln ungewöhnlich hohe Schmelz- und Siedepunkt von Wasser begründet. Dieser Effekt ist bei organischen Lösungsmitteln so nicht zu finden.

Organische Lösungsmittel enthalten Kohlenstoff und besitzen im Unterschied zum Wassermolekül Molekülgerüste unterschiedlicher Größe, an die neben weiteren Kohlenstoffatomen eine Vielzahl von unterschiedlichen funktionellen Gruppen gebunden sein kann, was dann letztendlich über die Lösungsmitteleigenschaften wie Hydrophobizität, Hydrophilität und Polarität entscheidet. In der Literatur beschrieben und kommerziell erhältlich sind weit über hundert verschiedene organische Lösungsmittel (Laane et al. 1987).

12.1.1 Klassifizierung organischer Lösungsmittel

Neben der Einordnung in hydrophile (wassermischbare) sowie in hydrophobe (nicht wassermischbare), polare und unpolare Lösungsmittel bzw. einer Einteilung nach ihrer chemischen Zusammensetzung wie z. B. in chlorierte und nicht chlorierte Lösungsmittel gibt es viele weitere Möglichkeiten einer Klassifizierung, was u. a. beim sicheren Umgang mit Lösungsmitteln von Bedeutung ist, wie Brennbarkeit, Toxizität, Wassergefährdung oder biologische Abbaubarkeit. Eine Reihe dieser Kriterien weist bereits auf mögliche Wechselwirkungen von Lösungsmitteln mit biologischen Systemen hin. Eine wichtige Möglichkeit zur Klassifizierung von Lösungsmitteln für praktische Anwendungen ist die elutrope Reihe. Diese gruppiert die gängigsten organischen Lösungsmittel nach ihrer Elutionswirkung bzw. Elutionsselektivität bei der Auftrennung bzw. Elution von Stoffen bei der Chromatographie, wobei dieses stark von der jeweils verwendeten stationären Phase abhängt.

Während der denaturierende Effekt vieler Lösungsmittel wie z. B. Aceton oder Ethanol auf Proteine bei Vorliegen höherer Konzentrationen sowohl empirisch als auch in der Literatur bereits lange bekannt war und z. B. bei der Aufarbeitung von Proteinen sogar gezielt zu deren Fällung genutzt wurde, gab es erst in den 1980er-Jahren erste systematische Untersuchungen, um mögliche Gesetzmäßigkeiten beim Umgang von Enzymen in Kombination mit organischen Lösungsmitteln zu erkennen. Dabei wurden ausgewählte Enzymreaktionen in einer Vielzahl organischer Lösungsmittel experimentell untersucht, um den möglichen Einfluss der Parameter Polarität, Dielektrizitätskonstante und $\log P$-Wert der verwendeten Lösungsmittel auf die Enzymaktivität zu erkennen (Laane et al. 1987).

Der $\log P$-Wert ist dabei eine in der physikalischen Chemie genutzte Kenngröße, die die Löslichkeit eines Stoffes X bei 25 °C in einem Gemisch aus Wasser und *n*-Octanol beschreibt. Er ist definiert als der Logarithmus des Verteilungskoeffizienten des jeweiligen Stoffes *X* in einem Zweiphasensystem aus *n*-Octanol und Wasser (▶ Gl. 12.1).

$$\log P = \log \frac{[X]_{\text{Octanol}}}{[X]_{\text{Wasser}}} \qquad (12.1)$$

Mithilfe dieser Kenngröße lassen sich die Lösungsmittel in vier große Gruppen einteilen (◘ Tab. 12.1; Faber 2011):

1. vollständig wassermischbare Lösungsmittel (log*P* –2,5 bis 0)
2. teilweise wassermischbare Lösungsmittel (log*P* 0 bis 2)
3. wenig wassermischbare Lösungsmittel (log*P* 2 bis 4)
4. nicht wassermischbare Lösungsmittel (log*P* >4)

12.1.2 Effekte von organischen Lösungsmitteln auf die Enzymaktivität

Während im Fall der Polarität und der Dielektrizitätskonstante der jeweiligen Lösungsmittel kein systematischer Zusammenhang mit der Aktivität von Enzymen erkennbar war, zeigte sich ein deutlicher Einfluss im Falle des log*P*-Wertes der verwendeten Lösungsmittel (◘ Abb. 12.1; Laane et al. 1987): Während ein Zusatz von vollständig oder teilweise wassermischbaren Lösungsmitteln (log*P* –2,5 bis 2) zu wässrigen Reaktionsmedien bis zu einer bestimmten Konzentration ohne Aktivitätsverlust möglich war, ein direkter Einsatz der Enzyme darin jedoch zu ihrer Inaktivierung führte, war die Verwendung von Enzymen in wenig (log*P* 2 bis 4) und nicht wassermischbaren Lösungsmitteln (log*P* >4) unter Erhalt der Aktivität in vielen Fällen und sogar bei hohen Temperaturen möglich.

Als weiterer wichtiger Einflussfaktor auf die Aktivität der Enzyme in diesen Lösungsmitteln wurde dabei die Wasseraktivität *a*W identifiziert (Zaks und Klibanov 1986), eine Kenngröße, die z. B. auch bei der Haltbarmachung von Lebensmitteln und anderen empfindlichen bzw. verderblichen Produkten eine wesentliche Rolle spielt. Die Wasseraktivität *a*W ist definiert als Verhältnis des Wasserdampfpartialdrucks im Produkt bzw. Protein (*p*) zum Sättigungsdampfdruck von reinem Wasser (p_0) bei einer bestimmten Temperatur (▶ Gl. 12.2).

◘ **Tab. 12.1** log*P*-Wert und Wassermischbarkeit organischer Lösungsmittel und ihr Effekt auf Proteinstruktur und Enzymaktivität. (Modifiziert nach Faber 2011)

Log*P*-Wert	Beispiele	Wassermischbarkeit	Effekt auf Proteinstruktur und Enzymaktivität
–2,5 bis 0	Aceton, Ethanol, DMFA, DMSO	Komplett wassermischbar	Je nach Lösungsmittel bei Zusatz Erhöhung der Löslichkeit lipophiler Verbindungen ohne Inaktivierung der Enzyme darin bis zu einer bestimmten Konzentration
0 bis 2	Propanol, Ethylacetat, Butanol, Hexanol	Teilweise wassermischbar	In der Regel erfolgt eine schnelle Enzyminaktivierung in Gegenwart dieser Lösungsmittel
2 bis 4	Toluol, Octanol, Styrol, *n*-Hexan	Gering wassermischbar	Effekte auf Proteinstruktur und Enzymaktivität sind je nach Enzym möglich, jedoch nicht vorhersagbar
>4	Diphenylether, Octan, Dodecan, Butyloleat	Nicht wassermischbar	In der Regel kein Effekt auf die Proteinstruktur und Erhalt der Enzymaktivität

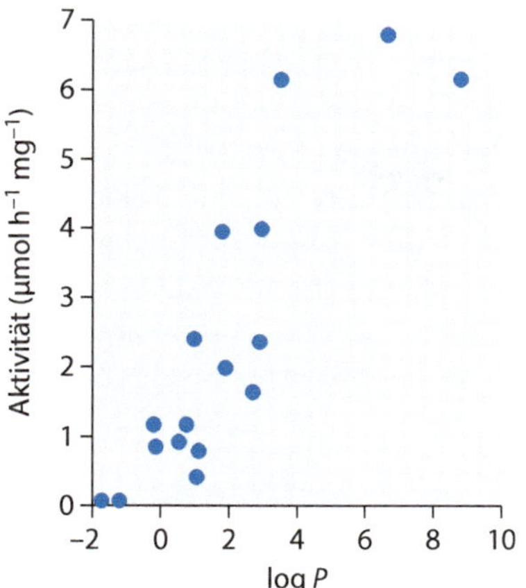

■ **Abb. 12.1** Anfangsaktivität einer Lipase-katalysierten Transesterifikation zwischen Tributyrin und Heptanol in verschiedenen fast wasserfreien organischen Lösungsmitteln in Abhängigkeit vom logP-Wert. (Nach Laane et al. 1987)

$$a_\mathrm{W} = \frac{p}{p_0} \tag{12.2}$$

Der a_W-Wert ist somit dimensionslos und bewegt sich zwischen 0 (kein Wasser verfügbar) und 1 (Bildung von Kondenswasser). Bei biochemischen Reaktionen gibt der aW-Wert den Anteil des verfügbaren Wassers im Reaktionssystem an. Er ist für Enzymreaktionen und auch für das mikrobielle Wachstum von entscheidender Bedeutung: Bakterien benötigen zum Wachstum in der Regel einen aW-Wert von mindestens 0,98, die meisten Pilze nur von 0,7. Der aW-Wert kann u. a. durch hohe Salz- oder Zuckerkonzentrationen beeinflusst werden, was z. B. bei der Haltbarmachung und Lagerung von Lebensmitteln genutzt wird.

Betrachtet man nun die Wechselwirkung von Enzymen bzw. allgemein von Proteinen mit den verschiedenen oben genannten Gruppen von Lösungsmitteln, können vollständig wassermischbare Lösungsmittel (logP −2,5 bis 0) zu einem Entzug der Hydrathülle führen (wie bei der Fällung von Proteinen bei Verwendung höherer Konzentrationen von Aceton oder Ethanol in wässrigen Medien), da die Affinität dieser Lösungsmittel zu Wasser

höher ist als die der Proteine. Einen ähnlichen Effekt beobachtet man z. B. auch beim sog. Aussalzen von Proteinen, wie bei der Fällung mit Ammoniumsulfat (Rupley et al. 1983).

Auch wenn der Verlauf der Aktivität von Enzymen in verschiedenen Lösungsmitteln in Abhängigkeit von deren Wassergehalt sehr unterschiedlich zu sein scheint, ist dieser nach Normierung auf den für die Aktivität notwendigen essenziellen Wassergehalt des jeweiligen Enzyms im Prinzip nahezu identisch (Zaks und Klibanov 1986). Verschiedene Enzymgruppen unterscheiden sich jedoch bezüglich des für die Aktivität notwendigen essenziellen Wassergehaltes deutlich.

Nicht wassermischbare Lösungsmittel (logP > 4) können im Gegensatz dazu die für die Aktivität notwendige Hydrathülle der Enzyme stabilisieren – sogar bei hohen Temperaturen – und so deren Denaturierung verhindern (Zaks und Klibanov 1984).

Bei den teilweise wassermischbaren (logP 0 bis 2) und den wenig wassermischbaren Lösungsmitteln (logP 2 bis 4) lässt sich im Gegensatz dazu der Einfluss auf die Aktivität von Enzymen darin nicht klar vorhersagen. Verwendet man Enzyme in Zweiphasensystemen aus einer wässrigen und einer organischen Lösungsmittelphase, kommt es jedoch häufig zu einer Inaktivierung der Enzyme an der Phasengrenzfläche, während bei monophasischem Vorliegen dieser Lösungsmittel bei Zugabe von Wasser bis zur Sättigung und Entstehen einer zweiten Phase ähnlich wie bei den nicht wassermischbaren Lösungsmitteln noch kein Aktivitätsverlust auftreten muss.

Eine Denaturierung von Enzymen in bzw. durch Lösungsmittel lässt sich durch verschiedene Maßnahmen vermeiden (Iyer und Ananthanarayan 2008). Sehr häufig lässt sich eine Denaturierung von Enzymen erfolgreich durch eine Immobilisierung und ein „Einfrieren" in ihrer aktiven Konformation verhindern, wie in grundlegenden Arbeiten in den 1990er Jahren eindrucksvoll gezeigt werden konnte (Mozhaev et al. 1990).

Setzt man wasserfrei vorliegende Enzyme in einem unpolaren, nicht wassermischbaren

Lösungsmittel ein, ist jedoch unbedingt zu beachten, dass eine minimale Wasserkonzentration im Reaktionssystem für deren Aktivität essenziell ist. In der Regel sollte so viel Wasser im Reaktionssystem vorhanden sein, dass jedes Enzymmolekül voll hydratisiert vorliegt (Rupley et al. 1983).

Außerdem werden Enzyme im Lösungsmittel in der Struktur vorliegen, in der sie zuvor bei einem bestimmten pH-Wert (in der Regel am isoelektrischen Punkt, IEP, was meist nicht dem pH-Optimum der gewünschten Reaktion entspricht) aus dem wässrigen Reaktionsansatz gefällt oder getrocknet wurden, und werden sich an sozusagen an diesen erinnern (*pH-memory effect*) (Zaks und Klibanov 1986). Vor Einsatz im organischen Lösungsmittel sollten sie daher ggf. umgepuffert und erneut getrocknet werden.

Sowohl der log*P*-Wert als auch die Wasseraktivität a_W sind also zwei entscheidende Parameter, die unbedingt beim Arbeiten mit Enzymen in organischen Lösungsmitteln, aber auch in den anderen unten genannten ungewöhnlichen Reaktionsmedien zu beachten sind.

12.1.3 Enzymatische Reaktionen mit Zusatz von wassermischbaren Lösungsmitteln

Bereits seit den 1940er-Jahren wurden industrielle Verfahren zur Biotransformation schwer wasserlöslicher Steroide mit Zusatz vollständig wassermischbarer Lösungsmittel wie Methanol, Ethanol, Dimethylsulfoxid (DMSO) oder Dimethylformamid (DMFA) in der Literatur beschrieben. In der Regel wird dabei mit wachsenden oder ruhenden lebenden Mikroorganismenzellen gearbeitet, zu denen das schwer oder gar nicht wasserlösliche Ausgangssubstrat dann im entsprechenden Lösungsmittel gelöst zugegeben wird, um die Bioverfügbarkeit zu verbessern oder eine einfachere Dosierbarkeit zu ermöglichen. Die anschließende Aufarbeitung der

Produkte aus den Reaktionsansätzen erfolgt i. d. R. durch Extraktion mit wenig oder nicht wassermischbaren Lösungsmitten.

Ein weiteres Einsatzfeld wassermischbarer Lösungsmittel ist ihr Zusatz zur Beeinflussung des Reaktionsgleichgewichtes bei Protease-katalysierten Reaktionen wie z. B. dem Trypsin-katalysierten Austausch von Aminosäuren bei modifizierten Insulinmolekülen.

12.1.4 Enzymatische Reaktionen in Zweiphasensystemen mit wenig oder nicht wassermischbaren Lösungsmitteln

Als alternatives Verfahren zur beschriebenen Vorgehensweise zur Verbesserung der Verfügbarkeit schwer wasserlöslicher Substrate durch Zusatz wassermischbarer Lösungsmittel (▶ Abschn. 12.1.2) bietet sich der Einsatz von wenig oder nicht wassermischbaren Lösungsmitteln wie z. B. Cyclohexan, Methylisobutylketon (MTBE), Toluol oder Ethylacetat in einem Zweiphasensystem an. Dieses hat den Vorteil, dass Substrat und Produkt gelöst in der organischen Phase vorliegen und so jeweils deutlich höhere Konzentrationen erreicht werden können als bei Zusatz wassermischbarer Lösungsmittel. Die enzymatische Reaktion erfolgt an der Phasengrenzfläche. In der wässrigen Phase empfindliche Verbindungen können so stabilisiert, mögliche Produktinhibierungen ggf. so vermieden werden. Die Trennung von Produkt und nicht umgesetzten Restsubstrat kann auf einfache Weise entweder am Ende der Umsetzung nach Phasentrennung oder sogar bereits kontinuierlich während der Umsetzung (engl. *in situ product removal*, ISPR) aus der organischen Phase erfolgen, wobei Letzteres auch zur Vermeidung von Produkthemmungen eingesetzt werden kann.

Häufig beobachtete mögliche Nachteile können dabei jedoch eine an der Phasengrenzfläche auftretende Denaturierung der Biokatalysatoren oder inhibitorische Effekte durch das verwendete Lösungsmittel sein. Um den direkten Kontakt der Biokatalysatoren mit der Lösungsmittelphase zu vermeiden, ist daher entweder der Einsatz spezieller Membransysteme oder spezieller Immobilisierungstechniken angeraten (Hudson et al. 2005).

Die wässrige Phase eines Zweiphasensystems kann auf ein notwendiges Minimum reduziert werden (sog. „mikro-wässerige Systeme"). Dieses kann z. B. von Interesse sein, wenn wasserlösliche Coenzyme an der Reaktion beteiligt sind. Von wesentlicher Bedeutung für den Erhalt der Enzymaktivität kann dabei sein, den direkten Kontakt des bzw. der Enzyme mit dem organischen Lösungsmittel zu vermeiden. Eine Möglichkeit dazu ist stellt die Verwendung von sog. „reversen Mizellen" (engl. *reversed micelles*) dar (Eggers und Blanch 1988). Zusätzlich zur wässrigen Mikro- und organischen Phase enthält dieses Reaktionssystem noch Tenside und Cotenside, um wässrige und organische Phase voneinander zu trennen, was jedoch die anschließende Aufarbeitung von Edukten und Produkten sowie die Wiederverwendung der in der wässrigen Phase vorliegenden Enzyme schwierig macht. Außerdem muss während der Reaktion der Transport von Edukt aus der organischen Phase zum Enzym in die wässrige Phase und vom Produkt aus der reversen Mizelle wieder heraus in die organische Phase gewährleistet sein.

Eine weitere Möglichkeit stellt die Verwendung von sog. „Pickering-Emulsionen" (engl. *Pickering emulsions*) dar. Diese sind nach dem britischen Chemiker Percival Spencer Umfreville Pickering benannt, der 1907 das Phänomen beschrieb, dass sich Emulsionen durch Zugabe von festen Partikeln stabilisieren lassen, die an der Grenzflächen zwischen der wässrigen und organischen Phase adsorbieren. Ein natürliches Beispiel ist homogenisierte Milch, in der die Emulsion durch Casein-Moleküle an der Grenzfläche zwischen Fett- und wässriger Phase stabilisiert

wird. In der Biokatalyse können solche Reaktionssysteme zur Mikroverkapselung von Enzymen geeignet sein (Wei et al. 2016).

Grundsätzliche Kriterien für die Auswahl geeigneter Lösungsmittel für Enzymreaktionen in Zweiphasensystemen sind (Faber 2011):

- Kapazität des Lösungsmittels für Edukt und Produkt,
- deren Verteilungskoeffizienten in der wässrigen und organischen Phase,
- mögliche denaturierende Effekte an der Phasengrenzfläche
- und für einen industriellen Einsatz im großen Maßstab, Entflammbarkeit, Toxizität und Wiederverwendung der verwendeten Lösungsmittel.

Von Interesse für die Biokatalyse können Reaktionen in Zweiphasensystemen vor allem dann sein, wenn Edukt und Produkt jeweils bevorzugt in verschiedenen Phasen vorliegen.

Ein natürliches Reaktionssystem für enzymatische Reaktionen in Zweiphasensystemen sind Lipase-katalysierte Reaktionen mit Fetten oder Ölen in Wasser, wobei die Umsetzung von hochviskosen Triglyceriden bzw. Fetten dabei noch durch Zusatz unpolarer Lösungsmittel gefördert werden kann. Viele Lipasen sind dabei im Gegensatz zu Esterasen erst voll aktiv, wenn nach Erreichen der kritischen Mizellkonzentration (CMC) eine Phasengrenzfläche im Reaktionssystem vorliegt und zeigen daher auch keine typische Michaelis-Menten-Kinetik.

Weitere in der Literatur beschriebene Beispiele für Reaktionen in Zweiphasensystemen sind die Gewinnung wasserlöslicher enantiomerenreiner Aminosäuren, ausgehend von in der Lösungsmittelphase vorliegenden racemischen Aminosäureestern, die Gewinnung von L-Menthol aus D,L-Menthylacetat oder Biotransformationsreaktionen an bzw. mit schwer wasserlöslichen Steroiden, wobei sowohl Edukt als auch Produkt in der Lösungsmittelphase vorliegen.

12.1.5 Enzymatische Reaktionen in fast wasserfreien organischen Lösungsmitteln

Erstmalig wurde Enzymaktivität in fast wasserfreien unpolaren organischen Lösungsmitteln Mitte der 1980er-Jahre nachgewiesen, womit ein bis dahin geltendes Dogma widerlegt werden konnte: Zunächst für Lipasen wurde gezeigt, dass diese in fast wasserfreien organischen Lösungsmitteln anstelle der Hydrolyse die Synthese von Esterbindungen katalysieren, wenn auch mit wesentlich geringerer Aktivität (▶ Gl. 12.3).

Hydrolyse:

$$Ester + H_2O \rightarrow Carboxylsäure + Alkohol$$

Reverse Hydrolyse:

$$Ester + H_2O \leftarrow Carboxylsäure + Alkohol$$

$$K = \frac{[Carboxylsäure] \times Alkohol}{[Ester] \times [H_2O]} \qquad (12.3)$$

In der Folge konnte dies bald auch für andere Enzyme aus der EC-Klasse 3, der Hydrolasen, gezeigt werden, wobei jedoch auch nachgewiesen wurde, dass ein essenzieller Wassergehalt entscheidend für die jeweilige Enzymaktivität ist, was sich für die verschiedenen Enzymgruppen deutlich unterscheidet (Zaks und Klibanov 1988).

Da bei den jeweiligen Synthesereaktionen Wasser als Reaktionsprodukt entsteht, kommt es ab einer bestimmten Konzentration zu einer Gleichgewichtseinstellung. Um dieses zu vermeiden, sollte das Reaktionswasser entweder aus den Reaktionsansätzen entfernt werden, oder seine Bildung sollte durch Wahl geeigneter Reaktionsbedingungen oder Substrate eine Wasserbildung ganz vermieden werden.

Beispiele aus der Literatur für enzymatische Reaktionen in fast wasserfreien organischen Lösungsmitteln sind:

— die enantioselektive Synthese von chiralen Estern ausgehend von Fettsäuren, Fettsäuremethylestern oder Vinylderivaten von Fettsäuren und Alkoholen, katalysiert von Lipasen und Esterasen,

— Umesterungsreaktionen, katalysiert von Lipasen und Esterasen,

— enantioselektive Synthesen von Aminosäureestern und Peptiden mit Peptidasen sowie

— die Synthese von Oligosacchariden und Glykolipiden mit Glykosidasen.

Dabei kann die Enantioselektivität der entsprechenden Enzymreaktion stark von der Art des verwendeten Lösungsmittels abhängig sein.

Inzwischen ist der Einsatz von Enzymen nicht nur in fast wasserfreien unpolaren organischen Lösungsmitteln, sondern auch in teilweise oder sogar in vollständig wassermischbaren Lösungsmitteln in der chemischen und pharmazeutischen Industrie eine etablierte Technik, für die in der Regel evolvierte, stabilitätsverbesserte immobilisierte Enzyme verwendet werden, die dann wie ein chemischer heterogener Katalysator eingesetzt werden können (Hudson et al. 2005).

Durch Immobilisierung der Enzyme über verschiedene Techniken (Verwendung als *cross linked enzyme crystals*, CLECS, als *cross linked enzyme aggregates*, CLEAS, bzw. Immobilisierung an Träger durch kovalente Bindung etc.) kann dabei ein „Einfrieren" und somit eine Stabilisierung der jeweils aktiven Konformation erreicht werden, was inzwischen sogar den direkten Einsatz in vollständig wassermischbaren organischen Lösungsmitteln wie Ethanol ohne Denaturierung selbst bei hohen Temperaturen ermöglicht, wie eindrucksvoll am Beispiel der Immobilisierung von Chymotrypsin gezeigt werden konnte (Mozhaev et al. 1990). Die trockenen CLECS und die gelartigen CLEAS unterscheiden sich dabei jedoch deutlich in der Wasseraktivität, was für entsprechende Anwendungen derartig immobilisierter Enzyme von großer Bedeutung sein kann.

Alternative Strategien bei der Durchführung enzymatischer Reaktionen in fast wasserfreien organischen Lösungsmitteln könnten zukünftig sein, Enzyme durch entsprechende Modifizierung wie z. B. eine „PEGylierung" (▶ Kap. 19) in organischen Lösungsmitteln löslich zu machen (Castro und Knubovets 2003).

12.1.6 Grundregeln zum Arbeiten mit Enzymen in fast wasserfreien organischen Lösungsmitteln

Will man fast wasserfreie Enzyme in organischen Lösungsmitteln einsetzen, sollten folgende Grundregeln beachtet werden (Faber 2011):

- Hydrophobe wenig oder nicht wassermischbare Lösungsmittel ($\log P > 3$) sind für Enzyme eher kompatibel als hydrophile vollständig oder teilweise wassermischbare Lösungsmittel ($\log P$-Wert < 3).

- Die um die Enzymmoleküle vorhandene essenzielle Wasserschicht sollte für den Erhalt der Enzymaktivität unbedingt erhalten bleiben. Bei hydrophoben Lösungsmitteln kann dies z. B. dadurch gewährleistet werden, dass diese zuvor mit Wasser gesättigt werden, was z. B. durch einfaches vorheriges Ausschütteln der Lösungsmittel mit Wasser im Scheidetrichter geschehen kann. Verwendet man CLEAs, ist deren Wassergehalt mit zu berücksichtigen.

- Vor Einsatz des jeweiligen Enzyms in einem fast wasserfreien Lösungsmittel sollte gewährleistet sein, dass der „Mikro-pH-Wert" auch dem pH-Optimum des Enzyms entspricht. Ggf. muss vorher ein „Umpuffern" und erneutes Trocknen des Enzyms erfolgen.

- Da das Enzym im Lösungsmittel nicht mehr gelöst vorliegt, sollte durch Rühren, Schütteln oder Ultrabeschallung eine Diffusion des Edukts an die und des Produkts von der Enzymoberfläche weg gewährleistet sein.

- Eine Stabilisierung der Enzyme kann entweder durch Zusatz von stabilisierenden Agenzien wie z. B. nicht aktiven Proteinen, Zuckern, Polyalkoholen, Polymeren sowie Salzen oder durch Immobilisierung erfolgen.

12.2 Ionische Flüssigkeiten, stark eutektische Lösungen und superkritische Fluide als Reaktionsmedien für enzymatische Reaktionen

12.2.1 Ionische Flüssigkeiten

Bei ionischen Flüssigkeiten (engl. *ionic liquids,* IL) handelt sich um Salze, die ohne Zusatz von Wasser bei Temperaturen unter 100 °C flüssig sind. Sie setzen sich in der Regel zusammen aus einer organischen kationischen Verbindung wie z. B. Imidazolium, Pyridinium, Pyrrolidinium, Guanidinium, die alkyliert sein kann, und einer anionischen Verbindung wie z. B. einem Halogenid, Tetrafluoroboraten, Trifluoracetaten, Imiden oder Amiden (◘ Abb. 12.2; Moniruzzamana et al. 2010). Kombiniert man diese Verbindungen miteinander, wird durch Ladungsdelokalisierung und sterische Effekte die Bildung eines stabilen Kristallgitters behindert, die feste Kristallstruktur in den Einzelverbindungen wird aufgebrochen, und es entsteht eine sog. „ionische Flüssigkeit".

Zur Herstellung ionischer Flüssigkeiten gibt es eine Vielzahl von Kombinationsmöglichkeiten, über die ihre jeweils gewünschten physikalisch-chemischen Eigenschaften eingestellt und auf mögliche technische Erfordernisse angepasst werden können, um z. B. die Löslichkeit von schwer wasserlöslichen Substanzen zu beeinflussen, was für das Lösen von Edukten und Produkten bei der Durchführung enzymatischer Reaktionen von großem Interesse ist (Van Rantwijk und Sheldon 2007).

Gegenüber organischen Lösungsmitteln zeichnen sich ionische Flüssigkeiten außerdem dadurch aus, dass sie thermisch meist stabil und schwer entzündlich sind sowie einen sehr niedrigen, kaum messbaren Dampfdruck besitzen. Auch wenn aufgrund ihrer Nichtflüchtigkeit keine Explosionsgefahr oder Vergiftungsgefahr durch Inhalation

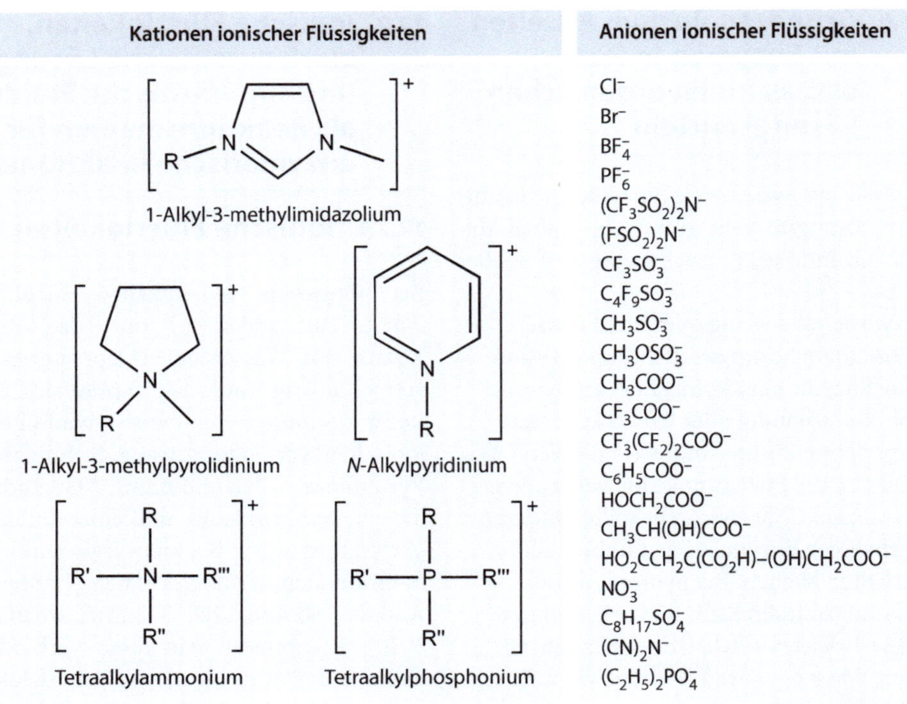

Abb. 12.2   Häufig verwendete Kationen und Anionen ionischer Flüssigkeiten. (Nach Moniruzzamana et al. 2010)

besteht wie bei vielen organischen Lösungsmitteln, könnten Abwässer aufgrund der nicht geklärten biologischen Abbaubarkeit jedoch eventuell problematisch sein, weswegen ihre Rezyklisierbarkeit bei Anwendungen ein wichtiges Kriterium sein kann.

Aufgrund der großen Zahl an Kombinationsmöglichkeiten sind ionische Flüssigkeiten für die Biokatalyse hochinteressante Reaktionsmedien (Potdar et al. 2015), und es wird angestrebt, durch die richtige Kombination der Komponenten gewünschte physikalisch-chemische Eigenschaften bei möglichst geringer Toxizität zu erzielen.

12.2.2 Enzymatische Reaktionen in ionischen Flüssigkeiten

Das Interesse an der Verwendung von Enzymen in ionischen Flüssigkeiten geht zurück auf das Jahr 1984, als erstmals Aktivität und Stabilität der Alkalischen Phosphatase bei der Spaltung der Modellverbindung p-Nitrophenylphosphat darin untersucht wurde. In der Folge wurde für die Wechselwirkung von Enzymen mit ionischen Flüssigkeiten diskutiert, dass stark hydratisierte Ionen (sog. Kosmotrope) das Strukturverhalten der Wassermoleküle verstärken und dadurch auch zu einer erhöhten Stabilität von Proteinen beitragen können, während schwach hydratisierte Ionen (sog. Chaotrope) zu einer Destabilisierung führen können. Besteht die ionische Flüssigkeit also aus zwei eher chaotropen Ionen, ist die Wahrscheinlichkeit hoch, dass es bei Enzymen zu einem Aktivitätsverlust darin kommen wird, während eher hydrophile ionische Flüssigkeiten die Tendenz zur Ausbildung von Wasserstoffbrückenbindungen verstärken, ein Lösen von Enzymen darin möglich machen und sogar mit hoher Wahrscheinlichkeit deren Aktivität darin erhalten.

Die ersten Beispiele für gezielte biokatalytische Anwendungen von Enzymen in ionischen Flüssigkeiten datieren auf das Jahr 2000 mit der Beschreibung der Peptidase-katalysierten Synthese von *Z*-Aspartam. Seitdem gibt es eine zunehmende Anzahl von Arbeiten, die sich mit dem Effekt von ionischen Flüssigkeiten auf Struktur, Aktivität und Stabilität von Enzymen befassen. Beschrieben wird der Einsatz von ionischen Flüssigkeiten als Alternative zu organischen Lösungsmitteln u. a. für Lipase-katalysierte Transesterifikationen, Amidierungen und Epoxidierungen, wobei sowohl einphasige als auch zweiphasige Systeme eingesetzt werden (Van Rantwijk und Sheldon 2007).

Da sich eine Reihe von ionischen Flüssigkeiten nicht mit Ethern mischt, bieten sich hierbei auch interessante Möglichkeiten zur Aufarbeitung der Produkte. Weiter wird die Verwendung ionischer Flüssigkeiten zum Verkapseln (engl. *coating*) von Enzymimmobilisaten bei deren Einsatz in organischen Lösungsmitteln beschrieben, um z. B. neben der Vermeidung einer Enzyminaktivierung an der Grenzfläche eine Verbesserung des Substrattransportes aus dem Reaktionsmedium an das Enzym zu erreichen.

Von großem Interesse erscheint die Möglichkeit, mit ionischen Flüssigkeiten Lignocellulose und deren Einzelkomponenten zu lösen und somit deren Verfügbarkeit für enzymatische Reaktionen zu verbessern. Ebenso gibt es bereits erfolgreiche Anwendungen für Ganzzellbiokatalyse in ionischen Flüssigkeiten, z. B. zur Herstellung chiraler Alkohole ausgehend von prochiralen Ketonen. Da ionische Flüssigkeiten keinen Dampfdruck besitzen, können leichter flüchtige Verbindungen daraus durch Evaporation einfacher abgetrennt werden als aus organischen Lösungsmitteln (Van Rantwijk und Sheldon 2007).

Zusammenfassend lässt sich sagen, dass ionische Flüssigkeiten für die Enzymkatalyse als alternatives Reaktionsmedium zu organischen Lösungsmitteln eine Vielzahl interessanter Anwendungsmöglichkeiten bieten. Noch bestehende Herausforderungen sind neben den immer noch hohen Kosten jedoch vor allem in ihrer Rezyklisierbarkeit und der z. T. noch ungeklärten biologischen Abbaubarkeit und Umweltverträglichkeit zu sehen.

12.2.3 Stark eutektische Lösungen

Eng verwandt mit ionischen Flüssigkeiten bzw. von einigen Autoren auch als „spezielle Klasse biologisch abbaubarer ionischer Flüssigkeiten" bezeichnet sind stark eutektische Lösungen (engl. *deep eutectic solutions*, DES, oder *natural deep eutectic solvents*, NADES; Paiva et al. 2014). Zur Definition: Eine Lösung oder Legierung verschiedener Stoffe wird dann als „eutektisch" bezeichnet, wenn ihre Bestandteile in so einem Verhältnis zueinander stehen, dass sie als Ganzes bei einer bestimmten Temperatur flüssig bzw. fest wird. Der entsprechende Punkt im Phasendiagramm heißt Eutektikum (▣ Abb. 12.3). Voraussetzung für diesen Effekt ist, dass die Schmelztemperatur des Mischsystems unterhalb der Schmelztemperaturen der Einzelkomponenten liegt und eine Mischungslücke im Festen existiert, die bis zum Erreichen der Schmelztemperatur des Eutektikums bestehen bleibt. Der „Eutektische Punkt" bezeichnet im Phasendiagramm eines Mehrstoffsystems dann den Punkt, der durch das Konzentrationsverhältnis des Eutektikums und durch dessen Schmelztemperatur (die „eutektische Temperatur") gekennzeichnet ist.

Im Gegensatz zu ionischen Flüssigkeiten bestehen eutektische Lösungen in der Regel aus einer Ammoniumverbindung, wie z. B. Cholin oder Harnstoff, in Kombination mit organischen Verbindungen wie z. B. Zuckern, Zuckeralkoholen oder Carboxylsäuren, die als Donor zur Ausbildung von Wasserstoffbrückenbindungen fungieren (▣ Abb. 12.4; Smith et al. 2014) Alle Bausteine können aus nachwachsenden Rohstoffen gewonnen werden und besitzen als Einzelkomponenten Schmelzpunkte über 100 °C. Stellt man nun in bestimmten Verhältnissen Mischungen davon her und erwärmt diese, bilden sich unterschiedlich viskose

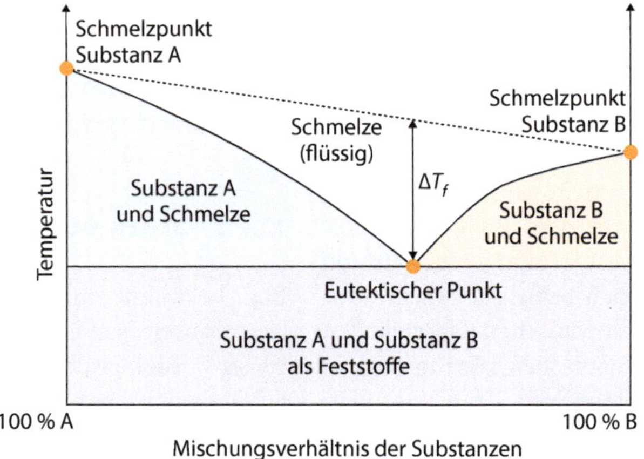

Abb. 12.3 Phasendiagramm einer stark eutektischen Lösung. (Nach Smith et al. 2014)

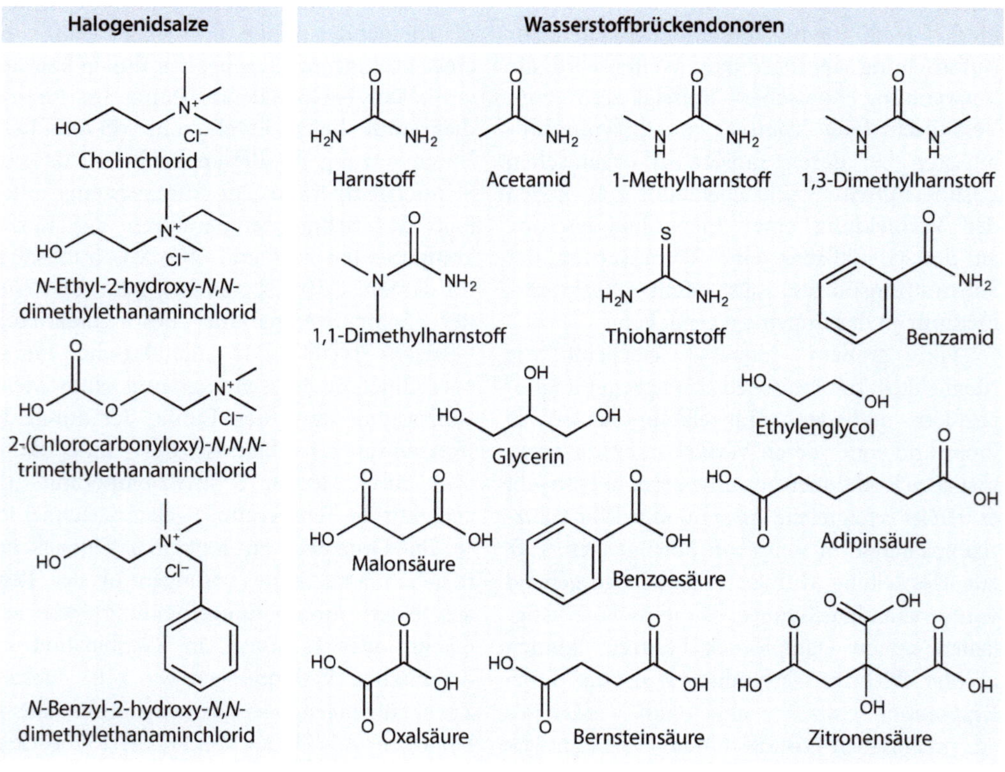

Abb. 12.4 Komponenten von stark eutektischen Lösungen. (Nach Smith et al. 2014)

Lösungen, die auch nach Abkühlen auf Raumtemperatur flüssig bleiben.

Stark eutektische Lösungen sind preiswerte Reaktionsmedien und ebenso wie ionische Flüssigkeiten nicht brennbar und flüssig. Sie sind im Gegensatz zu diesen jedoch toxisch meist unbedenklich und in der Regel gut biologisch abbaubar. Jedoch bieten sie als Nachteil nicht die große Vielfalt an Kombinations- und Anwendungsmöglichkeiten wie ionische Flüssigkeiten.

12.2.4 Enzymatische Reaktionen in stark eutektischen Lösungen

Denkbare Einsatzmöglichkeiten von stark eutektischen Lösungen in der Enzymkatalyse sind ihr direkter Einsatz als nicht flüchtiges Lösungsmittel unter Berücksichtigung der für das jeweilige Enzym essenziellen Wasserkonzentration oder der Einsatz in Zweiphasensystemen (Paiva et al. 2014). Von Nachteil kann dabei neben der z. T. hohen Viskosität sein, dass im Gegensatz zu organischen Lösungsmitteln und ionischen Flüssigkeiten der Zusatz oder das Entstehen von Wasser bei der Reaktion zu einem Aufbrechen der elektrostatischen Wechselwirkungen zwischen den Bestandteilen der stark eutektischen Lösung führen kann. Diesen Effekt kann man jedoch wiederum auch gezielt bei der Aufarbeitung der Reaktionsansätze nutzen. In jedem Fall ist zu erwarten, dass denaturierende Effekte auf die verwendeten Enzyme geringer sind als im Fall vieler organischer Lösungsmittel und ionischer Flüssigkeiten.

Trotz der preiswerten Zugänglichkeit und einfachen Herstellbarkeit von stark eutektischen Lösungen gibt es in der Literatur bisher nur eine überschaubare Anzahl an Beispielen für Enzymreaktionen darin, hauptsächlich mit Lipasen (Durand et al. 2013). Eine der ersten publizierten Arbeiten datiert auf 2008 und beschreibt die Lipase-katalysierte Transesterifikation mit einer Ethylfettsäure und 1-Butanol als Substraten. Weitere Arbeiten beschreiben den Einsatz dieser Reaktionssysteme bei der Lipase-katalysierten Herstellung von Biodiesel ausgehend von hochviskosen Triacylglyceriden und Methanol, bei *N*-Alkylierungen von primären aromatischen Aminen und der Epoxidhydrolyse.

Das Interesse an stark eutektischen Lösungen als neue Reaktionsmedien für Enzyme wächst, auch wenn das Spektrum möglicher Anwendungen als deutlich kleiner zu erwarten ist als bei organischen Lösungsmitteln und ionischen Flüssigkeiten. Attraktiv für zukünftige industrielle Anwendungen sind neben ihrer Nichtflüchtigkeit und ihrer Nichtbrennbarkeit vor allem ihre Nichttoxizität, ihre gute Umweltverträglichkeit und die Möglichkeit ihrer Herstellung auf Basis nachwachsender Rohstoffe, alles Punkte, die ihre Klassifizierung als echte „grüne Lösungsmittel" (engl. *green solvents*) erlauben. Zukünftige Herausforderungen für die Enzymkatalyse bestehen darin, das vorhandene Potenzial nicht nur zu nutzen, sondern die Anwendungs- und Kombinationsmöglichkeiten stark eutektischer Lösungen durch die Verwendung weiterer Salze und Wasserstoffbrückendonoren in ähnlicher Weise zu erweitern, wie dies bei ionischen Flüssigkeiten bereits geschehen ist.

12.2.5 Superkritische Fluide

Stoffe können in fester, flüssiger und gasförmiger Form vorkommen. Dieses wird durch Temperatur und Druck beeinflusst (◘ Abb. 12.5). Am sog. Tripelpunkt befinden sich alle drei Phasen im Gleichgewicht. Superkritische Fluide sind Verbindungen, deren Eigenschaften zwischen denen von Gasen und Flüssigkeiten liegen. Der sog. Kritische Punkt ist der Zustand eines Stoffes, der sich durch das Angleichen der Dichten von flüssiger Phase und Gasphase kennzeichnet. Die Unterschiede zwischen diesen beiden Aggregatszuständen hören unter diesen Bedingungen auf zu existieren. Oberhalb dieses Punktes spricht man von einem „überkritischen" oder „superkritischen Fluid", das sich in einem

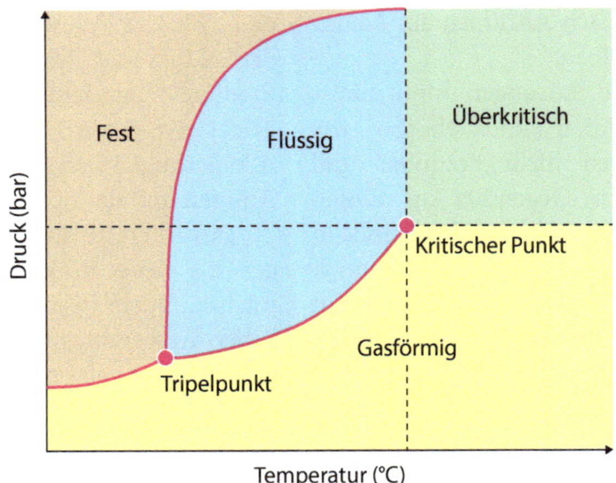

◘ Abb. 12.5   Phasendiagramm für ein superkritisches Fluid. (Nach Hobbs und Thomas 2007)

„überkritischen Zustand" befindet. Dieser entsteht dann, wenn ein Gas einem immer höheren Druck ausgesetzt wird und sich die Abstände zwischen den Gasmolekülen so weit verringern, bis sie beim Erreichen des kritischen Drucks genauso groß werden wie bei Molekülen in der flüssigen Phase.

Die Lösungsmitteleigenschaften eines superkritischen Fluids hängen stark von seiner jeweiligen Dichte ab, die sich als Vorteil dieser Reaktionssysteme in einem relativ weiten Bereich einstellen lässt (Mesiano et al. 1999). Eine höhere Dichte erhöht dabei in der Regel auch die Löslichkeit der meisten Stoffe, eine niedrigere Dichte senkt diese. Superkritische Flüssigkeiten können somit das Lösungsvermögen von Flüssigkeiten mit der niedrigen Viskosität von Gasen kombinieren, wodurch sich als großer Vorteil ein im superkritischen Fluid gelöster Stoff bei Normaldruck sehr einfach wieder vom Reaktionsmedium abtrennen lässt. Im Gegensatz zum Arbeiten mit organischen Lösungsmitteln, ionischen Flüssigkeiten und stark eutektischen Lösungen erfordert die Durchführung von Reaktionen in superkritischen Fluiden jedoch in allen Fällen eine deutlich aufwendigere Anlagen- und Prozesstechnik, da bei wechselndem Druck gearbeitet werden muss.

Kohlendioxid, Ethan, Propan, Ethylen und Fluoroform sind Substanzen, die als superkritische Fluide häufig Verwendung finden

(Hobbs und Thomas 2007). Vor allem überkritisches Kohlenstoffdioxid ist durch seine preiswerte und leichte Verfügbarkeit, seine Nichttoxizität bei entsprechendem Umgang damit und seine einfache Abtrennbarkeit von darin gelösten Stoffen ein viel genutztes Reaktionsmedium und wird z. B. in der Lebensmitteltechnologie seit Langem als ungiftige Alternative für Extraktionszwecke zum Entkoffeinieren von Kaffee und Tee eingesetzt. Es entsteht, sobald Druck und Temperatur bei einer Temperatur von mehr als 304,13 K (30,980 °C) und einem Druck von über 7,375 MPa (73,75 bar) liegen und zeigt dann deutlich andere Eigenschaften als unter Normbedingungen.

12.2.6 Enzymatische Reaktionen in superkritischen Fluiden

Wie auch beim Arbeiten mit Enzymen in unpolaren organischen Lösungsmitteln ist beim Einsatz von Enzymen in superkritischen Fluiden zu beachten, dass auch hier eine essenzielle Wasserkonzentration an der Oberfläche der Enzymmoleküle notwendig ist, damit diese in den superkritischen Fluiden aktiv sind. Dieses kann durch eine Wassersättigung erreicht werden, was im Fall von superkritischem Kohlendioxid kein Problem darstellt (Hobbs und Thomas 2007).

Als eine der ersten Enzymreaktionen in superkritischem Kohlendioxid wurde 1985 wiederum die Spaltung der Modellverbindung *p*-Nitrophenylphosphat durch die Alkalische Phosphatase beschrieben (Matsuda 2013). Weitere Enzyme, die in der Folge erfolgreich in verschiedenen superkritischen Fluiden eingesetzt wurden, waren Subtilisin *Carlsberg* und verschiedene immobilisierte, kommerziell erhältliche Lipasen beim Einsatz für Transesterifikationsreaktionen. Dabei wurde u. a. gezeigt, dass bei kinetischen Resolutionen darin der E-Wert durch Druck und Temperatur beeinflusst wird. Weiter wurden erfolgreich sowohl asymmetrische Reduktionsreaktionen mit Alkoholdehydrogenasen als auch Carboxylierungsreaktionen mit verschiedenen Decarboxylasen in superkritischem Kohlendioxid durchgeführt (Matsuda 2013).

Trotz der positiven Ergebnisse und den Vorteilen der Einstellbarkeit der Lösungsmitteleigenschaften durch Druck und Temperatur sowie der Möglichkeit zur einfachen Produktabtrennung hat sich der Einsatz von superkritischen Fluiden in der Enzymkatalyse noch nicht auf breiter Ebene durchgesetzt. Die Gründe dafür sind vermutlich in dem doch eingeschränkten Lösungsmittelspektrum und dem nötigen hohen apparativen Aufwand zu sehen.

12.3 Enzymatische Reaktionen unter lösungsmittelfreien Bedingungen

Als Alternative zum Einsatz von Enzymen in wässrigen Reaktionssystemen, mit oder in organischen Lösungsmitteln, ionischen Flüssigkeiten, stark eutektischen Lösungen oder superkritischen Fluiden besteh auch die Möglichkeit, nahezu komplett auf den Einsatz von Lösungsmitteln zu verzichten (engl. *solvent free biocatalysis*), wobei Substrate und Produkte entweder in der Gasphase oder in flüssiger oder fester Phase vorliegen können. Auch wenn eine entsprechende Vorgehensweise zunächst ungewöhnlich erscheint, gibt es dafür in der Literatur eine Reihe von Beispielen für

Reaktionen mit löslichen und immobilisierten Enzymen oder ganzen Zellen, die direkt im Substrat ohne Zusatz von Lösungsmitteln eingesetzt werden (Hobbs und Thomas 2007).

Der Ansatz ist relativ einfach und beinhaltet, dass man den Biokatalysator direkt mit dem Substrat bzw. den Substraten in Kontakt bringt, das bzw. die dann gleichzeitig auch Reaktionsmedium sind. In allen Fällen muss auch hierbei wieder die Wasseraktivität berücksichtigt werden.

Bei der Durchführung von Reaktionen in der Gasphase kann das z. B. einfach durch Überleiten des Substrates über den jeweiligen Biokatalysator geschehen. Dieses können lebende ganze Zellen von Mikroorganismen sein, die auf einem Träger immobilisiert sind. Die anschließende Abtrennung von Substrat und Produkt kann anschließend durch Kühlfallen erfolgen. Beispiele hierfür sind cis-Epoxidierungsreaktionen an gasförmig vorliegenden Alkenen.

Bei der Durchführung von Reaktionen in der Flüssigphase, in der diese gleichzeitig Substrat und Lösungsmittel ist, wird der Biokatalysator direkt zur flüssigen Substratphase gegeben. Hierbei ist neben der essenziellen Wasserkonzentration für das Enzym zu beachten, dass die Durchmischung zum geschwindigkeitsbestimmenden Schritt werden kann.

Eine besondere Herausforderung stellt die Feststoffbiokatalyse (engl. *solid-to-solid biocatalysis*) dar, da die Reaktion nur an der Grenzfläche zwischen Enzym und Substrat erfolgt. Hier müssen zum Teil noch minimale Wasser- oder Lösungsmittelmengen als sog. Adjuvans dazugegeben werden. In diesem Fall spricht man auch von einer „heterogenen eutektischen Reaktion". Beispiele für solche Reaktionen aus der Literatur sind verschiedene Peptidsynthesen mit den immobilisierten Proteasen Subtilisin oder Thermolysin, u. a. die erfolgreiche Synthese der Dipeptid-Süßstoffvorstufe Z-Aspartam in dreimolarer Konzentration, oder auch Lipase-katalysierte Synthesen von Estern aus Zuckeralkoholen und Fettsäuren. Mit immobilisierter Penicillin-Acylase gelang die erfolgreiche Synthese von Ampicillin aus äquimolaren Mengen fest vorliegender lyophylisierter 5-Aminopenicillansäure und D-Phenylglycinmethylester, wobei das essenziell benötigte Wasser in Form von Salzhydraten verfügbar gemacht wurde.

Eine apparative und prozesstechnische Herausforderung stellt bei solchen Festphasenbiokatalyse-Reaktionen die Maßstabsvergrößerung dar.

12.4 Fazit und Ausblick

Die Durchführung enzymatischer Reaktionen in ungewöhnlichen Reaktionsmedien bietet inzwischen eine Vielzahl von Möglichkeiten. Hauptmotivationen dafür sind, die Löslichkeit von Substraten und Produkten gegenüber wässrigen Reaktionssystemen deutlich zu erhöhen, die anschließende Aufarbeitung zu vereinfachen und mikrobielle Kontaminationen sowie Neben- und Abbaureaktionen zu vermeiden (Faber 2011). Viele Enzyme zeigen in ungewöhnlichen Reaktionsmedien andere Eigenschaften und katalysieren auch andere Reaktionen als in wässrigen Systemen. So können hydrolytische Enzyme z. B. erfolgreich für Synthesereaktionen eingesetzt werden, wobei man deren Eigenschaften Regioselektivität, Stereoselektivität und Substratspezifität gezielt nutzt. Bei der Verwendung von Enzymen in ungewöhnlichen Reaktionsmedien ist die Berücksichtigung der Wasseraktivität aW immer wesentliche Voraussetzung. Eine Inaktivierung von Enzymen in ungewöhnlichen Reaktionsmedien lässt sich meist durch eine Immobilisierung vermeiden (Iyer und Anantheanarayan 2008).

Literatur

Castro, G. R., Knubovets, T. (2003) *Homogeneous biocatalysis in organic solvents und water-organic mixtures.* Critical Reviews in Biotechnology, 23, 195–231

Durand, E., Lecomte, J., Villeneuve, P. (2013) Deep eutectic solvents: synthesis, application, und focus on lipase-catalyzed reactions. Eur. J. Lipid Sci. Technol. 155, 379 – 385

Eggers, D. K., Blanch. H. W. (1988) Enzymatic production of L-tryptophane in a reverse micelle reactor. Bioprocess. Bioeng. 3, 83 – 91

Faber, K. (2011) *Biotransformations in Organic Chemistry.* 6th revised und corrected edition, Springer-Verlag

Fukui, S., Tanaka, A. (1985) *Enzymatic reactions in organic solvents.* Endeavor, New series 9: 10 – 17

Hobbs, H. R., Thomas, N. R. (2007) *Biocatalysis in supercritical fluids, in fluorous solvents, und under solvent-free conditions.* Chem. Rev. 107, 2786 – 2820

Hudson, E. P., Eppler, R. K., Clark, D. S. (2005) *Biocatalysis in semi-aqueous und nearly anhydrous conditions.* Current Opinion in Biotechnology, 16, 637–643

Iyer, P. V., Ananthanarayan, L. (2008) *Enzyme stability und stabilization in aqueous und non-aqueous environment.* Process Biochemistry 43, 1019–1032

Laane C, Boeren S, Vos K, Veeger C. (1987) *Rules for optimization of biocatalysis in organic solvents.* Biotechnol Bioeng 30, 81–87

Matsuda T. (2013) *Recent progress in biocatalysis using supercritical carbon dioxide.* Journal of Bioscience und Bioengineering 115, 233 – 241

Mesiano, A. J., Beckman, E. J., Russell, A. J. (1999) *Supercritical biocatalysis.* Chem. Rev. 99, 623 – 633 (Review)

Moniruzzamana, M., Nakashimab, K., Kamiyaa, N. Gotoa, M. (2010) *Recent advances of enzymatic reactions in ionic liquids.* Biochemical Engineering Journal 48, 295 – 314

Mozhaev, V. V., Sergeeva, M. V., Belova, A. B,. Khmelnitsky, Y.L. (1990) *Multipoint attachment to a support protects enzyme from inactivation by organic solvents: alpha-Chymotrypsin in aqueous solutions of alcohols und diols.* Biotechnol. Bioeng. 35, 653 – 659

Paiva, A., Craivero, R., Aroso, I., Martins, M., Ries, R. L., Duarte, A. R. (2014) *Natural deep eutectic solvents – solvents for the 21st century.* ACS Sustainable Chem. Eng. 2, 1063 – 1071

Potdar, M. K., Kelso, G. F., Schwarz, L., Zhang, C., Hearn, M. T. W. (2015) *Recent developments in chemical synthesis with biocatalysts in ionic liquids.* Molecules 20, 16788 – 16816

Rupley, J. A., Gratton, E., Careri, G. (1983) *Water und globular proteins.* Trends in Biochemical Sciences 8, 18–22

Smith, E. L., Abbott, A. P., Ryder, K. S. (2014) *Deep eutectic solvents (DES) und their applications.* Chem. Rev. 114, 11060 – 11082

Van Rantwijk F., Sheldon R. A. (2007) *Biocatalysis in ionic liquids.* Chem. Rev. 107, 2757 – 2785

Wei, L., Zhang, M., Zhang, X., Xin, H., Yang, H. (2016) *Pickering Emulsion as an Efficient Platform for Enzymatic Reactions without Stirring.* ACS Sustainable Chem. Eng., 2016, 6838–6843

Zaks, A. und Klibanov, A. M. (1984) *Enzymatic Catalysis in Organic Media at 100°C.* Science 224, 1249 – 1251

Zaks, A. und Klibanov, A. M. (1986) *The effect of water on enzyme activity in organic media.* J. Biol. Chem. 263, 8017 – 8023

Zaks, A. und Russell, J. (1988) *Enzymes in organic solvents: properties und applications.* J. Biotechnol. 8, 259–270

Anwendungen

Inhaltsverzeichnis

Prinzipien der angewandten Biokatalyse

Selin Kara und Jan von Langermann

© Springer-Verlag GmbH Deutschland, ein Teil von Springer Nature 2018
K.-E. Jaeger, A. Liese, C. Syldatk (Hrsg.), *Einführung in die Enzymtechnologie,*
https://doi.org/10.1007/978-3-662-57619-9_13

Zusammenfassung

Die Verwendung von Enzymen stellt eine Schlüsseltechnologie für die chemische Synthese dar, welche milde Reaktionsbedingungen mit hohen Selektivitäten verbindet. Die Biokatalyse hat sich hier in den letzten Jahrzehnten enorm entwickelt und bietet zahlreiche Lösungen für viele Problemstellungen im Bereich der Pharma-, Feinchemie-, und Bulk-Chemikalien-Industrie. Dennoch ist die Biokatalyse eine sich kontinuierlich weiterentwickelnde Technologie mit dem Ziel, die Produktivität der Synthesewege zu erhöhen, Umweltverschmutzung und Kosten zu verringern und damit mehr Nachhaltigkeit zu schaffen. Dieses Buchkapitel konzentriert sich auf neu entwickelte Prozesskonzepte, welche die Biokatalyse zu einer zukünftigen Schlüsseltechnologie für die Synthese der Chemikalien unseres Bedarfs machen.

Die Anwendung von Enzymen für organische Reaktionen ist ein aufstrebendes Gebiet, da diese Biokatalysatoren außerordentlich hohe Selektivitäten bei moderaten Reaktionsbedingungen ermöglichen. Die bisherigen Kapitel dieses Buches stellten hier vorrangig das grundlegende Verständnis zur Formulierung der Enzyme (Identifizierung, Charakterisierung und Optimierung) in den Vordergrund. Im Gegensatz dazu konzentriert sich dieses Kapitel auf die Prinzipien der angewandten Biokatalyse mit den Schwerpunkten: Strategien für den Umgang mit Limitationen, ungünstigen Reaktionsthermodynamiken, Substrat- und Produktinhibierung, und der geringen Löslichkeit der Reagenzien in klassischen wässrigen Medien.

Biokatalyse wird im Allgemeinen als „grüne Chemie" betrachtet, da die Reaktionen üblicherweise in wässrigen Medien erfolgen und sozusagen umweltfreundliche Reaktionsbedingungen ermöglichen. Generell ist eine solche Argumentation aber sehr vereinfacht, da entstehende Abwasser ebenfalls in der Ökobilanz berücksichtigt werden müssen. Dagegen weisen viele synthetisch interessanteste Reagenzien nur eine äußerst begrenzte Löslichkeit in solchen Systemen auf, und daher werden extrem hohe Produktivitäten in solchen Systemen nicht erreicht. Aus diesem Grund hat sich eine große Anzahl von Forschungsgruppen auf den Einsatz alternativer Reaktionsmedien für die Biokatalyse konzentriert. Darüber hinaus ist die Verwendung von unkonventionellen Reaktionsumgebungen, wie bspw. Zweiphasensystemen, nicht nur interessant aufgrund der oben angegebenen Gründe, sondern ist auch eine nützliche Vorgehensweise in Bezug auf eine selektive Extraktion des (Co-)Produktes. Ebenso werden alternative adsorptive Strategien durch den Einsatz von Adsorberharzen für die Abtrennung des Produktes verfolgt, welche in analoger Weise auch für die Substratdosierung verwenden werden können.

In Oxidoreduktase-katalysierten Redoxreaktionen müssen zusätzlich kostenintensive Cofaktoren für hohe Umsätze und Produktivitäten rezykliert werden. Aktuelle Cofaktorregenerierungsansätze werden in diesem Kapitel eingeführt und vergleichend diskutiert. Am Ende des Kapitels werden Zukunftstechniken für die Etablierung effizienter Biotransformationen hervorgehoben.

13.1 Cofaktorabhängige Biotransformationen

Cofaktorabhängige Enzyme katalysieren eine breite Palette von synthetisch relevanten Reaktionen, wobei die Rezyklierung des Cofaktors eine außerordentlich wichtige Anforderung bezüglich wirtschaftlicher und praktischer Gesichtspunkten ist. Ein Einsatz in stöchiometrischen Mengen ist für Cofaktoren, neben der geringen Stabilität, aufgrund des hohen Preises praktisch unmöglich (◨ Tab. 13.1; Paul et al. 2014).

Zahlreiche wissenschaftliche Arbeiten beschäftigten sich mit der Entwicklung von zuverlässigen *in situ*-Regenerierungsmethoden für die am häufigsten verwendeten Cofaktoren, insbesondere für Nicotinamid-Cofaktoren (NAD(P)H und NAD(P)$^+$). Die Effektivität des Regenerierungsprozesses wird durch die Anzahl der Zyklen gemessen, die erreicht werden

Nicotinamid-Cofaktor	**Preis ($€ \ mol^{-1}$)**
NAD^+	1410
NADH	2625
$NADP^+$	18.500
NADPH	70.835

können, bevor das Cofaktormolekül schließlich zersetzt wird. Diese wird als *total turnover tumber* (TTN) bezeichnet, welche die Gesamtzahl des Molprodukts je Mol Cofaktor, die während der gesamten Lebensdauer des Cofaktors gebildet wurden, angibt. Im Labormaßstab sind TTN-Werte von 1000–10.000 für Redoxreaktionen ausreichend, während TTN-Werte von mindestens 100.000 für technische Zwecke zu erwarten sind. Wenn die gesamte Lebenszeit des Cofaktors noch nicht erreicht wurde, wird der Begriff *turnover number* (TON) verwendet, um die Produktivität des Systems zu bewerten. Chemische Systeme, z. B. elektrochemische und photochemische Ansätze, werden ebenso für die Cofaktorregenerierung angewendet; jedoch sind die Produktivitäten im Allgemeinen niedriger im Vergleich zu biokatalytischen Ansätzen. Daher werden in den folgenden Abschnitten nur biokatalytische cofaktorregenerierende Systeme wie substratgekoppelte (▶ Abschn. 13.1.1), enzymgekoppelte (▶ Abschn. 13.1.2) und selbstversorgende Kaskaden (▶ Abschn. 13.1.3) beschrieben (Kara et al. 2014).

13.1.1 Substratgekoppelte Systeme

In einem substratgekoppelten System wird die katalytisch aktive Form des Cofaktors (z. B. NAD(P)H in Reduktionen und $NAD(P)^+$ in Oxidationen) durch das gleiche Enzym in einer zweiten Redoxreaktion, die in entgegengesetzter Richtung mit einem Cosubstrat abläuft, regeneriert. Dieser Ansatz weist einige Vorteile, aber auch Nachteile auf.

Einer der Hauptvorteile ist die Simplizität, da nur ein Enzym für die gesamte Reaktion erforderlich ist. Zweitens bleibt der Nicotinamid-Cofaktor im aktiven Zentrum des Enzyms und somit können Stofftransportlimitierung und Stabilitätsprobleme abgemildert werden. Die Enzymaktivität ist jedoch zwischen der Hauptreaktion und der Regenerierungsreaktion verteilt (▶ Abb. 13.1). Am wichtigsten ist hierbei aber, dass es sich um ein reversibles System handelt, und wenn die Substrate und Produkte chemisch sehr ähnlich sind (z. B. bei der Reduktion eines Ketons zu einem Alkohol), ist eine sehr schlechte thermodynamische Antriebskraft vorhanden. Um diese Einschränkung zu lindern, werden überschüssige Mengen von Cosubstraten (z. B. Isopropanol oder Ethanol für Reduktionen und Aceton oder Acetaldehyd für Oxidationen) in der Regel bei 15–20 Moläquivalenten aufgebracht. Dennoch ist es als positiv anzusehen, dass im Falle eines stark hydrophoben Substrats (nicht/schlecht wasserlöslich) die Verwendung von

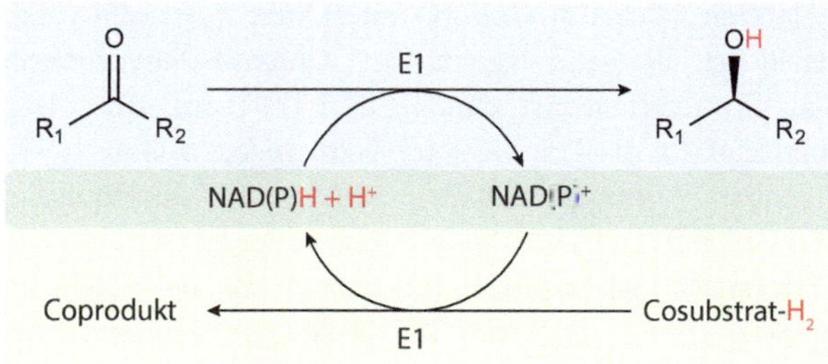

Abb. 13.1 Substratgekoppelter Ansatz für die Regenerierung von NAD(P)H zur Synthese eines chiralen Alkohols aus einem prochiralen Keton. E1: Hauptenzym und Regenerierungsenzym

überschüssigen Mengen an Cosubstraten nützlich sein kann, da diese die Löslichkeit des Substrats im Vergleich zum rein wässrigen Medium verbessern. Es ist jedoch zu erwähnen, dass dieser Ansatz nur benutzt werden kann, solange das Enzym bei diesen hohen Cosubstratkonzentrationen stabil ist. Eine der größten Herausforderung bei diesem Ansatz besteht in der hohen Menge an Abfallprodukten, welche aufgrund des nicht umgesetzten Cosubstrats und des produzierten Coprodukts entstehen. Bezüglich der Bildung von Nebenprodukten werden in technischen Anwendungen hierzu häufig die Terme „E-Faktor" (engl. *E-factor, environmental factor,* d. h. (*Masse der Abfälle*) / (*Masse der Produkte*) und Atomökonomie, d. h. (*Molekulargewicht des Zielproduktes*)/ (*Summe der Molekulargewichte aller Produkte*) betrachtet.

Um die Verwendung von überschüssigen Mengen an Cosubstraten zu vermeiden, können die Coprodukte (z. B. Aceton und Acetaldehyd) durch Strippen mit Stickstoff oder Pervaporation aus dem Reaktionsmedium entfernt werden, da diese im Vergleich zu den Cosubstraten (z. B. Isopropanol und Ethanol) flüchtiger sind. Auf diese Weise kann das Gleichgewicht der Reaktion in die gewünschte Richtung verschoben werden. Außerdem kann das Produkt und/oder Nebenprodukt aus dem Reaktionsmedium durch Extraktion entfernt werden.

Kürzlich wurden zwei neue Konzepte eingeführt, die die Verwendung von Cosubstraten in stöchiometrischen Mengen – statt hoher molarer Überschüsse – ermöglichen. Beide Ansätze basieren auf der Bildung eines thermodynamisch stabilen Nebenproduktes. Zum Beispiel werden durch Verwendung von aktivierten Ketonen als Cosubstrat nur stöchiometrische Mengen benötigt, da das Coprodukt thermodynamisch über intramolekulare Wasserstoffbrücken stabilisiert ist. In dieser Studie wurden die Biotransformationen durch lyophilisierte Zellen von *Escherichia coli (E. coli)* katalysiert, die eine Alkohol-Dehydrogenase (ADH) aus *Sphingobium yanoikuyae* (*Sy*ADH) überexprimieren. Die Oxidation

von mehreren strukturell unterschiedlichen Alkoholen mit einem hohen Umsatz (90 % und höher) bei 30 g L^{-1} Konzentration wurde unter Verwendung von nur 1,1–1,5 Moläquivalenten Chloraceton als Cosubstrat erreicht (Lavandera et al. 2008). Ein zweiter Ansatz wurde für die Regenerierung von reduzierten Nicotinamid-Cofaktoren entwickelt, wobei 1,4-Butandiol als „intelligentes Cosubstrat" zur Förderung der NADH-abhängigen Biotransformationen verwendet wurde (Kara et al. 2013). Das thermodynamisch stabile Coprodukt γ-Butyrolacton macht die Regenerierungsreaktion irreversibel, und die Synthese aus 1,4-Butandiol liefert zwei Moläquivalente von NADH. Folglich wird der Bedarf für Cosubstrat drastisch (bis 0,5 Moläq.) reduziert.

13.1.2 Enzymgekoppelte Systeme

In einem enzymgekoppelten System katalysiert das Enzym die Hauptreaktion, und der Cofaktor wird durch ein zweites Enzym in der Regenerierungsreaktion rezykliert. Hierbei sollten die Enzyme ein unterschiedliches Substratspektrum aufweisen, sodass keine Kreuzreaktion stattfinden kann. Darüber hinaus sollte das Cosubstrat inert sein, sodass die Enzyme nicht deaktiviert oder gehemmt werden können, und der Einsatz der Cosubstrate kostengünstig sein. Bisher sind mehrere enzymgekoppelten Ansätze entwickelt worden, deren charakteristische Vor- und Nachteile schon gut bekannt sind. Das folgende Schema (◘ Abb. 13.2) zeigt die Regenerierung von NAD(P)H unter Verwendung eines zweiten Enzyms.

Glucose-Dehydrogenase (GDH, EC 1.1.1.47) wird für die Oxidation von β-D-Glucose zu D-Glucono-1,5-lacton angewendet, um ein Moläquivalent NAD(P)H zu regenerieren. Das Lacton-Coprodukt wird spontan in die entsprechende Säure hydrolysiert, wodurch die Regenerierungsreaktion irreversibel wird. GDH aus verschiedenen Organismen wurde für die Cofaktorregenerierung angewendet. Einer der wichtigsten Vorteile

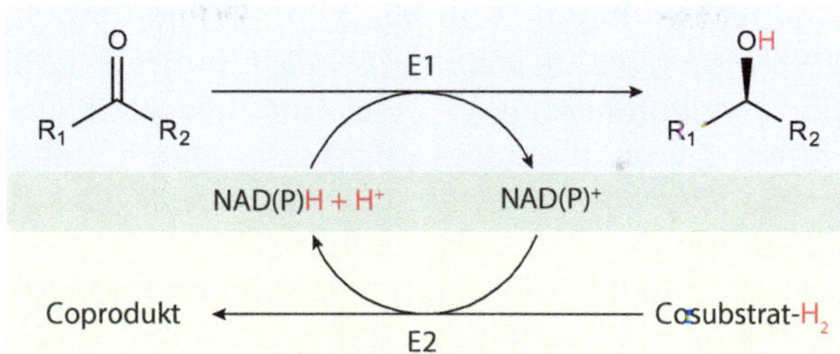

Abb. 13.2   Enzymgekoppelter Ansatz für die Regenerierung von NAD(P)H zur Synthese eines chiralen Alkohols aus einem prochiralen Keton. E1: Hauptenzym, E2: Regenerierungsenzym

dieses Systems ist, dass GDH sowohl für NADH als auch NADPH anwendbar ist. Darüber hinaus ist GDH äußerst aktiv und stabil, das Cosubstrat Glucose sehr kostengünstig und das Enzym(von verschiedenen Organismen) kommerziell erhältlich. Der Hauptnachteil dieses Systems ist jedoch die pH-Änderung des Reaktionsmediums aufgrund des Gluconsäure-Coprodukts, und daher wird eine pH-Regelung benötigt. Der zweite Nachteil ist, dass von so einem großen Molekül ($180\ \mathrm{g\ mol}^{-1}$) nur ein Moläquivalent NAD(P)H regeneriert werden kann.

Formiat-Dehydrogenase (FDH, EC 1.2.1.2) ist ein weiteres Enzym, das für die Regenerierung von reduzierten Nicotinamid-Cofaktoren geeignet ist. FDH katalysiert die Oxidation von Formiat zu CO_2 und reduziert $NAD(P)^+$ zu NAD(P)H. Dieses Verfahren hat mehrere Vorteile: Formiat als Cosubstrat ist kostengünstig, sowohl Formiat und CO_2 sind im Allgemeinen unschädlich für die Enzyme, und das Enzym FDH ist kommerziell erhältlich. Am wichtigsten ist, dass das Coprodukt CO_2 sich schnell aus dem Reaktionsmedium verflüchtigt, sodass das chemische Gleichgewicht auf die Produktseite verschoben werden kann und ein zusätzlicher Aufarbeitungsschritt nicht erforderlich ist. Der Hauptnachteil dieses Systems besteht darin, dass FDH teuer ist und es eine niedrige Aktivität und Stabilität hat. Diese Nachteile können aber dennoch durch Protein-Engineering und Immobilisierung vermindert werden, welche an anderer Stelle in diesem Buch beschrieben sind. Üblicherweise wird das Formiat/FDH-System zur NADH-Regenerierung

eingesetzt. Die am häufigsten verwendete FDH aus *Candida boidinii* ist spezifisch für NADH; jedoch ist ihre Cofaktorspezifität geändert worden. Außerdem sind ebenfalls NADPH-abhängige FDHs aus verschiedenen Mikroorganismen verfügbar.

Die Verwendung von **Hydrogenasen** zur Regenerierung der reduzierten Nicotinamid-Cofaktoren stellt ein sehr sauberes Verfahren dar, da kein Nebenprodukt gebildet wird. Darüber hinaus ist das Cosubstrat H_2 kostengünstig, es entsteht kein Coprodukt, und die Aufarbeitung des Zielproduktes ist zusätzlich vereinfacht. Jedoch ist die Anwendung der Hydrogenasen zur Cofaktorregenerierung stark eingeschränkt, da die Enzyme im Allgemeinen weniger stabil sind, insbesondere aufgrund ihrer hohen Empfindlichkeit gegenüber Sauerstoff. Auf der anderen Seite sind aufgrund der schlechten Löslichkeit von H_2 in wässrigen Medien Hochdruckreaktoren erforderlich. Zum Beispiel wurde eine Hydrogenase zur Regenerierung von NADPH für die asymmetrische Reduktion von Acetophenon, katalysiert durch ein ADH, verwendet. Der TON-Wert des Cofaktors betrug 100 und das Produkt *(S)*-1-Phenylethanol wurde mit einem sehr hohen Enantiomerenüberschuss *(ee)* (>99,5 %) synthetisiert (Mertens et al. 2003).

Das am häufigsten verwendete Enzym für die Regenerierung von oxidierten Nicotin-amid-Cofaktoren ist **NADH-Oxidase** (NOx). Das Enzym katalysiert die Oxidation von NADH durch gleichzeitige Reduktion von O_2 entweder zu H_2O_2 oder direkt zu H_2O

(Weckbecker et al. 2010). Das Enzym wird aus Organismen wie *Streptococcus mutans, Streptococcus faecalis, Archaeoglobus fulgidus, Lactobacillus brevis, Lactobacillus sanfranciscensis* und *Borrelia burgdorferi* isoliert. Wegen der Deaktivierung des Enzyms durch H_2O_2 sind wasserbildende NADH-Oxidasen von hohem Interesse. Zum Beispiel akzeptiert die NADH-Oxidase aus *Lactobacillus sanfranciscensis* sowohl NADH als auch NADPH. *Lactobacillus sanfranciscensis* NOx wie auch *L. brevis* NOx wurden für die Deracemisierung von 1-Phenylethanol zu Acetophenon und *(S)*-1-Phenylethanol eingesetzt.

13.1.3 Selbstversorgende Kaskaden

Die Etablierung der selbstversorgenden Systeme für Redox-Cofaktoren erfordert die Kopplung von zwei synthetischen Reaktionen mit entgegengesetzten Cofaktorbedarf (z. B. NAD(P)$^+$ und NAD(P)H) zu sog. „redoxneutralen" Kaskaden. In den folgenden Abschnitten werden drei redoxneutrale Kaskadenreaktionen dargestellt: lineare Kaskade, parallele Kaskade und konvergente Kaskade (◘ Abb. 13.3; Kara et al. 2014).

In **linearen Kaskaden** erfolgt die Produktbildung ausgehend vom Substrat über die Bildung eines Intermediates. Im vorliegenden Fall ist das Intermediat das Produkt der ersten Enzymreaktion und gleichzeitig das Substrat der enzymatischen Folgereaktion. Diese Kaskaden weisen eine hohe Atomeffizienz auf, da die maximale Inkorporation des Ausgangsmaterials in das Zielprodukt erreicht werden kann. Ein klassisches Beispiel einer linearen Kaskade ist die Synthese von ε-Caprolacton durch die Kopplung einer ADH-katalysierten Oxidation von Cyclohexanol mit einer Baeyer-Villiger-Monooxygenase-(BVMO-)katalysierten Oxidation von Cyclohexanon (◘ Abb. 13.4; Schmidt et al. 2015).

Parallele Kaskaden koppeln den Verbrauch der beiden Substrate und die Synthese

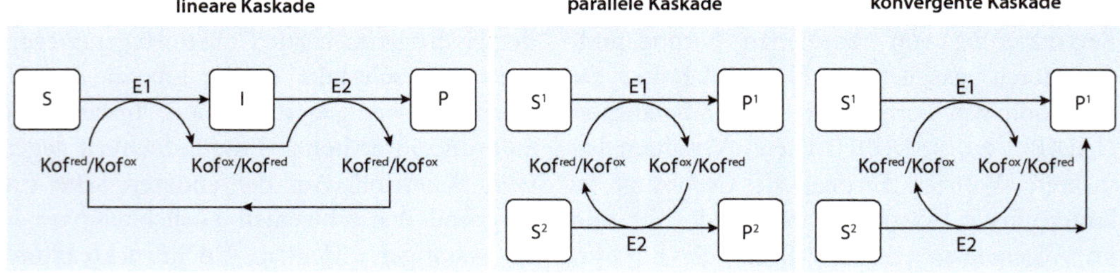

◘ **Abb. 13.3** Redoxneutrale Kaskadenreaktionen. S: Substrat, I: Intermediat, P: Produkt, E: Enzym

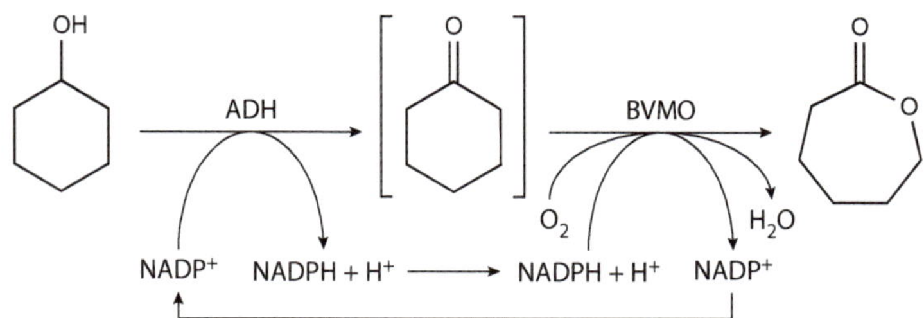

◘ **Abb. 13.4** Lineare Kaskade zur Synthese von ε-Caprolacton mit Alkohol-Dehydrogenase- (ADH-)katalysierter Oxidation von Cyclohexanol und Baeyer-Villiger-Monooxygenase- (BVMO-)katalysierter Oxidation des Zwischenprodukts Cyclohexanon

von zwei oder drei Produkten ohne Bildung eines Zwischenprodukts. Ein Beispiel wird in ◘ Abb. 13.5 für die asymmetrische Reduktion eines Halogenketons, gekoppelt mit der Oxidation eines racemischen Alkohols, zur Cofaktorregenerierung dargestellt (entspricht einer kinetischen Racematspaltung). Die Hauptreaktion und auch die Regenerierungsreaktion werden dabei durch das gleiche Enzym ADH katalysiert. Aufgrund des thermodynamisch stabilisierten Produktes (▶ Abschn. 13.1.1) ist das gesamte Reaktionssystem praktisch irreversibel. Am Ende werden zwei optisch reine Alkohole (*ee* >99 %) und ein nicht umgesetztes Keton als Nebenprodukt erhalten. Hohe Umsätze (>80 %) wurden mit einem breiten Spektrum von weiteren Substraten erreicht (Bisogno et al. 2009).

Dieses parallele Kaskadensystem kann auch für die Kopplung von zwei verschiedenen Enzymen verwendet werden, z. B. die Baeyer-Villiger-Monooxygenase- (BVMO)-katalysierte asymmetrische Sulfoxidation in Kombination mit der Oxidation von racemischem 2-Octanol durch eine Alkohol-Dehydrogenase. Den Hauptnachteil der parallelen Kaskadensysteme stellt die Trennung der verschiedenen Produkte dar, was je nach Stoffeigenschaft hinreichend kompliziert ist.

Konvergente Kaskaden ermöglichen die maximale Verwendung von Ausgangsmaterialien ohne die Bildung eines oder mehrerer Zwischenprodukte. Ein Beispiel für eine konvergente Kaskade stellt die Synthese von ε-Caprolacton dar, welche eine BVMO-katalysierte Oxidation von Cyclohexanon mit einer ADH-katalysierten Oxidation von 1,6-Hexandiol (zur internen Cofaktorregenerierung) koppelt (◘ Abb. 13.6; Bornadel et al. 2015). Im vorliegenden

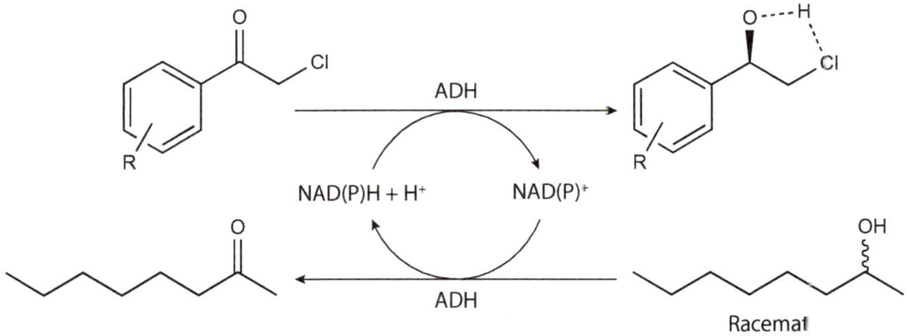

◘ **Abb. 13.5** Parallele Kaskade für die asymmetrische Reduktion von α-Haloketonen, gekoppelt mit 2-Octanol zur Cofaktorregenerierung. ADH: Alkohol-Dehydrogenase. R: Substituent (adaptiert nach Kara et al. 2013)

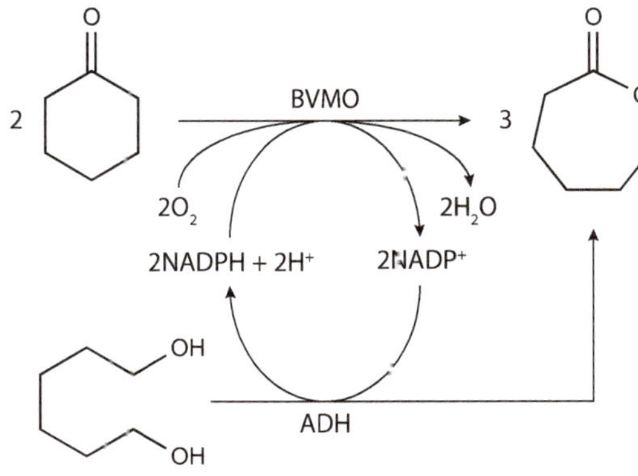

◘ **Abb. 13.6** Konvergente Kaskade zur Synthese von ε-Caprolacton. Kombination einer BVMO-katalysierten Oxidation von Cyclohexanon und einer ADH-katalysierten Oxidation von 1,6-Hexandiol (adaptiert nach Bornadel et al. 2015)

Fall stellt 1,6-Hexandiol sozusagen ein „doppel-intelligentes Cosubstrat" dar (▶ Abschn. 13.1.1).

Auf der einen Seite führt die Verwendung des lactonbildenden Diols als „intelligentes Cosubstrat" zu einem thermodynamisch begünstigten Lacton-Nebenprodukt, was das chemische Gleichgewicht in Richtung des gewünschten Produkts verschiebt. Andererseits ermöglicht die Verwendung von 1,6-Hexandiol als „doppel-intelligentes Cosubstrat" die Kopplung der BVMO-katalysierten Oxidation von Cyclohexanon (2 Moläq.) mit der ADH-katalysierten Oxidation von 1,6-Hexandiol (1 Moläq.) zur Darstellung der Zielverbindung ε-Caprolacton (3 Moläq.). In dieser Kaskade wird Sauerstoff (2 Moläq.) als Cosubstrat benötigt, und als Nebenprodukte entsteht nur Wasser (2 Moläq.).

13.2 Ansätze für die Substratdosierung

13.2.1 Fed-Batch-Prozesse

Biotransformationen werden in synthetischem Maßstab in vielen Fällen diskontinuierlich im Satzreaktor (engl. *batch reactor*) durchgeführt (Straathof und Adlercreutz 2000). Hierfür werden die benötigten Substrate, Cofaktoren, Lösungsmittel, Puffersalze, etc. zu Beginn der Reaktion im Reaktionsgefäß vorgelegt und die gewünschten Reaktionsprodukte nach erfolgter Reaktion mit einer geeigneten Methode hieraus isoliert, z. B. durch Extraktion. Für enzymatische Reaktionen mit starker Substratinhibierung bzw. -toxizität oder dem Auftreten einer unerwünschten nichtenzymatischen Nebenreaktion des Substrates ist diese Vorgehensweise nicht empfehlenswert, da sich hieraus eine stark verringerte Produktivität des Reaktionssystems ergibt. Darüber hinaus sinkt die Ausbeute des Gesamtsystems, und es können zusätzliche Probleme bei der Aufarbeitung auftreten.

Daher ist für solche Problemstellungen eine kontinuierliche Substratdosierung über ein sog. Zulauf-Verfahren (engl. *fed-batch process*) vorzuziehen (◘ Abb. 13.7). Die deutlich verringerte Substratkonzentration über den Reaktionsverlauf minimiert die Substratkonzentration im Reaktionssystem und reduziert unerwünschten Effekte, z. B. verringerte Reaktionsgeschwindigkeiten, auf einen optimalen Zustand.

Ein hieraus resultierender Volumenzuwachs im Reaktionsgefäß muss in der Regel im Zulaufverfahren ebenso beachtet

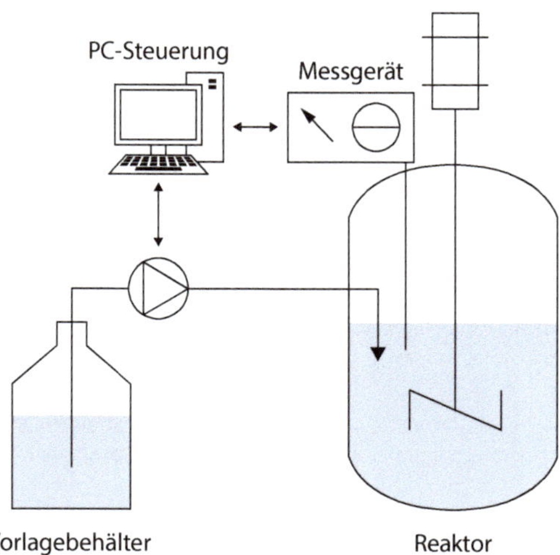

◘ **Abb. 13.7**   Substratdosierung innerhalb eines klassischen Zulaufverfahrens (engl. *fed-batch process*); PC-gesteuerte Dosierung entsprechend der Reaktionsführung

werden, damit ein Überlaufen des Reaktionsgefäßes verhindert wird. Die klassische Substratdosierung erfolgt im Labormaßstab üblicherweise über Pumpen bzw. Ventile, welche ggf. computergesteuert entsprechend der Reaktionsführung die Zulaufgeschwindigkeit anpassen. In der einfachsten Ausführung ist auch der Einsatz eines Tropftrichters oder die inkrementelle Zugabe des Substrates möglich. Im Idealfall kann das Reaktionssystem direkt mit einer *in situ*-Produktentfernung (engl. ISPR, *in situ product removal*) gekoppelt werden, sodass das gewünschte Zielprodukt kontinuierlich aus dem Reaktionsgleichgewicht entfernt werden kann (▶ Abschn. 13.3).

In analoger Weise kann ebenso die geringe Löslichkeit eines Substrates im Reaktionsmedium als kontinuierliche Zudosierung innerhalb einer Reaktionslösung betrachtet werden. Als Beispiel kann die von Lee und Kim (1998) beschriebene D-Hydantoinasekatalysierte Hydrolyse von 5-(4-Hydroxyphenyl)hydantoin (HPH) zu *N*-carbamoyl-D-*p*-hydroxyphenylglycin (NCHPG) aufgeführt werden (Lee und Kim 1998). Der racemische Grundstoff liegt als Feststoff, sozusagen als heterogenes System, während der Reaktionsdauer parallel zur D-Hydantoinase-Reaktion vor. Verbrauchtes Substrat löst sich entsprechend der maximalen Löslichkeit nach, wobei das Produkt NCHPG eine signifikant höhere Löslichkeit besitzt und im Reaktionssystem anreichert (◘ Abb. 13.8). Die Löslichkeit des HPH ist dabei in direkter Form von der verwendeten Reaktionstemperatur abhängig, und es wurde bei 35 °C nach eine Reaktionszeit von 23 h (freies Enzym) bzw. 30 h (Ganzzellbiotransformation) ein Umsatz von 93 % erzielt. Mit steigender Temperatur lässt sich die Reaktionsgeschwindigkeit des verwendeten Biokatalysators zusätzlich steigern, was maßgeblich auf der ansteigenden Substratlöslichkeit basiert. Bei stark erhöhten Temperaturen wurden aber gleichzeitig starke Umsatzeinbußen berichtet.

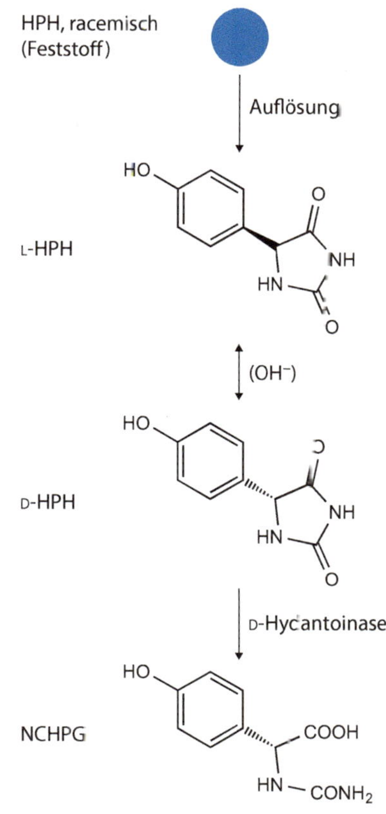

◘ **Abb. 13.8** Darstellung von N-Carbamoyl-D-*p*-hydroxyphenylglycin (NCHPG) mit paralleler Nachlösung des Substrates aus dem Feststoff

13.2.2 Verwendung von Adsorbermaterialien

Ein alternatives Konzept beinhaltet den Einsatz von Adsorbermaterialien, welche die benötigten Substrate reversibel binden und erst während des Zeitraums der Reaktion in das Reaktionsmedium abgeben. Hierbei definieren die Bindungsstärke und die Kapazität des Adsorbers (entsprechend der Adsorptionsisotherme) das Gleichgewicht zwischen Adsorber und Reaktionsmedium, welches sich dementsprechend einstellt. Im Idealzustand führt dieses Verhalten zu einem deutlichen Substratüberschuss in adsorbierter Form an der festen Phase und einer deutlich verringerten Substratkonzentration im Reaktionsmedium. Die Wahl des geeigneten Adsorbermaterials wird dabei von der Art der Reaktanden definiert, wobei für enzymatische Reaktionen mit nicht natürlichen Substraten bevorzugt Silicate, Zeolithe sowie inerte Ionenaustauscherharze (z. B. Dowex, Amberlite, Duolite, etc.) eingesetzt werden. Ein Beispiel für die technische Umsetzung dieses Verfahrens stellten Vicenzi et al. (1997) im 300-L-Maßstab für die Reduktion von 3,4-Methylen-dioxyphenylaceton (3,4-MDA) zu *(S)*-3,4-Methylen-dioxyphenylisopropanol (3,4-MDIPA) mittels *Zygosaccharomyces rouxii (Z. rouxii)* vor.

In dieser Reaktion wirken sowohl Substrat als auch Produkt toxisch auf den verwendeten Mikroorganismus, sodass die Adsorption am XAD-7-Austauscherharz die Konzentration beider Reaktionspartner im Reaktionsmedium auf maximal $2\,\mathrm{g\,L^{-1}}$ einstellt. Über die Adsorption an das Austauscherharz wurden dagegen formal $40\,\mathrm{g\,L^{-1}}$ im heterogenen Reaktionsmedium erreicht. Die neue Ganzzellbiotransformation ersetzte eine klassische chemische Synthese und ermöglichte die Einsparung von 340 Litern Lösungsmitteln und Vermeidung von ca. 3 kg chromhaltigen Abfalls je Kilogramm Zielprodukt. Der Einsatz eines klassischen Zweiphasensystemes (▶ Abschn. 13.2.3 und 13.3.2) mit einem wasserunlöslichen Lösungsmittel, welches prinzipiell eine ähnliche Verteilung der Reaktanden ermöglicht, war aufgrund der geringen Extraktionseffizient nicht erfolgreich.

13.2.3 Mehrphasensysteme

Der Einsatz einer weiteren Lösungsmittelphase ermöglicht analog zum Einsatz eines Adsorbers formell die Zudosierung eines Substrates bei gleichzeitig geringerer Substratkonzentration in der Reaktionslösung. In der Regel stellt eine Pufferlösung die Reaktionsphase und ein nicht wassermischbares organisches Lösungsmittel bzw. eine ionische Flüssigkeit die Extraktionsphase dar. Die Wahl des organischen Lösungsmittels ist dabei entscheidend

von der Biokompatibilität des Biokatalysators, Toxizität und den Kosten abhängig, wobei vorrangig aliphatische Alkane, Ester, Ether und seltener Aromaten zum Einsatz kommen. Die Extraktionsphase beinhaltet im Verlauf der Reaktion eine hohe Konzentration des Substrates, welches sich entsprechend des Verteilungskoeffizienten im Gleichgewicht mit der Reaktionsphase befindet. Nach der Reaktion erfolgt die Anreicherung des Produktes in identischer Weise in der Extraktionsphase, sodass nach Phasentrennung das gewünschte Produkt hieraus isoliert werden kann.

Von entscheidender Relevanz ist an dieser Stelle die Aktivität und Stabilität des Enzyms in Gegenwart der organischen Lösungsmittel, welche entsprechend bestimmt werden muss. Für Ganzzellbiotransformationen sind zusätzlich die Auswirkungen der organischen Lösungsmittel auf die Permeabilität der Zellwände zu beachten. Darüber hinaus besitzen Substrat und Produkt innerhalb eines solchen Zweiphasensystems unterschiedliche Verteilungskoeffizienten, was zu Änderungen der Konzentrationsdifferenzen innerhalb der beiden Phasen führt. Die entsprechenden Unterschiede lassen sich ebenso für die Verschiebung des Reaktionsgleichgewichtes im Sinne einer *in situ*-Produktextraktion einsetzen.

13.2.4 Substrateintrag aus der Gasphase

Biotransformationen können in der Gasphase faktisch als lösungsmittelfreies System durchgeführt werden. Der Einsatz von heterogenen Biokatalysatoren (z. B. immobilisierte Enzyme) in Gasphase ermöglicht:

- hohe Umsätze und Produktionsraten
- effiziente Massentransporte
- reduzierte Diffusionslimitierungen (aufgrund der niedrigen Gasviskosität)
- bessere Stabilitäten von Enzymen

Darüber hinaus ist die Produktaufarbeitung deutlich vereinfacht durch die Abwesenheit eines kondensierten Lösungsmittels.

Fermentationsprozesse beinhalten üblicherweise eine direkte kontinuierliche Begasung des Reaktionsvolumens mit Sauerstoff, z. B. durch Luft. Der Sauerstoffeintrag stellt hier sozusagen einen kontinuierlichen Substrateintrag durch die Gasphase dar. Dieses Prinzip lässt sich ebenso auf andere gasförmige Substrate übertragen, welche bei den Reaktionsbedingungen im gasförmigen Aggregatzustand vorliegen, z. Bsp. CO_2 und Substrate mit einem ausreichend hohen Dampfdruck. Der Biokatalysator verbleibt während der Reaktion immobilisiert auf einem festen Träger und wird von dem Substrat (verdünnt in einem Trägergasstrom überströmt.

Ein Beispiel dieser Reaktionsführung stellten Ferloni et al. (2004) für die Umsetzung von Acetophenon zu (R)-1-Phenylethanol durch die Alkoholdehydrogenase aus *Lactobacillus brevis* (*Lb*ADH) auf Glaskugeln vor. Das Trägergas Stickstoff, welches mit den entsprechenden Substraten angereichert wurde, überströmt den immobilisierten Biokatalysator. Die gewünschte Wasseraktivität (a_W) innerhalb des Gasstroms wird hier durch eine gezielte Zugabe von (gasförmigem) Wasser eingestellt. Darüber hinaus wurde die Stabilität des Biokatalysators durch Coimmobilisierung mit Saccharose deutlich erhöht und Raum-Zeit-Ausbeuten (RZA) von $107\,\text{g L}^{-1}\,\text{Tag}^{-1}$, sowie ein TON-Wert von ca. 700.000 erreicht. Nach erfolgter Reaktion können die gewünschten Produkte direkt kondensiert werden, was einen Vorteil gegenüber klassischen flüssigen Reaktionssystemen mit nachgeschalteter Extraktion und weiteren Trennschritten darstellt.

13.3 Ansätze für die Produktentfernung

Für eine erfolgreiche *in situ*-Abtrennung des Produktes aus einer Reaktionsmischung muss das Produkt sich deutlich von den Eigenschaften der anderen Reaktionspartner unterscheiden. Hier bieten sich insbesondere Unterschiede der physikalisch-chemischen Eigenschaften der Substanzen an, z. B. die Destillation des Produktes aus der Reaktionsmischung aufgrund unterschiedlicher Siedepunkte. Leider ist eine solche Abtrennung nur auf wenige Beispiele anwendbar und beinhaltet in überwiegendem Maße die Codestillation anderer Bestandteile, z. B. Lösungsmittel und Substrate. Die entstehenden Mischungen müssen anschließend in einem weiteren Trennschritt getrennt und ggf. wieder zurückgeführt werden müssen.

13.3.1 Stripping von Nebenprodukten

Eine Besonderheit innerhalb der *in situ*-Produktentfernungsansätze stellt die selektive Entfernung kleiner, leicht flüchtiger Coprodukte dar, z. B. die Entfernung von Aceton aus Oxidoreduktase-katalysierten Reaktionen. Die in substratgekoppelten Systemen (▶ Abschn. 13.1.1) bestehende ungünstige thermodynamische Triebkraft kann über die Entfernung mittels des sog. „Strippens" bzw. „Strippings" der flüchtigen Komponente umgangen werden (◘ Abb. 13.9).

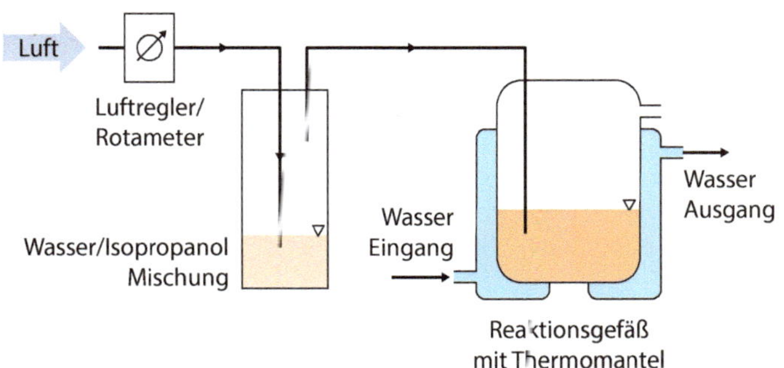

◘ **Abb. 13.9** Fließschema des Stripping-Verfahrens. Druckluft wird nach Sättigung mit Wasser und Isopropanol in die Reaktionslösung geleitet und trägt Aceton aus dem Reaktionsgefäß (adaptiert nach Goldberg et al. 2006)

Am Beispiel der enantioselektiven Reduktion von Ketonen durch lyophilisierte *E.-coli*-Zellen, welche eine ADH-A aus *Rhodococcus ruber* überexprimieren, konnte die Produktivität des Stripping-Verfahrens demonstriert werden. Ein kontinuierlicher Luftstrom, gesättigt mit Wasser und Isopropanol, wird im vorliegenden Beispiel durch das Reaktionsgemisch geleitet und entfernt kontinuierlich Aceton aus dem Reaktionsgleichgewicht (◘ Abb. 13.9; Goldberg et al. 2006). Außerdem bewirkt der Luftstrom eine verbesserte Vermischung der Reaktionskomponenten, sodass zusätzliches Rühren/Schütteln nicht erforderlich ist. Die Anwendung des Stripping-Verfahrens ermöglichte Umsätze von bis zu >99 % (Goldberg et al. 2006). Als Verbesserung eignen sich ausgearbeitete, mikrogefertigte Glas/Silizium-Gas-Flüssigkeits-Kontaktoren, welche zur Abtrennung von Aceton Stickstoff als Spülgas verwenden. Die Gas-Flüssigkeits-Grenzfläche wird hier durch die Kapillarwirkung beibehalten, und die Trennleistung nimmt mit zunehmender Strömungsgeschwindigkeit des Stripping-Gases zu.

13.3.2 Mehrphasensysteme

Die Konzentration des gewünschten Produktes kann ebenso durch Mehrphasensysteme positiv beeinflusst werden. Hierbei bietet sich die (partiell) selektive Extraktion des Produktes aus dem Reaktionsmedium durch ein zusätzliches Lösungsmittelsystem an. Prinzipiell sind hier die gleichen Lösungsmittelsysteme möglich, welche für die Substratdosierung (▶ Abschn. 13.2.3) eingesetzt werden. Aus diesem Grund werden in vielen Anwendungen die kontinuierliche Zudosierung des Substrates und Extraktion des Produktes in Mehrphasensystemen kombiniert. In der Summe resultieren diese beiden Effekte in einer Verbesserung der Reaktionsausbeute und damit erhöhter Produktivität. Darüber hinaus muss natürlich ebenso die Toxizität der Substratphase für die Enzymreaktion betrachtet werden.

Eine ungewöhnliche Veresterung in einem wässrig-organischen Zweiphasensystem wurde von Duwensee et al. (2009) für die Kondensation von Sebacinsäure und 1,4-Butandiol beschrieben. Das Produkt (ein Oligomer) weist eine hohe Anreicherung in der organischen Phase auf, was direkt zu einer Verschiebung des Gleichgewichtes in Richtung des Produktes führt. Schlussendlich konnten 40 % höhere Produktausbeuten im Vergleich zu klassischen monophasischen Systemen erreicht werden (◘ Abb. 13.10). Die *in-situ*-Produktextraktion innerhalb des Zweiphasensystems ermöglicht auch höhere Ausbeuten im Vergleich zu Umsetzungen in

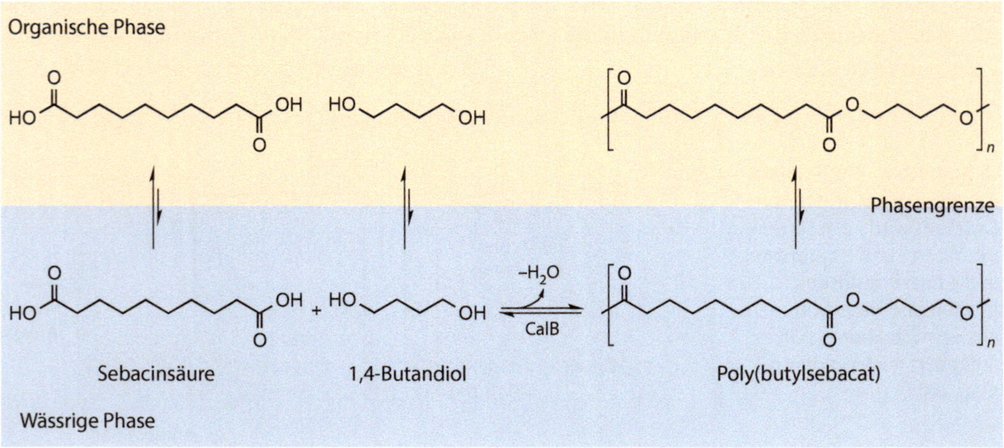

◘ **Abb. 13.10** Enzymatische Polymerisation mit *in situ*-Extraktion des Reaktionsproduktes in eine organische Phase

reinem 1,4-Butandiol, da hierbei eine starke Substratinhibierung die Produktivität des Reaktionssystems deutlich verringert.

Ein weiteres Beispiel eines solchen Reaktionssystems untersuchten von Langermann et al. (2007) für die Darstellung von Acetophenoncyanhydrinen, welche in klassischen Reaktionssystemen eine sehr ungünstige Gleichgewichtslage aufweisen. Durch die *in situ*-Extraktion der Produkte konnten deutlich höhere Reaktionsausbeuten erreicht werden, z. B. bis zu 36 % für das Substrat Acetophenon. Mit halogensubstituierten Acetophenonderivaten konnten Gleichgewichtsumsätze von bis zu 71 % mit einem Enantiomerenüberschuss von >99 % *ee (S)* erreicht werden (2-Fluor-acetophenon).

13.3.3 Direkte Kristallisation des Produktes

Die Entfernung des gewünschten Produktes direkt aus einem Reaktionsmedium mittels Kristallisation stellt eine alternative, theoretisch sehr leistungsfähige Variante der *in situ*-Produktentfernung dar. Triebkraft der Abtrennung ist eine signifikant geringere Löslichkeit des gewünschten Produktes im Vergleich zu den anderen Reaktanden, wobei das Produkt dann spontan oder nach Animpfen der Reaktionslösung auskristallisiert. Dies setzt relativ ähnliche Prozessbedingungen für die Reaktion und die Kristallisation voraus. Alternativ können beide Teilprozesse auch räumlich getrennt voneinander durchgeführt werden, sofern eine einfache Veränderung der Umgebungsvariablen möglich sind. Ebenso kann ein weiteres thermisches Trennverfahren, z. B. eine Extraktion, zwischengeschaltet werden. Nichtsdestotrotz existieren nur wenige technische Beispiele in der wissenschaftlichen Literatur, welche einen effizienten Einsatz einer *in situ*-Kristallisation des Produktes (engl. *in situ*-product *crystallization*, ISPC) beschreiben.

Mögliche Anwendungen wurden von Buque-Taboada et al. (2005) anhand der Synthese von (6*R*)-Dihydrooxoisophoron (DOIP) untersucht und hinsichtlich ihrer Anwendbarkeit diskutiert. Die Kombination einer mikrobiellen Reduktion und externen Kristallisation erwies sich hier als 5–fach leistungsfähiger und ermöglichte Ausbeuten von 85 % mit einer Selektivität von 98,7 % (Abb. 13.11). Diese selektive Kristallisation ermöglicht die direkte Darstellung der Zielverbindung ohne einen Einsatz weiterer Verfahrensschritte oder Chemikalien. Neben der Verbesserung der Katalysatorstabilität konnten höhere Produktreinheiten erzielt werden.

Die direkte Kopplung einer biokatalytischen Reaktion mit einer enantioselektiven Kristallisation ermöglicht die Darstellung einer enantiomerenreinen Verbindung aus einer racemischen Mischung. Am Beispiel von L-Asparagin zeigten Würges et al. (2009) eine dynamische kinetische Racematspaltung (DKR) mittels bevorzugter Kristallisation und einer enzymatischen Racemisierung. Die Zugabe von enantiomerenreinen Impfkristallen in eine übersättigte Lösung ergibt die Kristallisation des gewünschten Enantiomers an den angebotenen Oberflächen bei gleichzeitiger Abreicherung innerhalb der Mutterlauge, bevor das unerwünschte Gegenenantiomer später ebenso auskristallisiert. Der Zusatz der Aminosäure-Racemase aus

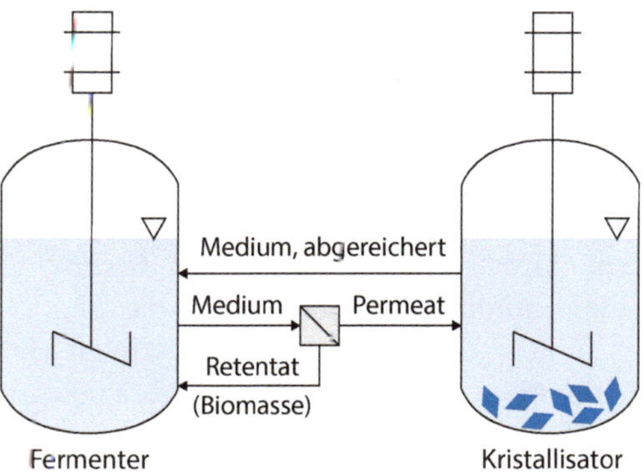

Abb. 13.11 Kopplung einer biokatalytischen Reaktion mit *In-situ*-Extraktion des Produktes

P. putida KT2440 setzt dagegen die Zusammensetzung in der Mutterlauge kontinuierlich wieder zur racemischen Zusammensetzung zurück. Diese Kombination ermöglichte hohe Enantiomerenreinheiten ($\geq 92\,\%$ *ee*), welche anschließend zu enantiomerenreinem L-Asparagin ($\geq 99{,}5\,\%$ *ee*) angereicht werden kann. Durch die integrierte Racemisierung konnte die Ausbeute ebenso deutlich über das theoretische Ausbeutemaximum von 50 % erhöht werden. Leider ist die beschriebene Methode nur mit konglomeratbildenden Verbindungen möglich, welche nur 10 % aller chiralen Systeme ausmachen.

13.3.4 Membranverfahren

Enzymmembranreaktoren (EMRs) sind eine häufig verwendete Methode für das Design von effizienten biokatalytischen Prozessen, inklusive der Verwendung in größeren Maßstäben. Die kontinuierliche Extraktion eines Produktes aus einer enzymatischen Reaktion ermöglicht eine effiziente Verwendung des Biokatalysators bei gleichzeitig hohen Ausbeuten innerhalb eines kontinuierlichen Reaktionssystems. In diesem Konzept wird das Enzym hinter einer Membran zurückgehalten, wohingegen die Produkte selektiv abgetrennt werden. Das Enzym kann hier in gelöster oder immobilisierter Form zirkulieren oder auch auf die Membranoberfläche immobilisiert werden. Membranfouling und der kaum vermeidbare Verlust von Enzymaktivität über längere Zeiträume sind potenzielle Limitierungen dieser Methode. Daher ist eine effiziente Prozessführung mit optimierten Membranmaterialien, Rückspülungen, etc. außerordentlich wichtig für die kontinuierliche Produktsynthese.

Ein Beispiel einer erfolgreichen Anwendung eines Enzymmembranreaktors zeigten Stillger et al. (2006) anhand der Benzaldehyd-Lyase (BAL) aus *Pseudomonas fluorescens*. Die untersuchte Reaktion ergab die Synthese von 2-Hydroxypropiophenon (2-HPP) aus Benzaldehyd und Acetaldehyd (Stillger et al. 2006). Ungünstigerweise treten hier Nebenreaktionen auf, welche sich negativ auf die gewünschte Produktentstehung auswirken. Insbesondere das intermediäre Ausfallen von Benzoin ist hierbei kritisch für die Durchführung der Reaktion. Innerhalb der Studie wurde daher die entsprechende Reaktionskinetik untersucht und die Benzoin-Synthese zugunsten der gewünschten Synthese von 2-HPP unterdrückt.

Innerhalb des EMR-Reaktionssystems wurde die Gesamtreaktion hinsichtlich der Differenzen der Reaktionskinetiken ausgehend von Benzaldehyd optimiert und damit die Benzoin-Konzentration innerhalb der Lösung deutlich reduziert. Eine kontinuierliche Degradation des Biokatalysators reduzierte zwar langsam die Gesamtausbeute der Reaktion, wobei aber trotzdem RZA von bis zu $1120\,\mathrm{g\,L^{-1}\,Tag^{-1}}$ mit einem Enantiomerenüberschuss von $> 99\,\%$ *(R)* erhalten wurden. Die Verwendung eines EMR-Reaktionssystems entspricht daher hier einer signifikanten Verbesserung gegenüber klassischen Batch-Reaktoren.

13.3.5 Einsatz von Ionenaustauschern

Neben der direkten Abtrennung über die Gasphase, sekundäre Flüssigphasen oder der direkten Kristallisation des Produktes hat sich die Anlagerung an feste Austauscherharze für biokatalytische Reaktionen etabliert. Hiermit wird in analoger Weise Produkt aus dem Reaktionsmischung entfernt, womit das Gleichgewicht dann auf die Produktseite verschoben wird. In ähnlicher Weise berichteten Schrittwieser et al. (2009) die Gleichgewichtsverschiebung in einer biokatalytischen Kaskadenreaktion durch den Einsatz eines Anionenaustauschers. Hierdurch konnte die asymmetrische Bioreduktion eines prochiralen α-Chlorketons zum entsprechenden β-Chlorhydrin und darauf aufbauend zum entsprechenden Epoxid durch die Halohydrin-Dehalogenase (Hhe) aus *Mycobacterium* sp. verbessert werden (◧ Abb. 13.12).

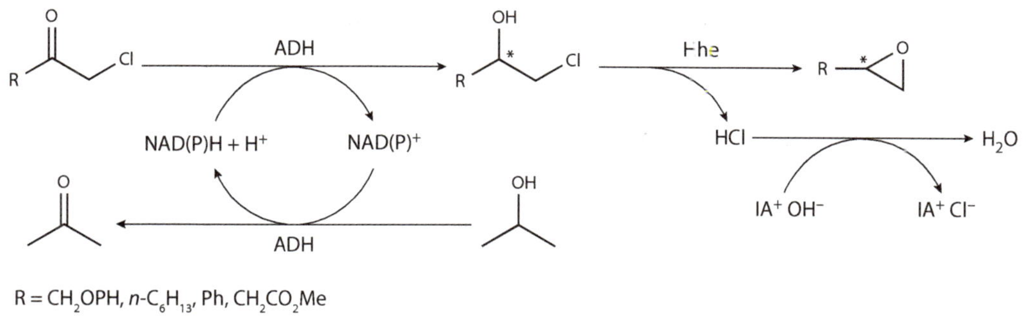

R = CH$_2$OPH, n-C$_6$H$_{13}$, Ph, CH$_2$CO$_2$Me

Abb. 13.12   Einsatz von Ionenaustauschern (IA$^+$) bei einer Kaskadenreaktion zur Darstellung von Epoxiden

Die ungünstige Gleichgewichtslage des reversiblen Epoxid-Ringschlusses wurde durch die Entfernung von HCl auf 93 % Umsatz bzgl. 1,2-Epoxy-3-phenoxypropan nach 24 h deutlich erhöht. Die Entfernung von HCl durch den Anionenaustauscher stellt hier den entscheidenden thermodynamisch begünstigten Teilschritt dar. Eine alternative Entfernung von Chlorid-Ionen durch Fällung mit Ag$^+$-Salzen war dagegen aufgrund der gleichzeitigen Deaktivierung der Halohydrin-Dehalogenase nicht möglich.

13.4 Ansätze für die Deracemisierung

Deracemisierung bedeutet die Umsetzung eines racemischen Gemisches (50 % *(S)*- und 50 % *(R)*-Enantiomer) in ein optisch reines Produkt (ee > 99,9 %) mit einer maximalen Ausbeute von theoretisch 100 %. Aufgrund der hohen Wertschöpfung haben Deracemisierungsansätze mit Biokatalysatoren große Aufmerksamkeit auf sich gezogen, da sehr wertvolle enantiomerenreine Produkte aus leicht zugänglichen und kostengünstigen racemischen Substraten synthetisiert werden können.

Grundlegend können diese Methoden in kinetische Racematspaltung, dynamische kinetische Racematspaltung und enantiokonvergentes Verfahren unterteilt werden (**Abb. 13.13**). Darüber hinaus sind Kombinationen mit weiteren (katalytischen)

Reaktionssystemen möglich, welche hiervon verwandte Reaktionssysteme zur Spaltung von racemischen Mischungen ermöglichen.

Innerhalb einer kinetischen Racematspaltung wird bevorzugt ein Enantiomer umgesetzt, was die maximale Ausbeute je Enantiomer auf 50 % beschränkt. Diese Limitierung kann innerhalb einer dynamisch kinetischen Racematspaltung für das Produkt durch die Verwendung einer Racemisierungsreaktion überwunden werden, welche das verbleibende Enantiomer wieder in die racemische Mischung überführt. Im Gegensatz hierzu werden bei enantiokonvergenten Verfahren zwei Biokatalysatoren eingesetzt, welche jeweils das identische enantiomerenreine Produkt erzeugen.

Dieser Abschnitt beschreibt etablierte Methoden, welche zur Deracemisierung von racemischen Verbindungen entwickelt wurden. Neben der klassischen kinetischen Racematspaltung, häufig durchgeführt mit Lipasen, haben sich überwiegend Verfahren mit einer dynamisch kinetischen Racematspaltung (DKR) durchgesetzt. Dies schließt im großen Umfang die Synthese von enantiomerenreinen Alkoholen, Carbonsäuren, Aminen und Aminosäuren ein (Turner 2010). Haak et al. (2008) entwickelte bspw. ein DKR-System für die Synthese von optisch reinen Epoxiden ausgehend von einem racemischen Halogenhydrin. Darin wurde die *in situ*-Racemisierung des *(S)*-Alkohols durch einen Iridiumkomplex und die folgende Epoxidierung durch eine Haloalkohol-Dehalogenase (HheC;   **Abb. 13.14**   oben) katalysiert

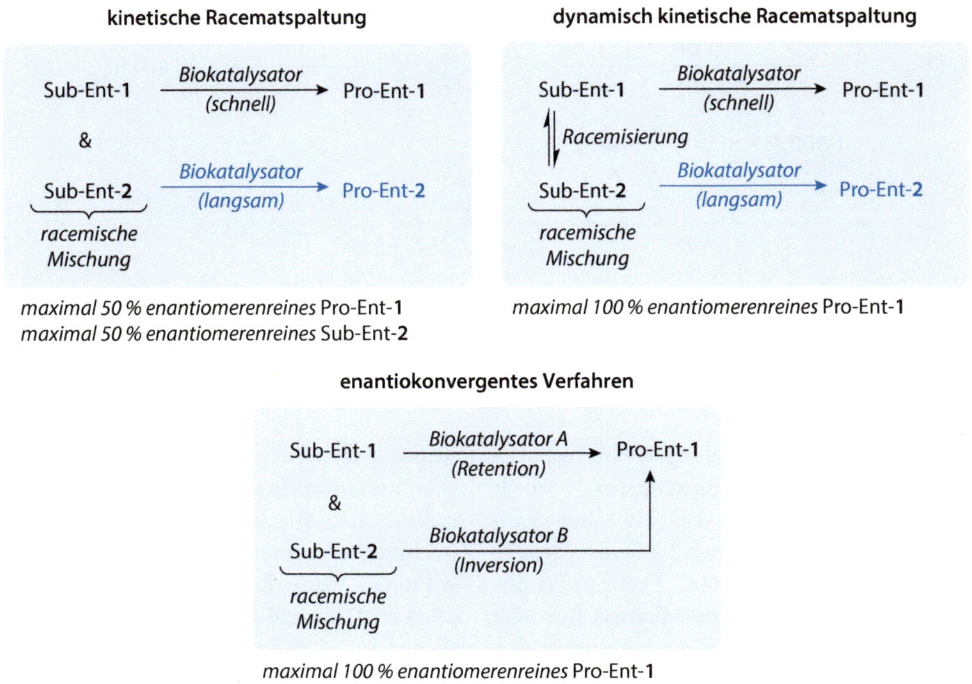

Abb. 13.13 Drei grundlegende Deracemisierungsmethoden. Sub: Substrat, Pro: Produkt, und Ent: Enantiomer

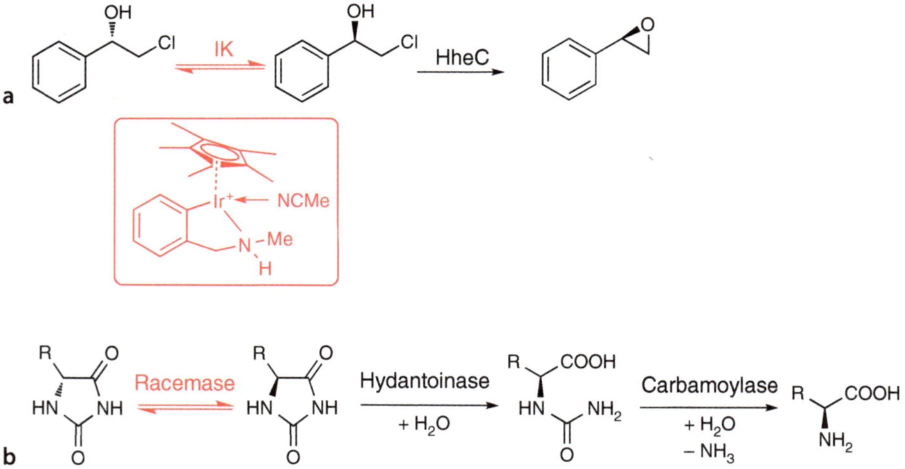

Abb. 13.14 a) Dynamische kinetische Racematspaltung (DKR) eines racemischen Halohydrins durch Haloalkohol-Dehydrogenase (HheC) in Kombination mit einem Iridiumkatalysator (IK) für die Racemisierung des unerwünschten *(S)*-Alkohols. b) Synthese von Aminosäuren mithilfe von Racemase, Hydantoinase und Carbamoylase

(Haak et al. 2008). Eine Reihe von optisch reinen *(R)*-Epoxiden wurde durch die Verwendung dieser chemo-enzymatischen Kaskade in einem einzigen Schritt synthetisiert.

Das Firma Evonik hat darüber hinaus eine gekoppelte Kaskade aus Racemase, Hydantoinase und Carbamoylase für die Synthese von natürlichen und nicht natürlichen L-Aminosäuren (◘ Abb. 13.14 unten) in technischem Maßstab etabliert.

13.5 Fazit und Perspektiven

Die oben aufgeführten Ansätze beschreiben eine Vielzahl von möglichen integrierten Prozesskonzepten für den Einsatz mit biokatalytischen Reaktionen. Die vorgestellten Beispiele beschreiben deutlich, dass eine intelligente Verschaltung von Reaktionen und thermischen Trennverfahren eine signifikante Erhöhung der Produktivität und Selektivität von biokatalytischen Reaktionen ermöglicht. Zukünftige Anwendungen werden darüber hinaus auch noch deutlicher auf biokatalytischen Kaskadenreaktionen für die Darstellung von synthetisch relevanten Verbindungen basieren. Hierbei werden sowohl Ganzzellbiotransformationen als auch (teil-)aufgereinigte Enzyme für die jeweiligen Kaskadenreaktionen verwendet werden. Neben der klassischen Kupplung von zwei oder mehr biokatalytischen Teilreaktionen („bio-bio") sind ebenso Ansätze mit chemischen Reaktionen („bio-chemo") möglich. Die jeweiligen Besonderheiten der biokatalytischen Reaktion müssen natürlich mit den weiteren Reaktionen kompatibel sein um eine effektive Prozesskombination zu ermöglichen. Kaskadenreaktionen mit gegensätzlichen Anforderungen an die Reaktionsbedingungen werden durch den Einsatz von Reaktionskompartimenten kombiniert werden können. Hierfür bieten sich polymerbasierte Einschlussimmobilisierungen, Membranverfahren oder auch zellähnliche Prozesskonzepte an, welche den Biokatalysatoren innerhalb des jeweiligen Reaktionsvolumens optimale Bedingungen ermöglichen.

Darüber hinaus wird die Verwendung von neuartigen 3D-Druckverfahren die Realisierung von reaktionsspezifischen Reaktoren ermöglichen. Dies schließt vorrangig den Einsatz von Mikroreaktorkonzepten ein, wird aber ebenso für maßgeschneiderte klassische Reaktoren verwendet werden können. Die Produktion von spezifischen Adsorbermaterialien durch 3D-Druckverfahren ist ebenso möglich und könnte in den entsprechenden Reaktionskonzepten deutliche Vorteile ermöglichen.

Darüber hinaus weist Wasser als Reaktionsmedium üblicherweise

- eine geringere Löslichkeit für hydrophobe Reaktanden auf,
- kann zu unerwünschten Nebenreaktionen führen,
- bedingt ggf. aufwendige Verarbeitungsschritte,
- löst eventuell Enzymhemmungsprobleme durch in Wasser gelöste Substrate und Produkte aus
- führt ggf. zu wasserinduzierten Enzym-Denaturierungen, und
- begünstigt mikrobielle Kontaminationen.

Aus diesem Grund stellen nichtkonventionelle Medien eine wichtige Alternative zu wässrigen Reaktionssystemen dar und sind dementsprechend ein aktueller Forschungsschwerpunkt. Verwandte Beispiele zum Einsatz von nichtkonventionellen Medien sind in ► Kap. 12 aufgeführt.

Literatur

Bisogno FR, Lavandera I, Kroutil W, Gotor V (2009) Tandem Concurrent Processes: One-Pot Single-Catalyst Biohydrogen Transfer for the Simultaneous Preparation of Enantiopure Secondary Alcohols. The Journal of Organic Chemistry 74 (4):1730-1732. ► https://doi.org/10.1021/jo802350f

Bornadel A, Hatti-Kaul R, Hollman F, Kara S (2015) A bi-enzymatic convergent cascade for e-caprolactone synthesis employing 1,6-hexanediol as a ‚double-smart cosubstrate'. ChemCatChem. doi: ► https://doi.org/10.1002/cctc.201500511r1

Buque-Taboada EM, Straathof AJJ, Heijnen JJ, Van Der Wielen LAM (2005) Microbial reduction and in situ product crystallization coupled with biocatalyst cultivation during the synthesis of 6R-dihydrooxoisophorone. Advanced Synthesis and Catalysis 347 (7–8):1147-1154. ▶ https://doi.org/10.1002/adsc.200505024

Duwensee J, Wenda S, Ruth W, Kragl U (2009) Lipase-catalyzed polycondensation in water: A new approach for polyester synthesis. Organic Process Research & Development 14 (1):48–57

Ferloni C, Heinemann M, Hummel W, Daussmann T, Buchs J (2004) Optimization of enzymatic gas-phase reactions by increasing the long-term stability of the catalyst. Biotechnology Progress 20 (3):975–978. ▶ https://doi.org/10.1021/bp0334334e

Goldberg K, Edegger K, Kroutil W, Liese A (2006) Overcoming the thermodynamic limitation in asymmetric hydrogen transfer reactions catalyzed by whole cells. Biotechnol Bioeng 95 (1):192–198. ▶ https://doi.org/10.1002/bit.21014

Haak RM, Berthiol F, Jerphagnon T, Gayet AJA, Tarabiono C, Postema CP, Ritleng V, Pfeffer M, Janssen DB, Minnaard AJ, Feringa BL, de Vries JG (2008) Dynamic Kinetic Resolution of Racemic β-Haloalcohols: Direct Access to Enantioenriched Epoxides. Journal of the American Chemical Society 130 (41):13508-13509. ▶ https://doi.org/10.1021/ja805128x

Kara S, Schrittwieser JH, Hollmann F, Ansorge-Schumacher MB (2014) Recent trends and novel concepts in cofactor-dependent biotransformations. Appl Microbiol Biotechnol 98 (4):1517-1529. ▶ https://doi.org/10.1007/s00253-013-5441-5

Kara S, Spickermann D, Schrittwieser JH, Leggewie C, van Berkel WJH, Arends IWCE, Hollmann F (2013) More efficient redox biocatalysis by utilising 1,4-butanediol as a ‚smart cosubstrate'. Green Chem 15 (2):330–335. ▶ https://doi.org/10.1039/c2gc36797a

Lavandera In, Kern A, Resch V, Ferreira-Silva B, Glieder A, Fabian WMF, de Wildeman S, Kroutil W (2008) One-Way Biohydrogen Transfer for Oxidation ofsec-Alcohols. Org Lett 10 (11):2155-2158. ▶ https://doi.org/10.1021/ol800549f

Lee DC, Kim HS (1998) Optimization of a heterogeneous reaction system for the production of optically active D-amino acids using thermostable D-hydantoinase. Biotechnology and Bioengineering 60 (6):729–738. ▶ https://doi.org/10.1002/(sici)1097-0290(19981220)60:6%3c729::aid-bit9%3e3.0.co;2-g

Mertens R, Greiner L, van den Ban ECD, Haaker HBCM, Liese A (2003) Practical applications of hydrogenase I from Pyrococcus furiosus for NADPH generation and regenerierung. J Mol Catal B: Enzym 24–25:39–52. ▶ https://doi.org/10.1016/s1381-1177(03)00071-7

Paul CE, Arends IWCE, Hollmann F (2014) Is Simpler Better? Synthetic Nicotinamide Cofactor Analogues for Redox Chemistry. ACS Catal 4 (3):788–797. ▶ https://doi.org/10.1021/cs4011056

Schmidt S, Scherkus C, Muschiol J, Menyes U, Winkler T, Hummel W, Gröger H, Liese A, Herz H-G, Bornscheuer UT (2015) An Enzyme Cascade Synthesis of ε-Caprolactone and its Oligomers. Angew Chem Int Ed 54 (9):2784-2787. ▶ https://doi.org/10.1002/anie.201410633

Schrittwieser JH, Lavandera I, Seisser B, Mautner B, Spelberg JHL, Kroutil W (2009) Shifting the equilibrium of a biocatalytic cascade synthesis to enantiopure epoxides using anion exchangers. Tetrahedron-Asymmetry 20 (4):483–488. ▶ https://doi.org/10.1016/j.tetasy.2009.02.035

Stillger T, Pohl M, Wandrey C, Liese A (2006) Reaction engineering of benzaldehyde lyase from Pseudomonas fluorescens catalyzing enantioselective C-C bond formation. Organic Process Research and Development 10 (6):1172-1177. ▶ https://doi.org/10.1021/op0601316

Straathof AJJ, Adlercreutz P (2000) Applied Biocatalysis. CRC Press, Boca Raton, USA

Turner NJ (2010) Deracemisation methods. Curr Opin Chem Biol 14 (2):115–121. ▶ https://doi.org/10.1016/j.cbpa.2009.11.027

Vicenzi JT, Zmijewski MJ, Reinhard MR, Landen BE, Muth WL, Marler PG (1997) Large-scale stereoselective enzymatic ketone reduction with in situ product removal via polymeric adsorbent resins. Enzyme and Microbial Technology 20 (7):494–499. ▶ https://doi.org/10.1016/s0141-0229(96)00177-9

von Langermann J, Mell A, Paetzold E, Daußmann T, Kragl U (2007) Hydroxynitrile lyase in organic solvent-free systems to overcome thermodynamic limitations. Advanced Synthesis and Catalysis 349 (8–9):1418-1424. ▶ https://doi.org/10.1002/adsc.200700016

Weckbecker A, Gröger H, Hummel W (2010) Regenerierung of Nicotinamide Coenzymes: Principles and Applications for the Synthesis of Chiral Compounds. 120:195–242. ▶ https://doi.org/10.1007/10_2009_55

Würges K, Petrusevska-Seebach K, Elsner MP, Lütz S (2009) Enzyme-assisted physicochemical enantioseparation processes - Part III: Overcoming yield limitations by dynamic kinetic resolution of asparagine via preferential crystallization and enzymatic racemization. Biotechnology and bioengineering 104 (6):1235–1239

Enzyme in der chemischen und pharmazeutischen Industrie

Jenny Schwarz, Jan Volmer und Stephan Lütz

© Springer-Verlag GmbH Deutschland, ein Teil von Springer Nature 2018
K.-E. Jaeger, A. Liese, C. Syldatk (Hrsg.), *Einführung in die Enzymtechnologie*,
https://doi.org/10.1007/978-3-662-57619-9_14

Zusammenfassung

In diesem Kapitel wird die Verwendung von Enzymen zur Herstellung von Produkten in der chemischen und pharmazeutischen Industrie vorgestellt. Basierend auf einigen Definitionen und einem kurzen historischen Abriss wird anhand von Prozessen und Anwendungsbeispielen verdeutlicht, welche Einsatzgebiete Enzyme zur Herstellung chemischer und pharmazeutischer Erzeugnisse haben. Hierbei wurden Prozesse ausgewählt, die wegen ihrer Produktionsleistung bedeutsam sind, oder weil sie exemplarisch für eine wichtige Enzym- oder Produktklasse stehen. Für ausführlichere Erläuterungen und einen vollständigen Überblick wird auf die Referenzen verwiesen.

Die Anwendung von Enzymen für die Synthese und Herstellung von Chemikalien hat eine lange Geschichte. Hierbei haben sich Entdeckungen und Anwendungen im Labormaßstab und die Umsetzung in industrielle Prozesse meist gegenseitig befruchtet und insgesamt zur Entwicklung des Gebietes der Biokatalyse beigetragen. Heutzutage sind Enzyme nicht nur etablierte Werkzeuge der organischen Synthese, sondern werden auch als effiziente Katalysatoren in industriellen Prozessen eingesetzt. Die Triebkraft für diese Entwicklung der Biokatalyse war dabei stets die Entwicklung von Produkten und Prozessen, die gegenüber bestehenden chemischen Verfahren ökonomische Vorteile hatten, z. B. durch kürzere Synthesewege oder bessere Produktqualitäten, die Reinigungsschritte ersparen.

Sowohl in der chemischen als auch pharmazeutischen Industrie sind so eine ganze Reihe von enzymatischen Verfahren zum Stand der Technik geworden. Mittlerweile werden Enzyme zur Herstellung einer Vielfalt von Stoffen, ausgehend von Basischemikalien mit hoher Jahresproduktion und vergleichsweise niedrigem Preis (▶ Abschn. 14.2.3.1) über chirale Bausteine (▶ Abschn. 14.2.1.1) bis hin zu Wirkstoffsynthesen (▶ Abschn. 14.3.2.1) mit niedriger Tonnage, aber hoher Wertschöpfung, eingesetzt. Es spricht für Enzyme als Katalysatoren, dass sie über die gesamte Bandbreite der unterschiedlichen Anforderungen dieser Prozesse eingesetzt werden können. So sind bei der Herstellung von Basischemikalien extrem hohe Ausbeuten und eine hohe Kosteneffizienz gefragt, während bei pharmazeutischen Produkten ein stark dokumentiertes und von den entsprechenden Behörden überwachtes, häufig mehrstufiges Herstellverfahren vorliegt, das natürlich ebenso wirtschaftlich sein muss. Die Anzahl der eingesetzten Hilfsstoffe und des insgesamt im Verfahren produzierten Abfalls kann z. B. mit dem E-Faktor (Menge erzeugter Abfall pro Menge Produkt) erfasst werden (Sheldon 2008). Die Menge an Abfall unterscheidet sich dabei je nach Produktgruppe deutlich (◘ Tab. 14.1).

Vor dem Hintergrund der Ziele einer nachhaltigen Entwicklung, der Schonung von Ressourcen und der Biologisierung der Industrie wird in enzymatischen Prozessen ein hohes Potenzial gesehen, zu industriellen Verfahren mit geringeren und weniger problematischen Abfallströmen zu gelangen. In diesem Kapitel soll dargelegt werden, wie, basierend auf den historischen Erkenntnissen

◘ **Tab. 14.1**   Einteilung chemischer und pharmazeutischer Produkte und deren E-Faktoren. (Sheldon 2008)

Produktgruppe	Produktionsmenge ($t\ a^{-1}$)	E-Faktor ($kg_{Abfall}\ kg_{Produkt}^{-1}$)
Petrochemikalien	10^6–10^8	<0,1
Basischemikalien	10^4–10^6	<1–5
Feinchemikalien	10^2–10^4	5 – >50
Pharmazeutische Produkte	10–10^3	25 – >100

und modernen Verfahren der Reaktionstechnik und Molekularbiologie (▶ Kap. 8), Enzyme in der chemischen und pharmazeutischen Industrie verwendet werden. Je nach Prozessführung und Komplexität der Reaktion können Enzyme dabei entweder isoliert (enzymatische Biotransformation), intrazellulär in lebenden, ruhenden oder toten Zellen (Ganzzell-Biotransformation) oder als Enzym-Netzwerk für Mehrstufenreaktionen in wachsenden Zellen (Fermentation) eingesetzt werden. Dabei ist die eigentliche Wertschöpfungsreaktion mit dem Wachstums- und Energiestoffwechsel des Mikroorganismus verknüpft. Es ist zu beachten, dass auch für den ersten und zweiten Fall eine Fermentation zur Herstellung der Enzyme, beziehungsweise der Zellen, notwendig ist.

> **Einsatzformen von Enzymen in der chemischen und pharmazeutischen Industrie**
> 1. Einzelnes Enzym – vom Rohzellextrakt bis zum gereinigten, isolierten Enzympräparat
> 2. Ganzzell-Biotransformation – einzelne Reaktionsschritte durch Enzyme in lebenden, ruhenden oder toten Zellen
> 3. Fermentation – Mehrstufenreaktion von Enzymnetzwerken in wachsenden Zellen

14.1 Ursprünge der Enzymnutzung in der chemischen und pharmazeutischen Industrie

Zu Beginn des 19. Jahrhunderts wurden die ersten mikrobiologischen Verfahren in der chemischen und pharmazeutischen Industrie eingeführt. Die ersten biotechnologischen Prozesse dienten aufgrund preiswerter Agrarrohstoffe vor allem für die Produktion von Grundchemikalien wie Milch-, Butter- und Essigsäure sowie Ethanol (u. a. Weizmann Prozess; Weizmann 1919). Nach dem Zusammenbruch der landwirtschaftlichen Produktion im Zuge des Ersten Weltkriegs wurde die Biotechnologie vermehrt zur Erzeugung von komplexen

Spezialprodukten, wie optisch aktiven Arzneistoffen oder hochmolekularen Verbindungen, verwendet, deren Synthese chemisch nicht möglich war (Marschall 2000). Während der Weltkriege wurden aufgrund von Rohstoffmangel einige normalerweise unwirtschaftliche Verfahren, wie z. B. das Protolverfahren, angewandt. Dieses beruht auf der Verschiebung des Gleichgewichtes der alkoholischen Gärung durch *Saccharomyces cerevisiae* in Richtung von Glycerin, welches normalerweise nur zu geringen Anteilen gebildet wird. Durch Zugabe von Natriumsulfit wird Acetaldehyd, als direkte Vorstufe des Ethanols, abgefangen, sodass es nicht mehr als Wasserstoffakzeptor für das reduzierte $NADH_2$ fungieren kann. Dieses überträgt in Folge den Wasserstoff auf Dihydroxyacetonphosphat, eine Vorstufe des Glycerins. Dieses fermentativ produzierte Glycerin wurde vornehmlich für die Dynamitherstellung genutzt.

Eine der ersten und immer noch aktuellen industriellen Anwendungen von Enzymen zur chemischen Synthese ist die Decarboxylierung von Pyruvat zu Acetaldehyd, gefolgt von einer Kondensation an Benzaldehyd durch das Enzym Pyruvat-Decarboxylase aus der Bäckerhefe *Saccharomyces cerevisiae* (◘ Abb. 14.1a). Die Reaktion wurde 1921 von Neuberg und Hirsch beschrieben und ab 1930 von der Knoll A.G. (später BASF AG, ab 2015 Siegfried Holding) kommerzialisiert. Das optisch aktive Produkt *(R)*-Phenylacetylcarbinol wird chemisch weiter zu L-(–)-Ephedrin umgesetzt. Der Prozess ist bemerkenswert, weil zwar schon Buchner 1897 gezeigt hatte, dass mit Sand zermahlene Hefezellen immer noch in der Lage sind, die alkoholische Gärung durchzuführen und somit die Erkenntnis vorlag, dass ruhende Zellen oder auch Zellextrakte für Stoffumwandlungen eingesetzt werden können, aber grundlegende mikrobielle Stoffwechselwege wie die Glykolyse und der Citratzyklus erst in den 1930er-Jahren vollständig aufgeklärt wurden.

Fast zur gleichen Zeit, 1923, wurde das Bakterium *Acetobacter suboxydans* isoliert. Wegen seiner Fähigkeit, unvollständige Oxidationen durchzuführen, wurde es ab 1934 in der Reichstein-Grüssner-Synthese zur

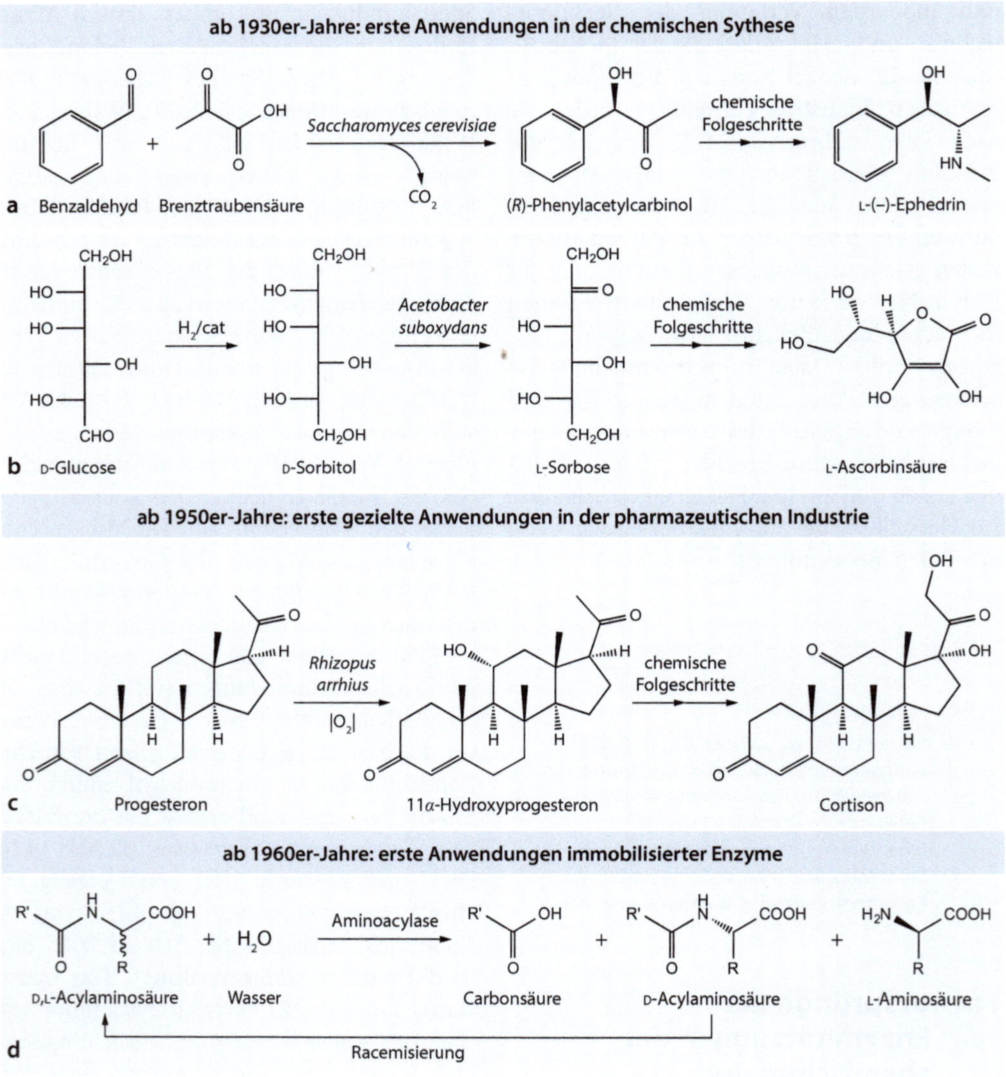

ab 1930er-Jahre: erste Anwendungen in der chemischen Sythese

a   Benzaldehyd   Brenztraubensäure   →   *Saccharomyces cerevisiae*   → CO_2 →   (R)-Phenylacetylcarbinol   →   chemische Folgeschritte   →   L-(–)-Ephedrin

b   D-Glucose   → H_2/cat   →   D-Sorbitol   →   *Acetobacter suboxydans*   →   L-Sorbose   →   chemische Folgeschritte   →   L-Ascorbinsäure

ab 1950er-Jahre: erste gezielte Anwendungen in der pharmazeutischen Industrie

c   Progesteron   →   *Rhizopus arrhius* $|O_2|$ →   11α-Hydroxyprogesteron   →   chemische Folgeschritte   →   Cortison

ab 1960er-Jahre: erste Anwendungen immobilisierter Enzyme

d   D,L-Acylaminosäure   + H_2O (Wasser)   →   Aminoacylase   →   Carbonsäure   +   D-Acylaminosäure   +   L-Aminosäure

Racemisierung

◻ Abb. 14.1   Wichtige Entwicklungsschritte der Implementierung biotechnologischer Prozesse in der industriellen chemischen Synthese. Alle Prozesse werden, teilweise in modifizierter Form, immer noch industriell genutzt. a) Kondensation von Benzaldehyd und Pyruvat zu (R)-Phenylacetylcarbinol, einer Ephedrin-Vorstufe, mithilfe der Pyruvat-Decarboxylase von *S. cerevisiae*. b) Reichstein-Grüssner-Synthese, Oxidation von D-Sorbitol zu L-Sorbose, einer Vitamin-C-Vorstufe, mithilfe von *Acetobacter suboxydans*. c) Hydroxylierung von Progesteron zu 11α-Hydroxyprogesteron, einer Vorstufe des Hormons Cortison, mithilfe von *Rhizopus arrhius*. d) Hydrolytische Spaltung eines racemischen Gemischs N-acetylierter Aminosäuren zur Gewinnung von L-Aminosäuren mithilfe von Aminoacylasen

Herstellung von Vitamin C (L-Ascorbinsäure) eingesetzt (◻ Abb. 14.1b). In diesem Verfahren wird zunächst D-Glucose chemokatalytisch zu D-Sorbitol reduziert, welches als Substrat für die biokatalytische Oxidation zu L-Sorbose dient. L-Sorbose wird über Diaceton-L-sorbose, Diaceton-2-keto-L-gulonsäure und 2-Keto-L-gulonsäure chemisch zu L-Ascorbinsäure umgesetzt (Reichstein und Grüssner 1934). In leicht abgewandelter Form basiert die großtechnische Vitamin-C-Produktion immer noch auf diesem ursprünglichen Verfahren. Mittlerweile besteht auch die Möglichkeit, 2-Keto-L-Gulonsäure fermentativ auf Basis von Glucose herzustellen (Genencor-Eastman-Prozess). Dieser Prozess kombiniert die vier notwendigen Enzyme in rekombinanten *Escherichia-coli*-Zellen (Bommarius und Riebel 2004).

Ein wichtiger Prozess der pharmazeutischen Industrie basiert auf der Entdeckung von Peterson et al. in den 1950er-Jahren, dass *Rhizopus arrhius* in der Lage ist, Steroide selektiv zu oxidieren. Diese Fähigkeit konnte u. a. dafür genutzt werden, Progesteron spezifisch am C11-Atom des Steroidgerüsts zu 11α-Hydroxyprogesteron, einer Vorstufe des Cortisons, zu hydroxylieren (■ Abb. 14.1c; Peterson et al. 1952). Die vorher verwendete chemische Synthese, die durch mehr als 30 Syntheseschritte und einen Substrateinsatz von 615 kg Desoxycholsäure pro Kilogramm Cortison extrem unwirtschaftlich war (vgl. E-Faktor, ■ Tab. 14.1), konnte so durch einen wirtschaftlichen, kombinierten Prozess aus insgesamt elf chemischen und biokatalysierten Schritten ersetzt werden.

Aufgrund mangelnden Wissens über enzymatische Grundlagen beruhten die ersten biotechnologischen Prozesse in der chemischen und pharmazeutischen Industrie vor allem auf dem Einsatz ganzer Zellen. 1954 wurde in Japan bei Tanabe Seiyaku die erste technische Anwendung eines isolierten Enzyms, die L-Aminosäure-Produktion mithilfe einer Aminoacylase, im industriellen Maßstab durchgeführt. Dabei werden L-Aminosäuren durch hydrolytische Spaltung aus einem racemischen Gemisch von *N*-acetylierten Aminosäuren gewonnen (■ Abb. 14.1d). Die verbleibenden *N*-acetylierten D-Aminosäuren werden über Ionenaustauscher oder Kristallisation abgetrennt und nach Racemisierung einer erneuten Hydrolyse zugeführt. Aus Kostengründen wurde die Aminoacylase aus *Aspergillus oryzae* ab 1969 auf DEAE-Sephadex in Festbettreaktoren immobilisiert. Dies war die erste industrielle Anwendung immobilisierter Enzyme. Ab 1982 wurden bei der Degussa zur Enzymrückhaltung Membranreaktoren verwendet (Liese et al. 2006).

Mit der Entwicklung und Einführung gentechnischer Methoden in den 1980er-Jahren entwickelte sich der Einsatz von Biokatalysatoren immer mehr zu einer konkurrenzfähigen Technologie. Diese Entwicklung wurde durch die Entdeckung unterstützt, Enzymkatalyse teilweise auch unter unphysiologischen Bedingungen, z. B. bei hohen Temperaturen oder in organischen Lösungsmitteln durchführen zu können, was zu einer verstärkten Akzeptanz in der organischen Chemie führte. Zusätzlich verschärfte die FDA, u. a. im Rahmen des Contergan-Skandals, die Zulassungsrichtlinien für die Verwendung racemischer Gemische dahin gehend, dass beide Enantiomere separiert hinsichtlich ihrer pharmakologischen Aktivität überprüft werden müssen. Daher ist die Biokatalyse aufgrund ihrer Enantioselektivität, speziell in der stereoselektiven Synthese von chemisch nur schwer zugänglichen Verbindungen, mittlerweile oft Mittel der Wahl. Zudem können nicht nur dem Produkt strukturell ähnliche Substrate, sondern auch günstige Kohlenstoffquellen genutzt werden, um Produkte fermentativ zugänglich zu machen. Die stetige Weiterentwicklung der molekular- und gentechnischen Methoden sowie die Einführung der Bioinformatik ermöglichen es mittlerweile, nicht nur fast jedes bekannte Enzym rekombinant in einfach zu kultivierenden Mikroorganismen herzustellen, sondern auch, es durch rationales und evolutives Design an die entsprechenden Prozessbedingungen anzupassen. Dazu tragen auch die stetig wachsenden DNA-, Protein- und Metabolomdatenbanken bei, die es ermöglichen, in Kombination mit Hochdurchsatz-Screeningmethoden und immer günstiger werdenden künstlichen Gensynthesen auch maßgeschneiderte Multienzymkomplexe zur Anwendung zu bringen (Syldatk et al. 2001).

14.2 Enzyme in der chemischen Industrie

Die chemische Industrie macht, wie dargestellt, seit einigen Jahrzehnten Gebrauch von Enzymen in ihren Prozessen (► Abschn. 14.1). Der Einsatz von Enzymen ist insbesondere dann attraktiv, wenn die enzymatische Reaktion gegenüber der chemischen Alternative Vorteile aufweist. So können durch den Einsatz von Enzymen aufgrund ihrer Eigenschaften als hoch selektive Biokatalysatoren bezüglich der Substratspezifität sowie der Diastereo-, Regio- und Enantiomerenselektivität Produkte höherer Reinheit erzielt werden. Zusätzlich bieten Enzyme oft ökologische und ökonomische Vorteile, die im Zuge von „Green Chemistry" immer mehr an Wichtigkeit gewinnen. So haben Enzyme eine hohe Umweltverträglichkeit, da sie aus nachwachsenden Rohstoffen gewonnen werden und biokompatibel, biologisch abbaubar sowie nicht toxisch sind. Zudem sind die Anforderungen an die Reaktionsbedingungen in der Regel moderat (neutrale pH-Werte, gemäßigte Temperaturen und Drücke), was den Einsatz organischer Lösungsmittel und Metallkatalysatoren, und damit die Abfallmenge (siehe E-Faktor, ▢ Tab. 14.1), sowie den Energiebedarf entsprechend reduziert. Da Enzyme sich nur schwierig aus wässrigen Lösungen, z. B. durch Ultrafiltration, wiedergewinnen lassen, müssen sie entweder sehr kostengünstig für den Einmalgebrauch produziert oder über Rückhalteeinrichtungen wie Membranen (► Kap. 10) oder Immobilisierung (► Kap. 11) für die Wiederverwendung zugänglich gemacht werden. Dies macht die Herstellung und die Wiedergewinnung oft teuer und aufwendig. Mangelnde Stabilität und inhibitorische Effekte bei hohen Substrat- und Produktkonzentrationen, teilweise geringe Reaktionsgeschwindigkeiten und eine hohe Substratspezifität erfordern daher oft eine zeit- und kostenintensive Biokatalysatorentwicklung. Gerade in schnellen Verfahrensentwicklungen ist die chemische Katalyse deswegen oft noch der Biokatalyse überlegen.

Der Gesamtmarkt der industriell angewandten Enzyme (4,6 Mrd. US$ im Jahre 2016) ist im Vergleich zum Markt der Biotherapeutika (192,2 Mrd. US$ im Jahre 2016) noch nicht sehr groß. Relativ gesehen zum Gesamtkatalysatormarkt (17,1 Mrd. US$, 2014), machen Biokatalysatoren allerdings schon mehr als ein Viertel des Umsatzes aus, während der entsprechende Anteil der Biopharmazeutika bei ungefähr 20 % des globalen pharmazeutischen Marktes liegt. Beiden Märkten ist gemeinsam, dass ihnen ein starkes Wachstum in den nächsten Jahren prognostiziert wird.

Obwohl mittlerweile für so gut wie jede Reaktion der organischen Chemie ein die entsprechende Reaktion katalysierendes Enzym bekannt ist, spielen unter den industriell angewandten Enzymen die Hydrolasen, vor den Lyasen und Transferasen, die größte Rolle. Diese bevorzugte Rolle begründet sich durch das einfache Handling der Hydrolasen. Sie benötigen keine Cofaktoren, haben eine hohe Stabilität in organischen Lösungsmitteln und in lyophilisierter Form und besitzen ein breites Substratspektrum. Abhängig von der Art der hydrolytisch gespaltenen Bindung werden die Hydrolasen (EC 3) in weitere Enzymfamilien eingeteilt (▢ Abb. 14.2).

Die Anzahl biotechnologischer Prozesse lag im Jahre 2002 schon weit über hundert, mit stark steigender Tendenz. Daher können im Folgenden nur einige wenige ausgewählte Biotransformationen verschiedener Enzymklassen vorgestellt werden, welche z. B. durch ihren Produktionsmaßstab oder andere bemerkenswerte Eigenschaften von besonderer Bedeutung sind. Für eine ausführliche Übersicht über industriell angewandte Biotransformationen sei das Lehrbuch „Industrial Biotransformations" von Liese et al. (2006) empfohlen.

14.2.1 Lipasen (EC 3.1.1.3)

14.2.1.1 Herstellung von (R)-Phenylethylamin

Die Herstellung von enantiomerenreinem (R)-Phenylethylamin beruht auf einer

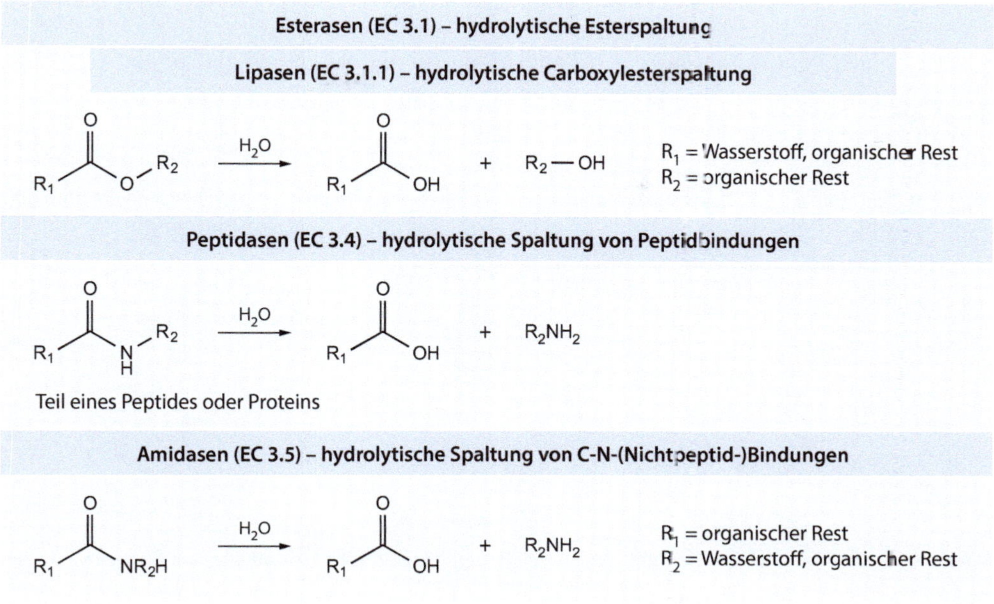

Esterasen (EC 3.1) – hydrolytische Esterspaltung

Lipasen (EC 3.1.1) – hydrolytische Carboxylesterspaltung

R_1 = Wasserstoff, organischer Rest
R_2 = organischer Rest

Peptidasen (EC 3.4) – hydrolytische Spaltung von Peptidbindungen

Teil eines Peptides oder Proteins

Amidasen (EC 3.5) – hydrolytische Spaltung von C-N-(Nichtpeptid-)Bindungen

R_1 = organischer Rest
R_2 = Wasserstoff, organischer Rest

◘ Abb. 14.2 Auswahl industriell bedeutender hydrolytischer Enzymfamilien und ihrer Reaktionen

katalytischen Promiskuität der Lipase aus *Burkholderia plantarii*. Dieser Prozess ist erwähnenswert, da Lipasen normalerweise die Hydrolyse von Carboxylestern katalysieren (◘ Abb. 14.2), die Triacylglycerol-Lipase aus *Burkholderia plantarii* aber promiskuitiv in der Lage ist, enantioselektiv racemische Amine zu acylieren, indem das Amin, anstelle von Wasser, als Nucleophil agiert. (Grunwald 2015). Diese Fähigkeit wird im Maßstab >1000 t a^{-1} seit 1993 bei der BASF AG zur Racematspaltung von racemischen Aminen angewandt (Liese et al. 2006). Dabei wird die auf Polyacrylat immobilisierte Lipase zur Acetylierung von racemischem 1-Phenylethylamin mit Ethylmethoxyacetat genutzt (◘ Abb. 14.3).

Die Reaktion wird in *tert*-Methylbutylether (MTBE) in einem kontinuierlichen Strömungsrohrreaktor durchgeführt, was hohe Substratkonzentrationen ermöglicht. Eine Deaktivierung der Lipase kann durch Gefriertrocknung in Anwesenheit von Fettsäuren verhindert werden.

Ein übliches Problem bei den Racematspaltungsreaktionen ist die Begrenzung der Ausbeute auf 50 %, da definitionsgemäß ein Racemat zu gleichen Teilen aus den beiden optischen Antipoden besteht. Nicht umgesetztes (*S*)-Phenylethylamin kann, nach destillativer Abtrennung, an Palladium-Katalysatoren jedoch reracemisiert und der Reaktion erneut zugeführt werden, sodass ein vollständiger Umsatz des racemischen Gemisches erreicht werden kann. Das gebildete (*R*)-Phenylethylmethoxyamid wird in einer einfachen Hydrolyse zu (*R*)-Phenylethylamin umgesetzt. Chirale Amine sind wichtige Bausteine in der Produktion von Pharmazeutika und (Grunwald 2015).

14.2.2 D-**Hydantoinasen (EC 3.5.2.2)**

14.2.2.1 **Herstellung von D-*p*-Hydroxyphenylglycin**

Ein weiteres Beispiel für die Überwindung der Ausbeuteschwelle bei Racematspaltungsreaktionen ist die Herstellung von D-*p*-Hydroxyphenylglycin mithilfe der 5,6-Dihydropyridin-Amidohydrolase in immobilisierten *Bacillus-brevis*-Zellen.

(R,S)-Phenylethylamin   Ethylmethoxyacetat   (S)-Phenylethylamin   (R)-Phenylethylmethoxyamid

Racemisierung
Palladium-Katalysator

(R)-Phenylethylamin

◻ Abb. 14.3   Reaktionsschema der biokatalytischen Racematspaltung zur Gewinnung von (R)-Phenylethylamin

Aus einem durch Mannich-Kondensation von Phenol, Glyoxylsäure und Harnstoff gewonnenen racemischen Gemisch von D,L-5-(p-Hydroxyphenyl)-hydantoin wird das D-Enantiomer durch die D-Hydantoinase in D-N-Carbamoyl-p-hydroxyphenylglycin umgesetzt (◻ Abb. 14.4; Liese et al. 2006).

Unter den wässrigen Bedingungen der enzymatischen Hydrolyse findet eine kontinuierliche Racemisierung des L-5-(p-Hydroxyphenyl)-hydantoins statt, sodass auch hier ein quantitativer Umsatz erreicht wird. Durch Abspaltung der Carbamoylgruppe, entweder enzymatisch mithilfe einer Carbamoylase oder chemisch mit Natriumnitrit, erhält man das D-p-Hydroxyphenylglycin, welches als Vorstufe für die Seitenketten von semisynthetischen β-Lactam-Antibiotika verwendet werden kann. Der beschriebene Prozess, der im Maßstab von mehreren hundert Tonnen u. a. bei Kanegafuchi Chemical Industries Co., Ltd angewendet wird, eignet sich ebenso für die stereospezifische Darstellung weiterer D-Aminosäuren.

14.2.3 Nitril-Hydratasen (EC 4.2.1.84)

14.2.3.1 Herstellung von Acrylamid

Der mit Abstand größte industrielle enzymatische Prozess außerhalb der Lebensmittelindustrie (▶ Kap. 16) ist die biokatalytische Herstellung von Acrylamid aus Acrylnitril mithilfe der Nitril-Hydratase (◻ Abb. 14.5).

Acrylamid wird hauptsächlich in der Herstellung von Flockungsmitteln für die Abwasserbehandlung und Papierherstellung sowie auch in Klebemitteln, Farben und der tertiären Ölgewinnung verwendet. Der biokatalytische Prozess wurde erstmalig 1991 bei der Nitto Chemical Industry Co., Ltd. (Japan) eingeführt und seitdem kontinuierlich weiter verbessert. Mit einem Produktionsmaßstab von ca. 100.000 Jahrestonnen bereits im Jahre 2001 ist der Prozess eindeutig den Bulk-/Basischemikalien zuzuordnen und damit das erste Beispiel, dass biotechnologische Verfahren auch in diesem Maßstab in der Lage sind, petrochemische Prozesse zu ersetzen. Neue Anlagen zur Acrylamidsynthese basieren ausschließlich

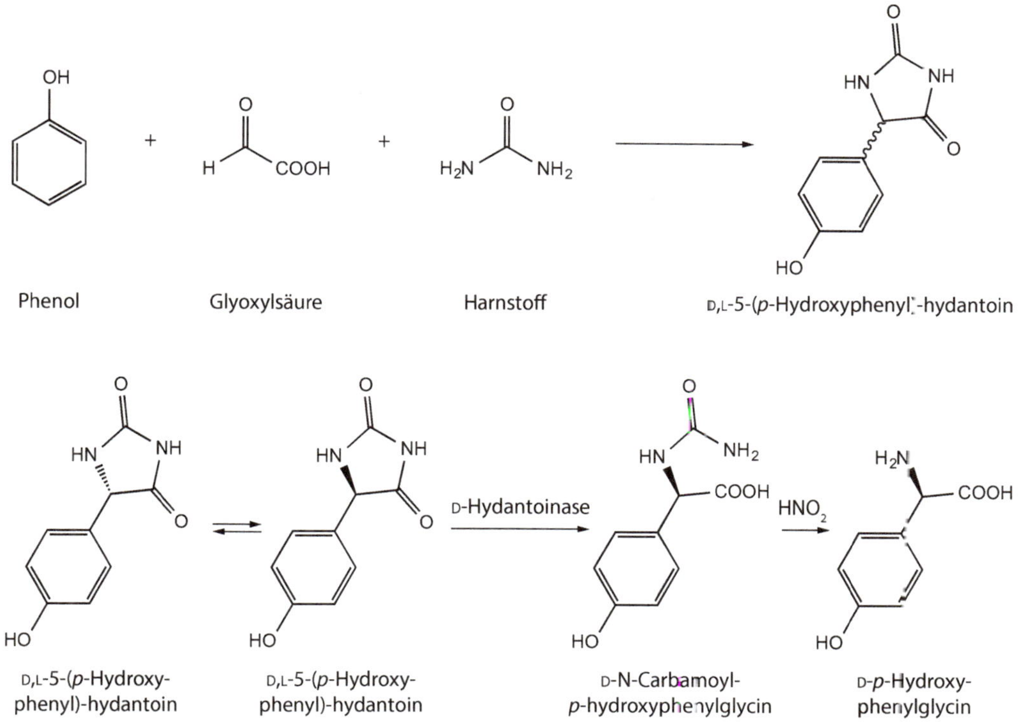

Phenol   Glyoxylsäure   Harnstoff   D,L-5-(p-Hydroxyphenyl)-hydantoin

D,L-5-(p-Hydroxy-phenyl)-hydantoin   D,L-5-(p-Hydroxy-phenyl)-hydantoin   D-N-Carbamoyl-p-hydroxyphenylglycin   D-p-Hydroxy-phenylglycin

D-Hydantoinase   HNO$_2$

Abb. 14.4 Reaktionsschema der enzymatischen Racematspaltung zur stereospezifischen Gewinnung von D-p-Hydroxyphenylglycin

auf dem biokatalytischen Verfahren, denn sie bieten, wie ☐ Abb. 14.5 zeigt, eindeutige Vorteile gegenüber dem chemischen Herstellungsprozess. So liegen Ausbeute, Umsatz und Selektivität alle über 99,99 % und es entstehen keine Nebenprodukte. 2014 und 2016 eröffnete die BASF neue Bio-Acrylamidanlagen mit einer Jahreskapazität im Weltmaßstab in den USA und in England sowie im Jahr 2017 in China. Die Kapazität der Anlage am Standort Nanjing allein beträgt bereits über 50.000 Jahrestonnen, sodass der gesamte biokatalytische Produktionsmaßstab mittlerweile deutlich über 100.000 Jahrestonnen liegt. Der Prozess beruht auf der Immobilisierung ganzer *Rhodococcus-rhodochrous*-J1-Zellen (☐ Abb. 14.6).

Nach Anzucht der Zellen und Induktion der Nitril-Hydratase durch Zugabe von Harnstoff werden die Zellen in Polyacrylamidgelen immobilisiert. Bei Temperaturen von 0–15 °C zur Stabilisierung des Acrylamids und zur Verhinderung der Polymerisation wird in einem Satzreaktor Acrylnitril in wässriger Lösung kontinuierlich zugeführt. Nach ca. 24 h wird eine finale Acrylamidkonzentration von 50 % erreicht (Ashina et al. 2010). Anschließend erfolgen eine Abtrennung des Biokatalysators sowie eine Entfärbung des Acrylamids um die Kundenanforderungen zu erfüllen. Wesentliche Vorteile des biokatalytischen Verfahrens liegen neben den niedrigen Temperaturen und dem Atmosphärendruck vor allem im vollständigen Umsatz des Acrylnitrils begründet. So müssen weder überschüssiges Acrylnitril noch der Katalysator abgetrennt werden, und durch die extrem hohe Selektivität entfällt das Abtrennen von Nebenprodukten, die im kupferkatalysierten chemischen Prozess durch die hohe Reaktionstemperatur von 100 °C entstehen (☐ Abb. 14.5). Dadurch ist der biokatalytische Prozess nicht nur vorteilhafter im Hinblick auf Energieverbrauch und CO$_2$-Produktion, sondern auch wesentlich günstiger.

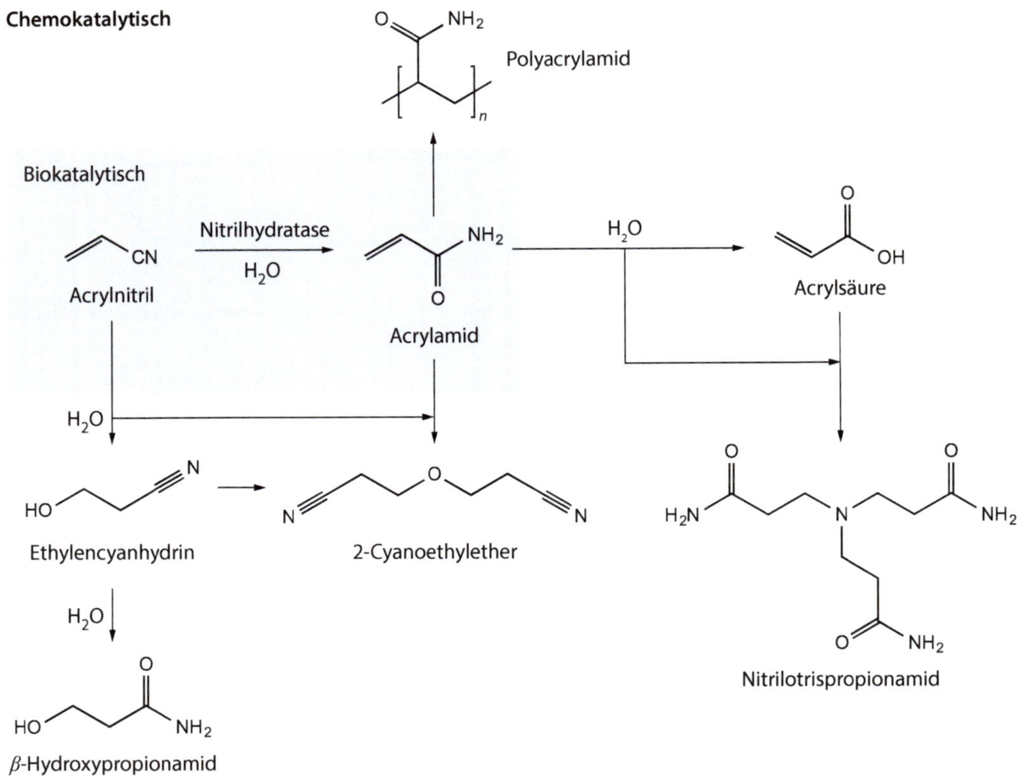

Chemokatalytisch

Abb. 14.5 Reaktionsschemata der biokatalytischen und der chemischen Acrylamidherstellung. Die angegebenen Nebenprodukte fallen nur während der chemischen Synthese an

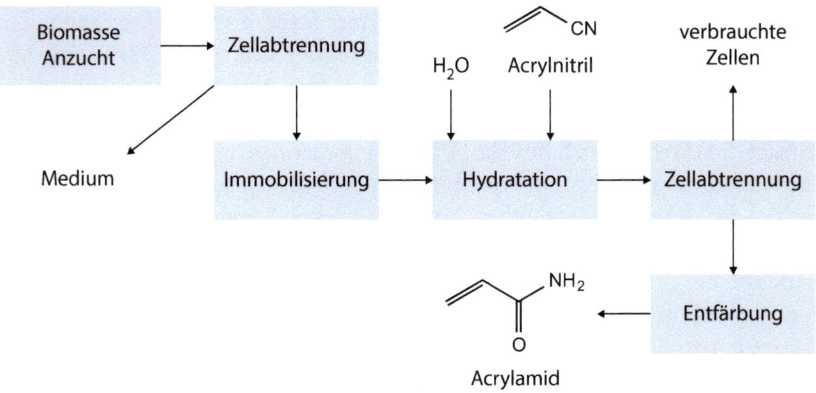

Abb. 14.6 Biotechnologischer Acrylamidprozess

14.2.3.2 Herstellung von Nicotinamid

Neben der Herstellung von Acrylamid ist die Nitril-Hydratase auch in der Lage, viele andere Nitrile mit einer Ausbeute von 100 % zu hydratisieren. Besonders erwähnenswert sind hierbei die extrem hohen Substrat- und Produktkonzentrationen. So können in der Herstellung von Nicotinamid aus 3-Cyanopyridin mithilfe der Nitril-Hydratase aus *Rhodococcus rhodochrous* J1 bis zu 12 M (1353 g L^{-1}) 3-Cyanopyridin als Substrat eingesetzt werden, aus denen bei 100 % Umsatz 1464 g L^{-1} Nicotinamid produziert werden (◘ Abb. 14.7). Bei diesen Konzentrationen liegen sowohl das Substrat am Anfang der Reaktion als auch das Produkt nach vollständiger Hydratisierung in fester Form vor, während im Laufe der Reaktion beide Komponenten in Lösung vorliegen. Der Vorteil dieses Verfahrens, im Vergleich zur chemischen alkalischen Hydrolyse, liegt in der Abwesenheit von Nebenprodukten wie der Nicotinsäure. 2010 erweiterte die Lonza AG mit dem Bau einer neuen Anlage mit einer Kapazität von 15.000 t a^{-1} die Gesamtkapazität für Nicotinamid um 40 %.

14.2.4 Alkan-Monooxygenasen (EC 1.14.15.3) und ω-Transaminasen- (EC 2.6.1.62) basierter Multienzymprozess

14.2.4.1 Herstellung von ω-Aminolaurinsäure

Ein Beispiel für die Kopplung mehrerer Enzyme ist die Herstellung von ω-Aminolaurinsäure

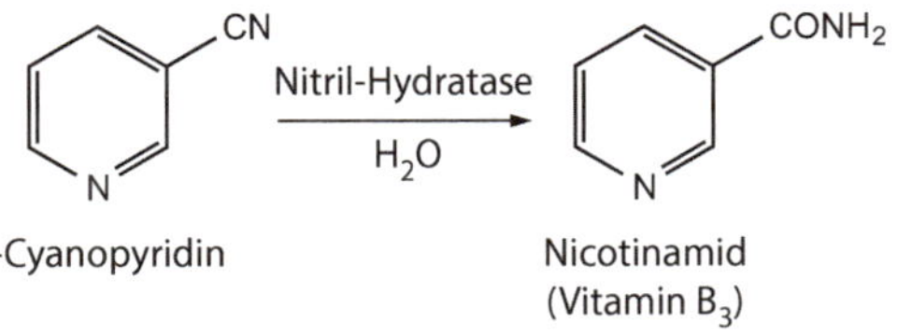

◘ **Abb. 14.7** Reaktionsschema der biokatalytischen Nicotinamidproduktion

aus Dodecansäuremethylester auf Basis von Palmkernöl. ω-Aminolaurinsäure kann als Alternative zu erdölbasiertem Laurinlactam für die Herstellung von Polyamid 12 verwendet werden und wird seit 2013 von der Evonik Industries AG in einer Pilotanlage in der Slowakei biotechnologisch hergestellt. Der Prozess beruht auf einer Ganzzellbiotransformation mit rekombinanten *Escherichia-coli*-Zellen. Dodecansäuremethylester wird durch die Alkan-Monooxygenase AlkBGT aus *Pseudomonas putida* GPo1 terminal hydroxyliert und weiter zum 12-Oxododecansäuremethylester oxidiert (Ladkau et al. 2016). Dieser dient als Ausgangssubstrat für die terminale Aminierung zur ω-Amino-Laurinsäure durch die ω-Transaminase CV2025 aus *Chromobacterium violaceum*. Durch Weiteroxidation des 12-Oxododecansäuremethylesters entsteht das Nebenprodukt Dodecansäuremonomethylester (◘ Abb. 14.8).

Durch Koexpression der Alkohol-Dehydrogenase AlkJ aus *P. putida* GPo1 und die Erhöhung der intrazellulären L-Alaninkonzentration, entweder durch die Alanin-Dehydrogenase AlaD aus *Bacillus subtilis* oder eine externe L-Alanin-Zugabe, kann die Produktbildung in Richtung der ω-Aminolaurinsäure gelenkt werden. Dabei erhöht AlkJ die intrazelluläre Konzentration an 12-Oxododecansäuremethylester, sodass aufgrund der Enzymkinetiken die Transaminierung bevorzugt abläuft, während sich eine hohe L-Alaninkonzentration positiv auf die reversible Transaminierung auswirkt (Ladkau et al. 2016).

14.3 Enzyme in der pharmazeutischen Industrie

Die pharmazeutische Industrie unterscheidet sich in vielen Aspekten von der chemischen Industrie. Die Forschungs- und Entwicklungszeiten für neue Produkte sind wesentlich länger. In der Regel dauert es zehn Jahre und mehr, bis ein neues Präparat den Markt erreicht. Zusätzlich sind

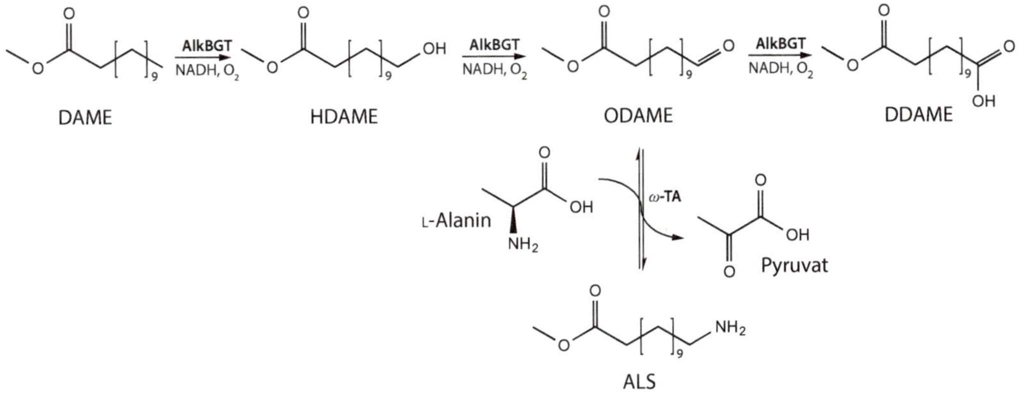

DAME HDAME ODAME DDAME

AlkBGT NADH, O_2

L-Alanin ω-TA Pyruvat

ALS

◻ Abb. 14.8 Reaktionsschema der terminalen Oxy- und Aminofunktionalisierung von Dodecansäuremethyllester (DAME) zur Herstellung von ω-Aminolaurinsäure (ALS). HDAME, 12-Hydroxydodecansäuremethylester; ODAME, 12-Oxododecansäuremethylester; DDAME, Dodecansäuremonomethylester; AlkBGT, Alkan-Monooxygenase aus *P. putida* GPo1; ω-TA, ω-Transaminase CV2025 aus *C. violaceum*. (Nach Ladkau et al. 2016)

viele Aspekte der Produktzulassung und der Produktion deutlich stärker durch die zuständigen Behörden, z. B. die Food and Drug Administration, FDA, in den Vereinigten Staaten von Amerika bzw. die European Medicines Agency, EMEA, reguliert. Schätzungen zufolge sind bereits über 80 % der Pharmawirkstoffe chiral, und ihr Anteil wird voraussichtlich weiter steigen.

In der pharmazeutischen Industrie werden Enzyme in ganz unterschiedlichen Anwendungsbereichen wegen ihrer in ▶ Abschn. 14.2 erwähnten Eigenschaften, z. B. Substratspezifität und Enantioselektivität, eingesetzt:

- Synthese von Vorstufen und Bausteinen
- Wirkstoffsynthese
- Studien zum Wirkstoffmetabolismus
- Naturstoffsynthese
- als Wirkstoffe und als Ziele von Wirkstoffen

Diese Bereiche werden in den folgenden Abschnitten näher erläutert und anhand von Beispielen beschrieben.

14.3.1 Enzyme für die Synthese von Vorstufen und Bausteinen

Neben der Biokatalyse durch Lipasen, haben sich auch Ketoreduktasen und Transaminasen für die Herstellung chiraler Bausteine bewährt. Im Folgenden werden beispielhafte Prozesse vorgestellt.

14.3.1.1 Herstellung von Hydroxynitril

Lipitor® ist ein cholesterinsenkendes Medikament, welches die pharmazeutisch aktive Substanz Atorvastatin-Calcium enthält. Dabei handelt es sich um einen HMG-CoA-Reduktase-Hemmer, der die Cholesterinsynthese in der Leber blockiert. Ein wichtiger chiraler Baustein für Atorvastatin ist Ethyl-(*R*)-4-cyano-3-hydroxybutyrat, auch Hydroxynitril genannt. Chemisch wird dieser Baustein durch die Umsetzung von Halohydrin mit Cyanid in alkalischer Umgebung bei erhöhten Temperaturen hergestellt. Allerdings sind sowohl das Substrat als auch das Produkt empfindlich gegenüber Basen, wodurch viel Nebenprodukt entsteht, welches wieder entfernt werden muss. Der Schlüsselschritt in der Synthese von Hydroxynitril ist die Cyanidanlagerung an das Epoxid. Dementsprechend wurde ein Biokatalysator gesucht, der in der Lage ist, diese Reaktion bei milden Bedingungen und neutralem pH-Wert durchzuführen, um Nebenproduktbildung zu minimieren. Die Halohydrin-Dehalogenase ist ein Enzym, welches die Reaktion von Halohydrinen über Ringschluss-Eliminierung zu den korrespondierenden Epoxiden katalysiert. In Kombination mit einer Ketoreduktase und einer Glucose-Dehydrogenase wird so das gewünschte Hydroxynitril aus Ethyl-4-chloroacetoacetat synthetisiert, wie ◘ Abb. 14.9 zeigt. Diese drei Enzyme wurden über gerichtete Evolution, hier unter Verwendung von DNA-Shuffling und bioinformatischer Auswertung, an die vorher bestimmten Prozessparameter angepasst. So mussten beispielsweise sowohl die Aktivität als auch die Stabilität der drei Enzyme verbessert werden, wobei deren Enantioselektivität beibehalten werden sollte. Da die ursprüngliche Halohydrin-Dehalogenase durch das Produkt gehemmt wird, sollte sie zusätzlich noch unempfindlicher gegenüber Hydroxynitril gemacht werden.

Durch die Ausnutzung der hohen Selektivität der Enzyme, die Vermeidung alkalischer Nebenprodukte sowie das Recycling des zur Extraktion verwendeten Lösungsmittels kann viel Müll vermieden werden. Die zur Gewinnung der Cofaktoren benötigte Glucose ist außerdem ein erneuerbarer Rohstoff, und das anfallende Gluconat ist

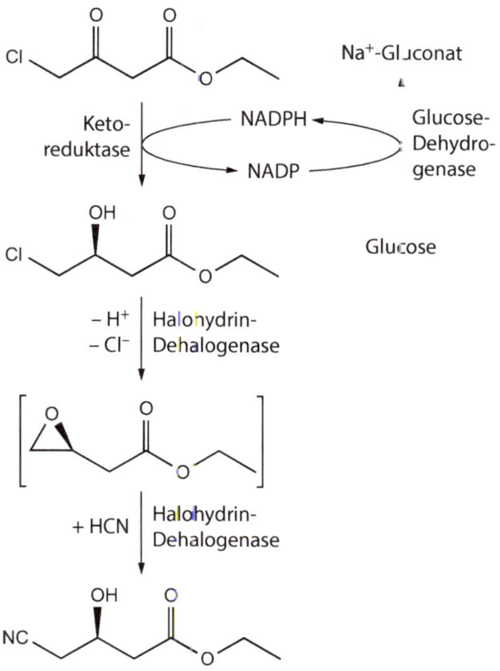

◘ **Abb. 14.9** Zweischrittige Umsetzung von Ethyl-4-chloroacetoacetat zu Hydroxynitril mit drei Enzymen

biologisch abbaubar. Insgesamt konnte durch die dreischrittige enzymatische Synthese von Hydroxynitril im Vergleich zu den Ursprungsprozessen ein grünerer Prozess entwickelt werden.

14.3.1.2 Herstellung von Cipargamin

Der Wirkstoff Cipargamin (NITD609, siehe ◘ Abb. 14.10), gehört der Klasse der Spiroindolone an, welche antiplasmoidale Aktivität aufweisen und somit potenzielle Wirkstoffe

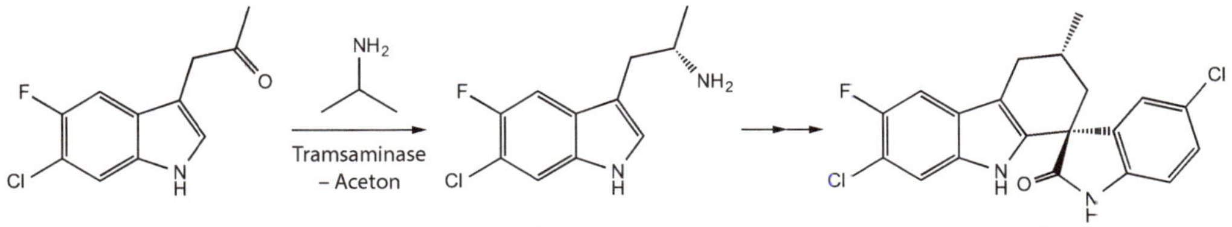

◘ **Abb. 14.10** Enzymatische Synthese des NITD609-Bausteins Tryptamin

gegen den Malariaerreger *Plasmodium falciparum* sein können. Besonders im Hinblick auf auftretende Resistenz von *Plasmodium falciparum* sind neue Wirkstoffe von Interesse. Der essenzielle chirale Baustein für diese Verbindung ist ein Tryptamin. Dieses kann biotechnologisch hergestellt werden, indem eine Transaminase eine Aminogruppe von einem Donormolekül, hier Isopropylamin, auf das Substrat überträgt. Als Koppelprodukt entsteht aus dem Isopropylamin dabei Aceton. Durch eine Reihe weiterer Schritte wird das so entstandene Tryptamin zum Wirkstoff NITD609 umgesetzt. Auch bei dieser Reaktion kommt, wie im Fall des Hydroxynitrils, eine molekularbiologisch verbesserte Enzymvariante zum Einsatz.

14.3.1.3 Herstellung von Antibiotika

β-Lactam-Antibiotika, z. B. Penicilline und Cephalosporine, machten bereits um die Jahrtausendwende 65 % des Weltmarktes an Antibiotika aus und sind weiterhin wichtig in der heutigen Medizin.

Die meisten Vertreter dieser Wirkstoffklasse sind heute semisynthetisch, d. h. von den natürlichen Vertretern abgeleitete und modifizierte Verbindungen. Die Synthesen dieser Derivate basieren auf den Bausteinen 6-Aminopenicillansäure (6-APA) und 7-Aminocephalosporansäure (7-ACA). Dementsprechend werden große Mengen dieser Vorläufermoleküle benötigt, die heute durch enzymatische Spaltung der durch Fermentation gewonnenen Naturstoffe produziert werden. 6-APA ist das Ausgangsmolekül für die industrielle Produktion vieler semisynthetischer Penicilline wie z. B. Amoxicillin und Ampicillin. ◼ Abb. 14.11 zeigt die enzymatische Herstellung von 6-APA durch die Spaltung von Penicillin G im Vergleich zu der unvorteilhaften chemischen Synthese.

Das Enzym Amidohydrolase, auch Acylase genannt, spaltet dabei unter Anlagerung von Wasser Phenylessigsäure ab, sodass 6-APA entsteht.

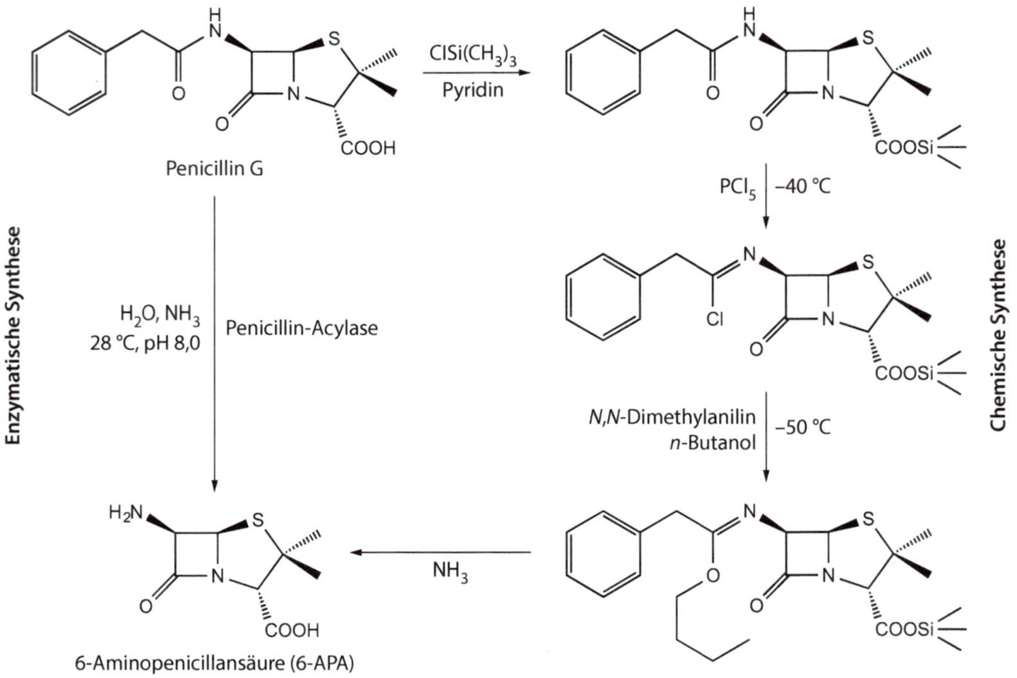

◼ **Abb. 14.11** Vergleich der chemischen und enzymatischen Hydrolyse von Penicillin G

Analog zu dieser Synthese gibt es auch enzymatische Wege zur Synthese von 7-ACA, die im Gegensatz zur chemischen Synthese bei Raumtemperatur ablaufen können, wie ◘ Abb. 14.12 zeigt.

Bei dem Standardweg sind zwei Enzyme, eine D-Aminosäure-Oxidase und eine Glutaryl-Amidase, an der Umsetzung beteiligt. Erstere oxidiert die Aminosäurenseitenkette zur α-Ketosäure, woraufhin eine spontane chemische Abspaltung von CO_2 stattfindet. Anschließend spaltet die Glutaryl-Amidase noch die nun verkürzte Seitenkette als Glutarsäure ab, und das gewünschte Produkt 7-ACA entsteht (Buchholz et al. 2012). In der Literatur wird sogar von einem einschrittigen enzymatischen Industrieprozess der Firma Sandoz berichtet. Dieser basiert auf einer modifizierten Glutaryl-Amidase, welche in der Lage ist, das komplette Cephalosporin-C-Molekül ohne

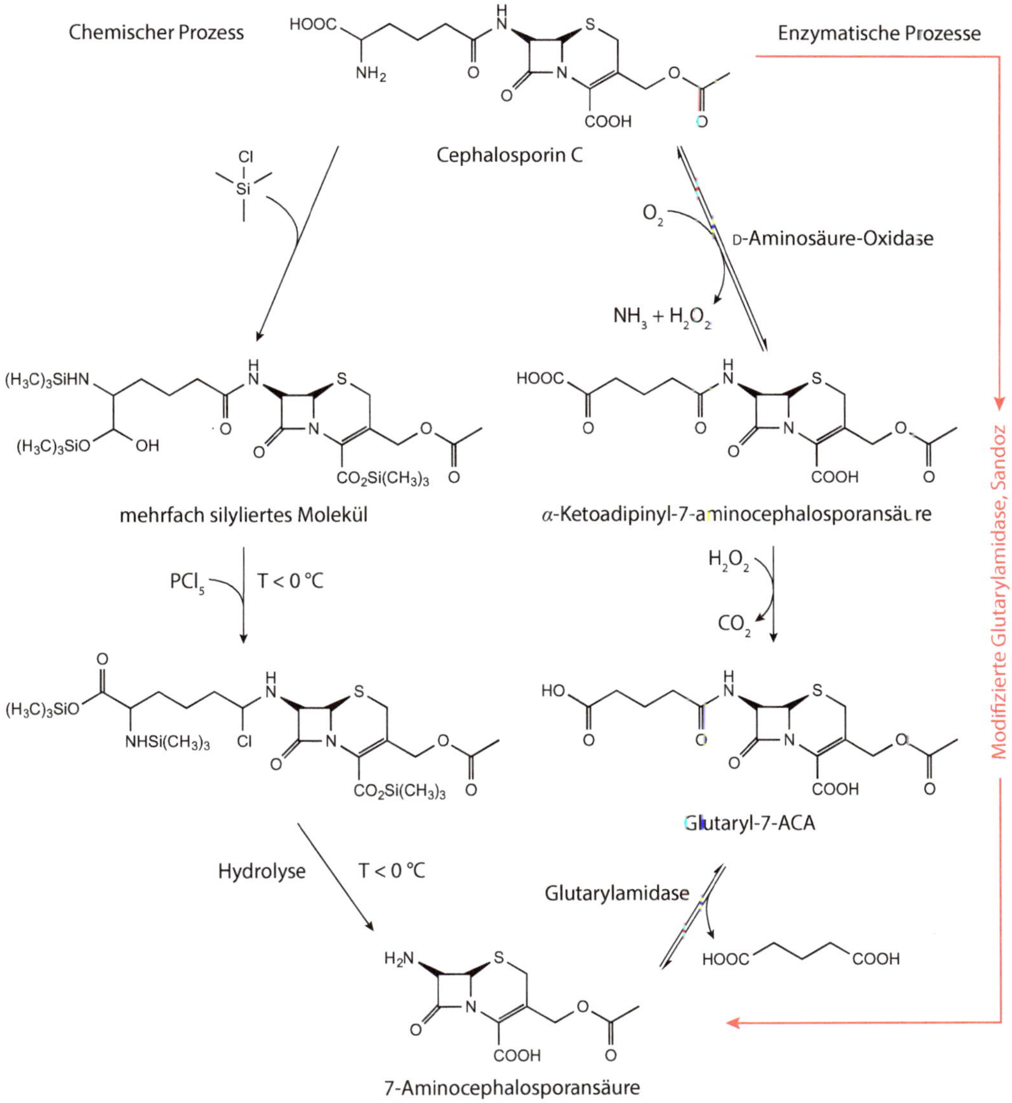

◘ **Abb. 14.12** Vergleich der chemischen und enzymatischen Hydrolyse von Cephalosporin C

vorhergehende Oxidation zu 7-ACA zu hydrolysieren (Boniello et al. 2010).

14.3.2 Enzyme in der Wirkstoffsynthese

14.3.2.1 Herstellung von Sitagliptinphosphat

Sitagliptin gehört zur Wirkstoffklasse der Dipeptidyl-Peptidase-IV-Inhibitoren und wird zur Behandlung von Typ-II-Diabetes eingesetzt. Dabei liegt bei dem Patienten ein permanent erhöhter Blutzuckerspiegel als Folge einer Insulinresistenz vor. Während des Essens werden im Gastrointestinaltrakt, stimuliert durch die Glucoseaufnahme, Inkretinhormone, wie z. B. Glucagon-like Peptid 1 (GLP-1), freigesetzt. Diese wiederum stimulieren die Freisetzung von Insulin aus der Pankreas. Nachteilig ist der rasche Abbau von GLP-1 durch das Enzym Dipeptidyl-Peptidase IV (DPP-IV). Der Wirkstoff Sitagliptin ist ein kompetitiver Inhibitor der DPP-IV, der reversibel an das Enzym bindet und somit für eine erhöhte GLP-1-Konzentration sorgt. ◘ Abb. 14.13 zeigt eine Gegenüberstellung

der chemischen und enzymatischen Syntheserouten für Sitagliptinphosphat.

Die enzymatische Route weist gegenüber der chemischen einige Vorteile auf. Bei der chemischen Synthese wird ein Rhodiumkatalysator verwendet, und es wird bei hohem Druck von 17 bar gearbeitet, um die Vorstufe Prositagliptinketon umzuwandeln. Dabei entsteht ein Gemisch mit einer optischen Reinheit von nur 97 % *ee* (Enantiomerenüberschuss), welches zudem mit Rhodiumresten verunreinigt ist und weiter aufgearbeitet werden muss. Mit einer Transaminase und dem Cofaktor Pyridoxalphosphat (PLP) kann das Prositagliptinketon direkt reduktiv aminiert werden, und aufgrund der Enantioselektivität des Enzyms erhält man ein enantiomerenreines Produkt mit 99,95 % *ee*. Dieses muss zum Schluss nur noch in sein Phosphatsalz umgewandelt werden (Savile et al. 2010). Die zuvor betrachteten Verfahren (▶ Abschn. 14.3.1) benutzen Enzyme jeweils zur Herstellung von Bausteinen für Wirkstoffe. Mit dem Sitagliptinverfahren konnte aber gezeigt werden, dass die Biokatalyse auch in Herstellprozessen auf der Stufe des API (*active pharmaceutical ingredient*) erfolgreich eingesetzt werden kann.

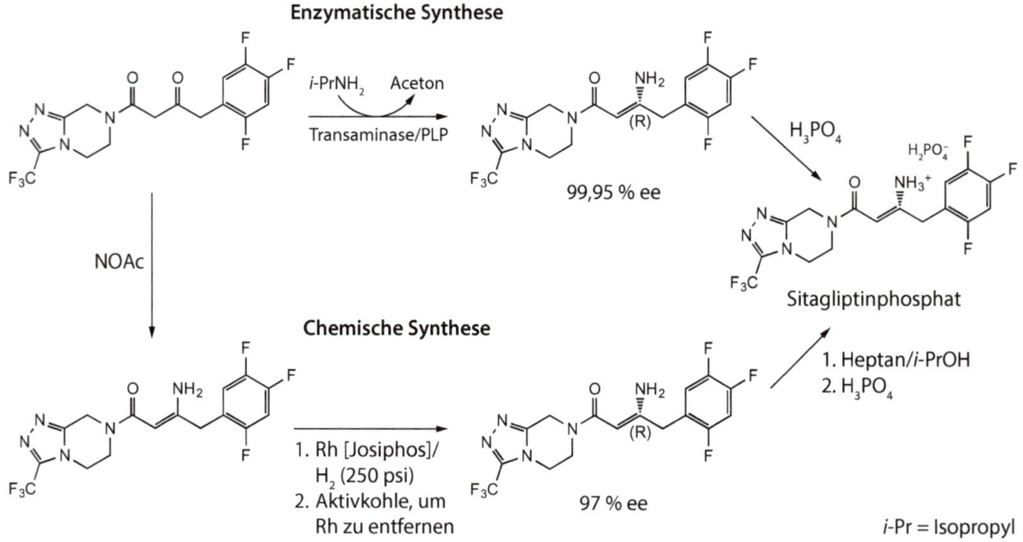

◘ **Abb. 14.13** Vergleich der chemischen und enzymatischen Synthese von Sitagliptin

14.3.3 Enzyme für Studien zum Wirkstoffmetabolismus

Bei der Entwicklung eines neuen Medikamentes müssen zu den Wirkstoffkandidaten umfangreiche Studien durchgeführt werden. Ein Teilgebiet wird hierbei als ADME bezeichnet und umfasst Studien zu Absorption, Distribution, Metabolismus und Exkretion. Dabei wird untersucht, wie der Wirkstoff in den Körper hineinkommt und wie er dort verteilt, abgebaut und ausgeschieden wird. In diesem Abschnitt werden die Rolle von Isoenzymen, die Inhibierung von metabolisierenden Enzymen, die Metabolitidentifikation sowie Prodrugs näher betrachtet.

Insbesondere beim Studium des Metabolismus sind Enzyme wichtig und werden in verschiedenen Formen seitens der pharmazeutischen Industrie eingesetzt. Die Reaktionen des Wirkstoffmetabolismus werden in zwei Phasen eingeteilt. Die Enzyme der ersten Phase sorgen für eine Funktionalisierung des Substratmoleküls, hauptsächlich Oxidationen, während die Enzyme der zweiten Phase durch Konjugationsreaktionen für die Bildung löslicher Verbindungen, die besser sezerniert werden, sorgen. ◨ Abb. 14.14 zeigt eine Übersicht der beteiligten Enzyme und ihre Lokalisierung (Schroer et al. 2010).

Die wohl wichtigsten Enzyme der zwei Phasen sind die Cytochrom-P450-Monooxygenasen (CYPs), da 75 % des Wirkstoffmetabolismus CYP-vermittelt stattfinden. Die größte CYP-Konzentration liegt in der Leber, genauer gesagt im Endoplasmatischen Retikulum der Hepatozyten, vor (Schroer et al. 2010).

14.3.3.1 Isoenzyme

Isoenzyme sind per Definition Enzyme, die sich in ihrer Primärstruktur unterscheiden, aber innerhalb einer Art die gleiche oder eine ähnliche Funktion ausführen. Aufgrund von Unterschieden in der Ladungsverteilung auf der Oberfläche kann es auch zu verschiedenen Lokalisierungen der Moleküle innerhalb der Zelle kommen. Einige Isoenzyme weisen auch Gewebe- oder Zellspezifität auf. In verschiedenen Gewebetypen dominieren unterschiedliche Isoenzyme, und im Laufe eines Lebens ändert sich auch die Zusammensetzung dieser. Es kann davon ausgegangen werden, dass jedem Isoenzym eine spezielle Rolle im Zellmetabolismus zukommt, da sie eine feine Anpassung an beispielsweise Umgebungsänderungen erlauben. Oft unterscheiden sie sich auch in ihren Eigenschaften wie z. B. dem Optimum der Substratkonzentration, der elektrophoretischen Mobilität oder der Substratspezifität. Genetisch bedingte Unterschiede in der Art und Konzentration von Isoenzymen erklären auch Anomalien im Metabolismus, die als Erbkrankheiten wahrgenommen werden, und können auch für die Empfindlichkeit einiger

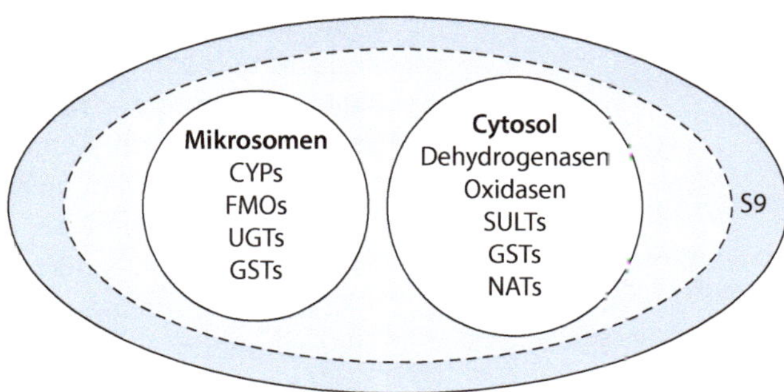

◨ **Abb. 14.14** Verteilung metabolisierender Leberenzyme. CYP = Cytochrom-P450-Monooxygenase, FMO = flavinabhängige Monooxygenase, GST = Glutathion-S-Transferase, NAT = N-Acetyltransferase, SULT = Sulfotransferase, UGT = UDP-Glucuronosyl-Transferase. (Nach Schroer et al. 2010)

Individuen gegenüber diversen Wirkstoffen verantwortlich sein. Deswegen ist es ein entscheidender Schritt in Studien zum Wirkstoffmetabolismus, herauszufinden, welches Isoenzym für den Ab- oder Umbau des Wirkstoffes zuständig ist. ◘ Tab. 14.2 nennt die sechs wichtigsten Isoenzyme der CYPs, die hauptverantwortlich für die Metabolisierung von Wirkstoffen sind, mit einer Auswahl ihrer Substrate.

Einige Wirkstoffe, z. B. Coffein oder auch das Antidepressivum Amitriptylin, können von mehreren Isoenzymen metabolisiert werden (◘ Tab. 14.2). Dies kann ein Grund für Nebenwirkungen sowie toxische und karzinogene Wirkungen von Xenobiotika sein. Zudem ist es wichtig zu wissen, von welchem Isoenzym oder welchen Isoenzymen ein Wirkstoff metabolisiert wird, um eventuelle Wechselwirkungen mit anderen Medikamenten aufzudecken.

Isoenzyme können auch bei der Identifikation von Krebszellen hilfreich sein. Neue Muster in der Isoenzymverteilung treten vor allem auf, wenn voll differenzierte Zellen eine maligne Umwandlung zu Tumoren vollziehen. Demnach können Isoenzyme zur Bestimmung der Gut- oder Bösartigkeit eines Tumors herangezogen werden. Ein konkretes

Beispiel dafür ist die Anwendung des Pyruvatkinase-Isoenzyms Pyruvatkinase M2 als Tumorstoffwechselmarker im Stuhl. Die normale Pyruvat-Kinase (PK) ist ein glykolytisches Enzym, welches Phosphoenolpyruvat unter Freisetzung energiereichen ATPs und GTPs zu Pyruvat umwandelt. Dadurch wird die Zellproliferation stimuliert. In normalen Zellen gibt es folgende gewebsspezifische Isoenzyme der PK: M1-PK in Muskel- und Hirngewebe, L-PK in Leber- und Nierengewebe sowie R-PK in Erythrozyten. Die tumorspezifische Variante heißt M2-PK und wird in Tumoren in sehr viel größerem Maß synthetisiert als die nativen Isoenzyme der PK. Über enzymatische Tests von Stuhlproben auf ihre M2-PK-Konzentration hin können also aufgrund ihrer Tumorspezifität Darmtumoren frühzeitig diagnostiziert werden.

14.3.3.2 Inhibierung

Die Inhibierung von wirkstoffmetabolisierenden Enzymen führt zu einer erhöhten Wirkstoffkonzentration im Blut, was wiederum zu schweren toxischen Nebenwirkungen führen kann. Aufgrund dessen ist die Inhibierung dieser Enzyme von großem klinischem Interesse. Inhibitoruntersuchungen können daher genutzt werden, um bestimmte Isoformen als verantwortliche Enzyme im Metabolismus auszuschließen. Andererseits wird im Rahmen der vorklinischen Studien überprüft, ob ein Wirkstoffkandidat wichtige metabolisierende Enzyme inhibiert. Damit können negative Folgen von Komedikationen verhindert werden. Wie bereits in ► Kap. 4 erläutert, existieren verschiedene Arten der Enzymhemmung. Kompetitive Hemmung tritt vor allem bei Cytochrom-P450-Monooxygenasen auf, die mehrere Substrate verwerten können und bei denen auch diverse Kosubstrate miteinander konkurrieren. Dabei sinkt die Hemmung mit steigender Substratkonzentration. Ein bekannter P450-Inhibitor, und somit auch Inhibitor des Wirkstoffmetabolismus, ist Cimetidin. Es interagiert mit unterschiedlicher Affinität mit verschiedenen P450-Isoenzymen. Es existieren auch Assays,

◘ **Tab. 14.2** Die wichtigsten sechs Cytochrom-P450-Isoenzyme mit einer Auswahl ihrer Substrate

Enzym	Substrate
CYP1A2	Amitriptylin, Coffein, *(R)*-Warfarin, Propanolol
CYP2C9	Amitriptylin, Diclofenac, *(S)*-Warfarin, Naproxen
CYP2C19	Amitriptylin, Diazepam, Omeprazol, Citalopram
CYP2D6	Amitriptylin, Codein, Methadon, Propanolol
CYP2E1	Ethanol, Coffein, Acetaminophen
CYP3A4/5	Amitriptylin, Cyclosporin, Coffein, Codein

mit denen die IC$_{50}$, die Konzentration, die die Enzymaktivität auf 50 % senkt, bezogen auf Cytochrom P450 für verschiedene Verbindungen bestimmt werden kann. Des Weiteren kann bestimmt werden, ob es sich bei der auftretenden Hemmung durch die getestete Substanz zu reversible oder irreversible Hemmung handelt.

14.3.3.3 Metabolit-Identifikation

Die Synthese von Wirkstoffmetaboliten ist einerseits von Interesse, um diese zur Charakterisierung von Wirkstoffkandidaten oder als Referenzverbindungen bei der Aufklärung des Metabolismus des Wirkstoffkandidaten zu nutzen. Andererseits dienen Wirkstoffmetabolite der Untersuchung von Toxizität, biologischer Aktivität sowie Wirkstoff/Wirkstoff-Interaktionen. Auch können vom Wirkstoffkandidaten abgeleitete Metabolite neue oder modifizierte biologische Eigenschaften haben und damit selber Ausgangspunkt für eine Wirkstoffentwicklung sein. Die chemische Synthese von Wirkstoffmetaboliten besteht oftmals aus vielen Schritten inklusive dem Anbringen und Entfernen von Schutzgruppen. Demgegenüber hat die biokatalytische Synthese häufig Vorteile. Die rekombinante Expression der menschlichen wirkstoffmetabolisierenden Enzyme in Mikroorganismen und deren Einsatz als Ganzzell-Biokatalysatoren ist eine elegante Methode zur Produktion größerer Mengen an Wirkstoffmetaboliten, insbesondere für Phase-I-Metabolite.

14.3.3.4 Prodrugs

Bei einem Prodrug handelt es sich um ein pharmakologisch inaktives, reversibles Derivat eines Wirkstoffes, welches *in vivo* entweder enzymatisch oder chemisch in das aktive Wirkstoffmolekül umgewandelt werden kann. Dieses Prinzip kann dazu genutzt werden, um vor allem unerwünschte physikochemische Eigenschaften des Wirkstoffes temporär zu verändern. Bei diesen problematischen Eigenschaften kann es sich beispielsweise um eine geringe orale Bioverfügbarkeit, schlechte Wasser- oder Fettlöslichkeit, chemische Instabilität oder Toxizität, aber auch um fehlende Ortsspezifität oder schlechte Patientenakzeptanz aufgrund von schlechtem Geruch oder Geschmack des Wirkstoffes handeln. Viele dieser Probleme können mithilfe von Prodrugs umgangen werden.

Ein anschauliches Beispiel für die enzymatische Umwandlung eines Prodrugs in die aktive Form ist das Antihistaminikum Fexofenadin, welches die Blut-Hirn-Schranke nur geringfügig überwinden kann. Sein Derivat Terfenadin, der Vorläufer, hingegen kann diese schnell passieren. Im Körper wird Terfenadin zu Hydroxyl-Terfenadin metabolisiert und durch CYP3A4 in die pharmazeutisch aktive Form Fexofenadin umgewandelt.

14.3.4 Enzyme in der Naturstoffsynthese

Naturstoffe sind als niedermolekulare chemische Verbindungen definiert, die von biologischen Organismen synthetisiert wurden (Breinbauer et al. 2002). Im Laufe der Zeit haben sie sich als sehr gute Quelle krankheitsregulierender Wirkstoffe hervorgetan und spielen heute noch wichtige Rollen in der medizinischen Chemie und der pharmazeutischen Wirkstoffentwicklung. Ihre ausgeprägte biologische Aktivität wird allerdings dadurch aufgewogen, dass sie sowohl während ihrer Biosynthese als auch während ihrer biologischen Aufgabe mit Proteinen als Substrate und Ziele interagieren.

Evans et al. von Merck definierten Ende der 1980er-Jahre den Terminus der privilegierten Struktur. Damit beschrieben sie Substanzklassen, die an diverse Proteinrezeptoroberflächen binden können. Davon abgeleitete oder inspirierte Substanzklassen können als biologisch relevant angesehen werden und sind wertvolle Startpunkte für die medizinische Chemie. Um sowohl die Bindungsaffinität als auch die Selektivität dieser Naturstoffe zu optimieren, müssen Änderungen an der Grundstruktur vorgenommen

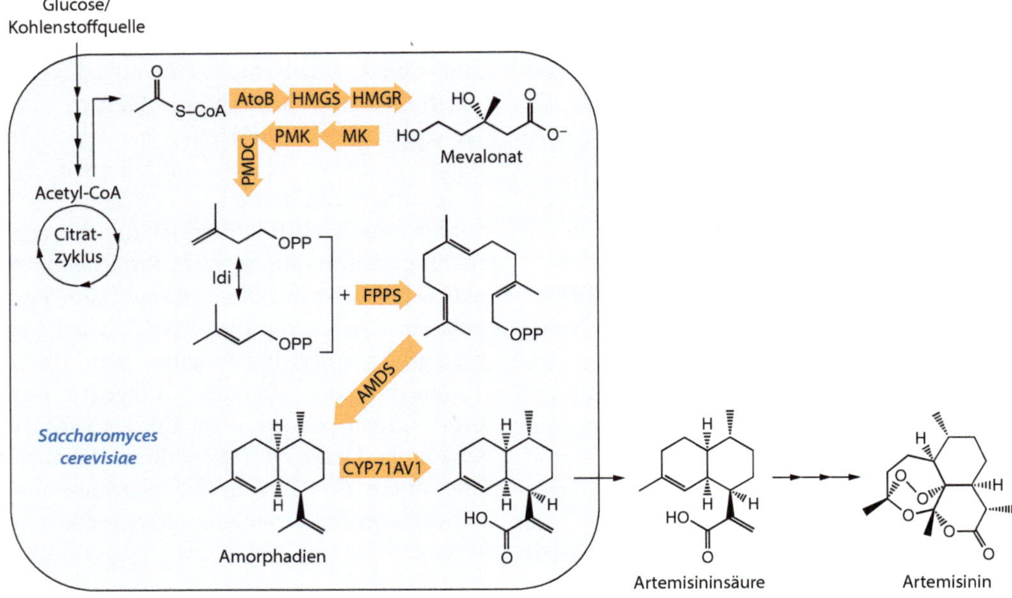

◼ **Abb. 14.15**   Produktion von Artemisininsäure mit *Saccharomyces cerevisiae*

und Derivate des Naturstoffs entwickelt werden (Breinbauer et al. 2002). Für diese Modifizierung einer komplexen Grundstruktur sind Enzyme geeignete Werkzeuge.

14.3.4.1 Herstellung von Artemisinin

Trotz enormer Fortschritte in der organischen Synthesechemie können nicht alle Naturstoffe ökonomisch über komplette chemische Synthese hergestellt werden. Auch eine Gewinnung von Naturstoffen aus der Aufarbeitung herkömmlicher Pflanzen ist meist nicht ergiebig genug. Eine Alternative bietet die synthetische Biologie, d. h. das Einbringen komplett neuer biologischer Synthesewege in Mikroorganismen, Pilze, Pflanzen oder auch Tiere. Ein Beispiel für die Anwendung synthetischer Biologie ist Artemisinin, welches ein Sesquiterpen und ein potenter Wirkstoffvorläufer für ein Antimalariamedikament ist. In der Natur wird die Substanz von der Pflanze *Artemisia annua,* dem Einjährigen Beifuß, produziert und ist in der traditionellen chinesischen Medizin bereits seit Jahrhunderten bekannt. Die rein pflanzliche

Herstellung des Wirkstoffes ist aufgrund von Wettereinflüssen und Ernteausfällen mit einer unsteten Versorgung verbunden. Daher bietet sich eine semisynthetische Produktion von Artemisinin an, bei der das Vorläufermolekül Artemisininsäure biotechnologisch hergestellt und anschließend chemisch in Artemisinin umgewandelt wird. Industriell wird dieser Prozess, der die Selektivität sowie die Regio- und Enantioselektivität von Enzymen aus verschiedenen Organismen ausnutzt, mit *Saccharomyces cerevisiae* von Sanofi eingesetzt. ◼ Abb. 14.15 zeigt die enzymatische Herstellung von Artemisininsäure. Der wichtigste Schritt ist dabei die Cyclisierung von Farnesyldiphosphat durch die Amorpha-4,11-dien-Synthase zu Amorpha-4,11-dien. Im Anschluss wird dieses von CYP71AV1, einer Cytochrom-C-P450-Monooxygenase, zu Artemisininsäure oxidiert. Sämtliche Schritte bis zum Intermediat Farnesyldiphosphat werden von Enzymen der Hefe durchgeführt, während die Folgeschritte bis zur Artemisininsäure von pflanzlichen Enzymen aus *Artemisia annua,* die in die Hefe eingebracht worden sind, katalysiert werden.

Das Intermediat wird nach der Biosynthese in einigen Schritten chemisch zu Artemisinin umgewandelt. Es gibt auch weitere Prozesse, die *Escherichia coli* als Produzenten verwenden und dafür neben den eigenen Genen auch noch Gene für Enzyme aus *Saccharomyces cerevisiae*, *Staphylococcus aureus* und *Artemisia annua* nutzen. Neben Artemisinin gibt es auch Ansätze andere komplexe Moleküle wie z. B. Taxol über synthetische Biologie herzustellen.

14.3.4.2 Enzyme zur Modifizierung komplexer Strukturen

Bei der *late stage functionalization* (LSF) werden die eigentlich reaktionsträgen C–H-Bindungen als funktionelle Gruppen angesehen, die als Ansatzpunkte für potenzielle Diversifizierung gelten, um neue Analoga bestehender Leitstrukturen zu generieren, ohne auf *De-novo*-Synthese zurückgreifen zu müssen. Dieser Ansatz ist besonders vorteilhaft, da er zusätzlich schnellen Zugang zu vermeintlichen Wirkstoffmetaboliten für beispielsweise ADME-Studien bietet.

Modifizierende Enzyme, sog. *tailoring enzymes,* erhöhen bereits in der Natur die Vielfalt der Naturstoffe, indem sie die Naturstoffgerüste mit funktionellen Gruppen versehen. Oft sind die funktionellen Gruppen für die auftretende biologische Aktivität der Endverbindung verantwortlich. Beispiele für nachträgliche enzymatische Modifikationen sind chemo- und regioselektive Cyclisierungen, Redoxreaktionen, Halogenierungen, Glykosylierungen sowie Alkylierungen und Acylierungen. Zur industriellen Verwendung müssen die natürlichen Enzyme noch optimiert werden, was durch *protein engineering* geschieht. Dabei werden vor allem die katalytische Aktivität verbessert und die Substratspezifität erweitert, um auch die Umsetzung von unnatürlichen Substraten zu ermöglichen.

Als Beispiele sind terminale Thioesterasen zu nennen, die regioselektiv Makrocyclisierungen von linearen nichtribosomalen Peptiden (NRPs) durchführen. Solche regioselektiven Makrocyclisierungen sind synthetisch schwierig, allerdings für die Bioaktivität der NRPs notwendig.

Ein weiteres Beispiel für enzymatische LSF ist die diastereoselektive Hydroxylierung von Milbemycin A_4 durch den Actinomyceten *Streptomyces violascens*. Als Nebenprodukt entsteht das Epoxid der Verbindung. Des Weiteren kann der Pilz *Cunninghamella elegans* Dianilinophthalimide ein- und auch zweifach hydroxylieren, wodurch Metabolite für biologische und pharmakologische Studien zugängig gemacht werden (Schmid und Urlacher 2007).

14.3.5 Enzyme als Wirkstoffe

Enzyme können allerdings auch selbst den Wirkstoff eines Medikaments darstellen. Zunächst ist das Ananasenzym Bromelain als Beispiel zu nennen. Es gehört einer Gruppe proteolytischer Enzyme an, die über eine sehr geringe Toxizität verfügen und zur Behandlung von Entzündungen und zur Auflösung von Blutgerinnseln eingesetzt werden, z. B. als Zusätze bei Radiotherapien oder Operationen, um Ödemen vorzubeugen und die Wundheilung zu verbessern.

Andere Beispiele sind Lactasekapseln, die β-Galactosidase enthalten, sowie die Urat-Oxidase. Erstere dient der Spaltung des Milchzuckers in Glucose und Galactose und wird lactoseintoleranten Patienten verschrieben. Letztere baut Harnsäure im Körper ab und findet bei Hyperurikämie Einsatz, also gichtähnlichen Nebenwirkungen von Chemotherapien.

Weitere Therapien mit Enzymen als Wirkstoffen sind bereits in Entwicklung. Phenylketonurie ist eine vererbbare Stoffwechselerkrankung, bei der toxische Konzentrationen an Phenylalanin zu mentaler Retardierung führen. Eine Behandlungsmöglichkeit bietet das Enzym Phenylalanin-Ammoniak-Lyase (PAL), welches Phenylalanin in nichttoxische *trans*-Zimtsäure und Ammoniak metabolisiert. Die geringen Ammoniakmengen können im Körper zu Harnstoff umgesetzt werden. Präklinische Studien mit Mäusemodellen für dieses Enzym als Wirkstoff waren vielversprechend und zeigten sowohl im Gehirngewebe als auch in den Blutgefäßen verringerte Phenylalaninkonzentrationen und verringerte Manifestation der Symptome.

14.4 Fazit

Sowohl in der chemischen als auch in der pharmazeutischen Industrie werden Enzyme heutzutage vielfältig genutzt, von der Synthese chiraler Spezialchemikalien und Bausteinen bis zu großvolumigen Basischemikalien und finalen Wirkstoffen. Zusätzlich sind sie vielfältige Werkzeuge der Wirkstoffforschung und -entwicklung. Unter anderem durch Fortschritte bei der Proteinoptimierung und den Trend zum Rohstoffwandel in der chemischen Industrie ist anzunehmen, dass die Bedeutung der Enzyme in beiden Industriezweigen weiter zunehmen wird.

Literatur

Ashina, Y., Suto, M., Endo, T. (2010) Nitrile Hydratase. Encyclopedia of Industrial Biotechnology, John Wiley & Sons, Hoboken

Bommarius, A. S., Riebel, B. (2004) Biocatalysis, Wiley-VCH Verlag GmbH, Weinheim

Boniello, C., Mayr, T., Klimant, I., Koenig, B., Riethorst, W., Nidetzky, B. (2010) *Biotechnol. Bioeng.*, *106 (4)*, 528–540

Breinbauer, R., Vetter, I. R., Waldmann, H. (2002) Angew. Chem. Int. Ed., *41 (16)*, 2878

Buchholz, K., Kasche, V., Bornscheuer, U. T. (2012) Biocatalysts and Enzyme Technology, 2. Aufl., Wiley-VCH Verlag GmbH, Weinheim

Buchner, E. (1897) Ber. Dtsch. Chem. Ges., *30*, 117–124

Grunwald, P. (Hrsg.) (2015) Industrial Biocatalysis, Pan Stanford Publishing Pte. Ltd., Singapur

Ladkau, N., Assmann, M., Schrewe, M., Julsing, M. K., Schmid, A., Bühler, B. (2016) *Metab. Eng.*, *36*, 1–9

Liese, A., Seelbach, K., Wandrey, C. (Hrsg.) (2006) Industrial Biotransformations, 2. Aufl., Wiley-VCH Verlag GmbH, Weinheim

Marschall, L. (2000) Im Schatten der chemischen Synthese. Industrielle Biotechnologie in Deutschland (1900–1907), Campus Verlag, Frankfurt a. M.

Neuberg, C., Hirsch, J. (1921) *Biochem. Z.*, *115*, 282–310

Peterson, D.H., Murray, H.C., Eppstein, S. H., Reineke, L. M., Weintraub, A., Meister, P. D., Leigh, H. M. (1952) *J. Am. Chem. Soc. 74*, 5933–5396

Reichstein, T., Grüssner, A. (1934) *Helv. Chem. Acta, 17*, 311–328

Savile, C. K., Janey, J. M., Mundorff, E. C., Moore, J. C., Tam, S., Jarvis, W. R., Colbeck, J. C., Krebber, A., Fleitz, F. J., Brands, J., Devine, P. N., Huisman, G. W., Hughes, G. J. (2010) *Science, 329 (5989)*, 305–309

Schmid, R. D., Urlacher, V. B. (2007) *Modern biooxidation: Enzymes, reactions and applications*, Wiley-VCH, Weinheim

Schroer, K., Kittelmann, M., Lütz, S. (2010) *Biotechnol. Bioeng., 106 (5)*, 699

Sheldon, R. A. (2008) *Chem. Commun.* 3352–3365

Syldatk, C., Hauer, B., May, O. (2001) *Biospektrum* 2.01., 145–147

Weizmann, C. (1919) US Patent 1.315.585

14

Enzyme zum Abbau von Biomasse

Christin Cürten und Antje C. Spieß

© Springer-Verlag GmbH Deutschland, ein Teil von Springer Nature 2018
K.-E. Jaeger, A. Liese, C. Syldatk (Hrsg.), *Einführung in die Enzymtechnologie*,
https://doi.org/10.1007/978-3-662-57619-9_15

Zusammenfassung

Die enzymatische Hydrolyse im Rahmen eines Bioraffinerieprozesses spielt eine Schlüsselrolle in der Umwandlung lignocellulosehaltiger Biomasse in Zucker, die wiederum als Substrate für die Fermentation zu Chemikalien oder Kraftstoffen eingesetzt werden. Dabei beschreibt Abschn. 15.1 die Zusammensetzung der Lignocellulose aus Cellulose, Hemicellulose und Lignin und deren Einfluss auf die Hydrolyse. Cellulose wird durch von Pilzen sekretierte Cellulasen in das Monomer Glucose abgebaut (Abschn. 15.2), während Hemicellulose und Lignin durch Hemicellulasen und Ligninasen abgebaut werden (Abschn. 15.3). Die Wahl eines geeigneten Enzymcocktails hängt von der Zusammensetzung der Biomasse ab und diese wiederum von den Vorbehandlungsverfahren (Abschn. 15.4). Abschließend werden besondere Herausforderungen am Beispiel einer Ethanolbioraffinerie aufgezeigt (Abschn. 15.5).

Im Hinblick auf schwindende fossile Kohlenstoffquellen und einen steigenden Bedarf an Treibstoffen und Chemikalien wird die Nutzung von Lignocellulose, d. h. hölzerner Biomasse, wichtiger. Im Gegensatz zur Verwertung von stärke- oder ölhaltiger Biomasse steht die Verwertung von Lignocellulose, z. B. Stroh und Gras, nicht in direkter Konkurrenz zur Nahrungsmittelgewinnung, sondern sie kann neben dem Einsatz als Einstreu im Stall, als Futtermittel oder als Erosionsschutz auf dem Feld auch als Rohstoff zur Verfügung stehen. In der Kaskadennutzung werden Rohstoffe erst nach ihrer Verwendung im Stall oder auf dem Feld weiterverwertet. Neben den Agrarabfällen Stroh und Gras umfasst Lignocellulose auch Hart- und Weichhölzer sowie Papierabfälle.

Aus dieser Biomasse werden mittels enzymatischer Hydrolyse ihre Zuckerbausteine abgespalten, mit dem Ziel, möglichst hohe Zuckerkonzentrationen im Hydrolysat zu erreichen. Die Hydrolysate können im Weiteren zu Ethanol oder anderen Basischemikalien

fermentiert werden. Damit ist Lignocellulose die Basis für Biokraftstoffe der zweiten Generation sowie Ausgangsstoff für die Produktion von Chemikalien und wird im Folgenden in ihrer strukturellen Zusammensetzung als Substrat vorgestellt (Van Dyk und Pletschke 2012).

15.1 Zusammensetzung der Biomasse

Lignocellulose befindet sich in den Zellwänden der Pflanzenzelle und besteht aus Makrofibrillen mit einem Durchmesser von 1025 nm, die wiederum Cellulosemikrofibrillen enthalten (◘ Abb. 15.1). Im Zwischenraum der Mikrofibrillen befinden sich Lignin und Hemicellulose.

Die Mikrofibrillen bestehen aus Cellulosefasern und machen mit etwa 50 % den größten Massenanteil der Biomasse aus. Darauf folgen Lignin mit 25 % und Hemicellulose mit etwa 20 %. Die restlichen 5 % sind Pectin und mineralische Bestandteile. Die Zusammensetzung der Biomasse variiert jedoch zum Teil stark je nach Pflanzenart, Funktion des Pflanzenteils, Anbaubedingungen sowie -region und Düngemitteleinsatz (Van Dyk und Pletschke 2012). Der Aufbau und die Funktion der Polymere aus Biomasse sind im Folgenden dargestellt.

15.1.1 Cellulose

Cellulose ist ein langkettiges, unverzweigtes Polysaccharid, das aus Glucoseeinheiten besteht, die durch eine glykosidische β-1,4-Bindung miteinander verbunden sind. Etwa 24 Cellulosestränge lagern sich jeweils zu dicht gepackten Mikrofibrillen zusammen. Zwischen den einzelnen Cellulosesträngen führen Wasserstoffbrückenbindungen zu einer meist kristallinen Struktur. Cellulose kann in Bereichen allerdings auch weniger geordnet, also amorph, vorliegen. Der Grad der Kristallinität lässt sich mit dem Kristallinitätsindex (CrI) beschreiben. Dieser wird mithilfe von Röntgenbeugung, Kernspinresonanz (NMR) oder dynamischer

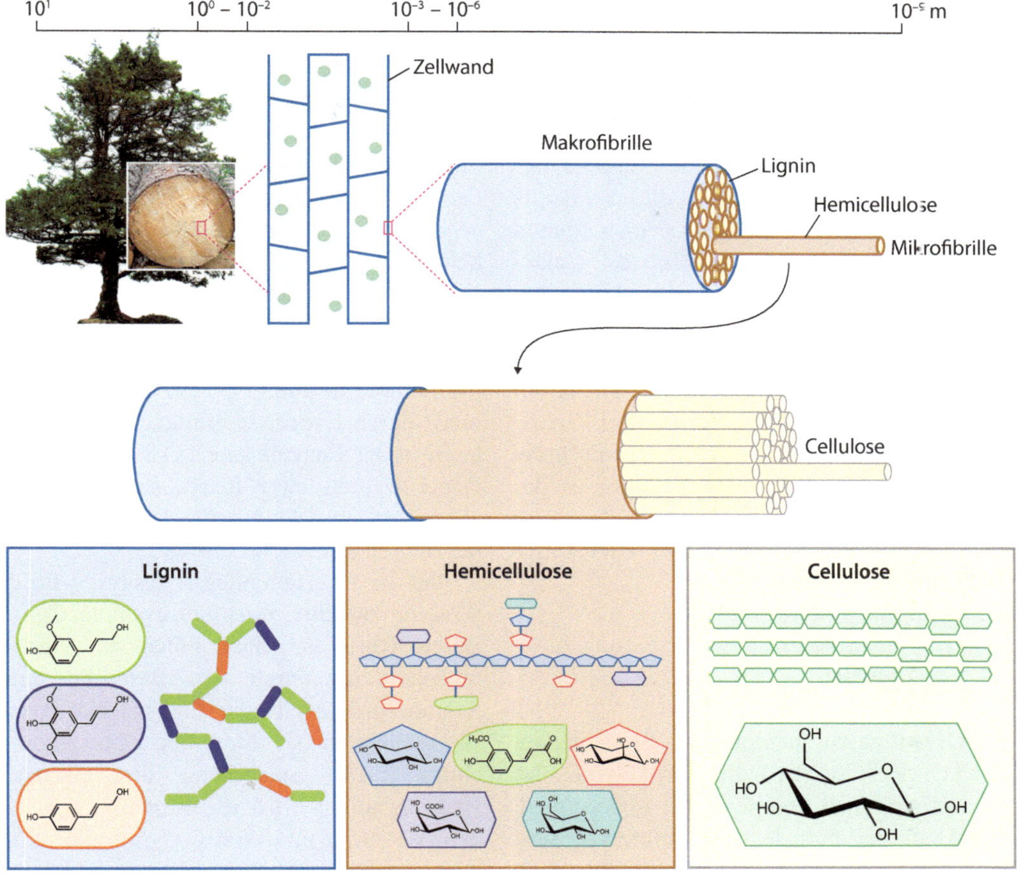

Abb. 15.1 Vorkommen und Aufbau lignocelluloser Biomasse sowie Struktur der drei Hauptbestandteile Cellulose, bestehend aus Glucose, Hemicellulose, bestehend aus Xylose, Arabinose, Glucuronsäure, Galactose und Ferulasäure, und Lignin, bestehend aus Coniferylalkohol, p-Coumarylalkohol und Sinapylalkohol

Differenzkalorimetrie bestimmt. Die Länge von Cellulosefasern ist durch die Anzahl der Glucosemonomere bestimmt. Diese Anzahl wird Polymerisationsgrad genannt und schwankt je nach Biomasse zwischen 10.000 und 15.000 (Agbor et al. 2011; Payne et al. 2015).

15.1.2 Hemicellulose

Hemicellulose ist wie Cellulose ein Polysaccharid, jedoch ist Hemicellulose verzweigt und hat einen deutlich geringeren Polymerisationsgrad. Die Grundbausteine der Hemicellulose sind Pentosen (Xylose und Arabinose) sowie Hexosen (Galactose, Glucose und Mannose). Diese Bausteine sind Grundlage für die Nomenklatur, z. B. wird Hemicellulose mit einem hohen Xyloseanteil Xylan genannt. Überwiegen die zwei Bausteine Xylose und Mannan, führt das zum Namen Xylomannan. Die Zusammensetzung der Hemicellulose variiert je nach Pflanzenart. So tritt Glucuronoarabinoxylan vorwiegend in Gräsern, Galactoglucomannan in Weichholz und 4-O-Methylglucuronoxylan vor allem in Harthölzern auf. Die Hemicellulosen umlagern die Cellulose, wie in Abb. 15.1 dargestellt (Himmel et al. 2007).

15.1.3 Pectin

Pectin ist ähnlich wie Hemicellulose ein verzweigtes Polysaccharid und macht 0,5–4 % des frischen Pflanzengewichts aus. Bausteine der Hauptkette sind Galacturonsäure und Rhamnose. Von dieser Hauptkette gehen Seitenketten aus verschiedenen Kombinationen von Arabinose, Galactose, Xylose und Fucose aus. Vereinzelt sind auch veresterte Methylgruppen sowie Acetylierungen enthalten. Pectin tritt vor allem in zähen unverholzten Pflanzenteilen auf. Besonders reich an Pectin sind Zitrusfrüchte sowie Zuckerrüben. Pectin befindet sich wie Hemicellulose und Lignin in der Matrix zwischen den Mikrofibrillen und übernimmt die Aufgabe eines Klebstoffes (Himmel et al. 2007).

15.1.4 Lignin

Im Gegensatz zu allen anderen Bestandteilen der Lignocellulose ist Lignin ein Polymer, das aus aromatischen Komponenten aufgebaut ist. Die Hauptbestandteile sind Coniferyl-, Synapyl- und *p*-Coumarylalkohol (Abb. 15.1). Diese drei Untereinheiten bilden ein weit verzweigtes hydrophobes Netz.

Dieses Netz ist die Matrix, in der sich Cellulosemikrofibrillen, Hemicellulose sowie Pectin befinden. Lignin ist hydrophob und schwer abbaubar. Das hat zur Folge, dass die eher hydrophile Cellulose und Hemicellulose vor Umwelteinflüssen und Mikroorganismen geschützt sind. Dieser Schutzmechanismus macht eine Vorbehandlung (▶ Abschn. 15.4) für eine Verwertung der Biomasse erforderlich. Die Verwertung des resultierenden Lignins ist jedoch eine Herausforderung. Aufgrund der aromatischen Funktionalität von Lignin ist eine nicht ausschließlich thermische Verwertung attraktiv (Roth und Spiess 2015).

Im Folgenden wird auf die Enzyme zum Cellulose-, Hemicellulose- und potenziellen Ligninabbau eingegangen.

15.2 Cellulasen

Cellulasen sind Enzyme, die zum Abbau von Cellulose beitragen. Die Reaktionsmechanismen von Pilz-Cellulasen wurden ursprünglich während des Zweiten Weltkriegs von der US Army untersucht, da Ausrüstungsgegenstände auf Baumwollbasis durch Pilzbefall in Mitleidenschaft gezogen wurden. Infolge der Ölpreiskrise liegt das Augenmerk der Forschung seit den 1970er-Jahren auf ihrem Potenzial zum Abbau von Biomasse (Montenecourt 1983). Da der Biomasseabbau meist durch Hydrolyse erfolgt, werden Cellulasen in der Enzymklasse EC 3.2 klassifiziert. Dabei werden zwei Reaktionsmechanismen unterschieden: Die invertierende und die beibehaltende Hydrolyse (Abb. 15.2).

Bei der invertierenden Hydrolyse wird die Bindung zwischen zwei Glucosemolekülen in einem Schritt gespalten, indem ein Wassermolekül, das durch den Basenrest einer Aminosäure (AS 1) des Enzyms ein Proton verloren hat, das C1-Atom nucleophil angreift. Durch diese Anlagerung des erzeugten Hydroxylanions wird die Bindung zwischen dem C1-Atom und dem β-O-Atom der Cellulose geschwächt. Hinzu kommt, dass eine Säuregruppe (AS 2) des Enzyms ein weiteres Proton liefert, um die Bindung endgültig zu brechen. Nach einer solchen Reaktion sind die Lage der Base und der Säure des Enzyms aufgrund der Protonenübertragung getauscht, also invertiert (Payne et al. 2015).

Bei der beibehaltenden Hydrolyse verändert sich die die funktionale Gruppe der katalytischen Aminosäuren im aktiven Zentrum des Enzyms vor und nach der Reaktion nicht; allerdings benötigt die Reaktion zwei Schritte. Im ersten Schritt greift die Base (AS 1) des Enzyms das C1-Atom an, während der Säurerest ein Proton liefert (AS 2). Das führt zu einem Bruch der Bindung zum restlichen Cellulosestrang, während sich ein Glykosyl-Enzym-Komplex bildet. Im zweiten Schritt löst das Eintreten eines Wassermoleküls in das aktive Zentrum den Komplex, indem es das C1-Atom nucleophil angreift und dem

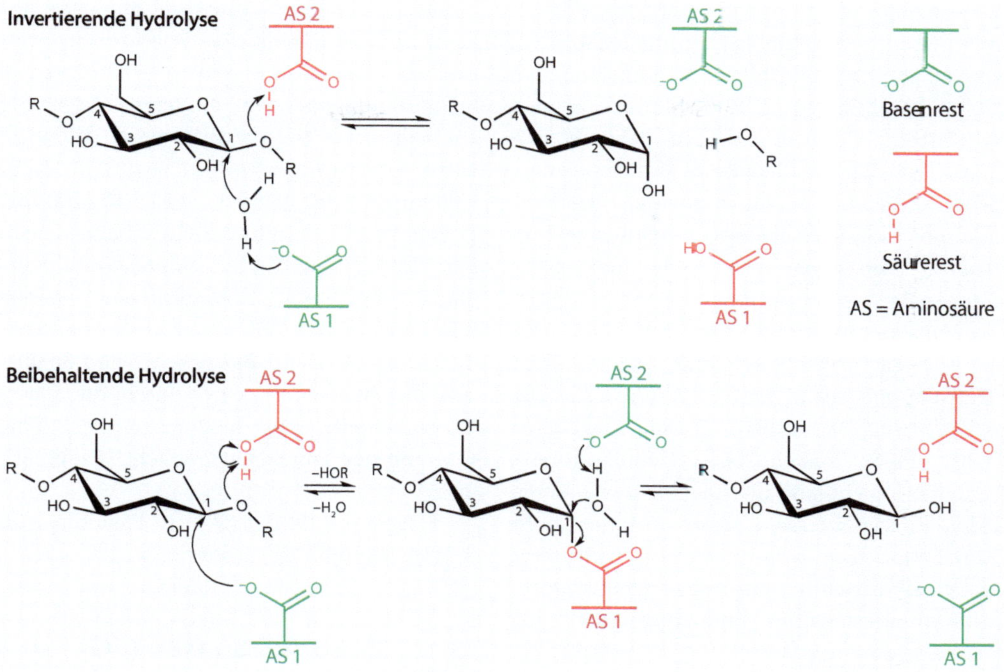

Invertierende Hydrolyse

Beibehaltende Hydrolyse

Basenrest

Säurerest

AS = Aminosäure

AS 1   AS 2

◻ Abb. 15.2   Reaktionsmechanismen der invertierenden und der beibehaltenden Hydrolyse. (Modifiziert nach Payne et al. 2015)

Basenrest (AS 2) ein Proton hinzufügt (Payne et al. 2015).

Da es sich bei der Cellulosehydrolyse um eine heterogene Oberflächenreaktion handelt, beeinflusst das Bindungsgleichgewicht der Enzyme an die Cellulose die Reaktionsgeschwindigkeit. Der Reaktionsmechanismus für die Cellulosehydrolyse lässt sich in fünf Schritte einteilen:

1. Adsorption der Cellulase an den Cellulosestrang
2. Aufbrechen der kristallinen Struktur der Mikrofibrille des angegriffenen Cellulosestrangs
3. Hydrolyse der Cellulosekette
4. Freisetzung der Cellobiose durch die Cellulase
5. Lösen und Desorption der Cellulase vom Cellulosestrang

Um zu verhindern, dass sich das aktive Zentrum jedes Mal wieder vom Substrat löst, besitzen die meisten Cellulasen ein Kohlenhydrat-Bindungsmodul (CBM). Dieses ist durch ein Verbindungspeptid mit dem eigentlichen katalytischen Modul verbunden. Es bindet an den Cellulosestrang und ermöglicht dem Enzym, nach der Hydrolyse und der Freigabe des Produkts auf dem Cellulosestrang weiterzugleiten und so mehrere Spaltungen hintereinander durchzuführen. Damit erhöht ein CBM die Prozessivität, also die Fähigkeit, mehrere Spaltungen nacheinander durchzuführen, und damit die Cellulaseaktivität (Payne et al. 2015).

Cellulose wird von Cellobiohydrolasen (CBH), Endoglucanasen (EG) und β-Glucosidasen (BG) hydrolysiert. Dabei spaltet die Cellobiohydrolase jeweils Cellobioseeinheiten von den Enden eines Cellulosestrangs ab. Endoglucanasen können Cellulosestränge in amorphen Bereichen schneiden, da die Cellulose dort weniger dicht gepackt und somit besser angreifbar ist.

Da sowohl Endoglucanasen als auch Cellobiohydrolasen von Cellobiose inhibiert werden, spaltet die β-Glucosidase die entstandenen Cellobioseeinheiten in für Mikroorganismen verwertbare Glucose auf. Eine weitere Cellulase ist die Polysaccharid-Monooxygenase (PMO), die eine oxidative Spaltung der kristallinen Cellulose in zwei Cellulosestränge bewirkt, von denen einer eine endständige Carbonylgruppe aufweist.

Mikroorganismen, die auf Cellulose als Substrat spezialisiert sind, wie die Pilze *Trichoderma reesei, Aspergillus niger, Ustilago maydis und Neurospora crassa,* sekretieren meist ein Set verschiedener Cellulasen. Am besten erforscht sind die Enzyme des filamentösen Pilzes *T. reesei.* Dieser sekretiert hohe Konzentrationen von $100\,g\,L^{-1}$ Enzymen, wobei die Mischung aus zwei Cellobiohydrolasen, mindestens fünf Endoglucanasen, einer β-Glucosidase und zwei PMOs besteht, die gemeinsam Cellulose abbauen (◘ Abb. 15.3; Lombard et al. 2014; Wilson 2009).

Wie alle anderen glykosidischen Enzyme werden auch die Cellulasen nach ihrer Aminosäuresequenz verschiedenen GH- *(glycoside hydrolase)* Familien zugeordnet. Derzeit sind 340.000 Enzyme aus mehr als 330 Familien bekannt und in der CAZy-Datenbank gelistet (*carbohydrate-active enzymes,* ▶ http:// www.cazy.org/; Lombard et al. 2014). Die einzelnen GH-Familien weisen eine ähnliche Struktur sowie denselben Reaktionsmechanismus auf. Die cellulolytischen *Trichoderma-reesei*-Enzyme, die in der Regel als Hauptquelle für Cellulosecocktails verwendet werden, werden im Folgenden genauer vorgestellt.

15.2.1 Cellobiohydrolasen (CBH)

Cellobiohydrolasen werden auch als Exoglucanasen bezeichnet, da sie Cellulosestränge meist vom Ende her *(exo)* angreifen. Dabei werden zwei Typen unterschieden, CBH I (EC 3.2.1.91), die vom reduzierenden Ende, sowie CBH II (EC 3.2.1.176), die vom

nichtreduzierenden Ende des Cellulosestrangs angreift. Die Fähigkeit, Cellulose in *endo-* oder *exo-*Position zu spalten, wird durch die Struktur des aktiven Zentrums begründet. Im Fall der CBHs aus *T. reesei* bildet das aktive Zentrum einen Tunnel, durch den der Cellulosestrang geführt wird (◘ Abb. 15.3). Dieser Tunnel besteht bei CBH I aus vier und bei CBH II aus zwei Aminosäureschleifen. Nach neueren Erkenntnissen können zumindest einige CBHs auch *endo-*Spaltungen durchführen. Die Möglichkeit, *endo-*Spaltungen durchzuführen, wird durch die beweglichen Schleifen und die damit einhergehende Öffnung des Tunnels ermöglicht (Payne et al. 2015).

Hauptprodukt der CBH ist Cellobiose, das β-1,4-verknüpfte Disaccharid der Glucose.

15.2.2 Endoglucanasen (EG)

So wie die meisten cellulosespaltenden Pilze sekretiert *T. reesei* mehrere Endoglucanasen (EC 3.2.1.4). Die Enzyme EG I und EG II, die als Erste entdeckt wurden und am besten erforscht sind, haben eine ähnliche Struktur wie die CBH II, jedoch ist das aktive Zentrum offener und somit spaltenförmig. Daher können Endoglucanasen an beliebiger Stelle der Cellulose adsorbieren, bevorzugen jedoch amorphe Bereiche der Cellulose, da dort die Wahrscheinlichkeit der richtigen Positionierung des aktiven Zentrums größer ist. Die Aktivität von Endoglucanasen auf kristalliner Cellulose ist sehr gering. Da Endoglucanasen zufällig auf dem zu hydrolysierenden Substrat adsorbieren und dieses spalten, produzieren sie neben Glucose und Cellobiose auch Oligosaccharide unterschiedlicher Kettenlänge (Payne et al. 2015).

15.2.3 β-Glucosidasen (BG)

Neben Cellobiohydrolasen und Endoglucanasen ist ebenfalls eine β-Glucosidase (EC 3.2.1.21) Bestandteil des Enzymsets von

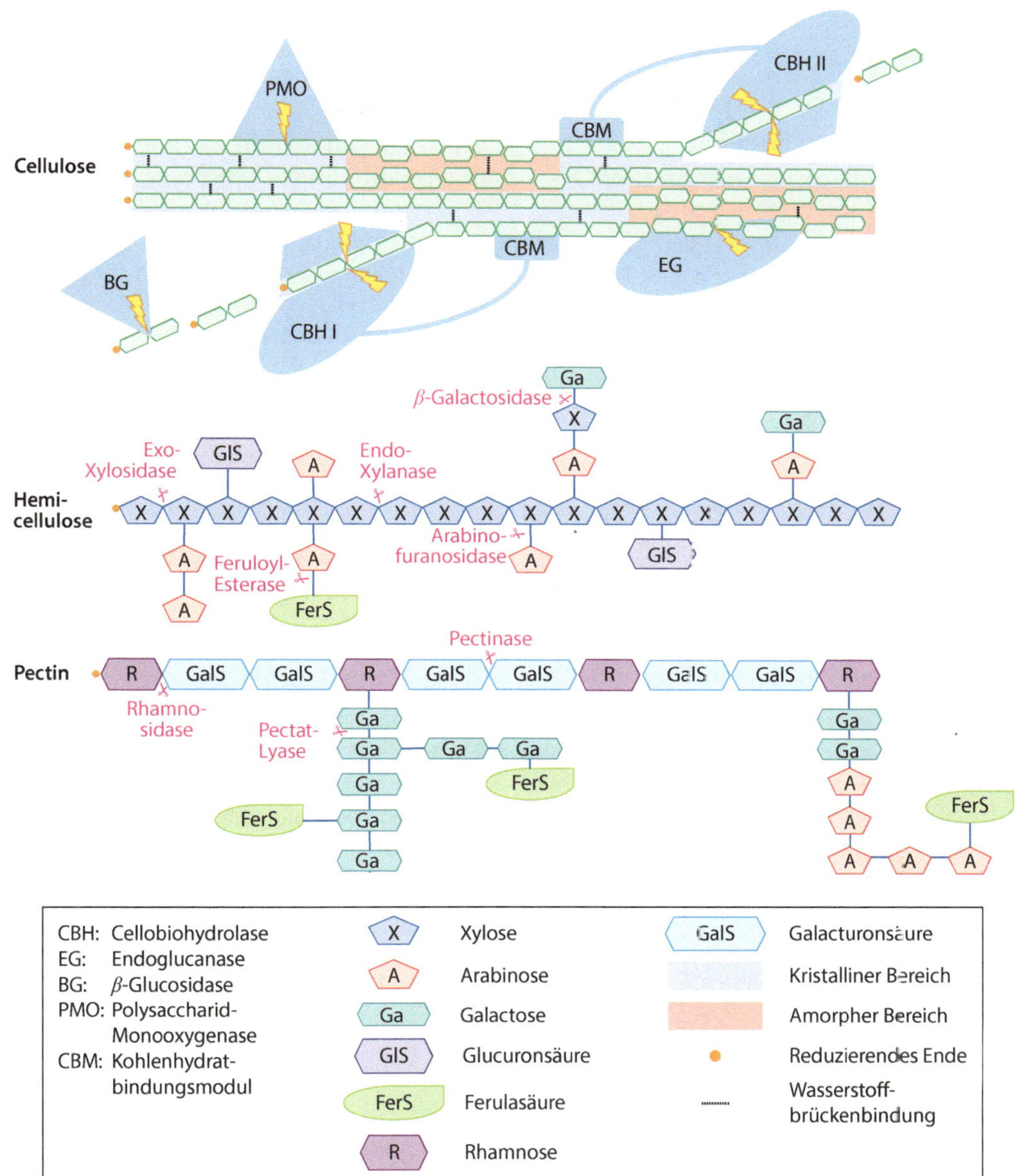

◘ Abb. 15.3 Angriffspositionen von Cellulasen auf kristalliner und amorpher Cellulose sowie Schnittstellen von Hemicellulasen und Pectinasen auf Hemicellulose bzw. Pectin. (Modifiziert nach Montenecourt 1983; Neufeld und Pietruszka 2012)

T. reesei. Jedoch ist die β-Glucosidaseaktivität in den kommerziellen Enzymmischungen aus den sekretierten Proteinen aus *T. reesei* gering, da sie am Myzel gebunden bleiben.

β-Glucosidasen spalten Cellobiose und kurzkettige Cellooligomere, die vor allem Cellobiohydrolasen und Endoglucanasen inhibieren. Da sich der Abbau dieser Cellooligomere positiv auf die Aktivität der Enzymmischung auswirkt, werden kommerziellen Enzymmischungen meist β-Glucosidasen zugesetzt, die z. B. *Aspergillus niger* mit hoher Aktivität produziert (Payne et al. 2015).

15.2.4 Polysaccharid-Monooxygenasen (PMO)

Polysaccharid-Monooxygenasen wurden zu Beginn fälschlicherweise als GH 61-Enzyme und somit als Hydrolasen klassifiziert, sind jedoch kupferabhängige Oxidasen. PMO wurden inzwischen zu den Familien AA9 und AA10 zusammengefasst. AA- *(auxilary activities)* Familien umfassen neben CBMs und PMOs auch weitere Enzyme, die zum Abbau von Lignocellulose beitragen.

Hinsichtlich des Spaltungsmechanismus gibt es zwei PMO-Typen. Typ I fügt ein Sauerstoffmolekül an Position C1, Typ II an Position C4 der Glucosebausteine ein. Das führt zu einer Destabilisierung und somit zum Bruch der Etherbindung. Dieser Reaktionsschritt ist energetisch begünstigt, da die Cellulosefaser nicht wie bei den CBHs zuvor von der kristallinen Cellulose angehoben werden muss (Abb. 15.4).

Die Bestimmung der Aktivität von PMOs ist mit Schwierigkeiten behaftet: Zum einen können die Produkte der Spaltung weiterhin am kristallinen Substrat haften; zum anderen benötigen PMOs einen Elektronendonor, der in der natürlichen Umgebung wahrscheinlich von Cellobiose-Dehydrogenasen (CDH) erzeugt wird. Daher ist beim Abbau von reiner kristalliner Cellulose kaum PMO-Aktivität zu beobachten. Jedoch wird die Aktivität der anderen Cellulasen durch die PMOs erhöht, insbesondere bei der enzymatischen Hydrolyse von ligninhaltiger Biomasse, da Bestandteile des Lignins als Elektronendonor fungieren können (Neufeld und Pietruszka 2012).

15.3 Zusätzliche Enzyme zum Biomasseabbau

Der Abbau von Hemicellulose und Pectin führt in erster Linie zu einer Erhöhung des Pentosegehalts im Hydrolysat. Pentosen können von einigen Mikroorganismen als C-Quelle zur Fermentation genutzt werden. Neben der Nutzung diverser Nebenprodukte vergrößert der Abbau der Hemicellulose die

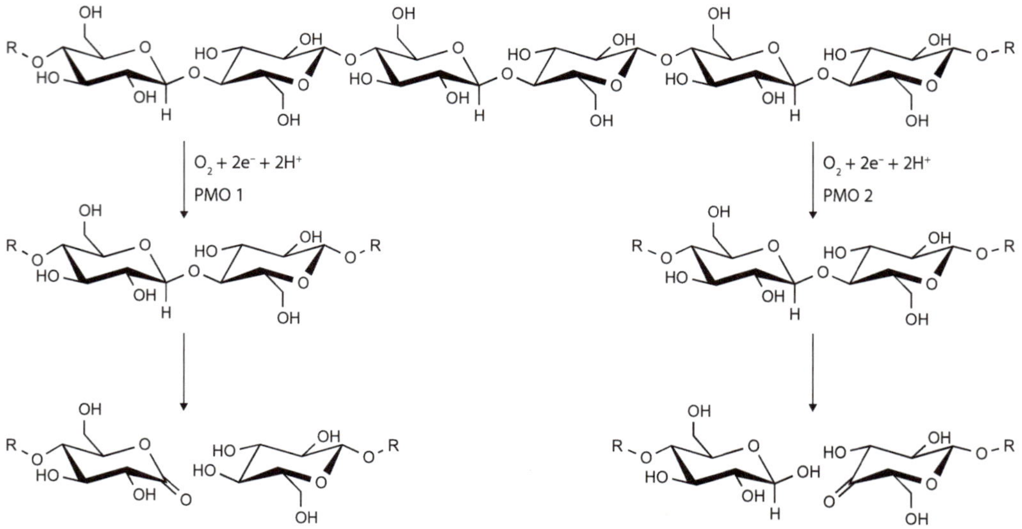

 Abb. 15.4 Reaktionsschema von PMO 1 und PMO 2 mit Cellulose. (Adaptiert von Neufeld und Pietruszka 2012)

für die Cellulasen zugängliche Oberfläche der Cellulose. Gleichzeitig sinken die Anteile an Hemicellulose und Pectin und damit der Diffusionswiderstand für die Cellulasen. Dadurch erhöht sich die Wahrscheinlichkeit einer Hydrolysereaktion. Da vorhandenes Lignin den Anteil inaktiver Cellulasen erhöht, haben ligninmodifizierende und ligninabbauende Enzyme einen positiven Effekt auf die Cellulaseaktivität. Zusammenfassend können also additive Enzyme die Aktivität der Cellulasen und somit die Ausbeute an Glucose erhöhen (Roth und Spiess 2015).

Aufgrund der verschiedenen Bindungen innerhalb der Hemicellulose, des Pectins und Lignins ist auch hier eine hohe Anzahl an Enzymen erforderlich.

15.3.1 Hemicellulasen

Unter dem Sammelbegriff Hemicellulasen lassen sich alle Enzyme zusammenfassen, die zur Spaltung der Bindungen in Hemicellulose beitragen. Im Folgenden wird eine kleine Auswahl an Enzymen vorgestellt und ihre jeweilige Funktion beschrieben. Bis auf die Feruloyl-Esterase spalten alle hier genannten Enzyme genau wie die Cellulasen eine Glykosidbindung. Daher ähnelt der Mechanismus dem in ▶ Abschn. 15.2 beschriebenen Reaktionsweg.

■ **Endo-1,4-β-Xylanasen (EC 3.2.1.8)**
Xylanasen führen *endo*-Spaltungen der β-1,4-Bindungen an beliebiger Stelle der Xylankette in der Hemicellulose durch. Xylanasen werden hauptsächlich in den Familien GH 10 und GH 11 zusammengefasst; allerdings lassen sich auch in den GH-Familien 5, 8 und 43 Enzyme mit Xylanaseaktivität finden. So haben manche Xylanasen mehrere aktive Zentren oder Bindungsmodule für Xylan oder Cellulose. Diese Bindungsmodule sind mit der katalytischen Einheit durch kurze Verbindungspeptide verbunden. Meist produziert ein Mikroorganismus mehrere Xylanasen mit unterschiedlichen Eigenschaften, Strukturen und Aktivitäten; z. B. produzieren

die Pilze *A. niger* und *T. reesei* 13 bzw. 15 verschiedene extrazellulare Xylanasen. Dabei wird eine kleine Menge extrazellularer Xylanasen konstitutiv exprimiert, die in Gegenwart eines Substrats Xylose und Xylooligomere produzieren. Das lösliche Produkt Xylose wird von den Mikroorganismen aufgenommen und induziert die Expression weiterer Xylanasen (Collins et al. 2005).

■ **β-Xylosidase (EC 3.2.1.37)**
Xylosidasen greifen Xylanketten am nichtreduzierenden Ende an und spalten Xylose ab. Vertreten sind sie in den GH-Familien 1, 3 und 43. In Verbindung mit anderen lignocelluloseabbauenden Enzymen erhöhen sie die Aktivität der Enzymmischung, da sie die inhibierenden kurzkettigen Xylane zu Xylose abbauen (Collins et al. 2005).

■ **Arabinofuranosidase (EC 3.2.1.55)**
Arabinofuranosidasen hydrolysieren α-L-Arabinofuranosidreste am nichtreduzierenden Ende von Arabinan und Arabinoxylan zu Arabinose und kurzkettigen Arabinanen. Die meisten Vertreter dieser Enzyme finden sich in den GH-Familien 43 und 51.

■ **α-L-Rhamnosidase (EC 3.2.1.40)**
Rhamnosidasen katalysieren die Hydrolyse von endständigen, nichtreduzierenden α-L-Rhamnoseresten, die mit anderen Zuckerpolymeren verknüpft sind. Die meisten Rhamnosidasen gehören zur GH-Familie 78.

■ **β-Mannanase (EC 3.2.1.78)**
Mannanasen katalysieren die zufällige *endo*-Spaltung von 1,4-β-D-Bindungen in Mannan und bilden somit Mannooligomere und Mannose. Klassifiziert werden sie in den GH-Familien 26 und 113.

■ **β-Mannosidase (EC 3.2.1.25)**
Mannosidasen spalten Mannoseeinheiten vom nichtreduzierenden Ende von Mannan ab. Vertreter dieser Enzymklasse sind in den GH-Familien 1, 2 und 5 anzutreffen.

■ β-Galactosidase (EC 3.2.1.23)

Galactosidasen katalysieren die Abspaltung von Galactose vom nichtreduzierenden Ende einer Galactosidkette. Eingeteilt sind sie in die GH-Familien 2, 35, 42 und 59.

■ Feruloyl-Esterase (EC 3.1.1.73)

Im Gegensatz zu den bisher erwähnten Enzymen hydrolysiert die Feruloyl-Esterase (FAE) Esterbindungen. Dabei werden je nach Substrataffinität Typ-A- und Typ-B-FAEs unterschieden, die beide Feruloylsäure von Arabinoseresten abspalten. Dabei bevorzugen Typ-A-FAEs Substrate, bei denen die C3- oder C5-Position des Phenolrings methoxyliert ist. Typ-B-FAEs bevorzugen Substrate, bei denen der Phenolring mit Hydroxylgruppen besetzt ist.

15.3.2 Pectinasen

Pectinasen werden sowohl von Pilzen, Bakterien und Hefen als auch von Pflanzen gebildet. Für die industrielle Gewinnung wird häufig der Pilz *A. niger* verwendet. Pectinasen lassen sich allgemein in drei Gruppen einteilen: Protopectinasen (PPasen), Depolymerasen (Polygalacturonasen, Pectat-Lyasen) und Pectin-Esterasen (Jayani et al. 2005).

■ Protopectinasen

Protopectin ist wasserunlösliches Pectin. Dieses wird durch Protopectinasen unter Einbindung von Wasser zu wasserlöslichem hochpolymerisiertem Pectin umgeformt. Dabei wird zwischen Typ-A- und Typ-B-PPasen unterschieden. Typ-A-PPasen katalysieren Reaktionen an den Hauptketten aus Galacturonsäure, während Typ-B-PPasen die aus Zucker bestehenden Seitenketten angreifen (Jayani et al. 2005).

■ Polygalacturonasen

Polygalacturonasen (PGAsen) sind die am besten erforschten Pectinasen. Sie spalten hydrolytisch die α-1,4-Bindungen zwischen zwei Polygalacturonsäureeinheiten in der Pectinhauptkette. Dabei lassen sich je nach Substratbindungsstelle zwei PGAsen unterscheiden, die Endo-PGAse (EC 3.2.1.15), die die Hauptkette an einer zufälligen Position schneidet, sowie die Exo-PGAse (EC 3.2.1.67), die sequenziell vom Ende der Kette aus angreift. Endo-PGAsen sind in Pilzen, Bakterien und Hefen sowie in höher entwickelten Pflanzen verbreitet. Im Gegensatz dazu treten Exo-PGAsen seltener auf. Man unterscheidet die bakteriellen Exo-PGAsen, deren Hauptprodukt das Dimer der Galacturonsäure ist, von den fungalen Exo-PGAsen, die hauptsächlich Galacturonsäure als Monomer produzieren (Jayani et al. 2005).

■ Pectat-Lyasen

Unter dem Sammelbegriff Pectat-Lyasen lassen sich nach ihrem Substrat zwei Enzymtypen unterscheiden: die Polygalacturonat-Lyasen (EC 4.2.2.2, EC 4.2.2.9) und die Polymethylgalacturonat-Lyasen (EC 4.2.2.10). Für beide Enzymtypen gibt es Vertreter, die das jeweilige Substrat durch eine *endo*-Spaltung an einer zufälligen Stelle der Kette oder durch eine *exo*-Spaltung am Kettenende angreifen. Die Pectat-Lyasen werden auch Transeliminasen genannt, da sie eine *trans*-eliminative Spaltung durchführen, die eine Doppelbindung zwischen der C4- und der C5-Position eines der Produkte bildet (Jayani et al. 2005).

■ Pectin-Esterasen

Pectin-Esterasen (EC 3.1.1.11) katalysieren die Abspaltung von Methoxygruppen von der Pectinhauptkette. Dabei entstehen als Produkte Polygalacturonsäure und Methanol. Sie treten vor allem in Pilzen und Pflanzen auf. Fungale Pectin-Esterasen führen meist Abspaltungen an zufälliger Stelle durch, während die pflanzlichen Pectin-Esterasen die Methoxylgruppen an den Enden der Pectinkette angreifen (Jayani et al. 2005).

■ **Weitere Enzyme zum Pectinabbau**

Neben den bisher aufgeführten Enzymen gibt es weitere pectinabbauende Enzyme: Exo-Polygalacturonisidasen (EC 3.2.1.82), Rhamnogalacturonasen (EC 3.2.1.-), Pectin-Acetylesterasen (EC 3.1.1.-), Rhamnogalacturonan-Acetylesterasen (EC 3.1.1) (Jayani et al. 2005).

15.3.3 Ligninasen

Die Suche nach Enzymen zum Abbau von Lignin konzentriert sich meist auf lignolytische Enzyme aus Weißfäulepilzen, sog. *Basidiomycota*. Die Enzymsets dieser Pilze gelten bislang als am effizientesten für den Ligninabbau. In der Regel greifen Weißfäulepilze simultan sowohl Cellulose, Hemicellulose als auch Lignin an. Einige Unterarten, wie z. B. *Ceriporiopsis subvermispora*, haben sich jedoch auf einen reinen Ligninabbau spezialisiert und bieten somit ein hohes Potenzial für Anwendungen, in denen die zuckerhaltigen Strukturen der Biomasse erhalten und Lignin selektiv entfernt werden soll. Da ligninolytische Enzyme noch nicht in großen Mengen rekombinant hergestellt werden können, ist ihre Verwendung bislang limitiert.

Ligninabbauende Enzyme finden sich als den Kohlehydratabbau unterstützende Enzyme ebenfalls in der CAZy-Datenbank (Lombard et al. 2014) und lassen sich in drei Kategorien einteilen: Phenol-Oxidasen, Häm-Peroxidasen und unterstützende Enzyme. Sie sind im Folgenden skizziert.

■ **Phenol-Oxidasen (EC. 1.10.3.2)**

Phenol-Oxidasen, auch Laccasen genannt, sind glykolysierte Oxidoreduktasen und beinhalten vier Kupferionen als einzigen Cofaktor im aktiven Zentrum. Der Reaktionsablauf des Ligninabbaus mit Laccasen lässt sich mithilfe des Laccase-Mediator-Systems erklären. Dabei wird die reduzierte Laccase durch molekularen Sauerstoff oxidiert. Diese bindet daraufhin ein Mediatormolekül und oxidiert dieses zu einem freien Radikal. Das freie Radikal oxidiert anschließend durch eine Redox-Reaktion mögliche Ligninsubstrate. Der in diesem Schritt wieder reduzierte Mediator kann daraufhin durch eine oxidierte Laccase neu oxidiert werden (Roth und Spiess 2015).

Phenol-Oxidasen können Oxidationen an Phenolen durchführen; aber auch Arylamine, Aniline oder Thiole sind mögliche Substrate. Eine Beispielreaktion ist die Oxidation von Benzendiol. In Hinblick auf den Ligninabbau können Reaktionen mit dem Laccase-Mediator-System sowohl zur Depolymerisation als auch zur Polymerisation sowie zur chemischen Modifikation des Lignins beitragen (Dashtban et al. 2010).

■ **Häm-Peroxidasen**

Häm-Peroxidasen sind glykosylierte Proteine mit einer Hämgruppe im aktiven Zentrum, das durch einen Tunnel mit der Oberfläche verbunden ist. Häm-Peroxidasen benötigen Wasserstoffperoxid (H_2O_2) als Cosubstrat zur Oxidation der Substrate. Unter den Häm-Peroxidasen unterscheidet man Lignin-Peroxidasen (LiP), Mangan-Peroxidasen (MnP) und versatile Peroxidasen in Hinblick auf ihr Substratspektrum und mögliche Reaktionswege (Dashtban et al. 2010).

Lignin-Peroxidasen (EC.1.11.1.14) Obwohl Lignin-Peroxidasen in der Lage sind, den nichtphenolischen Anteil des Lignins, der etwa 80–90 % ausmacht, zu depolymerisieren, werden sie nicht von allen Pilzen, die sich auf den Abbau von Lignin spezialisiert haben, gebildet. Neben dem nichtphenolischen Lignin zählen phenolische Moleküle mit kleiner Molmasse oder einem Redox-Potenzial über 1,4 V zum Substratspektrum. Die Reaktion erfolgt über einen Mediator, der im aktiven Zentrum gebildet wird, sich von diesem löst und dann bei Kontakt mit einem Substratmolekül dieses oxidiert. Auf diese Weise kann es zum Abspalten von Seitenketten, zur Polymerisation und zur Depolymerisation kommen (Dashtban et al. 2010).

Mangan-Peroxidasen (EC. 1.11.1.13) Zum Substratspektrum von Mangan-Peroxidasen zählen vor allem phenolische Komponenten, die in Lignin zu finden sind. Reaktionen mit nichtphenolischen Bestandteilen benötigen einen zusätzlichen Reaktionsschritt und treten daher seltener auf. Der Reaktionsablauf ähnelt dem der Lignin-Peroxidase. Als Mediator tritt dabei Mangan auf, das im ersten Schritt im aktiven Zentrum von Mn(II) zu Mn(III) oxidiert wird. Danach verlässt es das aktive Zentrum, gebunden in einem Chelatkomplex, z. B. mit Oxalaten. Außerhalb des Enzyms kann dieser reaktive Mn(III)-Komplex dann mit phenolischem Lignin reagieren. Für die Oxidation mit nichtphenolischen Lignin benötigt der Mn(III)-Komplex zunächst einen weiteren Mediator, z. B. organische Säuren. Dies führt zur Bildung von reaktiven Kohlenstoffradikalen, wie etwa Essigsäureradikalen, die nichtphenolisches Lignin oxidieren können (Dashtban et al. 2010).

Versatile Peroxidasen (EC: 1.11.1.16) Versatile Peroxidasen haben das größte Potenzial der verschiedenen Peroxidasen, da sie aufgrund ihrer hybriden molekularen Struktur ein breites Substrat- und Reaktionsspektrum haben. Sie können sowohl phenolische als auch nichtphenolische Substanzen oxidieren und sind dabei effizienter als Lignin- oder Mangan-Peroxidasen. Versatile Peroxidasen haben eine hybride Struktur mit mehreren Bindungsstellen. Dabei sitzt das aktive Zentrum im Inneren des Enzyms, ist jedoch durch zwei Tunnel mit der Oberfläche verbunden. Der erste Tunnel ähnelt dem der LiP, während im zweiten Tunnel wie bei der MnP die Oxidation des Mangans stattfindet (Dashtban et al. 2010).

■ **Unterstützende Enzyme**

Neben den bereits vorgestellten Laccasen und Häm-Peroxidasen gibt es weitere Enzyme, die den Ligninabbau unterstützen. Oxidasen unterstützen die Aktivität der Häm-Peroxidasen, indem sie deren Cosubstrat H_2O_2

produzieren. Zu diesen Enzymen gehören die Arylalkohol-Oxidase (EC 1.1.3.7) und die Glyoxal-Oxidase (EC 1.1.3.-). Außerdem tragen Arylalkohol-Dehydrogenasen, Quinon-Reduktasen und Cellobiose-Dehydrogenase (CDH) zum weiteren Abbau von Lignin bei. Dabei spielt die CDH eine große Rolle, da diese neben Lignin auch Cellulose und Hemicellulose abbaut. Sie oxidiert Disaccharide und Oligomere von Glucose und anderen Zuckern mit einer β-1,4-Bindung. Die Reaktion mit Lignin geschieht über freie Hydroxylradikale, die bei Anwesenheit von Wasserstoffperoxid entstehen können (Dashtban et al. 2010).

Nach dieser ausführlichen Darstellung der relevanten Enzymaktivitäten für den Biomasseabbau wird in den folgenden Abschnitten die enzymatische Biomassehydrolyse in den Kontext der Biomassevorbehandlung und einer Ethanolbioraffinerie gestellt.

15.4 Vorbehandlung der Biomasse

Aufgrund der stark vernetzten Struktur der Lignocellulose ist der Zugang zu Cellulose und Hemicellulose für Cellulasen und Hemicellulasen begrenzt. Zudem inhibieren Teile des Lignins die enzymatische Hydrolyse. Daher wird die Biomasse vor der Hydrolyse vorbehandelt, um die Partikelgröße zu verkleinern, Lignin und/oder Hemicellulose zu entfernen, sowie die Kristallinität der Cellulose zu verringern. Es wird zwischen physikalischer, chemischer und biologischer Vorbehandlung unterschieden, die jeweils unterschiedliche Effekte auf die Biomasse haben. Es gibt auch Mischformen dieser Methoden, die hier nicht genauer behandelt werden.

15.4.1 Physikalische Vorbehandlung

Physikalische Vorbehandlungsmethoden umfassen mechanische und thermische

Verfahren. Die mechanische Zerkleinerung von Partikeln geschieht in der Regel durch Schneiden oder Mahlen zu einer Partikelgröße im Millimeter- bis Zentimetermaßstab und geht praktisch allen anderen Vorbehandlungsmethoden voran. Thermische Vorbehandlungsmethoden nutzen Wasser bei erhöhten Temperaturen zum Aufbrechen der Lignocellulosestruktur. Dabei wird zwischen der Heißwassermethode *(liquid hot water)* und der Dampfexplosion *(steam explosion)* unterschieden. Bei beiden Methoden wird Biomasse mit einer Partikelgröße im Millimeter- bis Zentimetermaßstab verarbeitet.

- **Heißwasserhydrolyse (liquid hot water)**

Bei der Heißwasserhydrolyse wird der Hemicelluloseanteil der zerkleinerten Biomasse mit heißem Wasser bei erhöhtem Druck und bei Temperaturen zwischen 190 °C und 230 °C in einem Reaktor hydrolysiert. Nach einer gewissen Verweilzeit lässt sich das Material in eine flüssige Phase mit Hemicellulose und einen festen Rückstand aus Cellulose und Lignin trennen (Agbor et al. 2011).

- **Dampfexplosion (steam explosion)**

Bei der Dampfexplosion wird die Energie der Ausdehnung des Wassers bei schlagartigem Verdampfen genutzt. Dazu gibt man in Wasser eingeweichte Biomasse in einen Reaktor und heizt diesen bei einem hohen Druck auf eine Temperatur von 160–260 °C. Nach einer Verweilzeit unter diesen Bedingungen wird der Druck schlagartig auf Umgebungsdruck reduziert. Dies führt zum spontanen Verdampfen des Wassers innerhalb der Biomasse. Die damit zusammenhängende Ausdehnung sprengt die zelluläre Struktur der Biomasse und erhöht somit deren Oberfläche. Nach der Abkühlung des Reaktors liegt wie bei der Heißwasserhydrolyse eine flüssige Phase vor, die einen Großteil der Hemicellulose enthält. Der restliche aufgequollene Feststoff enthält die Cellulose und das Lignin. Im Vergleich zur Heißwassermethode löst die Dampfexplosion die Hemicellulose

effektiver vom Feststoff. Außerdem macht die Verringerung der Partikelgröße die Biomasse besser verwertbar (Agbor et al. 2011).

15.4.2 Chemische Vorbehandlung

Chemische Vorbehandlungsverfahren umfassen Methoden, die Biomasse mithilfe verschiedener Chemikalien, z. B. Säuren, Basen, organischen Lösungsmitteln und ionischen Flüssigkeiten, für die enzymatische Hydrolyse vorzubehandeln.

- **Saure Vorbehandlung**

Die Vorbehandlung mit Säuren kann sowohl konzentrierte als auch verdünnte Schwefel-, Salz- und Salpetersäure nutzen. Der Haupteffekt der säurebasierten Vorbehandlung ist die Hydrolyse und somit Entfernung der Hemicellulose. Vor allem bei der Vorbehandlung mit konzentrierten Säuren wird auch ein Teil des Lignins gelöst und gefällt. Die Korrosionswirkung konzentrierter Säuren verursacht allerdings hohe apparative Kosten und behindert aufgrund des niedrigen pH-Wertes die enzymatische Hydrolyse, sodass verdünnte Säuren zur Vorbehandlung bevorzugt werden (Agbor et al. 2011).

- **Alkalische Vorbehandlung**

Zur alkalischen Vorbehandlung werden Natriumhydroxid, Ammoniak (z. B. für *ammonia fiber expansion,* AFEX) und Calciumhydroxid verwendet, die Lignin effektiv aus der Biomasse entfernen. Dabei wird die Struktur des Lignins jedoch verändert, was eine weitere Verarbeitung erschwert. Die alkalische Vorbehandlung führt auch zu einer Vergrößerung der Oberfläche der Cellulose durch Aufquellen und Depolymerisation und löst Teile der Hemicellulose (Agbor et al. 2011).

- **Lösungsmittel-Vorbehandlung**

Beim Organosolv-Verfahren wird ein organisches Lösungsmittel, meist Ethanol, aber auch andere kurzkettige Alkohole, Ketone oder organische Säuren, in Verbindung mit Wasser zur Vorbehandlung der Biomasse genutzt. Die Lösungsmittel entfernen Lignin und Teile der Hemicellulose aus der Biomasse. Der Effekt kann durch Zugabe eines Katalysators wie z. B. Oxalsäure verstärkt werden. Die Flüssigkeit besteht am Ende dieses Organocat-Verfahrens aus einer organischen, ligninreichen und einer wässrigen, hemicellulosereichen Phase. Nachteile der Lösungsmittelvorbehandlungen sind die relativ hohen Lösungsmittelkosten, die eine Abtrennung und Rückführung des Lösungsmittels für die Rentabilität des Prozesses erfordern (Agbor et al. 2011).

- **Ionische Flüssigkeiten**

Ionische Flüssigkeiten (IL) sind organische Salze, die bei Raumtemperatur in flüssiger Form vorliegen. Bei der Vorbehandlung von Biomasse wird z. B. 1-Ethyl-3-methylimidazoliumacetat (EMIM Ac) oder 1,3-Dimethylimidazoliumdimethylphospat (MMIM DMP) verwendet. Die Behandlung von Biomasse mit ionischen Flüssigkeiten führt zum Lösen von Hemicellulose und Lignin in der flüssigen Phase. Als feste Phase verbleibt reine Cellulose, deren Kristallinität stark reduziert wurde, was die anschließende Hydrolyse vereinfacht. Allerdings sind die ionischen Flüssigkeiten trotz einer anzustrebenden Wiederverwertung sehr teuer. Außerdem muss die gewonnene Cellulose gewaschen werden, um eine Inaktivierung der Cellulosen durch Spuren von der ionischer Flüssigkeit zu vermeiden (Engel et al. 2010).

15.4.3 Biologische Vorbehandlungsmethoden

Unter biologischen Vorbehandlungsmethoden der Biomasse versteht man den Einsatz von Mikroorganismen, in der Regel von Pilzen, zum Abbau von Lignin. Dazu werden verschiedene Weiß-, Braun- oder Moderfäulepilze verwendet. Da die meisten Pilze, die Enzyme zum Abbau von Lignin bilden, ebenfalls Cellulose und Hemicellulose abbauen, werden solche Stämme, die Lignin als Substrat stark bevorzugen, gezielt auf eine Reduktion der Cellulaseaktivität untersucht. Da die biologische Vorbehandlung keine weiteren Chemikalien benötigt, ist sie energetisch und sicherheitstechnisch interessant. Der Aufwand zur Reaktionskontrolle und vor allem die langen Reaktionsdauern machen diese biologischen Verfahren jedoch noch unwirtschaftlich.

15.5 Prozessführung

Die energetische oder stoffliche Nutzung von Lignocellulose unterliegt einer großen Anzahl regionaler wie auch allgemeiner Einflussfaktoren. Zu den regionalen Faktoren zählen u. a.:

- Welche Biomasse ist zu welcher Jahreszeit als Rohstoff vorhanden?
- Welchen Einfluss hat die Verwertung dieser Biomasse auf die Agrarwirtschaft und die Bodenqualität in der Region?
- Besteht die Infrastruktur, um Nebenprodukte wie Abwärme oder Biogas profitabel zu verwerten?

Daraus ergeben sich die allgemeinen Faktoren:
- Welche Prozessführung ist unter den gegebenen Umständen optimal?
- Welches Einsparpotenzial in Hinblick auf Treibhausgase hat der Prozess?

Ein Teil dieser Komplexität wird exemplarisch an einer Bioraffinerie gezeigt, die neben dem Hauptprodukt Ethanol ebenfalls Biogas, Strom und Wärme produziert. Zwei beispielhafte Prozesswege beginnen mit den Rohstoffen Stroh und Weichholz (◘ Abb. 15.5).

Die Verarbeitung von Biomasse zielt neben der Herstellung von Treibstoffen auf die Einsparung des Treibhausgases CO_2 ab. Jedoch

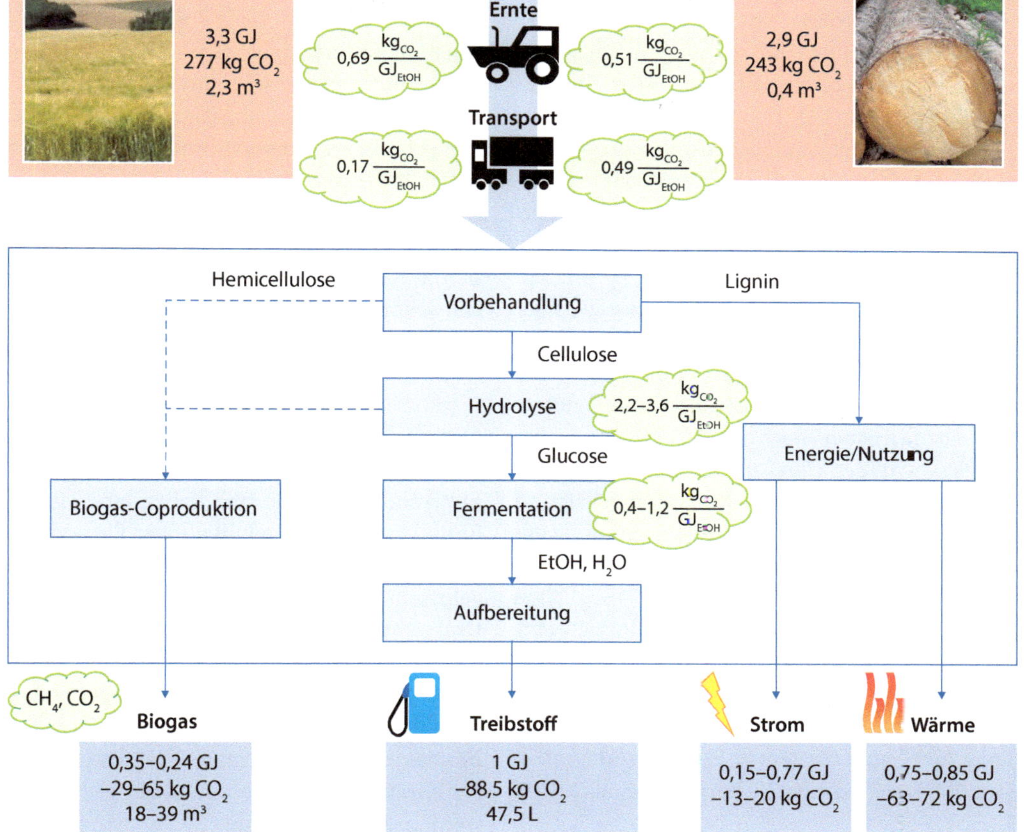

Abb. 15.5 Zwei Beispielprozesse zur Produktion der Zielmenge 1 GJ Ethanol, ausgehend von Weizenstroh (links) und Weichholz (rechts) mittels Hydrolyse und Fermentation mit paralleler Biogas-Coproduktion. Aufgewandte Energien werden in kg CO_2-Äquivalent pro produziertem GJ Ethanol angegeben. (Nach Börjesson et al. 2013)

führt auch die Produktion von Ethanol aus Biomasse durch die Verwendung von Dünger sowie Ernte und Transport zu einer Freisetzung von CO_2. Die Verringerung der Ernteabfälle führt auf der anderen Seite zu einer verringerten N_2O-Freisetzung, das ebenfalls als Treibhausgas wirkt (Börjesson et al. 2013). Die Bilanz in Abb. 15.5 ist nicht vollständig geschlossen, da die Datenlage dieser komplexen Prozessführung unvollständig ist.

15.5.1 Biomasseanbau

Einerseits steht lignocellulosehaltige Biomasse, wie Stroh und Holzreste, als Abfallstoff der Agrar- und Forstindustrie zur Verfügung. Andererseits werden Holz und stark cellulosehaltige Pflanzen zur Gewinnung von Ethanol angebaut. Beide Vorgehensweisen haben direkte oder indirekte Einflüsse auf die Landnutzung und die Bodenqualität. Durch die

Entnahme von Rest- und Abfallstoffen wie Stroh verringert sich der auf dem Feld verbleibende Anteil, und dem Boden werden mehr Nährstoffe entnommen, sodass eine zusätzliche Stickstoffdüngung notwendig ist.

Werden Nutzpflanzen speziell zur Biomasseverwertung angepflanzt, wird in der Öffentlichkeit in den letzten Jahren vor allem die Konkurrenz zur Lebensmittelproduktion z. B. durch Treibstoffgewinnung aus stärke- oder ölhaltiger Biomasse kontrovers diskutiert (*food-feed-fuel conflict*). Dies trifft auf Lignocellulose zwar nicht zu; jedoch steht indirekt durch einen Anbau dieser Biomasse weniger Fläche zum Anbau von Lebensmitteln zur Verfügung. Wenn neue Flächen für die Agrar- und Forstindustrie neben den Regenwaldregionen der Tropen aber auch in Mitteleuropa ausgewiesen werden (*land use change*, LUC), führt dies zu einer Reduktion der Pflanzenvielfalt und zur Freisetzung von im Boden gebundenem Kohlenstoff. Daher wird die Wahl der Anbaufläche in eine Berechnung der möglichen CO_2-Einsparung mit einbezogen. Zurzeit werden Pflanzen entwickelt, die eine hohe Ausbeute an Cellulose liefern und gleichzeitig geringe Ansprüche an die Bodenqualität stellen, um bislang nicht nutzbare, karge Flächen zum Anbau von Biomasse zu nutzen (Börjesson et al. 2013).

15.5.2 Transport

Biomasserohstoffe für die Herstellung von Biokraftstoffen sind in der Regel über weite Flächen verteilt. Daher muss die Biomasse von ihren dezentralen Herstellungsorten zur Bioraffinerie transportiert werden. Bezogen auf den Energiegehalt der bewegten Biomasse variieren die Transportkosten. Gerade bei Rohstoffen mit geringer Energiedichte rentiert sich der Transport nur über begrenzte Entfernungen. Einerseits können kleine dezentrale Bioraffinerien den Transportweg reduzieren, andererseits kann die Energiedichte der Rohstoffe dezentral durch eine Vorbehandlung erhöht werden (Börjesson et al. 2013).

15.5.3 Vorbehandlung

Verschiedene Vorbehandlungsverfahren führen zu unterschiedlichen Zusammensetzungen der Biomasse (▶ Abschn. 15.4). In einer Bioraffinerie ist eine Abtrennung von Lignin meist erwünscht, um die enzymatische Hydrolyse nicht zu inhibieren. Zudem lässt sich Lignin verbrennen und erzeugt so die nötige Prozessenergie, z. B. im Inbicon-Prozess (Larsen et al. 2012). Die stoffliche Nutzung von Lignin ist allerdings erstrebenswerter, da sie die Rentabilität des Gesamtprozesses deutlich erhöht. Jedoch wird Lignin bislang nur im kleinen Maßstab stofflich verwertet.

15.5.4 Enzymatische Hydrolyse

Enzymherstellungskosten haben einen großen Einfluss auf die Rentabilität einer Bioraffinerie. Daher wird weltweit an Enzymmischungen geforscht, die in kurzer Zeit einen hohen Umsatz erzielen und die kostengünstig hergestellt werden können. Durch eine Erhöhung der Enzymaktivität kann die benötigte Enzymbeladung für einen ausreichenden Umsatz der Biomasse von momentan 19–26 mg Enzym pro Gramm Biomasse auf 10 mg g^{-1} gesenkt werden. Da die Aktivität der Enzyme mit der Zeit sinkt und ein Teil nicht rezykliert werden kann, müssen die Enzyme ständig nachgeführt werden. Dabei haben Forschungen der Enzymhersteller Novozymes, DuPont und Verenium zu einer Senkung der Enzymkosten auf etwa 13 $-Cent pro produziertem Liter Ethanol geführt, wenn die Enzyme direkt nach ihrer Herstellung genutzt werden. Weiteres Potenzial besteht in genetischen Modifikationen der Enzyme, die zu einer höheren spezifischen Aktivität führen (Wilson 2009).

Da eine hohe Glucoseausbeute das Ziel der enzymatischen Hydrolyse ist, ist eine hohe Biomassekonzentration zu Beginn der Hydrolyse erforderlich. Diese ist jedoch aufgrund der hohen Viskosität, schlechten Durchmischung, geringen Wasseraktivität und Produktinhibierung limitiert. Rechnungen zur Prozessauslegung einer Bioraffinerie gehen zurzeit von einer Feststoffbeladung von 20 Gew.-% aus, um eine Zuckerkonzentration von $100\,\mathrm{g\,L^{-1}}$ zu erreichen. Allerdings werden höhere Beladungen angestrebt (Larsen et al. 2012). Das Hydrolysat wird filtriert, um Biomassereste und Enzyme zurückzuhalten, und wird daraufhin der Fermentation zugeführt.

15.5.5 Ethanolproduktion

Die nichtaromatischen Bestandteile der Biomasse, Cellulose und Hemicellulose, lassen sich je nach Prozessart getrennt oder simultan weiterverwenden. Bei der separaten bzw. der simultanen Hydrolyse und Fermentation (SHF, SSF) wird nur die Cellulose verwendet. Dabei hat die SHF den Vorteil, Hydrolyse und Fermentation in getrennten Reaktoren bei optimalen Bedingungen durchführen zu können. Geschehen beide Prozesse in einem Reaktor, wie bei der SSF, muss ein Kompromiss hinsichtlich Temperatur und pH-Wert gefunden werden, aber der apparative Aufwand wird erheblich verringert. Die Cofermentation verwertet neben Glucose ebenfalls die Zucker der Hemicellulose, vor allem Xylose. Xylose und andere Pentosen werden von den meisten Ethanol produzierenden Mikroorganismen nur schlecht oder gar nicht verwertet. Daher werden Stämme entwickelt, die Pentosen ebenfalls effizient zu Ethanol umwandeln. Alternativ wird Xylose in der Biogas Coproduktion verwertet. Nach der Fermentation liegt Ethanol in Konzentrationen von etwa 10 Vol.-% vor. Daher ist eine Aufreinigung und Aufkonzentration notwendig. Dies geschieht meist über eine Rektifikation, jedoch kann zuvor noch ein Vakuumstripping durchgeführt werden. Beim Vakuumstripping werden Enzyme nicht denaturiert und können somit zurückgeführt werden. Die Auftrennung mittels Rektifikation erreicht unter Normalbedingungen nur eine Ethanolkonzentration

von 96 Vol.-%. Um reines Ethanol zu erhalten, sind weitere Aufreinigungsschritte, wie z. B. die Nutzung von Molekularsieben, notwendig (Larsen et al. 2012).

Literatur

Agbor VB, Cicek N, Sparling R, et al (2011) Biomass pretreatment: Fundamentals toward application. Biotechnol Adv 29:675–685. ► https://doi.org/10.1016/j.biotechadv.2011.05.005

Börjesson P, Ahlgren S, Barta Z, et al (2013) Sustainable performance of lignocellulose- based ethanol and biogas co-produced in innovative biorefinery systems. Department of Environmental and Energy Systems Studies

Collins T, Gerday C, Feller G (2005) Xylanases, xylanase families and extremophilic xylanases. FEMS Microbiol Rev 29:3–23. ► https://doi.org/10.1016/j.femsre.2004.06.005

Dashtban M, Schraft H, Syed TA, Qin W (2010) Fungal biodegradation and enzymatic modification of lignin. Int J Biochem Mol Biol 1:36–50.

Engel P, Mladenov R, Wulfhorst H, et al (2010) Point by point analysis: how ionic liquid affects the enzymatic hydrolysis of native and modified cellulose. Green Chemistry 12:1959-1966.

Himmel ME, Ding S, Johnson DK, et al (2007) Biomass Recalcitrance : Engineering plants and enzymes for biofuel production. Science 315:804–807.

Jayani RS, Saxena S, Gupta R (2005) Microbial pectinolytic enzymes: A review. Process Biochem 40:2931–2944. ► https://doi.org/10.1016/j.procbio.2005.03.026

Larsen J, Haven MØ, Thirup L (2012) Inbicon makes lignocellulosic ethanol a commercial reality. Biomass Bioenergy 46:36-45. ► https://doi.org/10.1016/j.biombioe.2012.03.033

Lombard V, Golaconda Ramulu H, Drula E, et al (2014) The carbohydrate-active enzymes database (CAZy) in 2013. Nucleic Acids Res 42:490–495. ► https://doi.org/10.1093/nar/gkt1178

Montenecourt BS (1983) *Trichoderma reesei* cellulases. Trends Biotechnol 1:156–161. ► https://doi.org/10.1016/0167-7799(83)90007-0

Neufeld K, Pietruszka J (2012) Understanding nature – towards the enzymatic degradation of cellulose with monooxygenases. ChemCatChem 4:1239-1240

Payne CM, Knott BC, Mayes HB, et al (2015) Fungal Cellulases. Chem Rev 115:1308–1448. ► https://doi.org/10.1021/cr500351c

Roth S, Spiess AC (2015) Laccases for biorefinery applications: a critical review on challenges and perspectives. Bioprocess Biosyst Eng. ► https://doi.org/10.1007/s00449-015-1475-7

Van Dyk JS, Pletschke BI (2012) A review of ligno-cellulose bioconversion using enzymatic hydrolysis and synergistic cooperation between enzymes-Factors affecting enzymes, conversion and synergy. Biotechnol Adv 30:1458–1480. ► https://doi.org/10.1016/j.biotechadv.2012.03.002

Wilson DB (2009) Cellulases and biofuels. Current Opinion in Biotechnology 20:295–299

Enzyme in der Lebensmittelherstellung und -verarbeitung

Lutz Fischer und Timo Stressler

© Springer-Verlag GmbH Deutschland, ein Teil von Springer Nature 2018
K.-E. Jaeger, A. Liese, C. Syldatk (Hrsg.), *Einführung in die Enzymtechnologie*,
https://doi.org/10.1007/978-3-662-57619-9_16

Zusammenfassung

In der Lebensmittelherstellung werden vier Enzymklassen bevorzugt eingesetzt. Oxidoreduktasen (z. B. Glucose-Oxidase, Katalase) können zur Erhöhung der Haltbarkeit von Lebensmitteln beitragen oder als Antioxidant wirken. Transferasen (z. B. Transglutaminase) können für die Textur in einem Lebensmittel wichtig sein. Hydrolasen finden die breiteste und vielseitigste Anwendung in der Lebensmittelbiotechnologie. So werden Lipasen beispielsweise bei der Produktion bestimmter Käseprodukte und -sorten oder Margarinen und Glykosidasen (z. B. β-Galactosidasen) für die Herstellung von lactosefreier Milch oder präbiotischen Galactooligosacchariden (GOS) eingesetzt. Peptidasen (z. B. Chymosin) werden z. B. für die Dicklegung der Milch bei der Käseproduktion benötigt und diverse mikrobielle Peptidasen für Proteinhydrolysate von Spezialnahrungsmitteln (z. B: Babynahrung, Sportlernahrung) und Speisewürzen. Die bekannteste Isomerase lagert d-Glucose intramolekular zu d-Fructose um, wird immobilisiert eingesetzt und dient zur Produktion von Zuckersirup für Softdrinks u. a. Lebensmitteln im Millionen-Tonnen-Maßstab. Neue Isomerasen (Cellobiose-2-Epimerasen) können direkt die in Milch befindliche Lactose zu Lactulose und Epilactose, zwei potenziell präbiotischen Zuckern, umwandeln. Diese Beispiele machen deutlich, dass der gezielte Einsatz von Enzymen die Eigenschaften der Lebensmittel positiv verändern kann und dadurch eine höhere Qualität und Wertschöpfung der Produkte hinsichtlich ihrer Haltbarkeit und Textur, ihres Geschmacks und physiologischer Funktionalität erreicht werden kann.

Lebensmittel dienen gemäß ihrer Definition der Ernährung des Menschen und der arzneimittelfreien Erhaltung seines Lebens. Sie bestehen aus geeigneten Pflanzen und Tieren bzw. Teilen davon in einem unverarbeiteten oder – meistens – verarbeiteten Zustand. Die noch nicht weiter verarbeiteten Lebensmittel werden typischerweise als Rohwaren bezeichnet. Diese bestehen naturgemäß aus Zellen und besitzen sämtliche Zellbestandteile wie DNA, RNA, Lipide, Zucker, Proteine und somit auch Enzyme, niedermolekulare Metabolite, Mineralstoffe und Wasser. Das „Lebensmittel- und Futtermittelgesetzbuch" (LFBG) hat 2005 das davor gültige „Lebensmittel- und Bedarfsgegenständegesetz" (LMBG) abgelöst und regelt rechtlich alle Produktions- und Verarbeitungsstufen von pflanzlichen und tierischen Rohwaren entlang der Wertschöpfungskette (*food-value chain*) für die Herstellung von Lebensmitteln, Bedarfsgegenständen, Futtermitteln und Kosmetika. Lebensmittel müssen gesundheitlich absolut unbedenklich sein und sensorisch (geschmacklich, geruchlich, texturell) und optisch den Erwartungen der Konsumenten entsprechen. Des Weiteren kommen für die Lebensmittelherstellung auch noch emotionale, kulturelle und religiöse Aspekte mit ins Spiel. Der Einsatz von Enzymen in der Lebensmittelindustrie unterliegt somit diversen wichtigen Besonderheiten, die zunächst hier angesprochen werden.

16.1 Enzyme in der Lebensmittelindustrie

16.1.1 Endogene und exogene Enzyme im Lebensmittel

Die Lebensmittelrohware besteht, wie oben erwähnt, aus Zellen und enthält eigene Enzyme, die als endogene Enzyme bezeichnet werden. Die Art und Menge von endogenen Enzymen in einer Rohware ist organismusspezifisch und hängt vom physiologischen Zustand der Zellen zum Zeitpunkt der Ernte bzw. des Schlachtens ab. Diese endogenen Enzyme sind aktiv und bewirken beim Transport, der Lagerung und der Verarbeitung, je nach Wassergehalt, pH-Wert und Temperatur, Veränderungen in der Rohware. Dies muss ggf. bei der späteren Verarbeitung der Lebensmittel mit bedacht werden. Hinzu kommt, dass die Lebensmittelrohware nicht unter keimfreien Bedingungen gewonnen, transportiert und gelagert wird und natürlicherweise mit Mikroorganismen assoziiert sein kann. Die unvermeidbaren mikrobiellen intra- und extrazellulären Enzyme von einer Rohware sind ebenfalls als endogene Enzyme anzusehen und spielen insbesondere bei der Fermentation von Lebensmitteln eine entscheidende Rolle. Sollte die natürliche Kontamination von besonders sensibler Rohware, wie beispielsweise Milch, für die weitere Verwendung inakzeptabel sein, so wird ein technologischer Inaktivierungsschritt für das Wachstum der Mikroorganismen und die Aktivität der endogenen Enzyme durchgeführt (für Rohmilch z. B. ein Erhitzungs- oder Hochdruckverfahren, Zusatz von H_2O_2).

Als exogene Enzyme werden alle der Rohware separat zugesetzten Enzyme bezeichnet. Die Zugabe exogener Enzyme erfolgt in hochkonzentrierter, meist flüssiger Form oder seltener als Pulver bzw. Granulat. Dies hängt von der Konsistenz des Lebensmittels ab. Exogene Enzyme spielen bei der Verarbeitung und Herstellung der meisten Lebensmittel eine entscheidende Rolle für die produktspezifische Qualität und/oder Produktausbeute. Als Beispiel für die Produktqualität kann die selektive Caseinspaltung durch die Verwendung von Chymosin, einer spezifischen Peptidase/Protease von einem Kälbermagen (Rind, Kamel), Pilz *(Rhizomucor miehei)* oder rekombinant von einem Mikroorganismus *(Aspergillus niger, Kluyveromyces lactis)*, bei der Herstellung bestimmter Käsesorten genannt werden. Zur Steigerung der Produktausbeute werden beispielsweise bei der Fruchtsaftherstellung mikrobielle Pectinasepräparate, die aus einem Gemisch verschiedener Pectin abbauender Enzyme bestehen, eingesetzt. Letztere verbessern zudem die Produktqualität des Fruchtsafts, da durch den enzymatischen Pectinabbau gleichzeitig die Viskosität herabgesetzt wird.

Die exogenen Enzyme in der Lebensmittelindustrie tragen häufig Trivialnamen wie „CakeZyme®" (Lipase von DSM, Heerlen, Die Niederlande), „Yieldmax®" (Phospholipase A1, Christian Hansen, Hoersholm, Dänemark) oder „FoodPro® 51FP" (Endo-/Exopeptidase, DuPont Industrial Bioscience, Brabrand, Dänemark), die von den Enzymherstellern aus Marketinggründen verwendet werden. Weiter ist zu beachten, dass die exogenen Enzyme in den allermeisten Fällen ein Gemisch verschiedener Enzymaktivitäten darstellen und die vom Hersteller angegebene Enzymaktivität nur der Hauptaktivität entspricht. Es ist somit aus wissenschaftlichen Gründen besser, von Enzympräparaten zu sprechen, da somit deutlich wird, dass es sich nicht um reine Enzyme handelt und Nebenaktivitäten vorhanden sind. Ein wissenschaftlich gut untersuchtes Beispiel stellt das Enzympräparat „Flavourzyme®" (Exopeptidase mit Endopeptidasenebenaktivitäten, Novozyme, Bagsværd, Dänemark) dar. Flavourzyme wird, wie der Trivialname zum Ausdruck bringen soll, z. B. zur Flavour-/Geschmacksbildung bei Pflanzenproteinhydrolysaten eingesetzt, als Aminopeptidasepräparat vertrieben und auf sog. Leucin-Aminopeptidase-Units (LAPU) standardisiert. Tatsächlich ist Flavouryzme viel komplexer: Es handelt sich um ein Gemisch aus mindestens zwei Aminopeptidasen, zwei Dipeptidylpeptidasen, drei Proteasen (Endopeptidasen) und einer α-Amylase (Merz et al. 2015).

16.1.2 Rahmenbedingungen für die Verwendung von exogenen Enzymen im Lebensmittel

Der Zusatz exogener Enzyme bei der industriellen Lebensmittelherstellung ermöglicht die selektive und schonende Einflussnahme auf die funktionellen, das heißt die ernährungsphysiologischen, sensorischen und technologischen Eigenschaften der Lebensmittelinhaltsstoffe und Produkte. Aus diesen Gründen werden Enzyme bereits seit Jahrzehnten in vielen Herstellungsprozessen verwendet. Die Tendenz ist weiterhin steigend, da die katalytische Selektivität und Effizienz der Enzyme, unter Beibehaltung der sensorischen und ernährungsphysiologischen Wertigkeit der Lebensmittel, nicht durch ausschließlich verfahrenstechnische Maßnahmen ersetzt werden kann. Die Kombination von beiden Aspekten ermöglicht hingegen die Entwicklung und Herstellung neuer, oft noch hochwertigerer Lebensmittel. Grundsätzlich muss sich der Zusatz von exogenen Enzymen jedoch ökonomisch rechtfertigen lassen. Das bedeutet, dass die Herstellung des Lebensmittels durch den Einsatz von Enzymen kostengünstiger (Ausbeuteerhöhung, Energieeinsparung) und/oder die funktionelle Qualität verbessert werden muss.

Enzyme gehören bekanntermaßen zu der Stoffklasse der Proteine und sind grundsätzlich essbar. Dennoch ist die Verwendung exogener Enzyme in der Lebensmittelindustrie rechtlich eingeschränkt und durch das oben bereits erwähnte LFGB in § 6 (2) unter Verweis auf die Verordnung (EG) Nr. 1332/2008 über Lebensmittelenzyme des europäischen Parlaments und des Rates beschrieben, denn die Verwendung von Enzymen in Lebensmitteln soll zukünftig europaweit einheitlich geregelt sein. In der EU-Verordnung wird eine Zulassungspflicht für Lebensmittelenzyme beschrieben. Demnach muss ein Zulassungsantrag bei der EU, den eine Expertenkommission bewertet (engl. European Food Safety Authority; EFSA), gestellt werden. Nur bei anschließend positiver Entscheidung seitens des EU-Rates kommt das Enzym dann auf eine Positivliste und darf zukünftig im Lebensmittel verwendet werden. Bis die Erstellung der Positivliste für die bereits vor der Verordnung im Verkehr befindlichen Lebensmittelenzyme jedoch abgeschlossen ist, bleiben die nationalen Vorschriften in Kraft. Aktuell wird in Deutschland zwischen sog. Lebensmittelenzymen, die als Verarbeitungshilfsstoffe zugesetzt und nicht deklariert werden müssen und solchen, die als Lebensmittelzusatzstoffe dienen und zugelassen sein müssen, unterschieden. Die allermeisten Enzyme, die vor der EU-Verordnung von 2008 bereits im Verkehr waren, erfüllen die Voraussetzungen von Verarbeitungshilfsstoffen und können in Deutschland nach wie vor bei der Lebensmittelherstellung verwendet werden. Die Kriterien für einen Verarbeitungshilfsstoff sind:

- Er wird nicht selbst als Lebensmittelzutat verzehrt sondern er wird bei der Be-und Verarbeitung von Rohstoffen, Lebensmitteln oder deren Zutaten aus technologischen Gründen verwendet.
- Sein Verbleib im Lebensmittel ist unabsichtlich, technisch unvermeidbar und gesundheitlich unbedenklich.
- Er wirkt sich technologisch nicht auf das Enderzeugnis aus.

Letzteres bedeutet, dass die als Verarbeitungshilfsstoff eingesetzten Lebensmittelenzyme nach Verrichtung ihrer katalytischen Arbeit prozesstechnologisch inaktiviert bzw. denaturiert werden müssen.

16.1.3 Rekombinante Herstellung von Enzymen für die Lebensmittelindustrie

Die Lebensmittelindustrie verarbeitet sehr große Stoffmengen, die jedoch äußerst kostengünstig hergestellt werden müssen. Die Möglichkeit der Verwendung von separat zugesetzten Enzympräparaten hängt somit maßgeblich vom Preis ab. Mikroorganismen sind die biotechnologisch effektivsten Enzymproduzenten und realisieren die höchstmögliche Produktivität in Form von Produktmenge pro Volumen und Zeit. Die Enzymbildung ist bei den in der Natur lebenden Mikroorganismen (Wildstämmen) auf Genebene jedoch entsprechend ihrer Homöostase und dem Evolutionsdruck im Freiland sehr gut reguliert. Das bedeutet, dass in einem Mikroorganismus normalerweise aus zellenergetischen Gründen keine Überproduktion von einem oder mehreren Enzymen stattfindet.

Vor den 80er-Jahren des letzten Jahrhunderts wurden Enzymüberproduktionen von Mikroorganismen durch das zeit- und ressourcenaufwendige Screening chemisch oder mittels Röntgenstrahlung mutagenisierter Zellen identifiziert (klassische Mutagenesemethoden). In den dabei erhaltenen Mikroorganismen war die gewünschte Enzymbildung durch zufällige Mutationen in den verschiedenen Genelementen, die für die Enzymproduktion verantwortlich sind, gelungen (Promotor, Operon, Regulatorproteine u. Ä. m.).

Heutzutage ist durch den rationalen und gezielten Einsatz gentechnischer Methoden die natürliche Enzymregulation eines Mikroorganismus in der Art modifizierbar, dass eine enorme Enzymüberproduktion bei gleichzeitiger Enzymsekretion ins Medium erreicht werden kann. Letzteres ermöglicht eine zusätzliche Kostenreduktion, da der Mikroorganismus nicht aufgeschlossen werden muss, sondern das gewünschte Enzym durch Aufarbeitung des Zellüberstandes gewonnen werden kann.

Die Produktion von Lebensmittelenzymen mit einem gentechnisch modifizierten Mikroorganismus (GMO) sollte dem *food-grade concept* folgen. Dies besagt, dass der Wirtsorganismus, in dem die genetischen Veränderungen durchgeführt werden, ein sicherer Mikroorganismus der untersten Risikoklasse 1 sein muss. Er muss zudem je nach Verwendungsregion den GRAS-Status (engl. *generally recognized as safe*) für USA bzw. QPS-Status (engl. *qualified presumption of safety*) für Europa besitzen. Die für die gentechnischen Methoden im GMO benötigten Selektionsmarker dürfen keine Antibiotikaresistenzen sein. Die gentechnisch vorgenommenen Veränderungen müssen detailliert beschrieben und auf ein Minimum reduziert sein. Die Verwendung von heterologer DNA sollte sich auf nah verwandte Arten, die ebenfalls natürlicherweise im Lebensmittel vorkommen, beschränken. Jegliche Bildung von gesundheitsschädlichen Stoffen seitens des Wirtsorganismus muss ausgeschlossen werden können. Durch die klassischen bzw. modernen Methoden der Mutagenese von Mikroorganismen liegen die Kosten für Lebensmittelenzyme im Allgemeinen zwischen 30 und 100 € pro Kilogramm Enzympräparat.

In den nachfolgenden Abschnitten werden die Enzymklassen, welche bei der Verarbeitung von Lebensmitteln Anwendung finden, näher beschrieben.

16.2 Oxidoreduktasen

16.2.1 Relevante Eigenschaften für die Verwendung in der Lebensmittelindustrie

Oxidoreduktasen bilden laut der International Union of Biochemistry and Molecular Biology (IUBMB; ▶ http://www.sbcs.cmul.ac.uk/iubmb/) die erste Klasse von Enzymen und tragen innerhalb der EC-Klassifizierung (von *Enzyme Commission numbers*) die Nummer EC 1.-.-.-. Oxidoreduktasen katalysieren Redoxreaktionen, d. h. es wird bei jeder Reduktion auch gleichzeitig eine Oxidation ausgeführt. Die Subklassen (EC 1.1.-.- bis 1.23.-.- und 1.97.-.- bis 1.99.-.-) der Oxidoreduktasen sind eingeteilt nach der funktionellen Gruppe, die als Donor für Elektronen fungiert. Für die Lebensmittelindustrie sind bestimmte Oxidoreduktasen der Klassen EC 1.1.-.- (CH–OH Gruppen als Donor), EC 1.10.-.- (Diphenole und deren Verwandte als Donor) und EC 1.11.-.- (Peroxide als Akzeptor) von besonderer Relevanz. Im Detail handelt es sich dabei um die *Glucose-Oxidase* (EC 1.1.3.4), die *Laccase* (EC 1.10.3.2) und die *Katalase* (EC 1.11.1.6). Die Sauerstoff- oder Wasserstoffübertragung auf ein Substrat erfolgt über prosthetische Gruppen, die mit dem Enzym verbunden sind (z. B. FAD) oder mithilfe von sog. Transportmetaboliten (z. B. NAD^+).

16.2.2 Anwendungsbereiche in der Lebensmittelindustrie

Die Glucose-Oxidase (GOD; EC 1.1.3.4) katalysiert die Umsetzung von Glucose in Gegenwart von Sauerstoff zu Glucono-δ-lacton und H_2O_2 (◧ Abb. 16.1) und wird vorwiegend mithilfe von *Aspergillus niger* hergestellt. Anzumerken ist, dass die GOD hoch spezifisch für β-D-Glucose ist und α-D-Glucose, Hexosen und Xylosen nicht oxidieren kann. Die Bildung von Gluconsäure lässt den pH-Wert im Lebensmittel absinken, sodass zum einen ein konservierender Effekt auftritt und gleichzeitig Maillard-Reaktionen unterbunden werden (Glucose wird aus dem System entfernt.). Sie wird vor allem Limonaden zugesetzt. Glucono-δ-lacton findet auch in Backpulver, Milchprodukten und bei der Rohwurstreifung Einsatz. In Weizenteigen fungiert das H_2O_2 als starkes Oxidationsmittel und verfestigt die Kleberstruktur durch Vernetzung freier Sulfhydrylgruppen zu Disulfidbrücken. Ein weiterer Vorteil des Einsatzes der Glucose-Oxidase bei Backwaren ist, dass auf Ascorbinsäure verzichtet werden kann, da dies in Ländern wie Frankreich für traditionelle Brote nicht eingesetzt werden darf.

Die Laccasen (EC 1.10.3.2) werden auch als sog. „blaue Kupferproteine" oder Multikupferoxidasen bezeichnet. Dies liegt in den vier Kupferatomen in ihrem aktiven Zentrum begründet, welche für die blaue Farbe der Laccasen verantwortlich sind. Laccasen katalysieren die Oxidation eines breiten Spektrums an Substraten, wie *o*- und *p*-Benzendiolen, Polyphenolen, Aminophenolen, Polyaminen, Ligninen, Aryldiaminen und verschiedenen anorganischen Ionen. Sie finden Anwendung in der Textil- und Papierindustrie, der Reinigung von Abwässern und als Katalysatoren für chemoenzymatische Synthesen. In der Lebensmittelindustrie, und hier vorrangig in der Backwaren- und Getränkeindustrie, finden sie hauptsächlich Anwendung zur Entfernung von unerwünschten phenolischen Verbindungen. Durch ihren Einsatz können auch sensorische und funktionelle Eigenschaften von Lebensmitteln beeinflusst werden. Bei der Bierherstellung sorgen Laccasen neben der Verbesserung der Stabilität auch für eine längere Haltbarkeit der Biere. Durch den Einsatz von Laccasen nach Gewinnung der Stammwürze werden unerwünschte Polyphenole beseitigt. Es bilden sich Polyphenolkomplexe, welche durch eine Filtration entfernt werden. Somit kommt es zu keiner

◧ **Abb. 16.1** Schematische Darstellung der von Glucose-Oxidase (GOD) katalysierten Reaktion

Trübung des Bieres. Die verlängerte Haltbarkeit ist durch die Bindung von Sauerstoff in einem Wassermolekül zu erklären. Auch kann eine Entfernung des Sauerstoffs aus dem Bier dafür sorgen, dass kein Off-Flavour (ein Flavour, der für ein bestimmtes Lebensmittel als unpassend empfunden wird) gebildet wird, da sonst durch die Oxidation von Aminosäuren, Proteinen, Fettsäuren und Alkoholen Präkursoren von Off-Flavour-Komponenten gebildet werden. Jedoch ist in Deutschland der Einsatz von Laccasen im Bier aufgrund des Reinheitsgebotes untersagt. Eine weitere Anwendung von Laccasen ist die Stabilisierung von Weinen. Auch hier werden Polyphenole durch Laccasen oxidiert. Sie polymerisieren anschließend und können durch Klärung aus dem Wein entfernt werden. Es können auch die Nachtrübungen und Farbveränderungen von Fruchtsäften vermindert werden. Im Forschungsbereich werden Laccasen auch genutzt, um Strukturen in Joghurt zu erzeugen. Hierbei wird Casein mithilfe von sog. Mediatoren (z. B. Vanillinsäure) vernetzt.

Katalase (EC 1.11.1.6) katalysiert den Abbau von Wasserstoffperoxid zu Sauerstoff und Wasser. Im Lebensmittel wird sie daher eingesetzt, um Wasserstoffperoxid zu entfernen. Beispielsweise wird Wasserstoffperoxid benutzt, um Milch einer sog. Kältesterilisation zu unterziehen. Ebenso werden viele Lebensmittelverpackungen mit Wasserstoffperoxid desinfiziert und anschließend mit Katalase behandelt. Oft werden auch Glucose-Oxidase und Katalase gemeinsam in einem Produkt eingesetzt, um das durch die Reaktion der Glucose-Oxidase gebildete Wasserstoffperoxid zu entfernen.

16.3 Transferasen

16.3.1 Relevante Eigenschaften für die Verwendung in der Lebensmittelindustrie

Transferasen gehören zur Klasse 2 (EC 2.-.-.-) und katalysieren die Übertragung einer funktionellen Gruppe X (z. B. Glykosylgruppe) von einem Donor A (A–X) auf eine Akzeptor B (B–X). In vielen Fällen ist Donor ein Cofaktor (Coenzym), welcher die zu transferierende Gruppe trägt. Innerhalb der Klasse 2 werden die Transferasen in zehn Subklassen unterteilt, abhängig von der Gruppe, welche sie übertragen (EC 2.1.-.- bis EC 2.10.-.-). Im Lebensmittelbereich sind vor allem Transferasen aus der Klasse EC 2.3.-.- (Acyltransferasen) sowie der Klasse EC 2.4.-.- (Glykosyltransferasen) von Relevanz. Acyltransferasen transferieren Acylgruppen und bilden entweder Ester oder Amide aus, und Glykosyltransferasen transferieren Glykosylgruppen. Manche von den Glykosyltransferasen katalysieren auch eine Hydrolyse, wobei dies als Transfer eines Glykosylrests vom Donor auf den Akzeptor Wasser angesehen werden kann. Die Klasse der Glykosyltransferasen kann, abhängig von der Natur des Zuckerrests, welcher transferiert wird, weiter unterteilt werden. Es gibt Hexosyltransferasen (EC 2.4.1.-), Pentosyltransferasen (EC 2.4.2.-) und solche, die andere Glykosylgruppen übertragen (EC 2.4.99.-).

16.3.2 Anwendungsbereiche in der Lebensmittelindustrie

Das Enzym Transglutaminase (EC 2.3.2.13) katalysiert die Reaktion zwischen einer ε-Aminogruppe eines peptidgebundenen Lysinrestes und einer γ-Carboxyamidgruppe eines peptidgebundenen Glutaminylrestes (◘ Abb. 16.2a). Neben Lysinresten können auch weitere primäre Amine als Substrat dienen (◘ Abb. 16.2b). Sind keine primären Amine vorhanden, reagiert Wasser als Nucleophil, was zur einer Deamidierung des Glutaminrestes führt (◘ Abb. 16.2c).

Alle drei von der Transglutaminase katalysierten Reaktionen können in der Lebensmittelindustrie zur Modifikation der funktionellen Eigenschaften von Proteinen in Lebensmitteln genutzt werden. Der Einsatz

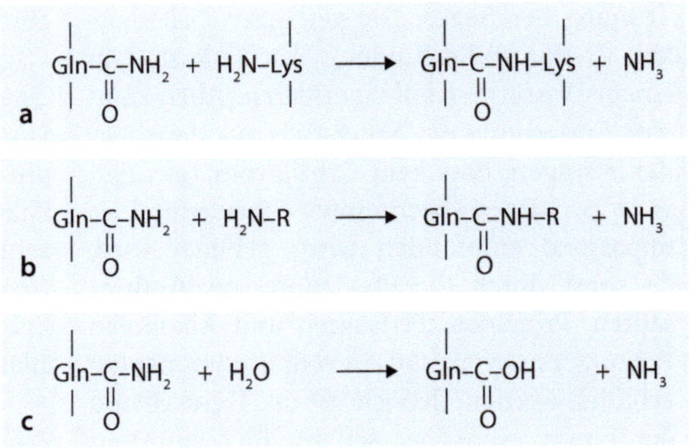

□ **Abb. 16.2**   Schematische Darstellung von Reaktionen die von Transglutaminase katalysiert werden. a) Quervernetzung; b) Acyltransferreaktion; c) Deamidierungsreaktion (modifiziert nach De Jong et al. 2002)

$$\text{a} \quad \underset{O}{Gln{-}C{-}NH_2} + H_2N{-}Lys \longrightarrow \underset{O}{Gln{-}C{-}NH{-}Lys} + NH_3$$

$$\text{b} \quad \underset{O}{Gln{-}C{-}NH_2} + H_2N{-}R \longrightarrow \underset{O}{Gln{-}C{-}NH{-}R} + NH_3$$

$$\text{c} \quad \underset{O}{Gln{-}C{-}NH_2} + H_2O \longrightarrow \underset{O}{Gln{-}C{-}OH} + NH_3$$

führt zu einer Steigerung der Festigkeit der Proteinmatrix und deren Wasserhaltevermögen, zur Erhöhung der Viskosität von Proteinlösungen und zur Verbesserung der Bildungsfähigkeit und thermischen Stabilität von Gelen. In der Lebensmittelindustrie wird häufig die Transglutaminase aus *Streptomyces moberaensis* eingesetzt. Proteine in Fleisch und Fisch, Milchproteine in Joghurt oder Käse, aber auch Glutenproteine in Backwaren werden durch Transglutaminase quervernetzt. Im Fall von Fleischprodukten kann die Transglutaminase zur Herstellung von restrukturiertem Fleisch aus Fleischresten eingesetzt werden. Auch kann sie als Ersatz von Kutterhilfsstoffen bei der Brühwurstherstellung sowie zum schnelleren Erreichen der Schnittfestigkeit von Rohwurst genutzt werden. Eine weitere Anwendung im Fleischbereich ist das Vernetzten von Natriumcaseinatgelen als Fettersatz in Brüh- und Rohwürsten. Bei Fischprodukten ist die Transglutaminase durch die Herstellung von Surimi ins Gespräch gekommen. Bei Surimi handelt es sich um ein Fischgel, welches aus Fischfleischresten, Wasser und Salz sowie Transglutaminase hergestellt wird. Neben der Surimiherstellung findet Transglutaminase auch Anwendung bei der Erzeugung von Fischpasteten, und es reduziert den Wasserverlust beim Auftauen von tiefgefrorenem Fisch durch Injektion bzw. Einbringen von Transglutaminase in einer Trommel vor dem Tiefgefrieren („Tumbeln"). Im Fall von Milchprodukten wird die Transglutaminase zur Textursteuerung von Cremes aus Magermilchpulver sowie zur Herstellung von fettarmen Desserts genutzt. Bei fettarmen Desserts, Eis oder Joghurt wird dadurch ein Mundgefühl von Vollfettprodukten mit cremiger Konsistenz erzeugt. Dies wird durch das Vernetzen von Casein, welches öltröpfchenähnliche Strukturen aufweist, erzeugt und dient somit als Fettersatz. Bei Produkten auf Pflanzenproteinbasis wird die Transglutaminase dazu genutzt, das allergene Potenzial von Weizenmehlen zu reduzieren, da sie aufgrund des hohen Glutamingehalts hervorragend mit den β-Gliadin-Fraktionen des Weizeneiweißes reagiert.

Prinzipiell können mit zwei Enzymklassen Oligosaccharide erzeugt werden. Dies sind zum einen Glykosylhydrolasen (Glykosidasen, EC 3.2.-.-; ▶ Abschn. 16.4.3) und zum anderen Glykosyltransferasen. Bei den Glykosyltransferasen unterscheidet man die Leloir- von den Nicht-Leloir-Transferasen. In den Zellen erfolgt die Synthese von Oligosacchariden über den Leloir-Pfad. Das heißt, dass ein Zucker-Nucleotid-Komplex dabei als Zucker-Donor wirkt und letzterer auf einen anderen Zucker, das Akzeptormolekül, übertragen wird. Es entstehen ein neues Oligosaccharid und ein freies Nucleotid (UDP). Letzteres wird in der Zelle wieder regeneriert und anschließend erneut mit einem Zucker zu einem neuen Zucker-Nucleotid-Komplex umgesetzt. Dieser steht dann für weitere Reaktionen mit Leloir-Transferasen zur Verfügung. Das freie Nucleotid stammt ursprünglich aus der Hydrolyse von UTP (aus ATP gebildet), wodurch die zur Synthese der glykosidischen Bindung benötigte thermodynamische Energie aufgebracht werden kann. Leloir-Transferasen benötigen also aktivierte Zucker (Zucker-UDP). Sie sind selektiv für den Akzeptor-Zucker. Außerdem sind diese Enzyme recht instabil und schlecht verfügbar. Diese Eigenschaften machen sie für industrielle Anwendungen uneffektiv. Starterkulturen, die eine hohe Leloir-Transferaseaktivität besitzen, könnten als ganze Zelle für eine Oligosaccharidsynthese während der Lebensmittelfermentation eine Alternative sein.

In zahlreichen pflanzlichen und mikrobiellen Zellen gibt es jedoch Nicht-Leloir-Transferasen, die keine aktivierten Zucker benötigen, sondern die energiereiche glykosidische Bindung der Saccharose nutzen. Da Saccharose ein kostengünstiges Ausgangssubstrat ist, sind Nicht-Leloir-Transferasen für biotechnologische Anwendungen von Interesse. Ein Beispiel für Oligosaccharide, die mit Nicht-Leloir-Transferasen hergestellt werden könne, sind Fructoside. Fructoside werden durch Fructosyltransferasen (EC 2.4.1.-) synthetisiert und sind kalorienarme und antikariogene Süßungsmittel für Lebensmittel und Kosmetika. Sie besitzen eine höhere Süßkraft als Saccharose und sind diätetisch, d. h. ihre Resorption im Darm ist im Vergleich zu Glucose deutlich langsamer, wodurch sie von Darmbakterien und nicht vom Menschen verstoffwechselt werden können. Ausgangssubstrat zur Herstellung von Fructosiden ist wie oben erwähnt die Saccharose.

16.4 Hydrolasen

16.4.1 Relevante Eigenschaften für die Verwendung in der Lebensmittelindustrie

Bei Hydrolasen handelt es sich um Enzymen, die die Hydrolyse (Spaltung) von verschiedenartigen Bindungen unter Beteiligung von Wasser reversibel katalysieren (◘ Abb. 16.3).

$$A{-}B + H_2O \rightleftharpoons A{-}H + B{-}OH$$

◘ **Abb. 16.3** Schematische Darstellung des katalytischen Gleichgewichts von Hydrolasen

Innerhalb der EC-Klassifizierung tragen sie die Nummer 3 und innerhalb dieser Gruppe werden sie weiter unterteilt, je nachdem, welche Art von Bindung gespalten wird. Für die Verwendung im Lebensmittelbereich sind vor allem Hydrolasen von Relevanz, die katalytisch an Esterbindungen (Lipasen/Esterasen; EC 3.1.-.-), Glykosidbindungen (Glykosidasen; EC 3.2.-.-) und Peptidbindungen (Peptidasen/Proteasen; EC 3.4.-.-) aktiv sind. Hydrolasen sind coenzymunabhängig, was ihren Einsatz erleichtert, doch ist darauf zu achten, dass die „richtigen" Enzyme (Präparate) verwendet werden. Abhängig von dem Lebensmittel/der Lebensmittelmatrix werden spezielle Anforderungen an die Enzyme gestellt. Dies umfasst beispielsweise den pH- und Temperaturbereich, in denen sie aktiv/stabil sind, das Vorhandensein oder die Abwesenheit von Ionen, die für ihre Aktivität nötig sind bzw. inhibierend wirken. Des Weiteren können andere Bestandteile im Lebensmittel vorliegen, die die Aktivität bestimmter Enzyme inhibieren (z. B. Trypsininhibitoren in Soja). Auch ist ein besonderes Augenmerk auf die Spezifität/Selektivität der Enzyme zu legen, die eingesetzt werden soll. Enzyme, die die gleiche EC-Nummer tragen, katalysieren zwar die gleiche Reaktion, doch kann abhängig vom Ursprung des Enzyms das eine Enzym ein engeres Substratspektrum aufweisen und weniger Nebenreaktionen katalysieren als ein anderes Enzym.

16.4.2 Lipasen/Esterasen: Anwendungsbereich in der Lebensmittelindustrie

Lipide sind im Lebensmittel maßgeblich an der Geschmacks- und Texturgebung beteiligt. Mittels einer Transesterifikation (Austausch

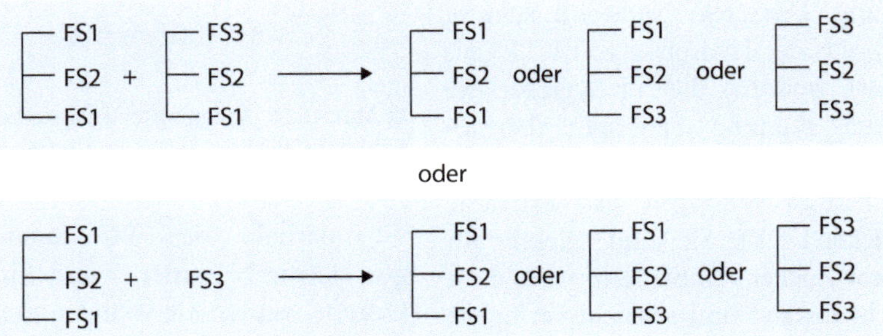

Abb. 16.4 Prinzipielle Möglichkeiten einer Umesterung eines Triglycerids mit einem Triglycerid bzw. einer Fettsäure (Stöchiometrie nicht berücksichtigt. Enzym: 1,3-positionsspezifische Lipase; mod. nach Uhlig 1991)

von Fettsäuren; ■ Abb. 16.4) kann die Struktur von Fetten (Triglyceriden) entsprechend beeinflusst werden. Ein Beispiel hierfür ist Designer-Margarine. Durch die Transesterifikation der Triglyceride kann zum einen die Positionsverteilung sowie zum anderen die Fettsäurezusammensetzung verändert werden. Ist die Modifikation der Fettsäurezusammensetzung im Lebensmittel das Ziel, so werden auch freie Fettsäuren oder Triglyceride anderer Nahrungsfette genutzt. Durch diese Modifizierung können gezielt die ernährungsphysiologischen und technologischen Eigenschaften der Fette modifiziert werden.

Ein weiteres Beispiel für den Einsatz von Lipasen in Lebensmitteln ist die Herstellung von Käse wie Parmesan, Cheddar oder Gouda. Der Enzymeinsatz bringt eine Zeitersparnis während der Reifung von 50 %. Folgender Grund steht dahinter: Lipasen hydrolysieren die Triglyceride (Lipolyse) und setzen dadurch gezielt Fettsäuren frei. Diese dienen als Ausgangsstoffe für die Bildung von Aromastoffen wie Aldehyden oder Ketonen. Die Fettsäuren werden von den Starterkulturen entsprechend verstoffwechselt.

Lipasen können zusammen mit weiteren Enzymen wie Esterasen, Proteasen und Peptidasen auch dazu verwendet werden, ein Käsearomakonzentrat (engl. *enzyme modified cheese*, EMC) herzustellen. Hierfür werden Frischkäse oder Käsebruch mit einer Kochsalzlösung versetzt und homogenisiert. Anschließend werden die Enzyme zugesetzt, wobei die Konzentration und Art der Enzyme das spätere Aroma des EMC bestimmt. Nach einer definierten Inkubation (4–5 Tage, 30–40 °C) kann EMC als Paste oder nach Trocknung als Granulat eingesetzt werden. Durch die 15–30- mal höhere geschmackliche Intensität des EMCs gegenüber natürlich gereiftem Käse werden den Fertigprodukten wie Scheibenkäse oder Tiefkühlpizzen lediglich 0,1–2 % EMC zugesetzt. Besonders bei Tiefkühlgerichten und mikrowellengeeigneten Produkten (Convenience-Produkten) findet EMC Anwendung, da es in diesen Fällen herkömmlichem Käse sensorisch überlegen ist.

Als weiterer Anwendungsbereich können mit Lipasen Butteraromen hergestellt werden. Hierfür findet eine Partialhydrolyse von Milchfett statt. Dafür wird beispielsweise Butterfett geschmolzen und zusammen mit einer wässrigen Phase (z. B. Phosphatpuffer) mithilfe von Lecithin emulgiert. Diese Emulsion wird bei 40 °C mit Lipasen partiell hydrolysiert und die Reaktion anschließend zu einem gewünschten Zeitpunkt durch eine thermische Behandlung gestoppt. Durch die gewählten Reaktionsbedingungen, die Enzymkonzentration und im Besonderen durch die verwendete Lipase (Spezifität) kann das Profil gesteuert werden. Solche Butteraromen-Emulsionen werden u. a. bei der Herstellung von Schokolade, Backwaren und Convenience-Produkten verwendet.

Der Herstellung von imitierten Schafs- und Ziegenkäseprodukten liegt ebenso eine partielle Hydrolyse des Milchfetts mit Lipasen zugrunde. Der Kuhmilch werden hierzu spezifische Lipasen zugesetzt, und die resultierende Freisetzung von speziellen Fettsäuren erzeugt einen Flavour, der dem der Schafs- bzw. Ziegenmilch ähnelt. Diese durch Lipasen modifizierte Milch kann anschließend zur Herstellung von Käsen verwendet werden.

16.4.3 Glykosidasen: Anwendungsbereiche in der Lebensmittelindustrie

Der Bindungstyp, welcher von Glykosidasen gespalten wird, ist eine Etherbindung und hat somit die Struktur R–O–R'. Der Rest R ist dabei das sog. Glykon der Verbindung und entscheidet über die Akzeptanz im aktiven Zentrum. Das Aglykon (R') hingegen ist bei den meisten Enzymen nicht von besonderer Bedeutung, wobei gewisse sterische Effekte oder Ladungen bei der Substraterkennung im aktiven Zentrum eine Rolle spielen können. Zu den Aglykonen gehören Zucker, Lipide oder Peptide. Bedeutende Beispiele von Glykosidasen im Lebensmittelbereich sind Amylasen, β-Glucanasen, Xylanasen und β-Galactosidasen.

Das Polysaccharid Stärke wird enzymatisch durch Amylasen abgebaut, wobei es nur in verkleistertem (gequollenem) Zustand der Stärke hydrolysiert werden kann. Stärke besteht aus Amylose (α-1,4-glykosidisch verknüpfte D-Glucosemoleküle) und Amylopectin (α-1,4-glykosidisch verknüpfte D-Glucose sowie nach 15–30 Glucosemolekülen eine α-1,6-glykosidisch verknüpfte Seitenkette). Das Verhältnis beider Makromoleküle zueinander ist pflanzenspeziesspezifisch und bestimmt die Eigenschaften der Stärke. Die stärkespaltenden Glykosidasen werden in Endo- und Exoamylasen unterschieden. Zu den Endoamylasen gehört α-Amylase (EC 3.2.1.1). Sie spaltet innere α-1,4-glykosidische Bindungen der Amylose, nicht jedoch terminale oder α-1,6-glykosidische Bindungen. Zu den Exoamylasen gehört β-Amylase (EC 3.2.1.2), welche vom nichtreduzierenden Kettenende her jeweils ein Maltosemolekül abspaltet. Der Name β-Amylase ist irreführend, da auch diese Amylase α-1,4-Bindungen erkennt, das Produkt jedoch die β-Maltose ist. Aus historischen Gründen wurde die Amylase deshalb β-Amylase genannt. Eine weitere Exoamylase ist γ-Amylase (EC 3.2.1.3), welche vom nichtreduzierenden Kettenende her jeweils ein Glucosemolekül abspaltet. Anwendung finden Amylasen beispielsweise beim sog. Stärkeprozess. Dieser Prozess beschreibt den enzymatischen Abbau von Stärke zu Glucose, wobei jährlich mehr als 20 Mio. Tonnen Stärke hydrolysiert werden. Ausgangsrohstoff ist Mais, aus dem die Stärke gewonnen wird. Die Stärke wird mit Wasser unter Hitzeeinwirkung (105 °C, Jet-Cooker) zu Stärkemilch mit einer Trockensubstanz von 40 % (w/v) vermischt, welche somit mikrobiologisch stabil ist. Es folgt anschließend die enzymatische Verflüssigung bzw. Dextrinierung der Stärke durch α-Amylase. Die Prozessbedingungen werden optimal auf das Enzym abgestimmt (z. B. 95 °C, 2 h). Der Verflüssigung schließt sich die Verzuckerung an. Diese wird enzymatisch durch γ-Amylase bewerkstelligt. Die Verzuckerung kann mehrere Tage in Anspruch nehmen (z. B. 60 °C, 24–72 h). Anschließend wird die Glucose raffiniert und kann weiterverarbeitet werden, z. B. zu Fructosesirup (▶ Abschn. 16.6.2).

Endo-β-1,2(4)-Glucanasen (EC 3.2.1.6) spalten beispielsweise β-1,3- und β-1,4-Bindungen von Glucose in β-Glucanen und β-1,4-Bindungen in Cellulose. Als β-Glucan werden alle Substanzen bezeichnet, die aus zwei oder mehr Glucose-Einheiten bestehen und über eine β-glykosidische Bindung verbunden sind. Anwendungen finden sie beispielsweise in Brauereien zur Erleichterung der Filtration und zur Freisetzung von nicht gemälzter Gerste. Begründet liegt dies darin, dass die Zellwände der Gersten-Endospermzelle des Maizes zu ca. 75 % aus β-Glucanen bestehen. In Deutschland ist aufgrund des

Reinheitsgebotes der Zusatz nicht gestattet. Anwendung finden β-Glucanasen auch bei der Weinklärung und -filtration.

Xylanasen, genauer gesagt Endo-β-1,4-Xylanasen (EC 3.2.1.8), katalysieren die Spaltung von β-1,4-glykosidisch verknüpften Xylosen in Xylanen (Bestandteile der pflanzlichen Zellwände). Xylanasen finden Anwendung in der Backwarenindustrie zur Hydrolyse von Xylanen, da diese bis zur zehnfachen Menge ihres Eigengewichts an Wasser binden können und somit die Ausbildung des Glutennetzwerkes stören. Durch die Hydrolyse der Xylane verbessern sich die Teigeigenschaften wie Dehnbarkeit und Stabilität.

Die Lebensmittelindustrie ist sehr stark daran interessiert, vermehrt Milch- und Molkeprodukte auf den Markt zu bringen, die lactosefrei und somit für lactoseintolerante Menschen verträglich sind. Für die Lactosehydrolyse eignen sich β-Galactosidasen (EC 3.2.1.23). Das Substrat für β-Galactosidasen ist die in der Kuhmilch mit ca. 4,5–4,8 % enthaltene Lactose (4-O-(β-D-Galactopyranosyl)-D-glucopyranose). Durch den Einsatz der β-Galactosidasen wird Lactose in ihre Bestandteile Glucose und Galactose gespalten (◨ Abb. 16.5a). Zur Herstellung von lactosefreier Milch gibt es zwei prinzipielle Herstellungsverfahren. Zum einen können die β-Galactosidasen der Milch vor der Hitzebehandlung zugesetzt werden, und zum anderen der bereits hitzebehandelten Milch. Bei beiden Verfahren gibt es Vor- sowie Nachteile. Bei der Zugabe vor der Hitzebehandlung müssen hohe Enzymmengen der

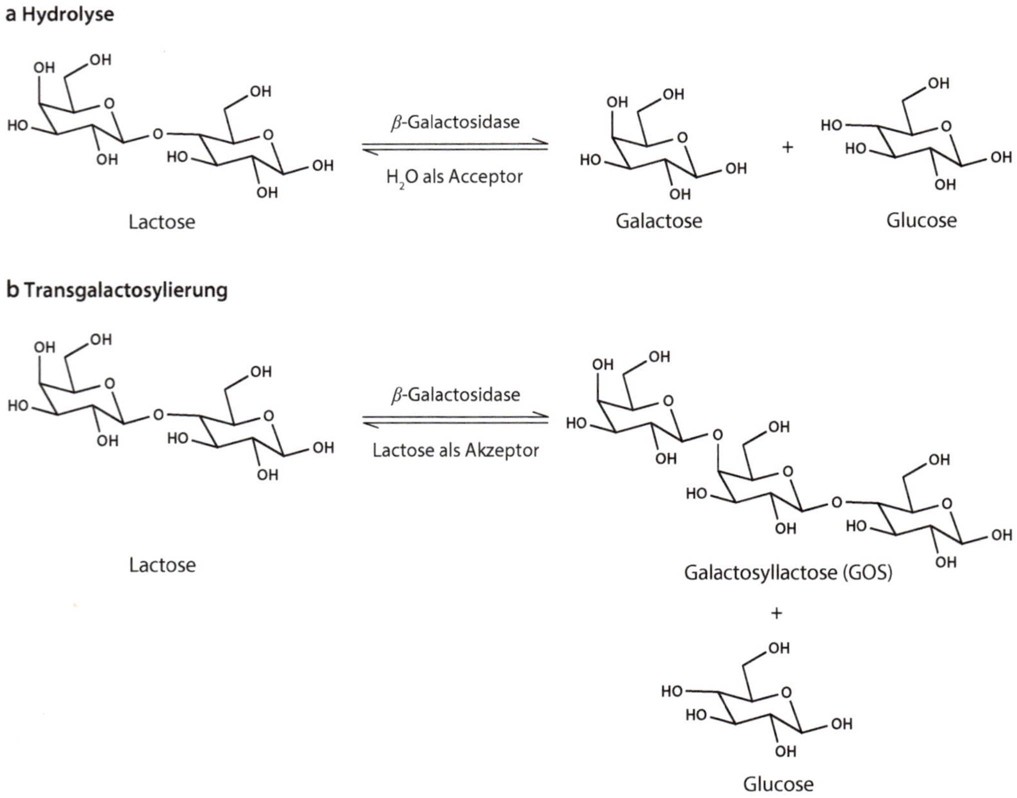

a Hydrolyse

b Transgalactosylierung

◨ **Abb. 16.5**   Schematische Darstellung der Lactosehydrolyse (a) und Transgalactosylierung (b) mit einer β-Galactosidase

Milch zugesetzt werden, damit die Lactose in möglichst kurzer Zeit hydrolysiert wird. Da durch die Hitzebehandlung jedoch das Enzym inaktiviert wird, muss es nicht deklariert werden. Im anderen Fall können die Enzyme der Milch nach der thermischen Behandlung zugesetzt werden. Die Lactosehydrolyse findet demnach nicht während des Produktionsprozesses in der Molkerei statt, sondern während der Lagerung und dem Transport. Somit ist eine längere Zeit für die Hydrolyse vorgesehen, was die benötigte Enzymmenge und somit die Kosten reduziert. Jedoch muss darauf hingewiesen werden, dass die Enzyme unter sterilen Bedingungen der Milch zugesetzt werden müssen, da es zu keiner weiteren thermischen Behandlung der Milch kommt. Die Enzympräparate dürfen keine Nebenaktivitäten wie Peptidasen aufweisen, da es sonst zu einem bitteren Fehlgeschmack aufgrund von Proteolyse kommen kann. Auch muss der Enzymzusatz auf der Verpackung deklariert werden, da die Enzyme noch aktiv im Produkt vorhanden sind.

Glykosidasen können neben der Spaltung auch zur Glykosidsynthese (Bildung von Oligosacchariden) eingesetzt werden. Generell werden Oligosaccharide definiert als Glykoside, die 2–10 kovalent gebundene monomere Zuckereinheiten enthalten. Eine Art von Oligosacchariden stellen die sog. Galactooligosaccharide (GOS) dar. Sie können aus Lactose mithilfe von β-Galactosidasen in einer Transglykosylierungsreaktion gebildet werden. Die Transglykosylierung erfolgt, wenn ein anderes Saccharid (Glucose, Galactose, Lactose oder GOS-Molekül) als Akzeptor fungiert (◘ Abb. 16.5b). Die kinetisch kontrollierte Transgalactosylierung steht somit in Konkurrenz zur thermodynamisch kontrollierten Lactosehydrolyse. Abhängig von den Reaktionsbedingungen (Lactosekonzentration, Wasseraktivität, Temperatur, pH-Wert) können somit unterschiedliche GOS(-Mischungen) erzeugt werden. Von besonderer Bedeutung ist, dass GOS als präbiotisch von der EFSA eingestuft sind und sie in Säuglingsnahrung vorliegen müssen.

16.4.4 Peptidasen/Proteasen: Anwendungsbereiche in der Lebensmittelindustrie

Protease/Peptidasen katalysieren die Spaltung von Peptidbindungen. Sie können u. a. aufgrund ihres katalytischen Mechanismus (Serin-, Cystein-/Thiol-, Carboxy- und Metallopeptidasen) eingeteilt werden. Des Weiteren werden sie eingeteilt auf Grundlage der Position der Peptidbindung im Protein/Peptid, welches sie spalten (Endo- und Exopeptidasen). Die Spezifität von Peptidasen kann mithilfe der Nomenklatur nach Schechter und Berger (1967) beschrieben werden, bei der das aktive Zentrum während der Spaltung betrachtet wird. Spezifische Regionen im aktiven Zentrum (S für engl. *subsites*) interagieren dabei nur mit bestimmten Aminosäuremustern des Substrates (P für engl. *position*). Die Regionen im aktiven Zentrum werden ab der Spaltstelle in Richtung des N-Terminus (S1, S2, …, Sn) und des C-Terminus (S1', S2', …, Sn') benannt. Die interagierenden Bereiche des Substrates werden entsprechend mit P1, P2, …Pn bzw. P1', P2', …Pn' gekennzeichnet.

Peptidasen finden vielfältigen Einsatz bei der Herstellung und Prozessierung von Lebensmitteln. Beispielsweise können sie zur Produktion von geschmacksaktiven Hydrolysaten oder zur Produktion von hypoallergener Säuglingsnahrung eingesetzt werden. Damit die Hydrolysate die dafür nötigen Anforderungen erfüllen, muss ein hoher Hydrolysegrad erzielt werden, sprich, es sollten möglichst alle Peptidbindungen des Ausgangsproteins (z. B. Casein, Weizengluten) gespalten werden. Aufgrund der Spezifität der einzelnen Peptidasen kann ein solches Totalhydrolysat nicht durch den Einsatz einer einzigen Peptidase erzielt werden. Eine Kombination verschiedener Peptidasen ist somit essenziell, um einen hohen Hydrolysegrad zu erzielen. In ◘ Abb. 16.6 ist eine solche Hydrolyse exemplarisch für ein theoretisches

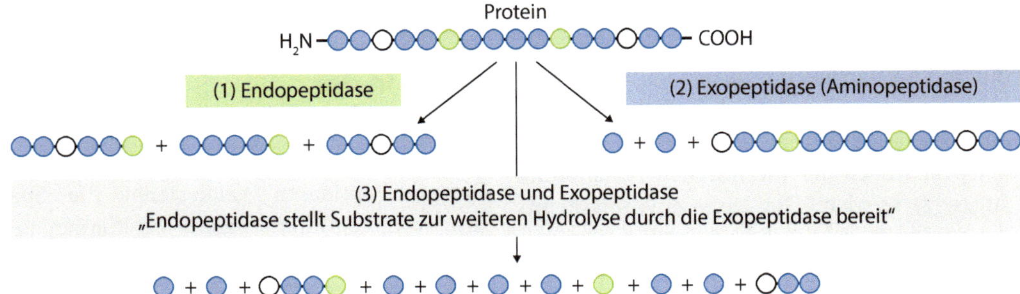

◘ Abb. 16.6   Beispielhafte Hydrolyse eines Proteins durch eine Endopeptidase (1), eine Exopeptidase (2) und eine Kombination aus beiden (3). Bevorzugte Spaltungsstellen sind gekennzeichnet durch grüne Kugeln (Endopeptidase) und blaue Kugeln (Exopeptidase). Aminosäuren, welche durch weiße Kugeln dargestellt sind, können nicht gespalten werden, wenn sie sich an P1-Position befinden (Stressler et al. 2015).

Protein dargestellt. Im Fall, dass nur eine Endopeptidase eingesetzt wird (1), wird das Protein in längere Peptide hydrolysiert, jedoch werden keine Aminosäuren freigesetzt. Wenn nur eine Exopeptidase zum Einsatz kommt (2), können ggf. einzelne Aminosäuren freigesetzt werden, doch kommt die Hydrolyse zum Erliegen, wenn Aminosäuren vorliegen, die nicht in das Substratspektrum der eingesetzten Exopeptidase passen. Wenn nun aber Endo- und Exopeptidasen gemeinsam eingesetzt werden (3), kann das Protein nahezu vollständig hydrolysiert werden. Durch einen möglichen Einsatz einer weiteren Exopeptidase mit einer anderen Spezifität kann theoretisch das ganze Protein in seine Aminosäuren gespalten werden.

Die wohl bekannteste Anwendung von Peptidasen in der Lebensmittelverarbeitung ist bei der Käseherstellung. Lab aus dem Kälbermagen wurde und wird hierfür eingesetzt. Es enthält hauptsächlich das Enzym Chymosin (EC 3.4.23.4). Die Dicklegung der Milch erfolgt durch eine spezifische Spaltung des κ-Caseins an der Position Phe105/Met106. Diese Spaltung bewirkt eine Destabilisierung und somit eine Koagulation der Caseinmicellen durch die Entfernung des hydrophilen Glykopeptides (Caseinomacropeptid). Neben dem Lab aus dem Kälbermagen wird heutzutage vermehrt Chymosin verwendet, welches rekombinant gewonnen wurde. Als rekombinante Produktionsstämme werden hierbei die Hefe *Kluyveromyces lactis* wie auch der Schimmelpilz *Aspergillus niger* verwendet. Der Vorteil der rekombinanten Chymosinherstellung ist, dass das Präparat nur Chymosin und nicht wie bei Kälber-Lab auch Pepsin enthält, welches zur Freisetzung von Bitterpeptiden führen kann.

Wie bereits unter ▶ Abschn. 16.4.2 erwähnt, werden Peptidasen auch zur Produktion von EMC eingesetzt. Auch hier ist eine Kombination aus Endo- und Exopeptidasen erforderlich, um einen möglichst hohen Hydrolysegrad zu erzielen.

Peptidasen finden ebenso Anwendung bei der Backwarenindustrie. Gluten bzw. Klebereiweiß ist ein Sammelbegriff für ein Stoffgemisch aus Proteinen, das im Samen einiger Arten von Getreide vorkommt. Es ist der wichtigste funktionelle Bestandteil in Weizenmehl. Jeder Einfluss auf das Glutennetzwerk bedeutet auch einen starken Einfluss auf den Teig und letztendlich auf das fertige Brot. Peptidasen werden u. a. eingesetzt, um die Maschinengängigkeit der Teige zu verbessern und die Mischzeit zu verkürzen. Des Weiteren können Peptidasen eingesetzt werden, um die Farbe, den Geschmack, die Wasseraufnahme, die Teigdehnbarkeit und noch Vieles mehr positiv zu beeinflussen.

Auch in der Getränkeindustrie finden Peptidasen Anwendung. Beispielsweise können Peptidasen eingesetzt werden, um Bier zu stabilisieren. Bierdunst (engl. *beer haze*) ist normalerweise auf eine Vernetzung von hochmolekularen Proteinen des Malzes zurückzuführen. Peptidasen wie beispielsweise Papain (EC 3.4.22.2) können eingesetzt werden, um dies zu verhindern. Durch Peptidasen können auch glutenfreie Biere erzeugt werden, die von Menschen, die an Zöliakie leiden, konsumiert werden können. Ein Enzym, welches hierbei Anwendung findet, ist die Prolyl-Endopeptidase (EC 3.4.21.26) aus *A. niger*.

Bei der Fleischverarbeitung finden ebenso Peptidasen Anwendung. So werden die Peptidasen Papain (EC 3.4.22.2), Bromelain (EC 3.4.22.32) und Ficain (EC 3.4.22.3) für die Weichmachung von Fleisch eingesetzt.

Die Peptidase Thermolysin (EC 3.4.24.27) aus *Bacillus thermoproteolyticus* kann zur Synthese des Süßstoffs Aspartam verwendet werden. Aspartam ist ein Dipeptid, welches aus L-Asparaginsäure und dem Methylester von L-Phenylalanin besteht. Durch die Regio- und Stereoselektivität des Enzyms kann die Kondensationsreaktion zu Aspartam ohne aufwendige Schutzgruppenchemie durchgeführt werden, wie sie bei der chemischen Synthese nötig ist.

16.5 Lyasen

16.5.1 Relevante Eigenschaften für die Verwendung in der Lebensmittelindustrie

Lyasen bilden die vierte Enzymklasse (EC 4.-.-.-) und katalysieren eine nicht hydrolytische Molekülspaltung. Ihre weitere Unterteilung erfolgt nach der Bindung, welche gespalten wird. Gespalten werden C–C-Bindungen (EC 4.1.-.-), C–O-Bindungen (EC 4.2.-.-), C–N-Bindungen (EC 4.3.-.-), C–S-Bindungen (EC 4.4.-.-), C-Halogen-Bindungen (EC 4.5.-.-) und P–O-Bindungen (EC 4.6.-.-). Bei ihrer Reaktion lassen sie meist eine Doppelbindung im Molekül zurück. Für die Lebensmittelindustrie finden hauptsächlich Lyasen der Klasse EC 4.2.2.- Anwendung, da diese an Polysacchariden (Pectinen) katalytisch aktiv sind. Pectine sind pflanzliche Polysaccharide, die hauptsächlich aus α-1,4-glykosidisch verknüpften D-Galacturonsäuremolekülen bestehen. Innerhalb dieser Klasse (EC 4.2.2.-) sind vorrangig die Pectat-Lyase (EC 4.2.2.2), die Pectatdisaccharid-Lyase (EC 4.2.2.9) und die Pectin-Lyase (EC 4.2.2.10) von Relevanz. Pectat-Lyasen sind Endoenzyme und katalysieren eine β-eliminierende Spaltung. Ihre bevorzugten Substrate sind Pectinsäure und niedrig veresterte Pectine. Ca^{2+}-Ionen sind zwingend nötig für ihre katalytische Aktivität. Pectatdisaccharid-Lyasen, auch Exo-Polygalacturon-Lyasen genannt, spalten vom reduzierenden Ende des Substrates Digalacturonsäure ab. Als kleinstes Substrat wird die Trigalacturonsäure akzeptiert. Auch hier wirken Ca^{2+}-Ionen aktivierend auf das Enzym, und das pH-Optimum liegt im alkalischen Bereich (pH 8,0–9,5). Pectinlyasen sind auch Endoenzyme und spalten bevorzugt hochveresterte Pectine. Sie bilden veresterte ungesättigte Oligogalacturonsäuren. Es sind die einzigen Enzyme, die Pectine direkt spalten können.

16.5.2 Anwendungsbereiche in der Lebensmittelindustrie

Pectin-Lyasen finden ihre Anwendung bei Flüssigprodukten von Obst und Gemüse. Daher zählen sie zu den meistgenutzten technischen Enzympräparaten in der Lebensmitteltechnologie/-verarbeitung. Pectinenzyme finden auch Anwendung bei der Fruchtsaftklärung und beim Maischen.

16.6 Isomerasen

16.6.1 Relevante Eigenschaften für die Verwendung in der Lebensmittelindustrie

Isomerasen sind in der 5. Enzymklasse (EC 5.-.-.-) gelistet. Isomerasen sind Enzyme, die eine Isomerisierungsreaktion, sprich die Umwandlung einer Verbindung in eine isomere Verbindung, katalysieren. Als Isomere werden Moleküle bezeichnet, die die gleiche Summenformel, aber eine andere Strukturformel aufweisen. Für Lebensmittel spielen verschiedene Isomerasen eine Rolle. Zu nennen ist hier, wenn auch noch mehr im Forschungsbereich, eine Epimerase, die an Kohlenhydraten katalytisch aktiv ist (EC 5.1.3.-). Es handelt sich um eine sog. Cellobiose-2-Epimerase (EC 5.1.3.11). Des Weiteren ist im Lebensmittelbereich eine intramolekulare Oxidoreduktase, welche die Konvertierung von Aldosen zu Ketosen katalysiert, von Interesse (EC 5.3.1.-). Das Enzym ist eine sog. Xylose-Isomerase (EC 5.3.1.5). Ebenso ist eine intramolekulare Transferase (EC 5.4.-.-) von Interesse, die keiner anderen Subklasse zugeordnet werden kann (EC 5.4.99.-). Bei diesem speziellen Enzym handelt es sich um die Isomaltulose-Synthase (EC 5.4.99.11).

16.6.2 Anwendungsbereiche in der Lebensmittelindustrie

Ein wichtiges Produkt in der Lebensmittelindustrie ist der sog. Glucose/Fructose-Sirup. Seine Eigenschaften im Lebensmittel umfassen Süßungsvermögen, Hygroskopie, Texturbildung, Bräunung, Aromabildung und -verstärkung, Kristallisationshemmung bei geringer Viskosität und Gefrierpunktserniedrigung. Anwendung findet er beispielsweise bei alkoholfreien Erfrischungsgetränken, Getränkepulvern, Backwaren, Snacks, Süßwaren, Micherzeugnissen, Eiscremes, alkoholischen Getränken wie Likören und Tierfutterzusätzen. Bei der Produktion des Glucose/Fructose-Sirup spielt das Enzym Xylose-Isomerase (auch Glucose-Isomerase genannt) eine entscheidende Rolle. Die Xylose-Isomerase wurde in den 1950er-Jahren durch japanische Wissenschaftler entdeckt. Ihr natürliches Substrat ist D-Xylose (daher Xylose-Isomerase), die in ihre Ketoform (D-Xylulose) konvertiert wird. Jedoch konnte in *In-vitro*-Versuchen festgestellt werden, dass das Enzym neben D-Xylose auch D-Glucose als Substrat akzeptiert. Das Konversionsprodukt der Glucose-Isomerisierung ist D-Fructose. Die Xylose-Isomerase vermag demnach eine intramolekulare Umlagerung einer Pyranose in eine Furanose und umgekehrt zu katalysieren. Im Gleichgewicht liegen 84 % D-Xylose und 16 % D-Xylulose bzw. 49 % D-Glucose und 51 % D-Fructose vor. Der K_M-Wert für Glucose liegt bei ca. 100 mM und ist damit recht hoch. (Die Michaelis-Konstante K_M beschreibt die Affinität des Enzyms zu seinem Substrat. Sie entspricht derjenigen Substratkonzentration, bei der die Hälfte der maximalen Reaktionsgeschwindigkeit erreicht ist). Dies bedeutet, dass bei genügend hoher Anfangskonzentration an Glucose die Ausbeute an Fructose akzeptabel bzw., je länger der Prozess andauert, umso mehr Glucose konvertiert wird. Da die Isomerase zur Gruppe der Metalloenzyme gehört, haben Metallionen einen Effekt auf die Aktivität des Enzyms. ◘ Tab. 16.1 zeigt die Metall- Abhängigkeit der Glucose-Isomerase aus *Bacillus coagulans*.

◘ **Tab. 16.1** Metallabhängigkeit der Xylose-Isomerase aus *Bacillus coagulans*. Dargestellt sind die relativen Enzymaktivitäten (%) bezogen auf das jeweilige Substrat

Metallsalz (10 mM)	D-Xylose	D-Glucose
Ohne	4	0
$MnCl_2$	100	16
$CoCl_2$	27	100
$MgCl_2$	40	15

Für den Isomerisierungsprozess werden Sirupe aus der enzymatischen Stärkehydrolyse (▶ Abschn. 16.4.3) mit Glucosegehalten von 94–98 % eingesetzt. Das Endprodukt (Glucose/Fructose-Sirup, engl. *high fructose corn sirup*, HFCS) enthält 42–44 % Zucker. Im Gleichgewicht wird eine finale Produktzusammensetzung von ca. 50 % Glucose und 50 % Fructose erreicht (55 °C), wobei bei einer Temperatur von 90 °C ca. 55,6 % Fructose erhalten werden. Dies ist jedoch aufgrund der nicht ausreichenden Temperaturstabilität industriell nicht relevant. Höhere Fructosegehalte (55–90 %) werden durch Anreicherung auf chromatografischem Wege erhalten. Durch diesen Schritt kann Glucose abgetrennt, im Prozess zurückgeführt und abermals zu Fructose umgesetzt werden, was eine deutliche Steigerung der Ausbeute zur Folge hat. Um den Prozess der Gewinnung von HFCS noch effektiver zu gestalten, muss man sich die Frage stellen, ob zukünftig ein maßgeschneiderter Biokatalysator entwickelt werden sollte? Dieser sollte folgende Eigenschaften aufweisen:

- niedrigeres pH-Optimum (Stärkeprozess pH 4,2–6,2)
- höheres Temperaturoptimum/-stabilität
- tolerant gegenüber Ca^{2+}-Ionen da Calcium ein starker Inhibitor der Xylose-Isomerase ist.

Das Disaccharid Palatinose oder Isomaltulose entsteht durch intramolekulare Umlagerung aus Saccharose (α-1,2 zu α-1,6) Diese Isomerisierung wird durch das Enzym Isomaltulose-Synthase, auch Saccharose-α-Glucosylmutase genannt, optimal bei 40 °C und pH 5,8, katalysiert. Verwendet werden hierzu in Ca^{2+}-Alginat immobilisierte Zellen von *Protaminobacter rubrum*. Alternativ können auch *Leuconostoc mesenteroides* oder *Serratia polymuthica* eingesetzt werden. Die Ausbeute an Palatinose liegt bei 85 % bei einer Selektivität von ebenfalls 85 %. Als Nebenprodukt entsteht Trehalulose, d. h. die Reaktion muss bei entsprechendem Umsatz abgebrochen werden. Die Substratumsatzrate liegt bei >99,5 %. Palatinose kann als Süßungsmittel eingesetzt werden und besitzt einen ähnlichen Geschmack wie Saccharose, jedoch nur ca. 40 % Süße bei halbem Kalorienwert. Es ist ein Austauschstoff für Saccharose, da nur schwache Insulinstimulanz erzeugt wird, und damit für Diabetiker geeignet. Palatinose wird langsamer gespalten als Saccharose. Dies führt zu einem langsameren bzw. geringeren Anstieg des Blutglucosewerts und damit einem geringeren Insulinbedarf. Palatinose (auch deren hydrogenierte Derivate) besitzt geringes Potenzial zur bakteriellen Plaquebildung an Zähnen (Kariesprophylaxe). Hergestellt wird es von der Südzucker AG (Deutschland) und der Mitsui Seito Co. Ltd. (Japan). Seit 2005 ist Palatinose als *Novel Food* (neuartiges Lebensmittel) zugelassen und wird im Maßstab >4000 t pro Jahr (seit 1985) produziert. Anwendung findet es in Bonbons, Zuckerguss, Puddings, Kaugummi, Sportdrinks, Zahnpasta, Schokoladenprodukte, und Vielem mehr.

Cellulose-2-Epimerasen finden industriell noch keine Anwendung, doch zeigen sie im Forschungsbereich ein hohes Potenzial. Sie katalysieren die Umwandlung von Lactose zu Lactulose und Epilactose. Beide Lactoseisomere zeigen im Tierversuch einen präbiotischen Effekt, doch sind sie noch nicht als Präbiotika von der EFSA zugelassen. Der Vorteil von Cellobiose-2-Epimerasen zur Lactuloseproduktion ist, dass sie im Gegensatz zur Lactuloseproduktion mit β-Galactosidasen keine Fructose als weiteres Substrat benötigen (keine Transgalactosylierung), sondern als einziges Substrat Lactose.

16.7 Ligasen

16.7.1 Relevante Eigenschaften für die Verwendung in der Lebensmittelindustrie

Ligasen bilden die sechste und letzte Enzymklasse (EC 6.-.-.-). Sie katalysieren die kovalente Verknüpfung zweier Moleküle durch Bildung von C–O (EC 6.1.-.-), C–S (EC 6.2.-.-), C–N (EC 6.3.-.-), C–C (EC 6.4.-.-),

C–Phosphorsäureesterbindungen (EC 6.5.-.-), meist unter gleichzeitigem Verbrauch energiereicher Verbindungen wie ATP.

16.7.2 Anwendungsbereiche in der Lebensmittelindustrie

Während Ligasen in anderen Industriebereichen (chemische Industrie, pharmazeutische Industrie) eine direkte Anwendung bei der Synthese von Substanzen finden, spielen sie in der Lebensmittelindustrie eine untergeordnete Rolle. Sie finden Anwendung bei der Analytik von Lebensmitteln im Rahmen von z. B. der Tierartbestimmung von Wurst- und Fleischwaren durch PCR-Analysen (Schwägele 2004). Zunächst wird die DNA isoliert und anschließend mittels PCR amplifiziert. Wenn keine artspezifischen Primer eingesetzt werden, sondern sog. Universalprimer, muss das PCR-Produkt anschließend mittels verschiedener Verfahren, wie z. B. RFLP (Restriktionsfragmentlängen-Polymorphismus-Analyse), SSCP (Einzelstrangkonformations-Polymorphismus-Analyse), Southern Blotting (Hybridisierung) oder Sequenzierung, näher charakterisiert werden. Letztgenannte analytische Methoden werden mit Ausnahme der Sequenzierung in Kombination mit einfacher elektrophoretischer Darstellung der resultierenden DNA-Fragmente zur qualitativen PCR benutzt. Die Nachweisgrenze von Tierarten liegt je nach Art der PCR-Methode bei <0,1 %.

16.8 Fazit

Enzyme bzw. Enzympräparate sind aus der modernen Lebensmitteltechnologie nicht mehr wegzudenken. Neben den endogen vorkommenden Enzymen in den Rohwaren der Lebensmittel spielen vorrangig exogen, also separat, zugesetzte Enzyme eine entscheidende Rolle bei der Lebensmittelverarbeitung. Auf diese Weise können die vielfältigen Lebensmittelprodukte aus dem Supermarkt kostengünstig, da automatisiert, und mit hoher sensorischer und nutritiver Qualität hergestellt werden. Die exogenen Enzyme sind in der Regel keine reinen Enzympräparate, sondern stellen Enzymgemische dar. Dies liegt darin begründet, dass die Enzympräparate überwiegend durch Fermentation von lebensmittelgeeigneten Mikroorganismen gewonnen werden und die erhaltenen Enzymextrakte aufgrund der für eine Reinigung anfallenden Kosten nicht oder nur partiell gereinigt werden. Dies hat zur Folge, dass die Enzympräparate hinsichtlich einer bestimmten Aktivität ausgelobt werden, aber zusätzliche Enzymaktivitäten (Nebenaktivitäten) vorhanden sind. Diese Nebenaktivitäten sind den Anwendern oftmals nicht bewusst, können jedoch für die Produktqualität und Reproduzierbarkeit der Prozesse wichtig sein. Deshalb sollten industrielle Enzympräparate vom Anwender selbst auf Nebenaktivitäten hin untersucht und biochemisch charakterisiert werden.

Die wirtschaftliche Bedeutung von Enzympräparaten wird auch an den Umsatzzahlen ersichtlich: Lag der globale Umsatz im Jahr 2012 noch bei 4,1 Mrd. US$, so wird bis 2020 ein Umsatz von 7,6 Mrd. US$ prognostiziert. Diese Steigerung wird hauptschlich auf die weiter zunehmende Verwendung von Enzympräparaten in der Lebensmittelindustrie zurückgeführt. Im Jahr 2013 wurden in diesem Bereich bereits 38 % aller Umsätze mit Enzympräparaten erzielt. Damit war der Lebensmittelsektor der größte Abnehmer für Enzyme, gefolgt von der Waschmittelindustrie mit 21 % (Grand View Research 2014, 2016).

Literatur

De Jong GAH, Koppelman SJ (2002) Transglutaminase catalyzed reactions: Impact on food applications. Journal of Food Science 67/8: 2798–2806.

Grand View Research (2014) Enzymes Market Analysis By Product (Carbohydrase, Proteases, Lipases, Polymerases & Nucleases) And Segment Forecasts To 2020. Grand View Research, Inc.

Grand View Research (2016) Industrial Enzymes Market Analysis By Product (Carbohydrase, Lipases, Proteases, Polymerases & Nucleases and Others), By Application (Textile, Feed Additive and Food Processing), By End-Use (Food & Beverage, Detergents, Animal Feed, Textile, Paper & Pulp. Grand View Research, Inc.

LFBG (2005) Lebensmittel- und Futtermittelgesetzbuch. ▶ http://www.gesetze-im-internet.de/lfgb/

Merz, M, Eisele, T, Berends, P, Appel, D, Rabe, S, Blank, I, Stressler, T & Fischer, L (2015) Flavourzyme, an enzyme preparation with industrial relevance: Automated nine-step purification and partial characterization of eight enzymes. Journal of Agricultural and Food Chemistry 63/23: 5682–5693.

Schechter I, Berger A (1967) On the size of the active site in proteases. I. Papain. Biochemical and Biophysical Research Communications 27/2: 157–162

Schwägele F (2004) Bestimmung von Herkunft und Tierart in Fleisch und Fleischerzeugnissen. Mitteilungsblatt der Fleischforschung Kulmbach 43/165: 247–256

Stressler T, Ewert J, Merz M, Glück C, Fischer L. (2015) Funktionelle Proteinhydrolysate – Potenziale von Peptidasen für die Proteinmodifikation in Lebensmitteln. FOOD-LAB 3/15: 20–24.

Uhlig H. (1991) Enzyme arbeiten für uns. Hanser Fachbuchverlag.

Weiterführende Literatur

Kunz B (2016) Lebensmittelbiotechnologie. 2 Auflage Behr's Verlag.

Lösche K (Hrsg) (2000) Enzyme in der Lebensmitteltechnologie. 1. Auflage Behr's Verlag.

Whitaker, J.R., Voragen, A.G.J., Wong, D.W.S (2003) Handbook of Food Enzymology. Marcel Dekker, Inc.

Whitehurst, R.J., van Oort, M. (2010) Enzymes in Food Technology. Wiley-Blackwell Publishing Ltd

Enzyme in Wasch- und Reinigungsmitteln

Karl-Heinz Maurer

Zusammenfassung

Enzyme in Wasch- und Reinigungsmitteln tragen wesentlich zur Leistungssteigerung und zur Verbesserung der Umwelteigenschaften von Wasch- und Reinigungsmitteln bei. Sie sind auch wesentlich für die Differenzierung von Premium-Marken in Relation zu Standard und „Value-for-Money“-Produkten. In Waschmitteln werden Proteasen, Amylasen, Cellulasen, Lipasen, Mannanasen und Pectat-Lyasen eingesetzt. In maschinellen Geschirrspülmitteln sind es Proteasen und Amylasen. In diesem Kapitel werden Leistungsmerkmale der Enzyme und die typischen Anforderungen der verschiedenen Enzymklassen für diese Produkte besprochen. Die Vorteile der Enzymtechnologie für die Nachhaltigkeit des Waschens werden ebenso bewertet wie Aspekte von Gesundheit, Sicherheit und Umweltrelevanz. Die wirtschaftliche Bedeutung wird gestreift und ein Ausblick auf die erwartete Zukunft versucht.

Bereits 1913 hatte Otto Roehm ein Patent beantragt, in dem er den Einsatz proteolytischer Enzyme in Waschmitteln beanspruchte in Analogie zum Einsatz von Proteasen bei der Lederherstellung. Die einzigen Proteasen, die damals bekannt waren, stammten aus dem Pankreas geschlachteter Tiere und sind, wie wir heute wissen, für Waschmittel nicht ideal geeignet. Waschmittel bestanden damals aus Perborat und Silikat und waren folglich zu alkalisch für eine gute Leistung der Proteasen. Dementsprechend blieb nur die Verwendung von Enzymen als einem Einweich- oder Vorwaschmittel. Erst als in den 1960er-Jahren Proteasen aus bakteriellen Quellen verfügbar wurden, wurde die Leistung dieser bakteriellen Proteasen in den bis dahin schon deutlich weiterentwickelten Waschmitteln nutzbar. Erst zu diesem Zeitpunkt war eine sichtbare Enzymwirkung auf proteinhaltige Anschmutzungen im Waschgang möglich. Diese Enzyme werden als extrazelluläre Enzyme von Bakterien und Pilzen sekretiert. Sie sind von Natur aus stabiler als intrazelluläre Enzyme

oder die Verdauungsenzyme von Tieren. Seither sind die alkalischen extrazellulären Proteasen aus *Bacillus*- Species, die alle zur Subtilisin-Superfamilie gehören, der Standard in Waschmitteln. Obwohl seither 60 Jahre vergangen sind, in denen sich die Rezepturen von Textilwaschmitteln stark verändert haben, sind es immer noch die Subtilisine, die den Typ des Waschmittelenzyms definieren.

Am Beispiel der Subtilisinproteasen wurde in den Anfängen auch deutlich, dass Enzyme als körperfremde Eiweiße im menschlichen Körper zu Allergien durch Inhalation führen können. Das Phänomen wurde an Mitarbeitern einer Waschmittelproduktion zuerst beobachtet. Die ersten Enzyme waren als sprühgetrocknete Präparate eingesetzt worden, was dazu führte, dass die Arbeiter relativ großen Mengen Enzymstaub ausgesetzt waren, dessen Lungengängigkeit durch Tenside und Bleiche noch verstärkt wurde. Die Zuordnung der Allergiesymptome zu den Enzymen war mangels Erfahrung eine echte medizinische Herausforderung. Die Enzymprodukte, die zunächst aus sprühgetrocknetem Konzentrat bestanden, wurden daraufhin zu staubfreien Granulaten konfektioniert, die bei richtiger Handhabung und Kontrolle nicht zu einer Freisetzung von Enzymstaub in die Atemluft führen.

In den letzten Dekaden wurden weitere Enzymklassen für die Verwendung in Waschmitten verfügbar: Amylasen, Lipasen, Cellulasen, Mannanasen und Pectat-Lyasen (Olsen und Falholt 1998). Die Möglichkeit der fermentativen Produktion mittels rekombinanter Mikroorganismen spielte hierbei eine entscheidende Rolle. Ohne diese Option wäre die technische Nutzung weder technisch machbar noch ökonomisch sinnvoll. Seit 1990 kamen weitere Anwendungsfelder in Form der maschinellen und manuellen Geschirrspülmittel hinzu (Herbots et al. 2012). Dies führte dazu, dass der Markt für Enzyme in diesem Marktsegment mit einem Wert von geschätzt 950 Mio. € (2015) ungefähr ein Viertel des Weltmarktes von Enzymen darstellt. Der

Markt für Wasch- und Reinigungsmittel wird derzeit wesentlich von zwei Firmen bedient: Novozymes als klarem Marktführer und DuPont.

17.1 Produktion der Enzyme

Alle Enzyme, die in Wasch- und Reinigungsmitteln eingesetzt werden, werden mittels Submersfermentation von Bakterien und Pilzen produziert. Fast ausnahmslos werden hier rekombinante Mikroorganismen eingesetzt: bei Bakterien *Bacillus*-Species, bei Pilzen *Aspergillus oryzae* und *Trichoderma reesei* (Aehle 2007). Die Produktionsorganismen sind alle in der Risikogruppe 1 kategorisiert, was bedeutet, dass von ihnen keine Gefahr für Mensch, Tier oder Umwelt ausgeht. Trotzdem legen die herstellenden Firmen großen Wert darauf, dass die Produktionsorganismen nur in einem geschlossenen System (Containment) gehalten werden und keine Freisetzung in die Umwelt erfolgt. Dies geschieht nicht nur, um gesetzliche Auflagen einzuhalten, sondern verfolgt auch den Zweck, die Produktionsorganismen, in deren Konstruktion jahrzehntelange Forschung investiert wurde, dem Wettbewerb nicht zugänglich zu machen. Die Fermentationsmedien enthalten im Wesentlichen komplexe Stickstoffquellen, Zucker und Spurenelemente. Die Fermentation kann im Batch- oder im Fed-Batch-Verfahren durchgeführt werden und dauert zwischen zwei Tagen (bei Bakterien wie *Bacillus*) und bis zu 14 Tagen (bei Pilzen wie *Aspergillus* oder *Trichoderma*) in Abhängigkeit davon, ob in Batch- oder Fed-Batch-Verfahren fermentiert wird.

Nach Abbruch der Fermentation erfolgt im ersten Schritt der Aufarbeitung die quantitative Abtrennung der Biomasse. Dies kann durch Rotationstrommelfilter, Kammerfilterpressen und Separatoren/Mikrofiltration erfolgen. Im Verlauf der weiteren Aufarbeitung erfolgt eine Konzentrierung und die Abtrennung von unerwünschten Begleitsubstanzen, die z. B. Farbe und Geruch des Enzymprodukts betreffen können: Besonders für Flüssigprodukte ist es wesentlich, dass die vom Waschmittelhersteller gewünschte Farbe des Flüssigprodukts nicht durch braune Farbe des Enzympräparats verändert oder beeinträchtigt wird. In gleicher Weise soll die Parfümierung des Waschmittels nicht durch geruchliche Komponenten des Enzymprodukts verändert werden. Eine Möglichkeit der Konzentrierung und Reinigung besteht in der Kristallisation des Enzyms, wodurch hoch konzentrierte und sehr reine Konzentrate möglich werden.

Für Flüssigprodukte müssen solche Konzentrate stabilisiert werden, damit sie Transport und Lagerung bis zur Produktion des flüssigen Wasch- oder Reinigungsmittels unbeschadet überstehen. Diese Stabilisierung kann im einfachsten Fall in der Zugabe von bis zu 50 % Propylenglykol (1,2-Propandiol) oder Glycerin bestehen. Die hierdurch erzielte Reduzierung der Wasseraktivität im Enzymprodukt kann schon ausreichend sein, um die gewünschte Stabilisierung zu bewirken. Zusätzlich werden Flüssigprodukte für Wasch- und Reinigungsmittel gegen mikrobielle Kontamination konserviert. Als Konservierungsmittel kommen Parabene und Sorbitol zum Einsatz, während Benzoesäure oder Natrium-Benzoat nicht zugelassen ist.

Für Pulverprodukte und Tabs müssen die Enzyme in staubfreie Granulate konfektioniert werden. Hierzu wurden im Lauf der Zeit mehrere Technologien zur Granulierung entwickelt. In allen diesen Fällen ist es vorteilhaft, von einem Flüssigkonzentrat auszugehen, das mindestens 10 % aktives Enzym enthält. Für die Herstellung von Prills, die heute nur noch geschichtliche Bedeutung haben, musste das Flüssigkonzentrat sogar sprühgetrocknet werden.

Die verschiedenen Formen von Granulaten, die im Laufe der letzten 60 Jahre in Pulverprodukten eingearbeitet wurden, bestehen aus Mischergranulaten *(high shear mixer granulates)*, Prills, Extrusionsgranulaten und Aufbaugranulaten *(fluidized bed granulates;* ◘ Abb. 17.1). Mischergranulate werden geformt indem Enzym, Trägersubstanzen oder Zuschlagsstoffe wie Salze oder Stärke und Polymere analog der Herstellung von Streuseln für einen Streuselkuchen in Mixern bei hoher Scherkraft zu homogenen Granulaten geformt werden.

Prills werden aus einer Mischung von getrocknetem Enzym und geschmolzenem Polyethylenglykol erzeugt, die über eine rotierende Scheibe getropft werden, wobei die Tröpfchen sich während des freien Falls in einem Kühlturm durch Abkühlung verfestigten.

Extrusiongranulate werden durch Extrusion einer Mischung von konzentriertem Enzym und Zuschlagsstoffen wie Stärke, Wachse oder Salze erzeugt. Dieses Verfahren kann mit der Herstellung von extrem kurzen Spaghetti verglichen werden. Die Extrusionsgranulate werden beim Abkühlen verrundet, da die Kanten dieser Granulate ansonsten einen Ansatzpunkt für mechanische Schäden bieten.

Aufbaugranulate werden durch Aufsprühen der Enzymlösung auf vorgegebene Kernpartikel erzeugt. Die Kernpartikel können aus (gecoatetem) Zucker oder Salz bestehen. Der Vorteil ist hierbei, dass abhängig vom Kernpartikel sehr definierte Partikelgrößen bzw. Verteilungen möglich sind. Auch kann durch die Menge an aufgesprühtem Enzymkonzentrat die Aktivität des Granulats sehr gut und bei Bedarf auch sehr hoch eingestellt werden. Außerdem sind diese Partikel in der Regel sehr rund.

Alle diese Granulate werden im letzten Schritt ihrer Herstellung mit einer Coatingschicht aus Wachsen wie Polyethylenglykol (PEG) oder Polyvinylalkohol (PVA) zum Schutz gegen mechanischen Abrieb umhüllt. Alle Granulate für Waschmittel müssen einen Durchmesser 0,3 mm bis maximal 0,8 mm einhalten, um Entmischung im Waschmittel bei Transport und Lagerung zu vermeiden. Bei kompaktierten Waschmittelprodukten mit durchschnittlich höherer Partikelgröße (Megaperls®) können größere Granulate sinnvoll und notwendig sein. Grundsätzlich bestehen hohe Anforderungen an die Stabilität bei Aufprall auf harte Oberflächen *(impact)*, Stabilität gegen Scherkräfte *(shearing)* und Abrieb *(attrition)*. Die Bewertung der entsprechenden physikalischen Stabilität war lange Zeit ein großes Problem zwischen Enzymherstellern und Enzymverwendern. Im Rahmen eines Konsortiums (Enzyme Dust Consortium) wird seit mehr als zehn Jahren an der Entwicklung analytischer Verfahren für diese Eigenschaften gearbeitet.

◘ **Abb. 17.1** Enzymgranulate für Wasch- und Reinigungsmittel. Die durchschnittliche Partikelgröße ist 0,5–0,6 mm. **a)** Mischergranulate; **b)** Aufbaugranulate

17.2 **Produktion von enzymhaltigen Wasch- und Reinigungsmitteln**

Waschmittel für die Reinigung von Textilien werden weltweit in vielen Formen angeboten: von Seifenstücken bis zu Mehrkammer-Sachets. Im Wesentlichen kann man die Angebotsformen aber immer noch in Pulver- und Flüssigprodukte unterteilen. Geografisch gab es in der Vergangenheit klare Präferenzen, die sich derzeit mit unterschiedlicher Geschwindigkeit abschwächen: Asien, der Nahe und Mittlere Osten sowie Afrika mit einer Bevorzugung von Pulvern, in Nordamerika bevorzugt Flüssigprodukte und Europa auf dem Weg von Pulvern zu einer Mischung von beidem. Der Vorteil der Pulver besteht in der Möglichkeit, Bleiche in Form z. B. von Percarbonat und Bleichaktivatoren wie TAED oder NOBS zu verwenden, wodurch auch bei Temperaturen wie 40 °C eine Bleiche durch Peressigsäure möglich ist. Die Formulierung von bleichaktiven Komponenten in Flüssigformulierungen erwies sich trotz vielfältiger Anstrengungen mit chemischen, biochemischen und verpackungstechnologischen Ansätzen als äußerst schwierig.

Bei Pulverprodukten wie bei Flüssigprodukten erfordert die Einarbeitung von Enzymen erheblichen Aufwand, um den Anforderungen nach Sicherheit und Gesundheit der Arbeiter und nach Stabilität in der Rezeptur gerecht zu werden. Der Aufwand bei Enzymgranulaten bezieht sich wesentlich auf die Art der Dosierung, die in der Regel aus Big Bags über Bandwaagen erfolgt, bei denen das Granulat unmittelbar vor der Abpackung dosiert wird, um mechanische Belastung der Granulate zu minimieren. Bei Flüssigprodukten ist der Sicherheitsaspekt durch geschlossene Rohrleitungen und durch Befolgung der Verfahrensanweisungen einfacher zu gewährleisten. Hier ist es in der Regel notwendig, die Formulierung des Waschmittels an die Bedürfnisse des Enzyms anzupassen. Soweit nicht durch Mehrkammer-Sachets

dafür gesorgt wird, dass aggressive Chemikalien nicht direkt auf die Enzyme treffen, müssen z. B. Aniontenside, Komplexbildner, Alkalität und Wasseraktivität an die Stabilität der Enzyme adaptiert werden. Ansonsten kann es in der homogenen wässrigen Lösung dazu kommen, dass die Enzyme durch diese Substanzen während der Lagerung denaturiert werden und dem Verbraucher damit keine stabile Leistung eines Produkts garantiert werden kann. Bei der Formulierung von Proteasen muss zusätzlich darauf geachtet werden, dass diese Enzymklasse durch geeignete Stabilisierung davon abgehalten wird, sich selbst oder andere Enzyme proteolytisch abzubauen.

Beispiele für Pulver- und Flüssigformulierungen von Waschmitteln sind in ◘ Tab. 18.1 aufgeführt.

Bei den maschinellen Geschirrspülmitteln gibt es einheitlich mehr Pulver- und vor allem Tabs-Nutzer, die flüssigen Produkte nehmen aber an Bedeutung zu. Maschinelle Geschirrspülmittel unterscheiden sich in ihrer Rezeptur deutlich von Waschmitteln. Ein wesentliches Merkmal von maschinellen Geschirrspülmitteln ist die geringere Dosierung von Tensiden. Bleiche hat bei festen maschinellen Geschirrspülen eine hohe Bedeutung. Auch hier ist die Formulierung trotz Zweikammerverfahren eine Herausforderung. Die Tablettierung bedingt zusätzliche Herausforderungen an die Granulierung von Enzymen, da es hier auf extrem hohe Enzymbeladung der Granulate und ihre mechanische Robustheit ankommt.

Beispiele für Pulver und Flüssigformulierungen von maschinellen Geschirrspülmitteln sind in ◘ Tab. 17.2 aufgeführt.

17.2.1 **Manuelle Geschirrspülmittel**

Seit wenigen Jahren werden Proteasen und Amylasen auch in manuellen Geschirrspülmitteln eingesetzt. Der Vorteil hängt hier von der Art des manuellen Geschirrspülens

Tab. 17.1 Beispiele für Waschmittelrezepturen (in % w/w)

Funktion/ Substanz	Flüssigwaschmittel	Flüssigwaschmittelkonzentrat	Pulverwaschmittel Niedrigbleiche USA/JP	Pulverwaschmittel mit Bleiche Europa	Kompaktwaschmittel Europa	Tablette
Tenside (Anion-tenside, Seifen, Niotenside)	10–30	10–40	7–22	10–20	10–20	15–25
Komplexbildner (Zitronensäure, Phosphonate)	0–5	5–10	10–50	10–20	20–40	15–30
Bleiche (Per-carbonat)	0	0	0–5	11–27	13–28	10–25
Enzyme[a] Proteasen Amylasen Cellulasen Lipasen Mannanasen	0.01–0,06 0,002–0,02 0–0,003 0–0,006 0–0,005	0–0,09 0,002–0,025 0–0,003 0–0,01 0,005	0–0,04 0–0,013 0–0,004 0–0,002 0–0,003	0,01–0,06 0,003–0,04 0–0,007 0–0,002 0–0,004	0,02–0,06 0,002–0,04 0–0,007 0–0,002 0–0,004	0,02– 0,07 0,02– 0,04 0–0,005 0–0,002 0–0,005
Enzym-stabilisatoren (Bor(on)säuren/ Propylenglykol)	0,2–1/4–6	0,2–1/4–6				
Wasser	auf 100 %	auf 100 %				
pH-Wert einer 1-%-Lösung	7,5–10	7,5–9	9,5–11	9,5–11	9,5–11	9,5–11

[a](Enzyme als Aktivsubstanz)

◻ Tab. 17.2 Inhaltsstoffe von maschinellen Geschirrspülmitteln (in % (w/w))

Funktion/ Substanz	Klassisches Geschirrspülmittel		Kompaktes Geschirrspülmittel	Phosphathaltig	Phosphatfrei
Alkaliträger	Metasilicat/ Disilicate Natriumcarbonat	30–70 0–10	Soda Natriumbicarbonat Disilicate	0–40 0–40	0–40 0–40 0–40
Komplex- bildner und dis- pergierende Substanzen	Phosphate Polymere	15–40 0–10	Phosphat Citrat Phosphonat Polycarboxylat	>30 0–2 0–5	>30 0–2 0–15
Bleich- system	Chlorträger	0–2	Sauerstoffträger TAED Mangan-Katalysator	3–20 0–6	3–20 0–6 >1
Netzmittel	Tenside	0–2	Tenside	0–4	0–4
Enzyme		0	Enzyme[a] Amylasen, Protea- sen	<6	<6
	Paraffinöl	1	Parfum Paraffinöl Silberschutz	<0,5 <1 <1	<0,5 <1 <1
pH-Wert einer 1-%-Lösung		12–13		<11	11–12

[a](Enzyme als Enzymgranulat)

ab. Beim manuellen Spülen existieren weltweit sehr unterschiedliche Vorgehensweisen. Naturgemäß ist der Einsatz von Enzymen besonders vorteilhaft, wenn längere Verweilzeiten genutzt werden, wie sie z. B. beim Einweichen des Spülguts auftreten. Die Rezepturen müssen auch in diesem Fall an die Bedürfnisse der Enzyme an ein stabiles Lagerverhalten adaptiert werden.

17.3 Proteasen

17.3.1 Moleküle

Proteasen vom Subtilisintyp prägen das Segment Waschmittelenzyme bis heute (Maurer 2015). Ursprünglich wurden sie nur in *Bacillus*-Species gefunden, sind aber inzwischen auch in vielen anderen Organismen identifiziert

worden. Sie sind charakterisiert durch ein pH-Profil, das ein Maximum im alkalischen oder hochalkalischen Bereich aufweist, das mit dem isoelektrischen Punkt der jeweiligen Unterfamilie übereinstimmt. Dementsprechend werden die Subtilisine in zwei Unterfamilien gruppiert (IS-1: pH 8 – alkalisch und IS-2: pH 10–11 – hochalkalisch). Sie sind ziemlich stabil bei Temperaturen bis 55 °C, gegenüber Komplexbildnern und Tensiden und hinreichend stabil gegen Sauerstoffbleiche. Nur gegen Chlorbleiche sind sie hoch empfindlich, in Gegenwart von Hypochlorit werden sie sofort denaturiert.

Subtilisine werden wie alle Waschmittelenzyme als extrazelluläre Enzyme aus der Bakterienzelle sezerniert. Sie werden zunächst als inaktives Prä-Pro-Enzym gebildet. Dieses besitzt eine Länge von ungefähr 380 Aminosäuren, wobei die Prä-Pro-Sequenz mit einer Länge von 105–111 Aminosäuren als intramolekulares Chaperon für die korrekte Faltung dient. Die Prosequenz wird nach der Sekretion autokatalytisch abgespalten. Sie kann nach Denaturierung zur Wiederherstellung der korrekten 3D-Struktur dienen. Das aktive Subtilisin besitzt ein Molekulargewicht von ungefähr 27 kDa. Die räumliche Struktur der Subtilisine ist eine der dichtesten Enzymstrukturen insgesamt. Die Struktur wird durch bis zu drei Calciumbindungsstellen unterschiedlicher Bindungsstärke stabilisiert.

Das aktive Zentrum von Subtilisinen setzt sich aus den Aminosäuren Asparaginsäure, Histidin und Serin zusammen. Der Reaktionsmechanismus der Serinproteasen verläuft nach Bildung des Enzym-Substrat-Komplexes über einen tetraedrischen kovalenten Übergangszustand am Serin des aktiven Zentrums, wonach das neue Aminoende des hydrolysierten Proteins als Abgangsgruppe austritt und das neue Carboxylende als Acylenzym noch an Serin gebunden bleibt, bevor dieses im Zusammenspiel mit Histidin und Wasser als Reaktionspartner über einen zweiten, negativ geladenen tetraedrischen Übergangszustand schließlich ebenfalls freigesetzt wird.

Als extrazelluläre Enzyme sind die Subtilisine nicht nur relativ stabil, sondern auch relativ unspezifisch in der Wahl ihrer Substrate. Sie wirken als Endoproteasen auf eine breite Zahl von Peptidbindungen.

Nach europäischer Chemikaliengesetzgebung REACH wurden die Subtilisine angemeldet (▶ https://echa.europa.eu/de/registration-dossier/-/registered-dossier/14104/1) als eines der Enzyme, die in einer Menge von mehr als 1000 Tonnen pro Jahr in der europäischen Union produziert werden. Diese Tonnage beschreibt nicht zwingend die Menge an aktivem Enzym, sondern die Trockensubstanz der höchstkonzentrierten Zwischenprodukte. Wie alle Enzyme wurden sie anhand der Enzymnomenklatur unter ihrer EC-Nummer EC 3.4.21.62 angemeldet und bewertet.

Praktisch alle für Wach- und Reinigungsmittel relevanten Subtilisine können einer der folgenden Unterfamilien zugeordnet werden: Subtilisin Carlsberg (Bsp.: Alkalase®) alkalisch IS-1, Subtilisin lentus (Savinase™, Purafect™, BLAP) hochalkalisch IS-2 und Subtilisin BPN‘ (Purafect Prime™) alkalisch IS-1.

Die verschiedenen Unterfamilien können auch anhand ihrer antigenen Eigenschaften differenziert werden. Subtilisine kristallisieren ab einer Konzentration von 10 % aktivem Enzym leicht aus. Aus diesem Grund waren auch schon früh Kristallstrukturen bekannt, die 1984 zum ersten Mal für gezielte Mutagenesen genutzt wurden, um durch Ersatz von Methionin in Position 222 Proteasevarianten zu erzeugen, die durch Wasserstoffperoxid in Boratpuffer nicht oxidiert wer)den konnten. Die entsprechenden Produkte kamen 1993 auf den Markt. Dort wurden sie aber erst erfolgreich, als sie ihr Potenzial in maschinellen Geschirrspülmitteln beweisen konnten. In Textilwaschmitteln erwies sich die Bleichstabilität der Proteasen auch in bleichehaltigen Universalwaschmitteln als irrelevant. Dies war umso überraschender, als diese Produkte zum damaligen Zeitpunkt Perborat als Bleiche und TAED als Bleichaktivator enthielten.

Seither wurden in den Forschungsabteilungen Tausende von gentechnischen Varianten der verschiedenen Subtilisine erzeugt, untersucht und patentiert. Die Verfahren der gezielten Mutagenese (*site-directed mutagenesis*) wurden schon früh durch Verfahren zur Zufallsmutagenese (*random mutagenesis*) und der gerichteten Evolution (*directed evolution*) ergänzt. Durch die ausgeprägte Patentlandschaft für jede Aminosäureposition in Subtilisinen wurde es jedoch sehr schwierig, die hierdurch erzeugten Moleküle flächendeckend zu vermarkten.

17.3.2 Enzymwirkung

Die Subtilisine bevorzugen als unspezifische Endoproteasen denaturierte Proteine als Substrat für die Hydrolyse. Hierdurch werden im

Idealfall wasserlösliche Peptide erzeugt. Beim Waschen handelt es sich jedoch nicht um eine definierte enzymkatalysierte Reaktion wie im Reagenzglas. Das Substrat beim Waschen sind nicht charakterisierte Proteine, die als Gemisch mit Zuckern, natürlichen Polymeren und Fetten/Lipiden auf einem textilen Träger vorliegen. Diese Gemische entstammen unserer Nahrung (Ei, Milch), unserem Körper (Blut) und der Umwelt (Gras, Pigmente). Sie werden nicht nur zur Prüfung auf enzymrelevante Anschmutzungen genutzt, sondern auch zur Prüfung auf die Tensidwirkung oder der Bleiche. Um die Wirkung von Proteasen zu testen und zu bewerten, werden deshalb dem tatsächlichen Leben entsprechende Anschmutzungen maschinell oder manuell hergestellt (Abb. 17.2). Aus Gründen der Haltbarkeit werden diese Anschmutzungen zum Teil auch hitzebehandelt, also denaturiert. Bei einer derartigen Hitzebehandlung kann es wie im richtigen Leben zu chemischen Reaktionen kommen, die ein Protein weiter verändern. Beispiel hierfür ist die Bildung von Reaktionsprodukten, die der Amadori-Reaktion bei der Maillard-Reaktion zwischen Proteinen und Zuckern entsprechen. Hierdurch wird der Angriff der Proteasen in der Regel erschwert. Außerdem erschwert die Immobilisierung von proteinhaltigem Schmutz auf der textilen Unterlage die Hydrolyse der Proteine zusätzlich.

Um die Wirkung und die Leistung von Proteasen zu bestimmen, werden folglich natürliche (native) und denaturierte Anschmutzungen eingesetzt. Solche Anschmutzungen werden unter Standardbedingungen erzeugt und können zum Teil auch von spezialisierten Unternehmen bezogen werden. Da im Gegensatz zu industriellen Anwendungen von Enzymen dem Waschmittelhersteller nicht bekannt ist, auf welches Substrat das Enzym einwirken soll bzw. welcher Schmutz zu entfernen ist werden eine Vielzahl unterschiedlicher Anschmutzungen getestet. Die Wirkung wird ermittelt, indem unter Standardbedingungen und zum Beispiel mit der definierten Konzentration eines bestimmten Waschmittels die Enzymleistung in Abhängigkeit von der Enzymdosierung bestimmt wird. Da das Waschmittel als solches natürlich auch eine schmutzablösende Wirkung hat, muss diese Wirkung nach entsprechenden Kontrollversuchen subtrahiert werden. Die Bestimmung des Weißgrads erfolgt zum Beispiel optisch, wobei entweder die Farbigkeit des Schmutzes genutzt wird oder einem nicht ausreichend farbigen Schmutz noch ein Pigment (Ruß, Tusche) als Indikator zugefügt wird (Abb. 17.3). Hierdurch ergeben sich dann die in der Branche bekannten Kombinationen z. B. von Blut-Milch-Tusche. Als weitere Variante werden die textilen Träger variiert (Baumwolle, Baumwoll-Polyester-Mischgewebe und reine Kunstfasern wie Polyester).

Abb. 17.2 Herstellung von natürlichen Anschmutzungen für die Prüfung der Leistung von Waschmitteln. Die verschiedenen Anschmutzungen werden maschinell auf das Textil (Baumwolle oder Baumwoll-Polyester-Mischgewebe) aufgebracht und anschließend an der Luft getrocknet (Henkel AG & Co KGaA, mit freundlicher Genehmigung)

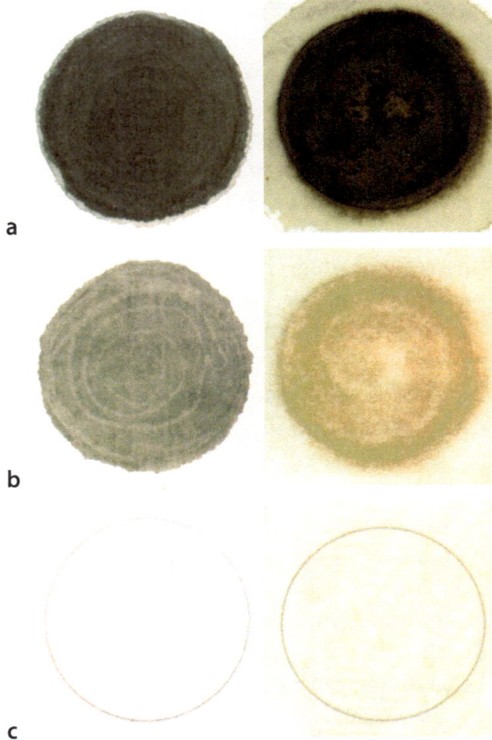

Abb. 17.3 Zwei typische Proteaseanschmutzungen. **a)** Vor der Wäsche; **b)** nach der Wäsche ohne Protease und **c)** mit Protease. Die Wäsche erfolgte in einem bleichehaltigen Vollwaschmittel bei 40 °C

Vereinfacht kann gesagt werden, dass Waschversuche analog zur Untersuchung einer Enzym-Substrat-Kurve durchgeführt werden, nur dass beim Waschen eine Vielzahl an Substraten verwendet wird, mittels derer die Enzymwirkung gemessen wird, dass die Wasch- oder Spülmaschine als Reaktionsgefäß dient und die Vergrauung (Remission) als Summenparameter gemessen wird. In der Regel wird der Kontrollwert des enzymfreien Waschmittels subtrahiert und die Summe der Differenzen aller getesteten Anschmutzungen aufgetragen (■ Abb. 17.4).

Die Bestimmung der Enzymperformance kann im Maßstab von Mikrotiterplatten beginnen und geht dann über den Maßstab von 50 ml in sog. Launder-O-Metern, in denen 6–8 verschiedene Ansätze parallel in Metallbechern im Wasserbad gefahren werden, bis zu Serien von 6–10 Waschmaschinen gleichen Typs, bei denen die Fuzzy-Logic in der Regel inaktiviert wird, um vollkommen identische Bedingungen zu schaffen

(■ Abb. 17.5) Zur Bewertung unterschiedlicher geografischer Waschgewohnheiten und zur Sicherung der Ergebnisse werden auch Waschmaschinen von ganz unterschiedlicher geografischer Herkunft verwendet.

Das Wasser, das zum Waschen verwendet wird, muss von definierter und gleichbleibender Wasserhärte und Zusammensetzung sein. In der Regel wird synthetisches Leitungswasser mittelhoher Härte verwendet (15° dH).

17.3.3 Stabilität, Toxizität und Umweltaspekte von Proteasen

Die Stabilitätsanforderungen betreffen das Enzymprodukt ebenso wie das damit produzierte Waschmittel. Das Enzymprodukt wird auf dem Weg zur Produktion zum Teil über große Strecken transportiert und längere Zeit unter möglicherweise klimatisch schwierigen

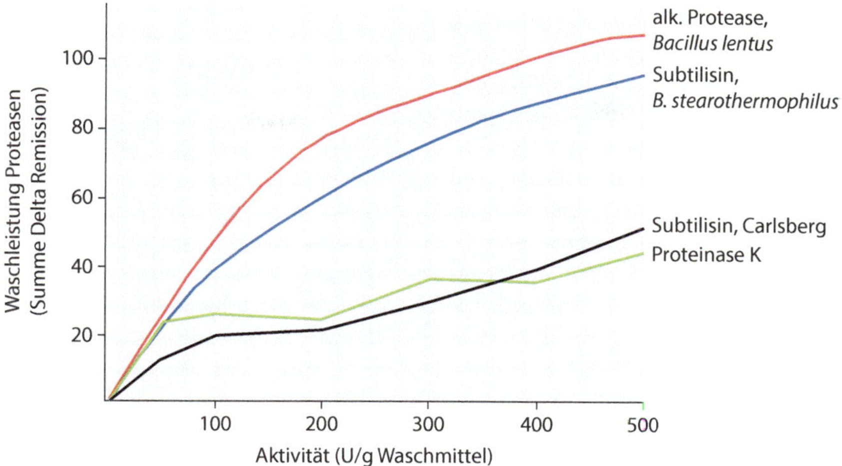

◘ Abb. 17.4   Waschleistung verschiedener Serinproteasen in Abhängigkeit von der Aktivität. Die enzymspezifische Waschleistung von Proteasen wurde an einer Vielzahl proteasespezifischer Anschmutzungen in Waschmaschinen bzw. Launder-O-Metern in einem bleichehaltigen Pulvervollwaschmittel bei 40 °C getestet und die Differenz des Weißgrads mit und ohne Protease in Abhängigkeit unterschiedlicher Proteaseaktivität aufgetragen. Zur Gruppe der *Bacillus-lentus*-alkalische-Proteasen wird auch Subtilisin 309 (Savinase®) gezählt. Subtilisin Carlsberg wird von *Bacillus licheniformis* produziert und ist unter dem Namen Alkalase® im Handel. Proteinase K wird in Waschmitteln nicht eingesetzt. Da die spezifische Aktivität der verschiedenen Subtilisine, bei pH 8,5 und Casein bestimmt, leicht um einen Faktor 2 unterschiedlich sein kann, zeigt die Darstellung keinen Vergleich der spezifischen (proteinbezogenen) Waschleistung

Bedingungen gelagert. Trotzdem wird erwartet, dass die Enzymaktivität hierunter nicht leidet.

Sobald das Enzymprodukt ins Wasch- oder Reinigungsmittel eingearbeitet wurde, ist die Erwartung des Herstellers wie des Verbrauchers, dass die Leistung des Produkts und damit auch der Enzyme während der Lagerung beim Handel wie beim Verbraucher ohne Probleme über längere Zeit konstant bleibt. Proteasen stellen hierbei wegen ihrer Wirkung auf Proteine in wässriger Lösung die Industrie vor ein besonderes Problem. Die Lösung besteht zunächst in der Reduzierung der Wasseraktivität, darüber hinaus

◘ Abb. 17.5   Waschmaschinenversuchsanordnung für die Prüfung von unterschiedlichen Rezepturen (Enzymen, Enzymkonzentrationen; mit freundlicher Genehmigung der AB Enzymes GmbH)

werden Proteasen reversibel gehemmt. Diese Hemmung muss durch den Verdünnungsfaktor beim Einspülen in die Waschmaschine aufgehoben werden. Als reversible Hemmstoffe eignen sich Verbindungen, die dem tetraedrischen Übergangszustand des Substrats bei der Katalyse analog sind. Diole und Borsäure können entsprechende Komplexe bilden. Praktisch werden z. B. 1,2-Propandiol (Propylenglykol) und Borsäure bzw. Boronsäuren wie 4-Formylphenylboronsäure (FPA), aber auch peptidbasierte reversible Inhibitoren hierfür verwendet.

Am Beispiel der Subtilisine wurden auch vielfältige Untersuchungen zu den Nachhaltigkeitsaspekten der Waschmittelenzyme durchgeführt. Anhand der Untersuchung der Waschleistung einer Rezeptur mit unterschiedlichen Proteasekonzentrationen, Waschmitteldosierungen und Waschtemperaturen konnte gezeigt werden, dass die Proteasen entscheidend zur Reduzierung von Waschmittelmengen und Waschtemperaturen beitragen. Mehrere Ökobilanzen haben außerdem gezeigt, dass die Herstellung von Waschmittelproteasen durch rekombinante Mikroorganismen der Herstellung durch klassische Produktionsstämmen weit überlegen ist.

Bedingt durch ihre Wirkung auf Proteine haben Proteasen wie die Subtilisine einen zusätzlichen toxikologischen Effekt, der darin besteht, dass sie auf Schleimhaut und Haut eine irritierende Wirkung ausüben können. Konzentrierte Enzymlösungen oder Enzymprodukte müssen deshalb im Gegensatz zu den Verbraucherprodukten entsprechend als irritierend für Haut und Auge deklariert werden. Die gleichen Eigenschaften führen auch dazu, dass bei Bewertung der umwelttoxikologischen Eigenschaften die Subtilisin-Proteasen als toxisch für bestimmte Algen, Wasserflöhe (Daphnien) und Fischbrut bestimmt wurden. Aus diesem Grund müssen konzentrierte Subtilisinprodukte als umwelttoxisch deklariert werden. Die Konzentration an Proteasen in Verbraucherprodukten ist jedoch zu niedrig, um eine entsprechende Kennzeichnung zu erfordern.

17.4 Amylasen

17.4.1 Moleküle

Ebenso wie praktisch alle bisher relevanten Waschmittelproteasen zur Subtilisinfamilie zählen und mit *Bacillus*-Species produziert werden, sind die wesentlichen in Wasch-und Reinigungsmitteln verwendeten α-Amylasen auf das Grundmolekül der α-Amylase von *Bacillus lichenifomis* zurückzuführen. Charakteristisch für dieses Molekül sind sein pH-Profil mit einem Maximum im neutralen pH-Bereich (6–7) und seine hohe Thermostabilität (je nach Calciumkonzentration bis 90 °C). Seit 2003 sind weitere *Bacillus*-Amylasen hinzugekommen, die charakterisiert sind durch ein pH-Optimum im alkalischen (pH 8–10) Bereich und etwas geringere Thermostabilität (bis 60 °C).

Die Molekulargewichte der *Bacillus*-Amylasen sind mit 50 kDa deutlich höher als die der Proteasen. Alle *Bacillus*-α-Amylasen sind durch drei Domänen charakterisiert und gehören zur Familie 13 der Glykosylhydrolasen. Die A-Domäne ist die katalytische Domäne, die charakterisiert ist durch eine Fass-Struktur (Barrel), die aus acht ß-Faltblättern gebildet wird, die ihrerseits von acht α-Helices umgeben sind. Die B-Domäne besteht aus einem ß-Faltblatt, das eine Calcium-Ionen-Bindestelle enthält, und die C-Domäne besteht ebenfalls aus einem ß-Faltblatt. Alle Mitglieder der Familie 13 besitzen Aspartatreste als katalytisch wirkende Basen oder Nucleophile und Glutamatreste als katalytische Säuren bzw. Proton-Donoren.

In den Versuchen zum *protein engineering* und zur gerichteten Evolution von Amylasen für Wasch- und Reinigungsmittel stand zunächst die Stabilität gegen Sauerstoffbleiche im Vordergrund. In maschinellen Geschirrspülmitteln ist der Bleichegehalt sehr groß und sowohl die Lager- als auch die Prozessstabilität der klassischen Amylasen sind hier nicht hervorragend. Durch Austausch von oxidationsempfindlichen Methioninresten gegen nicht oxidierbare Aminosäurereste konnte eine deutliche

Steigerung der Stabilität erzielt werden, die allerdings mit reduzierter Leistung erkauft wurde.

17.4.2 Enzymwirkung

Die α-Amylasen waren schon lange bekannt, aber ihren Durchbruch hatten sie erst mit der Entwicklung von Flüssigwaschmitteln in den 1980er-Jahren und den enzymhaltigen maschinellen Geschirrspülmitteln in den 1990er-Jahren. Im Zusammenspiel mit den Proteasen zeigen sie sowohl in Waschmitteln als auch in Reinigungsmitteln echte Synergien, d. h. eine stärkere gemeinsame Wirkung, als mit jeder Enzymklasse in isolierter Form möglich wäre. Die Tatsache, dass die Amylasen hervorragend mit Subtilisinen harmonieren, ist nicht überraschend, da beide von den gleichen oder verwandten *Bacillus*-Species koexprimiert werden.

Die Wirkung der Amylasen beruht auf der Entfernung von Stärke, die in der textilen Wäsche entweder aus Appreturen oder aus Nahrungsmittelresten wie z. B. Porridge oder Pudding stammt. Die Wirkung kann auch nach Herkunft der Stärken (Kartoffel, Reis, Mais, Weizen oder Tapioka) unterschieden werden. Amylasen wirken als Endoamylasen und produzieren lösliche Dextrine von 2–6 Glykosylresten sowie Grenzdextrine an den Verzweigungsstellen des Amylopectins. Die Verwendung von Pullulanasen, also von Amylasen, die solche α-1,6-Verknüpfungen hydrolysieren, ist patentrechtlich intensiv bearbeitet worden, es gibt aber keine relevanten Produkte auf dem Markt.

Die Bedeutung der Stärke als typischer Schmutz beim Waschen hat mit ihrem vermehrten Einsatz in prozessierten Lebensmitteln zugenommen. Zwar ist Stärke als solche farblos und demzufolge eigentlich unkritisch, sie wirkt bei Textilien jedoch unterstützend bei der Wiederauflagerung von Schmutz auf dem Textil (Redeposition) auch aus der Waschlauge.

Beim maschinellen Spülen von Geschirr kann das wiederholte Auflagern von Stärke zu einer Abstumpfung des Dekors und zu geringerem Glanz führen. Die Amylasen erhalten den ursprünglichen Glanz oder stellen ihn wieder her. Dieser Effekt wird besonders in Großküchen geschätzt.

Auch zur Prüfung von Amylaseleistungen steht eine Reihe von künstlich angeschmutzten Testgeweben zur Verfügung. Diese bestehen z. B. aus Kakao/Zucker/Kartoffelstärke, aus Stärke/Kohle auf Baumwolle oder Baumwoll-Synthetik-Mischgewebe. Reine stärkebeladene Gewebe, die mit unterschiedlicher natürlicher Stärke beladen wurden, sind ebenfalls im Einsatz. In diesen Fällen muss das Textil nach dem Waschen auf Stärke angefärbt werden, um den Effekt optisch messbar zu machen.

Für die Bestimmung der Amylasewirkung in maschinellen Geschirrspülmitteln wurden mit Unterstützung von Industrieverbänden unterschiedliche Anschmutzungen und Testverfahren entwickelt. Beim maschinellen Spülen spielt hierbei sowohl bei Proteasen wie bei Amylasen die Zusammensetzung des Ballastschmutzes eine große Rolle.

17.5 Cellulasen

17.5.1 Moleküle

Während die Proteasen und Amylasen nahezu ausschließlich aus Bacilli gewonnen werden und sich eindeutig einheitlichen Superfamilien (Subtilisine, Familie-13-Glykohydrolasen) zuordnen lassen, ist die Varianz der Moleküle an Cellulasen für Waschmittel hoch. Alle in Waschmitteln verwendeten Cellulasen sind ß-1,4-Endo-Glykohydrolasen oder Endoglucanasen, allerdings stammen sie aus unterschiedlichen Donororganismen und sind auch unterschiedlichen Glykohydrolasefamilien zugeordnet.

Die ersten Cellulasen, die in Waschmitteln der Fa. Kao in Japan 1986 genutzt wurden, wurden aus einem alkaliphilen *Bacillus*-Stamm gewonnen. Dieses Molekül zeichnet sich durch ein hohes Molekulargewicht aus. Die zweite Cellulase, die für Waschmittel angeboten wurde, bestand aus einem vollständigen pilzlichen Cellulasegemisch von *Thermomyces lanuginosus* (zum damaligen Zeitpunkt *Humicola insolens*). Hierbei handelt es sich um eine Mischung von ß-1,4-Endoglucanasen, Cellobiohydrolasen und Cellobiasen. Eine ß-1,4-Endoglucanase aus diesem Gemisch wurde in *Aspergillus oryzae* kloniert und als Monokomponentenenzym ab 1993 vermarktet. Später kamen weitere Moleküle aus alkalophilen Bacilli und aus Pilzen *(Trichoderma reesei, Melanocarpus albomyces)* ebenfalls als Monokomponentenprodukte auf den Markt.

17.5.2 Enzymwirkung

Cellulasen wirken ausschließlich auf cellulosebasierte Textilien wie Baumwolle oder Tencel. Ihre Wirkung kann entweder in der Ablösung oder der Verhinderung der Wiederauflagerung von partikulärem Schmutz (Staub, Tennisasche, Ruß) beruhen (Bsp. *Bacillus*-Cellulasen) oder in einem Fasereffekt. Warum Cellulasen dazu beitragen, partikulären Schmutz von Cellulosefasern zu entfernen, nicht jedoch von Polyesterfasern, ist noch nicht abschließend geklärt. Der Effekt auf die Faser kann in der Glättung der Baumwollfasern durch Abbau abstehender Mikrofibrillen und/oder der Verhinderung oder Entfernung von Pilling bestehen. Hierdurch bleibt bei farbigen Textilien die Farbe frisch erhalten oder wird bei gewirkten Textilien ein Pilling verhindert. Die Textilien bleiben damit länger attraktiv in ihrer Farbe und der Erscheinung ihrer Oberfläche (◘ Abb. 17.6).

Allerdings wird die Wirkung auf die Faser mit dem Risiko der Faserschädigung erkauft. Dies ist besonders kritisch bei der Verwendung von natürlichen und vollständigen Cellulasesystemen aus Pilzen. Diese Systeme haben schließlich immer den vollständigen hydrolytischen Abbau von Cellulose zu Glucose zum Ziel, was definitiv nicht das Ziel des Waschvorgangs ist. Aus diesem Grund sind erst mit den klonierten und gentechnisch produzierten Monokomponenten-Cellulasen

◘ **Abb. 17.6** Faserwirkung von Cellulasen zur Farbauffrischung und Faserglättung. Baumwollgewirke nach zehn Wäschen mit einem Flüssigwaschmittel bei 40 °C mit (unten) und ohne (oben) Cellulase (AB Enzymes GmbH, mit freundlicher Genehmigung)

Enzyme verfügbar geworden, die eine sichere und gesteuerte Enzymwirkung zulassen. Außerdem werden diese Enzyme sehr vorsichtig dosiert. Die optimale Faserwirkung von Cellulasen wird in der Regel so eingestellt, dass sie über mehrere Wäschen oder Wasch-Trage-Zyklen erreicht wird. Der Nachweis der Wirkung erfolgt dann nach 5, 10 oder 20 Wäschen.

Alle Cellulasen, die Fasereffekte erzielen, benötigen hierfür eine Bindung an die Faser, die über Cellulosebindungsdomänen (CBDs) erzielt wird. Eine Cellulase kann auch über mehrere Bindungsdomänen verfügen. Die Linker, die die CBD mit der katalytischen Domäne verbinden, sind in der Regel hoch flexibel und können als Angriffspunkt für Proteasen dienen. Durch derartigen proteolytischen Abbau kann eine Cellulase ihre Wirkung komplett verlieren, obwohl die katalytische Domäne messbare Aktivität zeigt.

Ähnliche Cellulasen mit Faserwirkung werden übrigens in der Textiltechnik verwendet. Hier werden Baumwolltextilien einmalig mit Cellulasen behandelt, um Pilling zu verhindern (Bio-Polishing®).

Die Cellulasen, die zur Verhinderung der Redeposition oder der Ablösung von Pigmentschmutz eingesetzt werden, haben in der Regel keinen Effekt auf die Faser. Die Wirkung kann entweder direkt durch Entfernung von

Pigmentschmutz (Staub, Ruß, Tennisasche) oder durch die fehlende Übertragung von Pigmentschmutz von angeschmutzten Textilien auf weiße Textilien durch Bestimmung des Weißgrads gemessen werden. Die von ihnen erzielte Wirkung, die auch als Vergrauungshemmung bezeichnet wird, erfordert keine Bindung an die Baumwollfaser. Der genaue Mechanismus der vergrauungshemmenden oder Antiredepositonswirkung ist nicht veröffentlicht. Interessant ist, dass die Wirkung durch Carboxymethylcellulose, die die gleiche Wirkung hat und ein Substrat dieser Cellulasen ist, nicht gehemmt, sondern im Gegenteil gesteigert wird.

17.6 Mannanasen

In den letzten zwanzig Jahren hat die Nahrungsmittelindustrie in zunehmendem Maß natürliche Polymere dazu genutzt, in prozessierten Lebensmitteln eine bestimmte Textur, Viskosität oder ein bestimmtes Mundgefühl zu erzeugen. Diese Lebensmittel können z. B. Eiscreme, Saucen oder Süßspeisen sein. Als Polymere kommen Substanzen wie Mannan (Guarkernmehl, Johannisbrotkernmehl), Carrageen, Pectin oder Xylan zum Einsatz. Neben den gewünschten Effekten im Lebensmittel haben diese Substanzen aber auch den Effekt, dass sie für eine gute Bindung an die Textilien sorgen. Enzyme, die in der Lage sind, diese Substanzen hydrolytisch abzubauen, unterstützen deshalb das Waschmittel wesentlich dabei, die entsprechenden Anschmutzungen zu entfernen. Dies gilt besonders dann, wenn das Lebensmittel durch Schokolade, Fruchtsaft oder durch braune Reaktionsprodukte der Maillard-Reaktion gefärbt ist, die typisch sind für Brat-oder Röstprozesse z. B. in Fleischsaucen.

Diese Polymere können auch Schmutzpartikel binden und damit zum Vergrauen zur Textilien beitragen. Die Verwendung von Mannanasen und Carrageenasen wurde bereits in den 1990er-Jahren patentrechtlich beansprucht.

17.6.1 Moleküle

Novozymes kam 2000 mit einer Mannanase auf den Markt (Mannaway™). Das Produkt basiert auf einem Mannanasegen aus einem *Bacillus-alkalophilus*-Stamm, das in *Bacillus licheniformis* exprimiert wird. Das Produkt war zunächst nur für die Premiumprodukte eines Waschmittelherstellers im Einsatz, seit 2006 werden Mannanasen auf breiter Front verwendet.

17.6.2 Enzymwirkung

Mannanasen sind in der Lage, die ß-1,4-Mannosebindung in Galactomannan zu hydrolysieren. Durch die *endo*-Wirkung auf das Polymer wird dessen Haftungsvermögen auf der Textilfaser deutlich herabgesetzt. Dadurch geht auch die Bindung an andere partikuläre Substanzen wir z. B. Kakao verloren. Die Verwendung von Mannanasen kann anhand der Wirkung auf spezifische Anschmutzungen, wie z. B. Schokoladeneis, das unter Verwendung von Guarkernmehl hergestellt wurde, eindeutig gezeigt werden.

17.7 Lipasen

Lipasen hydrolysieren Fett und Öle (Triglyceride) zu Diglyceriden, Monoglyceriden und Glycerin. Hierdurch können sie die Emulsion und Ablösung von Fettschmutz durch Tenside unterstützen, besonders weil Mono- und Diglyceride selbst als Emulgatoren wirken können. Allerdings hängt die Ablösung des Fettschmutzes auch von der Waschtemperatur ab, die zum Aufschmelzen notwendig ist. Triglyceride von langkettigen, gesättigten Fettsäuren lassen sich bei Temperaturen, die unter ihrem Schmelzpunkt liegen, auch mit Lipasen nur schwer entfernen.

Lipasen werden nur in Waschmitteln und nicht in maschinellen Geschirrspülmitteln eingesetzt, da in dieser Anwendung mit der Bildung von Kalkseifen gerechnet werden muss.

Ähnlich wie Proteasen zeigen Lipasen eine starke Wechselwirkung mit den eingesetzten Tensiden, sowohl was die Leistung als auch was die Stabilität betrifft. Beides muss durch ein geschicktes Verhältnis verschiedener anionischer und nichtionischer Tenside, den sog. Tensidblock, optimiert werden.

17.7.1 Moleküle

Die erste Lipase für Waschmittel wurde 1986 von Novo Nordisk unter dem Namen Lipolase® auf den Markt gebracht. Es handelt sich um die Lipase aus *Thermomyces lanuginosus* (damals *Humicola insolens*), die in *Aspergillus oryzae* kloniert und exprimiert wurde. Das Molekül wurde seither mehrfach durch *protein engineering* optimiert (Lipex®, Lipoclean®) und ist immer noch das Leitmotiv für alle Waschmittellipasen. Ziel der Weiterentwicklung war es, eine stärkere Wirkung im ersten Waschgang zu erreichen.

1995 wurde von Gist Brocades eine Waschmittellipase lanciert, die aus *Pseudomonas pseudoalkaligenes* stammte und in einem *Pseudomonas*-Stamm produziert wurde. Es wurde später auch beschrieben, dass sie in *Bacillus amyloliquefaciens* exprimierbar ist. Dieses Molekül ist derzeit nicht auf dem Markt.

Lipasen gehören zu den technischen Enzymen, die ohne rekombinante Produktionsstämme nicht verfügbar wären.

17.7.2 Enzymwirkung

Seit Lipasen auf dem Markt sind, haben sie ihre feste Nische im Enzymportfolio der Waschmittelhersteller. Wie Cellulasen und Mannanasen werden sie wesentlich für die Differenzierung von Premiumprodukten herangezogen. Durch ihre Wirkung in der Entfernung von Fettschmutz ersetzen sie einen Teil der nichtionischen Tenside. Typische Anschmutzungen zum Nachweis und Test der Lipasewirkung sind triglyceridbasierte Lippenstiftanschmutzungen und Sebum (z. B. Hemdkrägen). Wie schon erwähnt, benötigen die Lipasen in der Regel mehrere Waschgänge bis zur Erreichung des optimalen Ergebnisses. Höhere Lipasekonzentrationen sind in der Regel keine gute Herangehensweise, da es bei hoher Dosierung von Lipasen zu unerwünschten Nebeneffekten kommen kann: Lipasen akkumulieren an die Grenzfläche zwischen Fett und Wasser. Falls bei stark verschmutzten Textilien das Fett nicht vollständig hydrolysiert, emulgiert und entfernt werden kann, kann es vorkommen, dass die Lipase nach dem Waschen aktiv auf dem Textil verbleibt und nach dem Trocknen im Schrank mit der vorhandenen Luftfeuchtigkeit weiter an den Fettspuren hydrolytisch aktiv ist. Das Ergebnis ist in diesem Fall ein unangenehmer Geruch der gewaschenen Wäsche.

Bei korrekter und gut eingestellter Dosierung der Lipase kann dieser Fall allerdings ausgeschlossen werden.

17.8 Pectat-Lyasen

17.8.1 Moleküle

Pectin ist ein pflanzliches Polymer, das zur Verdickung und Verfestigung von Konfitüren und Marmeladen verwendet wird. Pectine sind im Wesentlichen aus linearen α-1,4-verknüpften D-Galacturonsäuren aufgebaut, die in regelmäßigen Abständen durch α-L-Rhamnose unterbrochen werden. An die Rhamnose können zusätzlich oligomere Seitenketten aus Arabinose, Galactose oder Xylose gekoppelt sein. Die Säurefunktion der Galacturonsäure kann in unterschiedlichem Maß mit Methanol verestert sein. Pectin ist in Abhängigkeit von der Temperatur je nach Herkunft und Zusammensetzung wasserlöslich. Bei tieferen Waschtemperaturen und bei intensiv gefärbten Konfitüren ist die Entfernung von Verschmutzungen auf Basis von Beerenkonfitüren ohne Enzyme durchaus schwierig. Aus diesem Grund wurden schon früh unterschiedliche Pectinasen zu ihrer Entfernung getestet. Pectinasen werden von

Mikroorganismen gebildet, die damit den Pectinanteil pflanzlicher Zellwände abbauen. Unter dem Begriff Pectinasen werden Pectinesterasen, Endo- und Exopolygalacturonasen sowie Pectin- und Pectatlyasen zusammengefasst. Bisher konnte nur bei Pectat-Lyasen eine Wirkung in Waschmitteln gefunden werden.

Obwohl die meisten bekannten Pectinaseprodukte mit Pilzen wie z. B. *Aspergillus*-Species produziert werden, sind sie wegen ihres pH-Optimums im schwach sauren Bereich nicht ideal für Waschmittel geeignet. Die Gene der Pectat-Lyasen, die im Waschmittelbereich verwendet werden, sind bakteriellen Ursprungs und entstammen *Bacillus*-Species. Sie werden mithilfe von *B. licheniformis* oder *B. subtilis* produziert.

17.8.2 Enzymwirkung

Pectat-Lyasen wirken nicht über einen hydrolytischen Reaktionsmechanismus, sie sind also keine Hydrolasen. Der Reaktionsmechanismus der Lyasen (ß-Eliminierung) beginnt mit dem Entzug eines Protons durch Arginin und führt in einem dreistufigen Prozess zum Abgang des nicht reduzierenden Endes in Form eines zwischen C4 und C5 ungesättigten 4-Deoxy-galacturonylrests.

Pectat-Lyasen wirken nur in alkalischem pH, was den Einsatz in Waschmitteln erleichtert. Indem sie die Polymerkette des Pectins spalten, das in farbstarken Konfitüren wie z. B. Waldbeeren dafür sorgt, dass Verschmutzungen sonst schwer entfernbar sind, können sie in Abhängigkeit von der Art des Pectins zu signifikanten Effekten führen.

17.9 Nachhaltigkeitsaspekte

Die Menge, in denen Wasch- und Reinigungsmittel in den Haushalten und im gewerblichen Einsatz verwendet werden, bedingt, dass diese Produkte eine Umweltrelevanz haben. Aus diesem Grund wurden Ökobilanzen, die auch *life cycle analysis* genannt werden, für die Produktion und den Einsatz dieser Produkte erstellt.

Enzyme in Wasch- und Reinigungsmittel tragen wesentlich dazu bei, dass die Menge an Wasch- oder Reinigungsmitteln, die für eine Standardwäsche oder einen Spülgang benötigt werden, in den vergangenen Jahrzehnten deutlich reduziert werden konnte (◘ Tab. 17.3; Dreja et al. 2014).

Ein entscheidender Vorteil ist hierbei, dass die Enzyme als Katalysatoren in nur geringer Menge benötigt werden. Gleichzeitig war es möglich, die Leistung an Standardanschmutzungen deutlich zu verbessern, sodass mit verringertem Chemikalieneinsatz mehr Leistung möglich wurde. Gleichzeitig konnte sowohl beim Waschen wie beim maschinellen Spülen die durchschnittliche Temperatur reduziert werden. Allerdings ist die Dosierung ebenso wie die Wahl der Temperatur in der Hand des Verbrauchers. Aus diesem Grund wurden Dosieranleitungen und Dosierbecher beim Waschen geändert. Bei maschinellen Spülmitteln wurden Tabs auf den Markt gebracht, die eine optimale Dosierung vorgeben. Zur Reduzierung der Temperaturen gibt es seit einiger Zeit Initiativen, um den Verbraucher auf die Möglichkeit reduzierter Temperaturen aufmerksam zu machen („*I prefer 30*"). Der Verbraucher hat damit die Möglichkeit, durch den verringerten Energieverbrauch privates Geld zu sparen. Allerdings wird gleichzeitig empfohlen, aus Hygienegründen jede Waschmaschine

◘ **Tab. 17.3** Vergleich der benötigten Menge an Waschmittel und maschinellem Geschirrspülmittel für 5 kg Wäsche (bei mittlerer Verschmutzung und mittlerer Wasserhärte) bzw. für eine Spülmaschinenbeladung

	1986	2016
Waschmittel für 5 kg	200 g	69 g
Spülmittel (Pulver/Tabs)	30 g[a]	18 g

[a](wesentlich bestehend aus Chlorbleiche und Metasilikat)

einmal im Monat mit einem bleichehaltigen Vollwaschmittel bei hoher Temperatur (90 °C) zu betreiben, um Mikroorganismen z. B. im Sumpf der Waschmaschine zu kontrollieren.

Ein weiterer Aspekt der Nachhaltigkeit ist das Schicksal der Komponenten in der Umwelt. Im Regelfall wird in Mitteleuropa davon ausgegangen, dass die Abwässer über eine mehrstufige Kläranlage bearbeitet werden. In jedem Fall ist die biologische Abbaubarkeit ein absolut entscheidendes Kriterium. Als Proteine sind die Enzyme schnell und vollständig biologisch abbaubar. Aus diesem Grund sind sie auch in diesem Punkt exzellente Inhaltsstoffe. Die biologische Abbaubarkeit von Waschmittelenzymen, die durch *protein engineering* optimiert wurden, wurde besonders intensiv untersucht, da bei Enzymen mit verbesserter Stabilität deren biologische Abbaubarkeit zu untersuchen war. Aber auch diese Varianten waren ebenso schnell und vollständig biologisch abbaubar wie alle anderen bislang untersuchten Enzyme.

Ein weiterer Aspekt ist die Wirkung auf aquatische Organismen. Außer bei Proteasen zeigen Enzyme auch hier keine Wirkungen. Proteasen in konzentrierter und aktiver Form können aufgrund ihrer intrinsischen Wirkung auf Proteine allerdings Wasserflöhe und Fischbrut schädigen. Die Enzymprodukte müssen aus diesem Grund entsprechend gekennzeichnet werden. Nach ihrem Einsatz beim Waschen oder Reinigen sind diese Enzyme allerdings durch Autoproteolyse nur noch in geringer Menge bzw. Aktivität im Abwasser einer Spül-oder Waschmaschine vorhanden und in einer Kläranlage gar nicht mehr.

Lange vor der neuen europäischen Chemikaliengesetzgebung wurden die Untersuchungsergebnisse zu Gesundheits- und Umweltrelevanz von Waschmittelinhaltsstoffen wie den Enzymen im sog. HERA-Projekt der AISE (International Association for Soaps,

Detergents and Maintenance Products) veröffentlicht (▶ www.hera-project.com).

17.10 Fazit und Ausblick

In der Vergangenheit ist auch viel an Enzymen geforscht worden, die direkt oder indirekt bleichende Wirkung auf bleichbare Anschmutzungen haben können. Eine direkt bleichende Wirkung besitzt zum Beispiel Wasserstoffperoxid, das in Form der Additionsverbindung Percarbonat schon seit Längerem in Waschmitteln zur Wirkung kommt. Allerdings kann Wasserstoffperoxid aus Vorstufen wie Percarbonat oder Perborat nur in Pulverwaschmitteln verwendet werden. Oxidasen wie Glucose-Oxidase wären im Prinzip in der Lage, Wasserstoffperoxid auch in flüssigen Produkten zu erzeugen. Oxidasen benötigen zur Erzeugung von Wasserstoffperoxid ein Substrat. Allerdings wäre es hierzu notwendig, das Enzym und sein Substrat (im Fall von Glucose-Oxidase die Glucose) getrennt zu konfektionieren. Damit einher geht natürlich auch die Frage, wie viel Substrat benötigt wird, um die erforderliche Konzentration an Wasserstoffperoxid zu erzeugen. Der große Vorteil der hydrolytischen Enzyme, dass sie nur Wasser für ihre Reaktion am Substrat benötigen, gilt für die Oxidasen nicht.

Neben der Erzeugung von Wasserstoffperoxid sind andere Enzyme auch in der Lage, mittel- bis langkettige Persäuren zu erzeugen. Die Reaktion beruht auf der perhydrolytischen Umsetzung von Estern mit Wasserstoffperoxid statt Wasser zu Persäuren. Diese Nebenreaktion wurde bisher bei Lipasen, bestimmten Subtilisinproteasen, Esterasen und Acyltransferasen gezeigt. Der Vorteil dieser Enzymreaktion wird vor allem bei Flüssigprodukten gesehen, obwohl auch hier ein Zweikammersystem erforderlich ist. Es gibt hierzu zwar eine Reihe von Patenten, eine gewerbliche Nutzung ist bislang noch nicht erfolgt.

Literatur

Aehle, W. Hsg., Enzymes in Industry, 3rd edition, Wiley-VCH, Weinheim, 2007, 154–192

Dreja, M., Vockenroth, I., Plath, N., Schneider, C. and Martinez, M.: Formulation, Performance and Sustainability Aspects of Liquid Laundry Detergents, Tenside Surfactants Detergents 51 (2014) 108–112

Herbots, I., Kottwitz, B., Reilly, P. J., Antrim, R. L., Burrows, H., Lenting, H. B. M., Viikari, L., Suurnäkki, A., Niku-Paavola, M.-L., Pere, J. and Buchert, J.: Enzymes - Non-food Application, in: Ullmann's Encyclopedia of Industrial Chemisty, Wiley-VCH, Weinheim (2012)

Maurer, K.-H.: Detergent proteases, in: Grunwald, P. (Ed.), Industrial Biocatalysis, Pan Stanford, Singapore (2015)

Olsen, H.S. and Falholt, P.: The role of enzymes in modern detergercy, Journal of Surfactants and Detergents 1 (1993) 555–567

Enzyme und Biosensorik

Michael J. Schöning und Arshak Poghossian

© Springer-Verlag GmbH Deutschland, ein Teil von Springer Nature 2018
K.-E. Jaeger, A. Liese, C. Syldatk (Hrsg.), *Einführung in die Enzymtechnologie*,
https://doi.org/10.1007/978-3-662-57619-9_18

Zusammenfassung

Enzymbasierte Biosensoren finden seit mehr als fünf Jahrzehnten einen prosperierenden Wachstumsmarkt und werden zunehmend auch in biotechnologischen Prozessen eingesetzt. In diesem Kapitel werden, ausgehend vom Sensorbegriff und typischen Kenngrößen für Biosensoren (Abschn. 18.1), elektrochemische Enzym-Biosensoren vorgestellt und deren typischen Einsatzgebiete diskutiert (Abschn. 18.2). Ein Blick über den „Tellerrand" hinaus zeigt alternative Transduktorprinzipien (Abschn. 18.3) und führt abschließend in aktuelle Forschungstrends ein (Abschn. 18.4).

Der Begriff **Sensor** (von lat. *sentire*, fühlen oder empfinden) beschreibt laut Definition einen Detektor bzw. Messgrößenaufnehmer, der Kenntnisse über eine Messgröße (z. B. die Temperatur in einem Bioreaktor) vermittelt und diese Information in ein geeignetes Messsignal (z. B. eine Spannung, die mit einem Voltmeter erfasst werden kann) umsetzt. Der Sensor stellt als technisches Bauteil somit das primäre Element einer Messeinrichtung dar, das bestimmte physikalische oder chemische/biologische Eigenschaften (quantitativ) erfassen kann und diese dann mittels eines sog. Transduktors (Transducers) in ein geeignetes Messsignal wandelt.

Man untergliedert Sensoren im Allgemeinen in verschiedene Typen. Abhängig von der zu ermittelnden Messgröße können dies mechanische Sensoren, thermische Sensoren, akustische Sensoren, Sensoren für optische Signale und Strahlung, Sensoren für elektrische und magnetische Strahlung sowie Sensoren für chemische und biologische Messgrößen sein. Der letzteren Gruppe – den **Biosensoren** – möchten wir uns in dem vorliegenden Kapitel ausführlicher widmen.

18.1 Chemo- und Biosensoren

18.1.1 Definition: Chemo-/Biosensor

Laut IUPAC (International Union of Pure and Applied Chemistry) ist ein Chemosensor ein miniaturisierter Messwertaufnehmer, der chemische Verbindungen oder Ionen selektiv und reversibel erfasst und dabei elektrische Ausgangssignale liefert. Biosensoren verstehen sich als Untergruppe der Chemosensoren, d. h. es handelt sich ebenfalls um miniaturisierte Messwertaufnehmer, bei denen allerdings biologische Erkennungsmechanismen zur Stofferkennung angewendet werden (Thevenot et al. 1999).

Miniaturisiert bedeutet in diesem Zusammenhang, dass es sich um einen geschlossenen, idealerweise integrierten Messwertaufnehmer handelt, bei dem das chemische bzw. biologische Erkennungselement – der Rezeptor – sich in direktem räumlichen Kontakt zum Transduktor befindet (◘ Abb. 18.1).

Ein Biosensor – oder genauer gesagt, ein Biosensor-Chip – besteht also aus drei wesentlichen Kernkomponenten: der Rezeptorschicht, dem Transduktor und der Signalverarbeitung.

Die Rezeptorschicht, die eigentliche sensoraktive Schicht, steht in direktem Kontakt zu der zu untersuchenden Messprobe, dem Analyten. Der Analyt kann gasförmig oder flüssig sein. Die Wechselwirkung zwischen Rezeptorschicht und Analytmolekül erfolgt selektiv, d. h. vergleichbar mit dem vereinfachten „Schlüssel-Schloss-Prinzip" bei Enzym-Substrat-Reaktionen; gleichzeitig muss dieser Mechanismus reversibel sein.

Die Wechselwirkung zwischen Rezeptor- und Analytmolekül wird im nächsten Schritt in ein physikalisches Ausgangssignal (eine Messgröße) transformiert. Hierfür ist der Transduktor zuständig. Der Transduktor

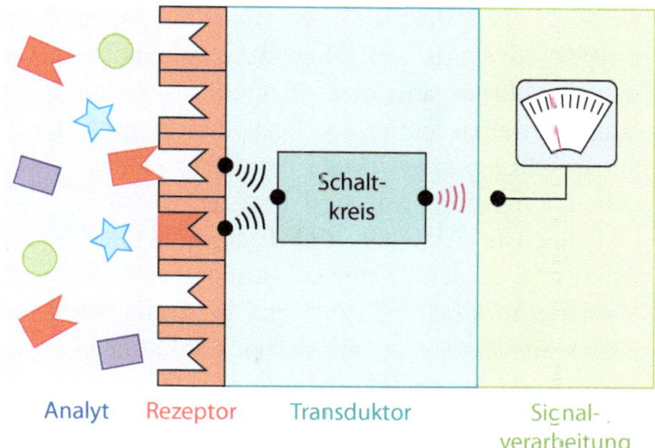

◻ Abb. 18.1 Schematische Darstellung eines Chemo-/Biosensors

wandelt die chemische bzw. biologische Information am Eingang des Chemo-/Biosensors in ein messtechnisch zugängliches Signal um.

Den dritten Teil eines solchen Chemo-/Biosensors repräsentiert die abschließende Signalverarbeitung. Diese ist unmittelbar mit dem entsprechenden Anzeigegerät verknüpft. Hier erfolgt die Anpassung der elektrischen Ausgangssignale durch bspw. Signalverstärkung, Impedanzanpassung, Kompensation von Störgrößen oder Kennlinienkorrektur. Dieser Bereich stellt auch die Schnittstelle zur Umgebung und dem Anwender dar, z. B. für Ein-/Ausgabemedien, Steuerungen bzw. Regelungen oder die Aktorik (Stellglieder wie Pumpen, Ventile, Düsen etc.).

18.1.2 Klassifizierung von Biosensoren

Biosensoren werden häufig entweder abhängig von ihrer Rezeptorschicht oder dem verwendeten Transduktor klassifiziert. Rezeptorschichten können auf unterschiedlich hohem Integrationsniveau vorliegen: Es kann sich im einfachsten Fall um dielektrische oder halbleitende Schichten handeln, die am Interface zum Analyten Bindungsstellen zur Verfügung stellen, mit denen die zu detektierenden Moleküle interagieren. Synthetisch hergestellte, organische Moleküle mit einer definierten, dreidimensionalen

Käfigstruktur – sog. Ionophore – ermöglichen den Nachweis von ein- (z. B. Na^+) oder mehrwertigen (z. B. Ca^{2+}) Ionen. Die Ionen können spezifisch in die Hohlräume der Ionophore diffundieren und dort die physikalischen Eigenschaften verändern.

Für den Nachweis komplexerer Moleküle, wie z. B. Glucose oder Harnstoff, werden häufig Enzyme eingesetzt; die aus der biokatalytischen Reaktion mit dem nachzuweisenden Substrat resultierenden Produkte lassen sich dann messtechnisch erfassen. Neben Enzymen können z. B. auch Antikörper-Antigen-Reaktionen als Rezeptorprinzip fungieren, oder es können sogar Teile, d. h. Fragmente, eines DNA-Moleküls genutzt werden, um das komplementäre, dazu passende DNA-Gegenstück aus der Analytlösung zu „fischen".

Neben den Ionophoren für den passgenauen Nachweis von Ionen werden auch zunehmend synthetische Rezeptoren für größere Biomoleküle bis hin zu Viren oder sogar kompletten Zellen eingesetzt; man spricht dann von sog. MIPs *(molecular imprinted polymers)*. Diese sind so aufgebaut, dass sie (zumindest) Teile des zu detektierenden Biomoleküls in ihrer Struktur als negativen Abdruck – ähnlich einem Fingerprint – nachgebaut haben (Schirhagl 2014). Das Biomolekül kann in diese dreidimensional ausgelegte Rezeptorstruktur eindiffundieren und dort wechselwirken. Zellbasierte Biosensoren weisen die höchste Komplexität und Integrationsdichte auf: Hier fungieren komplette Mikroorganismen, Bakterien, Zellen oder Gewebeschnitte als Rezeptorschichten. Solche Rezeptoren liegen in ihrer natürlichen Umgebung vor und besitzen dadurch ihre höchste Aktivität und Empfindlichkeit. Allerdings findet häufig ein unkontrolliertes Wachstum („wuchern") auf der Oberfläche des Biosensor-Chips statt, was dessen Funktionalität stark negativ beeinflussen kann.

Generell existieren zwei prinzipielle Vorgehensweisen, um Biomoleküle (wie z. B. Enzyme) auf der Sensoroberfläche als Rezeptorschicht zu immobilisieren: die physikalische und die chemische Immobilisierung. Beim Immobilisieren ist darauf zu achten, dass die Enzymmoleküle einerseits stabil auf die Chipoberfläche angekoppelt werden können, damit sie beim Kontakt mit dem Analyten nicht ohne Weiteres direkt wieder abgewaschen werden. Andererseits darf die Immobilisierung nicht zu stringent sein, sodass bspw. die Funktionalität der Biomoleküle negativ beeinträchtigt wird. ◘ Abb. 18.2 zeigt eine schematische Übersicht zu den gängigen Immobilisierungsverfahren.

Die **physikalische Immobilisierung** beinhaltet im Wesentlichen die drei Verfahren: Adsorption, Membran- oder Geleinschluss. Poröse oder hydrophobe Oberflächen sind oft ausreichend, um Enzyme adsorptiv, z. B. über Van-der-Waals-Kräfte, anzukoppeln. Dies sind zwar einerseits schwache Bindungen, aber andererseits handelt es sich dabei um eine sehr moderate Immobilisierungsmethode, bei der die Funktionalität der Rezeptormoleküle gegenüber ihrem ungebundenen Zustand in Lösung nahezu ungestört erhalten bleibt. Vergleichbares gilt für den Einschluss in eine Dialysemembran. Falls die Enzyme nur unzureichend auf der Chipoberfläche haften, können diese durch eine Membran trotzdem auf der Chipoberfläche fixiert werden. Allerdings muss in diesem Falle gewährleistet sein, dass die Porengröße der Membran das ungehinderte Eindringen des nachzuweisenden Substrats ermöglicht und umgekehrt das Enzym nicht ausdiffundieren kann. Der Einschluss in ein Gel (z. B. aus Agar-Agar oder Polyacrylamid) hat vergleichbare Eigenschaften wie der Membraneinschluss, allerdings kann hier die Funktionalität des Enzyms leiden. Allen physikalischen Immobilisierungsverfahren ist gemein, dass eine hohe Beladungsdichte an Rezeptormolekülen pro Fläche erreicht werden kann. Dies kann sich letztendlich vorteilhaft auf die Nachweisempfindlichkeit des Biosensors auswirken.

Im Gegensatz dazu liegt bei der **chemischen Immobilisierung** der Fokus eher auf der gerichteten und örtlich adressierbaren Immobilisierung der Enzyme auf der Ober-

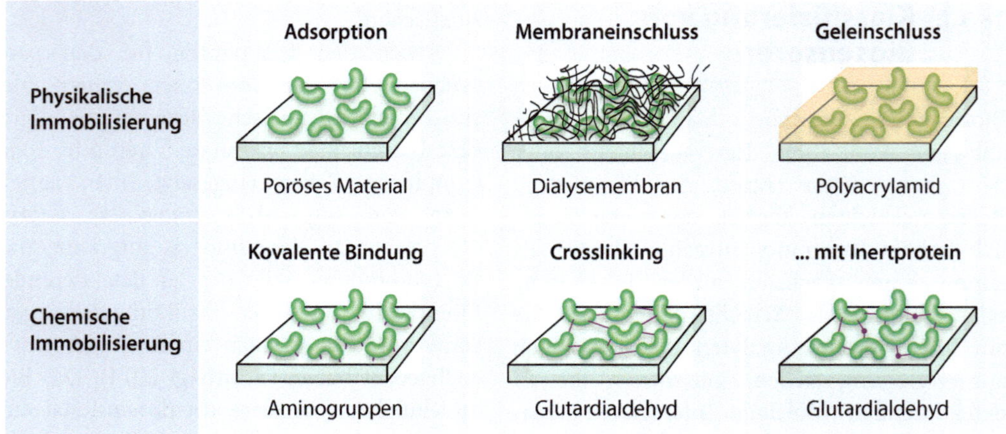

◘ **Abb. 18.2** Immobilisierungsverfahren zur Ankopplung von Enzymen auf Sensorchips

fläche des Sensorchips. Man unterscheidet hierbei drei gängige Verfahren: kovalente Bindung, Crosslinking bzw. Crosslinking zusammen mit Inertproteinen. Im Falle der kovalenten Bindung zwischen Enzym und Sensorchip wird die Chipoberfläche durch bestimmte chemische Rezepturen so weit modifiziert, dass eine direkte chemische Bindung (z. B. über Aminogruppen) mit funktionellen Gruppen des Enzyms erfolgen kann. Beim Crosslinking kann optional noch eine zusätzliche Vernetzung der Enzymmoleküle untereinander (z. B. durch Glutardialdehyd) und mit der Chipoberfläche durchgeführt werden. Hier besteht allerdings die Gefahr, dass die Enzymmoleküle zu dicht miteinander vernetzt bzw. diejenigen Stellen der Enzymmoleküle miteinander vernetzt sind, die eigentlich mit dem nachzuweisenden Substrat reagieren sollen. Um dies zu umgehen, besteht eine weitere Möglichkeit darin, zusätzliche Inertproteine (z. B. *bovine serum albumin*, BSA) als „Abstandshalter" zwischen die Rezeptormoleküle einzubringen. Eine weiterer Ansatz der kovalenten Bindung sind Avidin/Biotin-Verknüpfungen mit einer der stärksten bekannten Bindungen zwischen Reaktionspartnern. Bei dieser Herangehensweise wird zunächst Avidin an die Sensoroberfläche kovalent angebunden und dann im nächsten Schritt das mittel Biotin funktionalisierte Rezeptormolekül über die Biotinbrücke an das Avidin angekoppelt.

Welches Immobilisierungsverfahren für welches Enzym letztendlich eingesetzt werden kann, muss anhand des experimentellen Aufbaus optimiert werden (Mulchandani und Rogers 1998; Wollenberger et al. 2003). Dies ist auch die üblich gewählte Vorgehensweise bei der Entwicklung und Kommerzialisierung von Biosensoren seitens der Industrie.

Wie bereits oben aufgeführt, ist der Signalwandler (Transduktor) für die physikalische Umwandlung der (bio-)chemischen Information am Eingang des Biosensors in ein messtechnisch zugängliches Signal verantwortlich. Generell unterscheidet man sechs unterschiedliche Klassen von Transduktoren für Chemo-/Biosensoren:

- **elektrochemische Transduktoren:** Systeme, bei denen Elektronen, Ionen und Phasengrenzen zwischen Elektronen- und Ionenleitern eine entscheidende Rolle spielen. Elektrochemische Transduktoren lassen sich in potenziometrische (► Abschn. 18.2.1), amperometrische (► Abschn. 18.2.2), coulometrische und konduktometrische Transduktoren untergliedern.
- **elektrische Transduktoren:** Systeme, bei denen die elektrische (nicht ionische) Leitfähigkeit eine Rolle spielt.
- **optische Transduktoren:** Diese Systeme nutzen die Veränderung der elektromagnetischen Strahlung aufgrund der Wechselwirkung mit einer oder mehreren Substanzen des Analyten (► Abschn. 18.3.1); Größen können hierbei z. B. Absorption (Abschwächung), Lumineszenz oder Fluoreszenz (Lichtemission), Reflexion, Brechung oder Beugung sein.
- **thermische Transduktoren:** Systeme, die auf einer Änderung der Wärme aufgrund einer chemischen bzw. bio-/chemischen Umsetzung (Kalorimetrie) des nachzuweisenden Analytmoleküls basieren.
- **massensensitive Transduktoren:** Systeme, die die Änderung der Massenbeladung auf ihrer Oberfläche durch Wechselwirkung mit dem Analyten nutzen (► Abschn. 18.3.2); man unterscheidet dabei in piezoelektrische Transduktoren – häufig auch Quarzmikrowaagen genannt – und in SAW- (*surface acoustic wave*) Sensoren.
- **magnetische Transduktoren:** Systeme, die die (super-)paramagnetischen Eigenschaften von bestimmten Analytmolekülen (z. B. O_2) für deren Nachweis verwenden.

18.1.3 Sensorparameter

Die Anforderungen, die an Biosensoren gestellt werden, hängen maßgeblich von deren Verwendungszweck ab. Die wichtigsten Kriterien sind: Sensitivität, Selektivität, Stabilität, Ansprechzeit, Einsatz und Aufbau.

- **Sensitivität:** Laut Definition beschreibt die Sensitivität die Steigung der Kalibrierkurve des Biosensors, d. h. das Verhältnis der Änderung des Ausgangssignals (z. B. Spannung oder Strom) bei einer Änderung der Substratkonzentration als Eingangssignal. Damit einher geht auch der später nutzbare (dynamische) Messbereich, der durch die untere und obere Nachweisgrenze eingeschränkt wird. Die Steigung der Kalibrierkurve trifft auch eine Aussage über die Auflösung (Messgenauigkeit), d. h. welche kleinste Änderung in der Analytkonzentration noch erfasst werden kann. Häufig wird (wie bei der unteren Nachweisgrenze) argumentiert, dass die Änderung des Messsignals 3-fach größer als das natürliche „Rauschen" *(noise level)* des Sensorsignals sein muss.

- Die **Selektivität** ermöglicht eine Aussage darüber, wie gut zwischen dem zu erfassenden Substratmolekül und anderen (störenden) Bestandteilen im Analyten diskriminiert werden kann; es wird generell eine geringe Querempfindlichkeit gewünscht.

- Die **Stabilität** definiert diejenige Zeitspanne, bei der der Biosensor unter gleichbleibenden Bedingungen ein konstantes Ausgangssignal liefert. Die Stabilität – idealerweise eine hohe Standzeit – kann nachteilig durch die Drift und die Hysterese des Sensorsignals beeinflusst werden. Drift bedeutet die Änderung des Sensorsignals bei gleichbleibenden Bedingungen über die Zeit; die Hysterese beschreibt die unerwünschte Differenz des Sensorsignals bei (wiederholt) gleicher Analytkonzentration, abhängig davon, ob in Richtung von hoher zu niedriger Konzentration gemessen wird, oder umgekehrt. Biosensoren müssen bspw. unter harschen Bedingungen in Bioprozessen (Scherkräfte, Sterilisation, Medienkomposition) stabile Messsignale liefern.

- Die **Ansprechzeit** bedeutet diejenige Zeitspanne, die benötigt wird, bis das Sensorsignal einen stabilen Endwert erreicht hat. Häufig bezieht man sich dabei auf den $t_{90\%}$- oder $t_{95\%}$-Endwert des Sensorsignals, nachdem die Analytkonzentration variiert wurde. Echtzeitanalysen, d. h. kurze Ansprechzeiten, werden im praktischen Einsatz bevorzugt.

- **Einsatz** und **Aufbau** sind zwei Aspekte, die gerade vor dem Hintergrund kommerzieller Biosensoren eine nicht zu unterschätzende Bedeutung besitzen. Häufig wird seitens des Endnutzers gewünscht, dass der Sensor miniaturisierbar ist, kompakt im Aufbau und robust; er soll benutzerfreundlich sein und Störgrößen automatisch kompensieren können. Daneben spielen Anschaffungs- und Betriebskosten, Selbstkalibrierung, Produktsicherheit und Anwenderakzeptanz eine entscheidende Rolle. Abhängig davon, ob der Biosensor bspw. in einem biotechnologischen Prozess (z. B. für die In-line-Analytik in einem Bioreaktor) oder sogar im menschlichen Körper zur In-vivo-Messung eingesetzt werden soll, sind zusätzliche Faktoren wie Produktsicherheit, Biokompatibilität (d. h. Verträglichkeit des Sensors im Körper) oder Sterilisierbarkeit in die Sensorentwicklung mit einzubeziehen.

18.2 Elektrochemische Enzym-Biosensoren

Elektrochemische Enzym-Biosensoren nutzen häufig entweder eine Spannungsänderung (Potenziometrie) oder eine Stromänderung (Amperometrie) als Ausgangssignal (Sensorsignal), das von der nachzuweisenden Substratkonzentration, oder genauer gesagt von der aus der biokatalytischen Umsetzung resultierenden Produktkonzentration abhängt. Nachfolgend werden die beiden am häufigsten in der Praxis verwendeten Transduktor-Prinzipien eingeführt und praxisrelevante Anwendungsbeispiele vorgestellt.

18.2.1 Potenziometrie

18.2.1.1 Definitionen

Die Potenziometrie bestimmt Potenzialdifferenzen, die an Phasengrenzen zwischen Elektronenleitern (Elektroden) und Ionenleitern (Elektrolytlösungen) in Abhängigkeit von der Aktivität eines bestimmten Ions (ionenselektive Potenziometrie) in einer Lösung auftreten. Elektroden sind bspw. pH-Glaselektroden, Elektrolytlösung bedeutet in diesem Zusammenhang die Analytlösung. Immer wenn ein elektrisch leitfähiges, festes Material (z. B. eine Metallelektrode) mit einer leitfähigen Flüssigkeit (Elektrolyt) in Kontakt gebracht wird, entsteht an der Phasengrenze eine elektrochemische Doppelschicht, die elektrisch-ladungstrennende Eigenschaften aufweist. Zur Beschreibung dieser elektrochemischen Vorgänge an der Phasengrenze Elektrode/Elektrolyt existieren unterschiedliche Modelle wie das ursprünglich entwickelte Helmholtz-Modell bzw. dessen Verfeinerung anhand der Gouy-Chapman-Theorie, sowie deren Weiterentwicklung basierend auf dem Stern- und Grahame-Modell (Bard et al. 2001).

In der Praxis wird für die **ionenselektive Potenziometrie** als Messanordnung die potenziometrische Messkette aus $\square$ Abb. 18.3 verwendet. Diese besteht aus zwei elektrochemischen Halbzellen: einer ionenselektiven Elektrode (ISE) oder Messelektrode und einer potenzialkonstanten Referenzelektrode (Bezugselektrode). Beide Elektroden sind über die Messlösung miteinander in Kontakt und werden elektrisch über ein hochohmiges Spannungsmessgerät ausgelesen. Die ISE weist an ihrem unteren Ende eine sog. ionenselektive Membran auf, die mit dem entsprechend nachzuweisenden Ion im Analyten wechselwirken kann. Die Referenzelektrode ist häufig eine Ag/AgCl-Bezugselektrode mit einem Innenelektrolyten; sie steht über einen Stromschlüssel (Diaphragma) in Kontakt zum Analyten.

Das Messprinzip der ISE beruht auf der Potenzialänderung an ihrer Phasengrenze zum Analyten infolge einer Aktivitätsänderung der freien, nicht gebundenen Ionen einer bestimmten Sorte im Analyten. Das klingt sehr abstrakt, deshalb dazu ein Beispiel: Eine pH- oder Kaliumelektrode kann mittels ihrer H^+- oder K^+-selektiven

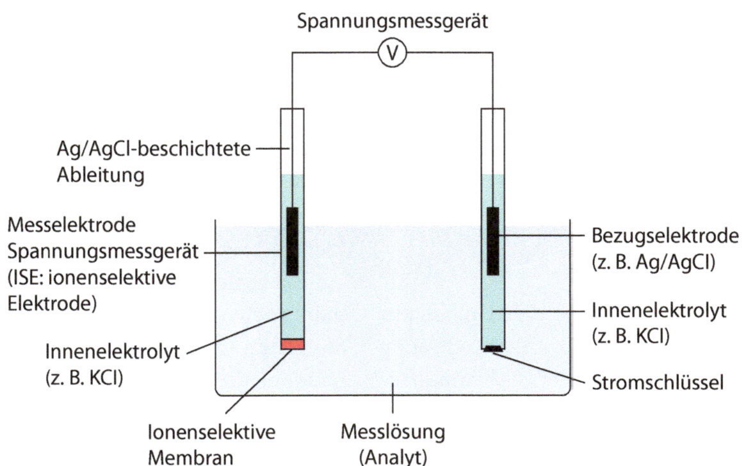

$\square$ **Abb. 18.3** Schematische Darstellung einer potenziometrischen Messkette, bestehend aus Messelektrode (ISE), Elektrolyt (Analyt), Referenzelektrode und Spannungsmessgerät

Membran entsprechend den pH-Wert oder die Kalium-Ionenkonzentration erfassen. Diese Potenzialänderung kann dann stromlos mit einem hochohmigen Spannungsmessgerät gegenüber einer potenzialkonstanten Referenzelektrode erfasst werden. Formelmäßig lässt sich diese Potenzialänderung durch die **Nernst-Gleichung** (▶ Gl. 18.1) beschreiben:

$$U = U_0 \pm 2{,}3 \frac{R \cdot T}{z_i \cdot F} \log a_i \qquad (18.1)$$

mit der Steilheit S:

$$S = \frac{2{,}3 \cdot R \cdot T}{z_i \cdot F} \qquad (18.2)$$

mit U: Elektrodenpotenzial in V; U_0: Standardelektrodenpotenzial bei $a_i = 1$ in V; R: universelle Gaskonstante, $R = 8{,}31447$ J mol^{-1} K^{-1}; T: absolute Temperatur in Kelvin; z_i bzw. a_i: Wertigkeit bzw. Aktivität des potenzialbestimmenden Ions; F: Faraday-Konstante, $F = 96485{,}34$ C mol^{-1}.

Anhand der Nernst-Gleichung kann also die Aktivität einer Ionensorte im Analyten als Messgröße bestimmt werden. Man spricht hier zunächst von der Aktivität und nicht von der Konzentration, da die Aktivität die gegenseitige Beeinflussung der Ionen in Elektrolytlösungen infolge der Coulomb'schen Wechselwirkung bei hohen Elektrolytkonzentrationen ($>10^{-2}$ M) mit berücksichtigt. Dies ist die Theorie, in der Praxis arbeitet man allerdings häufig nicht mit Aktivitäten, sondern mit Ionenkonzentrationen. Der Zusammenhang zwischen Aktivität a_i und Ionenkonzentration c_i lässt sich über den Aktivitätskoeffizienten f_A herstellen:

$$a_i = f_A \cdot c_i \text{ mit } f_A \leq 1 \qquad (18.3)$$

Der Aktivitätskoeffizient wird dabei nicht nur durch die zu messende Ionenkonzentration selbst, sondern auch von der Gesamtionenkonzentration der Lösung (d. h. deren Ionenstärke) mit bestimmt. In verdünnten Analytlösungen (Ionenkonzentration $\leq 10^{-3}$ M) liegt f_A so nahe an 1, dass die Ionenaktivität direkt durch die „interessierende" Ionenkonzentration ersetzt werden kann.

Somit folgt also für die Nernst-Gleichung (▶ Gl. 18.1) bei Raumtemperatur (298,15 K) eine theoretische Steilheit für einwertige Ionen (z. B. H$^+$-Ionen) von 59,16 mV/Dekade und für zweiwertige Ionen (z. B. Ca^{2+}-Ionen) eine Steilheit von 29,58 mV/Dekade, vorausgesetzt, die entsprechende ISE findet dabei Einsatz.

Ionenselektive Elektroden werden anhand der Beschaffenheit und Funktionsweise ihrer ionenselektiven Membran unterschieden in: Glasmembranelektroden (z. B. pH-Glaselektrode), kristalline Festkörpermembranelektroden (z. B. Fluorid-ISE) und Flüssigmembran- bzw. PVC-basierte Elektroden mit Ionophoren (z. B. für K$^+$-, Li$^+$-, Ca^{2+}-, Mg^{2+}-Nachweis etc.). Daneben existieren noch gasselektive Elektroden (z. B. für die CO$_2$- oder NH$_3$-Bestimmung) und Enzymelektroden (▶ Abschn. 18.2.1.2).

Im Gegensatz zur ISE ist die **Referenzelektrode** eine Elektrode mit einem konstanten Gleichgewichtspotenzial und wird als Bezugspunkt für die Messung eingesetzt. Die in ▢ Abb. 18.3 schematisch dargestellte Ag/AgCl-Elektrode ist heutzutage aufgrund ihrer einfachen Handhabbarkeit, hohen Reproduzierbarkeit sowie ihres großen nutzbaren Temperaturbereichs (bis zu 150 °C) die am häufigsten verwendete Bezugselektrode. Bei diesem Elektrodentyp taucht meist ein mit AgCl beschichteter Ag-Draht in eine Cl$^-$-Ionen enthaltende Lösung ein (Innenelektrolyt, z. B. 3,5 M KCl). Die elektrisch leitende Verbindung der Referenzelektrode zur Messlösung wird über einen Stromschlüssel (Schliff- oder Keramikdiaphragma) gebildet.

Bei realen Messungen sind neben dem primär nachzuweisenden Ion (z. B. Na$^+$) auch Störionen (z. B. K$^+$) in der Analytlösung vorhanden, die sich negativ auf die Messgröße, also das Elektrodenpotenzial, auswirken können. Dieser Zusammenhang wird über die modifizierte Nernst-Gleichung, die sog. Nikolsky-Eisenmann-Gleichung, berücksichtigt.

18.2.1.2 Potenziometrische Enzymelektroden

Die potenziometrische Enzymelektrode ist – wie die gasselektive Elektrode – eine sekundäre ISE. Diese benutzt als Basissensor eine ISE, z. B. eine pH-Glaselektrode: Auf der pH-sensitiven Glasmembran wird die Enzymschicht immobilisiert (z. B. mittels Dialysemembran; ▶ Abschn. 18.1.2, Immobilisierungsverfahren). Damit lassen sich dann ein oder mehrere Reaktionsprodukte, die aufgrund der katalytischen Reaktion zwischen Enzym und (nachzuweisendem) Substrat in der Analytlösung entstanden sind, nachweisen. ◘ Abb. 18.4 zeigt schematisch eine solche Enzymelektrode zum Nachweis von Penicillin.

Als Enzym fungiert hier die Penicillinase (β-Lactamase), die den β-Lactamring des Penicillins hydrolytisch spaltet. Durch die enzymatische Reaktion entstehen H^+-Ionen, dies führt zu einer Ansäuerung an der Grenzfläche zwischen Enzymschicht und Oberfläche der pH-Glaselektrode. Die Ansäuerung – also eines der Produkte – wird von der pH-Glaselektrode konzentrationsabhängig erfasst. Je mehr Penicillin in der Messlösung ist, umso größer ist die Potenzialdifferenz im Vergleich zum Ausgangszustand (ohne Penicillin).

Neben Penicillin lassen sich eine Vielzahl weiterer Analyte mit potenziometrischen Enzymelektroden detektieren (◘ Tab. 18.1). Hierzu müssen die jeweils dazu passenden Enzyme auf der pH-Glaselektrode immobilisiert werden. Beispielsweise wird im Falle der Harnstoffbestimmung das Enzym Urease eingesetzt. Durch die biokatalytische Reaktion resultiert hier eine pH-Wertverschiebung in Richtung alkalischer pH-Werte, wenn die Harnstoffkonzentration in der Messlösung zunimmt. Gleichzeitig steigt aber auch die Konzentration an Ammonium-Ionen (NH_4^+), sodass auch diese Zunahme bspw. mit einer gasselektiven Ammoniakelektrode gemessen werden kann.

Die Ansprechzeiten von potenziometrischen Enzymsensoren können, abhängig von der Enzymaktivität und der Immobilisierungsmethode, (stark) variieren: sie liegen meist im Bereich von 1–5 min. Der Detektionsbereich liegt üblicherweise zwischen 0,1–10 mM. Die Lebensdauer hängt ebenfalls von der Enzymaktivität, der Art der Immobilisierung sowie von Auswascheffekten ab.

Moderne Chiptechnologien, wie die Silicium-Planartechnologie, ermöglichen die Integration mehrerer potenziometrischer Enzymelektroden auf einem einzigen Sensorchip. Gleichzeitig wird aufgrund der kleineren Fläche der Sensormembranen (im Bereich von Quadratmikrometern) weniger Enzymmenge im Vergleich zu den o. g. ISE benötigt, was mit einer Kostenersparnis einhergeht.

◘ Abb. 18.5b zeigt schematisch den Aufbau eines solchen **Enzym-FET** (Feldeffekttransistor) und das Foto eines prozessierten

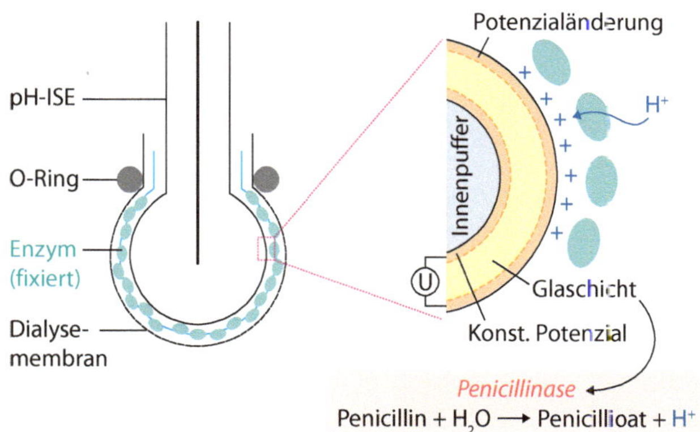

◘ **Abb. 18.4** Enzymelektrode zum Nachweis von Penicillin und Reaktionsprinzip (schematisch)

Sensorchips (■ Abb. 18.5a), der in einen Katheter eingebracht und verkapselt ist.

Beim Enzym-FET (oder EnFET) wird die Raumladungszone im Halbleiterchip zwischen Source und Drain – der Kanal in ■ Abb. 18.5b – durch die am Gate-Isolator SiO_2 anliegende Spannung U_G sowie die Drain-Source-Spannung U_{DS} moduliert. Dieses Verhalten entspricht demjenigen eines herkömmlichen Feldeffekttransistors in der Mikroelektronik, wobei solch ein typischer FET immer aus einem p- oder n-dotierten Halbleiter besteht, in den dann entsprechend zwei entgegengesetzt leitende Bereiche Source und Drain eindiffundiert sind (n- bzw. p-leitend). Wenn sich auf dem Gate-Isolator nun noch eine zusätzliche pH-sensitive Schicht (aus z. B. Ta_2O_5) und darüber noch eine Enzymschicht befindet, kann die aus der enzymatischen Reaktion resultierende pH-Wert-Änderung entsprechend erfasst werden. In diesem Fall entsteht eine zusätzliche Oberflächenspannung, die dann die Raumladungszone zusätzlich moduliert, und zwar abhängig von der Substratkonzentration. Das heißt, man hat letztendlich ein vergleichbares Verhalten wie bei der pH-Glaselektrode. Beispiele hierzu (immobilisierte Enzyme, nachzuweisende Substrate) finden sich in ■ Tab. 18.1 (siehe auch Mulchandani und Rogers 1998; Poghossian et al., in Grimes et al. 2006).

18.2.2 Amperometrie

18.2.2.1 Definitionen

Bei der Amperometrie (als Untergruppe der Voltammetrie) wird eine Spannung an eine elektrochemische Zelle angelegt, um eine Faraday'sche Reaktion (einen Stoffumsatz) zu verursachen und den daraus resultierenden Strom zu messen. Dieser steigt mit zunehmender Analytkonzentration an; als Grundvoraussetzung hierfür muss die nachzuweisende Substanz allerdings elektroaktiv sein.

■ Abb. 18.6 zeigt schematisch den für die Messung erforderlichen Aufbau einer amperometrischen Messkette. Im einfachsten Fall besteht diese aus zwei Elektroden – einer Arbeitselektrode (AE) und einer Gegenelektrode (GE), die über die Messlösung miteinander in Kontakt stehen – sowie einer regelbaren Spannungsquelle (dem Potenziostaten) und einem Strommessgerät (Amperemeter). Häufig verwendete Materialien für

■ **Tab. 18.1** Praktisch nutzbare ISE und EnFET mit immobilisierten Enzymen und nachzuweisenden Substraten (Auswahl); als Sensorsignal wird meistens eine pH-Wert-Änderung nachgewiesen

Analyt	Enzymsystem
Glucose	Glucose-Oxidase Glucose-Dehydrogenase Glucose-Oxidase/ MnO_2-Nanopartikel
Penicillin	Penicillinase Penicillin-G-Acylase
Harnstoff	Urease
Glutamin	Glutaminase
Kreatinin	Kreatinin-Deiminase
Formaldehyd	Alkohol-Oxidase
Acetylcholin	Acetylcholin-Esterase
Maltose	Maltase/Glucose-Dehydrogenase
Saccharose	Invertase/Mutarotase/Glucose-Oxidase Invertase/Glucose-Dehydrogenase
Ascorbinsäure	Peroxidase
Ethanol	Alkohol-Dehydrogenase
Phosphororganische Pestizide	Acetylcholin-Esterase Organophosphat-Hydrolase
Cyanid	Peroxidase
Lactat	Lactat-Oxidase
Inosin	Xanthin-Oxidase
ATP	H^+-Adenosin-Triphosphatase
Cephalosporin C	Cephalosporinase

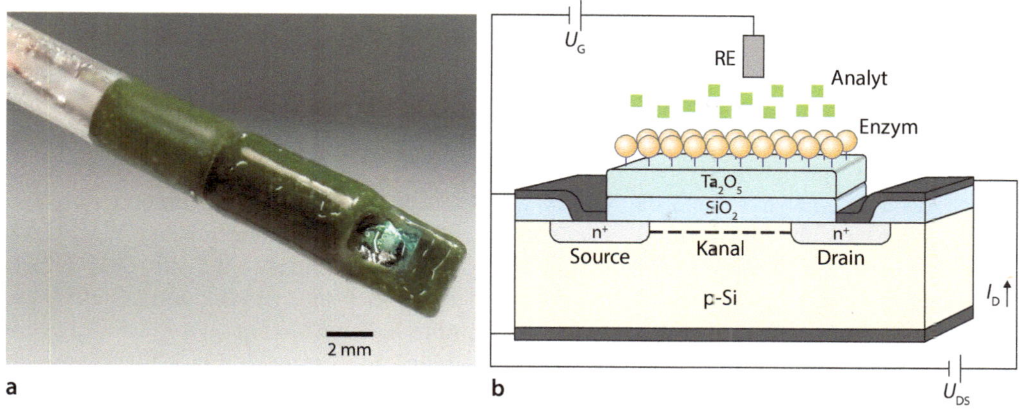

Abb. 18.5 Foto (**a**) und Schema (**b**) eines EnFET (Enzym-Feldeffekttransistor); RE: Referenzelektrode, I_D: Drainstrom, U_G: Gate-Spannung, U_{DS}: Drain-Source-Spannung

Abb. 18.6 Schematische Darstellung einer amperometrischen Messkette, bestehend aus Arbeitselektrode (AE), Messlösung, Gegenelektrode (GE), Potenziostat und Strommessgerät (ox, red: oxidierte bzw. reduzierte Form der elektroaktiven Substanz im Analyten)

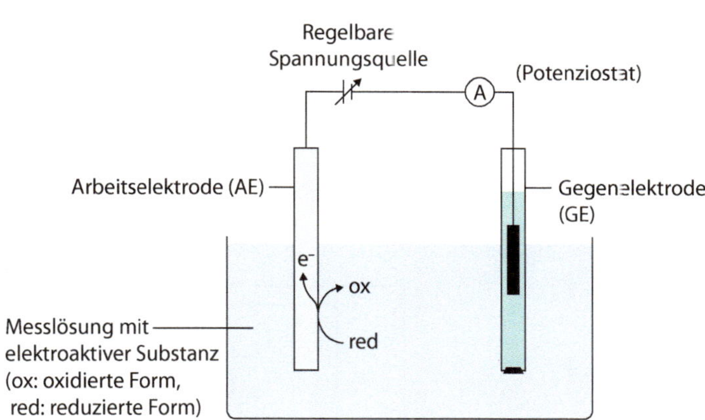

die Arbeitselektrode sind Pt, Au, Ag oder Graphit (Kohlenstoff); die Gegenelektrode ist z. B. eine Ag/AgCl-Referenzelektrode (▶ Abschn. 18.2.1.1).

An der Arbeitselektrode findet die **Elektrodenreaktion** (Oxidation bzw. Reduktion) mit der nachzuweisenden elektroaktiven Substanz im Analyten statt. Damit eine solche Reaktion startet, muss von „außen" ein Energieeintrag in Form einer elektrischen Spannung stattfinden; es wird ein definiertes Potenzial zwischen AE und GE mittels des Potenziostaten angelegt. Letztendlich resultiert daraus ein Ladungstransferprozess am Interface zwischen Arbeitselektrode und Messlösung. Welches Potenzial von außen an die Messzelle angelegt werden muss,

hängt letztendlich von der nachzuweisenden elektroaktiven Komponente ab; die beiden wichtigsten elektroaktiven Moleküle in der Amperometrie sind Sauerstoff (O$_2$) und Wasserstoffperoxid (H$_2$O$_2$). Der Zusammenhang zwischen gemessenem Strom und der Konzentration der nachzuweisenden elektroaktiven Substanz bei einer konstanten (Polarisations-)Spannung wird durch ▶ Gl. 18.4 beschrieben:

$$I_{Diff} = z \cdot F \cdot D \cdot A \cdot \frac{c}{d} \qquad (18.4)$$

mit I_{Diff}: Diffusionsgrenzstrom in A; D: Diffusionskoeffizient cm^2 s^{-1}; A: Fläche der Arbeitselektrode in cm^2; d: Dicke der Diffusionsschicht in cm; z: Anzahl der an der Reaktion beteiligten Elektronen; F: Faraday-Konstante; c: Konzentration des Analyten in mol L^{-1}.

Im Falle des **O_2-Nachweises** mittels **Clark-Elektrode** (◘ Abb. 18.7) diffundiert der Sauerstoff entsprechend seinem Partialdruck aus dem Analyten durch die Membran (z. B. Teflon) in die Messkammer. Die zwischen AE und GE über den Potenziostaten angelegte Spannung beträgt ca. $-600\,mV$; bei diesem Potenzial findet der Redoxvorgang diffusionskontrolliert, d. h. abhängig von der O_2-Konzentration statt: Damit wird die AE zur Kathode und die GE zur Anode. ▶ Gl. 18.5 und ▶ Gl. 18.6 zeigen die auftretenden elektrochemischen Reaktionen:

$$O_2 + 4e^- + 2H_2O \rightarrow 4OH^- \tag{18.5}$$

$$4Ag + 4Cl^- \rightarrow 4AgCl + 4e^- \tag{18.6}$$

Die Sauerstoffmoleküle werden an der Kathode zu Hydroxidionen (OH^-) reduziert und gleichzeitig erfolgt die Oxidation von Silber zu Silberchlorid an der Anode.

Dadurch, dass die Flüssigkeit an der Membran zurückgehalten wird, ist die Erfassung des Sauerstoffpartialdrucks in der Messlösung möglich: Nur die Gasmoleküle können zur Elektrode (Kathode) diffundieren – pro O_2-Molekül sind vier Elektronen an der Reaktion beteiligt. Mit zunehmender O_2-Konzentration steigt dementsprechend I_{Diff}.

Aufgrund ihres Aufbaus als Flüssigelektrolytelektrode (im Inneren), die über eine gasdurchlässige Membran von der Umgebung getrennt ist, kann die Clark-Elektrode auch für den Nachweis von O_2 in der Gasphase eingesetzt werden. Die Vorteile der gasdurchlässigen Membran sind die Reduzierung von Verschmutzungen im Elektrodeninneren, die geringe Beeinflussung durch die Strömungsgeschwindigkeit der Messlösung, die Innenlösung ist optimal auf die AE und die GE abgestimmt und eine Kalibrierung an Luft ist möglich. Der Abstand zwischen Membran und AE stellt eine Diffusionsbarriere dar und sollte deshalb möglichst klein gehalten werden (ca. 5–10 µm).

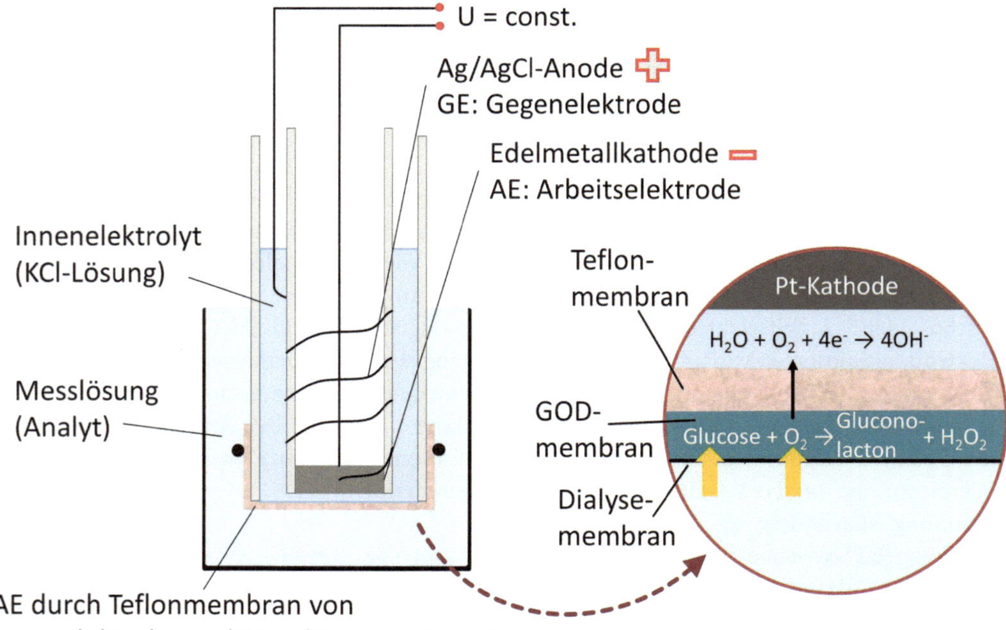

◘ Abb. 18.7 Aufbau einer Sauerstoffelektrode (Clark-Elektrode) mit Teflonmembran und Erweiterung als amperometrische Enzymelektrode (Vergrößerung rechts, schematisch)

Der Vorteil der Amperometrie gegenüber der Potenziometrie ist die lineare Abhängigkeit des Diffusionsgrenzstroms von der Konzentration (im Gegensatz zur logarithmischen Abhängigkeit), d. h. kleinere Konzentrationsänderungen können genauer erfasst werden. Nachteilig ist die Abhängigkeit von der Fläche der Arbeitselektrode: kleine (Mikro-) Arbeitselektroden liefern kleinere Ströme, die dann wiederum über elektronische Schaltungen (möglichst rauscharm) verstärkt werden müssen. Weiterhin müssen die Temperaturabhängigkeit des Diffusionskoeffizienten und der Sauerstofflöslichkeit bei der Messung mitberücksichtigt werden (z. B. durch eine zusätzliche Temperaturkompensation).

Zur Erhöhung der Messgenauigkeit wird in der Praxis häufig mit einer Drei-Elektroden-Messanordnung anstelle der in ◘ Abb. 18.6 gezeigten Zwei-Elektroden-Messanordnung gearbeitet: neben der AE und Ag/AgCl-Referenzelektrode (RE) findet dann noch eine zusätzliche Gegenelektrode aus z. B. Pt oder Au Einsatz (die dann dafür sorgt, dass der Strom über die GE fließt, die RE so immer stromlos bleibt und ein stabiles Bezugspotenzial liefert).

18.2.2.2 Amperometrische Enzymelektroden

Amperometrische Enzymelektroden basieren in der Regel auf dem in ◘ Abb. 18.7 vorgestellten Prinzip der Clark-Elektrode, exemplarisch ausgeführt für die Glucosebestimmung im rechten Teil der Abbildung. Analog zur potenziometrischen Enzymelektrode in ► Abschn. 18.2.1.2 (bei der die Enzymschicht auf z. B. einer pH-sensitiven Glaselektrode immobilisiert wurde), wird hier die Enzymschicht (z. B. GOD: Glucose-Oxidase) an eine O_2-Elektrode gekoppelt. Ein möglicher Ansatz ist es, das Enzym GOD mittels Dialysemembran (physikalische Immobilisierung) auf die gasdurchlässige Teflonmembran zu fixieren. Die GOD kann als Oxidoreduktase Redoxreaktionen katalysieren,

was exakt die Grundvoraussetzung für den amperometrischen Transduktor darstellt.

Ist die Elektrode in Kontakt mit der Messlösung, so diffundieren Glucose und O_2 aus dem Analyten zunächst in die Dialysemembran ein und werden dort entsprechend der Enzym-Substrat-Reaktion katalytisch umgesetzt; die GOD bindet Glucose (in Form von β-D-Glucose) und O_2 und wandelt diese in Gluconolacton und H_2O_2 um. Das bedeutet, je mehr Glucose im Analyten vorhanden ist, umso mehr Gluconolacton und H_2O_2 werden gebildet, aber auch umso mehr O_2 wird bei dieser Reaktion verbraucht. Dieser O_2-Verbrauch, oder präziser, die verbleibende Menge an O_2-Molekülen, die nicht für die katalytische Reaktion benötigt wird, kann dann im nächsten Schritt durch die Teflonmembran hindurch zur Pt-Kathode diffundieren. Dort werden diese dann bei $-600\,mV$ reduziert (► Gl. 18.5). Eine hohe Glucosekonzentration im Analyten hat also zur Folge, dass weniger O_2 an der Clark-Elektrode ankommt und damit der I_{Diff} mit steigender Glucosekonzentration sinkt.

Nachteilig bei diesem Messprinzip ist, dass das Sensorsignal von der Gelöst-O_2-Konzentration in der Messlösung abhängt und der Sensor durch die Teflonmembran relativ träge reagiert, die Ansprechzeit liegt im Minutenbereich.

Eine alternative Vorgehensweise besteht darin, nicht den O_2-Verbrauch (Abnahme), sondern die H_2O_2-Produktion (Zunahme) während dieser Reaktion zu erfassen (◘ Abb. 18.7). Hierzu muss das entsprechende Redoxpotenzial für H_2O_2 eingestellt werden, welches $+600\,mV$ gegenüber der Ag/AgCl-Elektrode beträgt. In dieser Konfiguration ändert sich dann „lediglich" das Vorzeichen des Potenzials, man spricht von der Pt-Anode und Ag/AgCl-Kathode. Die dazugehörige (Oxidations-)Reaktion von H_2O_2 an der Pt-Anode zeigt ► Gl. 18.7 und die Reaktion an der Kathode zeigt ► Gl. 18.8:

$$H_2O_2 \rightarrow O_2 + 2H^+ + 2e^- \qquad \textbf{(18.7)}$$

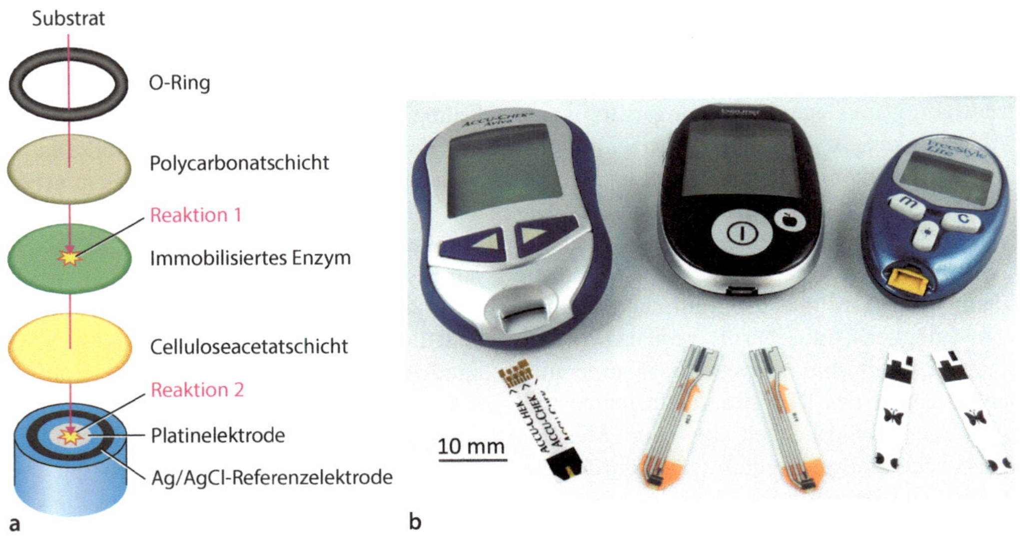

◘ Abb. 18.8 Exemplarischer Aufbau einer Enzymelektrode auf Basis der H_2O_2-Detektion (**a**) und verschiedene Glucose-Messgeräte mit Einweg-Biosensoren, hergestellt mittels Dickschichttechnik (**b**)

$$4H^+ + 4e^- + O_2 \rightarrow 2H_2O \qquad (18.8)$$

Ein Großteil der heutzutage eingesetzten amperometrischen Enzymelektroden mit Oxidoreduktasen macht sich dieses Messprinzip des H_2O_2-Nachweises zunutze: Das Sensorsignal startet mit einem „niedrigen" Grundstrom (wenn keine Glucose in der Messlösung ist und damit kein H_2O_2 gebildet wird) und steigt mit wachsender Glucosekonzentration in der Messlösung stetig an; es resultiert keine Limitierung wie bei der Erfassung des O_2-Verbrauchs (wo bei hohen Glucosekonzentrationen praktisch kein O_2 mehr vorhanden ist).

◘ Abb. 18.8a zeigt als Explosionszeichnung ein Beispiel für den Aufbau eines solchen amperometrischen Enzymsensors auf Basis der H_2O_2-Bestimmung, wie er in der Praxis eingesetzt wird. Die Enzymschicht (GOD) ist mittels eines Crosslinkers (Glutardialdehyd zusammen mit BSA) auf einer Trägerfolie (z. B. aus Polyurethan) zwischen zwei Membranschichten immobilisiert. Die Polycarbonatschicht limitiert die Substratdiffusion zur Enzymschicht (um so z. B. auch noch hohe Substratkonzentrationen im Bioreaktor erfassen zu können) und blockt gleichzeitig

hochmolekulare Substanzen, die die Enzymaktivität negativ beeinflussen könnten. Das nachzuweisende Substrat (hier: Glucose) diffundiert zum Enzym und wird dort umgesetzt (Reaktion 1), es entsteht H_2O_2. Das H_2O_2 diffundiert durch die Celluloseacetatmembran zur Pt-Elektrode und wird dort entsprechend ▸ Gl. 18.7 oxidiert (Reaktion 2), der resultierende Strom ist proportional zur Glucosekonzentration. Die Celluloseacetatmembran ist nur für kleine Moleküle, wie H_2O_2, permeabel und eliminiert somit andere elektroaktive Substanzen (Anti-Interferenz), die die Messung stören könnten. Ein solcher Aufbau wird typischerweise für **elektrochemische Analysatoren** (▸ Abschn. 18.2.3) verwendet, wobei – abhängig von der Stabilität des Enzyms – bis zu etwa 1.000 Messungen möglich sind, bevor die Enzymmembran ausgetauscht werden muss. Die Ansprechzeit der Sensoren liegt bei <1 min.

Eine weitere Möglichkeit, die Substrat- bzw. Produktkonzentration während der enzymatischen Reaktion zu erfassen, besteht in der Möglichkeit, (Redox-)-**Mediatoren** als Hilfsmoleküle zu verwenden. Mediatoren können zwei unterschiedliche Zustände annehmen, sie können in oxidierter und reduzierter Form vorliegen, z. B. die Redox-Paare Ferrocen/Ferricinium und Ferricyanid/Ferrocyanid, die jeweils die oxidierte/reduzierte Form darstellen.

Der Mediator kann die aus der katalytischen Reaktion resultierenden Elektronen vom aktiven Zentrum des Enzyms an die Elektrodenoberfläche transportieren. Er fungiert also anstelle des Sauerstoffs als Elektronenakzeptor und geht vom oxidierten in den reduzierten Zustand über. Nach Erreichen der Elektrodenoberfläche gibt er die Elektronen dann wieder ab und geht dadurch zurück in den oxidierten Ausgangszustand. Das Spiel kann dann immer wieder von Neuem mit dem „Mediator-Shuttle" beginnen. Ein Vorteil ist hier, dass die enzymatische Reaktion nun nicht mehr von der Sauerstoffkonzentration abhängig ist.

Im Gegensatz zu den elektrochemischen Analysatoren werden **Einmal-Enzym-Biosensoren** wie sie z. B. als Teststreifen (◘ Abb. 18.8b) für den Glucosenachweis bei Diabetikern genutzt werden, meist in Dickschichttechnik mittels Siebdruckverfahren *(screen printing)* hergestellt. AE, RE und GE werden als ca. 10–40 μm dicke Paste durch eine Schablone auf dem Trägermaterial (aus z. B. Plastik) abgeschieden und anschließend ausgehärtet (einige 100 °C); danach wird die GOD immobilisiert und die Oberfläche wird noch durch z. B. eine weitere Plastikabdeckung geschützt. Diese lässt nur das Testfeld für die Analytlösung offen. Inzwischen sind solche Einmalsensoren so weit miniaturisierbar, dass Probenvolumina von wenigen 100 nL (!) ausreichen, die Ansprechzeit liegt teilweise nur noch im Bereich von wenigen Sekunden. Die Dickschichttechnologie ermöglicht die Produktion der Sensoren in großen Stückzahlen, mit hoher Reproduzierbarkeit und sehr kostengünstig, auch wenn die niedrigen Herstellungspreise letztendlich nicht beim Verbraucher ankommen.

Analog zu den potenziometrischen werden auch bei amperometrischen Enzymelektroden moderne Chiptechnologien genutzt, um bspw. mehrere Elektroden in Form von **Sensorarrays** auf einem einzigen Sensorchip zu integrieren. Damit ist der simultane Nachweis mehrerer Analyte möglich und/oder gekoppelte Enzymreaktionen lassen sich nachweisen (Bäcker et al. 2013).

Bei solchen Mikroelektroden ist wenigstens eine Dimension immer so klein, dass ihre Eigenschaften (wie z. B. der Massentransport) eine Funktion ihrer Größe werden; in der Praxis liegt der kritische Dimensionsbereich zwischen etwa 0,1 μm und 50 μm. Vorteilhaft bei Mikroelektroden ist das hemisphärische Diffusionsprofil (im Gegensatz zu makroskopischen Elektroden, die im Wesentlichen nur eine planare Diffusion der Analytmoleküle erlauben), d. h. es erreichen pro Zeit- und Flächeneinheit wesentlich mehr elektroaktive Moleküle die Elektrodenoberfläche und können dort umgesetzt werden. Daraus resultiert eine höhere Stromdichte (d. h. Strom pro Einheitsfläche) und damit eine höhere Nachweisempfindlichkeit für niedrige Konzentrationen. In der Literatur werden untere Nachweisgrenzen bis hinab in den Pikomolaren Bereich diskutiert. Den mit solchen Mikroelektroden verknüpften Nachteil, dass der I_{Diff} in ▶ Gl. 18.4 flächenabhängig ist, umgeht man häufig dadurch, dass man eine Vielzahl von Elektroden (bis zu mehrere Tausend) zu Arrays (sog. **Mikroelektroden-Arrays**, MEAs) zusammenschaltet: Die Einzelströme werden dann aufaddiert, sodass der letztendlich erfasste Summenstrom (im Mikroampere-Bereich) wieder in derselben Größenordnung liegt wie bei den ursprünglichen Makroelektroden (Wang 2006).

Amperometrische Enzymsensoren sind gegenwärtig die größte und wichtigste Gruppe unter den Biosensoren. Gängige Beispiele von amperometrischen Enzymelektroden sowie immobilisierten Enzymen bzw. nachzuweisenden Substraten und Produkten finden sich in ◘ Tab. 18.2 und bei Mulchandani und Rogers (1998) und Gründler (2004).

◼ Tab. 18.2 Beispiele von amperometrischen Enzymsensoren sowie den immobilisierten Enzymen bzw. nachzuweisenden Produkten (Auswahl nicht vollständig)

Analyt	Enzymsystem	Produkt
Glucose	Glucose-Oxidase	O_2, H_2O_2
Lactat	Lactat-Monooxygenase	H_2O_2
Cholesterol	Cholesterol-Oxidase	H_2O_2/Ferrocen
Polyphenole	Polyphenol-Oxidase	o-Chinon
Pestizide	Acetylcholin-Esterase	H_2O_2
Glycerol	Glycerol-Oxidase	H_2O_2
Oxalat	Oxalat-Oxidase	O_2, H_2O_2
Ethanol	Alkohol-Oxidase	H_2O_2
Glutamat	Glutamat-Oxidase	O_2, H_2O_2
Lactose	Galactose-Oxidase/Glucose-Oxidase	O_2, H_2O_2
Saccharose	Glucose-Oxidase/Invertase/Mutarotase	O_2, H_2O_2
Galactose	Galactose-Oxidase	O_2, H_2O_2
Glutamin	Glutaminase/Glutamat-Oxidase	O_2, H_2O_2
Cholin	Cholin-Oxidase	O_2, H_2O_2
L-Aminosäure	L-Aminosäure-Oxidase	H_2O_2
Catecholamin	Catechol-Oxidase	H_2O_2

18.2.3 Anwendungsbeispiele

Elektrochemische Enzymsensoren finden vielfältige Anwendung in der klinischen bzw. sportmedizinischen Diagnostik (z. B. bei der Blutglucosemessung für Diabetiker oder der Lactatmessung zur Kontrolle des Fitnesszustandes von Sportlern), der Lebensmitteltechnologie, Pharmaindustrie und Umweltüberwachung, aber auch zunehmend in der Biotechnologie.

Im Bereich der Medizin in klinischen Laboratorien können Stoffwechselprodukte wie Blutzucker, Cholesterin, Lactat oder Harnstoff mittels kommerzieller Biosensoren nachgewiesen werden, die in Analysatoren integriert vorliegen. Der Nachweis von Glucose war eines der ersten Anwendungsgebiete von Biosensoren, und so nutzte der erste kommerzielle Glucoseanalysator von Yellow Spring Instruments das Clark'sche Patent und löste damit einen „Boom" aus: Firmen wie Fuji Electric,

ZWG, Eppendorf zogen unmittelbar nach. In der Zwischenzeit wird die Glucosemessung bei allen namhaften Herstellern von Blutgas-Analysegeräten wie z. B. Siemens, Roche, Radiometer, Instrumentation Laboratory, EKF, Abbott, Nova Biomedical berücksichtigt.

Die zweite (noch größere) Gruppe an enzymatischen Glucose-Biosensoren sind **Einmal-Sensoren** (*disposables*) auf der Basis von Teststreifen. Diese sind als Selbsttests für Diabetiker für die Eigenkontrolle geeignet und werden für die *Point-of-care-* (PoC-) Analytik in Krankenhäusern direkt auf der Station, am Krankenbett oder in Arztpraxen genutzt. Pionier war hier die Firma Medisense (1986) mit dem ExaTech „Glucose Pen". Auf diesem Sektor „überschlägt" sich der Markt inzwischen förmlich, täglich werben neue Firmen mit noch besseren, einfacher zu bedienenden, schnelleren und genaueren Glucosemessern; Marktführer sind hier derzeit die Firmen Roche und Abbott. Nach wie vor deckt die Glucoseerfassung mehr als 80 % des weltweiten Biosensormarkts ab.

Inzwischen ermöglichen moderne PoC-Analysatoren, die häufig chipbasierte Sensorarrays (für den Einmalgebrauch) nutzen, die simultane Bestimmung mehrerer Analyte (▶ Abschn. 18.4.1). In ◘ Tab. 18.3 sind exemplarisch zwei Beispiele der Firmen Abbott und Alere gelistet.

Für die kontinuierliche Prozesskontrolle in der **Biotechnologie** (z. B. zur Steuerung von Fermentationsprozessen) werden Analysensysteme unter dem Einsatz von Enzymbiosensoren zur Bestimmung von z. B. Glucose, Harnstoff, Lactat, Saccharose, Ethanol, Methanol, Kreatinin, Glutamat, Cholesterol und Glycerol angeboten. ◘ Tab. 18.3 zeigt eine Auswahl kommerzieller Multiparametersysteme für biotechnologische Applikationen (Firmen Yellow Spring Instruments, Analox Instruments, TRACE Analytics).

Im Gegensatz zur Medizintechnik ist die Biosensorik im Bereich der Biotechnologie derzeit noch weniger ausgeprägt verbreitet. Dies lässt sich vor allem dadurch erklären, dass die Probenmatrices in der Medizin (Blut, Serum, Speichel, Urin) eindeutiger definiert sind als in der Biotechnologie: Hier findet sich eine Vielzahl von (teilweise zähflüssigen) Proben mit unterschiedlichster Zusammensetzung und interferierenden Substanzen.

Dies stellt immer noch eine Herausforderung an die Biosensorentwicklung dar. Gleichzeitig muss bei elektrochemischen Offline- bzw. On-Line-Analysatoren eine sterile Probennahme gewährleistet sein, damit der Bioprozess selbst nicht kontaminiert wird; darüber hinaus dürfen Matrixeffekte das Biosensorsignal nicht beeinflussen. Im Falle einer In-line-Messung muss sogar der komplette Biosensorchip vollkommen sterilisierbar sein.

Die begrenzte Lagerfähigkeit von Enzym-Biosensoren und die daraus häufig unzureichenden Stabilität der Enzyme stellt immer noch eine der Herausforderungen bei der Kommerzialisierung solcher Sensoren dar. Vor diesem Hintergrund lässt sich auch der überproportionale Einsatz von Einmal-Biosensoren bzw. der Austausch der Biosensoren nach einer bestimmten Anzahl von durchgeführten Messungen erklären.

18.3 Der Blick über den „Tellerrand" – alternative Transduktorprinzipien und Biomoleküle

Optische und massensensitive Transduktorprinzipien stellen eine weitere Möglichkeit zum „Übersetzen" des (bio-)chemischen Eingangssignals in eine physikalisch zugängliche

◘ **Tab. 18.3** Überblick zu gängigen kommerziellen Analysatoren für die Biotechnologie sowie tragbare Geräte für PoC-Anwendungen (exemplarische Auswahl)

Firma	Modell	Analyt	Quelle
Yellow Springs Instrument	Multiparameter Bioanalytical System YSI 7100 MBS	Glucose, Glutamat, Glutamin, Lactat	▶ www.ysi.com
Analox Instruments	Fast Multi-Assay Analyzer GI6	Ethanol, Glucose, Glycerol, Lactat, Methanol, Saccharose, Lactose	▶ www.analox.com
TRACE Analytics	MultiTRACE	Glucose, Lactat, Methanol, Ethanol	▶ www.trace.de
Abbott Point-of-Care Inc.	i-STAT	Glucose, Harnstoff, Lactat, Kreatinin	▶ www.abbottpointof-care.com
Alere GmbH	epoc® Blutgasanalyse-System	Glucose, Kreatinin, Lactat	▶ www.alere.com

Ausgangsgröße dar. Auch wenn deren Verbreitung – gerade im Bereich der enzymbasierten Sensorik – nicht mit den in ▶ Abschn. 18.2 vorgestellten elektrochemischen Transduktorprinzipien Schritt halten kann, so werden nachfolgend dennoch gängige Sensortypen vorgestellt.

18.3.1   Optische Biosensoren

Optische Chemo-/Biosensoren nutzen elektromagnetische Strahlung im infraroten (0,5 mm – 760 nm), sichtbaren (750–400 nm) oder ultravioletten (400–100 nm) Wellenlängenbereich. Dabei wird die Strahlung durch Wechselwirkung mit dem Analyten in ihren optischen Eigenschaften verändert und von einem Detektor erfasst. Optische Größen, die zur Messung dienen können, sind z. B. Absorption, Emission, Fluoreszenz, Reflexion, Brechung, Beugung oder Polarisation. Optische Biosensoren mit Enzymen basieren häufig auf Absorptions- bzw. Fluoreszenzmessungen.

Unter **Absorption** versteht man die Abschwächung von monochromatischem Licht beim Durchtritt durch eine (homogene) Messlösung definierter Schichtdicke im sichtbaren bzw. UV-Bereich. Das Absorptionsverhalten kann sich dabei ändern, wenn das nachzuweisende Analytmolekül mit der Rezeptorschicht reagiert. Der Zusammenhang zwischen Lichtabsorption und Konzentration der nachzuweisenden Substanz wird durch das **Lambert-Beer-Gesetz** in ▶ Gl. 18.9. beschrieben.

$$\text{Abs} = \log\frac{I_0}{I_\text{ein}} = \varepsilon \cdot c \cdot d \qquad (18.9)$$

mit Abs: Absorption, I_0: Intensität des transmittierten (bzw. reflektierten) Lichts in W m^{-2}; I_ein: Intensität des einfallenden (eingestrahlten) Lichts in W m^{-2}; ε: dekadischer molarer Extinktionskoeffizient in L mol^{-1} cm^{-1}; d: Schichtdicke der durchstrahlten Schicht in cm; c: Konzentration der absorbierenden Substanz in mol L^{-1}.

Im Gegensatz dazu bedeutet **Emission** die Ausstrahlung von Licht nach Energieaufnahme aufgrund chemischer (Chemolumineszenz) oder biochemischer (Biolumineszenz) Reaktionen, die durch die Wechselwirkung zwischen Rezeptor- und Analytmolekül zustande kommt; dabei wird die spontane Emission **Fluoreszenz** genannt. Materialien, bei denen Fluoreszenz auftritt, sind Fluorophore, wobei das emittierte Licht immer energieärmer als das zuvor absorbierte Licht ist.

Der „einfachste" optische Sensor, der den physikalischen Effekt der Absorption nutzt, ist der pH-Indikator-Teststreifen: ein Papier- oder Plastikstreifen, der am Ende mit einer Kombination aus unterschiedlichen pH-Farbindikatoren beschichtet ist. Diese ändern ihr Farbverhalten (Absorptionseigenschaften) abhängig vom pH-Wert der Messlösung, in die sie eingetaucht werden. Es erfolgt ein qualitativer Vergleich der Färbung des pH-Indikator-Teststreifens mit einer beiliegenden Farbskala; typische Farbindikatoren sind Lackmus, Bromthymolblau oder Phenolphtalein.

Die technisch verfeinerte Ausführungsform zur genauen (quantitativen) Erfassung der Änderung der Absorptionseigenschaften erfolgt mit einer Optrode (◘ Abb. 18.9).

Der Sensor besteht aus einer Glasfaser (Lichtleiter), an deren Ende (Stirnfläche) eine Rezeptorschicht immobilisiert ist (z. B. in einer porösen Matrix) und über eine Membran in Kontakt zur Messlösung steht. Die Glasfaser besteht aus einem Kern (der das Licht transportiert) und einem Mantel; das Licht wird mittels z. B. eines Lasers über eine entsprechende Optik (Filter, Blende, halbdurchlässiger Spiegel) in das Glasfaserkabel eingekoppelt. Das eingekoppelte Licht wird entlang der Glasfaser bis zur Rezeptorschicht transportiert, dort findet die Wechselwirkung zwischen Analyt und z. B. pH-Indikator-Schicht (Farbindikator) statt – es kommt zu einer Absorptionsänderung. Das rücktransportierte (reflektierte) Licht gelangt über den halbdurchlässigen Spiegel zum Detektor (z. B. ein Absorptionsspektrometer, ein sog. Photometer), der die Intensität wellenlängenabhängig aufzeichnet.

Das Absorptionsspektrum in Abb. 18.9 zeigt, wie sich die relative Absorption (aufgetragen über der Wellenlänge) abhängig vom pH-Wert der Analytlösung ändert. Die Verschiebung der Maxima auf der y-Achse kann bspw. als Sensorsignal kalibriert werden; prinzipiell reicht auch die Auswertung an einer einzigen, definierten Wellenlänge aus.

Während für die pH-Wertbestimmung Farbindikatoren verwendet werden, werden für die O_2-Bestimmung (als zweitem wichtigem Parameter) Fluorophore als Fluoreszenzindikatoren eingesetzt. Hierbei nutzt man die Tatsache aus, dass O_2 die Fluoreszenz solcher Fluorophore löschen kann, man spricht dann vom „Quenching" – je mehr Sauerstoff im Analyten vorhanden ist, umso stärker sinkt das Fluoreszenzsignal ab.

Wird nun zusätzlich in unmittelbarer Nähe der Farb- bzw. Fluoreszenzindikatorschicht eine Enzymmembran immobilisiert (Abb. 18.9, unten rechts), so lässt sich auf diese Art und Weise ein **optischer Enzym-Biosensor (Enzym-Optrode)** aufbauen. Analog zu den in ▶ Abschn. 18.2.1 und ▶ Abschn. 18.2.2 eingeführten elektrochemischen Enzymelektroden (potenziometrisch, amperometrisch) werden auch hier die anhand der biokatalytischen Reaktion generierten Produkte und/oder verbrauchten Ausgangssubstanzen messtechnisch erfasst: Die im Falle der Hydrolasen resultierende pH-Wert-Änderung wird mittels eines Farbindikators nachgewiesen, der Sauerstoffverbrauch im Falle von Oxidoreduktasen wird anhand des Fluoreszenzindikators detektiert. Typische Substrate wie Penicillin, Glucose oder auch Lactat können also sowohl elektrochemisch als auch optisch erfasst werden (Tab. 18.1 und 18.2).

Vorteile solcher optischen Biosensoren sind vor allem, dass durch die Glasfaserkabel lange Distanzen (mehrere hundert Meter) potenzialfrei (z. B. in explosionsgefährdeten Umgebungen) überbrückt werden können. Weiterhin wird keine Referenzelektrode benötigt (die Absorptionsspektren in Abb. 18.9 gehen alle durch den sog. isosbestischen Punkt als Referenzwert). Nachteilig ist allerdings, dass die Trübheit der Analytlösung das Messsignal ver-

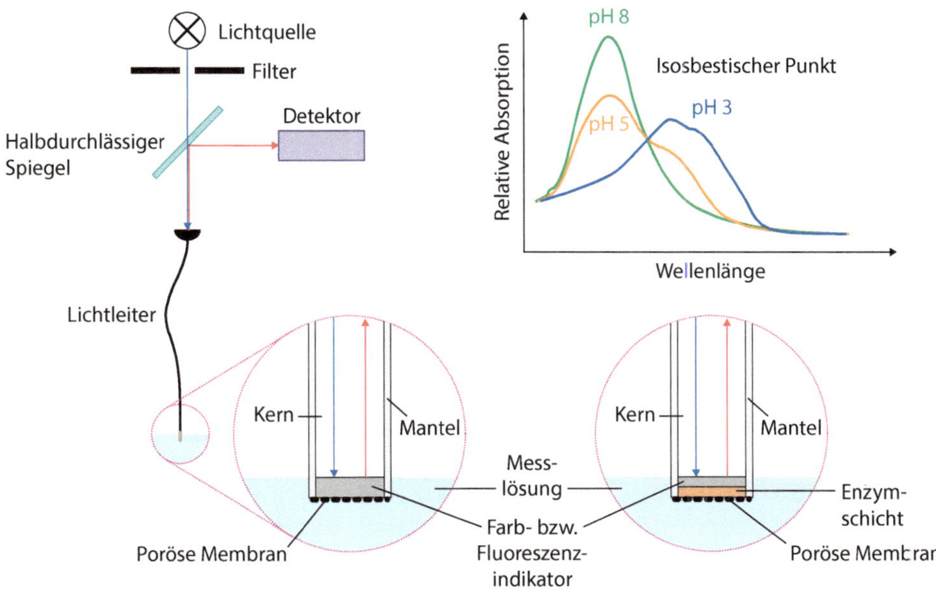

Abb. 18.9 Optischer Chemo-/Biosensor auf Glasfaserbasis mit Rezeptorschicht (Absorptions-, Fluoreszenzindikator) sowie als Ausführungsform mit zusätzlich immobilisierter Enzymmembran; der Graph zeigt als Beispiel die pH-Wert-Änderung im Absorptionsspektrum

fälschen kann und der dynamische Messbereich für Farb- und Fluoreszenzindikatoren (deutlich) kleiner als für elektrochemische Sensoren ist.

Neben optischen Enzym-Biosensoren gewinnen heutzutage ganz andere optische Detektionsprinzipien zunehmend im Bereich der Biosensorik an Bedeutung: **DNA-Chips** – häufig auch als Gen-Sonden, Microarrays oder Biochips tituliert – ermöglichen den Nachweis von bis zu 500.000 genetischen Markern auf einem etwa fingernagelgroßen Sensorchip. Über weitestgehend automatisierte Prozesse wird hierzu ein bestimmtes (kurzes) Teilstück der nachzuweisenden komplementären Einzelstrang-DNA auf der Sensoroberfläche immobilisiert (Fänger-DNA); die in der Analytlösung vorhandene, z. B. fluoreszenzmarkierte Target-DNA (ebenfalls als Einzelstrang vorliegend) kann dann bei erfolgreicher Hybridisierung optisch ausgelesen werden. Typische Anwendungsgebiete sind der Nachweis genetisch bedingter Erkrankungen, Vaterschaftstests, Forensik, Lebensmittel-Überwachung und SNP- *(single nucleotide polymorphism)* Analysen.

Als zweites Beispiel ermöglichen sog. **SPR-Biosensoren** *(surface plasmon resonance)* hochgenaue Untersuchungen zur Kinetik von Bindungsvorgängen zwischen Affinitätspartnern (z. B. Antigen-Antikörper, DNA-DNA, Protein-Protein); die Nachweisempfindlichkeit liegt im Bereich von etwa $1\,\mathrm{pg\,mm^{-2}}$. Solche Empfindlichkeiten sind bspw. beim Nachweis von Infektionskrankheiten (z. B. Milzbrand, Pocken, Pest, Ebola-, Marburg-Viren), bei der Überwachung von Pestiziden in der Landwirtschaft sowie dem Nachweis von Toxinen oder Pathogenen in homogenisierten Nahrungsmitteln notwendig.

18.3.2 Massenempfindliche Biosensoren

Ein massensensitiver Biosensor detektiert die Änderungen der „Massenbeladung" seiner Oberfläche. Man unterscheidet dabei zwei wesentliche Ausführungsformen, die

Quarzkristall-Mikrowaage *(quartz crystal microbalance,* QCM) und den SAW-Sensor *(surface acoustic wave,* SAW).

Quarzkristall-Mikrowaagen werden häufig „Molekülwaagen" genannt. Sie nutzen die piezoelektrischen Eigenschaften von Quarzkristallen aus, denn deren Resonanzfrequenz ist stark davon abhängig, ob sich Moleküle auf ihrer Oberfläche anlagern (oder nicht). In dem Moment, in dem Moleküle auf der Oberfläche eines solchen Schwingquarzes adsorbieren, verändert sich dessen Resonanzfrequenz entsprechend der nachfolgend modifizierten Form der **Sauerbrey-Gleichung** (▶ Gl. 18.10.). Die Schwingung wird durch die Anlagerung gedämpft, und diese Dämpfung nimmt mit steigender Analytkonzentration zu. Werden die Messungen in Flüssigkeiten durchgeführt, so muss zusätzlich noch die Viskosität und Dichte des Mediums berücksichtigt werden.

$$\Delta f = -\left[\sqrt{\frac{\eta_{\mathrm{Fl}} \cdot \rho_{\mathrm{Fl}}}{4\pi f_0}} + 2 \cdot f_0^2 \cdot \frac{1}{\sqrt{\mu_{\mathrm{Q}}} \cdot \sqrt{\rho_{\mathrm{Q}}}} \cdot \frac{\Delta m}{A}\right]$$

(18.10)

mit Δf: Änderung der Resonanzfrequenz in Hz, f_0: Ausgangs- bzw. Resonanzfrequenz in MHz; Δm: Massenänderung in g; A: schwingende Fläche des Quarzes in $\mathrm{cm^2}$; μ_{Q}: Schermodul des Quarzes $\mu_{\mathrm{Q}} = 2{,}947 \times 10^{11}\,\mathrm{g\,cm^{-1}\,s^{-2}}$; ρ_{Q}: Dichte des Quarzes $\rho_{\mathrm{Q}} = 2{,}648\,\mathrm{g\,cm^{-3}}$; η_{Fl}: Viskosität der Flüssigkeit in $\mathrm{N\,s\,m^{-2}}$; ρ_{Fl}: Dichte der Flüssigkeit in $\mathrm{g\,cm^{-3}}$.

◘ Abb. 18.10 (oben) zeigt schematisch den Aufbau eines QCM-Sensors und die dem Prinzip zugrundeliegende **Dickenscher-Schwingung**, die eine Dämpfung (Abnahme) bei der Wechselwirkung zwischen Analyt- und Rezeptormolekül erfährt: Kommerzielle QCM-Sensoren besitzen auf jeder Seite der Quarzscheibe eine mittels Dünnschichttechnik hergestellte Au-Elektrode. Die mit dem Analyten in Kontakt stehende Elektrode wird mit einer Rezeptorschicht funktionalisiert, z. B. einem Antikörper, der mit dem entsprechenden Antigen reagiert. Man kann also den Nachweis in Echtzeit ohne zusätzlichen Marker messtechnisch erfassen. Dies eignet sich besonders für Immunreaktionen (z. B. die

Bindung Biotin/Streptavidin) oder den Nachweis von Biomarkern (z. B. für das Prostataspezifische Antigen). Mit dieser Methode kann aber auch hoch empfindlich die Adsorption von Proteinen, Tensiden, Polymeren, Zellen oder Bakterien an Oberflächen erfasst werden. Die Firma Biolin Scientific bietet bspw. ein solches System (Q-Sense) auf dem Markt an, mit dem u. a. auch Zellen oder Proteine nachgewiesen werden können.

Üblicherweise liegt die Nachweisempfindlichkeit eines QCM-Sensors (f_0 z. B. 10 MHz) bei etwa 400 ng mm^{-2}; dies entspricht (umgerechnet) etwa 0,02 Monolagen Kupfer an Gewichtszunahme! Um Störungen aufgrund unspezifischer Adsorption von Molekülen auf der Sensoroberfläche, elektronischer Schwankungen und der Temperaturabhängigkeit zu minimieren, werden in der Praxis Differenz-Messanordnungen verwendet: Ein Kristallpaar besteht aus zwei Schwingquarzen, von denen einer mit Rezeptorschicht ausgelegt und einer ohne Rezeptorschicht vorliegt.

Wie man aus ▶ Gl. 18.10. erkennt, impliziert eine höhere Resonanzfrequenz auch eine höhere Nachweisempfindlichkeit. SAW-Sensoren nutzen die Ausbreitung akustischer Wellen entlang der (planaren) Oberfläche eines piezoelektrischen Materials. Akustische Oberflächenwellen sind eine spezielle Form physikalischer Volumenschwingungen; aufgrund der geringen Rückstellkräfte an einer freien Oberfläche bleiben sie dort gebunden und können so entlang dieser geführt werden (◘ Abb. 18.10, unten).

Auf dem Chip befinden sich zwei als Interdigitalstrukturen ausgelegte, kammförmige Elektroden (z. B. aus Au), die als Sender (Transmitter) und Empfänger (Receiver) dienen. Werden an die Senderelektroden Radiowellen angelegt, erzeugen diese eine synchrone, mechanische Belastung im Kristall; dies führt zur Ausprägung einer akustischen Oberflächenwelle. Diese Welle breitet sich entlang der Oberfläche des piezoelektrischen Kristalls aus und wird von den Empfängerelektroden aufgenommen; es erfolgt eine Umwandlung der mechanischen Schwingungen in eine elektrische Spannung. Proportional zur Massenbeladung erfolgt wiederum eine Frequenzänderung bzw. die Änderung der Ausbreitungsgeschwindigkeit der akustischen Oberflächenwelle. Bei dieser Anordnung sind höhere Resonanzfrequenzen bis in den GHz-Bereich möglich. Dadurch kann eine höhere Empfindlichkeit erzielt werden, die im Bereich Femtogramm pro Quadratmillimeter liegt und in etwa dem Gewicht einer einzigen *Escherichia-coli*-Zelle entspricht.

18.4 Fazit und Ausblick

Der Einsatz von Enzymen in der Biosensorik als Rezeptormoleküle hat inzwischen eine Historie von mehr als 50 Jahren: Ausgangspunkt

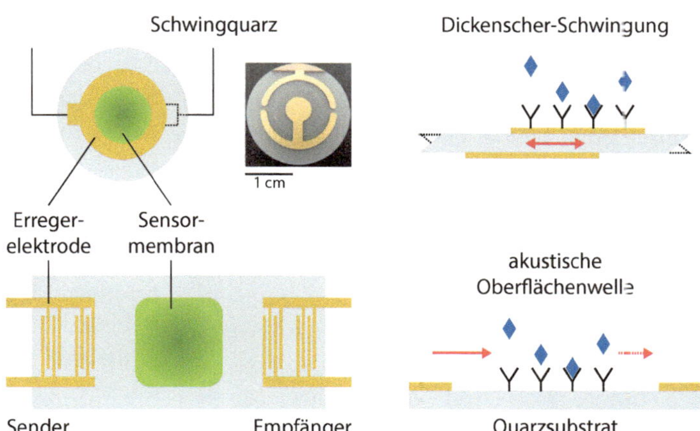

◘ **Abb. 18.10** Schematische Darstellung eines massenempfindlichen Biosensors als Quarz-Mikrowaage (oben) und SAW-Sensor (unten)

war die Idee von Leland C. Clark Jr., der 1962 im Childrens' Hospital in Cincinnati (USA) die nach ihm benannte Sauerstoffelektrode mit dem Enzym GOD kombinierte und somit die Geburtsstunde der Biosensorik einläutete. Seine Idee löste in den letzten Jahrzehnten einen Boom, gerade bzgl. einer Vielzahl unterschiedlicher enzymbasierter Glucose-Biosensoren aus; alleine für den Glucosenachweis wird das derzeit jährliche Marktvolumen auf mehr als 5 Mrd. US$ geschätzt. Auf der anderen Seite wird der Einsatz von enzymbasierten Biosensoren aber auch zunehmend wichtiger, um biotechnologische Prozesse zu überwachen, zu steuern und zu regeln, z. B. während der Fermentation von Mikroorganismen oder Zellen; typische nachzuweisende Parameter sind hier die Konzentrationen von Glucose, Glutamat, Lactat, Ethanol, Methanol, Saccharose, oder Glutamin.

Ein aktueller Entwicklungstrend fokussiert darauf, gerade Biosensoren in die Mess- und Automatisierungstechnik, die bisher im Wesentlichen den physikalischen Messgrößen, wie z. B. Druck oder Temperatur vorbehalten waren, aktiv mit einzubinden (▶ Abschn. 18.4.1). Im Gegensatz dazu befinden sich molekulare Gates mit Enzym-Biosensoren im Bereich des „Biocomputings" noch weitestgehend im Forschungsstadium (▶ Abschn. 18.4.2), mittelfristig gewinnt allerdings auch hier die Anwendungsrelevanz an Bedeutung.

18.4.1 Mikrosysteme

Heutzutage wächst der Bedarf an einfachen und miniaturisierten Sensorsystemen für chemische und biologische Größen: Idealerweise wird ein komplettes analytisches Messlabor in Taschenformatgröße oder sogar auf einem einzigen Chip realisiert. Solche kompletten Mikrosysteme werden häufig als **Lab-on-chip**-System, MEMS *(micro electro mechanical system)* oder µTAS *(micro total analysis system)* deklariert.

▪ Abb. 18.11 zeigt ein solches Mikrosystem, das aus drei wesentlichen Blöcken

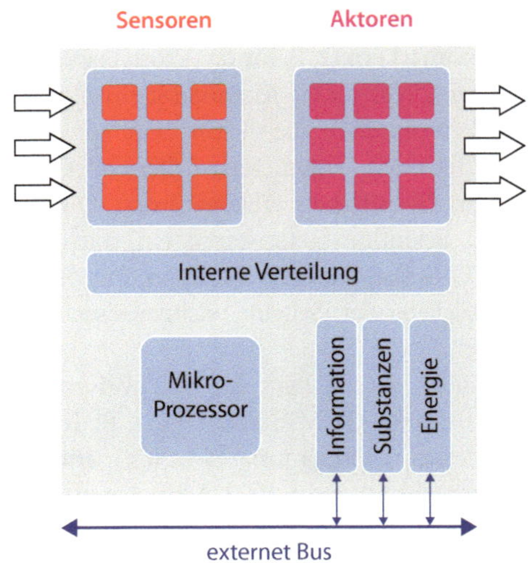

▪ **Abb. 18.11**   Schematischer Aufbau eines Mikrosystems

aufgebaut ist: der Sensorik, der Aktorik (oder Aktuatorik) und der Elektronik. Die Sensorik besteht meist aus einem Array aus vielen Einzelsensoren (z. B. auch aus unterschiedlichen Enzym-Biosensoren), mit denen die entsprechenden chemischen/biologischen Parameter erfasst werden können. Daneben übernimmt die Aktorik alle erforderlichen mechanischen und optischen Funktionen des Mikrosystems: Sie sorgt z. B. dafür, dass die Analytlösung über Mikropumpen, -schalter, oder -ventile zur Sensorik transportiert wird. Aktorik kann darüber hinaus weitere Funktionalitäten wie Mikromotoren, Membranen, Filter, Spiegel oder Ähnliches beinhalten. Der dritte Block, die Elektronik, ermöglicht die Kommunikation zwischen Sensorik und Aktorik und übernimmt die typischen elektrischen/elektronischen Funktionen wie Signalverstärkung, Filterung, A/D-Umsetzung, Signalverarbeitung und Datenausgabe.

Das bekannteste Beispiel eines solchen „Lab-on-chip"-Analysesystems findet insbesondere Einsatz im Bereich der Medizintechnik. Es besteht aus einem Handheld-Gerät, in das eine etwa streichholzschachtelgroße Kartusche eingebracht ist (▪ Abb. 18.12), in der die komplette Sensorik und Aktorik integriert ist.

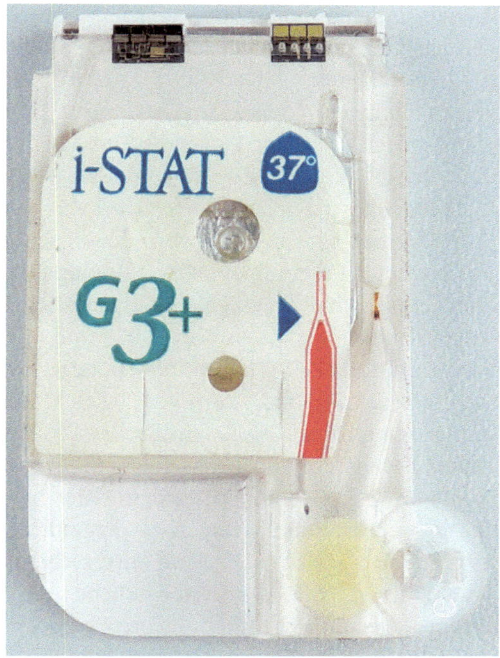

Abb. 18.12 Sensor-Kartusche eines „Lab-on-chip"-Systems, u. a. mit verschiedenen amperometrischen und potenziometrischen Enzymsensoren am oberen Rand (Fa. Abbott) Größe Kartusche: 4,5 cm X 2,8 cm

Der Messvorgang erfolgt weitestgehend vollautomatisiert über einen Druckmechanismus, der die Mikrofluidik aktiviert und die Sensorik über eine zusätzliche Kalibrierlösung in der Kartusche zunächst vorkalibriert, bevor der eigentliche Messvorgang startet. Abhängig vom Kartuschentyp und deren Kombinationen untereinander ermöglicht diese Plattformtechnologie den Nachweis von bis zu 25 Parametern (z. B. pCO_2, pO_2, pH und verschiedene Ionen, Glucose, Harnstoff, Lactat etc.). Gerade der Nachweis von z. B. Glucose, Harnstoff und Lactat erfolgt mit potenziometrischen und amperometrischen Enzymsensoren.

18.4.2 Molekulare Gates mit Enzymsensoren

Biocomputing, d. h. die Darstellung und Umsetzung von logischen Operationen (Boolesche Logik) – wie sie aus der Mikroelektronik

bekannt sind – mithilfe von Biomolekülen wie Proteinen, DNA, Enzymen, Antikörpern etc. eröffnet aufgrund der hohen Spezifität und der Myriaden von Kombinationsmöglichkeiten der Rezeptormoleküle untereinander ungeahnte Möglichkeiten zur Entwicklung neuer Technologien (Katz 2012).

Jüngste Beispiele sind biomolekulare Tastatursperren, Netzwerke basierend auf Immunoreaktionskaskaden, arithmetische Operatoren oder sog. *logic gates* (Addierer, Subtrahierer, AND-, OR-, XOR-, XAND-Schaltungen etc.). Vor dem Hintergrund einer möglichen Anwendung machen solche biomolekularen logischen Elemente allerdings nur dann Sinn, wenn diese entsprechend auch auf Chipniveau integriert werden können: Nur so ist der Informationstransfer zur Mikroelektronik und die entsprechende Datenweiterverarbeitung gewährleistet.

Einen Forschungsschwerpunkt bilden derzeit molekulare Gates mit Enzymsensoren, die bspw. mit den elektrochemischen Transduktoren aus ► Abschn. 18.2 kombiniert werden, z. B. mit miniaturisierten Feldeffektsensoren (Poghossian et al. 2015). Als Beispiel erklärt **⊡** Abb. 18.13 schematisch ein solches AND-Gate: Vier Enzyme (Invertase, Mutarotase, Glucose-Oxidase, Urease) sind gleichzeitig auf dem Sensorchip immobilisiert (linker Teil der Abb.). Diese sind für die Substraterkennung und die logische Weiterverarbeitung verantwortlich. Ist das für das jeweilige Enzym erforderliche Substrat vorhanden, entspricht dies einer logischen „1", falls nicht vorhanden, einer logischen „0". Die Enzymkaskade auf dem Sensorchip wird durch die beiden Eingangssignale Saccharose und O_2 getriggert (mittlerer Teil der Abb.). Wenn beide im Analyten vorhanden sind – dies entspricht der Kombination (1,1) – dann wird Saccharose mittels Invertase zu α-D-Glucose und Fructose katalysiert; im nächsten Schritt wird α-D-Glucose mittels Mutarotase in β-D-Glucose umgewandelt und im letzten Schritt dann β-D-Glucose mittels Glucose-Oxidase zu Gluconsäure (unter O_2-Verbrauch). Die Bildung von

Gluconsäure induziert letztendlich eine pH-Wert-Änderung (pH-Wert sinkt) an der Sensoroberfläche, die erfasst werden kann. Die Reaktionskaskade wird nicht gestartet, wenn nur eine der beiden Eingangsgrößen vorhanden ist: Saccharose ohne O_2 (1,0) oder O_2 ohne Saccharose (0,1); der pH-Wert bleibt in diesem Fall unverändert. Die entsprechende Wahrheitstabelle findet sich unten in ◘ Abb. 18.13. Um das enzymatische Gate wiederum in seinen Ausgangszustand zurück zu versetzen (Reset-Funktion), wird Harnstoff zugegeben: Die katalytische Reaktion mit Urease bewirkt einen Anstieg im pH-Wert zurück zum Startwert (rechts in der Abb.).

Auf diese Art und Weise können komplexe biochemischen Reaktionsabläufe in elektrisch nutzbare Ausgangssignale („0" oder „1") umgesetzt werden, ohne dass alle Einzelprozesse im Detail verfolgt werden müssen: Nur falls alle erforderlichen Eingangssignale vorhanden sind, resultiert ein entsprechendes Ausgangssignal. Ein solcher Chip sollte die Fähigkeit besitzen, simultan und in „Echtzeit", idealerweise vollautomatisch, biochemisch induzierte Signaländerungen (Analytkonzentration) als Eingangssignal zu erkennen, zu analysieren und im nächsten Schritt in elektronische Ausgangssignale umzuwandeln, indem jede einzelne Sensoreinheit die zugehörige logische Operation (OR, AND etc.) durchführt. Mittels der durchgeführten logischen Operation kann dann gezielt die Aktorik adressiert und stimuliert werden (z. B. die Zugabe einer Substanz).

Mögliche Einsatzgebiete liegen im Bereich der Diagnostik von Krankheiten (z. B. zur Erkennung von Biomarkern), die entsprechend einem mathematischen Algorithmus aus logischen „0" und „1" ein resultierendes Muster bilden, das mit dem Krankheitsbild korreliert. Solch ein programmierbarer „diagnostischer Chip" würde, eingesetzt im menschlichen Körper, auf Stoffwechselveränderungen mit der Sensorik selbstständig reagieren, Krankheitssymptome diagnostizieren und entsprechende Maßnahmen (z. B. eine erforderliche Medikation) anhand der systemintegrierten Aktorik zeitnah dosieren. Dies könnte individuell, entsprechend einer maßgeschneiderten „personalisierten Medizin" erfolgen. Umgekehrt wäre der Einsatz eines solch intelligenten Sensorchips im Bereich der Biotechnologie ebenfalls denkbar, gerade wenn es darum geht, komplexe Vorgänge, wie z. B. in Biogasprozessen, besser beurteilen und bewerten zu können; viele biochemischen Reaktionen in

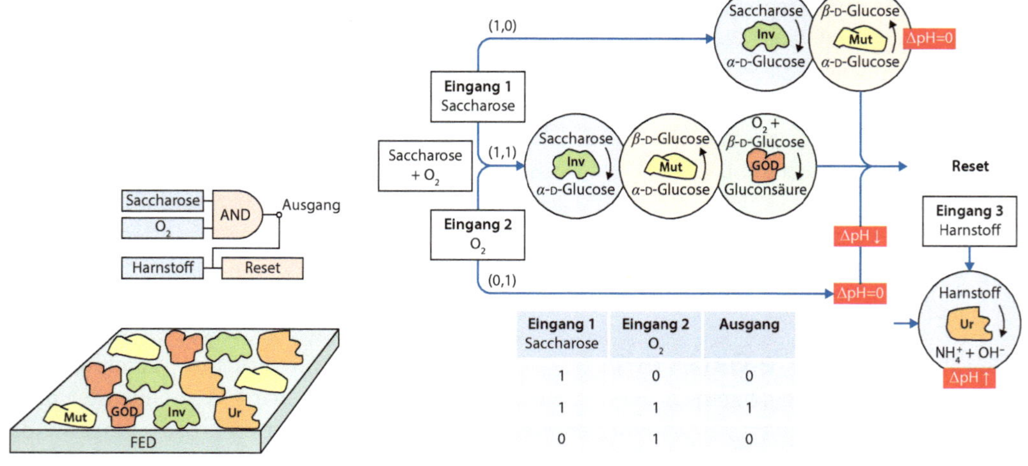

Eingang 1 Saccharose	Eingang 2 O₂	Ausgang
1	0	0
1	1	1
0	1	0

◘ **Abb. 18.13** Beispiel eines molekularen Gate mit Enzym-Biosensoren (Mut: Mutarotase, GOD: Glucose-Oxidase, Inv: Invertase, Ur: Urease, FED: *field-effect device*)

lebenden Zellen werden durch die Anwesenheit der entsprechenden Enzyme katalysiert.

Danksagung Die Autoren danken H. Iken für die Unterstützung bei der Anfertigung der Abbildungen.

Literatur

Bäcker M, Rakowski D, Poghossian A, Biselli M, Wagner P, Schöning MJ (2013) Chip-based amperometric enzyme sensor system for monitoring of bioprocesses by flow-injection analysis. J. Biotechnol. 163: 371–376

Bard AJ, Faulkner RL (2001) Electrochemical Methods: Fundamentals and Applications. Wiley, Weinheim

Grimes CA, Dickey EC, Pishko MV (Eds.) (2006) Encyclopedia of Sensors (Article: Poghossian A, Schöning MJ, Silicon-based chemical and biological field-effect sensors)

Gründler P (2004) Chemische Sensoren: Eine Einführung für Naturwissenschaftler und Ingenieure. Springer, Heidelberg

Katz E (2012) Biomolecular Information Processing: From Logic Systems to Smart Sensors and Actuators. Wiley, Weinheim

Mulchandani A, Rogers K (Eds.) (1998) Enzyme and Microbial Biosensors. Humana Press, New York

Poghossian A, Katz E, Schöning MJ (2015) Enzyme logic AND-Reset and OR-Reset gates based on a field-effect electronic transducer modified with multi-enzyme membrane. Chem. Commun. 51: 6564-6567

Schirhagl R (2014) Bioapplications for molecularly imprinted polymers. Anal. Chem. 86: 250–261

Thevenot DR, Toth K, Durst RA, Wilson GS (1999) Electrochemical biosensors: recommended definitions and classifications. Pure. Appl. Chem. 71 (12): 2333-2348

Wang J (2006) Analytical Chemistry, 3rd Edition. Wiley-VCH, Weinheim

Wollenberger U, Renneberg R, Bier FF, Scheller FW (2003) Analytische Biochemie. Wiley-VCH, Weinheim

Therapeutische Enzyme

Christoph Syldatk

Zusammenfassung

Enzyme können therapeutisch sowohl äußerlich, oral als auch intravenös angewendet oder sogar inhaliert werden. Neben der seit Langem etablierten Applikation von tierischen, pflanzlichen und mikrobiellen Enzymen zur Ernährungsunterstützung, gewinnt ihr meist unterstützender therapeutischer Einsatz bei Infektions- und Krebserkrankungen, in Zusammenhang mit Blutgerinnung und bei verschiedenen seltenen genetisch verursachten Stoffwechselerkrankungen, zunehmend an Bedeutung. Im Gegensatz zu vielen Medikamenten zeigen Enzyme dabei in der Regel wenige bzw. keine Nebenwirkungen, andererseits stellt eine intravenöse Anwendung jedoch sehr hohe Anforderungen an ihre Reinheit und Qualität, um z. B. allergene Reaktionen zu vermeiden. Klassische Herstellungsverfahren für Enzyme humanen Ursprungs zum intravenösen Einsatz gehen bei deren Isolierung aus von menschlichem Urin oder von Blutplasma, moderne Verfahren arbeiten bei der Herstellung mit tierischen Zellkulturen. Durch eine PEGylierung von therapeutischen Enzymen kann Einfluss genommen werden auf deren Löslichkeit, Immunogenität und Pharmakokinetik, z. B. durch Reduktion der Proteolyse und Erhöhung der Stabilität im Serum. Entsprechend modifizierte therapeutische Enzyme werden mit dem Namenszusatz „Peg-" versehen (z. B. „Pegasparagase").

Während eine Reihe von tierischen, pflanzlichen und Pilzenzymen schon seit Langem oral zur Ernährungsunterstützung eingesetzt wird (O´Connell 2006), gewinnt der meist unterstützende therapeutische Einsatz von Enzymen bei Infektions- und Krebserkrankungen, in Zusammenhang mit Blutgerinnung und bei verschiedenen seltenen genetisch verursachten Stoffwechselerkrankungen zunehmend an Bedeutung (Abb. 19.1). Bei allen Anwendungen nutzt man dabei die hohe Regio-, Substrat- und Reaktionsspezifität der verwendeten Enzyme und die Eigenschaft, dass sie in der Regel nicht toxisch und biologisch gut abbaubar sind. Im Gegensatz zu vielen Medikamenten zeigen Enzyme in der Regel bei einem therapeutischen Einsatz auch wenige bzw. keine Nebenwirkungen, wobei andererseits jedoch vor allem bei intravenösen Anwendungen

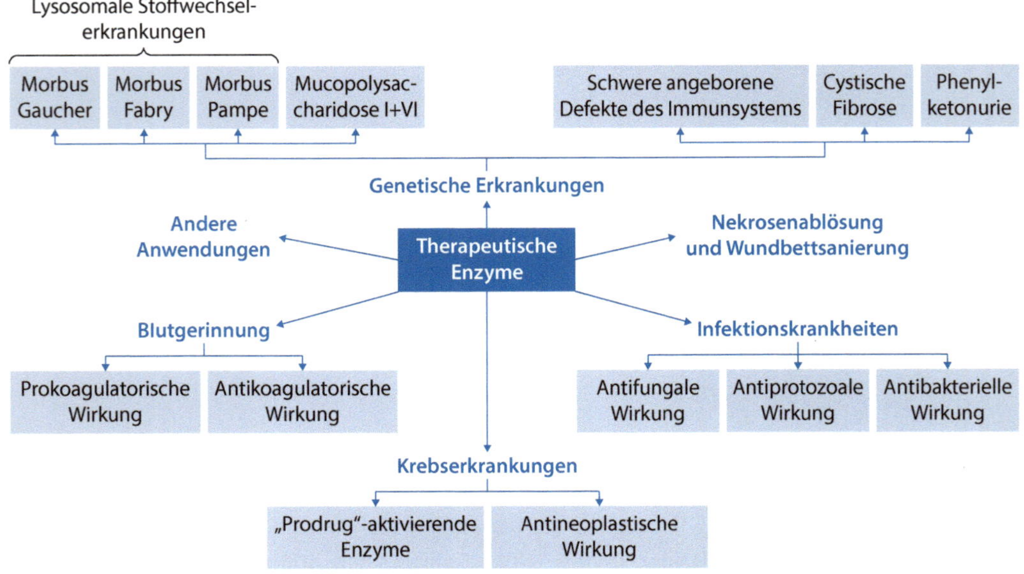

 Abb. 19.1   Therapeutischer Einsatz von Enzymen bei der Behandlung von Krankheiten. (Nach Vellard 2003)

sehr hohe Anforderungen an ihre Reinheit und Qualität zu stellen sind.

Enzyme können therapeutisch sowohl äußerlich, oral als auch intravenös angewendet oder sogar inhaliert werden. ◘ Tab. 19.1 gibt einen Überblick über die wichtigsten therapeutisch eingesetzten Enzyme und ihre Applikationen (Shanley und Walsh 2006).

Etablierte äußerliche Anwendungen von Enzymen zur Therapie sind die Bekämpfung von bakteriellen oder Pilzinfektionen durch den Zusatz von Lysozym zu Augentropfen bei der Behandlung von Bindehautentzündungen oder von Chitinasen zu Cremes und Salben zur äußeren Behandlung von Pilzerkrankungen.

Beispiele für orale Anwendungen von Enzymen sind die Unterstützung von Verdauungsfunktionen zu einem verbesserten Abbau von Fetten, Eiweißen und Stärke durch Aufnahme tierischer oder pflanzlicher Enzymen wie z. B. in Wein gelöstem Pepsin oder Bromelain aus Ananas, die Lactosespaltung in Milchprodukten bei Lactoseunverträglichkeit mit ß-Galactosidase oder die enzymatische Saccharosespaltung, die bei angeborener Sucrase-Isomaltase-Mangelerkrankung (*congenital sucrase-isomaltase-deficiency*, CSID) von Bedeutung ist.

Eine wichtige medizinische Bedeutung hat die orale Anwendung rekombinanter Phenylalanin-Ammonium-Lyase (PAL) aus Hefe zum Phenylalaninabbau bei der erblichen Erkrankung Phenylketonurie (Vellard 2003).

Beispiele für intravenöse Anwendungen sind der Einsatz der Urokinase bei der Behandlung von Herzinfarkten, Lungenembolien und sonstigen thrombotischen Gefäßverschlüssen, von Thrombin als wichtigem Enzym bei der Blutgerinnung und von Asparaginase bei der Behandlung von akuter lymphatischer Leukämie (ALL).

Daneben gibt es seit Mitte der 1980er-Jahre eine zunehmende Zahl weiterer Enzyme, die

◘ Tab. 19.1 Übersicht über therapeutisch eingesetzte Enzyme (nach Shanley und Walsh 2006)

Enzym	Therapeutische Verwendung
Gewebe-Plasminogen-Aktivator (tissuePA)	Verwendung als thrombolytisches Agens
Urokinase	Verwendung als thrombolytisches Agens
(Aktiviertes) Protein C	Behandlung von schwerer Sepsis
DNase	Behandlung von Cystischer Fibrose
Glucocerebrosidase	Behandlung von Morbus Gaucher
α-Galactosidase	Behandlung von Morbus Fabry
Harnsäureoxidase	Behandlung von Hyperurikämie
Asparaginase	Behandlung von Krebs, hauptsächlich von kindlicher Leukämie
Faktor VIIa	Verwendung bei Hämophilie
Faktor IX (Protease-Zymogen)	Verwendung bei Hämophilie
α-Iduronidase	Behandlung von Mucopolysaccharidose I (MPS I)
Hyaluronidase	Verwendung bei der Behandlung von Herzinfarkten, in der Krebstherapie und bei Augenoperationen
Superoxid-Dismutase	Abbau von Sauerstoffradikalen, Verwendung als Entzündungshemmer
Verschiedene Proteasen, u. a. Papain, Kollagenase und Trypsin	Verwendung zur Nekrosenablösung und Wundbettsanierung

bei der Behandlung seltener Erkrankungen eingesetzt werden (◙ Tab. 19.3). Diese werden zu den sog. *orphan drugs* gezählt und betreffen definitionsgemäß Erkrankungen, von denen jeweils weniger als 200.000 Patienten betroffen sind. (◙ Abb. 19.1 und ◙ Tab. 19.3).

Zur Behandlung von Cystischer Fibrose (CF) gibt es inzwischen als Spray verabreichbare und inhalierbare DNase-Enzympräparate, die bei den betroffenen Patienten den Schleimabbau in der Lunge unterstützen sollen (Vellard 2003).

19.1 Äußerliche Anwendungen therapeutischer Enzyme

Das bekannteste Enzym zur äußerlichen Anwendung bei Patienten ist Lysozym. Dieses wird in gelöster Form therapeutisch in Augentropfen eingesetzt, ebenso auch oral als Kau- oder Lutschtablette zur unterstützenden Behandlung bakteriell verursachter eitriger Halsentzündungen (Angina).

Lysozym, auch Muramidase genannt, ist mit 14,3 kDa und 129 Aminosäuren ein vergleichbar kleines Enzym, das die bakterielle Zellwand angreift und die darin vorkommenden β-1,4-glykosidischen Bindungen zwischen *N*-Acetylmuraminsäure- und *N*-Acetylglucosaminresten im Peptidoglykangerüst spaltet.

Lysozyme kommen bereits natürlicherweise als Teil des angeborenen Immunsystems bei Tieren vor und finden sich auch beim Menschen in der Tränenflüssigkeit. Neben den sog. „Defensinen" schützt Lysozym die Bindehaut des Auges vor Bakterien, weswegen Defizite zu Bindehautentzündungen führen können.

Lysozyme werden auch in Pflanzen, Pilzen, Bakterien und bei Bakteriophagen gefunden. Industriell werden geschätzt mehr als 100 t Lysozym im Jahr hauptsächlich aus dem Eiweiß von Hühnereiern gewonnen und durch Gefriertrocknung aufgearbeitet. Alternativ kann Lysozym auch durch Fermentation

mit dem Bakterienstamm *Streptomyces coelicolor* in größeren Mengen hergestellt werden (Vellard 2003).

Auch in der Lebensmittelindustrie findet Lysozym Verwendung zu Konservierungszwecken. Als Konservierungsmittel ist es in der EU als Lebensmittelzusatzstoff unter der Nummer E 1105 für gereiften Käse und außerhalb Deutschlands auch zur Konservierung von Bier zugelassen. Bei der Käseherstellung wird dadurch die durch Clostridien verursachte Rissbildung in der Käsekrume (sog. „Spätblähung") verhindert.

Ebenfalls etabliert zur äußerlichen Anwendung bei Patienten sind Chitinase-haltige Cremes und Salben, die zur Therapie von Pilzerkrankungen eingesetzt werden können. Die Zellwände vieler Hauterkrankungen verursachender Pilze, sog. Dermatophyten, bestehen aus Chitin, einem Polymer aus *N*-Acetyl-1,4-β-D-Glucopyranosamin-Einheiten. Chitinasen (und auch einige der oben genannten Lysozyme) sind dazu in der Lage, die darin enthaltenen β-1,4-glykosidischen Bindungen zu spalten, sie sind in der Natur weit verbreitet. Auch Säugetiere und Pflanzen verfügen zur Erregerabwehr bereits natürlicherweise über Chitinasen, bei Fischen und Insektenfressern dienen diese auch zur Verdauung der Insektenzellwände. Zur Herstellung ist die rekombinante Produktion von Chitinasen bereits seit Langem etabliert.

Weiter werden auch Untersuchungen zum äußerlichen Einsatz von Enzymcocktails zur Ablösung nekrotischer Haut nach Verbrennungen und zur Wundbettsanierung in der Literatur beschrieben (Shanley und Walsh 2006).

19.2 Orale Anwendungen von Enzymen

In ◙ Tab. 19.2 ist eine Reihe von Enzymen aufgeführt, die oral zur Ernährungsunterstützung eingesetzt werden (O´Connell 2006).

◘ Tab. 19.2 Enzyme zur Ernährungsunterstützung (nach O´Connell 2006)

Enzym	Substrat
Amylase	Kohlenhydrate, Stärke
Cellulase	Cellulose
Invertase	Saccharose
α-Galactosidase	α-Galactoside
Papain, Pepsin, Bromelain	Proteine
Superoxid-Dismutase	Superoxid
Lactase	Lactose
Pancreatin	Fette, Kohlenhydrate und Proteine

Da diese Enzyme von den Patienten oral entweder in flüssiger Form (Pepsinwein) oder als Tablette oder Kapsel aufgenommen werden, sollten sie selbst den an Lebensmitteln gestellten Anforderungen genügen. Eine Reihe von Enzymen ist daher tierischen Ursprungs wie das Verdauungsenzym Pepsin aus dem Magensaft oder Pancreatin aus der Bauchspeicheldrüse von Rindern oder Schweinen. Andere Enzyme stammen aus Pflanzen wie die Proteasen Papain aus dem Milchsaft des Melonenbaums (Papaya) oder Bromelain aus dem Fruchtfleisch der Ananas.

Verwendet man entsprechende mikrobielle Enzyme, so sollten diese von GRAS- *(generally regarded as safe)* Organismen stammen (▶ Kap. 9). α-Galactosidasen stammen z. B. von den im Lebensmittelbereich verwendeten Mikroorganismen *Lactobacillus acidophilus* oder *Aspergillus oryzae*.

In allen Fällen ist zu beachten, dass die Enzyme nicht toxisch und nicht allergen sein sollten. Nach der Herstellung sollte das jeweilige Enzym zudem in der notwendigen Menge so portioniert werden, dass es durch den Patienten in einfacher Weise selbst aufgenommen werden kann. Enzyme, die ihre Wirkung nicht im Magen, sondern erst im Darm entfalten sollen, müssen entsprechend stabilisiert oder verkapselt werden.

19.3 Intravenöse Anwendungen therapeutischer Enzyme

Sollen Enzyme intravenös eingesetzt werden, sind hohe Anforderungen an ihre Reinheit zu stellen, um allergene Reaktionen zu vermeiden. Klassische Herstellungsverfahren gehen bei der Isolierung entsprechender Enzyme daher häufig von menschlichem Urin oder von Blutplasma aus, moderne Verfahren arbeiten bei der Herstellung mit tierischen Zellkulturen. Die anschließende Reinigung beinhaltet in der Regel eine Vielzahl von Arbeitsschritten (▶ Kap. 10). In allen Fällen ist außerdem eine Virusinaktivierung zu beachten.

Seit dem Jahr 2000 wird sehr häufig eine Derivatisierung bei intravenös verwendeten therapeutischen Enzyme mit Polyethylenglykolen unterschiedlicher Kettenlängen durchgeführt, um in den Patienten mögliche allergene Reaktionen zu minimieren und die Pharmakokinetik positiv zu beeinflussen.

Die momentan am häufigsten verwendeten, intravenös applizierten therapeutischen Enzyme sind die Urokinase, Thrombin und die Asparaginase.

19.3.1 Urokinase

Urokinase oder Urokinase-Typ-Plasminogen-Aktivator (abgekürzt uPA) ist ein Enzym aus der Gruppe der Peptidasen (auch Proteasen), das unterstützend bei der Behandlung von Herzinfarkten, Lungenembolien und weiteren thrombotischen Gefäßverschlüsse sowie zur Therapie und Prophylaxe von thrombotischen Katheterverschlüssen eingesetzt werden kann.

Urokinase wurde erstmals in humanem Urin nachgewiesen und als Protease beschrieben. Physiologisch zirkuliert dieses Enzym im Blutstrom und setzt dabei Plasminogen zu Plasmin um, einer Serinproteinase, die im Plasma verschiedene Proteine und insbesondere Fibringerinnsel auflöst, ein Vorgang, der als Fibrinolyse bezeichnet wird.

Zur Herstellung wird Urokinase aus humanem Urin durch fraktionierte Fällung mit Ammoniumsulfat sowie weitere Chromatographieschritte wie Gelfiltration und Affinitätschromatographie gewonnen. Ziel ist es, eine Enzymfraktion mit dem vorgeschriebenen Molekulargewicht zu gewinnen.

Urokinasepräparate aus menschlichem Urin könnten jedoch durch pathogene Viren verunreinigt sein. Deshalb wird Urokinase 8–12 Stunden auf 50–70 °C erhitzt, um Viren zu inaktivieren. Um dabei eine Denaturierung zu verhindern, werden Wärmestabilisatoren wie z. B. Glykokoll, Lysin, Arginin, Saccharose, Mannit, Natriumchlorid, Albumin und Gelatine zugesetzt. Alternative Herstellungsverfahren ermöglichen inzwischen auch die rekombinante Produktion mit Zellkulturen oder mit *Escherichia coli*.

19.3.2 Thrombin

Thrombin (Faktor IIa) ist als Blutgerinnungsfaktor das wichtigste Enzym der Blutgerinnung bei Wirbeltieren. Thrombin gehört zu der Gruppe der Serinproteasen und spaltet Fibrinogen zu Fibrin und den Fibrinopeptiden. Außerdem aktiviert es bei der Blutgerinnung die Blutgerinnungsfaktoren V, VIII, XIII. Zusammen mit Thrombomodulin bzw. Protein C spielt es auch eine wichtige Rolle bei Entzündungen und bei der Wundheilung.

Thrombin wird in der Leber gebildet und findet sich als inaktive Vorstufe bzw. Präkursor mit der Bezeichnung „Prothrombin" kontinuierlich im Blutplasma. Genetische Defekte bei der Synthese können hier zu einem Mangel und zu einem erhöhten Schlaganfallrisiko führen.

Die Herstellung von Thrombin erfolgt aus Prothrombin-haltigen Plasmafraktionen. Auch hier muss wiederum eine Virusinaktivierung erfolgen, was bei Zusatz hitzestabilisierender Agentien geschieht.

Bei Heparin aus Schweinedarm oder Rinderlunge und Hirudin aus dem Blutegel handelt es sich nicht um Enzyme, sondern um therapeutisch als Thrombininhibitoren verwendete Proteine, die die Blutgerinnung hemmen. Beide Verbindungen werden inzwischen rekombinant hergestellt.

19.3.3 Asparaginase und Pegasparagase

Asparaginasen (L-Asparagin-Amidohydrolasen) sind Enzyme, die die Hydrolyse von Asparagin zu Asparaginsäure katalysieren und so eine Möglichkeit zum Abbau von Asparagin darstellen. Asparaginasen kommen in allen Lebewesen vor, in großen Mengen werden sie im Serum von Meerschweinchen sowie in der Leber mehrerer Wirbeltierarten gefunden, außerdem in Pilzen und mehreren Bakterienstämmen. Im Menschen wird Asparaginase im Gehirn, den Nieren, Hoden und im Darm exprimiert.

Therapeutisch wird Asparaginase in PEGylierter Form (▶ Abschn. 19.3.5) als sog. Pegaspargase zur Behandlung von akuter lymphatischer Leukämie (ALL) und Subtypen des Non-Hodgkin-Lymphoms eingesetzt und als Arzneistoff daher zur Gruppe der Cytostatika gezählt.

Gesunde Zellen sind dazu befähigt, eigenes Asparagin herzustellen. Leukämische Zellen (Lymphoblasten) bei akuter lymphatischer Leukämie (ALL) können dies jedoch nicht mehr und sind abhängig von dem im Blut zirkulierenden Asparagin. Setzt man nun Asparaginase zu, katalysiert diese die Spaltung von Asparagin zu Asparaginsäure und Ammonium und sorgt so für eine niedrige Asparaginkonzentration im Blut. Die leukämischen Zellen bekommen auf diese Weise nicht mehr genügend Asparagin und können sich nicht mehr teilen.

Asparaginase wird rekombinant mit Bakterien produziert, vor allem mit *Escherichia coli*. Zur therapeutischen Anwendung wird sie PEGyliert, was zum Namen „Pegaspargase" geführt hat. Ziel dabei ist, die Stabilität des Enzyms im Serum deutlich zu erhöhen.

19.3.4 Therapeutische Enzyme zur Behandlung seltener Erkrankungen

Die Möglichkeit zur rekombinanten Herstellung von Peptiden, Proteinen und Enzymen, die normalerweise nur in sehr geringen Konzentrationen vorliegen und deren Gewinnung aus natürlichen Quellen daher sehr aufwendig wäre, hat dazu geführt, dass es neben den oben genannten häufig noch konventionell gewonnenen therapeutischen Enzymen seit Mitte der 1980er-Jahre auch eine zunehmende Zahl weiterer Enzyme gibt, die zur unterstützenden Behandlung seltener Erkrankungen eingesetzt werden. Beispiele dafür sind „Morbus Gaucher", „Morbus Fabry", „Morbus Pompe" oder Mucopolysaccharidose MPS I und MPS IV. Dabei handelt es sich um genetisch z. T. nur durch eine einzige Punktmutation verursachte lysosomale Stoffwechselerkrankungen. Durch den Ausfall eines bestimmten Enzyms kommt es zu Störungen im Fett- oder Kohlenhydratstoffwechsel und in der Folge zur Anreicherung von toxischen Metaboliten, die dann z. T. erst nach einem langen Zeitraum schwere Nerven- oder Muskelerkrankungen verursachen. Eine Möglichkeit zur unterstützenden Therapie dieser Erkrankungen ist die gezielte Verabreichung der fehlenden Enzyme. Beispiele dafür sind in ◘ Tab. 19.3 zusammengefasst. Die entsprechenden Enzyme werden rekombinant hergestellt und vor ihrer therapeutischen Anwendung häufig ebenfalls PEGyliert. Da es sich um seltene Erkrankungen handelt, von denen weltweit jeweils weniger als 200.000 Patienten betroffen sind, werden diese Enzyme zur Gruppe der sog. *orphan drugs* gezählt.

19.3.5 Die PEGylierung von Proteinen

Der Begriff PEGylierung beschreibt allgemein eine erstmals in den 1970er-Jahren entwickelte Methode zur Modifikation von Biomolekülen durch kovalente Konjugation mit Polyethylenglykol (PEG) unterschiedlicher Molmassen. Bei Polyethylenglykol handelt es sich um ein nicht toxisches und nicht immunogenes Polymer. Setzt man dieses zur Derivatisierung von Biomolekülen ein, kann man neben der Änderung der Molmasse (z. B. zur Möglichkeit der Membranrückhaltung des Coenzyms PEG-Nictionamidadenindinucleotid, PEG-NAD, nach Derivatisierung) auch wichtige physikalische und chemische Eigenschaften wie die Konformation, die Oberflächenladung, die elektrostatischen Eigenschaften und die Hydrophobizität gezielt beeinflussen. Bei Biopharmazeutika möchte man durch eine PEGylierung in der Regel Einfluss nehmen auf deren Löslichkeit, Immunogenität und Pharmakokinetik z. B. durch Reduktion der Proteolyse und Erhöhung der Stabilität im Serum. Seit den 1990er-Jahren ist diese Technik auch zugelassen zur Derivatisierung therapeutischer Enzyme, die dann in der Regel mit dem Namenszusatz „Peg-" versehen werden.

Chemisch erfolgt bei einer PEGylierung von Proteinen zunächst eine Derivatisierung der freien Aminogruppen an der Oberfläche. Dafür kommen eine Reihe unterschiedlicher Derivatisierungsreaktionen infrage (◘ Abb. 19.2). Das erste marktzugelassene PEGylierte therapeutische Enzym war in den 1990er-Jahren die Pegademase (◘ Tab. 19.3). Dabei handelt es sich um eine Rinder-Adenosin-Deaminase, die durch Deaminierung im Blut toxische Adenosin-Metaboliten entfernt. Durch die Derivatisierung mit 5 kDa großem Polyethylenglykol konnte die Immunogenität gesenkt und die Halbwertszeit in Plasma um den Faktor 7 erhöht werden (Veronese und Nero 2008).

Die Pegaspargase (◘ Tab. 19.3) wurde 1994 zur Therapie zugelassen. Auch hier konnte durch PEGylierung die Halbwertszeit in Plasma um den Faktor 3 erhöht werden. Wesentliches Kriterium einer erfolgreichen PEGylierung sollte sein, dass dabei kein Verlust der biologischen Aktivität eintritt (Veronese und Nero 2008).

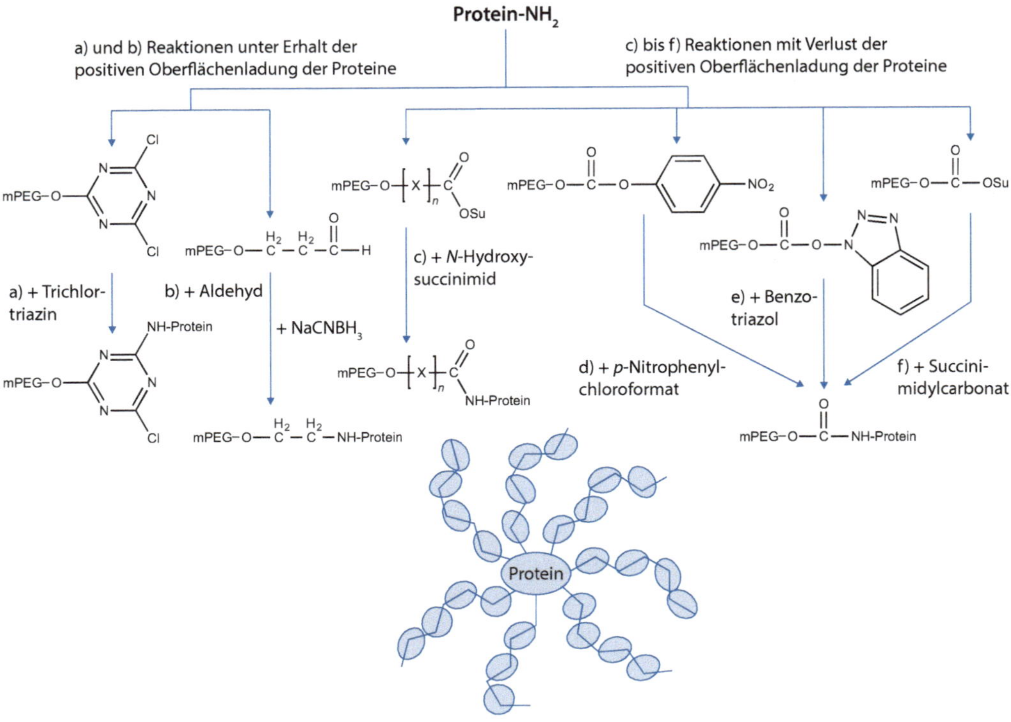

Abb. 19.2   PEGylierung von Enzymen mit möglichen chemischen Reaktionen zur vorherigen Derivatisierung von Aminogruppen an der Proteinoberfläche. (a–f; nach Veronese und Nero 2008)

19.4 Fazit und Ausblick

Auch wenn der Einsatz therapeutischer Enzyme im Moment noch auf eine überschaubare Zahl von Anwendungen beschränkt ist, eröffnet dieses Arbeitsfeld in Kombination mit der Möglichkeit zur rekombinanten Herstellung von Enzymen dennoch vielfältige Möglichkeiten zur zukünftigen Therapie auch von seltenen, genetisch verursachten Erkrankungen. Sehr vorteilhaft ist dabei die Möglichkeit, die hohe Regio-, Substrat- und Reaktionsspezifität von Enzymen zu nutzen einhergehend mit der Eigenschaft, dass diese im Gegensatz zu vielen anderen Medikamenten nicht toxisch und biologisch gut abbaubar sind und in der Regel keine bzw. wenig Nebenwirkungen zeigen.

Die Möglichkeit, Enzyme in ihren Eigenschaften zu optimieren und durch PEGylierung in ihrer Immunogenität, Stabilität und Pharmakokinetik positiv zu beeinflussen, hat hohes Potenzial. Daher sind zukünftig weitere Fortschritte, wichtige Entwicklungen und neue Produkte in diesem Anwendungsfeld zu erwarten.

Von Interesse können zukünftig z. B. therapeutische Enzyme sein, die mit monoklonalen Antikörpern gekoppelt sind, wodurch eine weitere Erhöhung der Spezifität erreicht werden könnte.

Nachteilig sind wie auch bei anderen Biopharmazeutika neben den hohen Entwicklungskosten die sehr langfristigen Zulassungsverfahren, die vor allem durch die notwendigen klinischen Tests verursacht werden.

◘ Tab. 19.3 Überblick über therapeutische Enzyme zur Behandlung seltener Erkrankungen (nach Verones und Nero 2008)

Handelsname	Generischer Name	Entwickelt	Zugelassen	Indikation	Unternehmen
Adagen1	Pegademase	1984	1990	Enzymersatztherapie bei Patienten mit schwerer Immundefizienz	Enzon Inc.
Ceredase1	Alglucerase	1985	1991	Enzymersatztherapie bei Patienten mit Morbus Gauche Typ I	Genzyme Corporation
Pulmozyme1	Dornase A	1991	1993	Herabsetzung der Schleimviskosität und Freisetzung der Atemwege bei Patienten mit Cystischer Fibrose	Genentech Inc.
Cerezyme1	Imiglucerase	1991	1994	Enzymersatztherapie bei Patienten mit Morbus Gaucher Typ I – III	Genzyme Corporation
Oncaspar1	Pegaspargase	1989	1994	Behandlung von akuter lymphatischer Leukämie	Enzon Inc.
Sucraid	Sacrosidase	1993	1998	Behandlung kongenitaler Sucrase-Isomaltase-Defizienz (CSID)	Orphan Medical, Inc.
Elitek1	Rasburicase	2000	2002	Behandlung von Tumor- oder Chemotherapie-induzierter Hyperurikämie	Sanofi-Synthelabo Research
Fabrazyme1	Agalsidase beta	1988	2003	Behandlung von Morbus Fabry	Genzyme Corporation
Aldurazyme1	Laronidase	1997	2003	Behandlung von Mucopolysaccharidose I	BioMarin Pharmaceutical Inc.
ReplagalTM	α-Galactosidase A	1998	2003?	Langzeit-Enzymersatztherapie bei der Behandlung von Morbus Fabry	Transkaryotic Therapies Inc.

Literatur

O´Connell S (2006) *Additional Therapeutic Enzymes.* pp. 261–290. In: *Directory of Therapeutic Enzymes* (Barry M. McGrath, Garry Walsh, eds.), Taylor and Francis Group, LLC

Shanley N, Walsh G (2006) *Applied Enzymology: An Overview.* pp. 1–16. In: *Directory of Therapeutic Enzymes* (Barry M. McGrath, Garry Walsh, eds.), Taylor and Francis Group, LLC

Vellard M (2003) *The Enzyme as Drug: Application of Enzymes as Pharmaceuticals.* Current Opinion in Biotechnology 2003, 14: 1–7

Verones FM, Nero A (2008) *The Impact of PEGylation on Biological Therapies.* Biodrugs 22, 315–329

Serviceteil

Sachverzeichnis

A

B

C